디자인 거버넌스 케이브 실험

영국의 공공 개입 도시·건축 디자인 사례

Design Governance : the cabe experiment

영국의 공공 개입 도시·건축 디자인 사례

Design Governance the cabe experiment

매튜 카르모나 · 클라우디오 드 매갈헤스 · 루시 나타라잔 공저
김지현 · 백경현 · 조현지·한동호 공역

도서출판대가

목차 _ CONTENTS

감사의 글

디자인 거버넌스는 필자가 1992년 노팅험대학교(University of Nottingham) 박사과정을 시작할 때부터 개인적으로 관심과 열정을 가진 분야였습니다. 이런 노력의 결과로, 이 책은(지금까지) 여러 관련 생각들을 종합하고 이를 디자인 거버넌스의 특정 사례에 적용함으로써 우리 모두에게 큰 영향과 교훈을 주는 내용을 담았습니다. 저는 공동저자인 마갈라스 박사(Dr Claudio de Magalhaes)와 나타라얀 박사(Dr Lucy Natarajan)에게 감사의 뜻을 표합니다. 이 두 분이 수행했던 실증적 내용들은 이 프로젝트에서 매우 중요한 부분을 차지합니다. 처음에 이 프로젝트는 거대하고 극복할 수 없는 난제처럼 느껴졌지만 이 분들의 지속적인 도움과 판단력 그리고 격려로 잘 풀어낼 수 있었습니다. 또한 연구 기간동안 도움을 아끼지 않았던 웬디 클라크(Wendy Clarke)와 발렌티나 지오다노(Valentina Giordano) 두 연구원이 없었다면 이 프로젝트를 끝내지 못했을 겁니다. 큰 감사를 전합니다! 저와 함께 제3장을 뒷받침하는 자료를 모으는 데 도움을 준 앤드류 레닝거(Andrew Renninger)에게도 감사를 표합니다.

수년 동안 수천 명의 사람들이 케이브 직원으로, 위원으로, 지원 정부 부서의 관계자로, 또는 '케이브 가족'으로 알려진 집단의 구성원으로 케이브 실험에 참여했습니다. 여러 프로그램과 프로젝트의 결과 수백만의 사람들이 간접적으로 영향을 받았고 이러한 영향은 잉글랜드 전역으로 퍼졌을 뿐만 아니라, 영국(United Kingdom)의 다른 지역, 더 나아가 국제적인 영향을 미치기도 했습니다.

우리의 미래와 후세를 위한 정확한 이야기를 알리는 것이 중요하다는 이유만으로 귀중한 시간을 할애하여 이 독특한 실험에 참여한 모든 사람들에게 감사의 마음을 전합니다. 대부분은 케이브와 관련된 경험들을 긍정적으로 보았지만 비판적인 소수 의견도 상당수 있었고, 이는 양쪽의 의견을 모두 기록하고 반영하는 데 중요한 역할을 했습니다. 저희가 듣고 읽은 것들이 진실되고 정확하게 전달될 수 있도록 많은 노력을 기울였지만, 실수가 있었다면 먼저 사과 드립니다. 제가 할 수 있는 유일한 변명은 방대한 양의 문서, 시각자료, 구술자료들과 이에 대한 제 이해의 한계 때문에 어려움이 있었다는 것입니다.

또한 필자는 공적자금이 지원되던 케이브가 해체될 무렵 선견지명을 가지고 케이브 기록 보관 과정에 대한 지원금을 허가하고 개인적으로 예술인문연구위원회(Arts and Humanities Research Council) 지원을 준비하는 데 도움을 주신 리처드 시몬스 박사(Dr Richard Simmons)와 엘라노어 워윅 박사(Dr Elanor Warwick)에게 감사를 표합니다. 마지막으로 예술인문연구위원회에도 심심한 감사를 전합니다. 이 지원금으로 건조 환경의 디자인 거버넌스 평가(Evaluating the Governance of Design in the Built Environment)* 프로젝트가 시작될 수 있었고 케이브가 해체된 지 5년 후에 이 책을 마무리할 수 있었습니다.

매튜 카르모나, 런던

---

* 연구책임자, 매튜 카르모나 교수(Prof Matthew Carmona), 참고: www.researchperspectives.org/rcuk/8C846D2D-E672-40B1-B00B-511B65A9B9C2_Evaluating-The-Governance-Of-Design-In-The-Built-Environment-The-CABE-Experiment-And-Beyond.

서문: 디자인 거버넌스 살펴보기

간단하게 말해서 이 책은 우리가 그 안에서 살고, 일하고, 즐기는 건조환경(the built environment)을 어떻게 디자인할 것이며 그 과정에서 공공(또는 정부)의 역할은 무엇인가에 초점을 맞추고 있다. 이것에 우리는 '디자인 거버넌스(design governance)'라는 이름을 붙이고, 다음과 같이 정의 내린다:

> 건조환경을 만드는 데 있어서 그 과정과 결과물들을 사전에 정의된 공공이익에 부합하도록 하기 위해서 그 디자인 내용과 수단에 개입하는 공적으로 승인된 과정 (Carmona, 2013a)

서문에서는 이 책의 목적과 관심사를 분명히 하고 이 책의 내용에 대해 간단히 소개하고자 한다.

케이브를 통해서 본 디자인 거버넌스

몇 년 동안 유사한 주제에 대해 쓰여진 많은 글들에 비하여, 이 책 '디자인 거버넌스: 케이브(CABE) 실험'은 1999년부터 2011년까지 잉글랜드 전역을 대상으로 실행된 특별한 디자인 거버넌스 경험을 재구성함으로써 그 내용과 세부 과정에 대한 매우 종합적인 재평가 작업을 위한 것이다. 토니 블레어와 고든 브라운의 새노동당(the New Labour) 정부의 기간은 두 번째로 긴 기간의 실험으로서, 잉글랜드의 마을과 도시 조직에 오랜 기간동안 영향을 주게 되는 내용과 함께 그 대부분의 기간을 조사하였다. 이것은 조직적인 정부의 개입을 통한 건조환경의 디자인에 대한 질문이라고 할 수 있다. 이러한 활동 중 가장 시사하는 바가 큰 것은 건축 및 건조환경위원회(the Commission for Architecture and the Built Environment, CABE)의 작업이었다. 이것은 비공식적(법적인 권한은 없는)** 인 기관으로써 국가적 차원에서 보다 나은 건축, 도시, 그리고

** 이 책 전반에서 '케이브(CABE)'라는 명칭과 논의는 오로지 1999년 8월부터 2011년 4월까지 존속한 정부지원의 단체를 지칭한다. 케이브의 일부 기능을 전승한 '케이브 디자인 심의회(Design Council CABE)'는 이 책에서는 전체 이름으로만 언급된다(제5장 참조).

공공공간 설계를 전파하기 위해 디자인 거버넌스를 이해하고 홍보하고 해결책을 제시하고자 하였다.

1999년에 설립되어 2011년에 정부지원을 받는 단체로 임무를 마칠 때까지, 케이브는 잉글랜드에서 건조환경의 더 나은 설계를 주도하는 데에 앞장섰다. 일반적으로 국내에서 잘 지원받지는 못했지만, 그 범위와 목표, 그리고 영향력은 확실히 인상적이었으며 세계적으로도 유일무이한 단체였다. 이와 같은 이례적인 실험에 대한 연구는 개발과 그 설계에 대한 거버넌스 과정을 면밀히 살펴볼 수 있는 유례없는 기회를 제공한다. 이를 통해서 이 책은 어떻게 우리가 건조환경 디자인에 대한 거버넌스를 해 나갈 수 있는가에 대한 중요한 개념적이고 실질적인 교훈을 – 단지 잉글랜드 뿐만 아니라 더 넓게 적용될 수 있는 – 보이고자 한다.

이 책의 구성과 목적

이 책은 주요한 세 파트와 후기로 나뉘어져 있고, 각각은 서로 다른 목표를 가지고 있다.

1. 현대 정부(modern–day government)의 수단과 의지로서 디자인 거버넌스의 이론화
2. 이전의 왕립미술위원회(Royal Fine Art Committee)와 이후의 디자인 거버넌스 시장 형성의 맥락을 모두 포함하며 케이브의 공과를 여과없이 그대로 서술
3. 케이브의 비공식적인 수단을 모두 기술: 디자인 거버넌스의 방법과 과정
4. 정부가 가진 수단의 하나로서 디자인의 효과와 타당성에 대한 연구와 그 적용에 대한 기술 및 평가

파트 1은 주요한 이론에 대해 설명하고 있다. 제1장에서는 디자인 거버넌스의 주요 대상을 살펴보고 이를 그 범위, 목적, 그리고 요구되는 사항들을 토대로 종합적인 이론의 형태로 재구성한다. 제2장은 디자인 거버넌스의 '수단'에 초점을 맞추고 이를

구성해 나가는 과정을 통해 디자인 거버넌스가 가질 수 있는 모든 접근방법 – 전국적 또는 지역적으로 – 에 대한 체계를 구축한다.

파트 2는 역사적인 접근으로써 잉글랜드 국가 차원의 디자인 거버넌스 내용을 검토한다. 이것은 세 개의 장으로 구성되는데 각각 케이브 이전, 케이브 시기, 그리고 케이브 이후의 디자인 거버넌스 상황을 각각 건조환경을 둘러싼 정치경제적 상황, 거버넌스의 과정, 그리고 국가적인 변화와의 관계 아래에서 살펴본다.

파트 3은 실행의 측면에 초점을 맞춘다. 이제까지 주로 논의되어 온 부분은(제2장의 내용을 포함해서) 디자인을 '규제'하기 위한 법적이거나 '공식적인' 접근인데 반해서, 해당 파트 아래의 다섯 개 장은 케이브가 국가 차원의 디자인 어젠다를 이끌기 위해서 어떻게 보다 비공식적 수단(informal tools)들을 사용하였는가에 중점을 둔다. 각각의 장들은 '왜', '어떻게', 그리고 '언제' 케이브가 각 수단들을 사용하였는지를 추적하는 동일한 구성을 갖는다.

이 책의 마지막은 전반적인 부분들을 결론짓는 후기로 마무리된다. 케이브 실험에 대한 조사와 평가를 다시 한번 되돌아 보게 될 것이다. 이 작업은 첫번째로 케이브가 정부의 디자인에 대한 의도를 전달하는데 얼마나 효과적이었으며 이때 어떤 범위의 '비공식적' 수단들을 적용하였는가, 두번째로는 이러한 내용들과 함께 개입이 가지는 도덕적/사회적 측면들이 보다 일반적으로 디자인 거버넌스에 어떤 제안을 하고 있는지에 대한 내용이 될 것이다.

이 책 전반에 걸친 연구방법은 디자인 거버넌스의 특정한 실행 부분에서부터 넓은 이론의 영역에까지 진행되는 귀납적 방법을 차용하였으며, 내용은 부록에 간략하게 소개되어 있다.

옮긴이의 글

이 책을 처음 접한 것은 2018년 무렵이었다. 그렇지 않아도 다양한 개념과 범위를 가진 '거버넌스'라는 용어에 '디자인'이라니 도대체 무슨 말인가 싶었다. 그러나 책을 읽으며 이것이 해당 분야에서 오랫동안 연구해 온 저자가 도시설계를 대상으로 그 존재 이유와 작동방식에 대해 던지는 근본적인 질문이라는 것을 알게 되었다. 동시에 이 질문은 도시설계 분야에서 일하고 연구하며 품게 되었던 우리의 궁금증과도 닿아 있었다.

도시설계의 딜레마 중 하나는 공공의 목적을 위하여 민간의 개발 행위에 어느 정도 개입할 수 있는가, 그리고 이것이 어느 정도 건조환경의 질을 담보할 수 있는 가이다. 저자는 책의 처음부터 끝까지 이 질문을 유지하고 있으며 그 논의를 그저 추상적이고 일반적인 수준에만 머무르게 하지 않는다. 매우 방대한 자료와 검토를 통해서 디자인 거버넌스의 구조와 실행 방안들을 제시하며 유용한 실제 사례를 통하여 이해도를 높이고 있다.

이 책의 의미를 깊이 느끼고 서로 논의도 하던 우리 네 사람은 이 책이 제공하고 있는 통찰을 수많은 학생과 전문가들도 얻을 수 있으리라는 나름대로의 판단으로 번역을 시작하게 되었으나, 각자의 일과 생활이 다른 탓에 작업시간은 길어지고 때로는 번역이라는 일 자체에 대한 무지를 느끼기도 하였다. 그야말로 우여곡절 끝에 최종본이 나왔을 때에는 뿌듯함과 함께 이 글을 세상에 내놓는 일에 대한 걱정이 앞섰다. 다만 차후 기회가 될 때에 보다 세련되게 수정하겠다는 계획으로 혹시나 있을 실수와 독자들의 질책에 대비하고자 한다.

마지막으로, 원고의 정리에 도움을 주었던 도시설계연구실 황지용, 김성열, 김동휘 학생에게 깊은 감사를 전하고, 언제나 지연되었던 작업에 대해서도 인내심을 가져주셨던 대가 출판사 주간님과 대표님께 송구함과 감사함을 전한다. 또한 언제나 곁에 있는 우리의 가족에게도 깊은 사랑을 보낸다.

2023년 4월

역자 일동

디자인 거버넌스

Design Governance

The CABE Experiment

PART I

디자인 거버넌스의 의미

The Governance of Design

1. 디자인 거버넌스의 이론(왜, 무엇을, 어떻게)
2. 디자인 거버넌스의 공식·비공식적인 도구들

Chapter 1

디자인 거버넌스의 이론(왜, 무엇을, 어떻게)

서론 부분에 해당하는 1장은 물리적 환경에서 디자인 거버넌스[1]가 무엇을 의미하는지 그리고 공공부문이 도시설계에 관여해야 하는 이유에 대한 질문을 던지며 이는 세 부분으로 구성된다. 첫 번째는 우리가 디자인 거버넌스 개념을 생각하게 된 이유를 생각해볼 것이다. 이것은 우리가 설계 개발 및 관리 과정에서 만족스럽지 않은 결과를 얻게 되는 이유와 건조환경(The Built Environment)의 질(Quality)에 대한 개념을 기반으로 설계의 새로운 대안을 설정할 수 있는가라는 질문을 바탕으로 한다. 두 번째와 세 번째는 각각 디자인 거버넌스는 무엇이고 어떻게 하는 것인가라고 질문한다. 이것은 디자인 거버넌스라는 개념을 분석하고 다른 문헌에서 반복적으로 논의되는 주요 주제와 문제점을 살펴본다. 여기서 논의된 이슈와 개념들은 이 책의 다른 부분에서 살펴볼 디자인 거버넌스의 실제 경험들에 대한 이론적 바탕이 된다.

우리는 왜 만족스럽지 못한 장소를 만드는가?

디자인 지식

유럽의 우리는 너무나 좋은 환경을 누리고 있다. 전 유럽 대륙에 걸쳐 수많은 도시의 역사는 너나 할 것 없이 풍부하고 다양한 유산을 남겨 놓았다. 관광객들은 전 세계에서 모여들어 유서 깊은 도심을 경험하며 즐겨왔으며 우리도 역시(일반적으로 말해) 진심을 다해 그 공간들을 가꾸어 왔

---

1 이 책의 1부를 뒷받침하는 아이디어는 2013년 존 푼터(John Punter) 교수 퇴임 당시 그의 업적을 기리는 강의에서 처음 취합되었고 2014년 2월 매튜 카르모나(Matthew Carmona)에 의해 바틀렛 플래닝 스쿨(The Bartlett School of Planning) 100주년 기념강의에서 「지난 20년간 도시계획에서의 디자인 부문(The Design Dimension of Planning : 20 Years On)」이라는 이름으로 더 발전했다. www.bartlett.ucl.ac.uk/planning/centenary 참조

그림 1.1 코펜하겐 중심, 개성과 일관성이 있는 장소 / 출처 : 매튜 카르모나(Matthew Carmona)

다. 이들은 고유의 개성이 있는 동시에 맥락이 있고 편안한 동시에 매력이 있으며 서로 섞여 밀도가 높지만 여전히 걷기에 좋은 환경이며 주민들이나 방문자들 모두 좋아하고 소중히 여기는 곳이다. 이들은 자신만의 색깔과 일관성이 있는 '장소(Places)'들이다(1.1).

그러나 19세기 또는 20세기 초, 녹음이 우거진 곳에 중밀도로 조성된 도심 외곽지역은 그렇게 장밋빛이라고 할 수 없다. 이 같은 전형적인 교외의 모습은 전 세계적으로 유사한데 유럽연합(EU) 후원 아래 유럽대륙의 주택 디자인과 개발 과정을 조사한 한 연구에서 다음과 같은 결론을 내리고 있다.

> 어떤 정부든, 어떤 기준과 지침이든, 어떤 전문가를 구성하든 그리고 어떤 역사적인 배경이 있는지와 상관없이 오래된 도심을 벗어난 지역의 개발은 필연적으로 장소성을 상실할 수밖에 없는 것처럼 보인다. 이러한 환경에 대해서는 그곳이 어느 곳이든 당신이 만나는 거의 모든 건축 관련 전문가들이 수준 이하라고 비난할 것이다. (Carmona 2010 : 14)

이 같은 비판의 대상은 해당 범위가 매우 넓다. 주로 전후 계획된 대다수 교외지역이나 현재 확장된 도시지역, 즉 주변부의 업무, 상가, 공원(Leisure Parks), 도시 내부 개발지, 도시 근교나 간선 또는 순환도로변으로 뻗어나가 연담화(連擔化)된 개발지, 전체적으로 새로 개발된 주거지역 등 맥락이 있고 통합되어 있던 인간중심의 도시구조가 망가진 모든 경우를 말한다. 일부에서는 이 같은 상황을 '장소성의 부재(Placeless)'라고 일컬으며 이것은 거의 전 세계적으로 나타난다. 이러한 공간은 특색과 맥락이 없어 관광객이 전혀 찾지 않고 아무도 선호하지 않으며 자동차 등의 교통수단을 많이 이용해야 하는(Carbon Intensive Lifestyles) 도시의 일부를 말한다. 우리 주변에서 드물지 않게 볼 수 있는 이 같은 환경에서는 사람들이 살거나 일하고 싶어하지 않는다. 점차적으로 이러한 공간들은 특별한 경우가 아니라 도시의 일반적인 상황이 되고 있으며, 짧은 시간 안에 이미 우리가 소중히 지키고 있는 오래된 역사의 도심들을 집어삼키고 뒤바꾸어 놓으려고 위협하고 있다. 그렇다면 이 같은 장소들은 왜 나타날까? 디자인 관점에서 이 질문을 들여다보면 몇 가지 이유를 생각할 수 있다.

우리가 장소를 전혀 만들지 못하는 경우

어떤 장소들은 특정한 의도없이 즉흥적인 상호작용에 의해 만들어진다. 예를 들어 물리적인 개입이 건물이나 시설들을 통해 개별적으로 이루어진다고 하더라도 이것은 단순히 기능적인 부분일 뿐이며 전체적인 흐름 안에서 이루어지는 것은 아니다. 그런 점에서 이 전체라는 것은 설계되는 것이 아니라 의도치 않게 만들어지는 것이다. 이것이 오랜 역사를 가진 대부분의 도시 조직이 만들어지는 방법인 '큰 계획(Grand Plan)'이 없이 발전하는, 그러나 내부의 강력한 방향성이 만들어지는 것인 반면, 오늘날에는 이와 관련된 규모, 비율, 복잡성의 폭이 매우 높은데 이는 가능한 건축기술 범위, 기반시설 수요, 개발 과정상의 정치적·전문적·개인적 관심이 보행중심에 반하는 차량중심 도시구조에 더 모아지기 때문이다. 이 모든 것은 발생하기 어려운 무의식적 방향성을 만들며 이는 다음과 같은 의문을 제기한다. 이렇게 생성된 물리적 환경은 정말 어떤 의미로도 계획된 것이 아닌가

우리가 좋은 장소를 어떻게 만드는지 모르는 경우

물론 오늘날 몇몇 선진사회에서도 개발수요를 충족시키는 데 계획적인 성장에 의존하지 않는 경우가 있다. 장소는 다양한 분야에서 고도로 훈련된 건축가, 계획가, 토목기술자, 조경설계자, 개발업자 등의 전문가에 의해 만들어지며 이 같은 작업은 계획이나 기본 방향을 통해 조정받도록 하고 있는데, 이것은 개별적 설계(Individual Intervention)가 근린생활권과 같은 상위 차원과 연결되도록 하기 위한 것이다. 그러나 이것이 우리가 믿는 전문지식이더라도 전통적 교육 과정은 부분 조합에 의해 전체 장소를 형성하는 중요한 도시설계 지식과 기술을 다루어오지 않았다. 그 결과,

좋은 장소 설계와 형성을 보장하는 지식과 기술은 일정 수준에 미치지 못하게 되었으며 장소가 만들어지긴 하지만 만족스럽지 않게 되었다. '불완전한 지식은 위험할 수 있다'라는 속담처럼 수준미달의 기술과 지식의 적용은 오랜 기간 깊은 해를 끼칠 수 있는 것이다.

좋은 장소를 어떻게 만드는지 알지만 실패하는 경우

좋지 않은 장소를 만들게 되는 마지막 원인은 어쩌면 우리에게 어떤 장소가 되어야 하는지 분명한 목표가 있고 잘 만들어진 규범적 틀은 있지만 좋은 설계안이 전달되지 않기 때문일 수도 있다. 이 같은 상황에서 부족한 것은 우리의 기술이나 지식이 아니라 디자인이 매우 훌륭하더라도 그 실행을 방해하고 좌절시키는 지역적 맥락이 가지는 요소들에 대한 대응능력이다. 그것은 변화를 가로막는 경제적 장벽, 민감하지 않고 구태의연한 규제 절차, 토지소유권이나 토지이용을 가로막는 장애물, 정치적 리더십 부재, 님비(NIMBY) 현상, 또는 개발 관련 행위자들-개발업자, 정치가, 지역사회, 일단의 건조환경 전문가들-간의 개발에 대한 서로 다른 기대 등이다.

지극히 단순화하면 이 세 가지 문제를 각각 디자인 지식의 부재(No Design Knowledge), 부족한 디자인 지식(Poor Design Knowledge), 비효과적인 디자인 지식(Ineffective Design Knowledge)이라고 할 수 있을 것이다. 오늘날 이 세 가지 중 한두 개를 사용하여 만족스럽지 못한 대부분의 장소 디자인을 설명할 수 있을 것이다. 이것은 세 가지 추가적인 질문을 제기한다.

1. 도시의 장소가 갖는 맥락에서 디자인의 의미는 무엇인가?
2. 디자인 과정이 기준에 못 미친다면 무엇이 그 간격을 메울 수 있는가?
3. 이러한 맥락에서 디자인의 질이란 무엇을 의미하는가?

디자인이란 무엇을 의미하는가?

많은 사람이 디자인의 의미를 그림을 그리거나 특정 물체를 개념화하는 창작활동이라는 좁은 의미로만 연결시킨다. 건조환경에 대한 디자인을 말할 때 많은 사람에게 이것은 특정 건물, 주변 풍경, 도시 전경이 어떻게 보일 것인지의 계획이나 제안, 즉 그것의 미적 부분을 보이는 것을 의미한다. 그러나 이 책에서 디자인은 두 가지 측면에서 더 넓은 의미를 가진다.

첫째, 디자인은 장소가 가지는 모든 요소-토지이용, 활동, 환경적 자원 그리고 물리적 요소들 (건물, 공간, 시설, 조경)-에 관심을 두며 건축, 도시계획, 조경, 도시공학 등이 전문적으로 다루는 분야를 넘어 도시환경을 구성하는 모든 것을 포함한다. 이것을 간단하게는 도시설계라고 말할 수 있다. 둘째, 여기서 디자인이란 특정 분야와 상관없이 디자이너의 행위만 가리키는 것이 아니라 의도적이든 아니든 건조환경을 함께 만들어가는 모든 활동 또는 어떻게 연속적으로 장소를 만들어가는가를 알려주는 그 상위 과정(Metaprocess)을 포함한다(Carmona 2014b).

장소-형성 연속체(그림 1.2) 개념은 그 과정에 영향을 미치는 모든 요소와 그로 인한 도시변화의 결과를 이해하지 않고서는 장소를 만드는 과정을 이해하거나 조정할 수 없다는 점을 전제로 한다. 이것은 역사적으로 형성된 기준과 장소마다 다른 개발관습에 의해 변해가는 과정, 해당 지역의 정치·경제적 맥락, 또는 정치적 조직체에 의해 변하고 조정되어 가는 과정 그리고 역시 장소마다 다르고 심지어 각 개발에 따라 변화하는 이익집단의 특정 권력관계에 의해 규정되는 과정을 의미한다.

이러한 전체적인 맥락 안에서 그림 1.2에서 보듯 네 가지 차원의 상호작용을 통한 건조환경의 창조, 재창조, 기능에 대한 이해가 필요하다. 따라서 공간의 경험은 단순히 설계나 개발 프로세스뿐만 아니라 다음과 같은 요소들 간의 융합된 상호작용과 그 결과라고 할 수 있다.

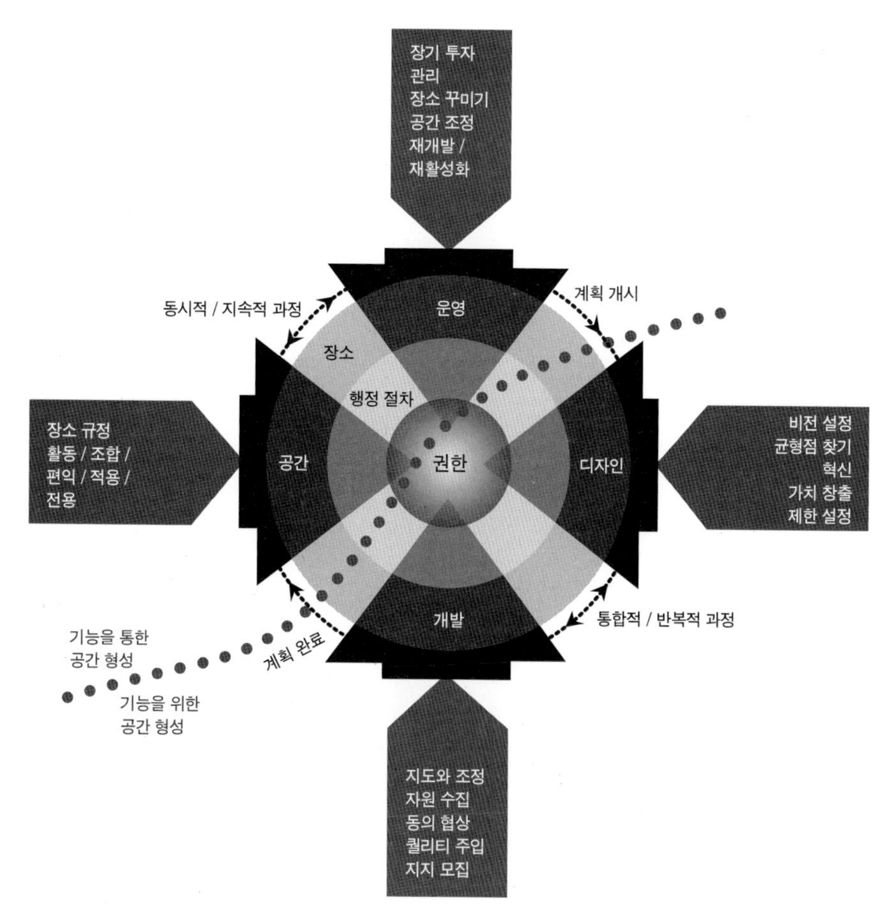

그림 1.2 장소-형성 연속체 / 출처: Carmona 2014b

- 디자인 : 특정한 계획과 제안에 영향을 미치는 목적과 비전 그리고 지역의 맥락과 이해당사자들
- 개발 : 영향력의 관계, 협의의 과정, 규정, 특정한 계획과 제안의 전달
- 공간 : 누가 어느 특정 공간을 어떻게, 왜, 언제 사용하는가 그리고 어떤 결과나 갈등이 일어나는가
- 운영 : 관리, 보안, 유지 그리고 장소와 관련된 재정에 대한 지속적인 책임

이것은 여러 개의 분절된 에피소드와 활동이 아니라 어떤 장소가 실질적으로 사용되고 관리되는 방식을 통하여 사회적 환경을 형성하는 지속적인 통합 과정 또는 연속체, 때로는 특정 기능을 위해 물리적 환경에 관여(설계와 개발)하는 일 또는 프로젝트, 그리고 매일매일의 '장소 만들기 과정(processes of place, 공간의 이용과 관리)'이다. 이것을 통해 우리는 넓은 의미에서 건조환경의 디자인이란 계획을 통한 반복적인 개입, 일상적인 사용, 그리고 장기적인 공간 관리를 통해 장소가 물리적, 사회적, 경제적으로 형성 또는 재형성되는 지속적인 과정이라고 결론 내릴 수 있을 것이다. 하나의 과정으로서 설계는 다차원적이고 다양한 요소가 있으며 종종 잘못 이해되기도 한다. 또한 그 내재된 복잡성은 앞으로 이 책에서 논의될 모든 것의 주요 주제가 된다.

그림 1.3 주변 도시, 로마의 경우 / 출처 : 매튜 카르모나

만족스럽지 못한 장소가 갖는 공통점은 무엇인가?

의도를 갖지 않은 개발 과정 – 디자인 지식의 부재 – 이 극히 드문 선진국에서는 단언하건대 '부족한 디자인 지식(poor design knowledge)'과 '효과적이지 않은 디자인 지식(ineffective design knowledge)' 문제가 일반적이다. 아마도 유럽 주요 도시 중 가장 역사적이고 선망의 대상이며 나보나 광장(Piazza Navona), 코르소 거리(Via del Corso), 캄피돌리오 광장(Piazza del Campidoglio), 로톤다 광장(Piazza della Rotonda), 벤토 거리(Via Vento)와 같은 도시 유적을 자랑하는 로마를 예로 들어보자. 이 오래된 도시의 외곽으로 확장된 교외지역으로 가면 신중히 계획된 도시설계의 과정을 발견하기란 쉽지 않다. 그대신 이곳 개발업자들과 건축가들은 오직 건물에만 집중하고(이곳저곳에서 반복되는 전형적인 건물 유형) 도시계획은 평면상의 토지이용계획(Zoning Plans)에만 신경쓴다. 아무도 그들 사이에 있는 공공 영역인 도시의 파편들에는 신경 쓰지 않고 이들은 계획되지 않은 채 남겨진다. 그 결과, 우리는 긴밀히 결합된 보행이나 사회·경제적 상호작용을 불러일으키는 통합된 도시 조직보다 주로 주차와 도로가 점령한 공간에 둘러싸여 분리된 채 서있는 건물들을 볼 수 있을 뿐이다(그림 1.3). 이렇듯 새로운 교외지역은 저밀도의 '주변 도시(edge city)' 공동체에 서비스하기 위해 모퉁이 가게나 카페 대신 사유화된 몰(Malls)에 의존한다.

이러한 결과가 나타난다는 것이 로마가 갖고 있는 깊은 역사적 맥락에 비추어 봤을 때 더 놀랍게 느껴지지만 이것은 전 세계적으로 나타나는 일반적인 현상일 뿐이다. 유엔 정주위원회(UN Habitat)는 개발도상국뿐만 아니라 선진국도 "부동산 개발업자들이 세계적 수준의 생활환경이라고 홍보하는 도시 외곽지역의 이미지(2010 : 10)"에 의해 휩쓸리고 있다고 말한다. 위원회는 멕시코 과달라하라(Guadalajara)의 예를 들고 있는데 1970년부터 2000년까지의 면적 증가량이 인구증가량보다 1.6배 빨리 진행되었으며, 많은 양의 토지를 소비하는 이와 유사한 도시 확장은 극히 일부만 언급하더라도 안타나나리보(Antananarivo), 베이징(Beijing), 요하네스버그(Johannesburg), 카이로(Cairo), 멕시코시티(Mexico City) 등 다양하다.

설계가 아닌 규제

유럽, 북미, 오스트랄라시아(Australasia), 극동 지역에서 이 같은 식으로 개발된 장소들을 묶을 수 있는 공통점은 무엇인가? 주요 원인은 도시를 만드는 데 있어서 실제 장소가 중심이 되는 디자인 과정이 아니라 투박한 규정이 사용된다는 것이다. 규정은 주차 기준, 도로폭과 위계, 토지이용, 밀도 요건, 건강 및 안전문제, 건설과 공간 기준 등을 만들어낸다. 일반적으로 이런 규정의 형태는 그 관점이나 요구되는 기술적 문제 안에 갇혀 장소에 대한 비전(Vision)을 만들어내지 못하고 결과를 고려하지 않은 채 프로젝트 그 자체만 떠안게 된다(Carmona 2009b:2649). 더 나아가 결정된 후에는 이러한 규정들이 일률적인 것이 되어 모든 곳에 – 심지어 역사적인 도심부에조차 – 적용된다(그림 1.4).

에란 벤 요셉(Eran Ben-Joseph)은 이것을 '숨겨진 코드(hidden codes)'라고 지칭하고 북미 도시들에서 이러한 규정들이 어떻게 진화해 나가는지를 추적하였다(2005a). 이를 통하여 그는 이들이 원래의 목적과 가치가 잊혀지는 경우가 많으며, 수립된 이유나 그것에 의한 연쇄적 영향에 대한 고려없이 관료 절차에 의해 수행 결과만으로 이용된다고 주장하였다. 에밀리 탤런(Emily Talen)도 공공보건 추구와 같은 가치있는 사회적 목표가 계속해서 부과되는 기술적인 조정에 의해 너무 빨리 묻혀진다고 주장한다(2012:28). 규정의 형태를 이용하는 것은 전반적인 부분에서 최소한의 요구사항을 달성하기 위한 것이지 이에 지나치게 의지한다면 단조롭고 매력 없는 장소를 만들게 된다는 것이다.

영국에서는 이러한 비판이 최소한 1950년대에 나타났는데 이때 규정에 의거한 주택지 설계인 소위 '초원계획(prairie planning)'에 대한 비판으로 도시경관 운동이 나타나게 되었다(Cullen,

그림 1.4 리버풀의 역사적인 피어헤드(Pier Head)에 대한 교외 방식의 개발. 주차, 도로폭, 완충녹지 등의 기준에 의거하여 건설되었음 / 출처: 매튜 카르모나

1961 : 133-137). 이것은(시장의 실패라기보다) 규정의 실패를 나타내는 가장 전형적인 사례이지만 단순히 해당 지역의 실패뿐만 아니라 공공부문에 의해 적용된 기준의 실패도 의미한다. 런던 동쪽 끝 작은 템즈강변 마을인 에리스(Erith)가 대표적인 예다.

에리스는 중세시대부터 항구로 성장하였는데 다양한 시기에 해양 조선소, 항구, 강변 휴양지 그리고 산업 중심지 등으로 기능하였다. 제2차 세계대전 당시 심한 폭격을 당했지만 이 도시의 커뮤니티 중심을 종합적이고 체계적으로 망가뜨린 것은 오히려 평화시기의 획일적인 디자인 체계나 장소의 질에 대한 관심없이 수행되었던 개발이었다(그림 1.5). 이 도시에서는 :

- 정교하지 않은 공공개발 : 이질적인 근대건축의 비전이 1966년 이후 지속적으로 도심과 주변 주거지역의 종합적인 재개발에 투영되었고 촘촘하게 짜인 도시 조직들과 복합적인 기능들이 국가에서 정한 '설계 지침(Design Bulletins)' 기준에 의거하여 대규모 단일기능 가구(街區, Block)와 고층 주거타워로 대체되었음(Carmona, 1999).
- 방향성 없는 시장 기회주의 : 1998년 도시 외곽에서 주로 보이는 창고형 대형 수퍼마켓은 기존 상권과 떨어져 있었지만 결국 서서히 기존 상권을 빼앗았음.
- 사람보다 우선한 기반시설 : 1970년대 간선도로 기준에 의한 A2016 도로 개선사업과 같이 전략적인 지역적 관점에 의한 고속도로의 무분별한 공사. 이를 통해 도심이 배후 주거지역으로부터 분리되었음.
- 서툰 관리 : 중심 상점가(피어 로드, Pier Road)의 응급차량 접근을 위해 시장(Market)을 도시 외곽 주차장 지역으로 옮겼으며, 이 과정에서 상호 공생관계에 있던 시장과 피어 로드(Pier Road)변 소매점들이 모두 사장되었음.

계획의 횡포

전 세계 수많은 마을과 도시와 마찬가지로 에리스에서도 일부를 제외하고 아무도 장소를 만들려는 의도를 보이지 않았으며 단지 개발 과정에 작용하는 세 가지 힘 – 계획 행위, 시장(market), 규정(regulatory) – 들이 각자 분리되어 이끌어나갈 뿐이었다(Carmona, 2009b : 2645-2647). 계획의 횡포는 건조환경 안에서 서로 다른 욕구(Aspirations)와 동기(Motivations)에 기반하여 행위를 하는 세 가지 행위자들 – 건축가, 개발 전문가, 규제기관 – 로부터 만들어진다. 일반적으로 이러한 동기들은 각각 동일한 그룹 내부의 용인, 이익, 그리고 공공의 이익에 대한 좁은 견해를 포함한다. 이들은 설계, 경영 또는 재정, 그리고 사회적, 기술적 전문지식이라는 매우 다른 자신들만의 방식과 전문적인 지식의 축적을 통해 일한다. 에리스에서는 장소성이 결여된 1960년대 설계 제안

(그림 1.5 i), 1990년대와 2000년대의 시장 기회주의(그림 1.5 ii), 전후 마을에 집중된 기반시설들(그림 1.5 iii), 그리고 현재의 정교하지 않은 관리방안(그림 1.5 iv)들이 완벽히 하나가 되어 좋지 않은 결과를 만들어냈다.

오늘날 장소가 만들어지는 것은 많고 적음의 차이는 있지만 창조적인, 시장 중심의, 규제 중심의 실천 행위들 사이의 상호작용에 의하며, 단언컨대 이 힘들 사이의 적절한 균형이 실패로 돌아가는 경우가 매우 많다. 이것은 영국에서는 흔히 자신들만의 세계에 갇힌 서로 다른 분야의 전문가들 간의 뿌리 깊은 갈등으로 연결된다. 위험한 점은 장소를 만들어내는 개발안이 해당 지역에 무엇이 올바른 것인가라는 점보다 서로 대립하는 관점들 간의 갈등, 협상 그리고 지연 등의 결과로 나타난다는 것이다.

계획의 횡포는 서로 다른 장소에서 서로 다른 정도로 군림하며 이것은 우리 도시에 '새겨진다'. 이것을 휴 페리스(Hugh Ferris, 1929)는 유명한 연작 회화를 통해 표현하였는데, 1916년 뉴욕시 빌딩에 대한 용도지역 조례와 관련하여 단순한 규정안이 개발을 극대화하려는 개발업자의 욕구와 엮이고 이것이 1920년대와 1930년대 고층건물 설계의 특징들과 어떻게 연결되는가를 묘사하였다.

그림 1.5 i – iv 권위적인 계획에 의해 형성되고 파괴된 에리스(Erith, 런던) / 출처 : 매튜 카르모나

일본 도시에서는 이것의 영향이 매우 충격적인데(Carmona & Sakai 2014) 도쿄는 시각적 측면에 대한 규정의 미비로 건축가들로 하여금 거칠고 사치스러운 건축적 표현을 가능하게 하였고, 이 도시의 일부 지역은 시각적으로 경쟁하는 건축물의 동물원 같은 결과를 낳았다(그림 1.6 i). 다른 경우, 지배적인 힘이 경제적 측면인 경우도 있는데 오사카(그림 1.6 ii)의 경우, 도시 중심에는 고객의 관심을 끌기 위하여 난잡스러운 광고판과 조명들로 장식되어 있다. 물론 많은 일본 도시의 가로들이 더 정리되어 있다. 특히 교토(그림 1.6 iii)와 같이 역사가 깊은 도시의 경우, 엄격한 지역지구제와 건축물 규제가 있어 궁극적으로 유연하지 않은 빌딩 간 관계가 만들어진다.

그러나 의심의 여지없이 시각적으로는 혼돈스럽지만 일본의 도시 경관은 세계에서 가장 활기차고 자극적인 것이라고 할 수 있다. 이것은 대답하기 어려운 질문을 불러 일으킨다. 건조환경에서 설계의 질이란 정확히 무엇을 말하는가? '설계의 질(Design Quality)'이란 언제나 서로 다른 사람들에게 서로 다른 의미를 가지는 어려운 개념이며 이것은 같은 계획에 참여하는 다른 전문분야뿐만 아니라 계획과 관련된 개개인들 간에도 그렇다.

그림 1.6 i – iii 일본 도시에서는 서로 다른 장소에서 서로 다른 계획적 횡포가 나타난다. / 출처 : 매튜 카르모나

설계의 질은 무엇을 의미하는가?

이미 언급한 대로 설계에 대한 논의는 많은 사람에게 즉시 시각적 표현을 떠올리게 한다. 대체로 '설계'가 미적 관심에 대한 것으로 인식되었기 때문에, 예를 들어 1990년대 이전 영국의 계획 과정을 통한 설계 규정은 미적 조정을 하는 것으로 여겨졌다. 실제로 수 년 동안 특히 1980년대에는 중앙정부의 설계 관련 안건은 지방정부의 미적 부분에 대한 간섭만으로 제한되어 있었다. 그러나 일본의 사례가 증명하듯 건조환경의 질이란 단지 시각적 부분만이 아니다. 시각적으로 매우 혼잡한 도시 경관이라도 편안함, 교류, 안전, 사회성, 효율성, 지속가능 등 다른 부분들을 수용할 수 있다. 미적 관점에서도 어떤 사람에게는 만족스러운 시각적 조화가 다른 사람에게는 지루한 것일 수도 있다. 이런 점에서 이미 논의한 대로 특정하게 제한된 범위에서의 질보다 광범위하게 장소라는 개념과 더불어 생각해야 한다.

이것을 개념적으로 풀어본다면 건조환경 설계의 질은 4단계로 이해될 수 있다. 이 각각의 개념은 특정 의미에 국한된 설계의 질 개념보다 더 복합적 의미를 띤다.

1. 미적 질 : 가장 제한된 의미의 개념이지만 건축, 도시, 경관 디자인 논쟁에서 가장 중심이 되는 개념이다. 그 이유는 건축과 다른 디자인 직업군의 교육체계에서는 특히 물리적 계획을 예술적·미적 관점에서 이해하고 평가하는 것을 가장 우선적으로 생각하기 때문이다.
2. 프로젝트의 질 : 설계를 더 넓게 보고 비트루비우스의 3대 원칙(Vitruvian Principles),즉 견고성(Firmness), 유용성(Commodity), 심미성(Delight)을 아우르는 개념이다. 이는 쉽게 말해 견고하게 목적에 맞으며 아름답게 지어야 한다는 것이다. 이런 의미에서 이 개념은 미적 의미뿐만 아니라 기능적 요소의 중요성까지 포함하지만 한편으로 이것에 국한된다는 것을 의미하기도 한다. 그러므로 프로젝트가 빌딩, 교각, 녹지 조성 등 어떤 것이든 프로젝트 자체만 분리되어 강조되는 경향을 가지게 되어 명확히 구분된 대지 경계 내에서 물리적 대상만을 중심으로 한 질의 측정이 이뤄진다.
3. 장소의 질 : 더 넓은 범위를 대상으로 한다. 프로젝트와 대지의 경계를 넘어 앞에서 언급되었던 장소의 사용, 활동, 자원 그리고 물리적 구성요소 등 여러 차원의 복잡한 상호작용을 포함하는 더 넓은 장소 개념으로 확장된다. 이것은 개별 프로젝트와 같은 특정 행위(Interventions)들이 어떻게 자신이 포함된 전체와 복잡한 부분들이 서로 상호작용하고 영향을 미치는가를 포함한다.
4. 프로세스의 질 : 이 마지막 유형은 '무엇'이 디자인되느냐뿐만 아니라 디자인이 '왜', '어떻게', '언제' 일어나는지를 다루기 때문에 지금까지의 개념과 다른 의미를 갖는다. 다시 말해

이것은 어떻게, 무슨 목적으로, 누구에 의해 장소와 계획과 비전이 형성되는지, 장소에 영향을 미치는 서로 다른 변화들 속에서 이러한 개입이 왜 적절한지, 언제 변화가 일어나며 어떻게 프로세스가 이러한 변화를 촉진시키고 약화시키는지를 다룬다. 이 프로세스의 질 개념은 이 책의 제3부를 구성하며 더 자세히 논의될 것이다.

궁극적으로 설계의 질은 미적 비전, 프로젝트, 장소 또는 프로세스 등 각각의 범위 안에서 개념적으로는 완벽히 정의될 수 있지만 어떤 상황에서도 이것이 한 개인이나 단체의 완전한 동의를 얻을 수는 없다. 영국 왕립예술위원회(Royal Fine Art Commission)는 건축 설계 검토활동을 안내하기 위해 〈무엇이 좋은 건축물을 만드는가(What Makes a Good Building)〉에 대한 6가지 기준을 정의하고 있는데, 이것은 각각 질서와 통일성, (건축물 기능의) 표현, (디자인의) 완결성, 평면과 단면(명확한 3차원 구축), (눈을 사로잡는 미적) 세부 디자인, (주변과의) 통합성이다. 건축물이 모든 기준을 구체화하고도 '좋은' 건축물이 되지 않을 수도 있고 반대로 이러한 기준을 따르지 않고도 '좋은' 건축물이 될 수도 있다는 것을 인정하더라도 이러한 기준들을 수립하는 것은 개발의 미적 결과에 우선하는 것이다(Cantacuzino, 1994).

영국 건축건조환경위원회(Commission for Architecture and the Built Environment, CABE, 이하 케이브)는 2001년과 2006년에 〈무엇이 좋은 프로젝트를 만드는가(What makes a good project)〉를 강조한 설계 검토 기준을 보완하였는데 새롭게 확장된 기준은 다음과 같은 항목들을 포함하고 있다: 구성의 명료성(대지와 건축물 계획), 질서, 표현과 재현, 건축적 표현(Ambition)의 적합성, 완결성과 정확성, (임의적이지 않고 일관성과 설득력 있는) 건축적 언어, 규모, 순응과 대비, 세부 장식과 재료, 구조, 환경 서비스와 에너지 사용, 유연성과 적응성, 지속가능성, 참여형 디자인(Inclusive Design) 그리고 심미성(CABE 2006a). 이 기준은 맥락의 중요성을 규정하고 있고 어떻게 이러한 맥락 안에서 대상지 계획과 관련하여 프로젝트를 이해하는가에 대하여 서술하고 있지만 여전히 넓은 의미의 장소보다 프로젝트 내의 다양하고 복잡하게 얽힌 차원들을 강조하고 있다.

프로젝트 질보다 더 넓은 장소 개념으로 주제를 옮겨 보면 여러 개의 유형적 틀이 장소의 주요 구성요소를 설명한다. 예를 들어 『공공공간의 장소에 대한 다이어그램(The Place Diagram of the Project for Public Spaces)』에서는 성공적인 장소를 만드는 네가지 '주요 속성'을 기술하고 있다. 이는 사회적 접촉 가능성(Sociability), 접근성과 연결성(Access and Linkage), 용도와 활동(Uses and Activities), 안락함과 인상(Comfort and Image)이다[2]. 또한 2000년대 영국의 도시설계와 정책에 큰 영향을 미친 영국 정부의 디자인 및 계획 체계에 관한 지침에서는 일곱 가지 의제를 제시하고 있다

2 www.pps.org/reference/what_is_placemaking/

: 특징(Character), 연속성과 위요감(Continuity and Enclosure), 공적 영역의 질(Quality of the Public Realm), 이동의 편의성(Ease of Movement), 명료성(Legibility), 적응성(Adaptability), 다양성(Diversity). 이들은 장소에 대한 논의를 공간의 물리적 실제와 질의 문제에서 공간 이용상의 실제 경험과 실용성의 문제로 확대해 논의하고 있다고 할 수 있다.

이러한 설계의 결과물에 대한 개념적 일반화를 넘어서면 그 과정도 궁극적으로 장소가 어떻게 형성되는지에 영향을 미치는 질적 차원을 갖는다고 할 수 있다. 영향을 주고받는 어떤 것으로서의 '과정' 그리고 이것을 단순한 설계 행위뿐만 아니라 연속성 측면에서 논의하는 것이 이 책의 주요 핵심이다. 무엇보다 이것은 개발, 장기적 관리, 공간 사용 과정 모두를 아우르며 다시 말해 이미 언급한 장소-형성 연속체를 의미한다. 그러므로 이 과정들은 우리가 쉽게 인식할 수 있는 의도가 투영된 설계(Self Consciously Designed)뿐만 아니라 유연성과 변화를 통해 지속적으로 건조환경을 만들고 수정하는 자연적인(Unself Conscious) 과정과도 관련된다.

바너지(Tridib Banerjee)와 루카이투-시더리스(Anastasia Loukaitou Sideris)는 "도시설계의 과정과 이것의 최종 결과물과의 관계에 대한 연구가 많지 않다."라고 말한다(2011:275). 이들은 설계가 완벽히 설명-이해-수정할 수 있는 '유리상자' 과정으로 이해되기도 하지만 대부분 불확실한 복잡성과 상상력의 깊이로 인해 이해하기 힘든 '블랙박스'로 나타나는 경우가 많다고 주장한다. 이들은 실제 설계가 이 두 경우 사이 어딘가에 존재하며 설명될 수 있지만 불확실한 것이라고 말한다. 이러한 과정을 이해하는 데는 (정치적으로 정의된) 과거와 현재의 변화 과정에 대한 종합적 이해, 그리고 장소를 형성하는 모든 과정과 이해관계자 간의 복합적이고 변화하는 권력관계가 어떻게 그 과정을 만들어가는가에 대한 장기적인 시각이 요구된다. 그 영향에 대한 설명에 이르기도 전에 왜 디자인 과정의 질을 다루는 일반화된 모델이 디자인 결과물에 대한 모델보다 더 적은지에 대한 이유를 설명하는 것도 쉽지 않을 것이다.

요약하면 여러 '질적 부분'에 대한 원칙들을 살펴봤지만 이러한 논의에서 중요한 점은 어떤 개념이든 그 한계가 존재한다는 것과 무엇이 좋고 나쁜가를 평가하는 것은 항상 해석의 문제라는 것이다. 이러한 판단이 공익과 관련된다면 그것은 이러한 과정(넓은 의미의 장소-형성 연속체 부분)을 거쳐야 한다. 그렇다면 이제 이 과정을 다루어보자.

디자인 거버넌스의 개념

거버넌스로의 전환

'거버넌스'의 개념이 아직 모호하고 정치학자들 사이에서 열띤 논쟁이 되고 있지만 1990년대부터 이 용어는 어떻게 사회가 스스로 가지고 있는 문제들을 해결하는가에 대한 이해 그리고 그 변화와 함께 해왔다. 그러므로 공권력에 대한 전통적 관념은 중앙집권화되고 위계질서에 의해 작동하는 권력기관이 가지는 지시와 통제 개념으로 보지만 거버넌스는 권력 관계의 분산과 혼자서는 매우 제한적인 영향력만 갖는 정부라는 개념에서 출발한다. 그 대신 공권력은 다양한 단계의 정부 형태, 넓은 범위의 공공/준정부 기관들, 그리고 민간 부문 단체의 자원과 활동을 통해 작동한다. 이런 점에서 보았을 때 "효과적인 권력은 다양한 힘과 기관들 사이에서 공유되고 교환되고 다툼의 원인이 된다(Held et al. 1999:447)."

현대적 의미의 거버넌스는 세계, 법인, 프로젝트, 환경, 법제, 참여, 도시 등 다양한 범위를 다룬다. 마지막에 언급된 도시 거버넌스의 경우, 여러 가지 의미로 이해될 수 있다. 초국가적인 행정 체제에서 지방정부에 이르기까지 공식적인 여러 관련 단계들의 혼합으로 이해되기도 하고 도시, 지역, 동네 등과 같이 장소와 관련하여 지리적으로 정의된 단위로 이해되기도 하며, 급속도로 변화하는 장소, 환경적, 역사적으로 민감한 지역, 다양한 요소가 결핍된 지역 등 해당 지역의 특징에 따라 구분되기도 한다. 또한 도시계획, 주요 도로관리, 공원관리 등 다양한 정책분야에서 공급되는 서비스 문제로 이해되기도 하며 고층건물 통제와 같이 도시계획의 하위 단계에서 특정 서비스 공급으로 이해되기도 한다. 거버넌스는 이런 방식뿐만 아니라 훨씬 넓게 논의되어 왔고 – 사실상 정치경제학 분야에서 더 많이 논의된다 – 그 결과 엄청난 양의 관련 문헌이 존재한다.

피에르(John Pierre)는 도시 거버넌스(Urban Governance)가 "공익과 사익을 조합, 조정하는 과정"으로 이해되어야 한다고 주장하고 "도시를 관리하고 민간과의 관계를 조정하는 것은 공공기관만으로는 감당하기 힘든 일이다."라고 주장하는 레짐 이론가(Regime Theorist)들을 인용하였다(1999:374). 도시 거버넌스는 간단히 말해 공공기관이 민간의 관심과 시민사회와 같이 집단의 목표를 추구하는 방법을 찾는 것이라고 할 수 있으며 "그 과정은 도시 제도의 적법성의 근원이 되는 정치, 경제, 사회적 가치 시스템에 의해 형성된다(Pierre 1999:375)." 이와 마찬가지로 아담스(David Adams)와 티스델(Steve Tiesdell)은 "성공적인 장소(Places)는 생산과 소비와 관련된 여러 다양한 이해관계자들 사이의 효과적인 조정을 통해 만들어질 수 있고 이러한 과업은 근본적으로 거버넌스에 해당된다."라고 주장하였다(2013:106). 이들은 일반적으로 나타나는 세 가지 유형을 제시했다.

• 첫째, 위계를 통한 거버넌스, 권력이 공적부문과 상위(정부)에 집중되어 있고 지방정부와 같은 하위기관은 상위기관에서 설정된 규칙을 따르는 방식.
• 둘째, 시장을 통한 거버넌스, 국가는 시장이 잘 작동하게 하고 이 작은 정부는 민간부문이 필요한 곳에 도시 서비스와 편의시설을 제공할 수 있는 동력을 주는 방식.
• 셋째, 네트워크를 통한 거버넌스, 공공, 민간, 자원(Voluntary) 부문의 협동과 파트너십으로 '큰 정부'의 위계화와 시장 방식의 분절화 사이의 합의점을 찾으려는 방식이다; 복합적인 도시 문제에 대한 네트워크 해결책을 찾을 때 추가되는 요소들 때문에 더 복잡해질 수 있다.

이 세 가지 유형의 거버넌스는 넓은 의미에서 영국 또는 이외 국가들의 전후 정치 형태와 그 궤를 같이 한다. (i) 복지국가, (ii) 1980년대 이후 대처주의(Thatcherite) 또는 미국 레이건 경제정책(Reaganomics)을 통한 신자유주의, (iii) 영국 신노동당(New Labor)과 미국 빌 클린턴 정부의 '제3의 길' 정책을 통한 (ii)의 변형. 피에르(1999)는 이를 더 깊이 연구하여 도시 거버넌스의 장점을 중심으로 한 네 가지 '이상적인' 유형을 정의하였다.

1. 관리주의 거버넌스 : 정부를 정치적 갈등을 해결해주는 매개체보다 능률성, 비용효율성, 전문성 있는 공공 서비스 제공을 하는 가까운 정부의 개념이다. 이 방식은 1980년대부터 시작된 신자유주의 시기의 주된 정부 형태이고 정치적 선호나 책임보다 시장경제의 수요와 공급 방식을 통해 공공 서비스의 소비자와 공급자 간의 관계가 설정되는 것을 말한다.
2. 협동주의 거버넌스 : 관리주의 거버넌스의 반대로 관련 집단 간의 협상을 통한 공동의 정책 협의와 합의를 이룰 수 있는 참여 민주주의의 이상을 그 중심에 둔다. 이 방식의 의사결정은 합의와 참여를 강조하지만 일반적으로 느리고 정치적으로 참여도가 높은 단체와 개인에게

그림 1.7 도시 거버넌스, 세 가지 기본 요소들

만 그 효과가 나타나는 한계가 있다.

3. 성장주의 거버넌스 : 경제 성장에 대한 특정 목표를 위한 공적 부문과 민간 부문의 밀접한 관계로 정의될 수 있다. 이러한 형태의 거버넌스는 참여도가 낮다는 단점이 있지만 분배가 아닌 성장을 위해 비즈니스 엘리트 집단을 정치 엘리트 집단과 직접 연결시킴으로써 그 효율성을 높인다. 이 방식에서 민관 파트너십의 제도화와 이를 통해 만들어진 단체가 상당한 운영 재량권을 가지게 된다.
4. 복지주의 거버넌스 : 경제 성장이 둔화되어 있고 주민의 주요 소득이 국가에서 관리되는 복지예산으로 이어져 국가가 서비스 제공의 주요 기능을 담당한다. 일반적으로 이러한 방식은 민간 부문이 서비스 제공자 역할을 하지 않고 이러한 거버넌스를 실행하는 주요 역할을 정부 공무원이 한다.

서로 다른 문제와 맥락들이 고유한 관계들을 만들고 이것은 다시 여러 형태의 거버넌스를 발생시킨다. 따라서 위에 언급된 서로 다른 거버넌스 형태들이 현실에서는 한 지역에서 서로 공존할 수 있다. 도시 거버넌스에 대한 상대적 관점을 가진 최근 연구들은 다음과 같은 결론을 내린다. "다른 거버넌스 방식보다 절대적으로 더 뛰어난 방식은 없다. 다양한 방식의 거버넌스 기관들과 의사결정 방식은 지역적 맥락과 역사 그리고 해결해야 하는 문제들의 복합적인 관계에 따라 결정된다(Slack&Cote, 2014:5)."

다양한 유형과 서비스 공급의 기본 의도에 대한 자세한 분석을 통하여 모든 방식의 도시 거버넌스에 적용될 수 있는 세 가지 주요 특성을 발견할 수 있다. 이것은 첫째로 운용방식(The Mode of Operation)으로서 특정한 정치적 목적에 따라 달라지는 이상(Ideological) 또는 관리(Managerial)로 나뉜다. 둘째로 공적 권한의 집중방식에 따라 중앙집권형과 간접지원기관(Arm's Length Agencies)을 포함하는 권력분산형으로 나뉘며, 셋째는 실행력이 전달되는 방식에 따라 공공지향 또는 시장지향형으로 나뉜다. 실제 도시 거버넌스는 시장 논리에만 의하거나 정부가 온전히 관여하는 등 어느 한 끝에 위치하는 경우는 거의 없고 그림 1.7처럼 연속된 축의 중간 어딘가에 위치한다. 이 러한 거버넌스 연속체 개념 체계는 2부에서 다시 다룰 것이다.

왜 디자인 거버넌스인가?

인간의 믿음과 철학은 고대 시대부터 다양한 범위에 걸쳐 건조환경의 형태를 결정짓는 관례나 규칙들을 반영해왔다. 이 규칙(Codes)들은 지구적 자연현상 또는 우주적 현상 등을 포함하는 자연현상과 관련 있는 미신, 교리, 사람의 행동방식, 영적 근원에 대한 믿음과 관련 있는 건물, 기념물, 주거지의 형태와 배치를 좌우하였다. 중국에서는 기원전 4000년 무렵부터 풍수가 활용되어 왔고 영국의 스톤헨지(Stonehenge)에서와 같은 의례적 경관의 배치가 기원전 3000년부터 발견되며 현재도 힌두, 이슬람, 기독교 세계관에 따라 종교 건축 형식이 있다. 또한 고대 이집트, 그리스, 안데스와 같이 과거 위대한 문명은 성스러운 대지에 대한 배치를 할 때 군주나 신을 받들고 그 의미를 전달하기 위해 각각 공통적으로 정해놓은 디자인 규칙들이 있었다.

종교적 권위에 의거한 규칙 이외에도 디자인은 오랫동안 통치의 대상이었고 사회는 긴 세월 동안 다양한 이유로 인해 디자인을 규제해왔다. 예를 들어 고대 중국에서 황금색은 황제의 지위를 상징하여 오랜 세월 동안 황제를 위한 건물에만 사용하도록 제한되었다. 중세 영국에서는 성벽의 총안(銃眼, Crenellation)은 방어시설로 여겨져 왕에 의해서만 지어질 수 있었고 12세기부터 총안을 짓기 위해서는 자격증을 따로 취득해야 했다. 이탈리아 시에나(Siena)에서는 13세기부터 시에나 공화국의 노바(Nova) 정부가 건물의 높이, 자재, 창문 모양, 건축 제한선에 이르기까지 다양한 범위의 건축개발 행위를 규제하였다. 런던의 경우, 1666년 런던 대화재 이후 런던시 재건을 위해 1667년 만들어진 재건축법(Rebuilding Act)에서 건축과 도시건설 법규를 찾아볼 수 있다. 이

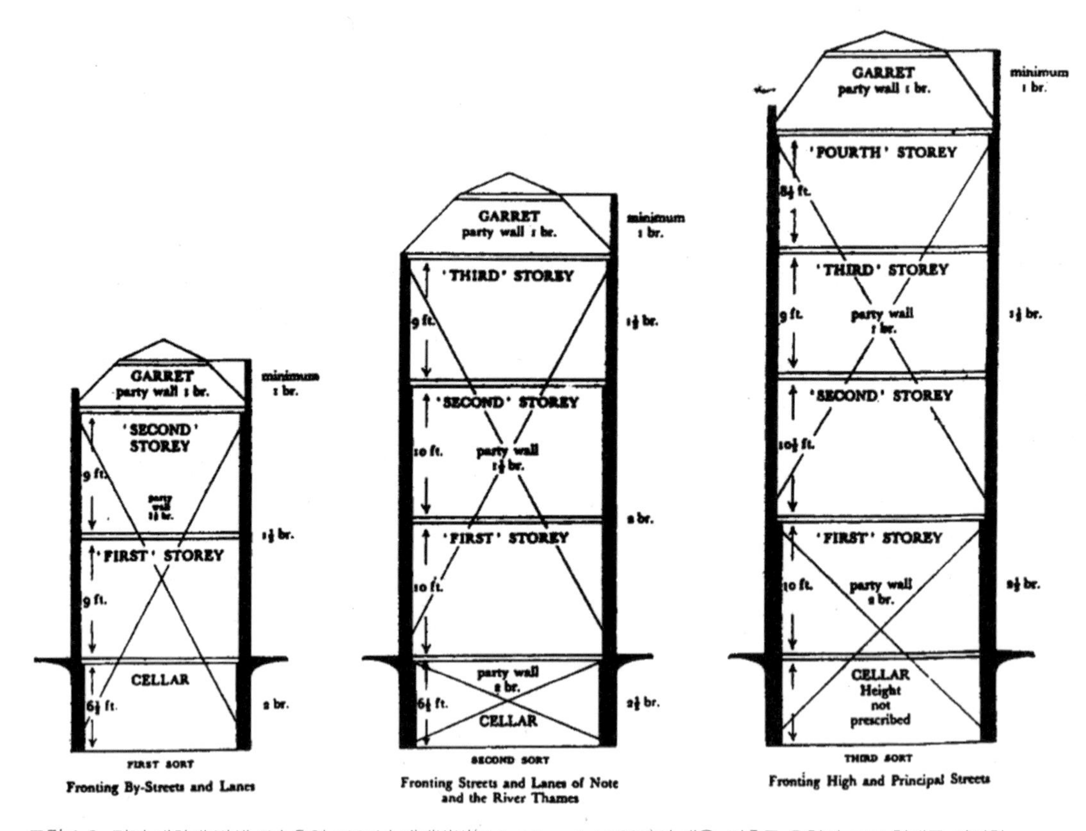

그림 1.8 런던 대화재 발생 1년 후인 1667년 재개발법(Rebuilding Act 1667)의 내용. 건축물 유형이 도로 형태를 결정함.

법규는 잉글랜드에서 처음으로 종합적인 디자인 규제를 정한 경우였으며 일곱 가지 도로, 네 가지 주택, 그리고 허가 가능한 건설방식의 종류를 포함하였다(그림 1.8). 이후 런던에서 1894년 80피트 이상 건축물을 규제하는 법이 통과되었고 1899년 미국에서는 처음으로 워싱턴 DC에서 높이 규제가 시작되었다. 또한 워싱턴 DC는 1910년부터 지금까지 의회의 순수예술위원회(Commission of Fine Arts)가 동상, 분수대, 그리고 기념물 등의 위치와 더불어 차후에는 컬럼비아 구(區, District of Columbia)의 공공건물 전부의 디자인에 대하여 조언할 수 있도록 하였다. 이 위원회는 1924년 잉글랜드와 웨일즈 지역의 왕립 순수예술위원회(Royal Fine Art Commission)를 설립하는 데 모델이 되었다(3장 참조). 이에 반하여 현재 우리가 알고 있는 도시설계의 주 내용인 토지이용관리 및 세밀한 개발조정 등은 이때(20세기) 당시는 도시계획과 용도지역 시스템의 중심 내용이었다.

이 같은 내용들은 근대로 올수록 사회가 행정력을 통해 공적 이익을 목적으로 공적-사적 건조환경을 만들거나 이에 개입하려는 범위가 넓어짐에 따라 점점 국가가 디자인에 관여하게 되었다는 것을 보여주는 작은 예일 뿐이다. 주요 내용은 다음과 같다.

- 복지 목적에 기반한 동기 : 디자인 규제의 가장 기초적인 목적은 자연과 인공환경에서 공공 또는 개인의 건강과 안전을 지키는 것이다. 이것은 화재방지와 구조적 안정, 채광과 공기순환, 도로안전, 공해와 질병 방지 등을 포함한다.
- 기능적 동기 : 건조환경이 잘 작동할 수 있도록 기능의 적합성과 지속적인 효율성을 유지하는 것을 말한다. 예를 들어 차량과 보행자의 이동을 손쉽게 하고 다른 용도와 행위가 동시에 일어날 수 있게 도우며 삶이 가능하도록 기반시설과 생활편의시설을 제공하고 건물과 공간을 관리하는 것을 말한다.
- 경제적 동기 : 경제적 성과는 언제나 주요 정치적 고려사항 중 하나이며 경제행위와 시장의 자연스러운 작용을 통제하려는 강한 의견들이 있어 왔다. 특정 용도와 형태, 특정 지역의 개발밀도를 촉진시키는 설계의 면밀한 통제는 지역경제를 부양시키는 수단으로 여겨지며 잘 설계된 개발이 이용할 수 있도록 경제 배당을 할당하는 수단으로 여겨진다(Carmona et al. 2002).
- 예측에 기반한 동기 : 이는 장소의 특정 이미지를 구상하고 투영하는 의도와 관련된다. 이는 종종 특정 종류의 회사나 개인을 도시나 지역에 유도하고 투자를 유치하기 위한 목적이기도 하지만 도시공간의 명확한 정체성을 갖추기 위함이기도 하다. 공간의 이용자는 이를 통해 세계관(긍정적이든 부정적이든)과 권력, 그 유산을 파악하고 투영한다.
- 공정성에 기반한 동기 : 독립적으로 행동하는 개인과 회사들은 그들 스스로 혜택을 극대화

하는 데 초점을 맞추는 경향이 있고 이것은 때때로 다른 공적 자원의 소모로 이어질 수 있다(공공재의 비극이라고도 불리는 상황, Webster 2007 참조). 규제는 사적 재산권이 다른 사람들의 권리나 공적자원에 영향을 미치지 못하도록 하는 시도라고 볼 수 있다.

- 보전에 기반한 동기 : 역사적·자연적 자원을 보호하는 것은 최근 대규모의 급속한 변화 시기에 더 중요한 문제가 되었다. 이는 보전의 문제뿐만 아니라 현재 기준이든 역사적 기준이든 공간의 특질들을 발전시키는 것을 망라한다.
- 사회적 동기 : 이것은 여타 모든 것을 포함하지만 더 자세하게는 건강과 사회 혜택, 시민의 자부심과 생활편의시설, 거주 적합성 등 더 잘 설계된 공공환경이 향상시킬 수 있을 것으로 여겨지는 부분들을 의미한다. 이와 같은 도시설계의 사회적 측면은 국가가 디자인에 개입하는 가장 설득력 있는 이유가 되기도 한다.
- 환경적 동기 : 에너지효율과 공공교통, 혼합 용도, 녹화(Greening) 등 이는 점점 더 도시설계와 도시 거버넌스의 주요 의제 중 하나가 되어가고 있다(Carmona, 2009c).
- 미적 동기 : '설계'가 논의될 때 시각적 요소는 종종 가장 중심 의제가 되곤 하지만 무형의 요소이기 때문에 평가하기 가장 어려운 부분이기도 하다. 그럼에도 불구하고 사람들이 기본적으로 미적 부분에 갖는 민감함에 따른 결과물, 많은 건축가들이 현재의 어떤 것을 바꾸려는 욕망, 개발이 어떻게 주변 공간을 통합하는가와 관련된 이유들 때문에 미적 요소는 여전히 중요하다(CABE, 2010d).

위에 기술한 디자인 동기들과 근대와 그 이후 형성된 환경이 일반적으로 만족스럽지 못하다는 점(이미 전술한 바 있다)을 통하여 디자인 결과물에 개입하려는 시도들은 점점 증가하고 있다. 통제를 통한 디자인 제안이 결과물의 수준 하락에 부분적으로 일조한 면이 있지만 여러 나라를 대상으로 한 몇몇 연구들은 규정(Codes)을 통하여 도시 디자인을 하는 것이 이제 보편적인 일임을 주장한다. 또한 지역적 형태와 맥락을 고려하여 사용한다면 이들은 부정적 측면이 있는 만큼 긍정적인 측면들도 있다(Marshall, 2011). '디자인 거버넌스'라는 용어는 개발 과정에서 디자인에 대한 모든 국가적 차원의 개입을 포함한다. 이 장 후반부에서는 이런 행위의 범위를 다룰 것이고 이후에는 이런 과정이 만들어내는 문제와 상충점을 검토할 것이다.

설계의 여러 문제들과 디자인 거버넌스

이전 장에서 살펴본 바와 같이 디자인 거버넌스는 오래 전부터 있어 왔고 그 과정에 공적 권한이 개입하게 되는 다양한 동기가 있음에도 불구하고 공적 통제 대상으로서의 설계는 그 자체로 문제가 있다. 여러 나라에서 수행된 도시 거버넌스 연구들은 '좋은 도시 거버넌스'가 갖춰야 할 요건들에 대해 유형을 수립해왔는데 이는 투명성과 책임, 참여와 합의 형성을 독려할 것, 효율적인 가운데 변화에 적응하고 유기적일 것, 그리고 효과적이고 공정할 것 등을 포함하고 있다. 하지만 설계는 보건, 복지, 국방, 치안유지와 같은 정부정책 분야와 근본적으로 다르기 때문에 관리 대상으로서의 디자인은 오랜 기간 동안 문제가 되었다(Carmona, 2001, 58-68). 이는 단순히 좋은 거버넌스 항목을 체크해나가는 것만으로는 설계에 실패하게 된다는 것을 보여주는 여덟 가지 핵심문제들로 압축될 수 있다. 이것은 토론과 반론 및 다양한 전문가의 의견과 의제들에 열려 있고 의사결정권자를 위해 명확하고 편리하며 예상 가능하도록 몇몇 부분으로 나뉘어서는 안된다.

분할된 책임과 내부의 의견 불일치

대부분의 국가에서 설계와 개발 분야는 세 가지 관점에 따라 나뉜다. 첫 번째로 이미 언급된 것과 같이 공공과 민간 이익이라는 관점, 두 번째는 해당 단체와 소속으로 대표되는 다양한 전문분야의 특수성, 세 번째로 공간적 범위에 따라 다른 각 지방정부의 관심사로 나눌 수 있다. 일반적으로 디자인 거버넌스는 보건, 법률, 산업과 같은 다른 정책 분야와 다르게 강력하게 통일된 목소리를 갖지는 않는다. 그 대신 디자인 거버넌스는 다양하게 분할되어 있고 이전에 언급한 '지배적(Tyrannical)' 방식의 영향들과 마찰을 일으킨다. 어떤 것이 좋은 디자인을 구성하는지에 대한 동의는 주어진 조건에서 최적의 장소를 어떻게 확보하는가보다 관련자들의 주요 동기-예를 들어 경제적 이익을 얻기 위해 정치적 지지를 얻기 위해서, 건축잡지에 실리기 위해-가 무엇인가에 달려 있다. 이것은 에단 켄트(Ethan Kent, n.d.)가 말한 지방정부의 사례에서도 나타난다. "수많은 정부부처와 관료주의적 행정 절차를 가진 현재 정부의 파열되고 단절된 구조는 종종 성공적인 공공공간의 형성을 직접적으로 방해한다." 이 의견 불일치는 처음부터 피할 수 없는 결과이며 그렇지 않다고 하더라도 분열된 책임소재는 설계에서 조직적인 행동이 쉽지 않게 한다.

'전문적인' 판단에 대한 경시

디자인 거버넌스 과정의 불협화음은 공공의 이익을 판단하는 비전문가들의 역할과도 관련 있다. 전문가에 대한 비전문가의 판단은 다른 분야에서는 보통 허용되지 않는다(Imrie&Street 2009:2514). 건축가, 조경설계자 및 도시설계자는 디자인에 대해 여러 해 동안 훈련받은 전문가임에도 불구하고 그러한 교육을 거의 또는 전혀 받지 않은 다른 사람들에 의해 평가받는다. 이런 판단을 내리는 사람에는 디자인은 자신들이 고려하는 다양한 요소 중 일부에 불과한 계획가, 디자인을 제한적인 특정 기술로 인식하는 엔지니어, 디자인은 이윤을 계산하는 데 일부분에 불과한 개발업자 그리고 종종 디자인 교육을 전혀 받지 않은 정치가 등이 포함된다. 이들은 디자인 전문가를 채용하는 데 드는 재비용(재정적 및 시간적)을 포함하여 공적 및 사적 목표를 자신들의 '비전문적' 견해를 통해 판단하려고 할 것이다. 전문가와 비전문가 사이의 갈등은 전문가보다 비전문가가 결과에 더 큰 영향을 미칠 수 있는 경우, 그리고 비전문가와 전문가의 관점이 갈릴 수 있는 경우에 더 불가피할 것이다(Hurbbard, 1994).

논쟁의 여지가 있는 '좋은 설계'라는 개념

개발 제안 평가를 위해 기존에 널리 사용되고 있는 유형적 틀이 존재함에도 불구하고 '여러 상황에 적용 가능하고 쉽게 판단이 가능한 좋은 설계'라는 개념은 여전히 논란의 여지가 있다. 건조환경 디자인에서 특정 부분은 다른 부분보다 더 주관적이다. (어떤 표준이 적합한지에 대해서는 또한 논쟁의 여지가 있음에도 불구하고) 에너지 등급이나 포용적 접근성(Inclusive Access) 같은 기술적 문제는 객관적으로 검증될 수 있지만 건축 스타일, 미학과 같은 측면은 그만큼 명확하지 않다. 또한 도시설계적 해법은 장소마다 다르며 이미 언급한 대로 이해관계자의 다양한 요구에 따라 다르므로, 이들 모두에 공통으로 적용할 수 있는 처방을 만들기는 쉽지 않다. 이런 점에서 대부분의 도시설계 문제에는 항상 여러 가지 가능한(수용할 수 있는) 해결책이 있으므로 정보와 기술을 바탕으로 한 결정과 지역개발 맥락에 대한 깊은 이해가 설계의 질에 대한 판단의 키가 될 가능성이 높다. 동시에 분명히 적합하지 않거나 수준 이하의 계획안도 많을 것이며 무엇이 부적합한가는 쉽지만 무엇이 적합한 해법인가에 것에 대한 합의는 쉽지 않을 수 있다.

설계와 설계 가치의 무형적 특성

좋은 설계란 개념화하기 힘들고 다소 무형적이어서 판단하는 데 어려움이 따르며 많은 의사결정권자(그리고 일부 전문가)들이 잘 이해하지 못한다. 이들은 종종 설계를 심미적 논쟁으로 협소하게 이해하거나 안 좋은 상황에서는 쉽게 잘라낼 수 있는 사치처럼 여긴다. 마찬가지로 대부분의 설계 목표(및 프로세스)라는 것은 측정하기 어렵고 그 영향도 적용하기 어렵다. 따라서 중앙집중식 성능관리 접근방식이나 정책 또는 지침의 가이드라인에 맞추기 쉽지 않다. 다른 곳에서 인용된 예를 사용하자면(Carmona, 2014c:6) 비만 방지 알약 투자는 단일하고 명확한 제품과 그 수입을 통해 손에 잡히는 직접적인 이익을 논할 수 있다. 이와 반대로 사용자들이 애당초 지방을 섭취하지 않고 더 많은 운동을 하도록 장려하기 위한 환경을 설계하는 것은 수많은 상호연결 요소, 분산된 책임, 추적하기 어려운 영향을 수반하는 훨씬 더 복잡한 일일 것이다. 마찬가지로 건조환경에서 더 나은 디자인을 추구하는 것은 장기적인 사업으로서 정책 결정이나 설계 프로세스에 변화를 준 시점부터 가시적 영향을 느낄 수 있을 때까지 수 년이 걸릴 것이며 이는 단기적인 정치적 우선순위에 맞지 않는 장기적인 노력과 자원이 요구된다. 이같이 설계는 복잡하고 형태가 불분명한 문제를 위해 일치된 행동을 하도록 만드는 것도 어려우며 그러한 정책을 논의하거나 결정을 내리기도 어렵다.

권한의 적절한 한계

신자유주의 시대에 국가는 점점 더 사업에 직접 개입하지 않게 되었다. 교도소, 학교, 병원 및 대규모 기반 시설의 제공과 같이 공공의 궁극적인 책임이 남은 경우에도 시간이 지남에 따라 민간 부문이 시설을 제공하고 운영하는 사례들이 증가하고 있다. 이러한 맥락에서, 새로운 개발사업의 디자인에 대한 공공정책의 의도는 시장에서 활동하는 민간부문의 후원 등을 통해 광범위하게 전달될 필요가 있고 따라서 공공 부문은 특정 결과를 만들어낼 수 있는 직접적인 범위 밖에 위치하게 되었다. 이것은 사유재산권에 대한 국가권력의 적절한 제한이라는 문제 그리고 설계를 통제하려는 시도가 부당한 간섭인지(공공부문이 직접 설계하지 않는 경우) 아니면 공공의 이익을 합법적으로 추구하는 것인지에 대한 오랜 논란과 연결되며(Case Scheer, 1994) 국가가 그러한 상황에서 설계에 영향을 미치려면 명확한 한계가 있는 권한만으로 간접적인 수단(행동을 지시하는 것)을 통해 규제해야만 한다는 불편한 문제를 제기한다. 이것은 함축적으로 지역사회가 그들의 대표를 통해 의견을 제시하고 그러한 문제에 직접 관여할 수 있는 범위를 제한한다.

시장 현실과 분리된 공공부문

공공을 위한 설계 요구사항들은 개발 과정을 연장시키거나 세부사항을 추가함에 따라 (예: 과정 초기에 더 상세한 설계 제안 요구) 또는 개발 내용을 추가함에 따라(예: 공적 공간에 대한 상세계획 또는 더 높은 에너지 효율) 비용을 증가시킨다는 문제가 있다. 이러한 비용은 개발자에게 회수될 수도 있고 아닐 수도 있어 시장 논리에 의한 계획의 실행 가능성에 직접 영향을 미친다. 이러한 공적 설계 요구사항들이 건설비용을 절감하거나(예: 값비싼 불침투성 표면을 값싼 다공 투과성 표면으로 대체) 디자인에 의해 판매 또는 임대 가치를 높일 수 있다는 근거는 많지만(Carmona 2009b:2664) 비용 문제와 현실적인 시장에서 동떨어진 있는 공공부문의 위치는 많은 민간 개발행위자들이 공공 디자인에 참여하고자 할 때 고려해야 할 사항이 될 것이다.

어느 정도 개입이 적절한가?

개입 대 간섭의 문제는 또 다른 문제를 낳는다. 개입이 적절하다고 판단될 경우, 어느 정도로 언제까지의 개입이 적절한지, 다시 말해 공적 요구사항이 얼마나 세부적일 수 있는가? 정책과 그 수행 과정의 영향에 대한 것이지만, 기본적으로 이것은 정치적·민주적 판단의 문제로서 장소마다 다를 것이다. 정책적 측면에서 지나치게 세부적이거나 명확하지 않은 설계정책과 지침에 대한 의구심은 설계에 참여하는 공공부문의 합법성에 대한 논쟁의 핵심이 될 수 있다. 특히 이것이 설계에서 건축가의 창조적 혁신 능력에 영향을 미치는 것으로 보일 때 더 문제가 된다(Imrie&Street, 2011:85). 마찬가지로 의사결정에 너무 많은 주체들이 관여하고 공통분모가 작은 '위원회 설계'로 이어지며 명확한 비전과 창의적 과정 대신 절충안을 도출하는 과정은 전체를 무너뜨릴 수 있다. 그러한 문제에 대한 옳고 그른 해답은 있을 수 없지만 개입의 많고 적음에 대한 정당성은 개입의 질과 더불어 결과적으로 공공의 지지를 받느냐에 달려 있을 것이다.

그림 1.9 그리니치(Greenwich)의 템즈강 남쪽 공간은 계획 허가를 받기에는 충분한 질을 가졌지만 사회적(펜스로 둘러싸여), 경제적(지속적인 관리 문제), 미적 가치(값싼 재료로 아무렇게나 만들어진) 측면에서 불충분하다.

확실성과 유연성 간의 균형

결정의 확실성과 일관성에 관한 문제도 있다. 이것은 영국(2장 참조)과 같이 높은 자유재량권을 통한 의사결정 시스템이지만 불명확한 정책이나 지침을 통한 무분별한 정책결정처럼 보이는 것에 대한 비판과도 관련된 문제다. 시장행위자들에게 이러한 문제는 그들의 행동에 결정적 영향을 미친다. 마찬가지로 이러한 행위자들은 변화하는 시장에서 자신들이 선택할 수 있는 행동 범위가 지나치게 손상된 경우, 예를 들어 그들의 사업에 공적 요구사항을 과도하게 규정하는 경우, 재빨리 반대의견을 표명할 것이다. 이같이 설계에 대해 어느 정도의 개입이 적절한가라는 질문은 간단하고 일관된 답을 갖기 어렵다.

이와 함께 문제는 설계가 공적 측면의 논쟁, 손쉬운 국가 또는 지역정책안, 또는 정치적 주기의 단기성에서 오는 제약 등과 적절히 들어맞는 대상이 아니라는 것이다. 또한 설계는 여러 시대와 맥락 안에서 정치적 스펙트럼의 양쪽에서 모두 비판받아 왔다. 보수정권은 공적 부분에 대해 지나치게 많이 고려한 디자인은 불필요한 개발 지연과 요식행위로 지역의 주도권과 창의성을 제한하며 자유시장의 작용을 저해할 수 있다는 우려를 제기한다.

예를 들어 운동가 맨타운휴먼(Mantownhuman)은 “우리는 보존, 규제, 중재에 굴복하지 않고 대신 발견, 실험, 혁신이라는 야심찬 인간중심 목표에 대한 지지를 얻기 위해 건축 내에서 새로운 휴머니즘 감성을 추구해야 한다(2008:3).”라고 주장해왔다. 진보정권은 설계의 질은 엘리트주의적 관심사이며 주로 그들의 자산 가치를 보호하려는 부동산 소유주나 그 가치를 향상시키려는 개발자들의 주요 관심사라고 주장하며 지역 환경의 질 향상보다 사회경제적 불평등을 줄이는 것이 우선되어야 한다는 비판을 제기해왔다. 커스버트(Alexander Cuthbert)는 설계 결과에 영향을 미치기 위한 공공부문의 시도에 대해 다음과 같이 언급하였다. “잘해야 그들은 과거를 통해 설계 과정에서 자기 이익과 자율성, 재산 가치를 보존하려고 할 뿐이다(2011:224).”

두 가지 관점 모두 근본적으로 동일하게 잘못된 생각에 기초한다. 이들은 좋은 설계가 주로 공공·민간, 사회·개인을 구분하고 한쪽의 희생으로 다른 한쪽이 이익을 얻는 것이라는 협소한 관점을 가지고 있다. 사실 좋은 도시 디자인은 수준 이하의 장소 때문에 생기는 문제를 피함으로써 사회의 전반적인 이익을 제공하는 것이며 롤리(Alan Rowley)가 특징지었듯 ‘적절한 품질’보다 ‘지속가능한 품질’을 지향한다(1998:171, 1.9 참조). 즉, 그것이 경제적 기회나 사회적 필요성에 기초하는가와 상관없이 단기적 효과를 넘어 장기적인 사회적, 경제적, 환경적, 가치를 가져다주는 개발을 뜻한다.

디자인 거버넌스의 난제

많은 사람들이 디자인 거버넌스는 사유재산권을 제한하거나 개발권을 허가하는 것으로 작동한다는 개념으로 접근한다. 전자(사유재산권의 제한)는 주요 이해관계자들이 디자인할 수 있는 자유를 제한하는 것이며 만약 자신들이 가장 직접적으로 영향을 받는다고 생각한다면 설계자나 개발업자들처럼 개입에 가장 강하게 반대할 것이다. 월터스(David Walters)는 이러한 현상에 대해 "규정에 맞는 기준에 따라 디자인 수준을 향상시키는 것보다 볼품없는 건축물을 지을 '자유'를 선호하는, 디자인 기준에 대한 많은 건축가들의 틀에 박힌 반응은 죄다."라고까지 주장했다(2007:132-133). 후자(개발권 허가) 또한 수준미달의 개발을 허가한다는 비슷한 비판을 받으며 이것은 도시계획가들이 공공 디자인의 의제를 명확히 하고 이를 전달하는 능력이 부족하기 때문이라고 주장하기도 한다. "간단히 말해 일반적인 도시계획가는 비전을 전혀 가지고 있지 않다(Building Design, 2013)."

하지만 리브친스키(Witold Rybczynski)는 디자인 거버넌스를 긍정적으로 바라본다. "시에나, 예루살렘, 베를린, 워싱턴 DC와 같이 이질적 요소들이 섞인 도시가 보여주는 사실은 건축물 디자인

그림 1.10 시장논리에 의한 디자인 실패. 서로 통하지 않는 루프 앤 롤리팝 경관(담장 너머 보이는 다른 대지의 경관)
출처 : 매튜 카르모나

코드에 대한 공공 개입이 항상 창조성을 억제하는 것은 아니며 실상은 매우 다르다는 것이다. 이것은 도시환경 전반의 질을 높일 수 있다(1994:211)." 확실한 점은 세계 여러 나라에서 이러한 공적 개입이 진행된다는 것은 디자인 거버넌스에 대하여 대중이 그 통제를 인정하는 것이라고 볼 수 있으며 대부분 이것은 정치적 색채와는 상관없다. 영국의 한 조사에서 건축물, 가로, 공원, 공공장소가 어떻게 사용되는가에는 관심이 없는 사람들은 단지 보수층의 2%, 진보층의 4%, 다른 정치성향의 3%에 해당하는 사람들뿐이었다(CABE, 2009c). 이것은 당연한 결과인지도 모르지만 같은 의미에서(역주 : 대중의 관심이 높다는 점에서) 공공부문이 아무 제약없이 개입할 수 있는 것은 아니란 뜻이기도 하다.

예를 들어 캠블(Kelvin Campbell)과 코완(Rob Cowan, 2002)은 '규정집(Rulebooks)'(다양한 디자인 기준들과 이와 관련된 관료체제를 의미)은 너무 일반적이고 지역 상황에 유연하게 대처할 수 없으므로 양질의 장소를 만들기 힘들다고 주장한다. 그럼에도 불구하고 어떤 규정 체계가 자리잡으면 그것을 바꾸기 매우 힘든데 이것은 규정 체계가 그것을 유지하는 데 필요한 많은 이해관계들을 빠르게 형성하기 때문이다. 이것의 적절한 예가 미국의 복잡한 용도지역 법령을 만들고 관리하는 공무원들이며 이에 반하여 동일한 이해관계로 규제에 이의를 제기하고 대안을 찾는 집단은 토지이용 관련 변호사들이다(Carmona, 2012).

이러한 체계의 내재된 가치가 주장되고 때로는 이론(異論)이 제기되기도 하지만 이것이 자리를 잡은 후 '기술적' 기준과 규제를 적용하여 결과를 내는 데 있어서 공공기관이 전문성을 가지고 있다는 점에 이의를 제기하는 사람은 없을 것이다. 예를 들어 영국에서 매년 약 50만 개의 계획허가신청서가 접수되고 결정된다. 대부분 집안 내부 개조와 같은 작은 변화와 관련된 신청들이고 거의 모든(약 75%) 신청은 8주 내에 신속히 결정된다[3]. 이러한 경우, 우리는 이런 종류의 행정적 노력을 더 높은 수준의 도시설계 결과물을 만드는 데 집중하여 그 기대치를 높일 수 있지 않은지에 대하여 의문을 제기할 수 있을 것이다. 이것이 디자인 거버넌스의 난제다:

> 건조환경 설계 과정에 대한 국가의 개입은 긍정적 디자인 과정과 그 결과물을 만들 수 있는가, 그렇다면 어떻게 이를 달성할 수 있는가?

엘린(Nan Elin)은 이것을 다른 방식으로 질문하였다. "우리는 어떤 규제도 없이 도시가 성장하고 변화하는 것을 한 발 물러나 지켜보기만 해야 하는가? 아니다. 그것은 단순히 도시개발이 시장경제에 의해 움직이는 것뿐이다. 시장은 깨끗한 공기와 물 또는 지역사회의 질과 같은 확실

3 www.gov.uk/govemmentlcollections/planning-applicationsstatistics

한 경제적 가치가 없는 것들은 고려하지 않고 단지 단기적으로 자원을 배치하도록 디자인되었다(2006 : 102)." 건조환경 설계는 이러한 범주 내에서 설명된다. 여러 설계들은 그것이 실현되는 과정에서 영향을 미치는 잠재적 힘이 존재한다. 그러나 시장경제 자체로만 움직이는 설계는 단순히 부분의 합보다 더 나은 뭔가를 만들 수 있는 참여자 간의 협동보다 좁은 의미의 시장경제적 이득을 취하는 데 급급한 경쟁으로 치달을 수밖에 없다. 교외 쇼핑몰과 상업구역에서 주로 목격할 수 있는 '루프 앤 롤리팝(Loop and Lollipop)(역주 : 통과교통을 배제하는 도로망 구조)' 경관은 인접한 상업지와 경쟁하기 위하여 주변 지역과의 연결을 추구하기보다 자신들의 구역 내에 개별 흡입력을 극대화하는 데 초점을 맞춤으로써 나타나는 현상(예 : 넓게 구획된 주차장과 눈에 잘 띄는 간판)이라고 할 수 있다. 그 결과, 인접한 대지들 사이의 도보가 불가능하여 차로 멀리 돌아와야 하는 경우가 생긴다. 이러한 구조는 세계 어디서나 공통적으로 일어나는 현상(1.10 참조)이며 시장 실패의 전형적인 예다.

이러한 실패를 정상화하기 위한 국가의 개입은 정당화될 수 있을 것이다. 그러나 우리는 또한 시장에 대한 해결책은 필수적으로 더 강력한 정부라는 '열반의 오류(Nirvana Fallacy)'에 빠지지 않도록 주의할 필요가 있다. 한센(Bradley Hansen)이 주장한 바와 같이 "정부는 완벽하지 않은 사람들에 의해 운영되기 때문에 정부규제가 완벽할 가능성은 적다(2006 : 117)." 그러므로 시장이 실패한 것처럼 정부도 실패할 수 있으며 공적 개입이 질낮은 장소 만들기의 적합한 대응으로 인식될 수 있지만 다양한 이유로 더 많은 정부의 개입이 인과적으로 더 나은 설계를 제공한다는 주장이나 '좋은' 설계안내서와 규제가 당연히 좋은 장소를 만든다는 추정은 매우 조심스럽게 논의되어야 한다.

- 처음부터 시장 실패가 없었을 수도 있다 : 예를 들어 대부분의 역사적 타운과 도시들은 어디에 어떻게 건축물, 용도, 공공 장소를 배치하는가에 대한 매우 적은 규제만으로도 유기적으로 성장하였지만 오늘날 도시 경관 중 가장 칭송받고 인간적인 도시를 만들어냈다.
- 해결책이 문제보다 더 나쁜 결과를 낼 수도 있다 : 토지이용 규제를 예로 들어보면 시건(Bernard Siegan, 2005)은 이러한 규제가 공급을 제한하여 주택가격을 상승시키고 공간의 사용, 밀도, 높이 등을 제한함으로써 도시 팽창을 부추기며 시장의 수요를 왜곡하여 사회적 혜택을 받지 못하는 사회구성원들의 요구를 무시하게 된다고 말한다.
- 변화와 혁신을 제한할 수 있다 : 예를 들어 건축가들은 오랫동안 디자인 규제가 미적 측면과 당시 건설기술 측면 모두에서 '안전함'만 추구하고 그 시대를 반영하는 공간 창조 가능성을 약화시킨다고 주장해왔다(Cuthbert, 2006 : 193-194).

- 의도치 않은 결과물이 만들어질 수 있다. 지나치게 일반적인 설계규제하에 만들어진 의도치 않은 결과물에 관한 이야기를 자주 접할 수 있다. 그 유명한 예로 미국에서 1961년 적용된 용도지역 인센티브(Incentive Zoning) 방법의 처음 수십 년 동안 등장한 질낮은 공공 소유 공공공간을 들 수 있을 것이다. 또한 영국에서는 관할 지방정부가 도로 가로수에 대한 지속적인 관리 책임을 회피하기 위해 계획안 '승인[4]'을 거부함에 따라 가로수가 없는 주거지 계획이 종종 나타난다.
- 차별의 위험 : 설계를 조정하는 과정은 특정 문화집단의 취향과 가치를 선호할 가능성이 있어(의도했든 안 했든) 다른 문화적 가치를 가졌거나 단순히 공간을 다르게 사용하려는 사람들을 차별할 위험이 있다. 이와 관련된 기록된 사례는 북미 교외지역의 '맥맨션(McMansions)'[5] 개발을 들 수 있다. 이러한 개발들은 일반적으로 무감각하고 '보여주기' 식이고 맥락과 맞지 않는 '크기(Bigness)' 등의 이유로 운동가들과 논평가들의 비판을 받았다. 그러나 윌로우(Willow Lung Amam, 2013)는 이러한 개발들은 단지 일반적으로 부유한 이민자들인 소유자들의 다른 문화적 기준을 반영하는 것일 뿐이고 이를 통제하려는 정책은 엘리트, 백인, 중산층 등 더 오랜 기간 살아온 주민들(그리고 도시 공무원들)에 의해 형성된 좋은 디자인에 대한 선입견을 통해 다른 취향과 가치를 가진 사람들을 차별하는 것이라고 말하고 있다.

규제경제학자(Regulatory Economist)들은 규제는 근본적으로 비용을 발생시키고 효과적이지 못하다고 주장한다. 그러나 보수 성향인 CATO 기관의 피터 반 도렌(Peter van Doren)이 '주류밀매자(Bootleggers, 규제의 존재로 경제적 이윤을 얻는 사람들을 비유하는 말)'와 '침례교도(Baptists, 다른 사람들의 행동을 싫어하고 정부가 이를 제한하기를 원하는 사람들을 비유하는 말)'로 불리는 사람들 때문에 이러한 규제를 바꾸기가 어렵다고 말한다(2005:45, 64). 이런 논평가들에게는 정부의 규제보다 시장이 개개인이 자신들의 가치를 표현하고 실현시키며 보호받을 수 있고 최적의 개발 결과물이 만들어질 수 있는 더 적절한 메커니즘이다. 이러한 주장을 뒷받침하는 예로 미국 대도시 중 유일하게 토지이용계획이 없는데도 불구하고 지역사회가 자신들의 욕구를 충족하는 도시인 휴스턴(Houston)이 자주 언급된다. 그러나 휴스턴은 토지이용계획이 없어 나타나는 문제들을 완화하기 위해 소란행위 금지, 노외(路外)주차 도입, 대지 규모와 밀도 규제, 토지용도 조건 등 다른 종류의 규제를 채택하였다(Siegan, 2005:227). 그러므로 규제가 최소화된 선진국 도시에서도 개발행위와 공간이용에 대해서

4 도로와 인도 선정 과정은 그 유지를 위한 소유권과 장기적인 책임을 개발자로부터 고속도로 관련 행정부로 이관시켰다(2장 참조). 선정 과정이 없으면 법적 책임은 개발자에게 귀속되며 어떤 것이라도 거의 잘 유지되지 않는다.

5 더 큰 주택을 건설하기 위해 기존 주택을 허물거나 상당한 수준으로 리모델링하는 것

어떤 종류든 규제는 존재한다.

여기서 보듯 미국에서 민영화된 대안들이 존재하고 어느 정도 관심을 끌었지만 대부분의 도시 장소에서는 공적 영역의 개입은 불가피해 보이며, 동시에 항상 좋은 개입과 나쁜 개입이 존재할 것이다. 결과적으로 개입의 문제 자체보다 나쁜 개입이 의도치 않은 결과물과 관련된 문제를 만든다고 할 수 있다. 여기서 두 가지 질문이 제기된다. 첫째, 개입 여부를 가정하는 데서 벗어나 설계 개입은 '어떻게' 이루어져야 하는가? 둘째, 설계 개입은 '언제' 일어나야 가장 효과적인가?

'시기'의 문제

첫 번째 질문은 이용 가능한 '방법(Tools)'의 선택과 이것을 사용할 수 있는 능력에 의해 결정된다. 그러나 두 번째인 '언제'에 대한 질문은 공적 영역에 의한 디자인 거버넌스의 본질과 민간 영역의 설계 간의 주요 개념적 차이를 구분하는 것이 중요하다. 이 주제와 관련하여 조지(Varkki George, 1997)는 디자인 프로세스를 1차 디자인(First Order Design)과 2차 디자인(Second Order Design)으로 구분하였다. "1차 디자인에서 디자이너는 디자인 결정을 통제하고 참여하거나 영향을 미친다. … 2차 디자인은 (이와 반대로) 분산된 의사결정을 특징으로 하는 상황에 더 적합한데 이 같은 디자인 방안이 더 추상적인 수준, 따라서 더 다양한 상황에 걸쳐 적용 가능하기 때문이다." 그는 대부분의 도시설계가 분산된 의사결정으로 설명되는 후자에 해당한다고 말한다. 이는 일반적으로 전자에 해당하는 건축과 상반된다.

일반적으로 개별 건축물 이상의 스케일에 대한 설계는 그것의 장기간에 걸친 영향 때문에 복합적으로 변화하는 경제적, 사회적, 정치적, 법제적, 이해관계자 환경을 다루고 이것들이 오랜 기간 동안 어떻게 관계를 맺고 변화해 나가는지를 다루어야 한다. 2차 디자인은 원론적으로 중요한 사항만 다루고 그렇지 않은 것은 무시하는 전략적 성격을 가지고 있기 때문에 변화하는 의사결정 환경에 특히 적합하다. 어떤 경우에는 1차 디자인과 2차 디자인의 구분이 모호한데 도시설계가 건축, 설비, 조경 등 더 구체적인 디자인의 기본 체계를 만드는 역할이라면 이는 다른 것에 우선하여 선행되어야 하기 때문이다.

의사결정 환경

이러한 잠재적 모호성을 잠시 제쳐두고 랭(John Lang, 2005)은 도시 스케일에서의 설계 과정을 네 가지로 구분하였다.

- 전체형 도시설계(Total Urban Design) : 하나의 팀에 의해 건축물, 공공장소, 그리고 이것들의 실행을 포함하는 넓은 지역의 디자인이 완전히 통제되는 방식
- 부분-일체형 도시설계(All of A Piece Urban Design) : 부분적으로 나뉜 개발·디자인팀들이 개별 내용을 조율하는 전체 마스터플랜을 따르는 방식
- 개별 점진형 도시설계 : 여전히 지역 전체의 목표나 정책하에서 어떤 기회나 시장 상황에 의해 사전에 계획되지 않은 개별 개발계획을 발생할 때마다 수용하는 방식
- 플러그인(Plug In) 도시설계 : 새로운 또는 기존 지역에 기반시설이 만들어지고 차후 개별 개발사업들이 끼워넣어지는 방식

첫 번째 방식을 제외한 다른 방식들은 2차 디자인 활동으로 볼 수 있으며 전체형 도시설계방법이더라도 도시설계가 제공하는 기본 틀은 개별 건축물과 공간의 세부설계 이전에 위치한다. 이 단계에서 설계란 그것을 수행하는 과정뿐만 아니라 그와 관련된 의사결정 환경을 조성한다는 의미다. 다시 말해 건축물, 가로, 경관 요소 등 실제 사물을 설계하는 것에서 멀어질수록 의사결정 자체보다 의사결정이 일어나는 방식에 더 중점을 두게 된다. 여기서 우리는 설계가 결정되는 방식과 더 나아가 궁극적으로 결과물을 만들어내는 데 긍정적인 영향을 미칠 수 있는 의사결정 환경을 만들어야 하는 과제에 직면하게 된다. 그러나 이것을 2차 디자인으로 여기기보다 설계 프로세스의 관리방식이나 디자인 거버넌스로 볼 수 있을 것이다.

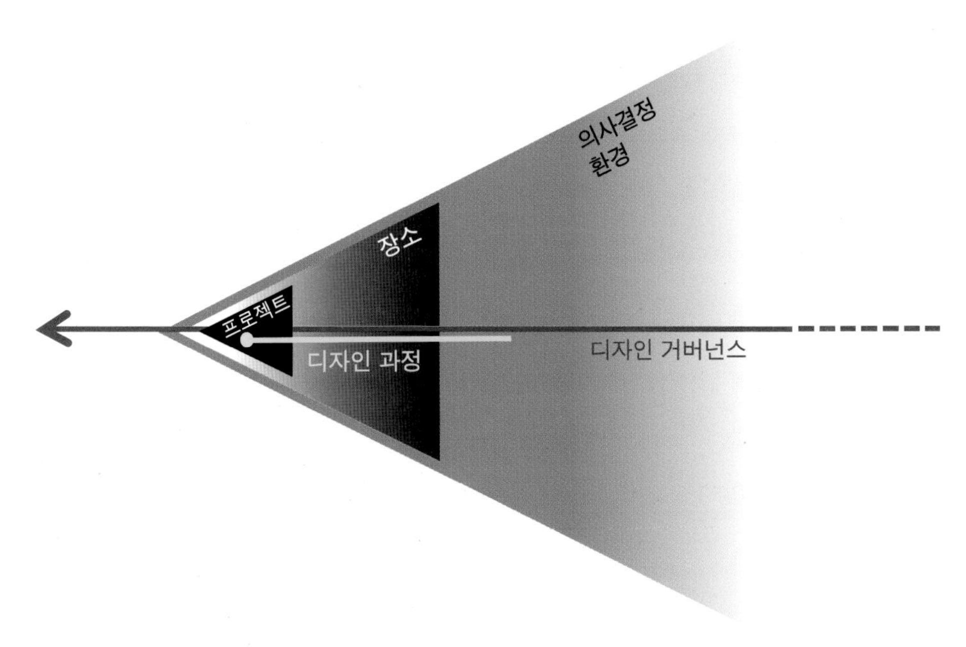

그림 1.11 디자인 거버넌스의 활동 범위

결과적으로 디자인 거버넌스는 프로젝트처럼 시간의 제한이 있는 행위가 아닌 지속적이고 끝이 없는 관리와 변화의 공간–형성 연속체(그림 1.2에서 이미 기술된 바와 같이)를 만드는 과정으로 이해되어야 한다. 이렇게 보았을 때 디자인 거버넌스는 프로젝트 시작부터 완성에 이르기까지 모든 단계를 아우를 수 있는 가능성을 가진다. 의사결정이 구상되고 설계와 개발을 통해 그 과정이 영향을 받고 완성된 후에도 이것이 어떻게 성장하는지를 관리하는 것을 포함하는 의사결정 환경 설정을 말한다[6].

그러므로 앞에서 다루었던 두 번째 질문 – 디자인 개입은 언제 이루어져야 하는가? – 에 대한 대답은 의사결정 환경을 만드는 일련의 진행 과정 속에서 지속적으로 이루어져야 한다는 것이다. 동시에 주어진 프로젝트에 중요하고 효과적인 개입을 할 수 있는 가능성은 디자인에 관한 주요 의사결정이 확실해지기 전에 이루어질수록 커진다. 이것은 또한 설계 과정 이전, 중간, 이후에 대중의 요구를 명확히 파악하여 개발 과정에 고려될 수 있게 함으로써 대립, 긴장, 지연, 사업의 실패 등을 방지할 수 있도록 한다(Carmona, 2009b:2665). 이런 의미에서 설계 프로세스의 질은 다른 형태의 설계의 질 – 심미적, 프로젝트, 장소 – 을 최적화하는 중요한 요소다. 앞에서 이론화되었듯 이러한 주요 관계는 그림 1.11에 나타내었다.

디자인 거버넌스의 구성

개입(Intervention)은 어떻게 이루어져야 하는가?

앞에서 제기되었던 '어떻게'에 대한 질문 – 설계에 대한 개입은 어떻게 이루어져야 하는가? – 으로 되돌아 가보면 이는 이 책의 핵심을 꿰뚫는 것임과 동시에 쉽게 답할 수 없는 질문이라는 것을 알 수 있다. 질문의 해답으로 가는 첫 번째 단계로서 이 장 앞부분에서 언급된 디자인 거버넌스의 정의를 다시 한번 찾아보고 풀이해 보는 것은 해답으로 고려되어야 할 사항들의 범위와 가능한 개입의 종류를 더 깊이 이해하는 데 매우 유용할 것이다.

이 책의 앞부분에서 디자인 거버넌스는 "특정한 공적 이익의 과정과 결과를 형성하기 위해 정부의 권한을 통하여 건조환경 디자인의 과정과 방식에 개입하는 과정(Carmona, 2013a)"으로 정의되었다. 그림 1.7에서 언급된 디자인 거버넌스의 기본적인 세 가지 축(운용, 권한, 실행력)에서 위의 정의는 디자인 거버넌스가 아래와 같은 세 가지 상황 (i) 공익을 위해서 (ii) 다양한 디자인 접근 방법과 단계를 통해 (iii) 궁극적으로 중앙정부의 권한을 통해 작용한다고 말하고 있다.

6 예를 들어 규제 승인 과정은 미래 개발계획이나 완료된 프로젝트의 사용 등에 행해졌다.

운용

그러면 디자인 거버넌스의 운용부터 차례대로 하나씩 살펴보자. 설계에서 거버넌스는어느 정도는 항상 이상주의적이기 마련인데 이는 다른 무엇보다 공익의 기본 목적인 '더 좋은 설계'를 목표로 하기 때문이다. 하지만 많은 예산이 필요한 전문가의 평가 없이는 설계의 질을 확보하기 어렵고 좋은 설계 자체는 어쨌든 무형의 요소이며 논란의 여지가 있고 앞에서 설명하였듯이 여러 주체 간에 '강제적 측면'에서 불협화음을 일으킬 수 있기 때문에 정부는 설계에 대해 다소 거리를 두고 운영 측면에서도 이상을 제시하거나 상황을 앞서 주도해나가는 대신 사후 관리와 특정 사항에 대처하는 방향으로 가고 있다. 예를 들어 정부는 고정된 불변의 평가지표로 주도권을 잡으려고 할 수 있을 것이고 이는 유동적인 디자인 체계나 정책들에 대한 자유재량을 통한 협의와 배치되는 것이다(2장 참조). 이때 디자인 거버넌스는 명백히 운영 축에서 위아래로 오갈 것이다.

권한

신자유주의 정치경제학에서 '권한(두 번째 축)'을 논할 때 이것은 하나의 단일 주제로 압축되어지지는 않는다. 그 대신 디자인 거버넌스 정의에서 언급한 대로 복합적인 설계 과정에서 다양한 부분에 걸쳐 분산된 책임이 디자인 거버넌스가 만들려는 전체 의사결정 환경을 이루게 된다. 그러나 더 중요한 점은 장소와 관련된 많은 요소들과 그 힘의 관계가 가지는 다양성, 장소를 지배하는 요소, 다양한 공공기관 등을 고려해볼 때 공공의 권한이 집중 또는 분산되는 정도는 매우 중요한 역사적 가치를 지니는 지역에 존재하는 단일한 중심성에서부터 다양한 지역적 특색이 복합적으로 섞인 지방 가로까지 매우 다양하다는 점이다(Carmona, 2014d:18-19). 이에 디자인 거버넌스는 권한을 따라 변화한다고 할 수 있다.

실행력

최종적으로 '실행력'에 관한 한 디자인 거버넌스는 거의 항상 국가의 공식적 행위로서 작동된다. 이 과정에서 국가는 궁극적으로 어떤 책임감을 얼마나 갖고자 하는지, 그리고 어떤 것을 피하고 어떤 것을 양보할지를 선택한다. 어떤 경우에 민간기업들은 해당 과정 내에서 효과적인 사유화를 통해(때로는 부분적으로, 때로는 전체적으로) 그 기능을 책임진다. 런던 카나리 워프(Canary Wharf)는 이런 측면에서 매우 좋은 예다. 개발자들은 구체적인 정책이 없는 경제자유구역인 카나리 워프에 그들 스스로 세부적인 규정을 효과적으로 도입하고 해당 지역의 특성을 잘 이용하여 장기적인 투자를 확보함으로써 런던의 새로운 업무지구를 세우려고 했다(Carmona, 2009a:105). 하지만 현재는 이 지역에 대한 지방정부의 개입이 다시 이루어지고 있다. 1991년 종결된 내전 직후 레바

논에서는 정부가 민간기업 솔리데어(Solidere)를 설립해 베이루트(Beirut)시 중심을 새로 건설했다. 솔리데어는 도시 내 역사적 중심지를 철저히 통제하면서 도시계획과 개발규제 전체를 관리하는 책임을 갖게 되었다(Carmona, 2013a:126-127)(1.12). 미국에서는 약 15%의 주택공급이 CID(Common Interest Development) 모델을 통하여 공급되었는데 이는 넓은 도시지역과 그 안의 모든 사회기반시설이 민간에 의해 개발되고 이후 장기적 관리자인 입주자협회(Home Owner Associations, HOA) 커뮤니티로 이전된다. 전반적으로 캘리포니아 어바인(Irvine)의 경우와 같이 입주자협회의 힘은 다양한 형태로 나타나지만 일반적으로 지방정부와 연계하여 모든 범위의 규제 의무에 책임을 진다(Punter 1999:144-160).

어떤 이들은 토지소유주들의 그러한 '자발적' 개입은 소위 다수의 공공재를 "미학적이고 기능적인 용도배분, 도로, 도시계획 그리고 기타 다른 물리적 도시 기반시설들을 생산할 수도 있으며"

그림 1.12 민간기업인 솔리데어는 베이루트(Beirut) 도심에 대한 계획 조정뿐만 아니라 원소유주를 대신하여 토지 소유권도 부여받았으며 일반적으로 국가가 행사하는 권한을 넘어서고 지역의 의무와 민주주의에 깊은 영향을 미칠 수 있는 전례없이 높은 권한을 통하여 개발과 디자인 결과를 만들었다.

나아가 적어도 부동산 소유주만의 시선에서 볼 때 국가보다 더 효율적이고 효과적으로 그 역할이 작동될 수 있다고 주장한다(Gordo et al. 2005 : 199). 이에 관한 논의가 가능하든 안 하든, 이는 이 책에서 다루는 범위를 벗어난다. 디자인 거버넌스에서 주어진 맥락 안에 무엇이 수용 가능한지는 그 시스템이 만들어진 근본적인 가치에 달려있으며 이것은 공적이고 사적인 범위에 따라 달라진다. 그러나 일반적으로 사회적 관계의 효율성에 근거하여 시장이 주요 결정권자가 되는 곳은 시장에 과도하게 개입하는 과정을 피하려고 할 것이다. 반면 어떤 시장(market)이 규제를 정책적 목적으로 간주하고 고른 분배가 올바른 방향이라고 설정한다면 개입하는 방향이(예를 들어 공익을 위한 디자인 개선 등) 적절한 것으로 여길 것이다. 이러한 곳은 디자인 거버넌스의 과정이 여전히 전반적인 국가의 책임으로 남아 있을 것이다.

그럼에도 불구하고 디자인 거버넌스의 이론적 목적하에서는 이러한 과정에 포함되어 있는 민간조직이 본질적으로 그것의 영향력 내에서 의사공공기관(Pseudo Public Authority)의 역할을 효과적으로 수행하며 동일한 대우를 받을 수 있다고 가정한다. 현실에서 국가의 재원과 권한은 종종 심각할 정도로 제한되어 있으며 디자인 거버넌스에서 성공이나 실패에 대한 책임은 공공과 민간 영향력의 다양한 조합에 의해 결정된다. 그러므로 위 두 가지의 균형은 제3의 축을 따라 매우 다양해지는데, 예를 들어 경제자유구역 내에서처럼 국가 권한이 상대적으로 약해지거나 국가 주도의 뉴타운 또는 대규모 사회기반 건설 프로젝트 내에서처럼 매우 중요한 위치를 차지하거나 그 둘 사이에서 다양한 형태의 동반관계를 가질 수도 있을 것이다.

디자인 거버넌스의 범위

이번 논의에서는 디자인 거버넌스의 정의를 둘러싼 근본적인 특징들 안에서 디자인 거버넌스의 각 활동도 넓은 범위의 맥락으로 존재할 수 있다는 점을 언급하고자 한다. 이것은 이상이나 관리 중심의 운용, 권한 측면에서 중앙집중 또는 분권형, 그리고 공공과 민간(시장)의 실행력을 말한다. 이는 똑같은 지역 안에서도 서로 다른 개발 과정이 이 세 가지 축을 따라 매우 다른 관계의 구성을 가질 수 있음을 의미한다. 영국에서의 두 가지 사례를 참고해 이를 살펴보자. 첫 번째는 민간 주도의 새로운 도시개발 마스터플랜을 위한 디자인 규제 과정이다(그림 1.13에서 a). 전형적으로 이 과정은 분리된 의사결정 과정을 보이는데 여기에는 종종 서로 다른 지방정부 간의 도시계획 및 간선도로에 대한 합의, 준광역(Subregional) 단위의 상위로부터 내려오는 경제개발 관련 내용 또는 더 나아가 보존, 환경관리, 주택공급, 도시계획 등과 같은 국가 차원의 요소들을 포함한다. 만약 디자인 코드가 간선도로 설계기준과 맞물려 있는 상황이라면 이것은 운용(Operation) 항목의 범위에서 관리적 측면(Managerial)에 위치했다고 볼 수 있고 특히 정치적으로 성취해야 할 확고한 방향이 없다면 더 그렇다. 이런 경우 디자인은 건축업자(대부분 대규모 개발업자)로부터 주로 영향을 받는데 이들은 상당한 힘과 재원을 활용하면서 그 결과물이 그들의 개발 모델을 반영하도록 한다.

위 사례를 주요 공공 프로젝트 디자인 거버넌스 과정인 2012 런던 올림픽공원과 비교해보자(그림 1.13에서 b). 이 사례에서 전체 프로젝트는 이 행사를 감독하는 하나의 특정 공공기관이 계획부터 설계까지 엄격히 관리했다. 이 과정의 모든 부분은 일반적인 과정과 달랐고 계획의 융통성은 중앙정부가 시행한 제한적 예산 안에서 최고의 영국적 디자인을 보여주겠다는 명확한 정책적 목표 안에서만 가능했다. 이를 위해 디자인 검토를 위한 위원회가 만들어졌으며 이 위원회는 구체적인 마스터플랜과 개발 가이드라인을 통하여 명확하고 높은 수준의 디자인 목표를 투영하였다. 결과적으로 해당 계획은 상당한 양의 공적자산 투입을 통하여 높은 수준의 디자인 결과를 거두기 위한 공공의 중앙통제의, 이상적 과정을 통한 결과였다. 이 사례는 적어도 영국에서는 다른 결과물들과 다소 거리가 있는 예외적인 것이며 1960년대, 영국 뉴타운의 몇 가지 사례에서 보여주듯 이러한 경우가 항상 이상적인 결과물들을 얻는 것은 아니다.

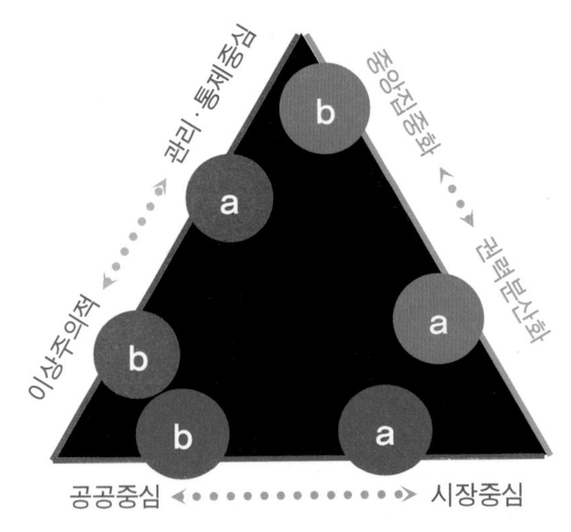

그림 1.13 개발 과정 비교 및 이들에 대한 거버넌스

주요 개념적 특징

순수하게 거버넌스 관점에서의 설계에 관한 논의는 명백하게 다양한 방향으로 흐를 수 있으며 어느 한 방향이 다른 방향들보다 월등히 좋은 것이라고 제안할 수 있는 근거는 거의 없다. 예를 들어 최근 런던의 공공장소를 새롭게 조성하거나 재생하는 프로젝트를 평가한 연구에서는 디자인 계획에서 "일반적인 공통 과정은 없다. 이는 각각의 개발계획에서 이해 당사자들과 리더십 그리고 힘의 관계가 다르기 때문이다(Carmona&Wunderlich, 2012:254)."라고 밝히고 있다. 높은 수준을 보여주는 수많은 결과물 간에도 그렇다. 동시에 표면적으로는 매우 비슷한 도시 거버넌스 과정이 매우 다른 수준의 디자인 결과물을 내놓을 수도 있다. 다시 말해 기본적으로 좋은 디자인 거버넌스의 핵심은 해당 과정이 중앙집중적이든, 분산적이든, 이상적이든, 관리적이든, 공적이든, 민간 중심이든 그 과정의 문제가 아니라 다른 요소들에 있다는 것이다. 다양한 도시 거버넌스 구조와 사례들이 점점 더 많아지는 것과 관련하여 왕립계획협회(Royal Town Planning Institute, 2014)에서 최근 발간한 보고서는 우리가 특정 거버넌스 형태에서 이론적이거나 일반화된 사례를 만드는 데 너무 많은 시간을 소비한다고 주장하며 사실 더 중요한 것은 우리가 언제 어디서 어떻게 다양한 부분들을 다루고 어떤 최상의 결과물이 나왔는지와 같은 실용적인 부분이라고 주장한다.

이것을 염두에 두고 우리는 더 다양한 사례에서 정말 중요한 요소들이 무엇인지 이해하기 위해 앞에서 언급한 디자인 거버넌스의 정의를 더 파헤쳐 보는 것이 좋을 것이다. 이에 아래와 같이 네 가지 추가적인 개념적 특징을 들 수 있다.

디자인 거버넌스의 도구와 집행

첫째, 이 개념은 디자인 거버넌스 대상에게 적용되는 모든 범위의 기술과 방법을 포함하며 이 책에서는 '디자인 거버넌스의 도구'로 언급된다. 이 도구들은 2장에서 분류되며 3부에서 더 상세히 - 그 범위는 연구부터 디자인 평가까지, 그리고 디자인 공모전부터 직접 만들어 제안하는 디자인까지 - 논하기로 한다. 도구의 활용은 행정적 기반과 처리 과정 등을 망라하고, 나아가 도구로 활용하는 데 필요한 것이라면 사람이든, 재정이든, 기술이든 그 전 범위에 걸쳐 이루어진다. 도시 거버넌스의 메타시스템(Meta-system)보다 어떻게 도구들이 선택되고 어떻게 그 도구들이 관리되는지와 같은 디자인 거버넌스의 세밀한 실행 내용이 긍정적이고 효과적인 의사결정 환경을 갖추는 주요 요인이 될 것이다.

개입의 주요 내용 : 과정과 결과물

둘째, 이 개념은 좋은 설계의 결과물 만큼이나 좋은 설계 과정 – 장소 형성 연속체 안의 모든 내용들 – 에도 관심을 두고 있는데 공공의 개입은 설계 과정에서 이루어지고 그 과정을 통한 창조물이 궁극적으로 설계 결과이기 때문이다. 예를 들어 해당 시스템 내에서 설계 역량의 부재는 이해당사자들의 설계에 관한 관심이나 관련 기술의 부재, 높은 수준의 정책 부재, 또는 사회에서 좋은 디자인에 대한 수요 부족에서 기인할 것이다. 그렇기 때문에 이 사항은 특정 설계 제안서에 관해 직접적으로 규제하는 것에 집중할 것이 아니라 정부 주도의 조정에 집중하는 것이 더 적합하다.

공식적·비공식적 도구와 과정

셋째, 이 개념은 법적 근거를 갖고 있는 공식적(Formal) '체계'뿐만 아니라 공식적 체계를 보완하거나 강화할 수 있는 비공식적(Informal)이고 법에 근거한 것이 아니거나 법적 체계 밖의 과정 전부를 포함한다. 전자의 사례로는 공공정책 입안 과정이나 토지이용 관리 과정 후자의 사례로는 공모전, 또는 설계기술을 발전시키기 위한 교육제도 등을 포함할 수 있다. 이런 점에서 서로 다른 법체계에서는 공식적 과정과 비공식적 과정의 균형을 다르게 드러낸다. 독일에서는 도시설계제도(Bebauungspläne, B-Plans)를 통해 지방 도시계획 시스템이 새로운 개발계획에서 세부적인 도시의 모습이 정의된, 법적 구속력이 있는 계획으로 탈바꿈한(Stille, 2007) 반면 중국에서는 1990년대 국가 주도의 급속한 도시화 이후 개발된 대규모 도시설계 과정이 완전한 법적 과정 밖에서 이루어졌는데, 해당 과정에서 설계 아이디어는 법적 계획 안팎으로 제공되었으나 어떤 비난에도 영향받지 않았다(Tang, 2014). 영국에서는 위와 같은 상황들이 혼재되어 일어났다. 도시 및 도로계획에 관한 법적 테두리 안에서 설계의 규제가 일어난 반면, 1999년부터 2011년까지 케이브의 작업은 거의 모두 비공식적 영역에서 일어났으며 따라서 중앙정부의 재량에 따라 결정되었다(4장 참조).

디자인의 직접적·간접적 유형

마지막으로 디자인 거버넌스는 도시설계의 직·간접적 형태를 모두 포함한다. 따라서 많은 개입행위가 더 나은 설계 결과를 만들어내고 고무하고 규제하는 의사결정 환경을 만드는 데 집중하여 실질적인 설계 프로젝트에서 분리된 간접적 과정이 되도록 하는 반면, 다른 도구들은 프로젝트와 대상지를 직접적으로 다룰 것이다. 시범사업을 추진하거나 대상지에 특화된 기준으로 설계 한도를 지정하거나 마스터플랜을 준비·적용하는 것 등은 비록 앞에서 논의한 기준으로는 1차가 아닌 2차 디자인이지만 모두 직접적인 설계라고 할 수 있다.

이러한 다양한 분류 항목 내외에서 둘러싸인 모든 것의 조화는 높은 수준의 정책부터 직접적인 행위를 통해 시도해보는 것까지 매우 넓은 범위의 디자인 행위를 다루며 다양한 계층의 행위자와 공공·민간단체를 포함한다. 이 다양한 접근방법은 뒤에서 다시 다룰 것이며, 이 주제들이 더 제한된 형태로 틀 지워지는 경향이 있었던 이전 연구 대부분에서 어떻게 다루어졌는지 엄격히 대조할 것이다. 또한 설계할 때 중앙정부가 어떻게 개입했는지 공공정책과 규제의 면밀한 검토를 통해 살펴볼 것이다. 이런 주제를 지금부터 본 장이 끝나기 전까지 논한다.

공공정책, 규제, 관리로서의 디자인을 넘어

바넷(Jonathan Barnett)은 그의 역작 『공공정책으로서의 도시설계(Urban Design as Public Policy)』에서 1960년대 후반부터 1970년대 초반까지의 뉴욕시가 용도지역, 근린지구, 그리고 사회기반시설 계획들을 통해 그리고 공공 프로젝트의 설계 검토를 통해 경험했던 도시 설계를 살펴본다(그림 1.14 참조, 1974:6). 그는 "도시설계자들은 의사결정 과정 밖에서 표면상 마무리된 제품으로서 도시 디자인을 다루는 것이 아니라 제도 안에서 도시형태를 결정하는 중대한 선택에 대한 기준을 작성해야 한다."라고 주장한다. 설계 영향력이나 전문기술을 도시지역 당국의 공식적인 기능 중 중요한 부분으로 자리매김해야 한다는 그의 주장은 강력한 것으로 40년 전과 마찬가지로 오늘날에도 필요한 것임을 보여준다. 시가지 형성에 직접적인 영향력을 미치는 정부의 기능은 그들의 결정이 해당 장소에 어떻게 어떤 영향을 미칠 것인지에 대한 명확한 지식을 가진 숙련된 직원에 의해 작동되어야 한다. 그러나 현실에서 이런 사례를 보기란 쉽지 않고 이는 왜 우리가 계속 만족스럽지 못한 장소를 만드는가라는 문제와 깊이 연관되어 있다.

정책과 규제를 통한 공공부문의 도시설계에 지나친 믿음을 부여하는 경향도 마찬가지다. 바넷은 "끝으로 더 나은 도시설계는 민간투자와 정부, 디자인 전문가들과 공공 또는 민간의 관심있는 의사결정권자들 간의 동반관계에 의해 얻어질 것이다."라고 마무리한다(1974:192). 다시 말해 정책이나 규제만으로는 도시 문제들을 해결할 수 없다는 것이다. 이 책 3부에서 보여지는 것과 같이 도시설계 연구들이 어버니즘과 실제 개발에서의 공적 규제 간의 상호관계에 집중하며 상대적으로 덜 주목했을지라도, 사실 공식적인 규제 시스템 밖에서 디자인의 질에 영향을 미칠 가능성은 일반적으로 인식된 것보다 더 많이 존재한다(Imrie&Street, 2009:2510).

이것은 푼터(John Punter, 2007)가 기술한 대로 공공정책으로서 설계의 개념이 서로 다른 시기에 도시재생, 지역 특수성, 환경적 지속가능성, 경제개발, 삶의 질, 도시 경쟁력 등 디자인이 다루도록 요구되어 왔던 의제들과 함께 최근 수십 년간 계속 발전했다는 것을 고려해보면 놀랍지 않다.

특히 건축가들은 기존에 필요했던 공간적 통제에 대한 내용에 더하여 "많은 건축가들이 디자인이 대응하리라 기대하는 것의 범위 밖에 있다고 여기는(Imrie&Street, 2011:279) 새로운 의제들에 대해서도 점점 더 고민하고 있다. 이 범위에만 국한되지는 않지만 이는 테러 위협, 기후변화, 이민자 문제 등을 포함한다."

부실한 설계 규제로 인한 실패에 대한 일반적인 비난뿐만 아니라 위와 같은 이유로 인해 벤 요셉(Eran Ben Joseph)과 졸드(Terry Szold)는 『규제받는 장소(Regulating Places)』에서 혁신을 주장하며 다음과 같이 결론 내린다. "단지 위해를 예방하거나 부동산 가치를 보전하기 위해서가 아니라 공동체 형성에 대한 영향과 관련하여 기준을 평가하려는 의지가 있어야 한다. 본질적으로 기준들은 장소에 맞추어져야 한다(Szold, 2005:370)."

규제라는 좁은 관점을 넘어서 보면 디자인 거버넌스라는 개념은 공공정책이나 설계 규제/관리로서의 설계 개념–이 두 가지 관점은 확실히 설계 결과물에 영향을 미치는 국가의 공식적 역할을

그림 1.14 뉴욕의 특징적인 건축물과 가로 형태는 1916년부터 시행된 용도지역제도(Zoning Practices)에 의해 형성된 것이다.

지나치게 강조하고 있다 – 보다 더 넓다. 그 대신 거버넌스라는 개념은 그 중심에 복잡성, 단순히 공과 사로 나뉘는 이분법을 초월해 공유하는 책무, 그리고 국가가 법적으로 정한 책무의 한계에 관한 생각을 기본적으로 갖고 있다.

거버넌스의 건설적 개입

단순히 민간 행위자에게 부과된 외부 요건들의 개념은 이미 전술되었던 세 가지 횡포를 일으키며 동시에 벤틀리(Ian Bentley)가 선호했던 '전장'에 대한 비유를 상기시킨다. 그는 일반적으로 개발과정의 행위자들이 각자의 설계/개발 결과물을 얻기 위해 서로 협상하고 계획을 세우고 구상하는 비유를 위해 전장이라는 표현을 썼다(1999:42). 그는 모든 개발행위자들은 '자원(재정, 전문지식, 아이디어, 인간관계 기술 등)'과 그들이 운영하는 '규칙'을 갖고 있으며 이런 자원과 규칙의 다양한 관계가 행위자들이 움직이는 '기회의 장(Fields of Opportunity)'을 만든다고 주장한다. 예를 들어 티스델(Steve Tiesdell)과 아담스(David Adams)는 그들의 2004년도 저서에서 '기회 공간(Opportunity Space)' 개념을 더 발전시키면서 기회 공간의 범위 또는 '한계(Frontiers)'는 명확하기보다는 변화하고 다중적인 상태로 더 잘 이해되는데 이것은 그 범위나 경계가 시간 내 특정 순간에 상대적으로 고정되면서도, 동시에 시간이 지나면서 정책적 맥락이나 부동산시장과 같은 요인들에 의해 변화하기 때문이다. 그런 맥락 속에서 특정 상황의 행위는 설계자 또는 개발자의 기회 공간을 더 확장할 수 있다. 예를 들어 재정적 보조 및 지원은 개발자들에게 특정 시장 맥락에 대응할 수 있는 더 넓은 범위를 보장해주기도 하고 규제가 덜한 상황은 디자인의 혁신을 장려하는 반면, 개발 대상지나 그 인근에서 사회기반시설의 개선은 해당 장소를 시장에서 더 매력적인 공간으로 만들어주고 그 결과, 개발하기에 유리하도록 한다.

전형적으로 개발자들은 높은 수익의 가능성이나 가능한 옵션들을 제한할 수 있기 때문에 개발 대상지에 대해 부과된 설계 제한에 반대함으로써 그들의 기회 공간을 확장하려고 할 것이다. 유사하게 설계자들은 건축가들의 용어로 '좋은 디자인'을 위해 개발자들로 하여금 그들이 원하는 것들을 양보하게 하기 위해 협상함으로써 그들의 기회 공간을 확장하려고 할 것이다(Carmona et al. 2010:290-291). 공공부문조차 그들 자신의(그리고 다른) 설계 요구를 관철시키기 위해 실행 가능한 개발 내에서 다른 행위자로부터 많은 기회 공간을 확보하기 위해 노력할 것이다. 그러나 이런 과정은 단순히 양방향으로만 오가는 과정은 아니다. 예를 들어 설계검토 단계는 외부에서부터 개발자들의 기회 공간을 줄일 뿐만 아니라 설계를 위한 기회 공간을 더 확장하기 위해 설계자들에게 개발자들의 기회 공간을 양보할 것을 종용하기도 할 것이다. 동시에 규제는 위와 반대 방향의 결과로 이끌 수 있다. 예를 들어 엄격한 도로 계획 기준의 수행은 엄격한 표준단위 형태의 주택 배치를 통하여 도시, 건축, 조경 디자인 부문의 매우 낮은 기회 공간으로 이어질 수 있다.

이 모든 것들은 기회 공간을 위한 전쟁이 앞으로도 계속될 것을 보여주며 궁극적으로 모두를 위한 최적화된 결과물을 만드는 과정에 관련 부문들을 포함하는 것이 우리 모두를 위해 더 의미 있는 결과와 이익을 내는 과정이 될 것이다. 디자인 거버넌스는 정책 또는 규제와 반대로 이것이 – 미의 질, 프로젝트의 질, 장소의 질, 과정의 질까지 – 국가에 의해 주도되면서도 장소를 더 나은 공간으로 만드는 데 일조할 수 있는 모든 분야를 연결하는 포용적인 과정이 가능성을 보여준다. 이런 맥락에서 아담스와 티스델은 "장소에 대한 거버넌스는 국가가 부동산 개발사업 전체를 좌지우지하는 경우가 거의 없으며 일반적으로 과정 내의 개입 내용에 의해 특정지어진다. 그렇기 때문에 정부는 그들이 이상적으로 얻으려는 것과 개발 프로젝트의 직접적인 인수없이 실제로 얻을 수 있는 것 사이에 내재한 긴장감을 다루어야 한다(2013:105)."라고 주장한다. 이것은 이 책 마지막 장에서 다시 다룰, 앞에서 언급했던 디자인 거버넌스의 난제와 다시 연결된다.

결론

이 장은 우리의 많은 도시 공간 중 불만족스러운 장소에 대한 해결책으로서 디자인 거버넌스의 환경, 목적, 문제점들과 설계 부문에서 국가의 개입에 관하여 살펴보았다. 이러한 과정을 통하여 개념적으로 형성된 이슈들이 다음과 같이 도출되었다. 우선 왜 우리는 불만족스러운 장소를 만드는가, 개입과 질적 개선을 위한 사회적 행위를 뒷받침하는 요구들, 직접 설계하는 것으로부터 점점 분리되고 있는 국가에 제시하는 문제들, 설계의 질이라는 것의 본질과 그것이 과정 및 장소와 갖는 관계들, 우리의 설계에 대한 접근을 살펴보는 데 거버넌스가 어떻게 유용한 틀을 제공하는가에 관한 것, 디자인 거버넌스는 실제 결과물을 만드는 것 만큼 해당 설계가 위치하는 주변 환경에 대한 고려도 포함한다는 것, 디자인 거버넌스 과정은 연속적이고 다양하며 많은 이해당사자(공공 및 민간) 간에 공유된다는 점, 그리고 마지막으로 디자인 거버넌스는 시장의 행위자들에 대한 법제화된 공적 수단의 부과를 넘어서는 것으로서 건설적 개입을 통해 수익성 있고 창조적이며 사회적으로 유용한 설계가 나올 수 있는 기회 공간의 확장을 추구한다는 것이다.

끝으로 모든 디자인 거버넌스의 형태는 근본적으로 정치적이며 '좋은' 디자인의 본질을 판가름하려는 정치과정의 일부다. 건축 설계 규제에 관한 법적 연구를 통해 임리(Rob Imrie)와 스트리트(Emma Street)는 이런 행위를 "궁극적으로 더 넓은 사회 및 도덕 거버넌스 시스템 중 일부로서 좋은 도시란 무엇인지 또는 무엇이어야 하는지에 대한 기준들, 그리고 이들에 일치하는 장소로 (재)생산하려는 것"이라고 정의한다(2011:284). 틀림없이 이는 단순히 기준에 만족하지 못한다고 불만을 제기하는 것이 아닌 설계의 실현에 관여한다는 도덕적 '책임 윤리'가 있는 과정이다. 즉, '우리는 더 나은 공간을 만들 수 있다'라는 강력한 믿음이 대부분의 사례를 뒷받침하고 있으며 이 책 뒷부분에서 더 깊이 다루어질 것이다. 이 책도 최근 사례들이 잊혀지지 않고 기억되어 더 나은 미래에 적용되거나 거부됨으로써 그 교훈을 얻고자 한다.

Chapter 2

디자인 거버넌스의 공식·비공식적인 도구들

이번 장에서는 디자인 거버넌스에 대한 논의를 전반적인 이론이 아닌 그것의 '도구'와 유형 분류로 옮겨가고자 한다. 먼저 정책 입안자(Policy Makers)들이 특정 정책목표를 위해 공적 또는 사적 요소를 조정하는 데 사용하는 도구, 접근방식, 집행 범위에 초점을 맞추어 다양한 문헌을 검토한다. 이런 과정을 통해 도구의 개념이 어떻게 디자인 거버넌스 의제와 연결되는지를 첫째, 디자인 거버넌스의 세 가지 공식적(Formal) 유형 – 지침(Guidance), 유도(Incentive), 조정(Control) – 연구 그리고 둘째, 케이브(Commission for Architecture and the Built Environment, CABE)가 핵심사업을 위해 사용했던 다섯 가지 비공식적(Informal) 유형을 통해서 살펴본다. 비공식적 수단은 이 책 3부에서 깊이 있게 다루고 있고 공식적 수단이 비공식적 수단과 간접적인 디자인 거버넌스 작용의 기본이 되므로 이번 장에서는 공식적 수단을 더 우선적인 논의 대상에 둔다.

도구에 기반한 접근

정부의 도구

공공정책의 주요 가닥 중 하나는 정부의 정책 도구다. 이에 수반하는 문서들은 수단, 접근, 집행 범위에 초점이 맞추어져 있는데 이는 책임지고 있는 특정 정책 결과의 맥락과 구성 요소, 관련 기관들을 조절하기 위해 정책입안자가 적용하게 된다. 이것을 티스델(Steve Tiesdell)과 아담스(David Adams)는 정부의 목적이 아닌 도구라고 묘사하였다(2011:11). 그런 분류와 분석은 정부의 효과적인 업무 수행과 설정된 목표 달성을 위한 대안의 범위를 설정하는 데 그 가치가 있다.

처음으로 도구를 통해 행정을 이해하는 접근방법을 주장한 것으로 알려진 학자 살라몬(Lester

Salamon)은 최근 도구를 통한 행정방식의 확산은 자유주의 경제 이론에 대한 믿음과 비용-효율 방식에 대한 불신에 의해 만들어지고 있다고 주장한다. "결과적으로 미국과 캐나다로부터 말레이시아와 뉴질랜드 정부에 이르기까지 모두 재수립, 축소, 민영화, 권리 양도, 탈중심, 탈규제, 분리 등 정부가 자기 자신을 검사하고 계약관계에 의해 관리되도록 압력을 받고있다."(Salamon, 2000:1612). 많은 접근들은 이런 방식으로 정부 단체를 바꿈으로써 문제를 해결할 수 있다고 보고 있다. 저비용 고효율을 더 낼 수 있고 유권자들(정책 집행 대상이 되는 개인이나 단체)의 요구에 더 즉각적으로 반응할 수 있으며 설정된 목표를 보다 더 효과적으로 달성하고 관료체계 자체를 위한 행동이 줄어들 것으로 보는 것이다. 그러나 살라몬은 이것이 많이 알려지지는 않았지만 현대 정부는 사실상 이런 걱정으로부터 멀리 벗어나 있다고 말한다. 그는 "이런 변화의 핵심은 단지 정부 행위의 범위와 크기뿐만 아니라 그 자신의 형태를 근본적으로 바꾸는 데 있다."(Salamon, 2000:1612)라고 주장한다.

이것을 뒷받침하는 것은 정책집행 수단, 다시 말해 공공정책 이슈를 다루는 데 사용되는 도구와 방법의 빠른 확산이다. 과거 정부 활동이 관료들을 통하여 직접적으로 서비스하는 데 국한되어 있었다면 현재는 현란할 정도로 다양하다. 직접적인 정책, 국영업체와 정부 후원 기업, 경제적 규제, 사회적 규제, 국영보험, 공적 정보, 교정적 조세, 벌금, 오염배출권, 다양한 계약관계, 서비스를 위한 계약, 보조금, 대출 및 대출 보증, 조세 지출, 그리고 바우처(Vouchers)(Salamon, 2002) 등이 이에 해당한다. 또한 새로운 방식이 개발됨에 따라 새로운 집행 과정, 기술적 요구사항, 전달방식, 관련 전문가 등이 이것의 사용과 발전에 필요해진다.

수년 동안 정부가 사용할 수 있는 수단에 대한 조사를 해온 많은 연구들은 그 수단들이 여러 가지 방법으로 분류될 수 있음을 보여준다. 후드(Christopher Hood)(1983)는 그 방식이 사용되는 정부의 역할(e.g. 정보의 수집과 행위의 효율성을 위해서)과 사용되는 자원(Resources)에 따라 나눈다 : 결절(Nodality, 정보), 재원(Treasure, 공공 자원), 권한(Authority, 법적 힘), 또는 조직(organisation, 활동을 변화시킬 수 있는 능력). 이것을 그는 나토(NATO)구조라고 이름 붙였다. 맥도넬(McDonnell)과 엘모어(Elmore)는 집행하는 전략에 집중하여 강제, 유도, 능력배양, 제도변화(1987:133)로 나누고 슈나이더(Schneider)와 잉그램(Ingram)은 정부 활동이 변화를 위해 취하는 행동에 따라 권한 방식, 인센티브 방식, 용량 방식, 추상적 또는 권고방식, 교육방식(1990:513-522)으로 분류한다. 또한 베둥(Evert Vedung)(1998)은 각종 도구가 담고 있는 권한의 범위에 따라 당근, 채찍, 그리고 설교로 나눈다. 살라몬(Salamon)(2000)은 정책 활용의 차원에 따라 강제력의 정도, 직접성, 자동화, 시각화로 분류하였다. 라쿰(Lascoumes)과 르게일(Le Gales)은 정치적 관계와 수단이 대표하는 적법성을 통하여 분류하였다(2007:12). 마지막으로 바보(Vabo)와 로슬랜드(Roisland)(2009)는 나토(NATO) 구조로 돌아가 정책을 ‘직접적으로’ 또는 ‘간접적으로’ 집행하는가에 따라 구분하였는데 후자는 연합, 파트너십, 단체 등을 통해 새로운 ‘거버넌스’의 형태를 묘사하고 있다.

각각의 관점은 비록 서로 겹치거나 혼란스러워 보일지라도 정부의 행위를 모든 면에서 살펴보고 이를 이해하고 분류할 수 있도록 하는 데 의미가 있다. 이 모두를 검토하는 것은 1장에서 살펴본 세 가지 기본 특성으로 정의된 도시 거버넌스보다 넓은 범위의 과정이다. 이 관계는 2부에서 다시 다룰 것이다. 그 전에 먼저 도구에 기반한 접근은 디자인 거버넌스와 어떤 관련성을 갖는가?

공적 영역 도시설계의 도구들

우리가 공공정책에서 특정 범위에 집중해 본다면 직접적이고 영향력 있는 변화를 위한 세부적인 도구들이 빠르게 논의될 수 있다. 디자인 거버넌스에 적합한 도구란 무엇인가라는 질문에 대해 전반적인 의미의 거버넌스보다 매우 제한적이지만 잘 정리된 도구를 보여주는 몇 가지 체계적인 범주를 제안할 수 있다. 슈스터(Schuster)와 그 동료들은 건축유산(Built Heritage)에 대한 연구(1997)로부터 도구를 다섯 개로 분류하였는데 이후 이를 “정부의 도시설계 정책이 시행되는 기본 구성요소(2005 : 357)”를 나타낸다고 말하고 있다. 그는 이것이 정부에서 취할 수 있는 모든 도시설계적인 활동을 나타내며 따라서 어떤 주어진 문제에 대해 최적의 도구를 선택하기 위해서는 이 분류에 대한 충분한 이해가 있어야 한다고 주장한다. 이 도구는 다음과 같다.

- 소유와 운용(Ownership and Operation) : 공공부문이 토지나 건물을 소유함으로써 직접적으로 행동을 취할 수 있음(정부가 X를 수행함)
- 규제(Regulation) : 개발하려는 대상에 대해 직접적인 행동을 통해 관여함(당신은 X를 하거나 하지 말아야 함)
- 유도(Incentive)와 방해(Disincentive) : 특정 행위를 조장하는 것. 예를 들어 토지 거래 또는 개발권 강화(당신이 X를 한다면 정부는 Y를 할 것임)
- 재산권 수립(Establishment), 배분, 시행 : 예를 들어 토지 이용의 지역제 또는 재조정을 통해(당신은 X를 할 권리가 있음. 그리고 정부가 그 권리를 부과할 것임)
- 정보(Information) : 다른 요소의 행동에 영향을 미치기 위한 정보의 수집과 배포. 예를 들어 바람직한 디자인 특성에 대한 안내 책자 만들기(당신은 X를 해야 함, 또는 X를 행하기 위해 Y를 알 필요가 있음)

이들 모두 디자인 영역만을 위한 것은 아니며 사실 도시계획부터 도시관리에 이르기까지 장소를 만드는 모든 영역과 관련된 것이다. 이것은 정부의 정책 의도는 정부부서를 통해 직접 수행되거나 정책 수립이나 법안 등과 같이 민간 부문의 결정에 영향을 미칠 수 있는 다양한 방법, 또는 세금 부과 및 면제, 보조금 등 재정적 방법이 있음을 보여주고 있다. 예를 들어 영국의 보존주의자들은 오랫동안 역사적 건축물을 망가뜨리는 왜곡된 인센티브제가 있다고 주장해왔는데 이는 건축물 재정비나 수리를 할 때 20%의 부가가치세를 부과하는 반면, 개축할 때는 전혀 없다는 점을 지적한다. 슈스터의 첫 번째를 제외한 모든 분류는 그것을 통해 특정 디자인 해결책보다 디자인이 만들어지는 의사결정 환경을 형성하는 것이며 마지막을 제외한 모든 항목은 특정 공공이익을 위해 다른 부문들을 지시하거나 회유, 유도하기 위한 전형적인 법적 권한이라고 할 수 있다.

특히 공공부문에서 일하는 도시설계가의 역할에 초점을 맞추어 카르모나와 동료들은 더 단순한 지침(Guidance), 유도(Incentive), 조정(Control)이라는 세 가지 구조를 제안했다. 이 제안은 신자유주의 시대의 국가가 개별 건축물(학교, 병원 등)의 규모를 넘어서거나 기반시설이 관련되지 않은 개발, 또는(슈스터의 개념에서) 이미 설정된 권리를 넘어서는 규제를 수행하지 않는다는 사실에 바탕을 둔다(2010:298). 따라서 공적 영역에서 매일 행해지는 도시설계는 세 가지 주요 범주의 도구에 초점을 맞춘다.

- 지침은 적정 개발에 대한 '긍정적' 유도에 해당하는 것으로 '정보(Information)' 도구와 토지이용의 분배·재분배를 다루는 '수립과 배분(Establishment and Allocation)' 도구를 포함하는 계획과 지침을 수립한다.
- 유도 과정은 이와 반대로 사전에 작용하는 수단으로서 공공부문 또는 공적자원 측면을 통해 개발이 공공의 관심을 끌도록 기여하거나 토지 소유주들에게 매력적인 개발이 될 수 있도록 계획안을 제시한다.
- 조정 과정은 공공부문의 권한을 가진 주체(Public Authority)가 규제와 법에 의거하여 개발 행위에 대한 거부 권한을 행사함으로써 개발 과정에 직접적인 영향력을 행사할 수 있도록 한다. 일반적으로 이것은 연속적으로 중복되는 규제들을 통해 이루어진다.

이 체계는 공공부문에서의 도시설계의 역할을 하향식 명령과 조정 행위에 대한 것이라기보다 조정 과정이 지침과 유도 과정에 의해 형성됨으로써 양질의 디자인과 더 좋은 장소를 만들어내는 것이라는 점을 통하여 이해하고 있다. 또한 지침과 유도는 조정 행위에 앞서 적용되는 것이 이상적이다(Carmona et al. 2010:298-299). 세 가지 행위는 모두 법적 관리를 받으며 계획안이 지표에 의한 기준치를 얼마나 만족시키는가 또는 새로운 기반시설 사업처럼 공공부문 자금지급의 전제조건에 따라 평가가 내려진다는 점에서 종종 지시에 의한 방식이라고 할 수 있다.

티스델(Steve Tiesdell)과 올맨더(Phil Allmender)(2005)는 이런 도구들이 의사결정 환경에 많은 영향을 미치며 따라서 주요 개발 행위자들의 행동을 이해하는 것이 필수적이라고 주장한다. 특히 이것은 도구를 사용하는 경우, 다른 부문보다 공공부문이 사용하는 경우가 많기 때문이다. 분류 중 처음 세 가지는 지침, 유도, 조정 세 가지 방식과 연관있지만 네 번째는 새로운 방향을 가리킨다. 그들이 설정한 도구는 다음과 같다.

- 행위 형성 : 의사결정 환경을 형성하여 시장(Market)의 결정과 거래 맥락을 설정함
- 행위 자극 : 의사결정 환경의 지형을 재구성하여 시장 활동과 거래를 원활하게 함
- 행위 규제 : 의사결정 환경의 수치, 양, 변수를 설정하여 시장 활동을 조정하고 규제함
- 개발 요소·조직의 역량 개발 : 인적 자원(기술, 지식, 태도) 개발과 조직 네트워크 강화 등과 같은 방법을 통하여 특정 대상 공간의 요소들이 더 효과적으로 작동할 수 있도록 능력을 향상시킴

마지막 분류는 건조환경에 적용될 때 특히 중요하다. 그것은 공공부문으로 하여금 개발의 특정 결과물보다 그 결과물로 이어지게 된 과정의 형성을 더 중시하도록 만들기 때문이다. 이것은 해당 과업을 효과적으로 수행하기 위하여 필요한 능력, 자신감, 정보, 제휴, 자원이 부족할 경우, 기반시설 거버넌스를 하는 데 사실상 어려움이 있다는 의미이며 이런 우려는 법적, 공식적 거버넌스 범위 밖의 일반적으로 비공식적이라고 언급되는 범위의 활동에 대한 것이라고 할 수 있다.

카르모나(2010:297)도 이런 특징에 대해 알고 있었으며 린치(Kevin Lynch)(1976:41-55)의 도시설계 수단 - 진단, 정책, 디자인, 규제 - 과 롤리(Alan Rawley)(1994:189)의 세 가지 보충 수단 - 교육, 참여, 관리 - 에 근거하여 더 넓은 범위의 체계를 만들었으며 이것은 어떻게 공공부문이 지도와 조정을 통한 개발을 넘어 근본적으로 장소를 만들어낼 수 있는가에 대한 것이라고 할 수 있다. 공적 이해관계를 통하여 건조환경을 조성할 때 이 체계에서는 다음과 같은 것들을 반영해야 한다고 말한다 : 진단·감정을 통한 복합적인 지역적 맥락의 이해, 정책과 디자인(지침)을 통한 명확한 의도, 규제를 통한 정책과 디자인의 강화, 마지막으로 교육(시간이 지남에 따라 의도와 능력을 발전시킴), 참여(해당 장소의 이해관계에 관여), 조성된 건조환경의 관리(대규모 건물, 가로, 공간에서 공적 부문의 의무를 반영)를 통한 장기적 목표

이 체계는 공적부문이 각각의 도구를 통한 개입을 보기 위하여 도시설계를 선형 과정으로 단순화한다[7]. 그러나 복합적인 부분을 함께 고려한다면 이 도구들은 단절되어 독립적으로 작용하지 않으며 복잡한 거버넌스 환경 안에서는 하나의 도구를 통해서도 그 행위의 범위에 따라 다양한 효과가 나타날 수 있다. 예를 들어 디자인 지침은 일반적으로 다양한 형태, 규제, 자극의 종합으로 나타난다(Carmona et al. 2010 : 65).

디자인 거버넌스의 유형화

지금까지의 논의를 통해 봤을 때 디자인 거버넌스를 이해하고 분석하는 데 그 도구를 유형화하는 것이 가능하다고 할 수 있을 것이다. 1장에서 디자인 거버넌스의 본질과 관련하여 네 가지 개념적 특징을 살펴 보았는데 첫 번째 특징인 도구와 행정은 뒤에서 다시 다룰 것이고 나머지 세 가지 특징인 공식성과 비공식성, 과정과 결과, 직접과 간접성은 유형화하는 데 효과적인 구조를 제공할 것이다.

첫 번째, 공식성과 비공식성 간에는 그 도구에서 큰 차이가 있다. 즉, 법에 의하여 필요한 역할로 규정되는 것들(일반적으로 규제에 의한 의무로 정의되는)과 자유재량에 의해 추가로 선택 가능한 것들의 차이다. 이것은 도구의 유형을 정하는 데 뚜렷이 구분되는 내용이다. 두 번째, 우리는 거버

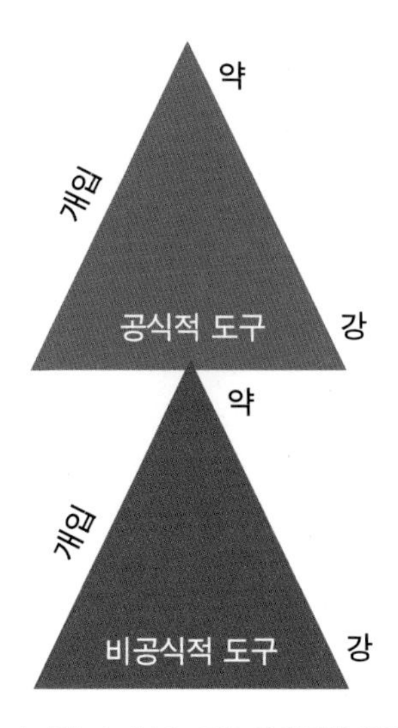

그림 2.1 디자인 거버넌스 도구, 유형화를 위한 프레임

7 실제에서 도시 설계는 선형적 과정이 전혀 아니며 과정상 단계들은 반복적으로 연속된다. 또한 어떤 장소를 만든다는 것은 우리가 인식하든 안 하든 결코 끝나지 않는다(1.2 참조).

넌스와 관련된 두 가지 중요한 개념적 구분인 결과와 과정 그리고 도시설계의 직·간접적인 과정을 도구의 두 번째 주요 특징으로 연결지을 수 있다. 이것은 개입 정도에 관한 것이다. 따라서 과정과 간접적인 의사결정 환경 형성에 무게를 둔다면 더 장기간에 걸쳐 서서히 퍼져나가는 효과를 갖는 반면, 결과 – 특정 프로젝트 또는 장소 – 에 무게를 둔다면 그 결과를 형성하는 더 즉각적이고 눈에 보이는 영향으로 연결된다고 할 수 있다.

다층적 유형화(Multi Levelled Typology)가 여기서 만들어지는데 디자인 거버넌스의 공식적·비공식적 과정이 그 첫 번째와 두 번째 구분이 된다. 뒤따르는 글은 차례대로 이러한 분류 설정과 그림 2.1에서 보는 바와 같이 단계적으로 높거나 낮은 개입의 정도를 보이는 도구들에 대하여 논의한다.

공식적 도구, 시행과 실험을 통한 접근

법제화의 기반

실제 디자인 거버넌스에서 공적 규제 도구에 대한 일반적인 의존(어쩌면 지나친 의존)을 논의한 1장에 이어 여기서는 공식적 도구에 대한 논의를 시작한다. 더 넓은 측면에서 그런 도구들은 디자인을 통한 공공부문의 관여에 대한 경험적 접근을 말하는데 그 목적을 위한 도구의 세부사항만 의미하는 것이 아니라 법률에 근거한 명확한 공권력 또는 그런 역할을 위하여 지방정부의 책임을 규정하는 국가·공적 정책까지 포함하는 것이다. 예를 들어 영국에서는 1909년 이후 법률에 근거해 계획 수립을 허가해오고 있으며 몇 년에 걸쳐 이름이 바뀐 후 1947년 토지개발 권리를 국가가 소유함으로써 이후 실질적인 토지개발을 위한 '계획허가제도'로 굳어졌다.

지난 세기 동안 영국의 계획제도(Planning System)를 직접적으로 규정하거나 환경 보호 또는 인권 관련 법률처럼 간접적이지만 결과에 영향을 미치는 수백 개에 달하는 많은 양의 법률들이 제정되었다. 2015년을 기준으로 할 때 16개 법률이 잉글랜드의 도시계획[8]과 직접적으로 관계되어 있으며 18개 보조 법률이 영향을 미치고 있다.[9] 더 나아가 2012년에 통합되기 전에는 법률들이 1,000페이지가 넘는 정책집들과 그 권한을 어떻게 써야 되는가를 해석해 놓은 7,000페이지에 달하는 지침들로 연결되어 있었다. 이는 차후 다시 살펴볼 것이다.[10] 국가 차원의 계획법, 정책, 지침의 매우 적은 부분만 직접적으로 디자인과 관계되며 대부분은 디자인이 영향을 받는 도시계획

8 www.planningportal.gov.uk/planning/planningpolicy-andlegislation/currentlegislation/acts; www.pps.org/ training/

9 http://planningjungle.com/ of-legislation/consolidated-versions-of-legislation/

10 www.gov.uk/government/uploads/system/uploads/attachmcnt_data/file/39821/taylor_review.pdf

의 맥락과 관계된 것인데 이런 도시계획은 장소가 형성되는 데 영향을 미치는 법적 내용 중 하나로 유지되고 있다. 다른 법률들은 고속도로, 주택, 경제개발, 보존, 환경, 자연과 농촌, 지방정부, 건축물 규제, 공공조달, 공원과 오픈 스페이스 등을 다룬다.

법과 정책에 의한 개입은 다양한 규모로 공적활동 의무를 수행하는 것인 동시에 많은 양의 자원 사용, 궁극적으로 세금 지출을 의미하며 1장에서 논의한 바와 같이 디자인의 경우도 재산권, 자유, 공공의 관심사에 영향을 미치는 행위인 것이다. 아마도 이것은 거버넌스로서의 디자인에 대한 대부분의 학문적 논의가 정부의 공식적 도구에 압도적으로 몰리는 반면, 비공식적 수단들은 잘 다루어지지 않는 이유를 설명한다. 향후 논의는 카르모나와 동료들에 의해 세 부분으로 단순화된 체계 – 지침, 유도, 조정 – 를 적용하여 디자인 거버넌스의 공식적 도구에 대한 논의를 구축한 것이다(2010:298). 이는 권고에서 강제로 또는 약한 개입에서 강력한 개입을 따라 변화한다(그림 2.2).

지침(Guidance)

베어(William Bear)는 관습, 규범, 규칙, 규제, 기준과 같이 “인간 행동에 영향을 미치는 장치라는 점에서 유사한 의미를 가지는 몇 가지 단어들”에 대하여 검토하였는데, 예를 들어 규칙이라는 개념 안에는 규제(정부 규제)와 기준(전문가 내부 기준)이 포함된다(2011:277). 이 용어들도 넓은 범위의 다른 용어들은 자주 구분없이 호환되어 사용되며 합의된 어떤 정의도 내려진 바 없다. 랭(Jon Lang)은 공공부문의 도시설계를 다루면서 목표(Objectives), 기준(Principles), 지침(Guidelines)이라는 용어들을 구분하였다. 그에 따르면 목표는 “디자인이 달성해야 하는 어떤 것에 대한 일반적인 진

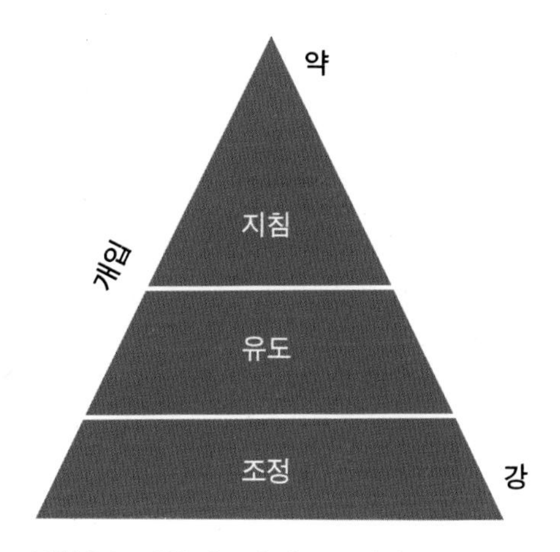

그림 2.2 개입 강도에 따른 공식적 도구

술"이며 기준은 "디자인 목표와 해당 환경의 특정 패턴 또는 배치 간의 연결" 그리고 지침은 "내용을 알지 못하는 사람을 위하여 목표를 어떻게 달성하는가에 대한 구체적인 진술"이다(1996:9). 이런 점에서 '지침(Guideline, Guidance)'[11]은 기본 목표를 위한 수행 내용이라고 할 수 있다. 비슷한 맥락에서 이 글에서의 '디자인 지침'은 개발의 설계를 더 바람직한 방향으로 움직이려는 설계 수행 방향에 대한 도구와 이를 포괄하는 용어를 의미한다.

카르모나는 그런 점에서 정도의 차이는 있지만 국가 간에는 서로 다른 지침 형태가 있다고 말한다(2011a:288). 그는 영국의 상황을 되돌아보며 "만약 누군가 '디자인 지침이 무엇인가?'라고 묻는다면 1970년대 세부적이고 사용하기 불편한 주거디자인 가이드와 함께 우왕좌왕하는 지방정부의 모습이 떠오른다. 에섹스 디자인(Essex Design) 지침이 가장 유명할 것이다."라고 말한다. 그는 모든 지방정부의 권역 내에 있는 주택개발 설계를 위한 이런 지침이 여전히 공공부문에 의해 만들어지고 있다고 말한다. 그러나 디자인 지침이 반드시 이런 형태를 가질 필요는 없으며 공공부문에 의해서만 만들어질 필요도 없다. 이것은 모든 종류의 개발 유형과 모든 지방 행정권을 위한 것일 필요도 없이 특정 지역과 공간에 맞추어 만들어질 수도 있는 것이다.

그럼에도 카르모나는 넓은 범위에서 지침 분류에 포함될 수 있는 주요 제한을 설정하였는데 지침은 용도지역제처럼 이미 법규와 연결된 디자인 요구사항을 포함하지 않는다는 것이다. 왜냐하면 이것은 지침은 가지고 있지 않은 강제적 실행성이 있기 때문이다(2011a:289). 그는 "이것은 중요한 부분인데 '지침'이라는 것은 강제하기보다 제안에 가까운 것이며 이것이 지침의 과정과 조정의 과정을 구분하는 핵심이기 때문이다."라고 말하고 있다. 하지만 이런 제약에도 불구하고 지역설계지침, 설계 전략, 설계 프레임, 설계 지침서, 개발 기준, 공간 마스터플랜, 설계 코드, 설계 절차, 설계 헌장 등의 이름으로 디자인 지침의 이용은 많이 확산되고 있다. 상호 관계에 의하여 분류되기도 하지만(e.g. Carmona 1996) 혼란스럽고 중복되고 제대로 정의 내려지지 않은 이런 사용은 단지 디자인·개발 수단으로서의 지침에 모호함과 혼란을 더하고 있다.

카르모나는 계속 디자인 지침은 여러 가지 방법으로 분류될 수 있다고 말한다 : 대상지 성격(토지 이용 또는 개발 형태), 그것이 적용될 대상의 맥락, 적용 규모(기본 계획부터 지방 계획), 거버넌스의 수준, 일반 또는 특정 내용(후자는 특별한 장소나 프로젝트와 관련됨), 세부사항 또는 해결방안의 정도, 소유권(공적 또는 사적 권한), 과정 아니면 결과물에 중점을 두는가, 전달매체(예 : 인쇄물, 온라인), 디자인에 대한 의지 정도다(2011a:289-291). 사업의 목표 달성은 지침에 달려 있는데 예를 들어 사업을 시작한 주체의 의도와 개발 환경에 따라 달라지거나 그 의도가 최소한의 질적 기준 설정이나 우

11 존 델라폰스(John Delafons)는 적은 경직성 때문에 이를 더 선호했다(1994 : 17).

수한 설계 품질을 위하여 높은 기준을 설정하려고 할 때 특히 그렇다고 할 수 있다. 최소 기준(A Safety Net Approach) 설정의 경우는 낮은 질의 개발 결과가 가져오는 폐해를 최소화하기 위한 것이며 우수한 결과를 위한 기준을 설정하는 경우는 대상지의 주체들이 양질의 디자인을 성취하려는 의도를 공유하고 그 기술적 가능성도 있는 경우에 적용할 수 있다. 상호 배타적 관계는 아니지만 이 두 가지 의도들은 지침을 사용하는 대상이 누구이고 그 내용에 얼마나 동의하는지 그리고 개발 과정에 있는 다양한 주체들의 권력 관계에 따라 달라진다(Bentley 1999:28-43).

이런 점에서 그림 2.3에서 보듯이 디자인 지침을 두 가지 기본적인 질적 특성을 통한 네 가지 유형으로 정리하였다.

- 장소적 특성의 정도, 일반적(모든 행정구역 전체에 대한 것) 또는 특정 지역에 관한 것(구분된 근린생활권 또는 특정 대상지)
- 지침이 요구하는 해석의 정도[12], 구체적으로 행위중심(Performance Based)과 규칙중심(Prescriptive)

개념화된 내용의 첫 번째 부분은 푼터(John Punter)와 카르모나(Matthew Carmona)(1997:93-94)[13]가 구분한 두 번째 부분의 특징과 비교할 때 명확해진다. '행위'에 대한 요구사항은 프로젝트나 어떤 장소에 기대되는 행위나 그런 속성(예 : 모든 사람들에게 접근 가능한 공간)을 통해 공적 권한의 포괄적인 디자인 목적을 설정하되 그 행위가 어떻게 만족되는가에 대한 것은 특정하지 않는다. 규칙

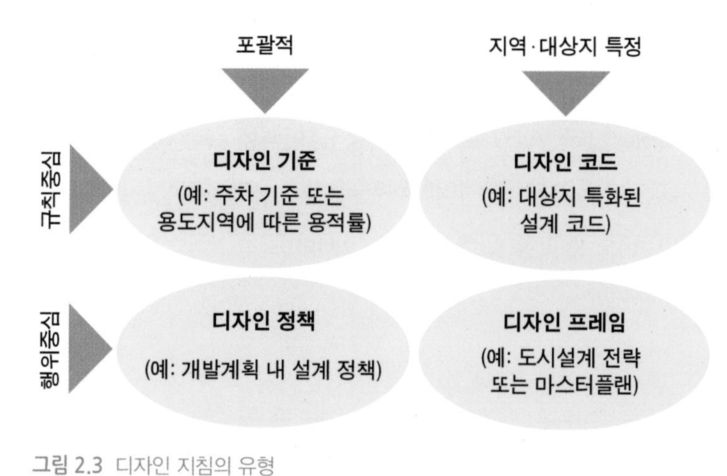

그림 2.3 디자인 지침의 유형

12 규제 내용, 거버넌스 레벨, 달성하려는 목표 등을 포함하는 다른 요소들과의 혼합에 의해 결정되는 질

13 랭(Lang, 1996:9)과 홀(Hall, 1996:8-40)의 그림

중심의 항목은 그와 반대로 어떤 것이 필요한가를 미리 언급해 놓는 것이다. 다시 말해서 최종적인 결과물 또는 장소가 되기 위해 어떤 행위가 요구되는가(예 : 단차 없는 건물 진입)를 언급해 놓는 것이다. 전자가 그 지침을 해석하는 데 어느 정도 여유를 갖는 반면, 후자는 일반적으로 엄격히 정의되고 유연하게 적용되지 않는다.

설계 기준(Design Standards)

가장 지속적으로 문제가 되는 거버넌스 수단은 아마도 1장에서 중점적으로 다루었던 포괄적 설계 기준(Generic Design Standards)으로 설계 규정을 평가하는 데 주가 되었던 유형이다. 이 유형은 사업이나 장소에 적용되는 유형으로 분류되었지만 행정구역 전체 또는 그 이상의 범위를 위한 포괄적 개념의 내용이므로 개별 사업이나 장소의 특수성을 고려하지는 않는다. 일반적으로 이것은 '좋은' 디자인을 위한 수단의 관점에서 개략적이고 유연하지 않으며 내용 이전과 이후를 이어주는 연결성이 낮다. 그러나 기술적, 행정적으로 더 용이하고 비용이 적게 드는 수단인데 이는 특

그림 2.4 장소의 질을 떨어뜨리는 주차장과 고속화도로 기준

정 사업에 대한 이해나 연관성이 적기 때문이다. 설계의 최적안을 찾거나 창의적이고 조건에 부합하는 해법을 원하는 경우, 이 수단은 너무 일반적이다.

예를 들어 영국의 고속화도로 기준의 운용은 다른 요소들 중 차량 흐름을 우선으로 하고 도로의 안전을 차량과 보행자 분리를 통해 확보하였는데, 이는 지역 간 단절과 도시설계의 질적 측면에서 오랫동안 비판을 받아왔다. 오늘날 영국의 도시계획에서 포괄적인 지침의 사용은 줄었지만 과거 1950년대 소개되어 지속되었던 '인동간격'과 같은 기준 적용은 줄지어 늘어선 교외지역 풍경을 만들어내는 주요 원인으로 비판받았다. 사생활과 쾌적함을 위하여 건물 정면과 정면 간 거리를 특정하는 이런 기준은 부작용에 대한 인식과 다른 디자인 방식으로도 동일한 효과(역주 : 사생활과 쾌적함)를 가질 수 있게 됨으로써 계획가들이 더 이상 사용하지 않게 되었다. 아직 널리 사용되고 있는 주차 기준도 지나치게 적용될 때는 같은 부작용이 발생할 것이다(그림 2.4).

린버거(Christopher Leinberger)에 의하면 미국과 몇몇 나라의 각 기능을 나누는 유클리드 용도지역제(Euclidean Zoning)는 여전히 주요 수단이며 운용 가능한 도시 모델을 통하여 주변으로 퍼지고 있다(2008:10). 그 대안 중 하나인 상업용도지역 모델(Commercial Zoning Model)은 용적률을 기반으로 하며 일반적으로 유클리드 용도지역제를 기반으로 형태를 조정하는 것과 다른 방식이지만 이것도 용도지역제와 동일하게 건축물을 타워형으로 만들고 전통적인 가로 입면을 없애며 결과적으로 도시 디자인에서 가로를 천편일률적으로 만드는 원인이 된다(Barnett, 2011:209). 건축물 설계에서 더 기술적 측면(예 : 에너지 효율)을 포함하여 고정된 규칙중심 지침(Prescriptive Guideline)을 이용하는데 어떤 점에서 분명히 이유가 있지만 도시적 규모에서 봤을 때 확실성과 효율성을 애매함과 유동성으로 대치하는 것은 장소의 질 측면에서 오히려 높은 비용으로 다가올 수 있다.

디자인 코드(Design Coding)

디자인 코드는 고정된 규칙을 갖는다는 점에서 디자인 기준과 같지만 특정 사이트와 장소에 대한 것이라는 점에서 다르다. 물론 그 기능 분류와 내용이 포괄적이지만 일반적인 용도지역제도 실제 대상지와 장소에 영향을 미친다. 그러나 세부적이지 않은 용도지역제의 내용은 탈렌(Emily Talen, 2011)이 말했듯 그 결과가 "단조롭고 단순하고 일정 규모와 형태를 가져오고 … 주택가격, 시장 재정비, 과잉, 분리, 환경의 질, 사회와 삶의 질에 대한 문제에 부정적 영향을 미쳤다."

맞춤형 지역제(Custom Zoning)[(계획단위 개발(Planned Development Zoning[14])], 성과주의 지역제(Performance Zoning), 인센티브 지역제(Incentive Zoning)(이후 더 자세히 다룬다) 등 더 세밀한 형태의 용도지역제는 모두 특정 상황에 대처하기 위해 조정된 것들인데 전체적인 계획이 적용되는 데서 세부적이고 신중한 접근을 위한 것이다. 형태 위주의 코드는 개별적 대상의 기능 배분을 매우 세부적으로 조정하는 과정을 통해 용도지역제의 주요 관점을 토지이용과 밀도 등에서 건물 형태와 유형에 대한 지침으로 옮기도록 한다. 지벅(Duany Plater Zyberk)에 의해 미국에서 발전되고 상품화된 스마트코드(Smart Code)의 경우, 코드는 농촌과 도시에 걸친 개념적 세분화를 따라 적용되고 동시에 지역의 전통적 또는 선호되는 형태적 패턴에 코드를 맞출 수도 있다. 푼터(John Punter)에게는 그런 접근의 위험성이 넓은 사회적, 생태적 디자인 이슈를 희생하면서 과다한 규제와 건축에 집착하는 것이며(2007:180) 바넷은 현대 도시의 도시 지리와 부동산시장을 무시하는, 다시 말해 한발 물러서 전체를 담은 규제 내용이 아닌 무조건적인 의지를 담은 코드의 규제 내용이 갖는 위험성을 경고하고 있다(2011:218). 그러나 탈렌(Talen)은 "도시 형태가 소방전문가, 교통기술자, 주차 규제, 토지이용 변호사 등의 좁은 관심사에 맡겨진 채 저절로 변하게 하는 것보다 법적 권한을 지렛대 삼아 그것을 좋은 방향으로 사용하도록 하는 편이 낫다."라고 주장한다. 제한적 관심사는 대체로 높은 수준의 장소중심 설계의 관점보다 그들의 좁은 관점을 바탕으로 한 법칙을 부여하려고 할 것이다(2011:532).

유럽에서는 프랑스의 지방도시 계획(Plan Local d'Urbanisme)이 규제에 형태 유형 분류적(Typo-morphological) 접근 사용을 잘 구축시킨 대표적인 경우다. 여기에는 도로와 대지 형태를 바탕으로 하는 세부 코드가 크기, 비율, 접근, 건축가능 지역, 각 대지나 구역의 전면·측면 관련 위치와 같은 요소들을 아우르는 계획이 포함되어 있다(Kropf, 2011). 영국에서 특정 장소에 적용하기 위한 디자인 코드는 분명히 몇 세기의 역사를 갖고 있지만 최근에서야 관심을 받게 되었다. 환경 보존과 커뮤니티 지원을 유지하는 동안에도 주택 공급 수요가 증가함에 따라 2004년 당시 정부는 디자인 코드가 상대적으로 나은 질의 개발을 더 빨리 진행할 수 있는가에 대한 평가를 위하여 영국(England)에서 대규모 시범 프로그램을 실시하였다(4장 참조).

이 연구는 디자인 코드를 다음과 같이 정의한다. "세부적인 지침 형태로서 개발의 3차원적 요소와 어떻게 이 요소들이 각각 관계를 맺는지 규정하지만 개발의 전체적인 결과를 설정하지는 않는다. … 디자인 코드는 일반적으로 마스터플랜 또는 개발체계 속에 포함된 설계 목표를 기반으

14 이런 구역들은 이제 미국에서는 단일 소유권에 대해 커스텀 조닝(Custom Zoning)과 재산분할을 허가하기 위하여 많은 법에 포함되었는데 일반적으로 이것은 적정한 재량권과 전통적 용도지역제보다 훨씬 많은 융통성을 갖는다(Barnett, 2011:215).

로 하며 해당 목표를 성취하기 위한 요건(코드)을 제공한다(Carmona&Dann, 2006:7)." 디자인 코드는 결과적으로 양질의 장소를 조성하는 것을 목표로 하는 도시설계 원칙에 집중한다(그림 2.5). 최초의 연구 이후 6년간의 후속 연구를 통해 카르모나(Matthew Carmona)와 지오다노(Valentina Giordano, 2013)는 디자인 코드가 영국의 주류 계획 내용이 되었다고 밝힌다. 이런 성공은 특정 장소의 '필수적'이고 타협할 수 없는 기준을 제시하는 것을 목표로 하는 협력 과정 속에서 만들어진 디자인 코드의 성과를 바탕으로 세워진 것으로 보인다. 카르모나(2014)는 "궁극적으로 코드의 효용성은 사람들이 인지하고 있는 코드의 장점에도 불구하고 책임 있는 위치의 사람들이 그 작업을 투자할 만한 가치가 있는 것으로 여기는가에 달려 있다." 앞선 투자는 특정 대상지나 지역이 정해져 있으므로 중요할 수 있다.

디자인 정책(Design Policy)

디자인 정책의 분류는 가능한 도구들의 다양한 범위를 포괄하는데 여기에는 개발 계획의 정책에서부터 도시 및 지방정부가 디자인 행위의 특정 부분을 유도하기 위해 제작한 포괄적인 지침,

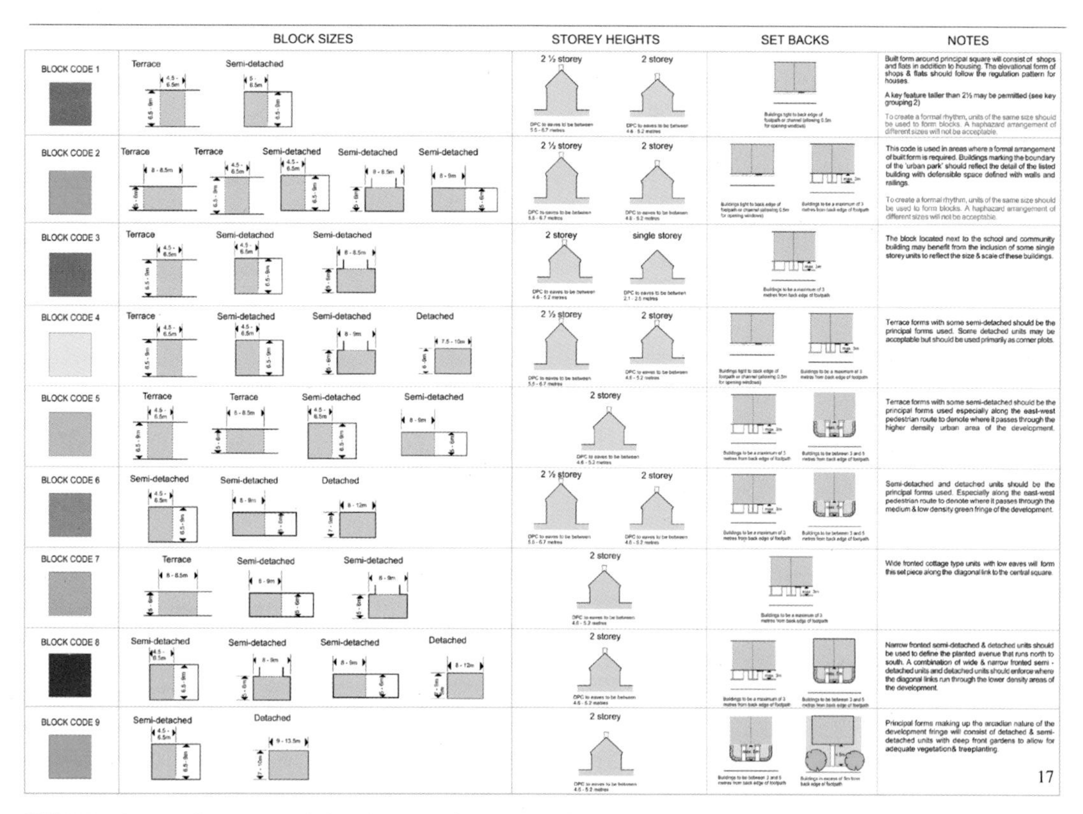

그림 2.5 베드포드셔(Bedfordshire)의 페어필드 파크(Fairfield Park) 디자인 코드

지역·주(도)·국가정부 수준에서 제작한 정책 및 지침, 심지어 다양한 실적 기준에 대해 기능을 나누어 주는 훨씬 유연한 형태의 용도지역제로서 최근 미국에서 관심받고 있는(Flint, 2014) 성과주의 지역제(Performance Zoning)까지 포함된다. 디자인 정책이 특정 개발처럼 어떤 위치에 국한된다 하더라도 구체적인 규칙이 없어 어떤 설계 제안에 직접적으로 연관되지 않는 한 큰 의미가 없을 수도 있다.

예를 들어 영국의 지방계획에서 디자인 정책은 강제할 수 있는 법적 권한(추후 참조) 하에 개발이 어떻게 협상되고 평가될 것인지 그 기준을 설정한다(그림 2.6). 그래서 결과적으로 이것은 국가계획정책 프레임(NPPF, National Planning Policy Framework – 5장 참조)과 이를 세부적으로 설명하고 있는 계획실행 지침(PPG, Planning Practice Guidance)으로부터 시작되는 중앙정부 차원의 추가적인 실행 지침의 영향을 받게 된다. 또한 많은 지방의 도시계획 주체들은 서로 다른 종류의 개발을 다루는 다양한 도시계획 보완 지침(SPG, Supplementary Planning Guides)을 수립하게 되는데 해당 지침들은 일반적으로 계획가나 개발하려는 누군가를 위한 더 풍부하고 추가적인 해석을 포함한다.

아마도 디자인 정책의 가장 종합적인 연구는 1990년대 개발계획에 대한 영국 디자인 정책에 대한 연구일 것이다. 이 연구에 이어 푼터와 카르모나(1997)는 첫 번째로 도시계획 체계 내에서 디자인의 주요 역할에 대해, 두 번째로 이것은 지방정부 개발계획 내의 디자인에 대한 종합적인 대책에서부터 시작해야 한다고 주장하였다. 더 나아가서 그들은 이 역할이 더 긍정적이고 실현가능하며 앞을 내다볼 수 있는 도시계획 과정을 실행하는 데 첫걸음이 될 것이라고 주장했다.

그 후 20년간의 경험에서 볼 때 그런 정책은 디자인 의사결정 환경을 형성하는 데 가치있는 한 걸음이었으며 더 나은 어떤 것이 없는 상황에서 중요한 대비책이긴 했지만, 지역적 특수성과 필수적인 유연성의 결여로 인해 지역의 디자인 거버넌스를 이끌 수 있는 매우 효과적인 수단은 아니었다. 홀(Tony Hall)은 “더 전략적인 목표들을 통한 물리적 결과물도 설명될 필요가 있지만 도시설계 원칙의 이해도 이런 공간적 정책의 준비과정 내에 반영될 필요가 있다.”라고 결론지었다(2007:23). 이런 필요성은 틀림없이 장소를 만드는 데 공공영역의 적극적인 역할을 반영할 수 있는 설계 및 개발 과정으로의 개입을 위한 것이다. 또한 이것은 포괄적인 정책보다 얼마나 종합적이고 잘 의도되었는지와 상관없이 높은 수준의 특정 장소에 대한 ‘전망’(그리고 아마도 지침)을 더 필요로 한다.

디자인 프레임(Design Frameworks)

마지막 분류는 이전 분류들과는 다르다. 왜냐하면 설계 지침의 다른 형태와 달리 설계 프레임은 추상적인 규칙을 정립하는 것이 아닌 특정 토지나 장소에 공간설계를 제안하는 것에 초점을

정책 10: 설계와 지역 특성 강화

모든 신규 개발은 아래와 같이 설계되어야 한다.

a. 공적 영역과 장소의 성질에 긍정적 기여를 해야 한다.
b. 매력적이고 안전하고 포괄적이고 건강한 환경을 만들어야 한다.
c. 가치 있는 지역 특성을 강화해야 한다.
d. 기후변화에 따른 더 많은 요구와 효과에 대처·적응할 수 있어야 한다.
e. 지배적인 차량 이용을 줄일 필요성을 반영해야 한다.

개발은 다음 요소를 다루는 것에 관해 평가된다.

a. 구조, 질감과 재질, 도로 양식, 작은 대지 크기, 건물의 방향과 위치, 공간의 배치
b. 신규 개발 지역 내에서 개발 지역을 통해 명확하고 쉬운 이동을 제공하기 위한 투과성 및 가독성
c. 밀도와 혼합
d. (건축물의) 볼륨감, 크기, 비율
e. 재료, 건축 스타일과 마감
f. 주변 주민 혹은 거주자들의 편의에 미치는 영향
g. 범죄 기회와 범죄, 무질서와 반사회적 공포를 줄이기 위한 특징의 혼합 행동 및 더 안전한 주거환경 조성 추구
h. 도시경관, 조경, 다른 개별적인 랜드마크를 포함한 중요한 전망에 미치는 잠재적 영향과 새로운 전망을 만들 잠재성
i. 문화 유산의 설정

모든 개발 제안서는 – 특히 10가구 또는 그 이상의 제안 – 지역개발도서(Local Development Documents)에 명시되어 있는 설계, 지속가능성, 장소 만들기에 관한 가장 우수한 실행지침 및 기준으로 평가받을 때 높은 성과를 거둘 것으로 기대된다.

개발은 가치있는 조경 · 도시경관 특성을 포함한 지역 맥락을 고려해야 하며 지역적, 국가적으로 중요한 문화유산을 보존하고 그들의 주변 환경을 관리·강화하기 위한 방향으로 설계되어야 한다.

주거지 이외에도 새로운 개발은 보호하고 보존하며 조건에 부합하는 곳이라면 풍경의 특징을 강화해야 한다. 제안서는 그레이터 노팅험 조경 특성 평가(The Greater Nottingham Character Assessment)를 참고하여 평가될 것이다.

그림 2.6 2014년 잉글랜드 지방계획에 대한 디자인 정책 사례. 이 경우 세 개의 노팅험셔(Nottinghamshire) 계획 입안권자의 전체 계획 구역과 연관되어 있음

맞추고 있기 때문이다. 디자인 체계는 다른 많은 형태를 가지고 혼란스럽고 명확하지 않은 개념, 중복된 이름 등의 대상이기도 했다. 예를 들어 영국에서는 이런 도구들이 마스터플랜, 도시설계 체계, 개발 체계, 개발 지침서, 설계 지침서, 설계 전략, 지역사업 계획 등으로 알려져 있다. 도구의 세부적인 정도와 지침 내용은 다양할 수 있지만(도시설계 체계는 본질적으로 훨씬 개념적이고 전략적인 반면, 마스터플랜은 해당 지역의 특성을 포함할 개연성이 높다) 궁극적으로 공공영역에 의해 사용될 때 이런 도구들은 공공의 관심사 안에서 개발을 '긍정적으로' 만들어 내고 변화를 위한 특정 비전을 가지고 더 지시하는 방식으로 제작된다. 이런 점에서 이 도구는 지역에 한정적이지만 동시에 일반적으로 상당히 유연하며 유효한 해석에 대해 열린 자세를 취한다. 이런 방법으로 사용된다면 시간의 흐름에 따른 시장과 정치적·정책적 환경 변화에 민감하다는 측면에서 개발의 최종적인 형태로 지시하기보다 안내해 나갈 것이다. 디자인 정책과 같이 이 도구들은 기대하는 실행 성과(여기서는 공간적으로)를 명시하되 정확히 어떻게 성취할지는 규정하지 않는다. 이는 카르모나의 주장 – 지침 도구들은 고정된 '청사진'을 포함하지 않는데 그 이유는 '지침'이라는 용어가 "설계 문제에서 최종 해결책이 아닌 그것으로의 방향성을 제안하기 때문이다"(2011a:289) – 에 잘 부합한다.

푼터(John Punter)(2010:338)는 영국 도시대책위원회 보고서(1999)가 연구와 제안을 통하여 권고사항을 모범사례 기준으로 바꾼(4장 참조) 케이브(2004e)와 함께 거버넌스 도구로서의 마스터플래닝을 되살리는 데 매우 중요한 역할을 했다고 주장한다. 여기서 '공간 마스터플랜'은 세부적이고 3차원적인 목표 설정 및 계획 조정수단으로서 그 제작에 다양한 전문가 팀과 공적 개입이 있었고 시장에서의 실현가능성이 완전히 평가된 상품이었다. 또한 웨어(Husam Al Wear)는 21세기를 겨냥

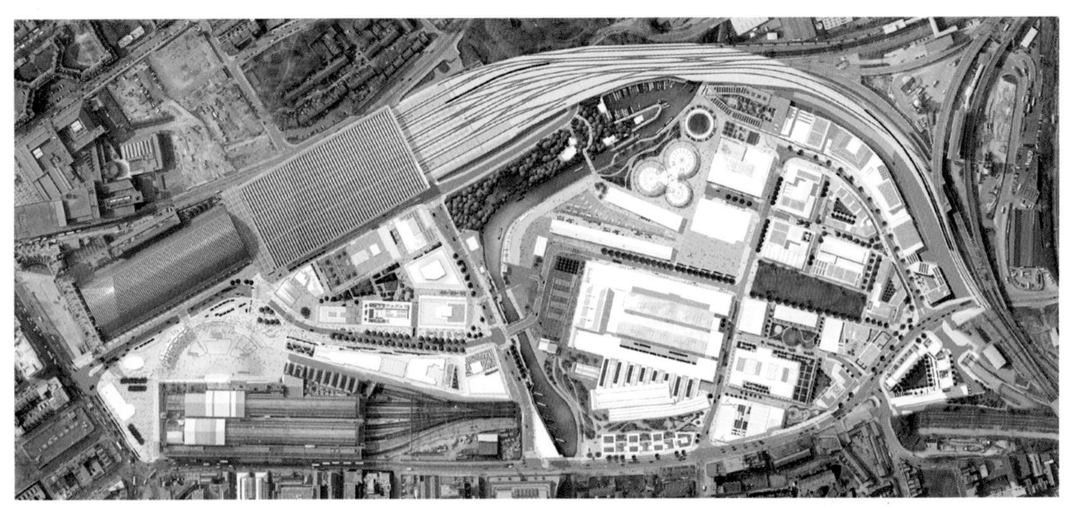

그림 2.7 킹스크로스에서는 미리 정해진 건축 가능 공간 내 토지이용 배분을 통하여 유연한 도시설계 체계가 정해졌다. 커뮤니티와 공공재의 확장을 보장하는 한편, 이 모든 것은 커뮤니티의 참여를 통해 만들어졌다.

한 마스터플래닝 과정은 "단순히 대상지 개발에 관한 공간적 구현보다 변화를 관리하기 위한 체계"로 바라볼 필요가 있다고 덧붙였다. 그것은 지속적인 의사결정 과정을 포함해야 하며 이 의사결정 과정은 장기적이면서도 유연해야 한다. 또한 지역 거버넌스 방식에 완전히 내포되어 "물리적 계획에 합법적이지 않은 것이 없도록" 해야 한다(2013:28).

푼터(Punter)는 런던 킹스크로스(Kings Cross)(그림 2.7), 뉴캐슬 어폰 타인(New Castle upon Tyne)의 워커(Walker)와 스캇우드(Scotswood), 에딘버러의 웨스턴 하버(The Western Harbor)와 같은 개발이 모두 유연성과 명확성이 잘 조화된 성공적인 마스터플래닝 과정의 이점을 얻은 것이었더라도 현대의 마스터플래닝 과정은 많은 경우, 케이브가 설정한 최적화 과정을 만족하지 않는다고 보고있다(2010:338). 또한 브리스톨(Bristol)과 노팅험(Nottingham)의 예에서 볼 수 있듯이 2000년대 도심 도시설계 전략은 해당 도심에 새로운 활기를 불러 일으키면서 공적 영역의 제안과 사적 영역의 투자를 성공적으로 가이드하였다.

포크(Nicholas Falk)가 언급한 설계자들의 틀린 가정 - "만약 당신이 모든 것을 시각화할 수 있다면 당신은 개발의 주요 문제들을 해결한 것이다(2011:37)" – 을 통한 '큰 건축(Big Architecture)' 프로젝트와 연계되어 사용될 때 마스터플랜과 마스터플래닝이란 용어는 많이 사용되고 있지만 디자인 거버넌스와 관련해 사용될 때 여전히 문제점을 드러낸다. 그는 마스터플래닝을 "예상하는 모든 장래의 문제에 대하여 융통성 없는 방식들을 부여함으로써 삶의 가능성, 즉흥성 또는 예상치 못한 사건에 대한 유연한 대응 등과 같은 것을 제거해버리는 개발 속성"으로 정의한 개로우(Joel Garreau)를 인용한다(Garreau, 1991:435). 그 대신 포크는 커뮤니티가 성장할 수 있도록 안내하는 청사진보다(역주 : 그것이 타고 올라갈 수 있는) '격자 울타리(Trellis)'가 필요하다고 주장했다. 기준, 코드, 정책 또는 체계의 형태 어떤 것이든 지침 도구(Guidance Tools)를 공공 디자인의 목표가 타고 오르며 자랄 수 있는 울타리로 보는 것은 디자인 거버넌스를 더 넓게 이해하는 데 도움이 되는 비유로 보인다.

도구의 혼용

실제로는 지침 도구들이 지금까지 언급했던 것만큼 명료하게 분류되지는 않는다. 예를 들어 설계 프레임은 제안된 안을 뒷받침하는 데 있어서 그 안에 설계 기준, 정책, 코드를 포함할 것이다. 미국에서 규제계획의 넓은 이용은 2차원적 배치계획과 코드에 의한 대상지 개발 조정 등을 통하여 – 건축선, 전면폭, 블록과 도로 치수, 활동적인 전면 등 – 디자인 프레임과 배치에 대한 코드의 중간으로 보이기도 했다. 사실상 이것은 계획을 통해 특정 장소에 코드를 연결하는 것이며 도시개발, 개발형태와 토지이용 허가, 그리고 빠르게 변화하는 지역의 기반시설 공급 등을 위한 독일의 비플랜(Bebauungsplane)을 연상시킨다.

이런 '비-플랜(B-Plan)'은 지방정부가 개발자들과 협력하여 작성하는 법적 문서집이며 건축물의 높이 제한, 대지 기능, '건축선(Baufenster)'을 통해 도시 형태를 관리하기 위한 것이다. 건축선(Baufenster)은 어떤 개발 내용도 두 개의 경계 조건이 'Baulinie(건축지정선)'과 'Baugrenze(건축한계선)'이 정하는 바에 따라야 하는 설정을 말한다. 건축지정선은 건축물이 위치해야 하는 선이고 건축한계선은 건축물이 차지할 수 있는 최대 '건폐'를 의미한다. 문서안에 제시된 모든 것들은 계획에 유동적 요소를 부여하기 위해 간과되거나 더 강조될 수 있다(도시의 형태 관리 측면을 대체하면서). 그러나 규제계획이나 비-플랜(B-Plan)은 강력한 세부 배치계획과 실행체계 제안을 보이는 반면, 일반적으로 상당히 권위적이며 그 해석에 유동성은 거의 없는 편이다.

궁극적으로 어떤 도구가 사용되더라도 결과물은 준비와 차후 응용에 대하여 고려하는 만큼 더 좋아질 것이다. 이런 관점에서 비-플랜(B-Plan)은 높은 수준의 설계 - 예를 들어 프라이부르크 보반(Vauban in Freiburg)(그림 2.8) - 에 기여할 수 있지만 이렇듯 간편화된 개발방식은 "단조롭고 접근 측면에서 지속 가능하지 않은 땅만 잡아먹는 단독주택지 개발, 사용권과 용도의 혼합(Stille, 2007:26)"으로 이끌 수도 있다. 대규모 개발에서 디자인 거버넌스 요구 조건들을 엄격히 설정하는 데 따르는 위험은 이러한 경직성이 시장이나 다른 상황의 변화가 있는 경우에 요구되는 유연성을 희생시킨다는 것이다. 이것은 1장에서 다루었던 디자인 거버넌스 문제들에 대한 논의를 다시 불러오는 것이다: 어느 정도의 개입이 요구되며 국가의 적정한 역할은 무엇인가?

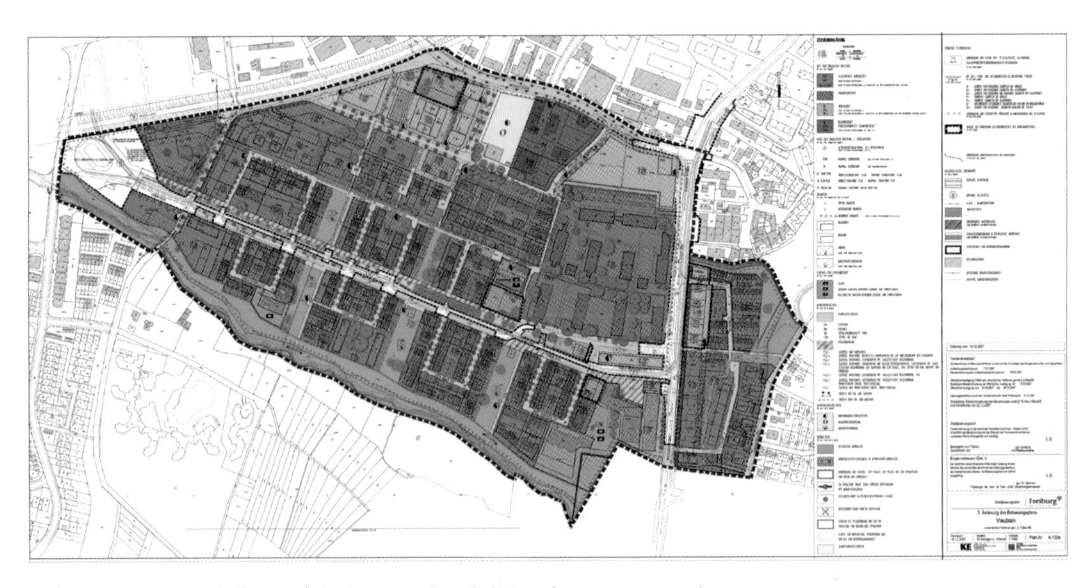

그림 2.8 독일의 도시설계(B-Plan)와 기호표, 보반 프라이부르크(Vauban Freiburg)

유도(Incentive)

다양한 종류의 지침을 준비하는 것은 적극적이지만 종종 유도나 조정보다 개입주의자(Interventionalist)의 측면에서 덜 직접적인 형태의 정부 활동이다. 왜냐하면 그것이 의사결정 환경을 만드는 데는 긍정적이지만 대부분의 예에서 공공 권한의 주체는 여전히 그 지침을 해석하고 개발 제안을 수립하는 데 여전히 민간 참여자에게 의존해야 하기 때문이다. 명백히 지침이 더 많은 지역적 특징을 반영하거나 지침을 해석하는 데 융통성이 낮다면 결과물을 만드는 데 지침의 상대적 권한은 커질 것이다. 많고 적음의 차이는 있지만 유도 형태는 거의 유사하게 개입 위주가 되는데 이는 그것이 특정 결과물을 권장하기 위해 국가의 공공자원을 직접적으로 투입하는 내용을 포함하는지 또는 그것들이 '좋은 행동'으로 정의된 것에 대해 개발권리의 강화와 같은 보상이나 다른 간접적인 방법에 초점을 맞추는지에 따라 좌우된다.

이 점에서, 랭(Jon Lang)은 특정 디자인·개발 결과물을 만들어내기 위해 개발자를 유도하는 두 가지 방법을 제시한다. 첫 번째는 직접적인 재정적 유도를 통한 방법이고 두 번째는 그가 균형이라고 부르는 것을 통한 방법이다. "재정적 유도 방법은 개발자들이 특정 유형의 개발을 시도하는 데 일시적으로 위험을 줄여줄 것이다. … 균형 방법은 시장에서 수익이 나지 않는 개발을 수익성이 높은 개발과 함께 묶어 놓는 것이다(1996:17)." 두 가지 방법 모두 근본적인 목표는 경제적 부분이다. 다시 말해 그 규모를 키워 수익이 나지 않는 특정 개발 제안을 수익이 나도록 급선회하도록 하는 것이며 개발을 국가의 재정 지원을 받기에 더 적합한 내용 또는 후드(Christopher Hood)(1983)에 의한 정부의 도구 분류에 맞춘 제안으로 만드는 것이다.

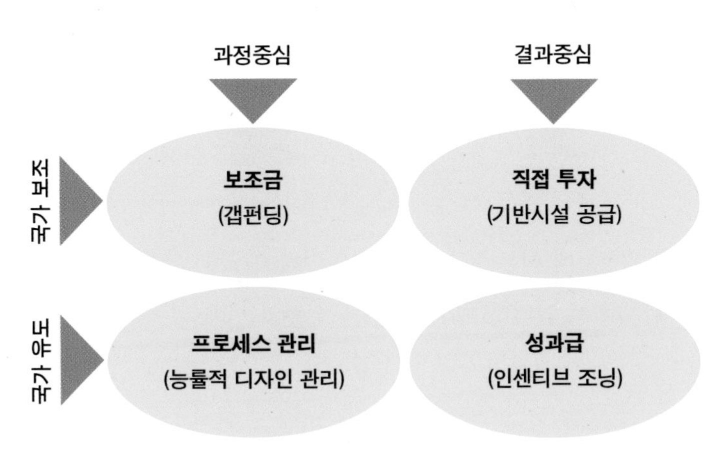

그림 2.9 디자인 유도의 유형

이런 용어들에서 보듯 만약 환수될 필요 없는 국가재정이 어떤 민간 개발계획에 충분히 지원된다면 비록 이것이 좋은 설계를 보장할 수 없고 불법적인 국고지원금으로 간주되더라도 결과적으로 그 개발은 성공할 것이다. 중요한 것은 단순히 개발을 유도하는 것이 아니라 높은 수준의 개발을 유도하는 것이다. 더욱이 민간부문이 점점 더 다양한 범위의 공공재화(Public Goods)를 제공할 수 있는 대상으로 여겨지고 국가의 자원은 오히려 자주 제한되는 신자유주의적 환경에서 국가가 직접 돈을 쓰지 않고 권장을 바탕으로 한 유도 방법은 더 중요해졌다.

국고 보조 또는 종합적인 국가의 유도 방법은 그들이 디자인과 연관된 만큼 유도 과정에서 첫 번째 방법으로 분류된다. 또한 유도 과정은 그들이 무엇과 관계되어 있고, 특히 그들이 디자인·개발 과정에 도움을 주는 것이나 직접적으로 결과물에 관심을 두고 있는지에 따라 구분될 수 있다. 종합하면 이 두 가지의 근본적인 질은 그림 2.9에 묘사된 설계 유도 방법의 네 가지 유형을 뒷받침한다.

보조금

개략적으로 첫 번째 유도 도구는 가장 직접적으로 참여하여 한 가지 또는 다른 형태로 국가 보조(재정)를 사업에 제공하는 것이다. 아담스(David Adams)와 티스델(Steve Tiesdell)은 자극을 주기 위한 방법의 분류를 통해 가격조정과 자본조달을 구분한다(2013:134). 첫 번째는 자금조달의 부족분을 채우거나 특정 계획을 실행시키기 위해 사업에 직접 수여를 하거나 어떤 종류나 특정 위치의 개발을 권장하기 위하여 세금을 감면해주는 방법이다. 두 번째는 투자를 보장하거나 유리한 비율로 자금을 대출해 주거나 민관 파트너십을 통해 직접적인 프로젝트 지원을 해줌으로써 국가의 재정적 안정성을 이용하는 것이다.

이런 종류의 도구들이 질적 수준을 보장하기보다 현재 또는 장래에 일어나거나 특정장소에 일어나는 개발을 보증하는 데 집중되는 반면, "개발을 장려하는 도구는 그것에 '설계 부문'을 추가하여 개발과 설계를 함께 자극하는 도구로 바뀔 수 있다(Tiesdell&Adams, 2011:25)." 1980년대 영국 런던 도크랜드에서 이루어진 산업장려구역(Enterprise Zones) 실시의 첫 번째 물결은 이런 분야에 투자하는 사업체들의 사업세 요율 완화와 자본충당금(세금 감면)과 같은 상당한 수준의 세금 혜택 일괄 프로그램을 포함했는데 이는 설계에 거의 관여하지 않는 단순화된 도시계획 제도와 함께 운영되었다. 개발 첫 단계에서 있었던 매우 안 좋은 수준의 설계는 이후 두 번째에서 카나리 워프(Canary Wharf) 개발자들에게 이어졌고 이들은 높은 수준의 장소 만들기를 개발 내용의 중심에 두고 유연한 설계 체계와 코드를 가진 민간 디자인 거버넌스 체계를 자신들의 사업에 적용하였다(Carmona, 2009a:142). 이런 경험을 통해 최근 왕립 부두산업장려구역(Royal Docks Enterprise Zone)

(2012년 지정) 지정은 『왕립 부두공간 기준(Royal Docks Spatial Principles)』(Mayor of London&Newham London 2011)을 통하여 유사한 세금 인센티브(사실상 개발 유도를 위한 자금)를 유연한 설계 체계와 설계 정책 모음과 함께 조합하였다. 다시 말해 개발자들이 목표로 하는 설계를 이행하지 못한다면 보조금 혜택을 볼 수 없게 한 것이다.

직접적인 투자(Direct Investment)

만약 보조금이 특정 행위를 유도하기 위하여 개발 과정에 투입되는 직접적인 재정적 방법을 대표한다면 비재정적 수단은 간접적인 보조금 형태로 사용될 수 있을 것이다. 더 구체적인 성격이기 때문에 토지매입, 재배치 및 복원, 강화된 공공 영역의 제공, 사회기반 시설과 공공 편의시설 제공 등과 같이 이런 행위들은 직접적인 공적 투자로서 언급될 수 있다. 보조금과 유사하게 그것들은 실행 가능하거나 실행 불가능한 내용 간의 격차를 줄이거나(예를 들어 도로나 대중교통 공급을 통해 대상지로의 접근성 개선) 민간업자들이 가질 수 있는 위험 요소를 줄이면서(예를 들어 재개발을 위해 토지를 하나로 묶거나 정리) 개발을 독려하는 데 사용될 수 있다. 이런 것들은 또한 향후 개입을 위한 기준점을 만들어 놓기 위하여 '질적 수준'을 설정하는데, 예를 들어 직접적인 공공 제공을 통한 양

그림 2.10 스톡홀름의 헤머비 소스타드(Hammerby Sjostad)에는 공공의 제공을 통하여 트램 시스템, 도로, 다리, 서로 연결된 공공 오픈스페이스 네트워크, 에너지 및 재활용 시설, 다양한 학교 등이 설립되었다. / 출처 : 매튜 카르모나

질의 공공영역, 공원, 학교나 커뮤니티 시설과 같은 공공 편의시설 등이 이용될 수 있다.

예를 들어 홀(Peter Hall)은 그의 마지막 저서 『좋은 도시, 더 나은 삶(Good Cities, Better Lives)』에서 개발에 의한 것이 아닌 공적 공급에 의하여 높은 수준의 기반시설이 제공되는 사례를 제시하였다. 네덜란드, 독일, 스칸디나비아, 프랑스를 포함한 유럽 전역에서 진행된 개발 프로젝트의 사례 분석을 바탕으로 홀은 이런 투자들이 도시간 연결뿐만 아니라 일반적으로 도시가 가진 유효한 장소 마케팅 가능성을 만들어 주는 공공공간에 대한 처리도 포함된다는 점을 보여준다(2014:282)(그림 2.10). 유럽 대륙에서 기반시설의 우선 공급은 종종 개발 과정으로부터 국가가 그 가치를 청구하는 방안도 – 예를 들어 공공 토지소유 – 수반된다. 그러나 본질적으로 공적 투자는 개발자들이 특정 장소에 참여하도록 유도하고 최소한의 품질을 달성할 수 있도록 하며 개발이 시작되는 순간부터 가능한 모든 기반시설의 도움을 받을 수 있고 또한 결과적으로 더 확실히 개발자와 주택소유주 모두를 위한 투자 환경을 제공하도록 한다.

포크(Falk)(2011)는 그런 선투자가 "개발자들을 (a) 참여하게 하고(take part and) (b) 당장 참여(take part now)하도록 유도한다"라고 결론내린다. 이런 과정은 실제 물리적으로는 변화가 없지만 공공부문이 끊임없이 의뢰하는 마스터플랜처럼 다른 도구들과 함께 많은 문제들을 해결하는 데 도움을 준다.[15] 주요 기반시설 제공부터 토지 복원까지 국가의 직접적인 투자는 시장을 통해서나 세금을 통해서 회수의 방법이 없을 경우 높은 비용이 감수되는 것일지라도 매우 적극적인 방법으로 변화를 일으키는 힘을 가지고 있다.

절차 관리

유도의 세 번째 형태는 금전적이지 않은 부분으로서 필요한 경우에 공식적인 조정 과정 이전에 특정한 결과물이 나올 수 있도록 유도함으로써 사용자들에게 매력적이고 리스크를 줄일 수 있도록 하는 방법이다. 규제는 종종 개발 과정에 부담을 지우고 특히 경제적인 활동과 사업의 실행 가능성에 영향을 미쳐 개발을 느리게 만든다는 점에서 비판을 받아왔다. 디자인에 영향을 미치거나 검토하는 시간은 특히 재량에 따라 내용 변화를 줄 수 있는 경우(차후에 논의될 것이다), "시간을 잡아먹고 비싼" 이유로 전체 절차를 느리게 만든다는(Brenda Case Scheer, 1994:3) 비판에 자주 직면한다. 이것이 사실이라면 조정의 공적 시스템을 간소화하거나 절차를 관리하여 계획 신청자가 성공적으로 규제안에 맞출 수 있도록 도움으로써 좋은 설계안을 유도해 낼 수 있다.

국가재정에 의한 유도와 함께 1980년대부터 영국에서 사용된 엔터프라이즈 존(The Enterprise

15 그는 런던 로열 도크(London's Royals Docks)는 70개가 넘는 마스터플랜이 만들어졌다는 예를 들고 있다.

Zones) 또한 특정한 지역적 성격을 가진 개발업자들을 유도하기 위한 프로그램의 일환으로 간소화된 계획 과정을 제공하였다. 이러한 간소화된 과정은 이후 질적 부분을 희생하여 규제 완화를 해주었다는 비판을 받지만 앞에서 언급한 설계 코딩에 대한 연구(Carmona et al. 2006:281)는 만약 그러한 매커니즘이 설계 코드와 연결되어 시행되었다면 사전에 이미 동의된 수치들이 있음에도 불구하고 계획과정을 간소화시킬 수 있는 가능성이 있었다고 주장한다.[16] 영국의 주요 계획 절차를 간소화할 여러 방법을 검토하였던 카르모나 연구진들은 더 신속한 의사결정과 확실한 결과를 위한 네 가지 주요 방안을 수립하였다(2003:191194). 설계에 더 가까이 연결된 이 방안들은 다음과 같다.

- 일괄 승인방식 과정 : 높은 수준의 설계로 간주되거나 건축가에 의한 일괄 승인방식 제안 포함
- 개발업자 보조 방식 : 설계 프레임과 코드를 수립할 개발업자를 찾거나 사업의 더 효과적인 운영을 위하여 참여할 수 있는 해당 지역의 설계 전문가에게 금전적 지원을 함
- 신청 전 토의 : 공식적으로 제출되어 개발 관리를 위한 법적 검토 절차를 밟기 전 주요 설계 내용에 대한 상호 합의를 위하여 초기에 자문을 함
- 절차 및 스케줄 : 복잡한 계획 신청 과정과 일정을 어떻게 검토하며 언제 어떤 세부적인 부분과 형식의 설계 정보가 제공되어야 하는지에 대한 사전 동의

각각의 항목들은 설계가 명확히 높은 수준을 가짐으로써 적합한 계획안이 될 수 있도록 하며 이것이 절차의 간소화를 이루는 열쇠가 되어 시간 지체를 해소할 수 있도록 한다.

보너스

개발규제 완화구역 지정(Incentive Zoning)과 같은 개발 보너스 체계는 미국에서 보편화된 제도였다. 이는 개발사가 더 높은 연면적으로 개발하고 그 대신 더 나은 디자인, 경관, 공공장소와 같은 공공 편의시설을 제공하는 방식이었다. 예를 들어 케이든(Jerold Kayden, 2000)은 1961년부터 2000년 사이 이런 방식을 통해 어떻게 뉴욕에 503개의 새로운 공공장소가 생길 수 있었는지를 설명하였다. 대부분 오피스, 주거, 기관시설에 배치되어 있었고 이러한 공공장소를 배치함으로써 건물은

---

16 이 경우, 새로운 메커니즘, 지방개발체계(A Local Development Order, LDO)([영국(England)의 2004 계획 및 강제수용법(2004 Planning and Compulsory Purchase Act)에 포함됨]가 디자인 코드와 함께 작용하도록 제안됨. 지역개발체계는 지방정부가 특정 설계지역의 '개발허가권(Permitted Development Rights)'을 이 체계의 개발 리스트와 연결될 수 있도록 한다. 즉, 준수하기만 한다면 계획허가는 자동으로 부여된다.

일반적으로 20%의 연면적 증가를 보여 기존에는 불가능했던 높이와 넓이로 지어졌다.

이러한 방식은 공공 편의시설을 설치하는 데 효과적이었지만 이것이 악용됨으로써 더 나은 설계를 만들어내는 방법은 되지 못했다(Cullingworth, 1997:94-99). 개발사들이 이 보너스 시스템을 '정당한 권리'로 여기는 경향이 있었다는 점, 때로는 주변 환경에 대한 영향을 고려하지 않고 무리한 연면적과 건축물 높이 및 크기 증대를 추구했다는 점, 인센티브를 받았음에도 공공 편의시설을 설치하지 않은 경우가 있었던 점, 정확한 규칙이 없어 불공평하고 시간 소모가 컸다는 점, 설치된 공공 편의시설의 질이 낮았다는 점 등이 문제였다(Loukaitou Sideris&Banerjee, 1998:84-99). 예를 들어 뉴욕에서는 엄청난 양의 공공장소가 생겨났고 그중 좋은 질의 공간도 있었지만 새로 설치된 공공장소들이 사용되지 않거나 접근성이 떨어지고 통제되어 지상층에서 건축물 사이에 분리가 일어나 조화로운 건물 입면들로 만들어진 공간이라기보다 "자기만의 광장에 덩그러니 혼자 서 있는 타워"와 같이 보이는 경우도 많았다(Barnet, 1974:41;그림 2.11 참조). 게다가 이 같은 인센티브 때문에 '공공재'는 필요한 곳이 아닌 개발사가 새 건물을 짓고 싶은 곳에 설치되기도 했다.

그림 2.11 뉴욕의 '보너스' 수단을 활용해 설치된 광장. 그림 가운데 있는 작은 벽걸이 판에는 "플라자 행동 규칙"이 적혀 있다. 흡연, 비둘기 먹이주기, 롤러블레이드, 스케이트보드, 어슬렁거림 금지 / 출처 : 매튜 카르모나

보너스는 보조금과 개발 과정 관리와 같이 특정 설계행위에 영향을 미치는 비교적 투박한 수단이었고 직접 투자와 다르게 공공부문이 사업 방향을 설정하는 것이 아니라 민간업체들이 인센티브를 어떻게 이해하고 반응하느냐에 따라 달라졌다는 특징을 가진다.

조정(Control)

물론 개발을 위해 따라야 할 다양한 허가 과정도 개발업자들 입장에서는 인센티브로 생각될 수 있다. 다른 방법들과 같이 조정 과정도 좋은 설계를 이끌어내는 방식으로 이루어질 수 있기 때문이다. 즉, 인센티브 방식을 '당근'에 비유한다면 조정은 '채찍'에 비유될 수 있다. 디자인 법규체계를 만드는 데 가장 큰 어려움은 '좋은 디자인'은 수행하기 쉽게, '나쁜 디자인'은 수행하기 어렵게 만들어야 한다는 것이다. 이에 앞서 설계 지침은 좋은 설계와 나쁜 설계를 구분할 수 있게 해야 하고 이를 수행하기 위한 허가와 인센티브 체계도 갖춰져야 한다. 법규의 주요 제재조치로 금지처분(도시설계로 보면 개발 금지)이 있는 것처럼 주요 인센티브 조치는 계획안을 허가하는 것이며 주요 제재조치는 허가를 내주지 않는 것이다.

조정 과정 자체는 두 가지 주요 형태로 나타난다. 하나는 미국이나 유럽의 용도계획체계처럼 의심의 여지없이 관리적 의사결정 성격을 띠는 고정된 법체계에 기반하는 경우다. 다른 하나는

	장 점	단 점
재량권 기반 체계	유연한 의사결정 빠른 계획 개별 상황에 즉각적인 반응 지역사회의 의견에 즉각적인 반응 협상 가능	불확실한 의사결정 느린 계획 허가 절차 일관되지 않은 의사결정 독단적인 의사결정 의사결정 과정상 갈등 발생
고정 법규 체계	확실한 의사결정 빠른 계획 허가 절차 일관된 의사결정 객관적인 의사결정 의사결정 과정에서 갈등 방지	유연하지 않은 의사결정 느린 계획 개별 상황에 무반응 지역사회의 의견에 무반응 협상 가능성이 낮음
혼합 체계	어느 정도의 유연성 비교적 확실한 의사결정 개별 상황에 즉각적인 반응 지역사회의 의견에 즉각적인 반응 일부 협상 가능성이 있음 더 일관된 의사결정 더 객관적인 의사결정	일부 낮은 유연성 일부 불확실성 더 느린 계획 허가 절차 더 느린 계획 의사결정 과정상 갈등 발생 일부 일관성 부재 약간의 독단성

그림 2.12 재량권, 고정 법률 및 그를 혼합한 조정 시스템의 장·단점 / 출처 : 카르모나 외. 2003, 표 7.1에서 변경

대안적으로 법과 정책 간의 재량에 기반하는 과정으로서 영국 도시농촌계획과 같이 지역 상황과 정치적 의사결정을 고려한 전문가의 판단을 기반으로 정책과 계획을 '유도'하는 방식이다(Reade, 1987:11). 재량권과 고정 법규체계의 근본적 차이에서 오는 장·단점을 차치하더라도(그림 2.12 참조) 여러 조정 과정과 그 체계와 서로 분리되고 통합되지 않는 모순적인 성격이 많은 불만을 낳았고 이 조정 과정이 "불필요한 과정"이라는 인식을 심어주기도 했다(Imrie&Street, 2006:7). 여러 기관들은 이런 두 체계의 장·단점을 고려한 후 다른 목적으로 이 두 기본 형태를 혼합하여 적용하였다. 예를 들어 영국에서는 도시계획, 보존, 환경보호에 대해 재량권을 기반으로 둔 방식으로 결정했지만 전문가들의 주요 기술이 부족한 상황에서 그들의 해석만을 기반으로 한 결정들 때문에 다시 고정된 기준을 마련해야 한다는 쪽으로 변화하였다(Carmona, 2001:225-227). 이와 대조적으로 건축 규제와 도로 선정 과정(Highway Adoption Process)은 자율적인 해석이 없었고 신청자에게 불리한 결정이 나오더라도 재심 청구 권한도 주지 않는 고정된 기술적 과정이었다(후반부 참고).

이 두 가지 형태의 의사결정 방식 모두 부정적으로 보면 1장에서 설명된 규범의 횡포에 일조할 수 있다. 재량권에 기반한 방식은 독단적이고 일관되지 않으며 주관적인 경우도 있었던 반면, 고정 법규 체계에 기반한 방식은 유연성이 부족하고 표준화되지 않은 방법은 고려하지 못하는 경향이 있었다. 아마도 이 때문에 최근 이 두 가지 방식은 혼합 적용하는 경우가 많다.[17] 그러나 이런 혼합 방식이 적용되는 경우에도 두 가지 체계는 근본적으로 서로 이를 뒷받침하는 법제와 관리 방식이 다르다. 이런 차이에도 불구하고 고정 법규 체계 기반에 설계 검토 과정을 추가해 설계 과정에 유연성을 더하는 것이나 재량권 기반 체계에 더 구체적이고 지시적인 지침을 추가하여 확실성을 더하는 방법이 이런 융합의 예다.

영국에서 1990년대에 있었던 '계획 위주(Plan-led)'의 도시계획 체계는 재량권 기반 체계에 지침을 더하는 후자의 예라고 할 수 있다. 이 방식은 재량권 기반 체계와 고정 법규 체계의 여러 가지 장점이 모두 있지만 이 말은 곧 이 둘의 단점도 가지고 있다는 뜻이다. 특히 이 방식은 의사결정 과정에서 확실성과 일관성을 더했음에도 재량권에 기반했을 때 피할 수 없는 비일관성, 불확실성, 독단적인 면도 가지고 있었다. 이 방식은 또한 도시계획 허가 과정과 계획 과정에서 분쟁, 지연이 일어나게 할 수도 있다. 이는 개발계획의 위상이 높아짐에 따라 이런 계획 수립 과정에서 영향을 미치려는 개발자들과 다른 이해 당사자들의 압력이 커지기 때문이다(Carmona etc al. 2003:108).

17 예를 들어 필립 부스(Philip Booth)는 미국과 유럽에서 용도설정(Zoning)에 대한 연구가 의사결정권자들이 "지속적으로 설정된 제한을 풀려고 한다"라는 것을 밝혔다고 주장하였다(1999 : 43). 그러므로 의사결정권자들은 계속 이런 시스템의 문제를 해결할 수 있고 자신들이 재량권을 가질 수 있는 수단과 장치를 찾았다.

이런 두 가지 기본적인 조정방식 외에 다른 방식들을 살펴보면 네 부분으로 나뉠 수 있다(그림 2.13 참조). 첫째, 개발 위주의 조정인가, 건설 위주의 조정인가에 따라 분류할 수 있다. 이 구분은 더 넓은 범위의 계획 과정에서 이 조정 허가가 광역 계획 수립 이전과 이후 중 언제 주어지는지를 반영하는 것이기도 하다. 둘째, 이 의사결정으로 누가 이득을 보느냐는 것이다. 개발자들이 정부사업에 기여하여 공익 차원의 이득이 있는 사업인지, 정부가 개발자에게 제안 계획을 진행하고 성공적으로 완성·개발할 수 있는 권한을 주는 사업인지에 따라 구분할 수 있다. 이렇게 분류된 각각의 방식은 재량적, 비재량적 법제체계에서 모두 나타날 수 있다. 그러나 일반적으로 건축·건설과 관련된 더 기술적인 과정은 비재량적일 가능성이 높다.

개발업자 기부

언뜻 보기에 개발업자 기부는 앞에서 설명되었던 보너스 방식과 비슷하게 '오는 게 있어야 가는 게 있는' 교환 과정처럼 생각할 수 있다. 실제로 이 둘 간에는 중요한 다른 점이 있다. 보너스는 좋은 행위를 장려하는 선택적 보상이지만 개발자들의 기부는 개발을 진행하기 위해 치러야 하는 사회적 비용이다. 당국의 지원을 장려하기 위해 개발자가 정부에게 주는 역인센티브 성격을 띠기도 한다. 개발 기부는 다음과 같은 이유로 부과되고 협상된다.

- 첫째,가장 노골적인 허가를 받기 위한 기부('지역 학교 건설을 도와주면 쇼핑센터 허가권을 드리겠습니다.')
- 둘째, 개발과 관련된 부정적인 외부 문제들을 바로잡기 위한 기부('이 개발은 지역 교통혼잡을 일으킬 수 있기 때문에 도로를 신축해야 합니다')

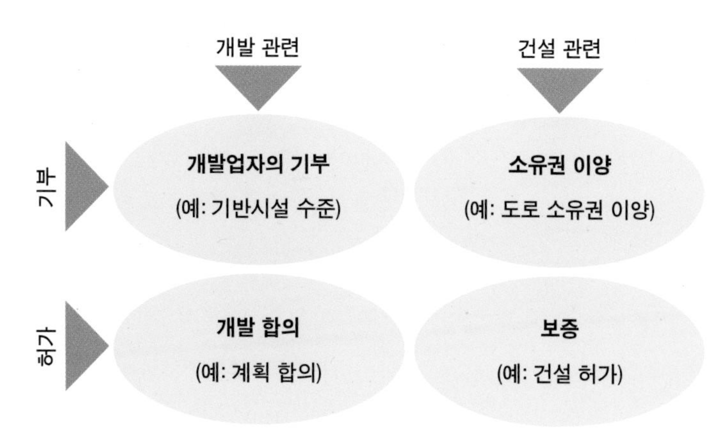

그림 2.13 설계 조정 분류

• 셋째, 마지막으로 지역사회가 용지 개발권한이 바뀌면서 발생하는 가치 상승(도시계획 이득)의 일부를 지역사회가 공정하게 가질 수 있게 하는 기부('개발 허가로 당신의 토지 가치가 X배 상승할 것이고 이 중 일부는 국고로 환수해야 합니다.')

심스(Syms)는 "이상적으로 도시계획은 개발 자체와 주변 환경의 질을 향상시켜야 한다."라고 주장한다(2002 : 315). 사실 설계의 질은 개발업자 기부채납의 주요 목표가 아니며 다른 조정방식도 마찬가지로 디자인 질을 목표로 하진 않는다. 그럼에도 불구하고 적절한 협상이 반영된다면 설계 품질 면에서 좋은 결과를 낼 수 있다. 예를 들어 직접 투자나 필수 기반시설과 편의시설에 교차지원금을 지원하는 방식을 통해 질 높은 장소가 오래 지속될 수 있게 하거나 수입원을 이용해 이를 높은 질의 디자인 표준과 공공시설과 저렴한 주택(Affordable Housing)에 투자하는 방식이 있다. 기부는 또한 특정 종류의 바람직하지 않은 설계에 효과적인 세금을 부과하는 방식으로 사용될 수 있다. 캐나다의 일부 지방자치 당국은 도시 확산(Sprawl)을 일으키는 개발에 대한 개발세(Development Charges)를 부과한다(Braumeister, 2012). 이는 확산 현상이 기반시설 비용을 높인다는 논리로 정당화되었다.

잉글랜드에서는 개발자 기부금은 세 가지 방식으로 부과될 수 있다. 도시계획 허가에 대한 '기부', 계획 합의의 일부로 따로 협의된 '의무' 그리고 2010년부터 시행된 공동체 기반시설부담금(Community Infrastructure Levy, CIL)에 의한 방식이 그것이다. 사실상 기본 부담금은 개발의 종류와 크기에 따라 정해진다. 첫 두 가지 방식의 경우, 개별 개발에 따라 재량과 협의에 의해 이루어지지만 세 번째 방식은 지방자치단체가 정한 규칙을 통해 이루어졌기 때문에 예외적인 경우를 제외하면 협상이 불가능하였다. 그러나 어떤 경우든 개발자 기부금은 더 큰 조정 과정의 일부로 설계의 질을 향상시킬 수 있는 중요한 기회였다.

소유권 이양

일부 국가에서는 도로와 공공공간과 같은 지역 기반시설이 정부에 의해 지어지고 다른 국가들에서는 민간업체가 먼저 건설하고 이후 소유권이 정부로 이전된다. 영국에서는 개발자 기부를 통해 이루어지든 허가된 기본설계 과정을 통해 이루어지든 이 과정을 소유권 이양(Adoption)이라고 한다. 다른 국가에서는 지정(Gazetting), 봉헌(Dedicating), 부가(Addition), 공용징수(Expropriation) 등 여러 다른 이름으로 알려져 있다. 이것이 어떻게 불리든 그 과정은 완성된 기반시설이나 최소 이를 건설할 수 있는 토지 기부를 통해 공익이 확보될 수 있지만 다른 한편으로 국비로 기반시설을 유지·관리해야 하는 부채가 될 수도 있다. 개발자와 투자자들은 특히 상업공간일 경우, 이미 언급된 보너스 공간과 유사하게 투자에 대한 '부가가치'로서 이러한 기반시설이 민간의 손에 맡겨지길 원하지만 주택 개발자들은 이를 가능한 신속히 처분해야 할 부채로 생각하는 경향이 있다.

이런 법적 책임을 받아들이는 국가의 경우, 과도한 지출없이 유지·관리가 쉬운 방식으로 지역 기반시설을 건설할 수 있다는 장점이 있다. 보통 이런 기반시설의 소유권을 가지게 되는 지방자치 정부는 기반시설이 기준에 부합하기 전까지는 소유권 이양에 동의하지 않기 때문에 높은 디자인 질을 요구할 수 있게 된다. 동시에 지방자치 정부는 유지·관리의 책임을 지기 때문에 가로수, 가로 잔디, 공공예술품, 가로등, 놀이시설 등과 같이 유지비가 많이 드는 고가의 재료와 맞춤 가로 시설물이나 공적 영역 요소들을 받아들이는 것을 망설이기도 했다. 이런 경향은 장소의 질은 고려하지 않고 적은 비용으로 유지·관리가 가능한 단순한 디자인을 양산하게 한다. 예를 들어 영국에서는 주택개발사업으로 심어진 가로수가 지방자치 정부로 소유권이 이양되기 전 제거되는 경우가 허다했다.

이와 관련해 로저 에반스사(社, Roger Evans Associates)는 "기존 기준이 요구 수준에 부합하지 않았기 때문에 설계자와 개발계획 기획자는 지방자치 정부와 함께 새로운 기준을 개발해 적용해야 한다(2007 : 158)."라고 말한다. 하지만 이렇게 주장하는 것은 쉽지만 실제 적용은 그리 쉬운 일이 아니다. 특히 큰 계획에서 소유권 이양 대상지역의 광범위함을 생각하면 더욱 그렇다. 소유권 이양은 공공도로부터 자전거도로, 인도, 공공장소, 가로등, 가로시설물, 공공예술품, 놀이터, 공공용지 및 체육시설, 시민 농장, 주차장, 공동체 건물, 학교, 건강시설, 지속가능한 도시 배수 시스템(SUDs)과 다른 수자원 시설, 하수, 재생 및 폐기물 시설, 지역 에너지 발전시설 등 지역 기반시설을 포함한다. 실제 지역 기반시설의 소유권 이양은 장소마다 다르게 이루어지지만 이 방식은 잘 활용하면 가장 강력하고 힘있는 디자인 거버넌스 도구가 될 수 있고 개발 과정 초기에 신중히 고려해볼 만한 가치가 있다.

개발 합의

개발 시작을 위한 합의 과정은 일반적으로 도시 계획, 토지이용 계획, 토지구획, 문화유산 보존계획, 설계 검토 등 다양한 조정제도와 관련 있다. 이러한 조정제도들은 다양한 방식으로 서로 통합 또는 분리되어 사용된다. 예를 들어 카르모나와 그 동료들은 설계 질 평가를 위한 통합 및 분리 모델을 설명했다(2010:322). '통합' 방식에서(그림 2.14i 참조) 설계는 더 큰 도시계획 및 토지이용 계획 과정의 일부이고 설계와 경제개발, 토지이용, 시회 기반시설 등과 같은 도시 계획의 다른 요소와의 관계는 정확한 정보와 균형 잡힌 판단을 바탕으로 중요도에 따라 다르게 설정된다. 그러나 이 방식의 단점은 다른 경제적, 사회적 목적 때문에 설계 목표가 희생될 수도 있다는 것이다. 영국의 계획 과정은 이런 통합 방식의 한 예로 지방 계획 인·허가권자가 설계를 최종 허가 결정한다. 이 과정에서 지방 인·허가권자는 법적 조정 과정에 속하지 않고 그 결정에 공식 권한이 없는 국가 또는 지방 설계 검토기관에서 설계 관련 자문을 얻을 수 있다.

분리방식에서(그림 2.14ii 참조) 설계 관련 문제들은 검토를 위한 독립된 기관인 설계검토위원회를 두고 의도적으로 다른 계획·개발 문제들과 별도로 결정된다. 이는 토지이용계획위원회에 권장하거나 분리된 설계 허가 과정을 거쳐 이루어진다. 이런 방식은 설계 검토 과정이 토지구획계획과 분리되어 있는 미국에서 중요하게 활용된다. 이런 환경에서 개발사들은 설계 검토를 받는 것을 강요받게 되고 논쟁의 여지는 있지만 개발 허가 결과가 나오기 전 설계에 대한 전문지식을 가진 직원이나 자문위원이 설계 문제를 지속적으로 적절히 관리한다. 이런 점은 통합방식에서는 보기 힘든 부분이다. 그러나 이 방식의 단점은 특히 토지이용, 밀도, 교통·기반시설 확충 등과 같이 설계에 지대한 영향을 미치는 다른 개발 요소들과 연계성을 확보할 수 없다는 것이다. 이런 방식에서 설계에 대한 인식은 '단지' 심미적 부분에만 머물게 되고 이러한 이유로 이 설계 검토 방식의 적합성에 대해 의문을 낳을 수 있다(Case Scheer, 1994:7-9).

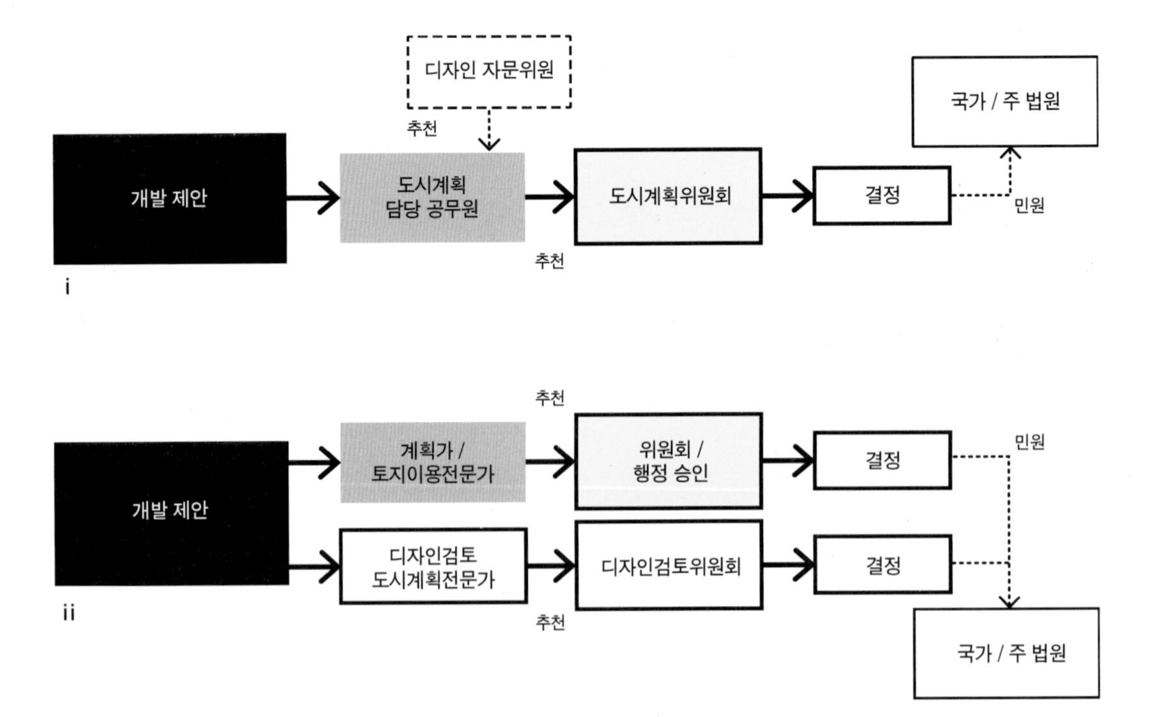

그림 2.14 (i) 통합된 디자인과 설계에 대한 고려 (ii) 분리된 계획·용도계획과 디자인 검토 과정
출처 : Carmona et al. 2010에서 참조

통합 방식이든 분리 방식이든 다음과 같은 특성에 따라 설계 합의 과정이 달라진다.

- 개발 연관성 : 개발 원칙, 건설 전 계획과 계획안을 얼마나 따르고 있는가
- 대응성 : 다른 계획안에 적절히 대응하는가(일반적으로 민간사업을 의미하지만 때때로 공공기관에 의한 사업도 포함)
- 평가성 : 계획안 감정을 위해 구축된 공식, 비공식 기준에 따른 간단한 평가
- 관료성 : 공정하고 일관성 있고 효과적인 방식의 과정 관리를 위해 관료체제에 의존하는 정도

이런 다양한 성격을 바탕으로 실무적 측면에서 조정 과정의 성격에 따라 합의방식은 더 다양해진다. 예를 들어 영국에서는 계획 허가 과정의 상당 부분이 재량권에 의해 결정되고 이 재량권이 합의 과정에서도 여러 공간 단위에서 중요한 역할을 한다. 영국에서는 계획 허가를 받기 위해 매우 다양한 종류의 재량권이 사용된다. 이런 재량권은 민간 개발계획이 정책 및 지침서에 맞게 만들어졌는지를 조사하는 것부터 변호, 협상, 설득, 심지어 필요에 따라 계획 허가를 취소할 것이

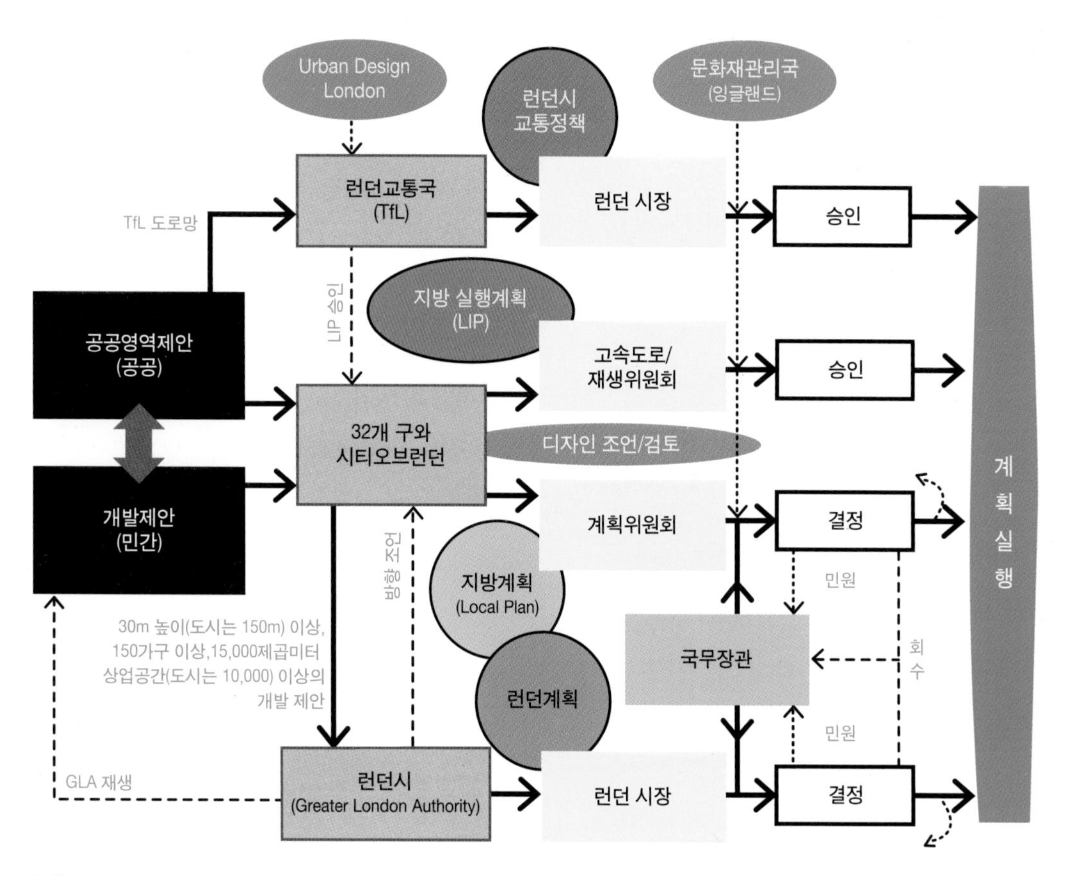

그림 2.15 런던의 디자인 품질 관리를 위한 복합적인 과정

라는 협박과 같은 위협까지도 포함한다. 이것은 복잡하며(그림 2.15 참조) 매우 기술적인 과정으로 공익과 사익 간의 중요도와 균형을 유지해야 하며 공적부문을 분리하여 독립된 조정 과정을 통해 관리되어야 한다. 이것은 또한 더 긴급한 '물질적 고려사항'들 때문에 디자인을 등한시하는 결과로 나타날 수도 있다(Patterson, 2012:152).

고정 법규 체계는 지역 성격에 맞게 대응하려는 노력으로 시간이 지남에 따라 복잡해지는 경향이 있다. 예를 들어 뉴욕에서 개발 허가를 승인하는 균일 토지이용 검토 절차(Uniform Land Use Review Procedure 또는 ULURP)는 세 가지 기본 토지용도 분류인 주거지역, 상업지역, 공업지역으로 계획안을 평가했지만 현재는 114개 하위 범주가 생겼고 여기에 더해 표준용도지역제로는 그 독특한 특성을 관리하기 힘들기 때문에 각각 독립된 용도지역제로 규제하는 57개 특별계획구역(Special Purpose District)과 해당 지역의 신축 건물을 기존 지역 특성에 따라 지어야 하는 41개 맞춤형 지구(Contextual Zoning District), 토지용도가 겹쳐 복합용도를 갖는 38개 복합용도지구(Overlay Districts)가 추가되었다. 심지어 대형 개발의 경우에는 도시계획위원회(City Planning Commission) 재량으로 더 효과적인 건축물과 공공용지 배치를 위해 용도지역 조례의 주요 방향과 다른 독립된 규제를 만들기도 했다.

이런 복잡한 진화 과정을 통해 뉴욕의 토지이용 규제는 1916년 처음 고안되었을 때는 35페이지 분량의 문서였지만 이후 900페이지 문서로 불어났고 이로 인해 심각한 해석 문제가 생겨 점점 토지이용 규제라는 제도 자체에서 벗어나려는 노력이 있었다는 사실은 그리 놀랍지 않다. 토지이용변경(Zoning Amendment), 특별허가(Special Permit), 허가(Authorization) 또는 변형(Variance)이 적용되기도 했고 이러한 변경에는 도시계획위원회나 법정표준위원회(Board of Standard and Appeals)의 동의가 필요했다. 이 같은 재량이 적용되는 과정은 재량권 기반 체계와 크게 다르지 않았다. 특별한 경우, 개발 권한을 한 장소에서 다른 장소로 옮길 수 있었다. 이런 개발권 이양(Transfers of Development Rights 또는 TDRs)은 주로 사용하지 않은 개발권이 랜드마크 등과 관련하여 개발업자가 주변 지역에 더 높은 건물을 세우게 하는 데 사용되었고 이런 경우, 특별허가가 필요했다. 다른 경우, 더 효과적인 개발을 위해 대지를 완전히 병합하고 개발권을 병합된 개발지에 이양할 수도 있었다. 이런 방식은 중요한 디자인 도구가 될 수 있었고 예를 들어 작은 개발지에 더 높은 타워의 건설을 가능하게 했다.

다른 지역의 조정 체계와 같이 뉴욕의 계획가들과 정치인들은 점점 초기 시스템의 역량보다 더 많은 것을 달성하려고 했고 도시의 다양한 요소들에 더 잘 반응할 수 있는 합의 과정을 만들려고 했다. 이를 위해 몇 겹의 규제들이 지속적으로 추가되어 복잡한 구조를 만들었고 이 규제들은 이를 만들고 관리하는 도시계획과 반대편의 토지이용 법규 관련 변호사들에 의해 해석·논의되고 도전을 받게 되었다(Carmona, 2012).

미국에서는 재량과 고정 법규 간의 이러한 중요한 관계가 조정 세분화와 설계 검토와 관련된 과정들로 잘 설명되어 있다. 토지용도 세분화는 토지를 대지로 구분한 것으로 미국에서 땅이 주거지로 조사되어 사용될 때부터 시작되어 긴 역사를 갖고 있다. 현재 토지용도 세분화는 토지 이용 계획, 도시 계획, 설계 검토로 구분되고 각각 예비 계획 지원 과정, 예비 계획, 최종 계획 과정으로 이루어진다. 이는 1930년대와 1940년대에 국가적으로 세워졌고 그 후 빠르게 표준이 만들어져 보강되었다. 이런 과정과 표준은 벤-조셉(Eran Ben-Joseph)에 의하면 "규칙, 조정, 설계 요건이 가득한 정글"과 "여러 기관들과 위원회들이 관여된 과정"이 되어버렸다(2005a:179, 181-182). 벤 조셉은 이 복잡성 때문에 설계 조정이 협상과 수정이 어렵고 "현재의 현실과 아무 관련 없는" 20세기 초 건강과 안전 위주 목표에 의해 설계 질이 희생될 수 있는, 융통성이 부족한 체계에 의

공동체의 미래상

1. 환경 미화 및 디자인에 대한 종합적이고 조정된 미래상을 만들기 위해 노력
2. 지역사회와 개발 분야의 지지와 정기적인 검토를 통해 도시설계 계획을 발전시키고 검토

디자인, 계획과 용도 계획

3. 여러 관련자 및 세금, 보조금, 토지 취득 관련 기관들을 더 나은 설계를 위해 활용
4. 통제전략과 도시설계 규제의 배제효과 완화
5. 용도 계획을 계획 체계 내에 통합하고 용도 계획의 한계를 해결

폭넓고 실질적인 설계 원칙

6. 건물의 입면과 아름다움에 집중된 편협한 방식을 뛰어넘어 생활 편의시설, 접근성, 공동체, 활력, 지속 가능성을 고려하는 도시설계에 대한 책무 유지
7. 일반적인 설계 원칙과 상황 분석에 대한 지침 설정과 바람직한 결과 및 의무 명시
8. 근린 설계의 모든 측면을 통제하려는 것이 아닌 유기적 자발성, 활력, 혁신, 다원주의를 수용하고 지나치게 규범주의적이지 않은 방식

법적 절차

9. 도시설계 개입을 위한 명확한 선험적 역할 파악
10. 행정적 재량권 관리를 위한 서면 의견과 항소 과정으로 적절한 행정 절차 수립
11. 효율적, 건설적, 효과적인 허가 과정 구현
12. 설계 검토 과정 지원을 위한 적절한 설계기술과 전문지식 제공

그림 2.16 디자인 검토 개발을 위한 모범 사례 원칙 / 출처: Punter 2007에서 인용

해 잘못 운영되고 있다고 주장하였다. 이런 계획 체계 때문에 새로운 개발지의 50%가 도로와 주용도와 상관없는 다른 공간으로 채워지는 것은 보기 힘든 광경이 아니었다(Ben Joseph, 200a:179).

이와 대조적으로 디자인 검토 과정은 미국에서 비교적 최근에서야 나타난 방식이다. 1950년대에 처음 소개되었지만 1980년대까지는 실행력을 얻지 못했다. 그 형식이 다양했으며 국가적으로 조직화된 것은 아니었지만 디자인 검토는 빠르게 적용되었고 케이스 시어(Brenda Case Scheer)는 1994년까지 83%의 도시 계획이 어떤 형태로든 디자인 검토를 받았다고 보고했다. 케이스 시어는 이것을 "지방자치 정부의 지원을 통해 민간 개발과 공공 개발 계획안이 도시설계, 건축, 시각적 영향에 대해 독립된 평가를 받는 과정"이라고 정의하였다(1994:2). 당시 82%의 디자인 검토 과정이 의무적이었으며 제도화되었지만 단 40%의 검토 과정만 "법률상 구속력이 있는 디자인 지침서"를 기반으로 하였고 이런 과정의 기준을 만들어줄 어떤 형태의 규약도 없었다. 이런 이유로 디자인 검토 과정은 독단적이고 일관성 없으며 비싸고 쉽게 조작가능하고 기술적으로 부족하며 주관적이고 모호하고 불공정하고 창의력이 떨어지고 피상적일 가능성이 있다는 비판이 이어졌고 이것은 20년 후 디자인 검토를 통해 미국의 대저택 규제를 뒷받침한 정치, 사회, 문화 관계에 관한 렁-아담(Willow Lung-Adam, 2013) 연구에서 또 다시 지적되었다(1장 참고).

그러나 푼터(John Punter, 2007)에게 1980년대와 1990년대에 걸친 디자인 검토에 대한 비판은 자신이 제시한 모범 사례 원칙(그림 2.16)을 기반으로 한 검토사업의 성공을 통해 이미 반박된 것이었다. 푼터의 모범 사례 원칙에 기반한 디자인 검토는 좁은 의미의 조정 기능을 넘어 그 범위를 확장하는 것이었다. 예를 들어 뉴질랜드 오클랜드(Auckland)와 캐나다 밴쿠버(Vancouver)의 도시설계위원들은 초기에 개발자들에게 특별개발계획안에 대한 생산적 조언을 할 수 있는 다양한 주제를 선정하여 해당 도시의 정책과 지침에 조언하며 전문업계와 사회 전반에 걸쳐 좋은 설계를 달성하는 방식으로 디자인 검토를 운영했다(Punter, 2003; Wood, 2014).

푼터의 여러 처방은 공식적인 디자인 검토 과정과 관련 있었다. 그의 주장에 따르면 조정 과정을 이미 설정된 주요 설계 목표를 갖춘 지역 맥락에 맞춰 진행하고 이해관계자들은 여러 예비계획 지원 과정에 참여함으로써 조정을 생산적이고 대립적이지 않은 방식으로 실행할 수 있었다. 세계의 많은 건축가들과 평론가들이 불편해하는 인물 중 한 명이었던 플라터-지벅(Elizabeth Plater-Zyberk)은 다음과 같이 주장하였다.

> 통제와 자유는 완성된 디자인에 대한 분쟁이 아닌 디자인을 수행하고 주어진 사업 범위를 설정하는 규정 내에서 가장 효과적으로 공존할 수 있다. 규제나 명확히 설정된 목표가 없는 설계 검토는 현실성이 떨어질 수 있다.(1994 : vii)

보증

개발 합의는 개발계획의 허가를 주고 특정 지역에서 일어나는 특정 종류의 개발 원칙을 세우는 것이지만 그 결과물을 보장해주는 것은 아니다. 이는 합의가 개발 이전에 일어나기 때문에 어쩔 수 없는 일이다. 개발은 그 후 실제로 일어날 수도, 일어나지 않을 수도 있으며 다른 형태로 일어나 새로운 합의를 필요로 할 수도 있다. 문화유산 관련 사례들을 제외하고 거의 대부분 제안서 단계에서 자세한 공식적인 디자인 제안을 피했고 이로 인하여 이후 디자인에서부터 건설에 이르기까지의 과정에서 해석 과정을 필요로 했다. 반면, 영국의 건축 규제와 같은 건축물 및 건설 허가 방식은 대부분 발표된 건설 기준 또는 규칙에 세부 설계나 시공이 얼마나 부합하는가에 초점을 맞춘다. 이러한 과정은 일반적으로 건설계획의 건설 전 평가, 대부분 건설 후 단계별로 진행되는 실제 건축물에 대한 건설 후 조사를 포함한다. 이는 주로 대부분 공사 후에는 눈에 직접 보이지 않는 구조적 안정성, 절연, 수도, 통풍, 방음, 배수와 폐기물에 대한 다양한 기술적 요소를 다루지만 외부 절연, 열전달, 건물 접근성과 재생 에너지 기술 사용 여부와 같은 건물 배치 계획에 영향을 주는 내용들을 포함한 외관의 미적 부분에 중요한 영향을 미치는 분야도 다룬다. 사실상 한 번 공고, 증서 또는 허가가 발표되면 이 공사가 합법적이고 표준에 부합하고 더 나아가 안전하다는 것을 보장하게 된다. 그렇기 때문에 이 과정은 건설 후 규제 준수 검사 과정이 없고 건설 기준 달성을 보장하는 대신 진행 동의를 표시하는 것에 가까운 개발 동의 과정과 상당한 차이를 보인다. 결과적으로 건설 요구 조건 규정은 성격상 기술적 경향이 있지만 대부분 해석상 여지를 남겨두지 않는 규정상 요구 조건과 함께 협의 대상이 되기도 하는 더 넓은 범위의 수행 목표와 결합된다.

이런 종류의 도구들에 대한 학술 연구는 드물었지만 이것에 대한 연구들은 건강과 안전에 대한 초창기 고민들부터 기후변화와 같은 넓은 범위의 품질 분야까지 건설 보장에 관한, 최근 기하급수적으로 확장된 더 복잡한 문제들을 파악하고 있다(Fisher&Guy, 2009). 영국의 건축 규제 관점에서 임리(Rob Imrie)와 스트리트(Emma Street)는 이 "새로운 규제적 목표를 향한 규제의 변화"가 통제의 정당성과 궁극적으로 "양질의 설계 (재)생산을 보장하기 위한 적절한 수준의 국가 개입은 무엇이며 어때야 하는가"에 대한 질문을 던졌다(2011:280). 이는 디자인 거버넌스의 모든 공식적 수단과 이 책 전체를 관통하는 질문일 것이다.

비공식적 또는 강제력이 없는 도구

간접적인 디자인 거버넌스

만약 디자인 거버넌스가 지침이나 인센티브 과정 등 전적으로 통제 기능을 중심으로 한 수단으로만 이루어진다면 기술지향적이고 수동적인 과정으로만 남을 것이다. 예를 들어 영국에서는 이렇듯 능동적인 지침 수단이 일반 정책이나 무성의한 기준에 자리를 내주는 것이 너무 잦은 관행이 되어왔다고 많은 이들이 비판한다. 왜냐하면 공식적인 과정은 항상 그 과정의 초안을 작성한 정치인과 전문가의 의도에 따라 제도적인 체계 범위 내에서 제한적으로 정의될 것이고, 이러한 관행을 깨고 새로운 방식을 시도하기 위해서는 비공식적이고 법으로 정해지지 않은 방식이 필요하지만 종종 불만족스러운 실행방식으로 끝날 때가 많다.

신자유주의 시대가 정부가 이용할 수 있는 도구의 확장을 이끌었다고 주장하는 살라몬(Lester Salamon)의 논점으로 돌아가보면 그는 이 '새로운' 도구들은 공통적으로 중요한 특징을 공유한다고 언급하였다. "이 도구들은 매우 간접적입니다. 공적자금이 투자된 자금 서비스를 제공하고 공적으로 승인된 목적을 달성하기 위해 상업은행, 개인병원, 사회 서비스업체, 법인체, 대학, 데이케어센터, 정부기관, 자본가, 건축업자 등 제3의 기관에 의존합니다." 그에게 "이것의 최종 결과물은 주요 공적 권한이 다수의 비정부 및 다른 정부 관련 기관들과 공유되는 정교한 제3자 정부시스템이다. 결과적으로 이는 "공적 권한과 공적자금 사용과 관련된 재량권" 같은 정부의 주요 기능을 제3의 기관들과 공유한다는 것이다(Salamon, 2002 : 2)." 또한 1장에서 언급된 수단과 행정 간의 특징 관점에서도 살펴보면 행정과 수단은 동전의 양면과 같다고 할 수 있다. 그 어떤 종류의 수단이라도 이것을 활용하기 위해서는 반드시 행정기반, 적절한 절차, 인간, 자본, 기술자원에 걸쳐 전반적인 것들이 필요하다. 이러한 관점에서 수단뿐만 아니라 행정 절차도 점점 간접적으로 변하는 것이다.

델라폰스(John Delafons)는 '미관관리(Aesthetic Control)'의 유형을 파악하였다(1994: 14-17).[18] 수단만 다룬 분류법에서 벗어나 행정과 수단을 혼합하면서[19] 세 가지 부분의 설계 행정 유형은 유지하였다.

---

18 '미적 조정(Aesthetic Control)'은 1990년대 초까지 영국에서 사용된 용어였으며 디자인 거버넌스에 대한 정책 입안자들의 매우 좁은 관점, 즉 주로 건물 외관의 미학적 관점을 반영했다(3장 참조).

19 '유형에 따른 통제'(엄격한 유형 기반의 용도계획·설계 검토), '경쟁'(디자인 경진대회 활용), '디자인 지침'(다양한 유형과 수준의 정교함을 보여주는 디자인 지침) 등이 그것이다.

- 규제방식(규제 수단을 이용한 전통적인 지방정부 디자인 통제 방식)
- 정부 중재('설계' 기능을 책임지는 '독립적' 또는 적어도 공정하고 정치적이지 않은 단체를 임명하는 방식)
- 소유권에 따른 권한 : 공적 디자인 거버넌스를 완전히 억제하고 토지 소유주나 개발자가 스스로 통제하는 방식

더 간단히 설명하면 이러한 세 가지 시스템은 '전통', '간접', '민간' 설계관리방식이라고 할 수 있다. 완전한 민간관리 방식은 1장에서 정의된 디자인 거버넌스 범위를 벗어나지만 간접 방식의 거버넌스와 여기에 사용된 수단의 적용은 혁신을 위한 많은 자원과 수준 이하의 결과물을 내는 전통적 형태의 디자인 거버넌스를 극복할 수 있는 방법을 제공한다 1999년부터 2011년까지 영국 내 케이브의 업무와 경험은 아마도 이런 유형으로 세계적으로 가장 중요한 실험 중 하나라고 할 수 있다.

케이브 실험 : 디자인 거버넌스 다시 생각하기

케이브는 분명히 공공영역 내에서 운영된 반면, 1999년부터는 중앙 및 지방정부로부터 분리되어 보증책임유한회사로 운영되었고 2006년에서야 법적 지위를 확보한 비정부 공공기관(NDPB)으로 운영되었다. 그 지위와 법적 권한, 점점 증가하는 정치적 역할과 상관없이(4장 참조) 케이브는 목표 달성을 위해 사용할 수 있는 규제 체계가 없는 와중에도 작동했고 2006년부터도 존재 자체와 기본적인 운영을 가능하게 한 일반적인 법적 권한만으로 운영되었다. 케이브는 구속력을 가진 결정을 내릴 권한을 가진 적이 한 번도 없었다.

그럼에도 불구하고 케이브는 능동적인 정부를 통해 건조환경의 설계 질을 개선하기 위한 시도 중 하나로 인식될 수 있다. 케이브는 시장과 국가가 훌륭한 설계의 중요성을 완전히 인지하지 못했다는 것을 지적하고 이것의 필요성을 피력했다. 케이브의 전신인 왕립미술위원회(RFAC)가 1924년 보수당에 의해 설립되었지만(3장 참조) 케이브는 보수당의 반대 진영인 토니 블레어의 신노동당 정부의 작품 중 가장 완벽한 예로 이른바 "능동적 정부와 조합된 경제 신자유주의"로 여겨졌다(Hall, 2003). 예를 들어 케이브는 경제적 가치를 앞세우는 시장 맥락 속에 그들의 의견을 나타내기 위해 상당한 시간과 노력을 들였다. 목표 달성을 위한 어떤 법적 권한이나 규제 체계가 없었음을 고려할 때 케이브는 '골리앗'인 시장경제에 대항하는 설계 분야의 '다윗'이나 마찬가지였다.

비공식 도구에 대한 간접적 관리

이렇게 생각해보면, 케이브는 분명히 피터 홀(Hall 2003)의 분류와 같이 규제의 주체라기보다 시장에 종속된 채 영향력을 미치는 주체로서 디자인 품질 개선이라는 목표를 성취하기 위해 기존 또는 새롭게 개발된 비공식적 수단들의 개발과 활용에 의존하는 단체로 이해할 수 있다. 공공관리의 새로운 형태와 수단에 관해 더 넓은 의미에서 이야기해 보면 살라몬은 새로운 도구들의 보급으로 더 많은 공적 문제에 맞는 해결책을 제시할 수 있고 이러한 목표를 위해 정부 및 비정부 기관들이 참여할 수 있는 새로운 기회를 만들 수 있다고 주장했다(2002:6). 동시에 그는 이러한 발전이 공공관리 업무를 더 복잡하게 만들고 있다고 말했다. "공공관리자들은 한 가지 형태의 업무를 하는 것이 아니라 공공행위에서 일어나는 수많은 다른 '기술들'을 섭렵해야 한다. 이 각각의 기술들은 각자의 결정 기준, 리듬, 행위 주체, 도전과제들을 가지고 있다. 정책입안자들 또한 '옳은지 그른지'와 같은 일종의 판정을 내리는 일뿐만 아니라 '어떻게' 행동할 것인지, 나아가 결과에 어떻게 책임을 다할 수 있는지 결정해야 한다. 또한 대중들은 어떤 방식으로든 자신들을 위해 행해지는 복잡한 공적, 사적 네트워크에 의한 이질적 활동들을 이해해야 한다."

케이브는 영국에서 건조환경 및 건물의 설계 측면을 관리하는 최초의 국가기관은 아니었고 그 이전에 왕립미술위원회가 75년간 해당 업무를 담당했지만 실제 왕립미술위원회의 담당 범위는 상당히 좁았고 일반적으로 순전히 조언 수준의 비공식적인 검토 수준에 머물러 있었다. 왕립미술위원회의 업무는 거버넌스 수단과 접근법을 확장하는 신자유주의 시기까지 연장되었지만 이 흐름들이 왕립미술위원회에 영향을 미치지는 않았다. 그 결과, 케이브는 영국을 기반으로 한 유사기관 중 최초로 새로운 거버넌스 환경을 완전히 수용한 기관이었고 다양한 새로운 비공식 도구를 시도한 노력은 케이브의 특징들 중 하나가 되었다.

슈스터(Mark Schuster)와 그의 동료들(1997)이 일반적인 정부의 수단들을 분류한 것에 따르면 케이브는 소유권과 운영, 규제, 설립 및 할당 측면에서 접근이 제한되었고 2005년 깨끗한 지역 및 환경에 관한 법률(2005 Clean Neighborhoods and Environment Act)[20]에 의해 적법한 역할 중 하나로 명시된 '재정 지원'에도 불구하고 케이브는 상대적으로 적은 자금 때문에 운영도구와 장려책을 사용하는 것도 쉽지 않았다. 대부분의 경우, 케이브는 이 도구의 분류 중 마지막 분류인 '정보' 차원에서 운영되었다. 슈스터(2005)는 이를 역사적 자산 '목록 작성'과 비공식 디자인 검토라는 두 가지 대조적인 예를 들어 설명했는데 이 둘은 모두 하나의 자산이나 프로젝트를 선택하여 차후 의사결

20 케이브는 2000년대 등장하여 그 마지막 해 4,500만 파운드 규모의 변화 프로그램(Sea Change)을 시행한 건축건조환경센터(ABECs)와 건축네트워크에 보조금을 지급했다. 비록 보조금 제공 조건을 결정하고 그에 따라 특정 관행을 장려하는 케이브의 위치는 강력했지만 이 두 경우 모두 정부로부터 용도지정 조치된 자원이었다.

정에 도움을 주기 위해 장점과 단점을 공개하는 방식으로 운영되었다. 티스델(Steve Tiesdell)과 알멘딩거(Phil Allmendinger)는 2005년 그들의 저서에서 '능력 배양'과 함께 '정보 생성 또는 협력 장려'를 자신들이 개발한 공간 형성 도구의 메타-분류법 내에 포함시켰다. 특히 '능력 배양'은 교육, 훈련, 정보 교환, 지원 및 전문가 네트워크 형성을 총망라하였다. 이 모든 것들은 비공식 수단 내에서 포함될 수 있다.

호주 공공서비스위원회는 이러한 종류들을 하나의 분류 항목으로 합쳐 '교육 및 정보 도구'라고 불렀다. 이 도구의 분석은 설계와 특별히 연관이 없었지만 통찰력있는 결론을 내리고 있다. "이 도구는 일반적으로 독립적으로 운영되지 않았고 특히 공공과 민간의 이익이 첨예하게 대립하는 곳에서는 더 그랬다(2009:9)." 그 대신 "이러한 도구들의 중요한 기능은 바람직한 행위를 기업과 개인의 의사결정으로 만들어내는 것이다." 그들은 정부가 기후변화나 비만과 같은 복잡한 정책 문제들을 성공적으로 해결하기 위해 이 도구가 매우 중요하다고 주장했다. 디자인의 질을 높이기 위한 노력은 분명히 이 분류 항목에 포함될 수 있다.

비공식 디자인 거버넌스 도구의 유형 분류 체계

케이브는 사실상 교육과 정보 분야에서 활동을 제한하고 있던 기존 한계를 극복하고 그 도구의 범위와 효과를 확장하기 위해 많은 노력을 기울였다. 그렇기 때문에 기존 도구 유형 분류 체계를 채택하는 것보다 단순히 케이브의 활동을 분류하는 것이 비공식 디자인 거버넌스 도구를 개념적으로 재구성하는 데 더 타당할 것이다. 지금까지 도시 계획 과정의 수단들을 체계적으로 분류하려는 시도는 거의 없었으며, 있는 경우에도 대부분 비공식적 도구에 관한 논의는 없거나 분리되어 다루어졌다.[21]

대부분 케이브는 다른 기관에 조언하고 조언의 근거를 만들고 이러한 정보를 알리고 이를 이용하여 특정 결과물을 옹호하거나 사업 진행팀에 직접 정보를 전달하는 데 노력을 집중했다. 그림 2.17의 분석체계는 케이브가 해왔던 이런 역할들을 정도가 약한 개입부터 강한 개입까지 개입 정도의 연속선상에서 확장·적용하여 만들어졌다. 도른(Bruce Doern)과 피드(Richard Phidd)(1983)는 이러한 개입 정도를 '침입의 정도'라고 비판적으로 정의하였다. 이 분석 체계에서 개입 범위는 증거 수집부터 지식의 전달, 능동적인 설계 장려를 위한 독립적인 설계 질 평가, 최종적으로 프로젝

21 카르모나(Carmona)와 그의 동료들의 '공공부문 도시설계를 위한 체계(이미 논의되었던)'는 교육과 참여의 분류에서 – 정책, 규제, 관리에 관한 더 공식적인 분류, 진단과 설계 두 분야에 걸쳐서도 함께 – 이러한 염려를 다루기 위해 노력했다(2010: 297). 디자인 거버넌스와 관련된 것을 규정하는 것보다 전 범위의 도시 설계 도구를 규정하려는 의도가 있었음에도 다른 것은 뉴질랜드 도시 설계 도구 모음의 다섯 가지 상위 분류 – 연구와 분석, 커뮤니티 참여, 의식 고양, 계획과 설계, 실행 – 에서 찾을 수 있다. 도시 설계 분석과 마찬가지로 이것은 공식적 도구와 비공식적 도구를 아우른다(환경부, 2006).

트나 설계 과정에 대한 직접적인 지원까지를 말한다. 향후 몇 개 장에 걸쳐 케이브의 업무 분석을 통해 이 분류에 관해 더 자세히 다룰 것이기 때문에 여기서는 간단히 각각의 분류에 어떤 도구가 있는지를 소개하고자 한다.

증거

비공식적 도구는 디자인과 그 과정에 관한 정보를 모으는 데서 출발한다. 정보는 디자인의 중요성에 관한 주장을 옹호하기 위해, 어떤 디자인이 효과적이고 어떤 디자인이 그렇지 않은지에 대한 조언을 뒷받침하기 위해, 특정 정책 목표의 진행 상황을 모니터링하거나 건조 환경 상황을 측정하기 위해 사용된다. 정책을 뒷받침하기 위한 증거를 찾는 일은 신노동당 프로젝트의 기초가 되었는데, 이것은 정부 활동의 원동력이 정치이념이 아니라 증거에 기반한 '작동하는 일'이 되도록 하려는 '제3의 길' 정치와 함께한다(Solesbury, 2001:2). 이에 국무조정실은 정부는 "근시안적 문제에 대응하기 위한 것이 아니라 문제를 실질적으로 해결할 수 있고 진보적이며 증거에 기반을 둔 정책을 만들어야 한다."라고 주장했다(1999:15). 이러한 정책의 중심에는 연구가 있었다. 그러나 디자인 측면에서 증거는 감사로까지 확대되었다.

연구

디자인 및 장소의 질과 관련된 근본적인 질문부터 디자인과 그 개발 과정에 대한 실용적인 사안까지 디자인 거버넌스 도구로서의 연구는 잠재적 영향력을 가지고 있다. 왜냐하면 디자인이 적용된 건조 환경과 그것을 형성하기까지의 과정은 복잡하고 영향력도 상당한 반면, 그것에 관한 우리의 종합적 이해가 종종 완벽하지 않기 때문이다. 카르모나가 주장했듯 전문적, 정치적인 정

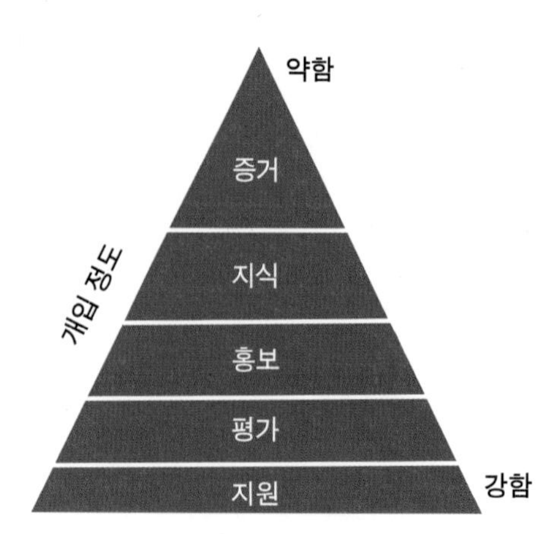

그림 2.17 개입 정도에 따른 비공식 수단

책입안자들과 그들에게 영향력을 행사하는 이익단체들이 도시 계획 연구의 주요 독자이자 심의자가 될 것이다(2014a:8). 그러므로 "연구는 하나의 주제와 관련하여 새로운 지식과 정보를 생성한다는 의미에서 본질적으로 최첨단이어야" 하지만 "이는 연구의 모든 요소가 패러다임의 변화여야 한다는 것을 의미하는 것은 아니다" 이는 동시에 "전문적인 실무, 정책, 설계를 점진적으로 개선한다는 의미에서 그것들의 특정한 면을 사후 검토하는" 일이기도 하다.

감사

감사는 평가, 진단, 분석, 그 외 다른 이름으로 알려져 있으며 근본적으로 장소의 특성이나 질을 이해하는 행위다. 이것은 전형적으로 도시 내 한 구역, 지구, 근린 단위로 적용되거나 특정 개발과 관련된 장소 단위로 적용될 수 있다. 때때로 감사는 시와 지역 단위까지 예외적으로 전국에 걸쳐 확대 적용된다(Carmona et al. 2010:302-306). 감사 방법도 매우 다양한데 예를 들어 문화유산과 같은 물리적 건조 환경의 영향에 초점을 맞추는 것부터 자연의 형태, 경관, 나아가 사회, 공공영역과 주민 참여와 결부된 장소에 대한 인식까지 아우른다. 물론 이 모든 요소의 조합일 수도 있다. 감사는 개발이 일어날 장소의 성격을 이해하고 고려하기 위해 개발에 앞서 진행될 수 있고 주택 설계 품질에 대한 관심과 같이 특정 설계, 개발행위와 관련해 국가 정책과 관련된 것일 수도 있으며 단순히 건조 환경의 전체적인 질에 대한 것일 수도 있다.

지식

연구나 감사를 통해 수집된 증거가 지식의 기초를 형성하고 본질적으로도 업무나 토론에 정보를 제공하는 데 그 가치가 있는 반면, 이러한 증거를 선제적으로 사용하는 경우, 비공식적 도구로 분류되어 있는 나머지 다른 도구들과 앞에서 이미 언급된 공식적인 도구들이 어떻게 조합되어 사용되는지에 따라 달라진다. 예를 들어 증거는 다양한 지식 도구를 뒷받침해야 하는데 그 주요 목적은 좋은 디자인의 본질, 좋거나 좋지 않은 사업, 왜 그것이 문제가 되는지에 관한 지식을 널리 전파하는 것이다. 이렇게 함으로써 이 도구들이 영국에서 부족한 디자인에 대한 관심을 불러일으킬 수 있다. 도시설계기술실무 그룹(Urban Design Skills Working Group)은 수요와 공급 측면으로 이 개념을 확장해야 한다고 다음과 같이 주장하였다.

> 먼저 수요 측면에서 우리는 현관 밖, 출근하는 길, 방문하는 장소들과 같은 일상 공간의 질에 대한 관심을 다시 불러일으켜야 한다. 개발 과정에서 충분한 커뮤니티 참여와 일반인들의 참여 독려는 필수적이다. 둘째, 공급 측면에서 우리는 더 나은 장소를 설계하고 만드는 데 필요한 기술 기반을 발전시켜야 한다. 셋째, 우리는 지

방자치정부가 계획 과정이나 법적 기능을 수행하는 데 이러한 기술을 사용하도록 관리할 수 있는 위치에 도달해야 한다. 넷째, 우리는 서로 분리된 건조 환경과 관련된 다른 분야를 서로 이을 수 있어야 한다.(2001: 7; 4장 참조)

이 모든 것들이 현재 존재하는 많은 주요 도구들과 연관되어 있는 필수적인 지식 관련 사안들이다.

실무 지침

'지침'이라는 용어는 이미 공식 디자인 거버넌스 과정의 일부로 만들어진 설계 지침으로 언급되었다. 이는 특정 지역 개발의 설계를 안내하거나 정해진 개발 프로젝트와 관련해 사용되었다. 여기서 실무 지침이라는 용어는 우수 실무 사례의 과정과 결과를 공유하려는 의도로 실무의 일반적인 측면을 다루는 비공식 지침을 의미한다. 이러한 지침은 국가 및 지방 단위의 공공단체, 전문가 집단, 자선단체, 민간단체 등 다양한 기관들에 의해 만들어질 수 있으며 일반적으로 특정 단체의 축적된 지식이나 연구를 통해 얻은 의미 있는 내용을 알리기 위한 것이다. 영국에서 이런 종류의 지침 중 가장 영향력 있었던 것은『디자인에 의한(By Design)』[22]이었다. 이것은 정부에 의해 계획 시스템 내에서 디자인을 어떻게 다룰지를 설명하는 지침으로 2000년 출판되었다(4장 참고). 특성, 연속성과 위요성, 공적영역의 질, 이동의 용이 가독성, 적응력, 다양성으로 구성된 도시설계의 일곱 가지 기준은 지역 정책에 널리 적용되었고 계획을 통해 이것들이 어떻게 적용되었는지에 대한 조언이 함께 제시되었다.

사례 연구

실무 지침이 필요로 하는 실무 요소를 뽑아내 다른 사업에서 따라할 수 있는 형태로 만드는 것이라면 가공되지 않은 형태의 지식이지만 더 지시적인 형태가 바로 사례집 또는 사례 모음이다. 사례 연구는 다른 이가 참고하고 영감을 얻을 수 있는 좋은 사례를 제시하고 공유하기 위해 만들어진 것이며 일반적인 원칙을 넘어 '좋은 사례'의 실제 모델을 발전시킨다는 측면에서 더 지시적이라고 할 수 있다. 이런 사례 연구들은(일반적으로 온라인에서) 종종 교차 실증을 할 수 없는 구조로 작성되고 대부분 특정 중요 안건을 맞춰 작성되지만 자신의 상황에 맞게 이해하고 해석하는 것은 독자들에게 달려 있다. 이런 사례 연구의 예로 호주(Australia) 빅토리아 주정부(State Government of

---

22 케이브(CABE)와 공동작업으로 표시되었다.

Victoria)[23](그림 2.18 참조)가 관리한 『주거개발 설계 사례 연구(Design Case Study)』 또는 영국의 도시학교(Academy of Urbanism)에서 발행한 『위대한 장소 기록(Great Place Archive)』[24]이 있다.

교육·양성

더 지시적인 도구로는 디자인의 중요성과 실행 단계와 관련된 사람들의 기술 수준 향상과 의사결정자들을 교육하기 위해 전문가와 정치인을 대상으로 하는 대면교육과 양성 프로그램이 있다. 이 분야는 기술학교나 대학의 공식적인 교육 프로그램과 지속적인 전문교육의 일부로서 직업인 교육 프로그램을 아우르며 기술학교, 대학, 전문기관, 민간기관, 비영리단체에 의해 제공된다. 예를 들어 미국 뉴욕 공공공간 프로젝트(New York's Project for Public Spaces)는 북미 전역 대부분의 주요 정책입안자에게 지속적으로 양성 프로그램을 제공한다.[25] 영국에서는 2000년 이후로 오픈 시티(Open

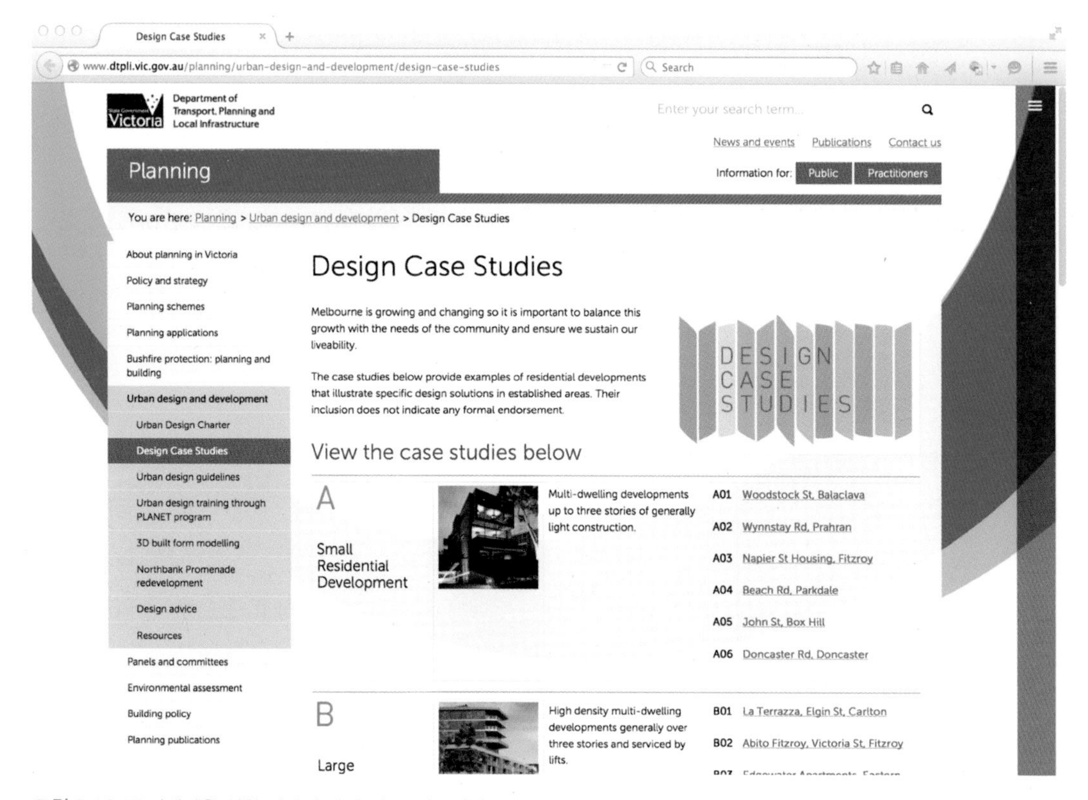

그림 2.18 주거개발을 위한 디자인 사례 연구, 빅토리아 주정부

23 www.dtpli.vic.gov.au/planning/urban-design-and-development/design-case-studies

24 www.academyofurbanism.org.uk/awards/great-places/

25 www.pps.org/training/

City)에서 학생들이 건조 환경에 관심을 가질 수 있고 디자인 질과 관련된 인식을 높일 수 있는 학교에서 사용 가능한 교육 자료를 개발했다.[26] 궁극적으로 교육과 양성은 관심과 가능성을 높이기 위한 것일 뿐만 아니라 의사결정 과정에 더 좋은 정보를 제공하고 이를 통해 더 나은 환경을 만들기 위해 디자인 거버넌스의 공식 절차 속에서 그 역량을 증대시키는 것을 의미한다.

홍보

지식 도구들은 그 성격상 옹호하는 역할로 지속적으로 논의되는 평가나 지원 과정을 통해 축적된 지식이나 증거 또는 실무 경험을 기반으로 결과물과 과정에서 특정 목표를 달성할 수 있도록 한다. 홍보 도구도 비슷한 종류의 정보원을 통해 더 능동적인 방식으로 디자인 품질의 중요성을 확보한다. 기관이나 개인이 정보를 찾는 것을 기다리기보다 홍보 도구들은 좋은 디자인의 중요성을 주목하게 하고 설득하는 방식으로 지식 정보를 미리 제공한다. 이 과정을 설명할 수 있는 또 다른 방법은 능동적 소통이다. 이러한 소통은 온라인 사례 조사와 같은 수동적 소통과 반대되는 것이다. 베덩(Evert Vedung)과 반 데 될렌(Frans van der Doelen)(1998)은 이런 것을 '설교' 또는 "정부의 목표와 희망에 맞춰 정부가 사용가능한 지식과 정보로 소비자와 생산자의 행동에 영향을 미치려는 노력" 그리고 "목표와 계획을 발전시키기 위한 정보를 수집하려는" 노력이라고 정의했다. 디자인의 경우, 좋은 디자인에 유용한 특정 행위를 설득하고 촉구하는 것으로 대면 또는 비대면으로 진행될 수 있다. 이런 홍보 도구로 네 가지 주요 도구들이 있다.

포상

개입을 최소화한 형태의 홍보 도구가 디자인상이다. 건축 디자인상은 프리츠커 건축상(Pritzker Architecture Prize)과 같이 세계적 권위의 상부터 영국 수상 이름으로 수여하는 더 나은 공공건축물상(Better Public Building Awards)[27]과 같은 국가적 위상의 상, 유형 분류 방식으로 프로젝트를 구분하는, 예를 들어 도시설계, 조경, 신축 건물, 보존, 소규모 개발 등으로 구분하는, 지방정부가 수여하는 상까지 다양한 형태가 있다. 이러한 공간의 범위에서 상은 지향하는 디자인 기준을 설정하고 특정 지역의 모범 사례를 찾는 것을 돕는다는 의미에서 확실한 디자인 거버넌스 도구다. 포상은 또한 좋은 디자인에 관한 지역의 관심을 끌어내고 규제 과정을 비판적으로 볼 수 있게 하고 높은 수준의 디자인을 성취한 이들을 격려하기도 한다(Biddulph et al. 2006). 동시에 상은 프로젝

26 www.open-city.org.uk/education/index.html

27 개별 건축물부터 대규모 인프라시설 프로젝트까지 모든 것을 포함

트가 완료된 후 그것을 되돌아본다는 점에서 후향적이며 프로젝트가 어떻게 착안되었는지에 관해 관여하지 않는다. 디자인상이 실제로 디자인 수준 향상에 영향을 미치는지에 대한 연구는 거의 없었을 뿐만 아니라 지방의 시상에서는 전혀 없었지만 이 소수의 연구들은 설계자들이 외관을 더 중시하는 반면, 사용자들은 기능에 초점을 더 맞춘다는 예를 들어 결과물에 대한 평가가 평가자에 따라 결정된다는 것을 보여준다(Vischer&Cooper Marcus, 1986:81). 더욱이 시상 계획에 채택된 평가지표는 일반적으로 이런 수상의 영향을 받는 전문가 그룹의 우려를 낳는다. "상을 수여하는 것은 선입견과 가치 판단이 없는 과정이 아니다"(Biddulph et al. 2006:60).

캠페인

이 도구는 특정 아이디어 또는 선택 집단의 문제를 적극적으로 마케팅하는 형태로 홍보의 본질을 보여준다. 제1차 세계대전과 제2차 세계대전 중 영국 정부가 사회운동의 일환으로 사용한

그림 2.19 초기 '영국을 깔끔하게(Keep Britain Tidy)' 포스터

‘당신의 조국은 당신을 필요로 한다(Your Country Needs You)’ 또는 ‘평정심을 유지하고 하던 일을 계속하라(Keep Calm and Carry on)’와 같이 주요 메시지를 전달하기 위해 영국 정부는 오랫동안 캠페인을 이용해왔다. 오늘날 정부는 음주운전부터 보조금 자격, 건강문제에 이르기까지 여러 가지 행동에 영향을 미치기 위해 포스터, 방송, 인쇄물, 가상공간, 사회관계망과 같은 다양한 방식으로 캠페인을 사용한다. 많은 정부 캠페인이 공공장소에 쓰레기를 버리지 않게 하려는 목적으로 오랫동안 시행된 ‘영국을 깔끔하게’ 캠페인과 같이(그림 2.19) 일반 대중을 상대로 하는 것이라면 그 외의 캠페인은 더 전문적인 것으로 특정 정책 입안자나 영향력 있는 사람과 소비자를 대상으로 한다. 후자의 경우, 특정 지역의 내부 투자를 장려하거나 사고방식을 바꾸기 위한 정부 재생청과 다른 부서들이 광범위하게 사용하는 장소 마케팅이 그것이다. 이런 예들이 보여주듯 수년간 이런 캠페인들은 확실히 건조 환경에 집중되었다.

옹호

최고의 캠페인조차 계획과 다른 결과를 낼 수 있다. 더 직접적인 홍보 도구로 옹호 형태가 있다. 이는 중요 인물과 관련자를 찾아내 특정 방식이나 목표의 가치를 증명해 이들을 설득하는 방식이다. 민간단체들이 정부와 다양한 관련 기관에 로비를 하는 과정은 이미 근대 정치방식의 하나가 되었다. 같은 의미에서 정부의 여러 부서들과 기관들도 서로 로비를 하지만 정치인이나 공무원은 특히 다양한 종류의 민간, 전문, 비영리단체 사이에서 특정 정치적 입장을 옹호하는 데 적극적이다. 이런 로비는 공개적으로, 예를 들어 이벤트나 컨퍼런스를 통해 행해지기도 하고 사적으로 비밀리에 이루어지기도 한다. 기관들은 기존 구조 내에서 특정 안건을 전담 옹호하는 내부의 옹호자 역할을 만들기도 하였다. 1997년부터 2013년 사이 영국에서는 신노동당과 이후 연립정부 모두 이런 방식에 큰 관심을 가지고 있었고 그 결과, 연료 부족부터 아동문제에 이르기까지 여러 분야에 걸쳐 300명이 넘는 ‘차르(Tsar)’ (역주 : 내부 옹호자를 의미한다)를 만들었다(Levitt, 2013). 지방 차원에서는 테리 패럴 경(Sir Terry Farrell)이 2004년부터 2009년까지 에딘버러 설계 책임자(Design Champion for Edinburgh)로 재임 기간 동안 “수동적인 개발 규제에 좌우되는 도시 계획에서 능동적이고 창의적인 도시 만들기로 바꾸려고” 했던 비급여 자문위원으로 설계중심의 옹호자 역할을 했다(Farrell, 2008:3).

파트너십

마케팅과 같이 옹호방식도 수용적인 청중을 찾거나 찾지 못할 수 있다. 그 대안으로 특정 의제의 이행을 돕는 협력 파트너가 될 수 있는 동맹기관과 공식, 비공식 파트너십을 구성하는 방법이 있다. 이 방식의 궁극적 목표는 안건 이행과 관련된 주요 이해당사자들이 서로 협력할 수 있도록 이익공동체를 만들고 그에 따른 책임 영역을 확대하는 것이다. 영국에서의 오랜 예는, 지방정부에서의 도시계획과 도로의 전형적인 구분인데, 둘 다 가로와 같이 지역의 장소 관련 요소들에 대한 공통의 책임이 있음에도 불구하고 때로는 같은 기관 내 다른 부서 또는 지방정부의 다른 위계에 따라 나눈다. 이런 상황에서 디자인의 질과 같은 공통 의제를 중심으로 한 파트너십은 더 효과적인 서비스를 제공하고 협력하는 양쪽 모두에게 이득이 되는 결과를 도출해낼 수 있다. 이러한 방식은 "조직의 편의, 전통적 분과, 특정 전문성에 충실한 방식이 아니라 의제와 목표를 중심으로 한 방식으로" 지방자치정부의 기능을 재편하는 밑거름이 될 수 있다(Carmona et al. 2003:163). 정부 부처와 특정 서비스 제공 기관 간 또는 정부 부처와 민간 또는 제3의 단체 사이에서도 다른 종류의 파트너십이 형성될 수 있다. 예를 들어 1950년대부터 이미 언급된 '영국을 깔끔하게' 캠페인을 진행해온 타이디 브리튼 그룹(Tidy Britain Group)과 정부 사이의 파트너십이 있었다.

평가

앞의 분류들이 일반적인 사항 전반에 대한 것이라면 마지막 두 가지 분류는 특정 프로젝트나 장소의 평가에 초점을 맞춘다. 이렇게 볼 때 개입 강도가 높아졌지만 아직 비공식적인 이 도구들은 단지 의사결정 환경을 조성하기보다 특정 결과물을 만들 수 있는 잠재력을 가진다고 볼 수 있다.

분류의 끝에서 두 번째 항목인 평가는 이를 통해 외부 단체에 의해 디자인의 질에 관한 평가가 내려지는 다양한 도구들을 포함하기 때문에 그 과정에서 분리된다. 이것은 우리에게 주요 문제점인 평가가 어느 정도까지 시스템화가 가능할 것인지에 관한 고민을 안겨준다. 벡포드(John Beckford)는 "서비스 분야에서 모든 것이 절차화될 수는 없다."라고 주장한다(2002:278). 그 대신 그는 "서비스 분야에서 질과 관련된 문제를 해결할 유일한 방안은 충분히 훈련되고 교육받은 직원을 고용하고 그들이 직무를 수행하는 데 필요한 자유를 부여하는 것이다."라고 덧붙였다. 이러한 논리를 도시 계획의 질 측정에 적용함으로써 카르모나와 시에는 한편으로 과제가 관리 가능하고 평가 결과를 유용하게 만들기 위해 디자인과 같은 복잡한 과정에서 어떤 것이 측정되어야 하는지에 대한 선택의 필요성과 다른 한편으로 환원주의자가 되는 오류에 빠지지 않게 하는 것 사이에 중요한 차이가 있다고 주장하였다 (2004:300). 그들은 쉽게 측정이 가능한 간단하거나 객관적인 설계 요소와 측정 힘든 복잡하고 주관적인 설계 요소들 사이에서 균형을 유지하는 중요한 방식은 '전문가 평가'이고 가장 체계화된 도구조차 결국 이것에 의존할 수밖에 없다고 보았다.

지표

지표는 쉽게 이해되고 사용될 수 있는 방식으로 성과를 측정하고 보여주는 도구다. 많은 종류의 지표가 있지만 일반적으로 쉽고 간결한 소통이 가능한 측정 방식으로 복잡한 현상을 단순화하는 것을 추구한다. 이것이 지표의 주요 장점이지만 동시에 주요 약점이기도 하다. "복잡한 상황은 단순한 방법으로 잘 설명되지 않기 때문"으로, 이는 왜곡과 오해를 낳고 쉽게 측정되는 것들만 측정하는 위험에 빠질 수 있기 때문이다(Carmona&Sieh, 2004:81). 이것은 수십 년 동안 영국 도시 계획 분야에서 문제가 되어왔다. 영국에서 계획 허가 절차 속도를 높이기 위해 매우 간소화된 성과지표들이 자주 사용되었고 결과물의 질을 평가하는 대신 '도시 계획의 질'을 측정하는 유일한 지표로서 이 환원주의적 성과지표가 사용되었다. 그러나 넓은 의미에서 지표가 단순히 정량적인 도구일 필요는 없으며 단순히 정량적 수치만 보여주는 대신 정성적 면을 진단하도록 만들어진 진화하는 도구로 이해될 수도 있다. 1998년 그리 오래 유지되지 않았던 기관인 도시설계연합(UDAL)(3장, 4장 참조)에 의해 고안·개발된 '플레이스 체크(Placecheck)'는 이러한 지표의 적절한 예다. 근본적으로 이 도구는 지역의 장소의 질을 평가하기 위한 평가 프레임으로 세 가지 간단한 질문으로 시작해 지역사회 구성원들과 다른 관계자들이 그들의 지역환경의 질을 조사하기 위해 물어볼 수 있는 다양한 범위의 더 세부적인 질문들로 확장된다. 그러므로 '플레이스 체크(Placecheck)'는 구조화된 사고 및 평가 도구로 장소의 질을 평가할 뿐만 아니라 개선을 위한 방안도 제시한다.[28]

디자인 검토(비공식)

디자인 검토 업무는 이미 개발 협의의 공식적인 절차와 관련하여 언급이 되었다. 이 공식적인 절차에 덧붙여 비공식 디자인 검토는 개발팀에 대한 비판과 가능한 한 건설적인 조언을 하기 위해 공정한 전문가의 의견을 통해 프로젝트를 평가하는 수단으로, 법정 규제 체계 밖의 활동으로 개발되었다. 이런 방법으로 사용되었을 때 비공식적 디자인 검토는 법적 인가를 위한 문서가 제출되기 전에 개발의 가치를 높이는 데 중점을 둔 개선 도구가 될 수 있었다. "자문 역할로 만들어져 그 자체는 의사결정 권한이 없었던" 보스턴 도시설계위원회(Boston Civic Design Commission)의 경우를 보고 슈스터(Mark Schuster)는 이런 비공식 위원회를 통해 미묘한 형태의 영향력이 어떻게 발휘될 수 있었는지 질문했다.

> 디자인검토위원회가 양측의 의견을 모두 듣고 나서 적합한 결과를 결정하는 배심원과 같은 기능을 했습니까? 아니면 전문적인 지식을 가진 이들이 다른 이들의 작업 수준을 인정하고 격려하는 동료 심사와 같은 기능

28 www.placecheck.info

을 했나요? … 아니면 여러 규칙을 기반으로 평가하는 건축물 감리와 같은 기능을 한 것인가요? 또는 다른 이들의 지식을 중재하는 중재자 역할을 하나요? 또는 자신의 지식을 바탕으로 문제에 관한 결정을 내리는 전문가 의사결정권자 역할을 합니까? 아니면 아마도 시민 참여나 평등과 관련된 문제들을 강조하는 조력자 역할을 하는 겁니까? … [또는] 설계자에게 개발자에 대항할 수 있는 도구를 제공하는 … 전문가 지원 집단으로서 역할을 하나요? … 정치적 과정을 통해 프로젝트를 수임하고 커뮤니티의 염려를 줄여준다는 측면에서 디자인검토위원회를 계획자문회사로 보는 것도 적합한 방식일 수 있다. 같은 방식으로 역설적이게도 디자인검토위원회는 허가 및 정치 과정이 가능한 빨리 진행될 수 있도록 돕는다는 면에서 … 촉진자이기도 하다. [그리고] … 아마도 디자인 검토 기능은 개발 과정과 관련된 사람들뿐만 아니라 일반적인 대중들에게도 공적 영역에서 필요한 것들과 좋은 디자인의 중요성에대해 깨닫게 해주는 교육자의 역할을 할 수도 있다.(2005: 352–353)

슈스터는 이런 도구들을 여러 가지 다른 방식으로 이해하는 것은 비합리적이지 않고 동시에 커뮤니티와 프로젝트를 하나의 비공식 과정으로 이해하는 것이 특정 분류법을 도입하는 것보다 중요하다고 생각했다(2005: 353). 이런 관점에서 보았을 때 지역사회의 성격은 과정에 따라 많이 달라지겠지만 아마도 광범위한 커뮤니티를 의미하기보다 계획과 관련된 전문가 집단을 의미하는 경우가 더 많을 것이다.

인증

비공식 디자인 검토는 일반적으로 구술이나 서면을 통한 조언으로 이루어지지만 여기서 다음 단계로 나아가면 검토를 기반으로 사업에 대한 인증을 제공하는 도구로 발전한다. 이 도구들은 일반적으로 어떤 공식적인 동의서나 보증서를 발급하지 않는 대신 프로젝트가 정의 및 인증된 질적 기준, 예를 들어 에너지 효율, 지속가능성, 접근성 등에 부합한다는 확인을 해준다. 비덜프(Biddulph)와 그의 동료들은(2006) 이런 도구들을 수상작 선정 과정의 분석 항목 중 하나로 포함시켰고(앞부분 참고) 이를 '모범상(Bench Mark Awards)' 또는 '분류상(Category Awards)'으로 분류하였고 정의된 기준을 충족했다는 '수상'을 의미하는 도장이나 연 마크를 사용했다. 이런 형태의 수상(만약 이것이 수상이라면)은 가장 얻기 쉬운 것이라는 지적을 받았는데 그 이유는 동일 집단의 프로젝트 중에서 최고를 고르는 것이 아니라 특정 기준을 만족했을 때 주어지기 때문이었다. 그러나 이런 특징 때문에 인증을 뛰어난 계획에만 수상하는 것을 넘어 더 넓은 범위에 적용할 수 있는 더 능동적인 평가도구 형태로 따로 분리하는 것을 정당화할 수 있었다. 사실 영국의 브리암(BREEAM)(그림 2.20 참고)이나 미국의 리드(LEED)와 같은 인증제도는 지표, 평가체계, 평가위원, 인증 절차라는 매우 정교한 수단들로 구성된다. 개발자들과 그 외 관계자들은 능동적으로 프로젝트의 시장가치를 높이기 위해 이런 인증제도를 사용하고 지방자치 정부와 그 외 관계자들은 개발자들이 달성해야 하는 목표를 설정하기 위해 이런 인증제도를 도입한다.

공모

마지막 평가도구는 디자인 공모다. 이는 아이디어 공모와 물리적 건축물 관련 프로젝트 공모로 나뉜다(Lehrer, 2011 : 305-307). 공모가 예를 들어 개발 합의로 발전하는 등 공식적인 디자인 거버넌스 과정에 영향을 미치거나 그 과정의 일부가 되기도 하지만 공모 과정이 계획 당국이 요구하는 필수사항인 경우는 드물기 때문에 이는 비공식 도구라고 할 수 있다.[29] 논평가들은 일반적으로 공모를 더 좋은 설계 결과물을 이끌어낼 수 있는 효과적인 방법으로 여긴다. 공모는 디자인 문제 해결을 위해 "여러 다른 장점과 단점을 가진 다양한 접근법이 존재한다."라는 전제에서 시작하기 때문이다(Lehrer, 2011 : 316). 잭 나사(Jack Nasar)는 더 나아가 건축공모전 수가 가장 많은 국가가 최고 수준의 건축설계를 보여준다고 주장하기까지 했다(1999 : 6). 반면, 톨슨(Steven Tolson)은 공모는 다른 이해당사자들에게 각각 다른 의미를 가지며 단순한 디자인 도구가 아니라고 주장했다. 디자이너에게 공모는 가장 창의적인 설계 해결책을 발견해내는 것이고, 부동산 감정사 입장

breeam
The Code for Sustainable Buildings

This is to certify that

Unison HQ,
Euston Road North Side,
London,
NW1

has achieved a score of 73.53%, and a BREEAM rating of

EXCELLENT

Pass Excellent

This Design and Procurement assessment was carried out under the 2006 version of BREEAM Offices

Signed on behalf of BRE Global Ltd

11th March 2011
Date

Ali Mohammad
Licensed Assessor

Energy Rating Services. Com (ERS)
On behalf of

Squire & Partners
Architect/Design Team

BAM Construction Ltd
Developer

UNISON
Client

breglobal
www.breeam.org

그림 2.20 2011년 런던 유스턴 로드(Euston Road)에 위치한 새로운 UNISON 본부건물은 BREEAM 우수상을 수상했다.
출처 : UNISON.

29 몇 가지 예외가 있는데 예를 들어 프랑스 정부는 지정된 비용 이상의 공공건축물 설계 공모를 의무화하고 있다. 이는 보자르(Beaux-Arts)의 공모전 전통을 이어가는 기반이 되었고 다른 나라 공모전에 영향을 미치기도 하였다.

에서는 땅을 가장 좋은 가격에 매매하기 위한 것이며, 정치인들에게는 가장 공정하고 민주적인 과정을 위한 것이다(2011 : 159). 공모는 또 개발사업을 널리 알리는 것이기도 하다. 개발자와 건축가를 선정하고 판단 과정에서 공공의 참여를 독려하기도 하며 단순히 아이디어나 토론을 유발시키는 과정이기도 하다. 디자인 거버넌스 도구로서 공모는 간섭주의 또는 불간섭주의 방식으로 공공부문을 포함시킬 수 있다. 이에 톨슨은 "좋은 공모를 위해서는 디자인 외에 더 많은 측면에 대한 이해가 필요하다. 그렇지 않으면 개발자의 관심을 끌 수 없고 자연스럽게 참여하지 않게 된다."라고 조언했다(2011 : 160). 가장 창조적인 계획안이 가장 비싸고 실행 불가능할 수도 있다.[30] 이는 이 도구를 사용할 때 부딪힐 수 있는 주요 난제이기도 하다.

지원

마지막 도구도 간섭주의적이고 능동적이라고 할 수 있는데 그 이유는 디자인 절차 중 공공영역과 직접적·효과적으로 관계를 맺기 때문이다. 지원은 준공식적인 협의의 일부로 개발 합의를 얻기 위한 공식 제안서를 제출하기 전에 종종 사용된다. 예를 들어 공무원, 계획가, 도시설계, 문화유산, 고속도로 및 조경 전문가가 허가 요청자와 함께 계획을 더 승인 가능한 형태로 만들기 시작할 때 자주 사용되는 도구라고 할 수 있다. 관련된 지역 인·허가권자들은 종종 이런 절차를 장려하는데 이는 첫째, 더 나은 결과물을 얻기 위함이고 둘째, 지원이 승인되면 공식 허가신청서의 동의 절차를 더 효율적으로 진행할 수 있기 때문이며 셋째, 허가 신청자와 지역 인·허가권자의 관계를 더 믿을 수 있고 협력적인 것으로 발전시킬 수 있기 때문이다. 산발적이고 수동적일 수 있는 이 과정은 프로젝트에 직접 참여하거나 디자인 과정에서 의사결정 환경을 만듦으로써 더 능동적으로 변할 수 있다. 이 두 가지 도구는 다음과 같다.

재정 지원

공공영역에서 실제 프로젝트를 설계하거나 개발할 수 없을 때 민간이나 제3부문 프로젝트에 직접적으로 재정적 지원을 하는 것은 아마도 가장 중요한 형태의 개입일 것이다. 일반적으로 이 도구는 이미 언급한 것과 같이 공식적인 장려 과정을 통해 이루어진다. 지원받는 기관이나 단체가 영향력 있는 자리를 차지할 수 있도록 돕는 과정에서 그 재원도 덜 직접적인 방식으로 전달된다. 예를 들어 영국에서는 여러 해 동안 지방자치 정부의 여러 보존 담당 공무원직이 국립문화유

30 대표적인 사례로 윌 알솝(Will Alsop)의 더 클라우드(The Cloud) 프로젝트(4장 참조)가 있다. 이 계획안은 2002년 리버풀 피어 헤드(Pier Head) 위 포스 그레이스(Fourth Grace) 공모전에서 우승을 했지만, 비용과 기술적인 불확실성에 직면하면서 2004년에 방치되었다.

산 담당조직인 잉글리시 헤리티지(English Heritage, 현재는 Historic England)로부터 직접 자금을 조달받았다(Grover, 2003:52). 특히 이런 사례는 1986년 런던 시의회 폐지 이후 런던에서 쉽게 찾아볼 수 있다. 해당 직책의 파견과 관련 업무는 문화유산 문제를 다루는 지역의 역량을 키워주었을 뿐만 아니라 지원기관의 정신과 실무 방식을 관련 지방자치 정부에 널리 알리는 데 도움을 주었다. 이런 방식으로 지원된 자금은 예시와 같이 특별 인원 확충에 사용될 가능성이 높지만 여러 다른 조직과 프로젝트 수요에 따라 지원되기도 했다. 예를 들어 영국의 지방자치 정부는 소위 일반 권한(General Power of Competence)이라는 기능을 가지고 있는데 이는 펍(Pub), 우체국, 녹지공간과 같은 지역적으로 중요한 장소 기반 자산, 시설, 질을 적극적으로 보호·강화하기 위한 것이다.[31] 이 일반 권한은 지방정부를 대신해 작업을 하는 관련 지방기관들을 지원하기 위한 것이기도 하다. 이 같은 프로젝트에 자금이 활용될 수 있다.

실행 지원

마지막 비공식 도구는 실행 보조 또는 프로젝트 전문가다. 영국에서는 국립기관이나 단체에서 지자체에 지역에 관한 조언이나 전문 의견을 제공하는 오랜 전통이 있다. 이런 전통은 적어도 1920년대 왕립건축학회(RIBA)에서 설립한 건축자문위원단까지 거슬러 올라간다. 이 방식은 전국 전역의 지방정부 내에 존재하며 5/1의 지방자치 정부에서 사용하고 있다(Punter, 2011: 183). 1987년 이후 더 최근에는 커뮤니티 시설을 위한 프린스 파운데이션(Prince's Foundation for Community Building)이 설계를 통한 질의(Enquiry by Design) 방법을 활용하였다. 이를 통해 지역 간 지식편차를 좁히고 지방자치 정부, 지역사회, 다른 관계자들이 장소의 성격과 개발 기회를 이해할 수 있게 하였다.[32] 오늘날 지방정부나 다른 공공단체에서 그들이 보유하지 않은 전문가 지원을 요구할 때 그들은 시장을 통해 위탁하거나 발생하게 될 자문료를 고려해 그런 지원 없이 진행하려는 경향이 있다. 그 대안으로 자문 전문가가 영구적으로 필요하지는 않거나 감당하기 힘든 곳에 전문지식을 제공할 수 있는 협력 모델이 있다. 영국 에섹스주(County of Essex)의 예가 그것인데[33] 주의회가 도시설계, 건축 설계, 고속도로 설계를 위해 높은 수준의 디자인팀 서비스를 15개 선거구에 40년간 지원했다(Hall, 2007:86). 이 선거구 모두 이 서비스를 사용한 것은 아니었다. 디자인 자문은 모든 수

---

31 www.parliament.uk/business/publications/research/briefing-papers/SN05687/local-authorities-the-general-power-of-competence

32 www.princes-foundation.org/content/enquiry-design-neighbourhood-planning

33 2013년 설계 서비스는 다른 전문가 서비스와 함께 장소 서비스 – 에섹스 주의회가 소유하지만 스스로 자금을 조달하는 회사인 – 로 재조직되었고 주를 넘어 서비스를 서로 거래할 수 있었다. 현재 해당 도시설계 직원 채용은 상당히 감소되었다.

단을 활용할 수 있지만 분명히 가장 효율적인 형태의 디자인 지원은 교육 기능과 프로젝트 실행 목적을 가져야 한다. 특정 마스터플랜, 정책 틀, 커뮤니티 참여행사와 같이 제한된 문제를 해결하기 위해 전문지식을 맥락의 고려 없이 적용하는 것은 피해야 하고 그 대신 미래에 지속적인 문제 해결을 위해 오래 지속될 수 있는 기술과 전문성 향상체계를 만드는 방식으로 지역 전문인력, 정치가, 다른 관계자들이 함께 노력해야 한다.

보다 큰 문제의 일부로서의 커뮤니티 참여

비공식 도구 관련 논의를 마치기 전에 디자인 거버넌스와 관련 있는 커뮤니티 참여에 관한 내용을 다루는 것은 중요하다. 장소 만들기 과정 중 커뮤니티 참여활동은 정부가 가진 또 다른 '도구'로 보일 수 있지만 사실 다양한 공식적, 비공식적 디자인 거버넌스 도구들과 함께 참여 형태들의 특징은 앞에서 이미 다루었다. 이런 이유로 참여는 그 자체로 도구가 될 수 없고 그 대신 다른 행위를 지원하는 활동으로 다루어진다. 가장 잘 알려진 것들은 다음과 같다.

- 지침 : 내용을 개선하고 협의된 목표를 만들어 불화를 피하고 결과적으로 더 나은 결과물을 만들기 위해 디자인 거버넌스 설립 과정에 직접 참여한다.
- 통제 : 이해당사자들의 참여로 구체적인 개발계획을 만든다. 규제 체계를 통해, 즉 형식적인 협의 과정 또는 개발 과정 중 사전협의 단계에서 집중토론회(Charrette)나 다른 참여방식을 이용해 이루어진다.
- 증거 : 장소의 질을 고려한 공공정책을 만들기 위해 커뮤니티 참여를 활용한다. 특정 지역사회나 장소 대상으로 지역사회의 염원과 목표를 이해한다.
- 지식 : 특정 지역사회를 위한 교육·훈련을 통해 설계·개발·계획 과정에 직접 참여할 수 있게 한다. 예를 들어 현재 영국 도시계획 시스템에서는 지역사회 주도 근린지구 계획 과정이 있다. 몇몇 사례에서는 일부 중앙정부로부터 기술지원을 받기도 하였다.
- 지원 : 의사결정 환경 개선을 위한 장기적 노력의 일환으로 지역 지원활동을 통해 지역사회와 이해 당사자들의 디자인에 대한 관심을 높인다.

지침과 통제는 공식적인 도시 거버넌스 과정의 일부로 프로젝트나 장소 설계에 주민을 참여시키려는 실용적이고 민주적인 도구다. 일반적으로 이 도구들의 사용은 도시 계획이나 도시 재생과 관련된 법규에 규정되어 있다. 나머지는 디자인 거버넌스의 비공식적인 부분에 속해 법률로 규정된 참여 과정과 실제 과정상 큰 차이가 없지만 일반적으로 재량에 따라 활용된다.

공식적이든 비공식적이든 대부분의 평론가들은 참여는 근본적으로 바람직한 것이며 광범위하게 시도되고 평가된 참여 방법들이 존재한다고 주장한다(Hou, 2011; Wates, 2014). 그러나 참여가 디자인 거버넌스 도구로서 항상 바람직하거나 더 집중적인 참여 형태가 그렇지 않은 참여 형태보다 항상 우수하다는 것을 의미하는 것은 아니다(Biddulph, 1998 : 45). 예를 들어 디자인 지침의 경우, 물리적 설계에 집중하면 참여 커뮤니티에 분명한 유형의 물증을 제시할 수 있는 반면,[34] 디자인 규칙에 대한 연구의 경우, 비전문가는 기술적인 형태의 지침을 이해하고 사용하는 데 어려움을 겪을 수 있다. 결과적으로 매튜 카르모나와 제인 댄(Jane Dann)은 "마스터플랜은 커뮤니티 참여에 대한 올바른 수단을 제공한다. 디자인 규칙과 다른 종류의 세부 디자인 지침의 형태는 커뮤니티 참여에 보조적인 역할을 할 뿐이다."라고 주장한다(2006 : 43). 왜냐하면 설계 기준, 정책, 디자인 코딩은 장소가 어떻게 조성될 것인지에 대해 깊은 영향력을 줄 수 있을 것처럼 보이지만, 그것은 특정 장소의 장래 비전을 시각 및 공간적으로 수립한 다양한 디자인 프레임워크만이 가능하기 때문이다.

많은 장소 중심의 규제 과정에서 낮은 수준의 대중 참여는 부분적으로 위에 설명한 대중과 전문가 간의 의사소통의 어려움으로 설명이 가능하다.[35] 디자인 프레임워크가 이런 의사소통 부재 문제를 해결하기 위해서는 집중 토론회나 다른 특정한 효과적인 참여방식을 통해 초기에 의미 있고 근본적인 지역사회의 참여가 이루어져야 한다(Walters, 2007 : 163-181). 불행히도 공식적인 도구 전반에 걸쳐 나타나는 긍정적 지역사회 참여 부족은 이미 언급한 기준, 정책 및 이후 규제 과정에 대한 과도한 의존의 원인이 된다. 규제활동에 선행되어야 할 공식적, 비공식적 의사결정 환경이 만들어지지 못하는 것도 이 때문이다.

결론

이번 장에서는 정부가 사용하는, 특히 디자인 관련 도구의 성격을 살펴보았다. 이에 디자인 거버넌스의 대부분을 차지하는 '공식' 도구들이 세부적으로 설명되었고 그 뒤로 디자인 거버넌스의 '비공식' 도구가 짧게 설명되었다. 이런 도구들은 영국(England) 전역의 건조환경 디자인의 질을 담당했던 케이브의 주요 수단들이었다. 케이브는 분명히 영향력 있는 기관이었지만 그 실행력은 실제로 상당히 제한적이었고 가장 강력한 디자인 거버넌스 도구 중 일부에는 접근조차 할 수 없

34 예를 들어 Natarajan(2015 : 7) 참조

35 Hester(1999)는 "개인이 그들 스스로 직접적인 영향을 받는다는 것을 인지하기 전까지" 커뮤니티 참여는 낮은 경향이 있다고 언급하였다.

었다. 그 대신 케이브는 그들의 설계 의제를 발전시키기 위해 비공식적 도구를 시도하는 독특한 실험을 했다. 공식적 디자인 거버넌스 도구의 사용에 관해 이 책 외에도 이미 많이 다루었기 때문에 3부에서는 케이브가 11년 동안 채택해 발전시킨 더 가벼운 형태의 비공식 또는 법 이외의 도구들을 조사하였다. 이는 1장에서 언급한 '과정의 질'과 연관하여 그 이유, 방법, 시기에 대한 대답이 될 것이다.

도구에 관한 정부 편찬물 중 대부분의 연구는 아직도 하나의 도구 사용이나 특정 환경에서의 도구 사용에 집중되어 있다(Linder&Peters, 1989 : 55-56). 도구들 간의 관계와 어떤 것이 더 적합한 도구인지를 결정하는 의사결정 과정은 거의 언급되지 않는다. 디자인 거버넌스 분야에서 특히 비공식 도구와 관련하여 이 책을 뒷받침하는 연구는 케이브에 의해 사용된 도구들과 그들의 상호관계를 살펴보면서 연구 공백을 메꾸는 것을 목표로 정했다.

케이브의 해체는 중요한 순간이자 영국의 디자인 거버넌스를 본질적으로 살펴볼 수 있는 절호의 기회였다. 앞에서 주장된 바와 같이 케이브는 국제적으로 중요한 시사점을 지닌 독특한 실험이었고 그 실험을 이해하기 위해서는 더 넓은 맥락 안에서 볼 필요가 있었다. 먼저 디자인 정책을 위해 정치적·경제적 맥락을 살펴봐야 했고, 둘째 건조환경에서 디자인 문제를 살펴보기 위해 정책 지형 변화를 살펴보았으며, 셋째 이 의제와 관련된 실용성과 문제점을 살펴보았다. 이런 측면들은 2부와 3부에서 다룰 것이다.

디자인 거버넌스
Design Governance
The CABE Experiment

PART II

영국의 디자인 거버넌스

Design Governance in England

3. 왕립예술위원회와 75년 간의 디자인 검토 (1924~1999)
4. 케이브, 새로운 디자인 거버넌스 (1999~2011)
5. 저예산 기간의 디자인 거버넌스 (2011~2016)

Chapter 3

왕립예술위원회와 75년 간의 디자인 검토 (1924~1999)

2부에서는 이론보다 실제 경험을 논의하고 지난 90여 년 동안 영국의 디자인 거버넌스가 어떻게 운영되어 왔는지를 다룬다. 현대 영국의 디자인 거버넌스는 케이브를 계승한다고 할 수 있지만 케이브도 도시계획 체계의 진화를 통한 역사의 산물이다. 영국의 디자인 거버넌스는 최소 1909년부터 지역과 국가 단위의 도시계획과 함께 발전해 왔다. 이 과정에서 중요한 기점이 된 것은 1923년 왕립예술위원회(Royal Fine Art Commission)의 설립이라고 할 수 있다. 왕립예술위원회는 이후 약 75년 동안 건조환경 설계분야의 정부 고문 역할을 하였다. 후임 기관인 케이브의 11년 역사와 비교하면 이 위원회의 역사적 중요성을 쉽게 짐작할 수 있을 것이다. 이번 장에서는 잉글랜드와 웨일즈의 기록과 문서를 바탕으로 설계 검토 서비스에서 선구자였던 왕립예술위원회의 역사를 1924년부터 1999년까지 초기, 중기인 전후 건설 부흥기, 후기 세 단계로 나누어 살펴본다. 이를 위하여 많이 남아 있지 않은 왕립예술위원회에 관한 문서들과 왕립예술위원회에서 근무했거나 설계 검토를 받은 적이 있는 주요 이해당사자들과의 인터뷰 분석을 활용하였다. 왕립예술위원회를 살펴보는 것은 향후 케이브가 계승한 여러 접근법과 경험들을 이해하는 데 도움이 될 뿐만 아니라 그 자체로도 디자인 거버넌스를 이해하는 데 중요할 것이다.

초기 : 1924~1939

왕립예술위원회의 설립

케이브는 블레어의 노동당 정부에 의해 설립되었고 데이비드 카메론의 보수당 중심의 연립 정부에 의해 축소되었기 때문에 신노동당이라는 진보정권의 산물로 여겨질 수밖에 없었다. 그러나

1장에서 언급된 바와 같이 디자인 거버넌스 본질 자체는 특정 정파와 관련되어 있지 않으며 케이브의 전신인 왕립예술위원회를 설립한 것은 스탠리 볼드윈의 보수당 정부였다[36]. 이 새로운 기관의 의장은 보수인사이자 정치인인 27대 크로포드·발카레스 백작이 맡았고 그의 지휘하에 설계 검토가 처음 개발되고 발전되었다.[37]

왕립예술위원회 이전에는 지방정부가 다양한 설계 요소를 조금씩 관리하고 있었고 이는 대부분 체계적이지 않았다. 이것은 1909년 주택 및 도시계획법(1909 Housing and Town Planning Act) 이후 1921년 리버풀 지방자치단체법(1921 City of Liverpool Corporation Act)과 같은 여러 도시별 법률에 근거하여 이루어졌다(Punter, 1986 : 352–353). 왕립예술위원회의 설립은 이런 법률적 기초와 더불어 새로운 방식의 디자인 거버넌스를 적용하는 일이었다. 이후 존 델라폰스가 이를 '권력의 개입'으로 명명하였듯이(2장 참고) 왕립예술위원회의 설립은 도시설계 과정에서 이해 당사자들이 외부 전문가로부터 냉정한 조언을 받는다는 것을 뜻하였다(1994: 16).

제1차 세계대전 후 노동부 장관이던 리오넬 얼 경(재임기간 1912~1933)은 런던 곳곳에 수많은 전쟁기념비를 허가하고 배치하는 일을 담당했다. 이를 위해 그는 비공식 고문위원회를 만들었다. 이 위원회는 초기에 일을 잘 수행해 나갔지만 스트랜드(Strand)와 하이드 파크(Hyde Park)에 허가된 기념비의 누드 묘사와 관련하여 여러 문제에 봉착했다. 이러한 복잡한 상황 때문에 백작은 더 독립적이고 권위적인 고문단체가 필요하다는 것을 확신했다(Youngson, 1990 : 18–19). 이런 아이디어를 취합하여 1923년 내각에 전달하였고 1924년 1월 잉글랜드와 웨일즈를 담당하는 새로운 단체가 탄생했다.

이 위원회는 런던에 있었고 아무 법적 권한도 가지고 있지 않았다. 사업권한을 주장할 힘도 추천을 요구할 힘도 없었지만 크로포드 경은 언젠가는 이 기관에 법정 권한이 주어질 것이라고 기대했다(Youngson, 1990 : 38). 초기 설립회원은 모두 여덟 명으로 왕립예술위원회라는 조금은 모호한 기관명 아래 건축가 네 명, 도시계획가 한 명, 비전문가 두 명, 예술가 한 명으로 구성되었다.

36 그러나 왕립예술위원회는 첫 노동당 정부가 들어선 2주 후 1924년 2월까지도 만남이 이루어지지 않았다.

37 이 시기에 왕립예술위원회의 업무는 사업을 위한 '조사' 과정으로 생각되었다. '설계 검토'는 케이브가 자신들의 활동을 설명하기 위해 적용하기 이전까지 영국 내에서 널리 사용하는 용어가 아니었다. 하지만 왕립예술위원회의 조사는 설계 검토와 이를 바탕으로 한 조치와 같은 활동을 포함하고 있었기 때문에 이번 장에서는 설계 검토라는 용어를 사용하고 이 용어는 이 책 전체에서도 이런 활동들을 가리키는 일반적인 용어로 사용한다.

왕립예술위원회의 역할과 지침

왕립예술위원회는 정부로부터 2천 파운드의 지원금을 받으며 1924년 2월 8일 첫 모임을 가졌다. 당시는 아직 위원들 사이에 위원회 역할에 대한 의견이 분분했던 것으로 보인다. 왕립예술위원회는 기관에 대한 언론의 의견이 어떤지, 정부는 과연 어떤 인식을 가졌는지를 파악해야 했다. 왕립예술위원회 회의록에서 인용한 바에 따르면 한 언론은 "위원회는 실수를 예방하는 것뿐만 아니라 '영국을 아름답게' 해야 한다."라고 언급하였다(RFAC, 1924b : 2). 즉, 주도적인 면과 수동적인 면, 두 가지 의무가 모두 기대되었다고 할 수 있다. 그러나 공식 발표에 의하면 왕립예술위원회는 "순수 자문 기관"이었고 "실행 기관이 조언을 요청할 때만 개입"할 수 있었기 때문에 주도적 역할은 극히 제한되어 있었다(RFAC, 1924b : 2).

권한의 범위를 설정하기 위해 위원들은 두 가지 지침을 만들었다. 먼저 왕립예술위원회는 프로젝트 '초기', 설계의 가장 첫 단계에 참여한다. 이는 설계로 발생할 수 있는 문제를 미연에 방지하기 위함이었다. 둘째, 위원회 역할은 평가하는 데만 한정된다. 즉, 초안 작성에도 직접 참여하지 않으며 그 대신 비판적인 조사와 제안을 통해서만 관여한다는 것이었다(RFAC, 1924B : 3). 여느 정부 기관과 마찬가지로 이 주요 지침들은 기관의 활동을 결정하는 것이었고 왕립예술위원회 기간 내내 중요한 역할을 했다.

초기의 또 다른 관심은 위원들에 대한 행동지침이었다. 위원들에게는 두 가지 역할 사이에서 오는 갈등이 있었다. 즉, 직업전문가로 활동하면서 위원회 봉사라는 공무원의 역할을 동시에 수행하는 데서 오는 문제였다. 위원회는 위원들이 자문활동을 통해 직접적 이익을 얻어서는 안 된다는 점을 고려하여 위원회가 기관으로서 제공할 수 있는 조언 범위를 넘어 자문이 필요한 곳에 특정 전문가를 추천하는 일은 하지 않았다(RFAC, 1924a : 2). 직업전문가로서의 역할과 위원회의 일을 명확히 분리시키는 문제는 왕립예술위원회 기간 내내 유지되었고 후임기관인 케이브에게도 이어졌다(4장 참고). 1920년대 이러한 적절하고 신사적인 처신은 향후 정부의 영역이 커지는 상황에서 위원회가 근대화되면서 맞지 않게 되었다. 그럼에도 불구하고 당시 위원회 활동이 원칙에서 심각하게 어긋나는 경우는 거의 벌어지지 않았다(Stamp, 1982 : 29).

공적편익과 예술적 가치

위원회 설립을 서두르다 보니 설립 당시 권한에 대한 합의가 없었고 1924년 4월에서야 왕립예술위원회 지침이 만들어졌다.

정부에 의해 지정된 공공시설이나 예술적 중요성을 지닌 시설과 관련된 질의를 조사해 보고한다. 더불어 왕립위원회가 정한 긍정적 영향에 해당하는 경우에 한해 공공기관이나 독립기관에서 요청이 있을 경우, 질의에 대해 조언한다. (RFAC, 1924c)

1924년 5월 왕실 허가증을 승인받는 데 기초가 된 이 지침은 '예술적 중요성'과 '공적 편익'이 무엇인가에 대한 논의를 불러일으켰다. 이 개념의 정의에 대한 기록은 없지만 초기 회의록에 위원들이 이를 논의한 적이 있으며 이들은 '공식적' 개념 정의를 내리지 않는 것으로 결론 내렸다. 예를 들어 회의록에 의하면 두 번째 회의에서 위원들은 디자인의 의미와 '좋은 설계'를 평가하기 위해 합의된 원칙을 만들어야 하는지에 대해 논의하였다. 회의 결과, 의원들은 디자인은 개별 평가되어야 하며 특정 건축양식이나 원칙에 따라 차별받으면 안 된다고 결정내렸다(RFAC, 1924s: 2). 이 결정은 초기 수십 년간 왕립예술위원회 사업에 영향을 미쳤지만 후기 왕립예술위원회는 '좋은 설계'의 원칙을 세워 이를 따르게 하려는 모습을 보였다. 더 나아가 위원회가 사업의 경제적, 기술적 적합성을 고려해야 한다는 논의도 있었으며 위원들은 이것이 예술적 표현의 문제가 아니기 때문에 왕립예술위원회는 관련 지침을 만들지 않는다는 데 합의했다.

법적 권한이 없는 업무

왕립예술위원회는 강제적 권한이 없는 비공식 기관이어서 초기 목표 실행에 무력감이 들 수밖에 없었다. 초기 왕립예술위원회의 유일한 후원자는 공공단체였고 그 외에는 사적 이익을 위해 위원회의 권장사항이 무시되기 일쑤였다. 사실 왕립예술위원회 회의록을 보면 첫 해에 사설 건설업체가 위원회의 조언을 구한 적이 없고 이후 10년 동안도 민간 설계에 개입하는 경우는 극히 드물었다. 이것이 위원회의 잠재적 영향력을 제한하였는데 왕립예술위원회 설립 지침에서 공공단체와 준 공공단체를 언급하고 있는 것을 보면 이는 의도된 것이었다. 또한 공공기관이 사립기관보다 위원회에 조언을 구하는 경우가 더 많긴 했지만, 공공사업조차 사업 담당자가 왕립예술위원회에 조언을 구하는 경우가 아니면 강제적으로 나설 수 없었다.

초기 사업에서 왕립예술위원회는 지나치게 조심스럽다는 비판을 받았다. 위원회는 왕립 포병 기념비가 그로스베너 플레이스를 향하도록 방향을 바꾸는 사업과 같이 아무 반대가 예상되지 않는 공적 영역의 매우 작은 사업을 진행하곤 하였다(RFAC, 1924d). 다른 예로 묘지 배치나 가우어 스트리트(Gower Street)에 위치한 유니버시티 칼리지 런던(University College London) 건물들이 어떻게 주변 건물들과 잘 연결될 수 있을지에 대한 조언 등도 있다. 유니버시티 칼리지 런던의 건축가들은 콜로네이드 디자인을 선호했지만 왕립예술위원회는 포르티코(Portico) 부분을 유일한 기둥 디자인으로 하는 벽으로 된 파사드 디자인을 제안했다. 왕립예술위원회의 아이디어가 받아들여져 현재 유니버시티 칼리지 런던 건물의 모습이 되었다(그림 3.1 참조).

영국 체신장관은 왕립예술위원회에 영국 공중전화 박스 디자인 과정을 총괄하는 역할을 맡겼다(RFAC, 1924e). 기존 디자인이 만족스럽지 못해 공모를 통해 디자인을 모집했고 가일즈 길버트 스콧 경의 디자인이 채택되었다. 이것이 영국의 상징이 된 빨간 공중전화 박스 K2였고 K2부터 K6까지 수년 동안 영국 공중전화 박스의 기본 디자인으로 자리잡았다(그림 3.2).

교량 설계도 왕립예술위원회 초기 계속 언급되던 분야였고 왕립예술위원회는 건축을 넘어 공학 분야까지 관심 분야를 넓히려는 움직임을 보였다. 세 번째 왕립예술위원회 보고서는 공학 분야를 집중적으로 다루며 왕립예술위원회 역사 내내 지속적으로 언급되었던 두 가지 문제를 제기하였다(RFAC, 1928). 첫 번째 문제는 도시 내 교통 문제, 두 번째는 설계의 정직성이었다. 이런 문제 지적은 의회에 보고된 왕립예술위원회의 두 번째 보고서에서부터 시작한 것이었다(RFAC, 1926). 왕립예술위원회는 보존이 아직 중요한 문제로 여겨지기 전이던 그 당시부터 경관 질 보존을 강력히 주장하였으나, 동시에 주변 건물의 설계 방식을 모방하거나 증축하는 경우, 건물의 기

그림 3.1 가우어스트리트에서 바라본 왕립예술위원회의 권장 사항이 적용된 유니버시티 칼리지 런던 전경 / 출처: 매튜 카르모나

존 설계를 그대로 따라야 할 필요는 없다고 하였다. 그 대신 기존 건물 확장 시 기존 맥락을 존중하면서도 새로운 것을 받아들이는 디자인을 해야 한다고 주장하였다.

알렉산더 영손은 초기 왕립예술위원회가 대체로 성공적이었고 두 가지 측면이 두드러진다고 언급하였다(1990 : 36-37). 첫째, 왕립예술위원회의 사업들은 런던으로부터 30마일(48㎞) 반경 내에 집중되었다. 왕립예술위원회의 런던 중심적인 운영은 해체될 때까지 지속되었다. 둘째, 이 시기에 런던 중심으로 운영된 이유는 왕립예술위원회를 설립한 리오넬 얼 경이 런던 시에 자문하기를 원했기 때문인데, 실제로 위원회가 다른 주체들과 협력할 때는 별로 성공적이지 못했다. 예를 들어 트라팔가 광장(Trafalgar Square)의 새로운 남아프리카공화국 대사관 설계 검토를 의뢰받았을 때 왕립예술위원회는 초기 설계안이 주변을 압도하고 있으며 인접한 국립 초상화 갤러리(National Portrait Gallery)를 돋보이게 하는 디자인을 해야 한다고 주장하였다. 건축가는 이에 동의할 수 없었고 이 조언을 무시하였다.

그림 3.2 왕립예술위원회의 첫 해에 시행된 왕립예술위원회 설계 경기 우승작 K2 공중전화 박스 / 출처 : 매튜 카르모나

신중하지만 소극적인 기관

일반적으로 왕립예술위원회의 사업을 보면 존 델라폰스(John Delafons)가 주장하였듯 "수년 동안 왕립예술위원회는 공개적 논평을 자제할 정도로 신중함을 중시했다(1994: 16)." 이런 자세는 초기에 여실히 드러났다. 존 푼터(Jon Punter)는 이런 위원회의 성격이 최소 1960년대까지 지속되었고 왕립예술위원회가 명백히 미적 분야를 담당하고 있었지만 영국에 디자인 거버넌스가 알려지기 시작하면서 나타난 '미적 부분에 대한 규제'의 장점과 목적에 대한 찬반 논쟁에서 위원회가 아무 영향도 미치지 못했다고 주장했다. 그 대신 그는 왕립예술위원회가 "지나치지 않고 신중한 전형적인 영국 기관으로서 시스템 내에서 조용하면서도 단호하고 요란스럽지 않은 방식으로 일을 처리했다."라고 말한다. 그럼에도 불구하고 리오넬 얼 경이 막 은퇴한 시점이던 1933년 왕립예술위원회의 왕실 조달 허가증이 연장되어 다음과 같은 중요한 권한이 추가되었다.

> 왕립예술위원회 입장에서 국가 및 공공 편의 시설에 위협이 되는 것으로 보이는 개발과 사업들에 정부와 공공기관들의 주의를 요청할 수 있는 권한

이것은 중요한 변화였다. 지시가 내려올 때까지 기다리는 것이 아니라 능동적이고 적극적인 방식으로 조사에 착수할 수 있는 권한이 부여된 것이다. 왕립예술위원회는 제2차 세계대전이 임박한 시기에 확실히 기관의 기초를 다졌고 더 많은 정부기관들과 지방정부에서 의뢰가 들어왔다. 그 결과, 1935년과 1936년 사이 100건이 넘는 의뢰가 진행되었지만[38] 위원회 업무가 현격히 확대된 시기는 적극적이고 개입주의 정신이 대두된 전후 시기였다.

전후 왕립예술위원회 : 1940~1984

왕립예술위원회의 변화

제2차 세계대전 이후 재건이 국가 목표가 되고 정부가 도시계획부터 건축까지 건조환경 전 분야에 더 능동적인 자세를 취하면서 되면서 왕립예술위원회의 업무 범위는 크게 확장되었다. 왕립예술위원회는 공적 영역에 관련된 많은 사업을 검토하였는데 가장 대표적인 것으로 영국 도심 내 가로등과 가로시설물 사업이 있다. 순수예술 작품에 가까운 프로젝트들도 있었는데 100주년 기념우표 디자인 검토 사업을 예로 들 수 있다. 그러나 실제 '순수예술'에 대한 검토는 드물었으며 이런 성격의 검토 업무는 1968년부터 1971년 사이 단 네 번 있었다(RFAC, 1971).

---

38 http://hansard.millbanksystems.com/commons/1936/dec/08/royal-fine-art-commission

다루는 사업의 공간적 규모 면에서도 업무는 확장되어 도시계획이 위원회의 주요 관심사가 되었고 여러 도시의 대규모 마스터플랜 검토가 진행되었다. 이런 상황은 1970년대를 거쳐 1980년대에 이런 종류의 대형 도시계획이 거의 사라지기 전까지 지속되었다. 도시계획 검토가 위원회 활동에서 중요해졌다는 점은 왕립예술위원회 구성 비율에서도 잘 드러나는데, 아버지의 일을 이어받아 의장이 된 28대 크로포드·발카레스 백작 지휘하에 패트릭 아버크롬비, 윌리엄 홀포드, 찰스 홀든 등이 위원회 구성원으로 임명되었다(The Herald, 1949). 전후 도시계획이 대부분 건축가들이 주가 된 물리적 계획들이었고 왕립예술위원회는 더 이상 미적 부분에 관심을 둔 검토위원들로만 구성되지는 않았다.

왕립예술위원회는 또한 1946년 정보 접근 권한이 확장되면서 더 발전했다. 이후 22번째 보고서에서 이와 관련된 언급이 있었는데, 왕립예술위원회는 설계 검토 대상이 계획에 맞게 진행되고 있는지 확인하기 위해 "건물이나 건설부지 내 진입을 요청할 수도 있었다"라고 언급했다(RFAC, 1985 : 12). 이런 일이 실제로 있었는지는 알 수 없지만 이전 사업들과 달리 왕립예술위원회는 더 능동적으로 사업을 운영하기 시작했던 것으로 보인다. 위원회는 1950년대 중반까지 공공생활 환경에 위협이 된다면 정부 부서, 지방 정부에 문제 제기를 지속했다.

이런 공공 편익 문제와 관련하여 전후 몇 가지 주요 디자인과 건설 방향에 대해서도 문제를 제기했는데, 전국적으로 우후죽순 생기던 여러 대형 건물, 특히 업무시설들의 잘못된 배치가 대표적인 것들이었다. 위원회는 이 건물들이 기존 공공 건축물과 종교 건축물의 역할을 약화시킨다고 주장하였다(RFAC, 1952 : 4). 분명히 이 시기에는 건축과 도시계획 업계에서 기념비적인 건설 아이디어가 넘쳐나고 있었다.

왕립예술위원회와 전후 도시계획

전쟁 중 심한 폭격을 받았던 런던에는 몇몇 도전과제들이 있었다. 전쟁 중에도 시티 오브 런던(City of London)은 왕립예술위원회에 새로운 도시계획 검토를 의뢰했다. 이 계획에는 "교통 흐름, 대지 이용, 전쟁 피해, 전쟁 전 재개발지역"을 표시한 지도와 "새로운 교통 계획", "재건 초안"이 포함되어 있었다(RFAC, 1943a). 이런 이슈들은 이전 위원회 업무를 넘어서는 것들로 과거라면 월권으로 여겨질 만한 것들이었다. 왕립예술위원회는 계획 검토에 동의했지만 동시에 이는 물리적 도시 환경과 도시 기능과 관련된 복잡한 관계 때문에 기관의 역할에 대한 의문을 불러오게 되었다. 1943년 5월 왕립예술위원회는 공공 편익과 관련된 내용 때문에 고도 제한과 용도 설정 문제에 집중했다. 그해 8월 위원들이 계획의 미적 영향에 대한 고려만으로 축소하려고 했지만(RFAC,

1943b) 9월경 이것이 불가능하다고 판단하고 교통 흐름과 교통혼잡에 대한 정보로까지 범위를 넓혔다(RFAC, 1943c). 왕립예술위원회는 다른 기관들과 마찬가지로 이 도시계획안이 교통에 너무 치우쳐 배치와 건축적 문제와 같은 다른 문제들은 고려하지 않고 있다고 비판하였다(RFAC, 1945 : 198–199).

1950년대 이르러 왕립예술위원회는 점점 도시계획가 편에 서서 광역 도시계획에 맞지 않

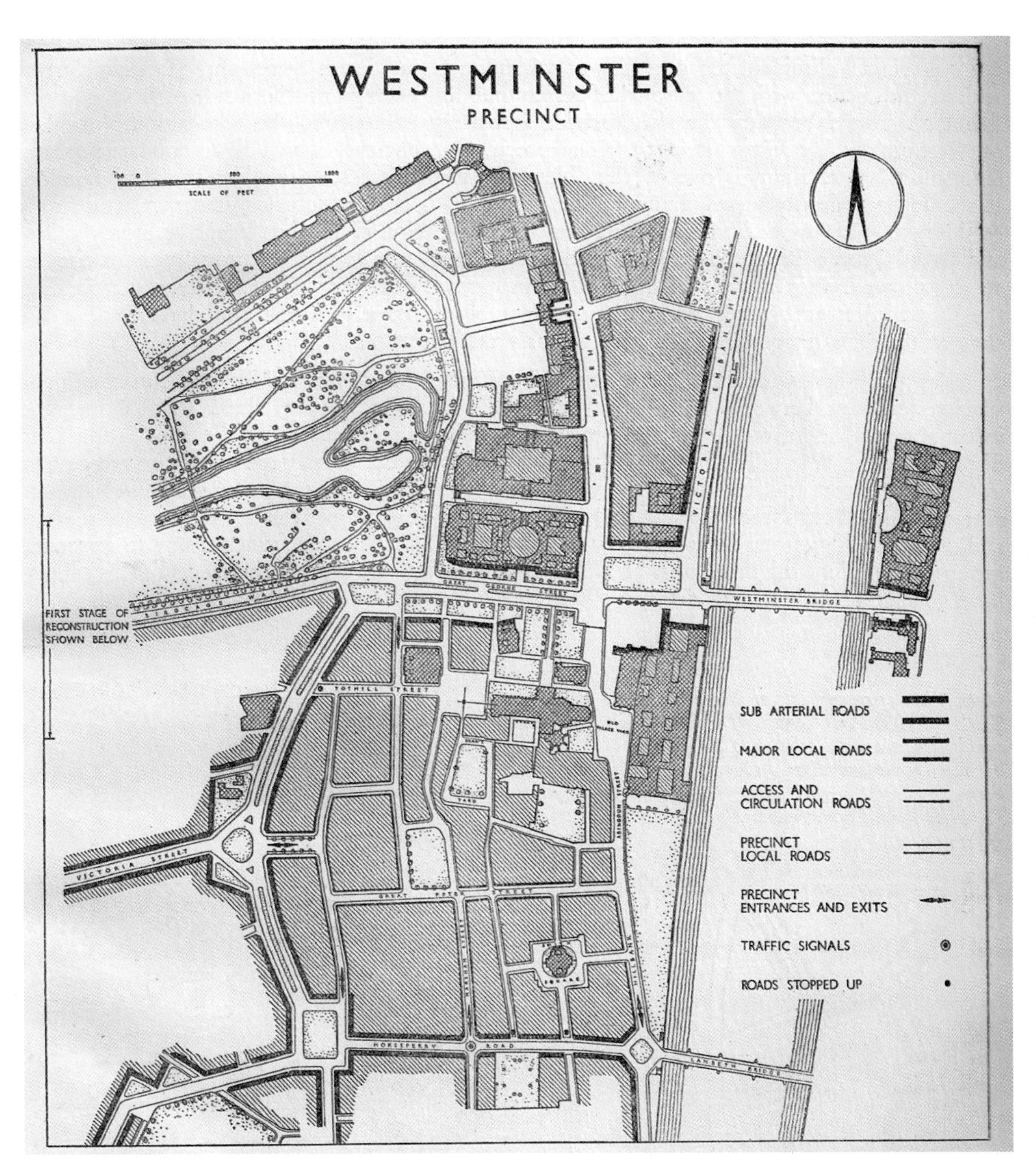

그림 3.3 왕립예술위원회는 런던계획에서 구상된 웨스트민스터 구역을 약화하는 개발 제안에 반대하였다.

는 프로젝트를 반대하기 시작했다. 그중 특히 두드러진 것은 패트릭 아버크롬비의 「런던 계획(The County of London Plan)」에 위배되는 프로젝트에 대한 위원회의 반대 의사 표명이었다(RFAC, 1950 : 9; 그림 3.3 참조). 이는 위원회 내에서의 패트릭 아버크롬비의 위상을 고려했을 때 별로 이상한 것은 아니었다. 위원회는 지역의 도시 문맥에 맞지 않는다며 고층 건축물과 차를 위한 도시 계획으로 대표될 수 있는 몇몇 근대 도시계획의 주요 수칙들에 반대하였지만 모든 것에 반대하는 것은 아니었고 대담한 물리적 도시계획이 도시의 질을 높일 수 있다는 데 동의하기도 하였다.

이것은 이후 왕립예술위원회가 취한 방향에서 잘 드러난다. 시간이 흘러 물리적 도시계획이 시대에 뒤처지면서 왕립예술위원회는 점점 진취성과 미래상이 부재한 근대 도시계획들에 불만을 나타냈다(Punter, 1987 : 32)[39]. 1958년 한 위원은 "계획 입안권자의 지침 없이 민간 개발자가 자체 계획안을 제출하고 건축가들이 계획을 할 것인지와 상관없이 가장 높은 입찰가를 선택하는 관행으로는 좋은 도시계획을 만들 수 없다."라고 말한다(RFAC, 1958 : 8). 이후 왕립예술위원회는 비슷한 이유로 교통 계획에 대해서도 가장 경제적으로 도로를 배치하면서도 경관을 최소한으로 파괴하는 방향으로 관련 공무원들이 잘 타협해야 한다며 비판했다(RFAC, 1962a : 8). 왕립예술위원회는 근대 도시 계획과 도로공학에서 설계를 분리하는 것을 우려했고 영국에서 이런 단절된 계획이 초래할 수 있는 위험 요소를 최초로 인지한 기관 중 하나였다.

전후 건축물 디자인

전후 재건 과정에서 왕립예술위원회는 상당히 많은 일을 담당했기 때문에 이 시기 많은 세부 정보들은 불명확하거나 기록문서상에서 사라졌다. 예를 들어 의회 보고서는 점점 더 불규칙적으로 출간되어 21번째 보고서와 22번째 보고서 사이에는 1971년부터 1984년까지 13년 간의 공백이 있었다. 이전과 같이 왕립예술위원회 일의 대부분은 건축 설계와 관련 있었고 전쟁으로 훼손된 건물들을 복구하는 데 집중되었다. 그러나 앞에서 언급한 바와 같이 왕립예술위원회는 주로 미적 부분에만 그 활동을 제한했다.

보존과 개발 간의 균형이 왕립예술위원회 사업의 새로운 화두로 떠올랐다. 왕립예술위원회는 주요 건축물의 복원이 불가능할 상황에는 건축물 재건 시 기존 건물을 모방하는 것을 피하는 대신 같은 높이와 크기의 비슷한 양식으로 디자인되어야 한다고 주장했다(RFAC, 1962a : 8). 위원회는 단순히 건축 허가를 받기 위해 주변 건축을 모방한 건축물들은 허가하지 않았지만 신 건축물의 경우, 주변 가로 경관의 중요한 특징을 따라 디자인해야 했다(RFAC, 1985 : 8). 특히 새로운 랜

39 2014년 파렐 리뷰(Farrell Review) 권장 사항에서도 드러나듯 지속적으로 큰 영향을 미쳐왔던 영국 도시계획에 대한 비평

드마크 건축물이 지어지는 경우, 특별한 주의가 필요했고 국립극장(National Theater)의 경우, 왕립예술위원회가 수변공간의 특징과 공공편의를 위해 템즈강 가까운 곳에 새로운 공공장소를 추가하여 배치해야 한다고 주장했다(RFAC, 1951).

자칫 조화롭지 않은 설계들이 산발적으로 나타날 수 있는 시기였지만 왕립예술위원회는 지속적으로 주변 지역 문맥에 맞는 디자인을 주장했다. 그중 1960년대 초 유스턴 역 재개발 계획은 유스턴로(Euston Road)에 있던 도리아 양식의 아치형 입구 철거안을 포함하고 있었다. 왕립예술위원회는 근대 건축 디자인을 지지하는 한편, 아치형 입구는 지역의 특징을 보여주고 옛 유스턴 역의 아름다움을 기억하는 데 중요한 역할을 한다고 설명했다(RFAC, 1962b). 일반 대중들은 왕립예술위원회의 의견에 동의했고 이 일로 보존 운동이 전국적으로 일어났지만 영국철도공사는 이에 굴하지 않고 영국 수상 해롤드 맥밀란(Harold Macmillan)을 설득해 아치형 입구를 철거하였다.

이 사례는 왕립예술위원회가 파괴적인 형태의 근대적 재개발과 기존 도시 문맥을 고려한 도시개발 간의 논쟁에 깊이 관여했음을 보여준다(RFAC, 1962c). 왕립예술위원회는 몇몇 사업에서는 실패하기도 했지만 1960년대 피카딜리 서커스(Piccadilly Circus) 재개발 계획안과 같은 논쟁을 승리로 이끌었다. 왕립예술위원회는 전후 기간을 다음과 같이 표현하였다. "위원회의 비판의식이 도시계획과 건축설계에서 근본적인 개선을 이룬 경우가 드물지 않았다(RFAC, 1985 : 25)."

고층 빌딩

당시 주요 쟁점은 고층 건물이었고 1960년대 초 이후 왕립예술위원회 사업의 주요 안건이 되었다. 왕립예술위원회는 고층 건물 자체를 반대하지는 않았으며 역사적 맥락에서 벗어난 모든 건물을 반대하는 것도 아니었다. 예를 들어 1966년 왕립예술위원회는 옥스포드로(Oxford Street)에 위치한 리처드 사이퍼트(Richard Seifert)의 센터포인트(Center Point) 타워 계획에 대해 처음에는 모호한 입장이있었지만 이후 이 건물에 대해 "렌(Wren)의 첨탑 디자인[40]에 비견되는 우아함을 가진" 건물이라고 묘사하였다.[41] 반면, 왕립예술위원회는 이후 결국 건설되었지만 하이드 파크 내 근위기병대 병영 건물 계획안에는 격렬히 반대했다. 이에 대해 위원들은 『더 타임즈』에 다음과 같이 기고했다. "이 글이 건축설계를 다루지 않는다는 점을 이해해 주시길 바랍니다. 이것은 설계안보다 더 중요한, 주변 건축물과 대비되는 건축물의 크기 자체에 관한 것입니다(RFAC, 1971 : 26 재구성)."

---

40 역주: 여기서 렌(Wren)은 크리스토퍼 렌 경(Sir Christopher Wren)을 뜻하는 것으로 그는 런던 교회 건축으로 영국 건축의 규범을 만들었다.

41 http://londonist.com/2012/05/londons-top-brutalist-buildings – London's Top Brutalist Buildings

런던 외의 사례에서 왕립예술위원회의 접근방식을 잘 보여주는 예로는 이스트본(Eastbourne) 해변의 14층 규모 호텔 계획안을 반대한 것을 들 수 있다. 이 설계안은 주변 건물에 비해 크기가 압도적이고 해변으로 향하는 다른 건물의 시각 통로를 막는다는 문제점이 있었다. 이 문제 해결을 위해 왕립예술위원회는 '돌발적인' 디자인을 막기 위해 2층 이상 건축물을 제한하는 고도 제한 지역 설정을 제안하였다(RFAC, 1968). 위원회에게 건축물 높이는 경관의 일관성 문제였을 뿐만 아니라 "고층 건물들이 만들어 내는 바람"과 같이 높은 건물들이 가로변에 만들어내는 공간의 질과 관련된 문제였다(RFAC, 1971 : 13). 그러나 이스트본 사례가 보여주듯 왕립예술위원회는 고층 건물 설계안이 만족스럽다면 이 문제를 생산적인 방향으로 해결하기 위해 노력하였다. 이런 측면에서 볼 때 왕립예술위원회는 건축 설계안들을 사례별로 평가했다고 할 수 있다. 이를 바탕으로 유연성 없는 법적 근거를 바탕으로 한 방식을 피하고 영국의 자유재량 전통에 맞는 사업 시행을 할 수 있었다(2장 참조).

선호하는 양식

왕립예술위원회는 철저히 감정에 치우치지 않는 방식으로 운영되었다. 22번째 보고서는 사례별 방식을 기반으로 평가하는 이유를 설명하고 있다. "현대에는 공통된 양식이 없으며 건물 수만큼 다양한 양식이 존재합니다(RFAC, 1985 : 25)." 이 보고서에서 위원회는 퀸란 테리(Quinlan Terry)의 18세기 양식 리치몬드 리버사이드(Richmond Riverside)와 로이드 빌딩(Lloyds Building)의 근대 건축 디자인을 비교·대조하였다. 이 둘은 모두 왕립예술위원회의 지지를 받았다(그림 3.4). 왕립예술위원회는 어느 한쪽에서 더 큰 문제가 예상되지 않으면 어떤 스타일도 굳이 택하지 않았다(RFAC, 1985 : 26). 이 원칙에서 왕립예술위원회는 예외적으로 유리외장 건물은 대부분 지지하지 않았는데 위원회는 "비축척성과 투명성이 장점이 될 수 있지만 대부분의 경우, 단점으로 작용한다."라고 언급하였다(RFAC, 1985 : 26).

그러나 근대 건축물 양식을 더 선호하는 위원회의 성향이 완전히 사라진 것은 아니었고 이는 아마도 근대 건축가들이 많았던 위원 구성비를 고려하면 피할 수 없는 것이었다. 왕립예술위원회 총무를 오래 지낸(1979~1994) 셔반 칸타쿠지노(Sherban Cantacuzino)는 1982년 저명한 건축사학자 가빈 스탬프(Gavin Stamp)와의 인터뷰에서 이를 확인시켜 주는 듯했다. 스탬프(1982)는 다음과 같이 기록했다. "일반적으로 받아들여지는 특별한 문화 양식이 없는 이 시기이기 때문에 위원회는 민주적인 방식으로 대중이 원하는 것을 반영해야 존중받을 수 있다. 반면 칸타쿠지노는 '설계 표준이 있다'고 확신하면서 위원회는 좋은 설계를 장려하고 대중이 선호해도 질 나쁜 모방 설계를 막아야 한다고 주장했다." 왕립예술위원회 입장에서는 단순히 더 좋은 설계를 지지하는 것이라고 할 수 있지만 스탬프의 관점에서는 명백히 모순되는 점이 있었다.

현상 유지

전쟁 후 40년, 보고서에서 다룬 1971년부터 1984년까지 위원회 업무는 성장을 지속하였다. 이 시기 후반 위원회는 정부 부서들과 지방정부뿐만 아니라 잉글랜드와 웨일즈 전역의 국가 소유 공기업, 민간기업, 개발사, 어메니티 소사이어티(Amenity Society)의 고문 역할을 하고 있었다(RFAC, 1985 : 13).

20세기가 끝나가면서 왕립예술위원회는 공무원이던 브리지 경(Lord Bridges)과 훗날 저명한 공학 교수가 된 더만 크리스토퍼슨 경(Sir Derman Christopherson)과 같은 안정된 운영을 선호하는 의장을 임명하였다. 이 시기는 관대하게 표현하면 '현상 유지' 정책을 편 때라고 할 수 있다. 1958~1972년 위원으로 일했던 건축 평론가 제이 엠 리처드(J. M. Richards)는 그의 회고록에서 "대중의 의견을 효과적으로 적용하기 이른 단계에서 정리되지 않은 계획안을 공개하는 것을 습관적으로 피하려 했다."라고 기록하였다(1980 : 24).

그림 3.4 (i) 리치몬드 리버사이드(1984)와 (ii) 로이드 빌딩(1979). 극명히 대조적인 건축물로 두 건축물 모두 양식보다 건축의 질 때문에 왕립예술위원회의 지지를 받았다. / 출처 : 매튜 카르모나

증가한 업무량에 비추어 봤을 때 이는 위원회가 주목받지 않은 사업을 주로 시행했다는 것을 뜻했다. 일부 언론은 이런 위원회의 태도를 신랄히 비판했다. 『더 텔레그라프 지(The Telegraph)』는

이 시기의 왕립예술위원회를 "수년 동안 연간 보고서조차 발표하지 않는, 책임을 다하지 않는 독립기관"[42]이라고 낙인 찍었다[43]. 1954년 12번째 보고서에서 왕립예술위원회는 많은 기관들이 전혀 자문을 구하지 않거나 효과를 보기 힘든 늦은 시점에 자문을 요구한다고 불만을 표했다. 이후 1971년 "때로는 정부 부서들이 자문 결과를 무시하거나 기각"했지만 "성공보다 위원회의 실패가 더 뉴스거리가 된다는 것을 고려해야 한다"라고 언급하였다. 보고서는 또한 실패에 비해 성공적인 사례의 "대부분은 근거와 설득을 통해 드러나지 않게 더 효과적으로 진행되었기 때문에 거의 알려지지 않았다"라고 밝히고 있다(RFAC, 1971 : 9). 가빈 스탬프는 「스펙테이터(The Spectator)」 잡지에 실린 왕립예술위원회의 초기 60년을 회고하는 글에서 "이 글을 쓰기 위해 조사를 시작했을 때 저는 왕립예술위원회를 효과적인 독립기관으로 보지 않았습니다. 그러나 저는 이제 왕립예술위원회의 의견과 조언이 더 많이 적용되었다면 영국과 런던은 더 나아졌을 거라고 생각합니다."라고 언급하였다(1982 : 29).

후반부 : 1985~1999

감시자 또는 개혁가

중요한 역할을 했지만 보이지 않게 일해온 시기를 지나 1980년대에는 왕립예술위원회의 역할이 변화하기 시작하였다. 이 변화는 한참 늦은 감이 있었다. 카리스마를 가진 보수당 정치인이자 하원 의장을 역임하고 동시에 대처(Margaret Thatcher) 정부의 예술부 장관을 지낸 국회의원 노만 세인트 존-스테바스(St. John-Stevas)[44]가 의장으로 임명되면서 변화의 조짐이 보이기 시작했다(Kavanagh, 2012). 당시 환경부 장관이던 패트릭 젠킨(Patrick Jenkin)은 그를 임명함과 동시에 왕립예술위원회의 위상을 확고히 다질 확실한 권한을 주고 건축계에 더 큰 영향을 미칠 수 있도록 하였다(Chipperfield, 1994 : 26). 세인트 존-스테바스는 분명히 위원회의 위상을 높였지만 재임 기간 논란의 여지가 없었던 것은 아니다. 그의 부고에는 "그가 위원회에 당당함과 활력을 불어넣기를 바랐지만 … 한 연간 보고서에는 의장이 여러 훌륭한 회사를 방문한 것을 기록한 6장이 넘는 컬러 사진이 실리는 등 비평가들은 그가 위원회를 개인적 평판을 위한 도구로 사용했으며 전문가들의 의견을 무시하고 개인적인 결정을 우선시했다고 비난하였다."라고 기록되었다.[45]

---

42 독립 비정부기관(Quasi-autonomous non-governmental organization)

43 www.telegraph.co.uk/news/obituaries/9124613/Lord-St-John-of-Fawsley.html

44 이후 포슬리의 세인트 존 경(Lord St. John of Fawsley)으로 칭함

45 www.telegraph.co.uk/news/obituaries/9124613/Lord-St-John-of-Fawsley.html

이런 그의 방식에도 불구하고 1980년대 후반 왕립예술위원회는 새로운 선언과 로비 활동으로 영국의 디자인 거버넌스에 중요한 영향을 미치기 시작했다(Punter&Carmona, 1997: 16). 시대를 고려했을 때 이는 어떤 측면에서는 대단한 일이었다. 1980년대 민간사업자들에게 자율권을 주려고 했던 새로운 보수당 정부는 1990년대 초까지의 디자인에 대한 정부의 방식을 설정한 개발 규제에 관한 회보 22/80(Circular 22/80)를 발표했다. 이것이 가장 강조했던 것은 설계는 주관적일 수밖에 없다는 논리를 바탕으로 민감한 환경의 설계 규제를 제한하는 것이었다(Carmona, 2001: 28). 이런 상황을 고려했을 때 왕립예술위원회의 '영향력 강화' 움직임은 당시 정치적 상황과 반대로 가는 것이었다.

왕립예술위원회는 22번째 보고서에서 설계가 주관적인 것이고 규제는 간섭이라는 정부의 정책방향을 문제삼았다. 왕립예술위원회 입장에서 각각의 건축물들은 주변 환경 속에서 고려되어야 하고 어떤 건물도 전체적인 "배치와 디자인 표준"보다 중요한 도시 계획 기준이 될 수 없는 것이었다(RFAC, 1985 : 21). 이 같은 정부 정책에 대한 비판은 세인트 존-스테바스 임용 후 보고서에서도 계속되었다. 이 보고서는 공적 개입이 무조건 좋은 건축물을 만들어내는 것은 아니지만 필요할 때 설계에 대한 평가는 "도시 형태, 건축물 높이, 크기 차원에서 일관되게 표현될 수 있는", 즉 객관적인 것이라고 주장하였다(RFAC, 1986 : 12).

한편으로 왕립예술위원회 사업을 지지하면서도 다른 한편으로 설계 규제를 제한했던 정부 정책의 모순을 설명하기는 힘들지만 위원회 활동이 계획에 대한 일회성 권한과 역사적 지역의 설계 질 관리로 국한되어 있었기 때문일 가능성이 높다. 정부 회보 8/87에 언급된 역사적 건물과 보존지역에 관한 위원회 역할에 대한 정의를 보면 이것이 여실히 드러나는데 역사적으로 민감한 지역에 대한 설계에 대해 조언하는 위원회 역할에 대한 언급이 있다. 이것은 1994년 이 문서의 후속인 계획과 역사 환경에 관한 '일반 정책과 규정 15(General Policy and Principles 15)'에서 더 강화된다(DoE, 1987 : Para 26). 이런 측면에서 왕립예술위원회의 활동영역을 런던과 "역사 도시"를 넘어 "잉글랜드와 웨일즈의 평범한 도시"들로 넓혀야 한다는 것은 분명해 보였다(RFAC, 1985 : 21).

더 적극적인 위원회

정부 정책의 변화는 1997년까지도 큰 변화가 없었던 반면, 왕립예술위원회는 1990년대 말까지 설계 분야에서 더 적극적으로 변하기 시작하였다. 이런 변화는 대부분 출판물을 통해 이루어졌다. 그중 일부는 의뢰받은 것이었고 일부는 왕립예술위원회가 개최한 세미나 또는 전시회의 결과물이었으며 나머지는 위원들의 설계 검토 경험을 모은 내부 보고서였다.

1980년부터 1999년 사이 16개 출판물이 발행되었다. 일부는 왕립예술위원회가 중요 사안이라고 보았던 것들을 전문적으로 다루었는데, 예를 들어 민간투자개발사업(Private Finance Initiative) 하의 설계, 경전철시스템 설계 등이 있었고 나머지는 도시 지역과 가로의 관리와 재생, 역사 지구 내에서의 설계, 미적 질을 효과적이고 객관적으로 평가할 수 있는 기준 등 세 가지 주제로 분류될 수 있었다. 이 보고서들의 효과를 정확히 평가하기는 힘들지만 제프리 치퍼필드 경(Sir Geoffrey Chipperfield)은 왕립예술위원회에 대한 활동 감사에서 이 보고서들이 별로 인상적이지 못했다고 평했다(뒷부분 참조). 그는 "저는 이 출간물들이 왕립예술위원회의 세부 활동들과 무슨 관계가 있는지, 실무자들과 도시계획 당국이 각각의 사업을 진행할 때 과연 이것들이 유용할 것인지 잘 이해가 가지 않았습니다(1994 : 5)."라고 말한다. 분명히 많은 보고서들이 아무 영향도 못 미친 채 사라졌지만 일부, 특히 도시 관리와 재생 관련 보고서들은 널리 읽혔고 관련 문제들의 주요 원칙이 되었을 뿐만 아니라 2000년대에는 설계와 재생의 관계가 중요한 사업으로 떠올랐다.

왕립예술위원회의 미적 부분의 활동만 1980년대와 1990년대 긍정적으로 평가받는 유일한 '공식' 업적이었고 건조환경에서 미의 중요성과 이것의 유지·관리를 위한 공공기관의 역할이 강조되었다(RFAC, 1980, 1990 참조). 왕립예술위원회는 1980년대 말 영국 건조환경의 낮은 질과 이를 극복하기에는 극히 제한되어 있던 도시계획의 역할에 관한 쟁점들을 자세히 서술하였다(Punter&Carmona, 1997 : 30). 이에 대한 반응으로 당시 환경부 장관이던 크리스 패튼(Chris Patten)은 왕립예술위원회 연설에서 정부 디자인 가이드 개정 필요성에 동의하고 지방정부 당국은 건축가들과 개발자들에게 지침을 제공하는 역할을 해야 한다고 주장했다. 이 연설 결과, 왕립도시계획협회(RTPI)와 왕립건축가협회(RIBA)는 1985년 재공표되고 다시 1988년 '일반 정책과 원칙 1(General Policy and Principles 1, PPG1)'로 재발표된 디자인 관련 정부 공식 문서, 회보 22/80에 대한 권고를 공동 발표했다(Tibbalds, 1991 : 72). 이 권고는 환경부 검토를 거쳐 개정된 일반 정책과 원칙 1(PPG1)의 부록 A로 정부 가이드에 적용되었고 1992년 발행되었다.

왕립예술위원회의 역할에 대한 언급은 없었지만 위원회는 가이드 개정에 중요한 역할을 했고 이 문제에 지속적으로 관심을 가지고 1994년 『무엇이 좋은 건물을 만드는가(What Makes a Good Building, RFAC, 1994a)』를 발표했다. 이 보고서는 공정한 미적 평가를 위해 건축 설계를 항목별로 가장 잘 분류한 문서 중 하나로 평가받고 있다. 이는 여섯 가지 항목을 분류하였다. 질서와 통일성, 표현, 무결성, 평면, 단면, 세부 디자인, 통합. 그중 마지막 통합 항목은 추가로 배치, 볼륨감, 크기, 비율, 리듬, 재료와 같은 세부항목으로 나뉜다. 이 보고서는 이런 바람직한 원칙들이 일반적으로 지나치게 강요될 수 있다는 것을 인지하고 있었다. 건축물은 이런 모든 요소를 갖출지라도 '좋은 건축물'이 될 수 없는 경우가 있고 반대로 이 모든 요소들을 갖추지 않았지만 좋은 건축물이 될 수 있다고 강조하였다. 본질적으로 이 보고서는 왕립예술위원회가 1924년부터 추구해 왔듯 사례별 설계의 질을 평가하는 데 '전문가 판단'의 필요성과 가치의 중요성을 일깨워 주었다.

사업 검토

이 출판물을 한창 발행하던 시기에 왕립예술위원회는 1994년 331개 중 139개로 제출된 설계안 중 절반도 안 되는 수만 검토했고, 이 중 3분의 2정도가 런던에 있었다(RFAC, 1994b: 12). 위원회는 아직 "시각적 환경에 영향을 미치는 모든 문제들, 특히 공공장소의 예술품과 건축"에 대해 조언했지만 실제로 계획안들은 검토를 받기 위해 다음 네 가지 주요 항목 중 최소 하나를 만족시켜야 했다(RFAC, 1994b : 43).

- 계획안은 국가적 중요성을 가지고 있는가?
- 해당 건설부지는 국가적 중요성을 가지고 있는가?
- 계획안이 민감한 주변 환경에 심대한 영향을 미칠 것인가?
- 해당 건설 부지가 주변 환경의 질을 향상시킬 수 있는가?

왕립예술위원회는 초기이던 1924년 여덟 명에서 1990년대 그 수를 두 배 이상 늘려 18명이 되었다. 전과 같이 그중 절반이 건축가였으며, 공학적인 문제를 담당할 수 있는 한 명의 토목공학자가 포함되어 있었다. 위원들의 구성은 백인 남성이 주가 되었다. 여성이 있었지만 대부분 비건축 분야를 대표했다.[46] 업무량을 효율적으로 처리하기 위해 제출된 계획안들은 왕립예술위원회 총무가 먼저 선별하여 한 달에 한 번 검토해 우선순위를 가리는 서너 명의 위원으로 구성된 '준비위원회'로 넘겨졌다(Chipperfield, 1994 : 5). 총무, 부총무, 대표위원들은 건설 부지를 방문하고 열흘 후 위원회 정회의에서 논의했다.

일반적으로 건축가들은 해당 계획안을 관련 당국 입회하에 위원회에 발표했다. 여기에는 계획안에 대한 의견을 제출해야 하는 도시계획 공무원과 의뢰인도 포함되어 있었다. 이렇게 모든 이해관계자들이 참석한 회의가 열린 후 최대한 빠른 시일 내에 위원회 의견이 담긴 서신(書信)이 발송되었다. 이 서신은 설계 문제점과 가능한 경우, 이에 대한 해결 방안을 포함하고 있었다. 이 의견서는 위원회가 대중의 알 권리가 있다고 판단하는 경우를 제외하고 공개되지 않았다. 이 의견서는 네 가지로 나뉘었다(RFAC, 1985 : 11).

46 예를 들어 1985년 네 명의 여성위원이 있었고 그중 한 명이 건축가였다(RFAC, 1986).

- 즉시 긍정적인 의견과 함께 허가된 프로젝트
- 특별히 긍정적인 의견은 없지만 허가된 프로젝트
- 결함이 보완되면 허가될 수 있는 프로젝트
- 허가될 수 없는 프로젝트

32번째 보고서에서 78%에 이르는 대부분의 계획안들이 위원회의 조언에 맞게 고쳐졌음을 알 수 있다(RFAC, 1994b : 13). 의장은 이것이 "규정 준수를 요구할 수 있는 공식적 권한이 부족했던 위원회에 용기를 주고 있다."라고 말했다(RFAC, 1994b : 13). 허가될 수 없는 프로젝트로 분류된 계획안에 대해서는1985년 이후 의장이 직접 의견서를 작성한 경우에서 보이듯 더 엄격해진 경향을 보였다. 예를 들어, 피셔(Fisher, 1998)의 글에서 인용된 세인트 존 경의 표현을 빌리면, 어떤 계획안에 대해서는 "주변 경관에 오점", "건축적 참사"라며 신랄히 비난하고 있다. 영국 일간지 『인디펜던트(The Independent)』의 기고문에서 건축비평가 아만다 발라이우(Amanda Ballieu)는 왕립예술위원회의 접근방식에 동의하였고 "전체적으로" 위원회의 결정이 "영국 공공 디자인과 건축물의 질을 향상시키는 데 일조하였다."라고 주장하면서 왕립예술위원회가 "진부한 디자인으로 노팅험 성

그림 3.5 디자인 과정에서 왕립예술위원회의 비판을 받았지만 이후 극찬을 받은 버밍험 빅토리아 광장 / 출처 : 매튜 카르모나

(Nottingham Castle) 인근에 내국세무청(Inland Revenue) 신사옥을 지으려던 정부 계획을 막은" 사례를 인용하였다.

프로젝트

이 기간 동안 왕립예술위원회가 검토했던 프로젝트들은 여전히 다양했고 총괄 계획과 건축물뿐만 아니라 공공예술, 공공장소, 조명, 주요 기반시설까지 포함하고 있었다. 그러나 여기서 주목해야 할 것은 왕립예술위원회가 도시계획 분야에는 관여하지 않고 있었다는 것이다. 위원회가 참여했던 몇몇 대형 사업은 이후 크로스레일(Crossrail)이 되는 기차 선로 계획과 같은 런던의 교통기반 시설들이었다. 이런 공공사업의 경우, 왕립예술위원회는 비용 절감 시도가 "대충 만든 구조물"을 양산한다고 비판하였다(RFAC, 1994B: 37). 가로공간과 관련하여 위원회는 최소 1950년대부터 가로 '혼잡' 현상에 대한 비판을 이어갔다. 이것을 바탕으로 위원회는 1990년대 초 영국 도시설계 분야에서 재생의 아이콘이 된 버밍험(Birmingham) 빅토리아 광장(Victoria Square) 계획을 비판하였다. 위원회는 이것 또는 다른 사례에서 언제나 실수를 인정할 준비가 되어 있었고 완성된 프로젝트를 보고 난 후 빅토리아 광장의 성공을 인정하였다(RFAC, 1994b: 28; 그림 3.5 참조).

1990년대에 영국 민간개발투자사업(PFI)이 시작되면서 공공분야 예산 삭감이 왕립예술위원회의 가장 큰 문제가 되었다.[47] 위원회가 민간개발투자사업을 뒷받침하는 경제적, 정치적 논리에 대한 의견을 내놓지는 않았지만 비용 삭감이 필요해 좋은 건축이 "소모품"으로 여겨질 때나 개발사들이 이익을 극대화하기 위해 "매우 작은 여유 공간까지 상업 용도를 채워넣을 때" 이런 개발방식이 건축에 미치는 막대한 영향을 우려했다(RFAC, 1995 : 8).

위원회의 주요 문제 지역으로 계속 남아 있던 곳은 시티 오브 런던(City of London)이었다. 이 지역은 "지역 가로와 도시 환경에 전혀" 긍정적인 영향을 미치지 못하는 "획일적인 오피스 빌딩"들로 넘쳐났고 이런 건물들을 기존 도시 형태 내에 어떻게 조화롭게 배치할 수 있을지가 주요 문제가 되었다(RFAC, 1995 : 15). 건축물의 높이는 항상 왕립예술위원회의 주요 관심사였지만 런던이 높이 측면에서 더 다양화되고 있다는 것을 인정하고 이전보다 더 완화된 기준을 적용하고 있었다. 세련되고 매력적이라면 위원회는 종종 고층 건물을 추천하기도 하였다(RFAC, 1995 : 16). 반면, 현재 포스터의 '거킨(Gherkin)'[48]이 들어선 자리에 제안되었던 노만 포스터(Norman Foster)의 386m

47 민간투자 개발사업은 정부민간 합작 형태로 운영되었다. 즉, 민간업체가 주요 공공재산을 설치·관리하고 공공부문에서 계약기간 동안 이에 대한 비용을 지불하는 방식이었다.

48 역주 : 거킨(Gherkin)은 오이 피클이라는 뜻으로 포스터가 설계한 건물의 정식 명칭은 30 세인트 메리 엑스(30 St. Mary Axe)지만 동그랗게 솟은 독특한 형태 때문에 거킨이라는 별명으로 불린다.

높이의 밀레니엄 타워 계획안에 대해서는 "위원회는 훌륭한 디자인이라는 것에는 이견이 없었지만 그럼에도 불구하고 "간단히 말해 주변 지역, 시티 오브 런던뿐만 아니라 런던 전체 건물들과 스케일이 맞지 않기" 때문에 긍정적이지 못하다고 주장하였다(RFAC, 1996 : 14).

그림 3.6 왕립예술위원회 개입의 결과물인 대영박물관 대중정(The British Museum Great Court)과 삼각형 패턴 유리돔
출처 : 매튜 카르모나

역사적 건물들과 관련해 위원회는 기존 구조적 특징을 유지하는 범위 내의 재사용을 권장하였다. 예를 들어 위원회는 서더크(Southwark) 뱅크사이드 화력발전소를 재생한 헤르조그(Herzog Dear Meuron)의 테이트 모던(Tate Mordern) 디자인 계획안을 지지하였다. 그러나 기존 굴뚝을 전망대로 사용하기 위해 디자인되었던 구멍들이 문제가 되었고 이 부분은 실제 디자인에서 제외되었다(RFAC, 1995 : 21). 동시에 포스터(Foster and Partner)가 제안한 대영박물관 내부 중정과 독서실 디자인 계획안이 검토되었고 위원회는 역사가 있는 열람실을 둘러싼 원통형 건물과 기존 주변 전시관들을 여러 다리로 연결하는 설계안을 허가하지 않았다. 이와 더불어 위원회는 새로 제안한 유리의 사각형 격자무늬 디자인 재고를 요청했다. 이렇게 수정된 디자인은 "모든 면에서 만족스러웠다(RFAC, 1995 : 25)". 중앙의 새 건물 층수가 줄었고 연결 다리도 하나만 남았으며 유리 돔은 현재의 삼각형 패턴으로 장식했다(그림 3.6). 이런 크고 작은 개입은 왕립예술위원회 주 소득원이 되었고 이런 사례가 거듭될수록 수입은 증가했다.

정책의 변화

왕립예술위원회의 일반적인 운영은 1990년대에도 변화없이 지속되었지만 이후 궁극적으로 왕립예술위원회를 해체로 이끈 중대한 변화가 나타나고 있었다. 이 변화는 왕립예술위원회가 오랫동안 갈망해온 더 나은 설계를 위한 정치적 환경을 만드는 것이기도 했다. 특히 1993년 보존과 환경에 개인적 관심이 컸던 존 굼머(John Gummer)가 환경부 장관에 임명되면서 설계를 선호하는 방향으로 정책방향이 빠르게 변화했다. 이런 정책방향은 크리스 패튼(Chris Patten)하에서 이미 시작되었지만 더 가속화되었다.

1994년 존 굼머는 도시와 농촌의 질 정책(Quality of Town&Country Initiative)을 발표해 도시 설계 중심으로 변화하는 정부의 설계와 지역 환경에 대한 정책 변화의 기준을 마련하였다. 이 정책의 시작과 동시에 굼머는 "지역의 특색을 없애는 천편일률적인 설계들", "어떤 지역의 특색에도 맞지 않는 단조로운 건물"들을 비판하고, 또한 "1960년대의 남용에 대한 반발로 버려지고 방치된" 도시설계를 비판하였다(Gummer, 1994 : 8, 13). 이것이 장관이 '도시설계'를 직접 언급한 첫 사례였고 드디어 이 새로운 개념이 정책에 영향을 미쳐 1997년 발표된 개정판 '일반 정책과 규정 1(PPG1)'에 실렸다. 이것은 분명히 기존 틀을 깨는 정책이었다(Carmona, 2001 : 72). 이 정책은 "좋은 디자인은 개발 전 과정에서 중요한 목표가 되어야 하고 이는 모든 곳에 적용되어야 한다."라고 명시하고 있다(DoE, 1997 : Para, 3,15).

이 정책은 2005년까지 지속되었지만 보수당 정권은 1997년 노동당에 패하여 정권을 내주었다. 이 신노동당(New Labour)은 더 강력한 개혁 목표를 가지고 존 프레스콧(John Prescott)을 장관으로 하는 새로운 거대 부서 환경교통지역부(DETR)를 세워 개혁을 추진했다. 신노동당은 실용적인 정권이었고 프레스콧은 굼머의 정책적 성공을 즉시 알아볼 정도로 노련한 정치가였다. 결과적으로 프레스콧은 굼머의 정책을 받아들이고 좋은 설계를 위한 정책을 더 큰 목표인 영국 도시의 '르네상스'를 위한 주요 수단으로 격상시켰다. 그럼 이런 변화 속에서 왕립예술위원회의 역할은 무엇이었을까? 그 답은 어디서도 찾을 수 없었다.

비난받는 왕립예술위원회

세인트 존 경(Lord St. John)이 1991년 캠브리지대학의 엠마누엘 컬리지 학장으로 선출된 후 왕립예술위원회에 문제가 생기기 시작하였다. 왕립예술위원회 내에서 그의 역할은 무보수였지만 조직을 운영하고 중요 사안을 선택하는 중요한 자리에 있었기 때문에 학자로서 생활이 시작되면서 "런던 왕립예술위원회 사무실에서 그를 볼 수 있는 시간은 줄었고 그의 잦은 부재는 많은 사람의 원성을 샀다."[49] 엎친 데 덮친 격으로 이런 일들은 위원회의 역할이 커지는 시기에 일어났고 이런 역할의 확장은 세인트 존 경의 노력으로 시작된 것이어서 더 문제였다. 이제 왕립예술위원회의 업무는 "미적 문제와 건축 표준에 대한 '일반적 영향'", 예를 들어 다양한 세미나와 출판을 통한 영향뿐만 아니라 다른 중요 기관들과의 관계, 전국의 지방 당국 방문, 런던의 외국 대사관과 다른 나라의 영국 대사관 설계에 대한 조언에까지 역할을 확대하게 되었다(Youngson, 1990 : 113).

이렇게 확장된 역할과 더 높아진 인지도는 왕립예술위원회 사업에 대한 더 강력한 공개 조사를 불가피하게 했고 이것은 "처음으로 왕립예술위원회에 대한 적대세력이 만들어지는 원인"이 되었다(Ballieu, 1993). 예를 들어 런던 도심 파터노스터 광장(Paternoster Square) 재개발 계획 공개 조사가 있었다. 1980년대 아룹사(Arup Associates)의 근대주의적 디자인 계획이 세인트 폴 대성당(St. Paul's Cathedral)이 가까운 곳의 국제 현상 설계에서 우승했지만 전통 건축을 중시하는 영국 왕세자의 개입으로 이 계획은 무산되었다. 왕립예술위원회는 이후 전통 디자인의 영향을 받은 테리 파렐 경(Sir Terry Farrell)의 계획안에 대한 반대의사를 표했고 이는 위원회가 너무 현대건축 방식 편을 드는 게 아니냐는 우려를 낳았다(Ballieu, 1993). 위원회의 반대에도 불구하고 파렐 경의 계획은 도시계획 허가를 받았지만 1990년대 초 경기침체로 백지화되었다. 경기가 회복된 후 나타난 계획안은 논란을 피해 개발을 성사시키기 위한 절충안이었다(Carmona&Wunderlich, 2012 : 99).[50] 이

49 www.telegraph.co.uk/news/obituaries/9124613/Lord-St-John-of-Fawsley.html

50 왕립예술위원회 이었던 윌리엄 화이트필드 경(Sir William Whitefield)에 의해 계획.디자인되었다.

프로젝트도 도시계획 허가를 받았고 적극적이진 않았지만 왕립예술위원회의 지지를 받았다(그림 3.7). 이 일련의 과정은 디자인 과정에서 너무 많은 기관들이 관여할 때의 문제점을 잘 보여주었고 이런 과정이 의도치 않게 '위원회에 의한 디자인'으로 귀결될 수 있다는 디자인 거버넌스에 대한 오래된 비판을 낳게 되었다(1장 참조).

위원회 사업에 대한 의장의 과도한 영향력에 대한 문제, 다시 말해 그의 개인적 선입견, 특히 외국 건축가들에 대한 선입견 문제도 지적되었다(Ballieu, 1993). 이런 문제들의 답으로 1994년 정부는 은퇴한 공무원인 제프리 치퍼필드 경(Sir Geoffrey Chipperfield)에게 위원회에 대한 조사를 맡겼다. 이 조사는 시작부터 별로 좋지 않았고 최종 보고서에서 치퍼필드 경은 위원회 업무의 모호성을 지적하였다. 위원회 사업들이 긍정적인 가치를 가진다는 여러 의견들이 있었고 정부도 주요 개발사업에 대한 독립된 디자인 평가기관으로서의 가치를 인정했지만 "일부는 위원회의 임의적이고 일관성 없는 방식과 이에 따른 불신을 언급"했으며 개발의 경제적 현실을 무시하는 경향이 그 예였다(Chipperfield, 1994 : 6).

그림 3.7 파터노스터 광장. 과도하게 타협된 최종 계획안 / 출처 : 매튜 카르모나

치퍼필드는 자신의 의견을 직접 표현하진 않았지만 공무원으로서의 경험을 통해 장관의 선택지를 줄여 원하는 방향으로 장관의 결정을 유도하였다. 그래서 치퍼필드는 연구·출판 관련 사업 등 설계 검토와 직접적인 관련이 없는 활동들을 축소하고 위원회의 주요 설계 검토 활동과 법적 도시계획 과정의 관계를 강화시켜야 한다고 추천하였다(Chipperfield, 1994 : 23). 후자와 관련하여 치퍼필드는 위원회가 언제 계획안을 검토해야 하는지, 적절한 검토가 이루어지지 않거나 위원회의 설계 검토를 받아들이지 않았을 때 어떤 문제가 생기는지에 대한 지침을 강화할 것을 권장하였다. 이 보고서에서 치퍼필드는 위원회가 왕실 조달 허가증에 명시된 권한보다 더 많은 활동을 하고 있고 별로 효율적이지도 않다고 보았다.

왕립예술위원회를 담당하던 국가유산부(Department of National Heritage, DNH)[51]는 치퍼필드의 보고서를 무시하는 듯 보였다(DNH, 1996). 국가유산부는 의장에게 힘을 실어주며 "위원회의 홍보와 출판을 통한 더 넓은 활동들은 전체적인 활동에 중요한 역할을 한다"라고 주장했다. 이것을 기반으로 세인트 존 경은 1995년 세 번째로 재임명되었지만 치퍼필드가 제기한 문제들은 분명히 왕립예술위원회에 영향을 미쳤고 불과 3년 후 그 역할은 다시 한번, 이번에는 더 심각한 시험대에 올랐다. 돌이켜보면 왕립예술위원회 의장도 치퍼필드의 보고서를 심각한 문제로 보지 않았고 국가유산부의 묵인하에 현실에 안주하고 있었다. 정부 내에서 디자인의 중요성과 인지도를 높일 수 있는, 한 세대에 한 번 있을까 말까한 기회인 존 굼머의 도시와 농촌의 질(Quality in Town&Country) 사업에서 왕립예술위원회의 역할을 찾아볼 수 없었던 정황이 이 위원회의 현실 안주를 보여주는 증거였다. 결과적으로 왕립예술위원회는 설계 의제를 발전시키고 이런 사업들을 이끌어감으로써 설계 분야에 국가를 대변하는 단체로 다시 일어설 수 있는, 언론이 70년 전 말했던 것과 같이 영국을 아름답게 만드는 데 중요한 역할을 할 수도 있었지만 실제로는 그렇지 못했다(RFAC, 1924b : 2).

도시와 농촌의 질(Quality in Town&Country) 사업이 위원회를 관할하는 부서가 아닌 다른 정부 부서에 의해 운영되었기 때문이든, 의장이 다른 문제로 위원회 일에 집중할 수 없었기 때문이든 왕립예술위원회는 중요한 역할을 하지 못했다. 결과적으로 위원회는 엘리트주의적이고 비밀스럽고 수동적이며 정실(情實)인사를 허용하는 단체라는 공격을 받았다(Ballieu, 1993; Fairs, 1998; Fisher,

51 건축 정책에 대한 권한은 여러 정부 부서 개편이 있었던 1992년 환경부(Department of the Environment)에서 국가유산부(Department of National Heritage)로 이관되었고 이후 문화미디어체육부가 되었다. 건축 정책은 디자인과 도시계획 사이에 있었고 후자는 환경부와 다른 이름으로 같은 역할을 한 정부 부서인 환경교통지역부, 교통지방정부지역부, 부수상실, 지역사회지방자치부 소관으로 남았다. 이런 분리된 구조는 2015년 총선 전 지역사회 및 지방자치부(Department for Community and Local Government)가 이 둘을 모두 담당하는 기관이 될 때까지 약 25년 동안 지속되었다.

1998). 이런 이유로 노동당이 1997년 정권을 잡기도 전에 왕립예술위원회는 노동당 눈에 "손쉬운 표적이자 민주적이지 않고 엘리트주의적이며 거만하기로 소문난 독립단체, 대처 수상 아래서 장관을 지낸 보수당 인사가 터를 잡은 기관"으로 보였다(Fisher, 1998).

쇠락

21세기 접어들면서 변화에 대한 갈망이 생겼고 1997년 총선에서 18년 간의 보수당 정권이 막을 내렸다. 새로운 정부가 들어설 때 항상 그렇듯 노동당 정부는 공공사업비 감사를 시작했고 이 과정에서 왕립예술위원회는 정밀조사를 받았다(Simmons, 2015 : 408).

케이브의 등장은 의심의 여지없이 영국 디자인 거버넌스 역사의 분수령에서 중요한 부분을 차지하지만 이는 이미 시작된 변화에 바탕한 것이었다. 도시 문제와 디자인은 정책의 중심으로 자리잡고 있었고 케이브 창립위원 중 한 명의 말을 빌리면, "1997년 노동당이 정권을 잡았을 때 디자인 정책 관련 내각 구성원이나 관련 정책에 권력을 가진 사람들이 너무 많았다." 담당 정부 부처(현재 문화언론체육부, DCMS) 장관이던 마크 피셔(Mark Fisher)와 알란 호와트(Alan Howart)와 같은 주요 인사들도 중요한 역할을 한 반면, 토니 블레어(Tony Blair)는 새로운 도시 정책안에 개방적이었고 부수상 존 프레스콧(John Prescott)은 적극적으로 이를 확장하려고 하였다. 이런 정부의 도시 정책에 대한 관심은 동종 업계에서 큰 환영을 받았고 한 도시설계가는 다음과 같이 표현했다. "저희는 모두 정부의 열정과 변화에 고무되었습니다."

실질적인 변화는 새로 임명된 문화언론체육부 장관 크리스 스미스(Chris Smith)가 1998년 발간한 협의 문서에서 시작되었다. 이 문서는 왕립예술위원회에 대한 감사를 발표하였고 완전 해체를 포함한 여러 옵션이 고려되었다. 이때까지만 해도 위원회는 감사 결과를 낙관했고 왕립예술위원회의 마지막 총장이던 프란시스 골딩(Francis Golding)은 "저희가 원하는 결과 외에 다른 결과가 나올 거라고 생각하지 않습니다."라고 언급하였다(Fisher, 1998에서 인용). 다시 말해 왕립예술위원회가 독립성을 가지면서도 국가적으로 중요한 디자인 문제에 도시계획 허가를 요구할 권한을 가진 기관이 될 수 있다고 긍정적으로 기대하였다(Lewis&Blackman, 1998). 하지만 설계 검토 과정에서 불이익을 받을 수도 있다는 두려움에 왕립예술위원회에 반대되는 의견을 제시하는 곳은 거의 없었음에도 그 뒤에서는 칼을 숨긴 이들이 있었다.

왕립예술위원회에 대한 더 급진적인 해결책 제안은 도시설계연합과 도시대책위원회, 두 핵심 단체로부터 확고한 지지를 얻었는데 한 기관은 신중히, 또 다른 기관은 약간 적극적인 지지를 표했다. 영국에서 여러 도시설계 관련 단체는 다양한 영향력을 행사하며 존재해왔다. 개별적으로 모두 디자인 거버넌스에 중요한 영향을 미쳐왔지만 도시와 농촌의 질(Quality in Town&Country)

사업이 생기기 전까지는 큰 영향을 미치지 못했고 도시설계연합(UDAL)[52] 형태로 정부와 관계를 유지할 능력을 가졌다. 도시설계연합을 통해 관련 전문기관들은 긴 잠에서 깨어 그들 사이를 묶어줄 도시설계라는 공통된 책임으로 통합되었다. 이런 노력들은 10년도 채 가지 않았지만 도시설계연합은 미적 관점 위주의 설계는 더 이상 적절하지 않다고 크리스 스미스를 설득하기도 하였다.[53]

이보다 더 중요한 것은 이 다양한 분야에 걸친 도시 의제를 도시대책위원회(Urban Task Force)가 지지하고 한층 더 명확히 설명했다는 것이다. 도시대책위원회는 1998년 존 프레스콧이 도시 쇠퇴의 원인을 파악하고 새로운 방향을 제시하기 위해 설립하였고 리처드 로저스 경(Lord Rogers)이 운영하였다. 이 대책위원회의 최종 보고서 『도시 르네상스를 향하여(Towards an Urban Renaissance)』는 영국의 도시설계와 전략 계획의 질은 다른 유럽에 비교했을 때 20년이나 뒤떨어져 있다고 결론 내리고 "도시 재생은 디자인 기반으로 이루어져야 하고" 정부의 리더십이 필요하다는 두 가지 신념을 가지고 여러 방향을 제시했다(Urban Task Force, 1999: 7). 보고서 자체는 1999년까지 발표되지 않았지만 도시대책위원회는 이런 왕립예술위원회에 대한 의견을 문화미디어체육부에 이미 전달했고 크리스 스미스에게 보내는 서신에서 리처드 로저스는 "저희는 건축 기능을 중요하게 다루지 않는 왕립예술위원회의 정책에 반대합니다. 이는 수동적이고 지역 인·허가권자, 개발업자, 다른 관련 단체들에게 필요한 조언을 하지 못하고 있다는 것을 이미 증명하였습니다."라고 언급하였다(Fairs, 1998에서 인용). 새로운 시작이 필요했다.

1998년 12월 크리스 스미스는 이듬해 8월부터 왕립예술위원회가 해체될 것이고 더 광범위하고 능동적인 권한을 가지는 새로운 기관이 이를 대체할 것이라고 발표했다. 그의 자문 보고서는 새로운 건축 기관의 선호도가 높다는 것을 보여주었고(60%) 이 기관이 독립성을 유지해야 하고 지역적으로 강력한 영향력을 가져야 한다는 것에 거의 만장일치로 동의(95%)한다고 언급한다(Lewis&Fairs, 1998).

이 새로운 기관은 초반 매우 개략적이었고 세인트 존 경은 "성급하고 잘 준비되지 않았다."라고 비판하면서 "깊은 유감"을 표했다(Lewis&Fairs, 1998:1에서 인용). 그러나 방향은 분명해 보였다. 스미스는 새로운 기관은 "건축뿐만 아니라 도시설계 전반에 걸친 의견들을 대변해야 한다."라고 주장(Lewis&Fairs 1998에서 인용)하였고 예술부장관 호와트는 런던의 탐미주의 건축에서 벗어나 "좋은 건축을 더 널리 보급"해야 한다고 주장하였다(Baldock, 1998에서 인용). 이 새로운 기관은 왕립예

---

52 유연한 연합체로 왕립도시계획협회(RTPI), 왕립건축가협회(RIBA), 왕립공인건축사협회(RICS), 토목협회(ICE), 도시설계그룹(UDG), 시빅 트러스트(Civic Trust)로 구성되어 있었다.

53 www.rudi.net/books/11431

술위원회의 연간 지원금 70만 5천 파운드뿐만 아니라 예술위원회(Art Council)의 건축 부문 지원 프로그램에서 22만 파운드, 왕립예술지원금(Royal Society for Art Funding)의 예술과 건축 부문에서 10만 5천 파운드를 받았고 이듬해부터 30만 파운드가 추가로 지원될 것이라는 약속까지 받았다. 왕립예술위원회처럼 특정 건축 양식과 연관되는 것을 피하기 위해 이 기관은 건축가가 운영하지 않는다는 방침을 정했다(Lewis&Fairs, 1998).

테리 파렐(Terry Farrell)이 의장으로 있던 '건축위원회(Commission for Architecture)'라는 이름에 '건조 환경'을 추가하려고 장관들을 설득하였지만 문화미디어체육부가 건축위원회라는 이름을 선호하면서 새로운 기관명은 이듬해 결정되었다. 1999년 7월 31일 왕립예술위원회는 해체되고 건축과 건조환경위원회(Commission for Architecture and the Built Environment, CABE), 즉 케이브(CABE)가 바로 직원들과 사옥을 인수받아 설계 검토 프로그램을 공백 없이 이어갔다.

결론

75년 동안 왕립예술위원회는 잉글랜드와 웨일즈 건축 형태에 중요한 영향을 미쳤다. 이것은 어떤 건물을 지을지뿐만 아니라 무엇을 지으면 안 되는지에 대한 결정도 포함한다. 왕립예술위원회가 다양한 사업들에 대해 좋은 설계 방향을 명확히 하고 설계안을 다시 고려할 수 있도록 했던 많은 일들은 일일이 확인되거나 칭송 받을 수 없는 것이기 때문에 영향력을 정량화하기란 여간 어려운 것이 아니다. 가빈 스탬프는 왕립예술위원회의 해체 훨씬 전부터 주장하였다. "저는 위원회가 해체되거나 완전히 재구성되게 하지 않을 것입니다. 우리는 모두 건축의 야만을 막아야 합니다. 반면, 역설적으로 이런 것들이 강제되면 안 됩니다. 강제된다면 위원회는 존중받을 수 없고 부패할 가능성도 있습니다. 특정 성향을 띠는 위원회는 위험합니다. 왕립예술위원회는 지나친 평준화에 반대했습니다. 건축사학자이자 위원 중 한 명이던 존 섬머슨(John Summerson)은 위원회가 일반적이지 않고 모호한 방식이지만 전반적으로 좋은 영향을 미쳤다고 생각했고 … 저는 이제 이것에 동의할 수 있습니다(1982 : 30)."

알렉산더 영손에게 디자인은 옳고 그름으로 판단할 문제가 아니기 때문에 왕립예술위원회의 판단이 확실한 것은 아니라고 보았지만 최악의 형태의 디자인을 막는 데 그치더라도 그가 보기에 "경험은 있지만 전문 기관은 아니며 강제력이 없다는 것은 디자인 문제를 해결하기에 이례적으로 좋은 위치였으며 매우 효과적인 것이었다(Youngson, 1990 : 109, 115)." 그는 이런 역할이 위원회의 두 가지 주요 성격 때문이라고 주장하였다. 각각의 건축, 도시계획, 도시공학의 다양한 설계 전문 영역을 하나의 확장된 영역으로 보는 독특한 업무 영역과 독립성이 그것이었다. "정치적 압력이 지방 정치인이나 공무원에게 영향을 미칠 수 있고 가끔 전국 단위 정치인이나 공무원에게도 영향을 미칠 수 있지만 왕립예술위원회 만큼은 영향을 미칠 수 없었다.

반면, 1994년 조사를 이끈 제프리 치퍼필드는 이런 시각에 동의하지 않았고 이후 "왕립예술위원회는 당시 정권으로부터 완전히 독립되지도 될 수도 없었다."라고 주장하였다. 정부를 비판하고 방해하는 것은 궁극적으로 기관의 존폐가 장관들 손에 달려 있었기 때문에 위험한 행동이었다. 이것은 왕립예술위원회가 2000년 첫 시장 선거가 가까워지던 시기에 새로운 런던 시청 건물을 비판했을 때 분명히 드러났다. 주택도시계획 및 건설부 장관 닉 레인스포드(Nick Raynsford)는 "왕립예술위원회는 타워 오브 런던(Tower of London)과 강 건너편에 미칠 부정적 영향만 보았습니다. 새로 지어질 건물 자체에는 전혀 관심이 없었죠."라고 회고했다(그림 3.8 참조). 그에게 "이는 당시 건축설계의 감시자로 활동 중이던 한 단체가 건축 유산 보존에 관심이 있었던 반면, 높은 질의 현대 건축물 설계에는 전혀 관심이 없었다는 중요한 사실을 말해주는 것"이었다. 이런 언급은 위원회를 전체적으로 볼 때 잘못된 생각이라고 할 수 있지만 어쨌든 이런 인식이 환경교통지역부와 문화미디어체육부가 왕립예술위원회의 존폐에 대한 협의를 진행하는 과정에 안 좋은 영향을 미친 것은 분명했다.

왕립예술위원회의 역할은 대부분 공식적인 권한 없이 가능한 것들이었고 위원들 개인적인 명성이나 왕립예술위원회의 명성, 왕립위원회로서의 권한, 건조환경 질이 향상될 거라는 신념을 기반으로 업무가 진행되었다. 위원들의 역량과 경험은 뛰어났다. 당시 한 직원은 "왕립예술위원회 직원들의 평균 연령은 꽤 높아 장로회 같았지만 꼭 나쁜 것만은 아니었습니다. 경험과 권위는 비교 불가할 정도로 높았으니까요."라고 평가했다. 임기 동안 세인트 존 경은 위원회 역할이 연간 50만 파운드의 가치를 지닌다고 자평했다(Youngson, 1990 : 115).

시간이 지나면서 위원회는 대담해졌고 더 강력한 권한을 얻으면서 비판받기 시작하였으며 후반에는 강제 개입이 가능해졌다(Delafons, 1994 : 16). 그러나 위원들도 "외부 규제로 나쁜 건축물을 좋은 건축물로 만들 수는 없습니다. 좋은 건축물을 만들려면 좋은 건축가가 필요하고 규제로는 나쁜 건축가를 좋은 건축가로 만들 수 없기 때문이죠."라고 인정하였다(RFAC, 1971 : 11). 결과적으로 왕립예술위원회의 영향력은 항상 제한적이었고 특히 이것은 런던에 있는 위원 한명은 매우 작은 부분의 필요한 일을 할 뿐이고, 개입하더라도 결정을 강제할 힘도, 조언 외에 다른 것을 제공할 능력도 없기 때문이기도 하다.

이런 조언을 뒷받침하는 원칙에도 비교적 많은 변화가 있었다. 건물 고도 제한과 같은 문제에서 위원회의 기준은 진화했고 세부 디자인에 대한 관심도 높아졌다. 왕립예술위원회 사업들과 1980년대와 1990년대 정부의 제한적 정책에 대한 확고하고 지속적인 주장들을 보면 위원회는 비교적 오래 지속되지 않는 건축 양식보다 기준으로 활용할 수 있는 크기, 볼륨감, 건축적 정직성, 건축적 표현을 더 중시한다는 것을 알 수 있다.

후임 기관인 케이브와 달리 왕립예술위원회는 미적 관점에 대한 논쟁을 피하지 않았고 이로 인해 왕립예술위원회가 좁은 의미의 미적 요소들만 중시한다는 인상을 주었다. 이런 인식은 왕립

그림 3.8 런던광역시(Greater London Authority) 사무실, 런던시청(City Hall), 노만 포스터가 디자인했지만 왕립예술위원회가 반대하였고 이후 많은 사람이 다스베이더의 헬멧, 쥐며느리, 양파, 고환 등을 연상시킨다고 비아냥거렸다. / 출처: 매튜 카르모나

예술위원회 역사 내내 지속되었고 이로 인해 해체에까지 이르렀다. 이런 인식은 절대로 과소평가하면 안 될, 전후 영국, 특히 런던 재개발 계획, 75년 간의 공공영역, 주요 공공장소, 기반시설들의 디자인에 대한 위원회의 영향까지 폄하하게 했다. 하지만 위원회가 미적 사업에 더 집중한 것은 사실이고 이것은 도시계획부터 공공예술에 이르기까지 여러 종류의 사업에서 잘 드러난다.

왕립예술위원회는 당시 일반적인 건축계의 믿음에 배치되는 의견을 갖고 있었는데 특히 주요 전통 경관과 도시 경관의 보존과 이에 어울리는 개발 계획을 강조하였다. 그러나 이런 사업들은 이면에서 이루어졌기 때문에 최소 1980년대 이전까지는 이견이나 비판없이 진행되었다. 1980년대 왕립예술위원회는 여전히 당시 건축계와 반대되는 입장을 취했지만 이번에는 특정 건축 사회운동이 아닌 디자인을 대하는 정부 자세를 비판했다. 이 시기에 위원회는 디자인 의제의 위상을 높이는 데 중요한 역할을 했고 전반적으로 자유시장 경제를 추구하는 정부의 반대편에 섰다. 그러나 이런 모난 행동들 때문에 왕립예술위원회는 지속적으로 비판의 대상이 되었고 여기에 의장의 과도한 영향력이 더해져 어쩔 수 없는 지경에 이르렀다. 1990년대 중반 디자인 정책이 급변하고 왕립예술위원회는 이전과 다를 바 없는 엘리트주의와 현실과 동떨어진 성격을 띤 채 21세기를 맞았다. 왕립예술위원회는 표적이 될 여지가 다분했고 국가 디자인에 미친 엄청난 영향에도 불구하고 해체되었으며 아무도 이를 아쉬워하지 않았다.

왕립예술위원회 사업들을 1장에서 언급된 세 가지 도시 거버넌스의 주요 성격, 운영, 권한, 실행력으로 표현하면 다음과 같이 설명될 수 있다(그림 3.9).

- 이상적 : 타협의 여지없이 하나의 주요 목표인 영국 건조 환경의 미적 향상에만 중점을 두고 안이하고 매우 협소한 비공식적 방식으로 운영하였다. 설계 검토와 후기의 실무 가이드가 그 예다.

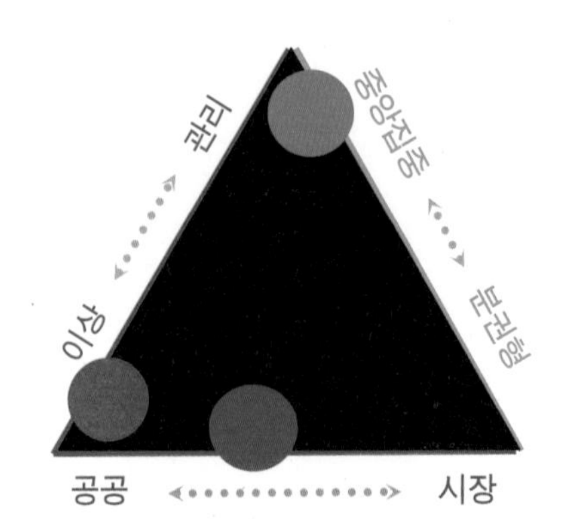

그림 3.9 왕립예술위원회 디자인 거버넌스 모델

- 중앙집권형 : 영국의 디자인 분야를 대변하는 유일한 기관이었지만 목표 달성을 위한 강력한 정부의 지원이나 권한 없이 독립성을 추구하였다.
- 공공지향·수동적 : 100% 정부 지원으로 운영되었지만 그런 위치와 신뢰성하에 사업 추진력이 약했고 다른 공공기관이나 사설기관에 의존하였다.

Chapter 4

케이브, 새로운 디자인 거버넌스 (1999~2011)

이번 장에서는 케이브의 형성부터 해체까지의 이야기를 세 단계로 구분하여 설명한다. 첫 단계는 발빠르게 움직이는 케이브로 초기에 케이브가 역동적이고 효과적이며 기존과 다른 새로운 종류의 기관으로 거듭나는 시기를 말한다. 두 번째 단계는 성장기의 케이브로 급속도로 성장하며 진정한 변화를 만드는 데 초점을 맞추었던 신노동당 정책의 중심에 있던 시기이다. 세 번째 단계는 성숙기의 케이브다. 케이브의 안정성과 신뢰도가 높아진 시기이며 정부가 케이브에 점점 의존하기 시작하였지만 한편으로 운영에 대한 정부의 관여로 인해 더 나은 디자인을 위해 과제를 독립적으로 추진하는 데 어려움을 겪었다. 이번 장은 케이브가 운영되는 동안의 사람들, 프로그램, 정치와 정부의 상황 변화, 케이브의 사업 과제, 이와 관련된 복잡한 여러 문제들이 변화하여 결국 케이브가 해체에 이르는 일련의 과정을 기록한다.

케이브의 발빠른 대응(1999~2002년)

역동적인 새로운 기관

1999년 8월 20일 케이브는 국립기관이지만 보증책임 주식회사인 독립 공공기관(Non Departmental Public Body, NDPB) 형태로 설립되었다. 왕립예술위원회(Royal Fine Art Commission, RFAC)에서 케이브로 이어지는 기관 교체 과정은 비교적 순조로웠다. 케이브는 왕립예술위원회가 가진 문화미디어체육부(The Department of Culture, Media and Sport, DCMS)의 지원뿐만 아니라 예산과 고용 인원을 인수했고 왕립예술위원회 위원장을 지낸 프란시스 골딩(Francis Golding)을 초대 위원장에 선임했다. 그러나 이후 새로 등장한 위원회 의장 스튜어트 립튼 경(卿, Sir Stuart Lipton)과의 갈등으로 오래 안가 초대 위원장직을 사임하고 존 라우즈(John Rouse)가 새로 임명되었다. 2000년 라우즈의 임명으로 케이브는 그들만의 기조로 디자인 거버넌스 혁신의 10년을 발빠르게 시작했다. 이것은 문화미디어체육부(The Department of Culture, Media and Sport, DCMS)와 환경교통지역부(The Department of Environment, Transport and Regions, DETR)가[54] 공동으로 지원금을 증대함으로써 가능했다.

당시 새로운 디자인 거버넌스를 위한 기반과 정부 부처 간 협력 필요성이 대두되었지만 이를 위해 또 하나의 기관이 필요하다는 합의에는 이르지 못했다. 도시대책위원회(The Urban Task Force) 보고서는 정부의 모든 단계에서 리더십의 필요성을 강조했고 지역 기술력을 향상하고 도시 재생에 대한 참여도를 높일 수 있는 다수의 협동 중심체를 만들어 정부 기능을 여러 지역으로 분산하는 방식을 제시했다(1999: 41). 케이브는 초기 국가적 관리 수준에서 중앙에 집중된 기존 왕립예술위원회의 '설계 담당자(Design Champion)' 역할을 유지하지만 도시대책위원회의 주장과 달리 2년차부터 영국에 이미 설립되어 있던 건축과 건조환경 단체들에게 소규모 지원금을 보조해 지역에 영향을 미치기 시작했다. 이 단체들은 부족하나마 이런 방식 덕분에 연명이 가능했다고 할 수 있다. 이후 케이브는 전국 각지에 케이브를 대표해 해당 지역을 소관하는 지역 대표를 위임해 그 역할을 확대해나갔다.

케이브는 왕립예술위원회보다 훨씬 많은 지원을 받으며 두 배에 가까운 예산으로 시작했고(3장 참조), 역동적인 의사결정 구조를 만들고 열정적인 직원들로 조직을 구성하는 데 많은 시간이 필요하지 않았다. 이 시기에 케이브는 또한 2000년 세인트 제임스 광장(St. James' Square)에 있던 기존의 '답답한' 본사에서 워털루 타워 빌딩(Tower Building)으로 이전하기도 하였다. 타워 빌딩은 인상적인 건물은 아니지만 본사보다 훨씬 덜 배타적이었다. 거버넌스 측면에서는, 의장이 위원회를 주도하며 위원들과 함께 전략적 방향을 이끌었지만 실제적으로 이 기관의 일상 업무에서는 많은 재량권이 있었다. 존 라우즈 호(號) 출범과 함께 립튼과 라우즈는 일반적인 공익단체나 기존 왕립예술위원회가 해오던 방식과 다른 새로운 형태의 운영방식을 발빠르게 발전시켜 나갔다. 라우즈는 리처드 로저스(Richard Rogers)의 추천으로 임명되었고 전략가로서의 면모와 정부기관이 운영되는 방식에 대한 지식, 도시대책위원회에서 일한 경험까지 더해져 이상적인 위원장으로 널리 인정받고 있었다.[55] 대중성보다 전문성을 가진 인물을 선호하던 왕립예술위원회의 전통과 상당히 거

54 환경교통지역부(Department of Environment, Transport and Regions, DETR)는 1997년 설립되어 2001년 교통지방정부지역부(The Department for Transport, Local Government and Regions, DTLR)로 바뀌었지만 오래 가지 못하고 그해 말 지방정부 관련 권한을 가진 부수상실(Office of the Deputy Prime Minister, ODPM)로 바뀐 후 2006년 지역사회지방자치부(Department of Communities and Local Government, DCLG)가 되었다.

55 라우즈는 도시대책위원회 책임자였고 최종 보고서 작성에서 중요한 역할을 했다. 케이브가 설립될 무렵 노팅험대에서 경영학 석사(MBA) 과정을 마치기 위해 잠시 일을 쉬고 있었고 케이브 설립 후 초기 1년 동안 케이브에 참여하지 않았다.

리가 있던 개발자 출신이라는 립튼의 배경과 관련해 더 큰 논란이 있었다. 그러나 왕립예술위원회에서부터 케이브가 해체될 때까지 건축가가 케이브를 관리하면 안 된다는 분위기가 만연했고, 디자인 중심 계획이던 시티 오브 런던(City of London)의 브로드게이트(Broadgate) 개발자로서 립튼의 경험과 위상은 모든 논란을 일축하기에 충분했다. 그의 고용은 개발업계에 좋은 디자인이라는 새로운 방향을 알리는 신호탄이 되었고 이를 계기로 좋은 디자인은 중요 정책으로 발전해갔다.

오랫동안 근무했던 한 직원은 "기관은 그에 걸맞은 명성을 쌓아야 합니다. 사람들은 기관의 의견이 가치없다고 판단되면 찾지 않을 것이고 결국 그 기관은 작동할 수 없게 됩니다."라고 조언했다. 실제로 직원 규모 및 문화미디어체육부에 의해 공식적으로 임명된[56] 위원 규모의 확대와 위원장의 헌신적 노력으로 케이브는 건축환경 디자인 분야에서 '유일하게' 국가 수준의 의견을 낼 수 있는 공공기관으로서 빠르게 신용을 쌓을 수 있었다. 위원들은 다양한 건축과 건조환경 분야에서 고르게 임명되었고 왕립예술위원회의 오랜 전통에 따라 위원 수의 절반을 건축가로 임명하고 나머지 절반은 도시계획, 기술, 교육, 문화유산, 미디어 분야에서 임명했다. 이 같은 다양성은 케이브가 해체될 때까지 지속되었다.

초기부터 케이브는 위원들의 능동적 업무 수행을 장려했다. 이것은 당시 일반적인 위원들의 역할과 달랐다. 위원들은 자신의 전문 분야에서 독립적인 목소리를 내는 것뿐만 아니라 케이브 프로그램의 다른 요소들에 대한 책임자로서 기관의 사업 시행에 능동적으로 관여했다. 예를 들어 폴 핀치(Paul Finch)는 설계검토(Design Review) 위원회 의장을 맡았고 수난드 프라사드(Sunand Prasad)는 실행지원(Enabling) 프로그램을 시작했으며 레스 스파크스(Les Sparks)는 지역 의제를 맡았다. 한 창립위원은 초기부터 의장이 "목표 설정을 돕고 이를 시행하는, 프로그램에 적극적으로 참여하는 능동적인 사람을 찾고 있었다."라고 기억했다.

의장이었던 건축가 이안 리치(Ian Richie)와 보존주의자 소피 안드레아(Sophie Andreae)는 왕립예술위원회 출신이었지만, 위원들은 케이브가 조직을 '훌륭한 사람들'로 재편했다고 회상했다.[57] 신임 위원장도 왕립예술위원회와 분명히 달랐고 다른 사람들의 제안을 잘 받아들일 뿐만 아니라 외부 단체들과의 소통에도 뛰어나다는 평판이었다. 위원장과 직원들, 위원들 간의 내부 소통을 통해 전략이 설정되었고 주요 의사결정은 열린 방식으로, 때로는 위원장과 의장의 열띤 논쟁을 통해 이루어졌다.

56 지원 기관으로서 문화미디어체육부는 케이브 위원들을 임명하는 공식 권한을 가지고 있었다.

57 니콜라스 세로타, 폴 핀치, 레스 스파크스, 수난드 프라사드는 설립위원으로도 임명되었다.

자금 조달

초기부터 케이브는 중앙정부의 지원금을 받아 수입이 급증했을 뿐만 아니라 그 출처도 다양했다(그림 4.1). 첫 해 보조금은 50만 파운드 이상[58]이었고 이듬해에는 세 배가 되었다. 2001년부터 케이브는 부수상실로부터 직접 후원을 받았고 이는 케이브가 해체될 때까지 지속되었으며 2003년에는 이 규모가 문화미디어체육부의 주요 지원금보다 많아졌다. 운영 연도로 초기 3년 동안 케이브는 총수입의 1/6을 다른 경로로 조달했는데 그중 가장 많은 지원을 잉글랜드예술위원회(Art Council for England)로부터 받았다.

출범 당시 케이브는 왕립예술위원회에서부터 근무했던 설계검토부장 피터 스튜어트(Peter Stewart)를 포함해 약 열 명의 소규모 기관이었다. 그는 2005년까지 케이브에서 근무했으며 왕립예술위원회 출신 중 케이브에 가장 오래 남아 있던 직원이었다. 관리·행정을 담당할 사무처 규모는 작았고 설계검토, 실행지원, 지역 의제, 공공사업, 정책·연구, 홍보 등 주요 활동 담당부서와 각 부서의 집행위원만 갖추고 있었다. 케이브는 소규모 기관의 단점을 극복하고 그 영향력을 넓히기 위해 초기부터 능력과 의지가 있는 자원봉사자들을 가능한 한 많이 참여시키는 방식을 선택하였다. 이후 이 자원봉사자 그룹은 '케이브 가족(CABE Family)'으로 불리게 되었고 무급이나 명목상 급여만 받고 케이브 대신 중요 업무를 수행한 전문가 조직이었다. 이런 관계는 호의, 헌신, 봉사를 기초로 했다. 소규모 기관이던 당시 케이브를 운영하는 데 자원봉사자들은 중요한 자산이었다. 기관이 커질수록 자원봉사자들의 규모도 커졌고 이들의 활동으로 케이브는 유연하고 기민하게 운영될 수 있었다.

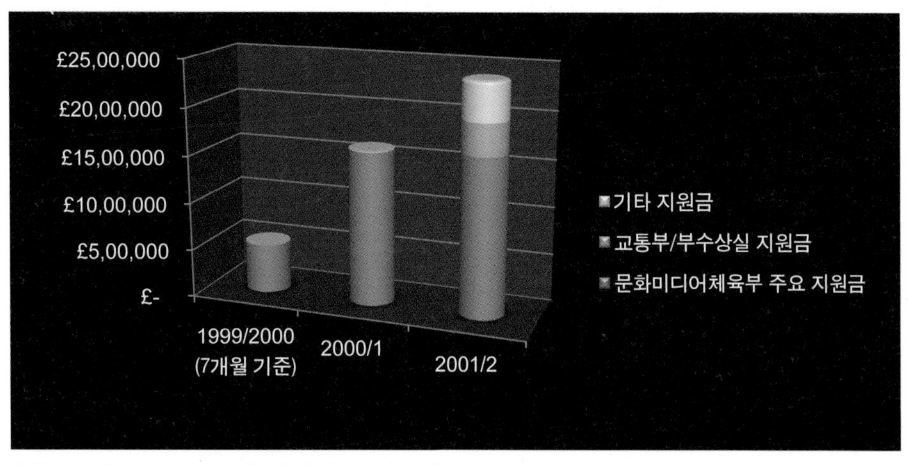

그림 4.1 회계연도 기준 초기 3년 간 케이브의 수입(케이브 연차보고서 통계자료 재구성)

58 2000년 3월 말까지 7개월 11일 동안

당시 문화미디어체육부 장관은 다음과 같이 설명했다. "초기 일부 지역에는 설계 검토를 위한 예산이 없고 케이브는 대형 프로젝트만 신경 쓸 거라는 우려가 있었다." 이런 우려와 달리 케이브에는 "적은 사례비만 받거나 무료로 봉사하는 … 매우 명망 높은 전문가들"이 있었다. 예를 들어 지역 대표들은 매달 정해진 급여를 받았지만 받은 액수보다 훨씬 많은 시간을 투자했다. 한 전문가는 "케이브 가족은 재원을 활용하는 매우 영리한 방법입니다. 보통 지역사무소를 두면 직원 고용, 사무실 임대 등 여러 부수적인 지출이 따릅니다. 그러나 케이브는 이를 두지 않아 자금운용이 매우 효율적이었고 고정비용 절감효과도 누릴 수 있었습니다."라고 말했다. 케이브는 이를 이용해 운영비를 줄일 수 있었다. 고위 간부, 위원, 전직 장관들은 모두 케이브가 공통된 목표를 가지고 일을 수행해 나갔다고 기억한다. 한 케이브 직원은 "서로 시기한다는 분위기를 느껴본 적이 없습니다. 그와 반대로 모두 열정을 가지고 설계 품질을 향상시키려는 케이브의 목표에 집중하고 이를 적극적으로 수행하고 있다는 느낌을 받았습니다."라고 말했다.

케이브 역사에서 케이브가 기술, 범위, 자금 모든 면에서 목표를 초과 달성하고 기관의 주요 의의를 전통적인 방법으로는 가능하지 않았던 곳까지 널리 알릴 수 있었던 힘의 원천이 이런 전문가 집단이었다는 데 이견이 없을 것이다. 그러나 이 같은 노력에도 케이브가 달성하지 못했던 것이 있었다. 설계 검토와 같은 서비스는 한 기관이 감당할 수 있는 수준 이상의 업무였다. 이 문제는 케이브가 해체될 때까지도 해결하지 못했지만 초기에는 더 심각했다.

어버니즘의 도입

초기 3년 동안 케이브는 건축이 다양한 분야의 요구를 반영해 복합적인 도시 문제 해결에 도움이 될 수 있도록 "국가 시스템에 건축의 영향력을 강화해야 한다[59]는 명확한 비전을 가지고 있었다. 이 비전은 도시 설계를 강조하고 전반적인 도시투자를 확대해 영국의 도시를 부활시키기 위해 도시대책위원회가 세웠던 더 큰 강령의 일부였다(1999). 이것은 "나쁜 건축물, 잘못 설계된 장소와 공간이 사회적 역기능을 발생시키는 곳"에 공익을 위한 개선사업을 구상하고 "장소성을 높이고 내부 공간을 넘어 주변 환경에 긍정적 영향을 미치는 요소들이 있는 지역은 보존하는 것"이 목적이었다(CABE, 2000a: 4). 케이브는 이런 목표 달성을 위해서는 디자인 검토만으로는 부족하고 더 능동적인 방법이 필요하다는 것을 인지했다. 이를 위해 존 라우즈가 오기 전부터 이미 설계 검토 과정은 연구부문과 실행 지침을 포함하고 있었다. 스튜어트 립튼은 이 같은 케이브의 변화에 우호적이지 않은 정부 부서들을 설득하기 위해 애썼다. 이외에도 지역 파트너 단체들과의 협력,

---

59 이 표현은 케이브의 여러 출판물에 등장한다.

지방정부의 프로젝트 지원 프로그램, 기술·교육 강화 사업들도 빠르게 진행되었다. 이 활동들은 짧고 강력한 효과를 내는 동시에 국가 시스템 내에서 도시계획의 중요성을 제고하기 위한 것이었다.

전문가 집단의 소통 부재는 케이브의 목표 달성에 큰 문제가 되었다. 각 전문가 집단이 다른 업역의 역할과 중요성을 전혀 인정하지 않는 분위기는 영국의 여러 전문 분야들 사이에 만연해 있었다. 도시 설계가들은 이후 도시설계연합(Urban Design Alliance, UCAL)으로 바뀌는 도시 설계그룹(Urban Design Group, UDG) 활동을 통해 이 문제의 해결책을 고심하고 있었다. 다른 전문가 집단들은 도시설계에 대한 이해가 부족한 상황이었다. 예를 들어 도시계획에서 디자인 독해력은 도시계획이 디자인과 분리되어 생각되기 시작했던 1960년대와 1970년대, 그리고 정부정책에서 디자인이 사라진 1980년대 이후 줄곧 낮은 수치를 기록해왔다(3장 참조). 이 같은 이유로 케이브는 만연한 문화를 변화시켜야 한다는 쉽지 않은 과제에 직면해 있었던 것이다. 그 대상은 전문가, 정치인, 심지어 시민사회까지 포함했다. 문제 해결을 위해 케이브는 건조환경 사업의 구조와 방향이 건축 분야에 집중되는 것을 피해야 했지만 케이브의 모든 구성원이 이런 해결 방식에 동의하는 것은 아니었다. 건축가였던 한 위원이

그림 4.2와 4.3 버밍험의 셀프리지(4.2 위)와 런던 허론 타워(4.3 아래). 두 건축물 모두 초기 케이브에서 설계검토한 인지도 높은 건축물이다. / 출처 : 매튜 카르모나

"'건축'이라는 단어가 없는 케이브의 사업은 없었습니다."라고 말한 반면, 도시계획 분야의 한 주요 인물은 "도시설계, 구축 환경 디자인이 건축의 보조 역할을 하는 것처럼" 느꼈다고 말했다.

이 같은 어려움에도 케이브는 초기부터 넓은 의미의 도시 문제를 다루었고 특히 도시설계에 대한 관심을 높일 방법을 찾으려고 했다. 예를 들어 존 라우즈가 임명된 후 케이브는 영국 내 도시설계 기술 조사가 공식적으로 진행될 수 있도록 교통지방정부지역부 장관이던 팔코너 경(卿, Lord Falconer)을 설득할 수 있었다. 조사가 의뢰되고 준비 문서가 작성된 후 케이브 산하 도시설계 기술실무그룹(Urban Design Skills Working Group)이 설립되었고 조사는 스튜어트 립튼에 의해 진행되었다. 2001년 보고서는 "도시설계는 정도의 차이는 있지만 모든 건조 환경 분야와 관련된 활동으로, 서로 분리되어 있던 여러 관련 분야 사이에서 윤활유 역할을 하기에 적절한 위치에 있다."라고 결론지었다. 이 문서는 10년 이상 지켜왔던 케이브의 강령을 상당부분 요약하고 있다. 케이브가 조사위원회를 설치하고 존 라우즈가 대부분의 보고서를 작성했다는 것을 감안하면 이 보고서가 건축이 아닌 도시설계를 더 강조하고 있다는 사실은 별로 놀랍지 않다. 이 보고서 이후 교육과 기술이 케이브의 새로운 주요 사업으로 추가되었다.

문화적 변화의 추구

케이브 진화단계 중 개척기는 변화를 알리는 시기였다. 케이브는 아직 작은 규모였지만 의욕이 넘치면서도 정치적이었다. 한 저명한 위원은 다음과 같이 설명했다. "그들은 정치인이 아니었지만 그들의 업무는 정치적이었다. 그들은 정치적 색채가 매우 강했고 급진적인 태도를 가지고 모든 일을 처리했다." 케이브는 대중의 인식을 변화시키려고 하였고 2001년 연보에서 "시민의 자긍심을 표현하는 건물, 공간, 장소"를 추구한다고 밝혔다(CABE, 2001a: 3). 특히 케이브는 1980~1990년대에 주로 볼 수 있있던 비용절감만 추구하는 건축에서 벗어나 '최상의 가치'를 추구하도록 그 인식을 변화시키고자 하였다(Construction Task Force, 1998). 이는 일찍이 존 이건 경(Sir John Egan)이 발표한 보고서 '건설에 대한 재고(Rethinking Construction)'에서 설명된 바 있었다. 케이브는 차근차근 중요한 위치를 확보하고 있었고 한 평론가는 케이브를 "높은 질의 도시개발을 추진하는 매우 잘 통합된 정부단체"라고 평가했다.

이 시기 케이브의 우선순위는 중앙정부에 영향력을 행사할 수 있는 능력을 갖추는 것이었다. 한 위원은 "우리는 실례를 바탕으로 한 기준을 세워 정부가 더 나은 건축물을 짓게 해야 했습니다."라고 말했다. 정부 내에서 처음 '설계 담당자'로서의 역할은 각 부서들을 자극시키는 것이었다. 그들은 "좋은 디자인은 좋은 사업이 될 수 있으며 국가에도 긍정적 영향을 미친다고 정부를 설득했다." 정기적이진 않지만 의제를 즉시 전달받는 등 교육부[60]를 포함한 정부 부서들과의 긴밀한 소통이 있었다. 하지만 건강 관련 부서 등 다른 부서와는 협력은 부족했다. 케이브의 조력자들이 특히 학교 건설과 관련해 지방정부와 함께 사업을 진행하면서 지방정부와의 협력도 강화되었다. 지방정부의 입장에서 케이브와 그들의 사업 목표가 승인받았다는 사실은 협력에 힘을 실어주었고 다른 기관들도 케이브를 다시 보기 시작했다.

디자인 검토는 빠르게 케이브의 중심이 되었고 이는 케이브가 디자인과 관련된 국가 목소리를 대변하는 기관으로 자리잡으려고 했기 때문이었다. 디자인 검토 결과는 일반에게 공개되었다. 건

Quangos set to clash over City skyscraper bid

By Ben Willis

The Government's two built environment advisors look to be on a collision course over the controversial Heron Tower building in the City of London.

The Commission for Architecture and the Built Environment (Cabe) last week announced it will give evidence in favour of the proposed 222-metre high skyscraper at a forthcoming inquiry into the scheme.

The decision will bring Cabe into conflict with English Heritage, whose claims that the tower would have a negative impact on London's skyline were partly responsible for the scheme being called in by the secretary of state.

Cabe chairman Sir Stuart Lipton said that the commission's limited resources only allowed it to present evidence at a small number of inquiries. But he added that Cabe considered the issues at stake in the Heron Tower situation to be of such "fundamental importance" to the future development of the capital that it felt it had to intervene.

Lipton: believes Heron Tower is crucial to the City of London

"While Cabe had hoped this matter could have been resolved without the delay and public expense of an inquiry, it seems that opponents of the scheme are determined that the inquiry proceeds," he said. "Cabe must therefore speak out in favour of the right to develop a building that is well-designed and situated in a sensible and strategic location."

The difference of opinion between the two bodies casts a shadow over the joint policy statement they made in June that tall building proposals should only be considered if they were well-designed and complemented the surrounding environment (*Regeneration & Renewal*, 15 June, p8).

But a spokeswoman for English Heritage said: "The joint policy statement said that the views held by the two bodies wouldn't always coincide and this is one instance in which Cabe is clearly judging the scheme against its own criteria."

Cabe chief executive Jon Rouse said that Cabe was willing to go "head to head" with English Heritage over a scheme it believed to be suitable. "It's a bit like David against Goliath, but we have to stand up and be counted," he said.

The inquiry will be held in the autumn.

그림 4.4 케이브는 건축 관련 미디어의 주요 뉴스로 등장했다. '고층 건물 프로젝트를 두고 충돌이 불가피한 독립 공공기관들'
출처 : Regeneration&Renewal, 2001

60 데이비드 밀리반드가 각외 장관을 맡고 있었고 관련 찬사를 한 몸에 받았다.

축 관련 미디어들은 디자인 검토가 진행되고 있던 버밍험 셀프리지(Selfridge, 그림 4.2 참조), 옥스포드성(Oxford Castle) 개발과 더 샤드(The Shard), 쉘 타워(Shell Tower) 재개발, 허론 타워(Heron Tower, 그림 4.3 참조) 등 런던 고층 건물들을 포함해 대중의 관심이 높은 개발사업들 기사를 냈다. 케이브는 신문·방송매체를 이용해 개발자들을 상대했는데 한 내부 관계자는 "저는 처음으로 개발자들이 '이번에는 이걸 잘 고려해야 해. 감시인들이 우리를 지켜볼 거란 말이야.'라고 생각하는 것을 느낄 수 있었습니다. 그 전까지는 감시체계가 없었죠."라고 전했다. 최소한 이 기간 동안에는 아무도 케이브의 인지도와 능력에 도전하고 미디어를 조종해 그 힘을 약화시키려고 하지 않았다.

그러나 이런 우호적 기간은 그리 오래가지 못했다. 케이브는 대중의 높은 관심이 '양날의 검'이 되어 돌아올 수도 있다는 것을 눈치챘고 미디어는 재빨리 케이브의 문제를 주요 기사로 실었다(그림 4.4). 라우즈와 립튼은 부정적 반응에 충격을 받았는데 한 관계자는 이렇게 표현했다. "케이브는 민간의 지지를 받지 못했어요. 사람들은 그들을 어려워했습니다. 디자인의 경계를 넓히는 등 좋은 점도 분명히 있었지만 때로는 대중의 시선에서 케이브는 다소 거만해 보이는 측면도 있었습니다." 설계 검토 대상이 되었던 많은 건축물들은 그 자체로 많은 논란이 있었지만 미디어들은 여기에 불을 지폈고 케이브, 특히 설계 검토 의장이던 폴 핀치의 거침없는 태도 때문에 많은 비판이 그를 향했다.

어떤 면에서는 설계 검토가 인지도 높은 건축물에 집중되었기 때문에 초기 케이브를 향한 감정이 좋지 않기도 했다. 언론보도가 유명 건축물에만 집중되었기 때문에 런던 밖에서는 케이브가 런던에 있는 프로젝트에만 관심을 둔다고 생각했다. 미들랜드(Midlands) 지방의 한 도시계획가는 이렇게 표현했다. "케이브는 도시의 빠른 확장, 뉴타운 개발, 교외 확장과 같은 도시중심적 사안에 관심이 있었습니다. … 런던 이외 지역들도 완전히 변하고 있었지만 케이브는 이것에 관심이 없는 듯했습니다. 이런 문제들이 바로 정말 중요한 최일선의 문제였지만 말이죠." 이 같은 비난은 어느 정도 사실이었다. 이전 담당 기관이던 왕립예술위원회에서와 마찬가지로 케이브의 디자인 검토 활동은 런던에 집중되어 있었다. 하지만 초기 70%였던 것이 2001년 50%까지 빠르게 감소했고 이후 약 45%를 유지했다(CABE, 2001e; Bishop, 2011: 13). 디자인 검토가 케이브의 전체 업무량에서 차지하는 비율이 점점 줄어 케이브 직원 중 20%만 이 업무에 배치되었다.

디자인 검토가 대부분의 주요 뉴스를 장식해 이것이 케이브의 업무적·지리적 우선순위에 대한 다양한 인식을 심어주었지만, 사실 런던의 복잡한 디자인 거버넌스 구조는 케이브가 런던을 지원하는 데 불리하게 작용했다. 런던시(市)에서 리처드 로저스는 초대 시장이던 켄 리빙스턴(Ken

Livingstone)[61]의 고문으로 임명되어 이후 디자인 포 런던(Design for London)으로 발전하는 건축과 어버니즘 유닛(Architecture and Urbanism Unit)을 만들었다. 이 기관은 런던의 디자인에 대해 토론하는 대안 토론회를 개최했고 디자인 검토방식이 아닌 실행지원과 유사한 지원 과정을 통해 도시 내 여러 계획에 참여했다. 케이브는 영국의 모든 지방에 지역대표, 이후에는 지역 디자인검토위원으로 케이브 직원들을 배치했지만 런던에는 이 같은 지원을 하지 않았다. 하지만 그와 별개로 케이브와 런던시는 비교적 공통된 디자인 방향을 추구했다. 예를 들어 한 유명 런던 디자인 고문은 "케이브와 잉글리시 헤리티지(English Heritage)의 『고층 건물용 지침』은 기본적으로 런던시 지침서입니다. … 런던시의 주택 디자인 기준은 아홉 가지 삶을 위한 건축(Building for Life) 항목과 놀라울 정도로 비슷합니다."라고 설명했다. 어떻게 보면 런던에 집중하고 있다는 생각은 사실이라기보다 주변 인식에 가까웠지만 왕립예술위원회 시절과 마찬가지로 케이브 비판자들에게는 항상 중요한 비판거리가 되었다.

업역 찾기

정부의 지원, 전문가들의 후원과 높은 인지도에도 불구하고 케이브는 더 넓은 의미의 디자인 거버넌스 구조 내에서 그 위치를 더 확고히 다지고 다양한 분야와의 관계를 개선하기 위해 다양한 전문기관들과 건조환경 단체들과 긴밀한 관계를 유지해야 했다. 그래서 왕립건축가협회(Royal Institute of British Architects, RIBA), 예를 들어 왕립도시계획협회(Royal Town Planning Institute, RTPI), 조경협회(Landscape Institute)와의 교류를 시도했다. 왕립도시계획협회와는 지방정부 도시설계 능력과 관련해 협력했고 도시설계연합 내 단체를 통해 협력하는 경우도 있었다. 이 단체들은 케이브와의 협력을 "여러 분야에서 모인 다양한 도시 전문가들이 건조 환경과 관련된 여러 문제들을 토론할 이상적인" 기회로 여겼지만 토론회 개최는 쉬운 일이 아니었다. 그 정도 차이는 있었지만 긴 역사를 자랑하는 일부 단체들은 케이브가 자신들의 기반을 약화시키는 것을 우려하기도 했다.

특히 왕립건축가협회는 케이브가 '자신들의 영역'이라고 생각했던 곳에서 몸집을 키우자 상당한 위협을 느꼈고 이런 냉랭한 관계 때문에 두 기관의 고위 관계자 간에 주기적인 논쟁이 지속되었다. 한 회의에서 왕립건축가협회 회장은 "케이브 대표단 앞에서 왕실 인가서(Royal Charter)를 흔들어대며 '당신들이 하는 일이 우리가 할 일이야!'라고 말하기도 했다. 그러나 실제 케이브의 역할은 달랐다. 전문단체들은 '협회'로서 공익에 관여했고 기본적으로 가장 중요한 목표는 회원들을

61 2000년에 선출되었다.

지원하는 것이었다. 그와 달리 정부기관으로서 케이브의 가장 중요한 목표는 전반적인 사회적 지원을 효과적으로 수행하는 것이었다. 한 위원은 "우리에게 공동체는 건축가 집단이 아닌 거리의 사람들, 일반 대중, 지방정부, 다양한 분야에서 건조물을 짓는 모든 사람을 말합니다."라고 언급했다.

케이브와 자주 갈등을 빚은 또 다른 단체는 현재 히스토릭 잉글랜드(Historic England)인 잉글리시 헤리티지였는데 케이브의 특정 설계 검토나 논란이 된 개발사업 관련 공개조사에서 케이브의 의견이 문제가 되곤 했다. 왕립예술위원회는 새로운 건축물과 관련해 항상 전체 도시의 맥락을 고려한 입장을 취했지만 케이브는 새로운 프로젝트가 현대적으로 수준 높게 디자인되었다면 주변 맥락과 대비되더라도 지지하는 입장을 취했다. 잉글리시 헤리티지는 영국 문화유산을 지키는 수호자 같은 존재였기 때문에 이 과정에서 긴장감이 조성될 수밖에 없었다. 최고위원 중 한 명은 이런 상황을 다음과 같이 설명했다. "케이브는 굴러온 돌이었지만 새 정부의 힘을 등에 업고 탄생한 단체였기 때문에 새 정부 입장에서는 잘 키워서 성공시켜야 했고 잉글리시 헤리티지는 박힌 돌이었지만 토니 블레어(Tony Blair) 정부가 문화유산에 별 관심을 보이지 않았다." 실제로 2002년 당시 5년 단위로 진행되는 잉글리시 헤리티지에 대한 정부 심의에서 존 라우즈는 잉글리시 헤리티지가 단속기관으로서의 권한을 가질 뿐만 아니라 건축유산 보호자의 역할까지 수행하고[62] 있어 함께 가져서는 안 되는 권한을 모두 가지고 있으며 이것을 분리해야 한다는 의견을 냈다.

2002년 리버풀 피어헤드(Pierhead)에 지어진 윌 알솝(Will Alsop)의 더 클라우드 같은 건축물을 지지한 경우처럼 잉글리시 헤리티지가 현대적 디자인에 호의적인 경우도 있었다. 아마도 이같이 유연한 관계 덕분에 두 기관은 몇몇 사업을 함께 하기도 했다. 그중 잘 알려진 사업으로, 2003년의 공동안내서『맥락에 맞는 건설(Building in Context, English Heritage&CABE, 2002)', 정책집 '고층 건물용 지침(English Heritage&CABE, 2007)』, 교육협정인「장소 참여(Engaging Places)」,「어반 패널(Urban Panel)」등이 있다. 특히 두 단체 모두에 소속된 위원이던 레스 스파크스가 의장으로 있던 이 교육협정은, 한 자문위원의 설명에 의하면 "매우 행복했던 공공협정"이었다. 런던 이외 지역 지방자치단체들과의 협력을 위해 전국으로 '훌륭한' 자문위원들을 보내 역사 지구 내 대규모 개발에 대한 자문을 하고 디자인 거버넌스 관련 조언을 했다. 이와 반대로 "디자인 검토시간"은 협업의 이면을 자주 보여주곤 했는데 이는 "모든 것이 드러나는 시간"이었고 토론은 "잘 교육 받은 잉글리시 헤리티지 담당자들과의 부드러운 대화"와 사뭇 달랐다. 이때는 서로 긴장할 수밖에 없었다.

62 잉글리시 헤리티지는 이 같은 개입이 탐탁지 않았지만 결국 2015년 비슷한 방식으로 분리되었다.

디자인의 정당성 확보는 케이브의 주안점이었다. 이를 위해 주요 의사결정권자들과도 직접 교류했고 케이브는 연구·출판으로 이 같은 목표를 달성하려고 했다. 이런 일련의 과정은 케이브에 대한 긍정적인 인상을 심어주었고 1980년대부터 정부가 디자인을 배제하면서 생긴 디자인 지침 부족과 같은 문제들을 해결하는 데 일조했다. 이 같은 노력은 2000년 디자인과 도시계획 시스템에 대한 지침이던 『디자인에 의한(By Design)』을 발표하면서 시작되었다(DETR&CABE, 2000). 사실 이 지침 준비 과정에서 케이브의 참여도는 매우 낮았다. 이 지침은 존 굼머(John Gummer)의 도시 농촌의 질(Quality in Town&Country)협정 때부터 고려되었지만 계속 연기되어 왔다는 사실은 정부가 좋은 디자인이라는 목표를 더 능동적으로 실행하는 것을 주저했음을 보여준다(3장 참조). 케이브의 역할은 정부를 설득해 이 지침을 출간하는 것이었다. 결국 이는 케이브와 환경교통지역부 공동으로 출간되어 2013년부터 관련 분야의 정부 공식 지침서가 되었다. 『디자인에 의한』은 케이브의 첫 연구성과를 기록한 『도시설계의 가치(The Value of Urban Design, CABE 2001b)』가 발표된 직후 출간되었다. 이 연구는 케이브의 전 기간 동안 영국 각 지역개발청에 의해 지원되었을 뿐만 아니라 국제적으로도 디자인 가치와 관련된 여러 연구들에 영감을 주었다.[63] 신노동당은 '근거 기반 정책'을 강조해[64] 무형의 '공공재' 또는 좋은 디자인과 같이 기존 고유 가치가 있다고 믿어졌던 것들까지 개발업자와 정치인들이 그 가치를 증명해야 했다.

이 시기의 연구 운영은 정책과 함께 움직였다. 케이브의 한 선임연구원은 "중요한 것은 생각을 정리하고 다른 사람들을 설득할 수 있는 증거를 수집하는 작업"이라고 설명했다. 이런 종류의 케이브의 일이 실제 사업을 시행하는 능력을 넘어 대중의 관심을 높이고 생각을 알리는 데 큰 도움이 되었다는 사실은 의심의 여지가 없지만 여기서도 케이브는 그 위치를 공고히 다져야 했다. 예를 들어 직면한 정책문제를 다루는 데 제3분야의 기관들은 케이브가 "자신들이 원하는 종류의 정보와 실용적 지원을 제공하지 않는다"라고 느꼈다. 또 다른 기관들은 케이브가 더 넓은 범위의 전략적 문제를 다루지 않는다고 느끼기도 했다. 그럼에도 불구하고 이 시기가 끝날 무렵 케이브는 건조환경 분야에서 다양한 측면의 디자인 관련 실용 지침서를 여러 권 발행했고 심지어 왕립건축가협회와 함께 20년 이슈 스캐닝[65] 프로젝트, '미래 구축(Building Futures)'을 후원하고 공동 운영하기도 했다. 디자인 문제에 대한 폭발적인 관심 증가에도 불구하고 일부 관련 단체들은 이 문제가

63 예를 들어 뉴질랜드 Ministry for the Environment(2005) 참조

64 신노동당 정부는 과거 이념에 기반한 의사결정이라는 인식에서 벗어날 수단으로 근거 기반 정책을 개발했다. 1999년 정부 백서 『정부 현대화(Modernizing Government)』에서 그 기본이 만들어졌고 케이브가 이를 적극 수용해 관련 사업을 담당하는 연구 유닛을 계속 유지했다.

65 역주: 호라이즌 스캐닝(Horizon Scanning)은 특정 분야의 대표적인 쟁점을 훑어봄으로써 잠재적 쟁점을 발굴하는 미래 예측 방법론을 뜻한다.

자신들과는 별로 관련이 없다고 생각했고 케이브는 너무 많은 지침서를 낸다는 비판을 피할 수 없었다. 한 비평가는 "내가 보기에 케이브의 다소 비현실적이고 무기력한 사업들은 별로 도움이 될 것 같지 않았습니다. … 케이브가 주장하는 몇 가지를 들어보면 사람들이 별로 신경 쓰지 않는 것들이라는 것을 느낄 수 있어요."라고 말했다. 그러나 초기의 이 같은 견해는 소수에 불과했고 시간이 지날수록 케이브는 정부와 관련 업계에 상당한 영향력을 행사했을 뿐만 아니라 전국 각지에서 차지하는 기사 양과 노출빈도도 높아졌고 시민사회에 미치는 영향력도 커졌다.

성장기 케이브(2002~2006년)

실행 계획

2001년 신노동당이 또 다시 승리하면서 집권 2기를 시작했다. 이전 보수당에서 이어져온 정부 공공예산을 제한하고 공공 서비스 공급을 강조하는 정책 노선은 한층 더 뚜렷해졌다. 이것은 케이브에게 두 가지 의미가 있었는데, 첫째 정부가 정책 실행 과정에서 독립된 기관들과 민간 부문의 비중을 늘려갔다는 점, 둘째 정부의 정책 목표와 케이브의 더 큰 궁극적인 목표 달성을 위해 케이브에 대한 지원금이 증가했다는 점이다.

2002/2003 회계연도 초기부터 2006년 1월에 이르는 두 번째 시기에 케이브에는 의미 있는 변화가 있었다. 예산은 이미 첫 3년 동안 매년 두 배 가량의 증가를 기록하고 있었지만 2002년 4월까지 케이브는 약 2백만 파운드의 예산과 31.7명의 정규 직원 규모를 가진 비교적 작은 기관이었다. 그 후 2년 동안 케이브는 한 차원 높은 성장을 했다. 2002/2003 회계연도에는 문화미디어체육부로부터 지원금이 두 배 증가했고 2003/2004 회계연도부터 케이브는 지원금의 두 배 가량의 금액을 부수상실로부터 받았다. 그 결과, 지원금은 빠르게 증가해 2005/2006 회계연도까지 케이브는 1천 2백만 파운드가 넘는 지원금을 받아 녹지공간과 관련 기술 분야로까지 업무 분야를 확장했다. 이 시기 정규직 규모는 100명에 달했다.[66] 정부 기준에서는 아직 미미했지만 케이브는 왕립예술위원회가 결코 할 수 없던 것을 시도할 수 있었다. 국가적 규모, 적어도 훨씬 포괄적인 의미의 국가적 디자인 거버넌스 계획 실행에 필요한 규모를 확보한 것이다.

한 고위 공무원의 말을 빌리면 케이브는 "몇 가지 사업만 진행하는 소규모 기관에서 정책의 일부를 담당하는 꽤 큰 정부기관이 되었고 당시 정부와 정책, 특히 부수상이던 존 프레스콧의 건조환경에 대한 관심을 대변"하고 있었다. 부수상실 지원하에 영국 전역의 다양한 자본, 기술, 거주

66 이것은 케이브와의 소통의 중요성이 커지고 있다는 것을 말하며 이 직원들의 1/4 이상이 정책 및 소통 부서(연구 포함)에 소속되어 있었다.

환경 사업에 거액의 정부자금이 투입되었고 이 사업들의 중심에 케이브가 있었다. 그러나 케이브는 작고 기민하게 대응할 수 있는 조직에서 여러 이권과 관련된 더 큰 기관으로 변했고 이는 필수적인 것이지만 어려운 것이었다. 갑작스러운 성장은 케이브의 사업들에 대한 전반적인 정밀조사로 이어졌고 여기서 케이브를 전면적으로 재조직할 필요성이 제기되었다. 그러나 2002년부터 2005년까지 케이브는 규모는 커졌지만 여전히 기존방식으로 사업을 진행했다.

사업 시행과 관련된 새 정부의 방향은 부수상실의 '실행 프로그램' 『지속가능한 지역사회: 미래를 위한 개발(Sustainable Communities: Building for the Future, ODPM 2003)』을 따랐다. 이 실행 프로그램은 지역사회의 삶의 질에 대한 정부 목표를 설정하고 지역의 경제, 사회, 환경을 향상시키는데 집중하였고 특히 부족하고 열악한 공공지원 주택 문제를 해결하기 위해 노력했다. 이 계획은 220억 파운드의 초기 지원금으로 시작해 380억 파운드로 증액되었고, 이 사업들 중 두 개 사업은 케이브가 중심이 되어 진행되었다. 먼저 '주택시장 정비(Housing Market Renewal)' 사업은 "지역사회의 물리적 사회기반시설의 질"을 향상시켜 자립 주택시장이 사라진 지역을 능동적으로 정비하기 위해 2002년 시작되었다(TSO, 2008 : 3). 두 번째로 '주택성장지역(Housing Growth Areas)' 사업은 동남잉글랜드 지역에 2016년까지 주택 20만 호 건설을 목표로 만들어졌다.[67] 케이브는 이 두 프로그램에 이사회 구성뿐만 아니라 실행 지원 서비스를 통해 깊이 관여했다. 이 실행지원 서비

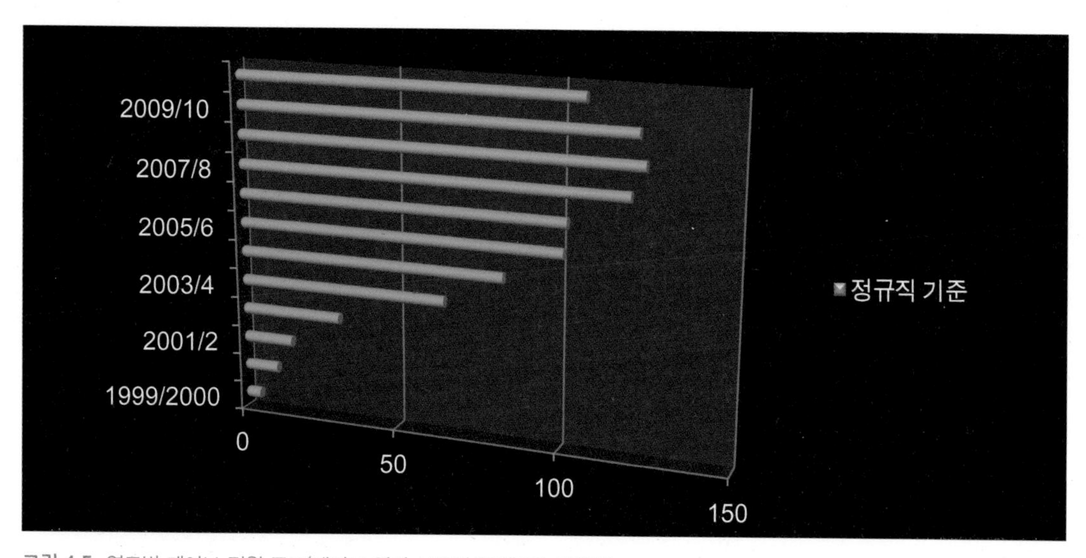

그림 4.5 연도별 케이브 직원 규모(케이브 연차 보고서 통계자료 재구성)

67 템스 게이트웨이(Thames Gateway) 지역. 애시포드(Ashford)와 켄트(Kent), 밀턴 케인즈(Milton Keynes)와 사우스 미들랜드(South Midlands), 런던-스탠스테드-캠브리지-피터보로 지역(London-Stansted-Cambridge-Peterborough Corridor)

스는 부서장 조아나 애벌리(Joanna Averley)하에서 크게 성장했는데 이는 외부 전문가들을 지방정부에 배치함으로써 가능했다.

케이브 스페이스(CABE Space)의 등장

블레어 2기 정부의 또 다른 주요 정책은 '리버빌리티(Liveability)'였다 이것은 2001년 지역사회의 거주 적합성과 높은 질의 깨끗하고 안전한 거리와 공공 공간에 관한 블레어의 연설로 이슈가 되었다. 이 계획은 부수상실(2002)의 「살아있는 장소(Living Places)」 전략의 부제인 '더 깨끗하게, 더 안전하게, 더 푸르게'라는 구호로 더 잘 알려졌다. '녹지공간'의 중요성은 도시녹지대책위원회 보고서에서 중요한 요소로 다루어졌다(Urban Green Task Force, 2002). 녹지의 중요성은 교통지방정부지역부가 이미 2002년 초 영국 전역의 공원과 녹지공간 재생을 목표로 한 보고서에서부터 강조되고 있었다. 조경협회의 한 주요 인물은 "노동당 정부가 드디어 건조환경에서 지금까지 여러 방면의 노력에도 강조되지 않던 녹지공간의 중요성을 설파하고 있습니다."라고 말했다. 중요한 문제는 공원특별위원회(Select Committee on Park)와 왕립공원검토그룹(Royal Parks Review Group)의 1996년 보고서가 이미 이런 문제점을 지적해왔음에도 공원 관리는 오랫동안 예산부족으로 방치되어 왔다는 것이다. 그래서 도시녹지대책위원회 보고서는 조경 전문가들의 환영을 받았다. 이들은 이 보고서를 "단순히 무엇을 해야 하고 하지 말아야 하는지에 대한 무의미한 지적이 아닌 실질적이고 분명한 아이디어"라며 치켜세웠다. 그 결과, 부수상실은 녹지 공간 문제를 더 큰 도시 재생 안건에 편입시켰고 정부는 이를 중요 정책으로 설정하고 이를 실행할 능력을 갖춘 기관을 찾

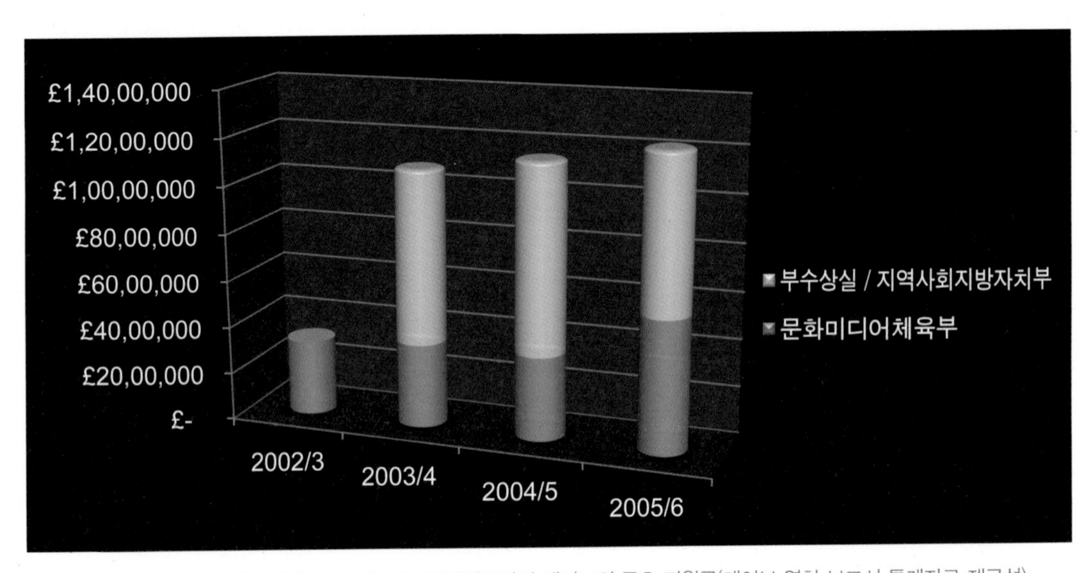

그림 4.6 2002/2003 회계연도부터 2005/2006 회계연도까지 케이브의 주요 지원금(케이브 연차 보고서 통계자료 재구성)

고 있었으며 곧 케이브를 주목했다.

녹지정책에서 정부가 해당 기관에 요구하는 것은 분명해 보였다. 그러나 문제는 공원과 녹지공간 정책 실행을 위해 분리·독립된 기관이 필요한가, 아니면 한 기관, 즉 케이브가 녹지정책과 다른 건조환경 정책 두 가지 모두 병행할 수 있느냐였다. 한 기관이 두 가지 정책을 병행해야 한다는 쪽이 더 많은 지지를 받았고 2003년 '케이브 스페이스'가 설립되어 초대 책임자로 시빅 트러스트(Civic Trust)의 줄리아 트리프트(Julia Thrift)가 임명되었다. 초기에 케이브 스페이스는 독립된 위원을 둔 케이브 내 특별부서였다.[68] 이 고정 자문위원들은 부서 내 정책과 실무 경험을 가진 사람들로 구성되었고 독립된 지원금을 운영했다. 이 같은 이유로 공원과 녹지공간 디자인 및 관리를 책임지는 작은 케이브로 불리곤 했다. 일부 직원은 케이브에서 내려왔지만 케이브 스페이스는 심지어 자체 브랜드(그림 4.7 참조), 실행지원 및 연구팀을 가지고 행사, 교육, 출판을 별도로 진행했다. 초기 몇 년 동안은 녹지공간에만 역량을 집중했지만 가로와 광장과 같은 물리적 도시공간으로 확장했고, 두 번째 부서장 사라 가벤타(Sarah Gaventa)가 임명된 2006년부터 영역을 더 넓혔다.

녹지공간 담당 기관으로 케이브가 선정된 데는 부수상실의 역할이 컸다. 하지만 초기에는 이 분야에 대한 케이브의 역량을 의심하던 녹지공간 전문가 집단으로부터 많은 비판이 있었다. 한 공원 전문가는 "케이브가 케이브 스페이스에 관심이 있었는지 저는 잘 모르겠습니다. 그러나 케이브는 해당 지원금을 원했고 영향력을 확대할 수 있었습니다."라고 말했다. 실제로 새 분야로 확장한다는 것은 기관이 추구해왔던 기존의 기본이 되었던 비전을 넘어선 기관의 규모와 성격의 변화를 의미하는 것이었기 때문에 존 라우즈처럼 이것을 망설이는 케이브 내 인사들도 있었다. 그러나 다년간 케이브에 몸담은 한 위원은 "존 프레스콧은 케이브가 녹지공간을 중요 이슈로 다루어야 한다고 강력히 주장했고 이를 여러 번 언급했습니다. 저희는 '케이브는 이런 역할을 수행할 자금이 없습니다.'라고 대답하였지만, 그는 이에 대한

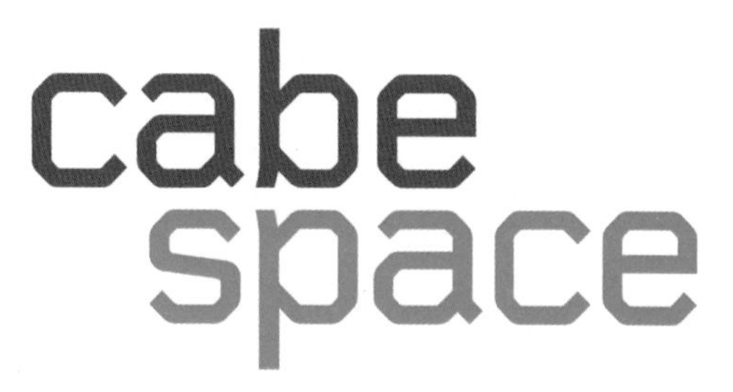

그림 4.7 케이브와 케이브 스페이스의 2003년 브랜드 로고
출처 : 케이브

68 첫 위원들로 녹지공간 업계에서 명망 높은 제이슨 프라이어(Jason Prior)와 알란 바버(Alan Barber)가 임명되었다.

답변으로 '그럼 제가 지원금을 마련하겠습니다.'라고 말했고 저희는 케이브가 적합한 단체가 아니라는 의미로 '사실' 우리는 케이브가 녹지공간 분야로 확장되는 것을 원치 않습니다.'라고 말했습니다."라고 전했다. 케이브 스페이스 내에 일부는 초기 이 같은 문제가 녹지공간 분야가 오랫동안 내부에서만 폐쇄적으로 다루어져왔기 때문이라고 전했다. 하지만 케이브 스페이스는 곧 케이브 내에서 잘 자리잡고 다른 분야와 어우러져 통합적인 시스템으로 운영되면서 긍정적인 방향으로 발전했다.

정부와의 협업

정부와의 관계는 항상 신중히 관리되어야 했다. 케이브는 정부 지원금에 의존할 수밖에 없었을 뿐만 아니라 정부가 주요 고객이었다. 다른 한편으로 정부는 디자인 분야의 발전과 지속적 개선에 필요한 중요한 구성 요소 중 하나였다. 문화미디어체육부의 한 공사는 "케이브는 어떻게 보면 다소 영국답지 않은 기관이었습니다. 우리는 국가 단위에서 문화를 계획하는 데 익숙하지 않습니다. … 예를 들어 프랑스 정부가 디자인과 문화 문제를 다루는 방식으로 영국의 전통과 확실히 대조됩니다."라고 말한다. 그러나 초기 재무부가 망설였던 문화미디어체육부를 통해 케이브에 추가로 지원금을 지급하는 문제는 해결되었고 부수상실과의 협의도 성공적으로 완료되었다. 단 5년 만에 케이브의 운영자금은 첫 해의 24배로 증가했고 힘의 균형도 변했다. 문화미디어체육부와 부수상실은 이후 케이브의 주요 지원기관이 되었다.

케이브의 두 개의 주요 지원 기관은 모두 한 정부를 대변하는 기관이었지만 운영방식은 전혀 달랐다. 문화미디어체육부는 더 작고 더 적은 예산을 가진 기관으로 예술, 문화, 스포츠 분야의 여러 독립 공공기관을 통해 운영되었다. 반면, 부수상실은 훨씬 크고 더 많은 예산을 가지고 있었고 실제 정책 실행에 참여하였다. 물리적 지역사회 재생 프로그램에 자금을 직접 지원하는 방식으로 기관을 운영했다. 문화미디어체육부는 국가유산부(Department of National Heritage, 또는 DNH)의 건축 관련 기능을 이어받은 기관이었기 때문에 케이브를 지원하기에 가장 적합한 정부 부서였지만 어떻게 보면 도시계획, 주거, 도시 재생, 공원을 포함한 지방정부 정책과 관련되어 있는 부수상실이 더 적합한 부서로 보이기도 했다.

부수상실의 주요 지원금은 케이브가 활동 영역을 확장할 수 있게 해주었고, 특히 설계 지원과 같은 자원소비가 많은 분야에 도움이 되었다. 그러나 한 위원은 더 근본적인 문제를 지적했다. 그는 문화미디어체육부는 "추상적으로 건축에 관심이 있었던 반면, 그들(부수상실)은 지역사회에 공급해야 하는 실질적인 건축에 관심이 있었다."라고 전했다. 아마도 이렇게 두 부서의 다른 문화와 목표 때문에 케이브 내에서도 긴장감이 형성될 수밖에 없었다. 부수상실은 소소한 것까지 세세히 관여하는 관리 방식을 취했고 목표 달성을 위해 케이브가 이런 도움이 필요하다고 믿고 있었다. 반면, 문화미디어체육부는 직접적인 관여보다 간접 관리방식을 택했다. 이것은 부수상실이 다른 정부 부서의 참여를 달가워하지 않았다는 것을 뜻하기도 한다. 이것은 부수상실이 이 같은 방식에 익숙하지 않은 탓도 있지만 다른 한편으로 공동 참여 시 투자 부분에 대한 완벽한 통제력을 가질 수 없기 때문이기도 하였다. 예를 들어 위원 임명과 관련해 부수상실은 케이브 스페이스 이외의 다른 부서에 영향력을 행사할 수 없었다.[69] 그럼에도 불구하고 두 부서는 함께 일할 방법을 찾았고 한 정부 사무관은 "결국 함께 일했지만 그렇게 하기까지 많은 노력이 필요했다."라고 말했다.

다른 정부 부서들은 다른 방식으로 케이브의 목표 달성을 도왔다. 부수상실은 실제 사업 실행에 관심이 더 컸지만 문화미디어체육부는 자유방임주의적 관리방식으로 디자인에 대한 인식 향상과 같은 추상적인 목표를 달성하는 데 도움을 주었다. 이런 방식은 디자인 의제를 위한 몇몇 중요한 요소들을 미처 다루지 못하고 있었다. 환경식품농촌부(The Department of Environment, Food and Rural Affairs, DEFRA)와 부수상실은 합의를 통해 환경식품농촌부가 도시를 벗어난 나머지 지역 녹지공간을 담당하고 부수상실은 도시 녹지공간을 담당하기로 했다. 예를 들어 생물 다양성 문제는 대부분 환경식품농촌부가 권한을 가지고 있었고 환경식품농촌부 장관과 소속 공무원들은 이것과 관련해 케이브와 협의를 하지 않았기 때문에 케이브는 이 분야에 관여하지 않았다. 가로도 비슷한 문제였는데 교통부 관할하에 도로가 관리되었지만 교통부는 케이브가 해체될 무렵에서야 가로 디자인에 관심을 갖기 시작했다.

지원기관의 영향

케이브 입장에서 문화미디어체육부와의 관계는 비교적 큰 문제없이 유지되었고 관리도 쉬웠다. 그러나 새 조력기관인 부수상실과의 관계는 순탄치만은 않아 '양날의 검'과 같았다. 부수상실과의 밀접한 관계로 케이브는 건조환경 정책에 막대한 영향력을 행사할 수 있었다. 한 위원은 "저희는 문화미디어체육부와는 할 수 없었던 디자인 관련 정부 정책을 조율하는 매우 중요한 역할을 했습니다."라고 전했다. 이 시기에 케이브 담당자들은 실제 정책 문서 작성에 참여하였다. 이와 동시에 부수상실은 케이브를 면밀히 감시하였고 이는 케이브의 독립성을 위협했다.

독립적인 공공기관으로서 케이브는 정부 부서에서 독립되어 자율성을 가지고 사업을 제안하고 실행할 수 있게 만들어졌다. 그러나 장관의 성격에 따라 정부 부서들은 달라졌고 대부분 케이브

69 부수상실은 케이브 스페이스 위원의 업무에 관여했지만 다른 케이브 위원들은 여전히 문화미디어체육부에 보고했다.

를 통제하려고 했다. 이것은 케이브 스페이스의 첫 캠페인 '버려진 공간(Wasted Space)'에 대한 반응을 보면 잘 나타난다(8장 참조). 한 케이브 직원은 "문화미디어체육부는 전국에 버려진 흉물스러운 공간이 많았기 때문에 이 캠페인에 긍정적인 반응을 보인 반면, 부수상실은 우리가 이 사업을 진행하는 것을 끔찍하게 생각했고" 꼭 자신들의 잘못이 드러난 것처럼 반응했다고 기억했다(그림 4.8). 얼마 지나지 않아 케이브의 주택 감사(Housing Audit)가 신노동당 2기에 들어서는 시기에 잉글랜드 내에 새로 건설된 주택들이 여전히 낮은 수준을 벗어나지 못하고 있다고 보고하자 여러 부서 장관들이 화를 감추지 못했다고 한다. 그러나 관련 자료들은 이후 『세계적 수준의 장소(World Class Places)』와 같은 여러 정부 발행 문서들에서 인용되었다.

이 시기 사회운동은 케이브의 중요 도구로 사용되었다. 특히 디자인에 대한 의견을 전문가 집단을 넘어 일반 대중에게까지 널리 전달하는 수단으로 사용하려고 했고 2003년 후반 매트 벨(Matt Bell)의 임명으로 이런 방식은 더 강화되었다. 그러나 비슷한 시기 케이브의 발전에 기여했던 여러 지원 기관들은 자율권을 제한하기 시작했고 심지어 신노동당과 너무 밀접하게 관련되어 정치적으로 이용되는 위험에도 노출되었다. 그중 문제가 되었던 것이 녹지공간에 대한 투자부족

그림 4.8 버려진 공간 캠페인은 도시와 지역사회를 망치는 버려진 공간에 대한 대중의 관심을 높이기 위한 것으로 포스터는 방치된 도시공간의 가능성을 보여주기 위해 유명인을 모델로 기용해 만들어졌다. / 출처 : 케이브 스페이스

이었다. 한 유명 녹지공간 전문가는 "케이브 스페이스는 어려움에 처할 겁니다. 정부 보조금을 받고 있었기 때문에 충분한 보조금을 받지 못하고 있다고 여기저기 떠들고 다닐 수 없었고 공원 내 디자인 문제의 해결책을 찾기 위해 노력했지만 정작 지원금 부족은 해결할 수 없었습니다."라고 전했다. 이 전문가가 생각하기에 "케이브 스페이스는 자신들이 할 수 있는 일을 했고 지원금 확보를 위한 모금운동을 벌일 수 없는 상황에서 사라지고 있던 기술교육과 같은 다른 사업을 추진했다."

지원하는 두 정부기관 입장에서 신뢰성 확보를 위해 케이브의 활동을 감시하는 것은 당연했고 지원금은 연간 사업목표와 함께 설정되기 때문에 이것은 당시 공공 지원금을 지원하는 부서로서는 당연히 거쳐야 하는 일반적인 과정이었다.[70] 이런 활동을 조사하기 위해 유형의 요소들뿐만 아니라 무형의 요소들까지 반영한 여러 가지 지표가 사용되었다. 그중 몇몇은 워크숍 운영 횟수와 같은 '실행' 부분을 정량화했고 다른 지표들은 장기적인 사회 변화와 관련된 복잡한 '결과'를 측정하는 데 사용되었다. 여기서 두 가지 문제가 발생했다. 첫째, 실행 목표에는 케이브 서비스의 질은 거의 언급되지 않고 세미나 개최 횟수, 연구사업 건수, 웹사이트 방문객 수, 지침서 발간 수, 네트워크 회원 수와 같은 정량적 수치에만 집중했다. 둘째, 초기(2002/2002년 경)에는 건조환경 대학 학과 입학자 수, 삶의 질에 건축이 미치는 영향에 대한 대중의 인식, 지방자치단체의 디자인 지침 발표 비율과 같은 케이브의 직접적인 영향력이 적고 간접적인 영향만 미칠 수 있는 것에만 집중했다(CABE, 2003a : 34-35). 이 사안과 관련해 실질적 결과를 선호하는 부수상실은 사업 평가방식을 더 강도높게 바꾸어 직접적이고 효과적으로 케이브의 사업에 영향을 미칠 수 있게 했다. 이 평가방식에는 설계 검토와 교육사업에 대한 만족도, 케이브 활동에 대한 인지도, '녹색 깃발(Green Flags)'[71]을 받은 공원 수 등이 고려되었다(CABE, 2005c : 24-25).

이 같은 사업 평가방식에 대한 문제는 항상 지적되어 왔고 신노동당 정부 전반에 퍼져 있던 목표 달성을 위한 관리방식에 대한 일반적인 비판과 관련된 것이었다. 한 케이브 위원은 다음과 같은 전형적인 비판이 있었다고 말한다. "이런 평가방식은 케이브를 좀먹고 있었습니다. 왜냐하면 '이게 우리가 해야 하는 진짜 목표가 맞나?'라고 생각할 필요 없이 결국 주어진 정량적 목표치만 달성하면 되었으니까요." 이것은 디자인 검토에서 여실히 드러났다. 한 담당자는 "저희는 우리가 어떻게 하고 있는지, 얼마나 많은 디자인 검토를 하고 있는지 보고해야 했습니다. … 그리고 그해 목표치를 달성하지 못하면 연말에 소규모 디자인 검토 사업을 빨리 찾아 목표치를 채워야 했습니

70 케이브의 자체 감사위원회도 연간 사업계획을 가성비 기준으로 검토했다.

71 녹색 깃발은 2003년 케이브 스페이스와 녹색 깃발 플러스 파트너십(8장 참조) 공동으로 관리한 국가공원관리상이다.

다."라며 당시 상황을 전했다. 특히 케이브 스페이스가 이런 압박을 많이 받았다. 케이브 스페이스의 사업은 원래 도시녹지대책위원회(Urban Green Space Taskforce)의 영향을 받았는데 여기에는 여러 가지 목표가 설정되어 있어 정부가 설정한 방향에서 벗어날 수 없었다.

케이브는 주요 지원 기관과의 분기별 정기회의가 있었고 여기서 분기별 보고서에 관해 논의했다. 그러나 정기회의를 넘어 더 밀접한 협업관계로 발전했고 어떤 시기에는 매일 협업이 진행되기도 하였다. 그 예로 디자인 규칙(Design Coding, 2004~2005) 관련 18개월간의 시범 사업이 있었다. 부수상실이 지원한 사업이었지만 실행 지원부서를 통해 케이브가 진행했다. 한 관련 공무원은 "저희는 도시계획의 디자인 구칙 정책뿐만 아니라 더 넓은 분야의 정책에 대한 공동연구를 위해 케이브와 긴밀히 협업했습니다."라고 설명했다. 케이브 입장에서 이 같은 협업의 단점은 이런 긴밀한 관계가 케이브 초기의 장점이던 신속하고 효율적인 일처리를 불가능하게 한다는 것이었다.

다른 지원단체도 도와주었는데 문화미디어체육부와 부수상실을 제외한 다른 정부기관들과 부서들은 서비스수준협약(Service Level Agreement)을 통해 케이브의 활동을 지원했다. 회계연도 2000/2001년부터 2005/2006년까지 잉글랜드예술위원회는 약 40만 파운드로 케이브 활동을 지원했고 주택공사(Housing Corporation), 국민공공보건서비스 시설(NHS Estates), 교육기술부(DES)도 각각 25만 파운드 규모의 지원을 유지했다. 여기에 추가해 잉글리시 파트너십(English Partnership), 잉글리시 헤리티지, 스포츠 잉글랜드(Sport England), 고등교육지원위원회(Higher Education Funding Council), 내무부(Home Office), 국가감사국(National Audit Office), 런던운영위원회(Corporation of London) 등도 소규모 지원을 하고 있었다. 케이브는 디자인 질과 관련된 프로그램 지출의 정당성을 증명하기 위해 재무부도 상대해야 했고 케이브의 가치를 증명해야 하는 번거로운 감사 과정 때문에 업무에 계속 방해가 되었다. 한 장관은 어떤 사례를 언급했다. "잘 설계된 건축물의 수명비용은 잘못 설계된 건축물의 수명비용보다 훨씬 적고 이것은 복잡하게 생각할 필요가 없는 문제입니다. 그러나 재무부가 이 사실을 받아들이고 수용하도록 하는 데 얼마나 오래 걸렸는지 아시면 놀라실 겁니다."

제안의 발전

케이브의 성장은 내부구조에 큰 영향을 미치진 않는 것처럼 보였지만 각 부서들은 규모가 커지면서 변하고 있었다. 처음부터 설계 검토는 문화미디어체육부의 건축적·문화적 목표에 맞는 가장 중요한 업무였다. 개별 건물 디자인보다 '일상 공간'에 관심이 있던 것을 고려하면 부수상실은 목표 달성의 수단과 자원으로서 실행 지원에 더 큰 관심을 가졌다. 부서 내에서 흘러나온 말에 의하면 "실제로 뭔가를 바꾸는 것은 실행 지원이었고 이 활동과 같이 물리적 결과를 가져다주는 것이 부수상실의 더 큰 관심사였다."라고 전했다. 케이브의 실행 지원에 대한 부담은 지속적으로 증가해 기관의 능력을 훨씬 초과하게 되었고(CABE, 2001a : 3) 케이브가 실행지원팀 인원을 신속히 확보하는 것으로 이 문제를 해결해야 했다. 2000년대 중반까지 케이브와 케이브 스페이스에는 약 250명의 실행지원 위원들이 있었고 2009년 300명까지 증가했다.[72]

또한 케이브는 후원·공공사업 관련 기관과의 연계를 위한 교육과 컨퍼런스 이벤트를 개최해 이 기간에 실행지원 서비스를 공공시설 조달 분야에서 더 넓은 의미의 개발 과정으로 확대하려고 했다. 이것을 통해 케이브는 이미 수립된 계획 검토를 넘어 선택권을 가지고 협업·자문 역할을 할 수 있게 되었다. 민간투자 개발사업(PFI)을 통해 지어진 병원과 같은 공공시설은 디자인 요소를 거의 고려하지 않았다(그림 4.9). 한 고위 실행지원 위원은 이렇게 기억하고 있었다 "저희는 여러 병원 신탁업체를 만났습니다. 제가 기억하기로 한 번은 주요 신탁회사 의장과 함께 건축 모형 주위에 모여 이야기를 나누었습니다. 그는 '우리를 여기로 왜 부른 겁니까?'라고 물었습니다. … 그

그림 4.9 울위치(Woolwich)의 엘리자베스 여왕 병원(Queen Elizabeth Hospital). 민간투자 개발사업으로 지어진 시설로 케이브가 디자인 질이 낮은 NHS 단지 개발에 참여한 첫 사례다. / 출처 : 매튜 카르모나

72 http://webarchive.nationalarchives.gov.uk/2011011809536/http:/www.cabe.org.uk/news/stronger-support-for-public-sector-clients

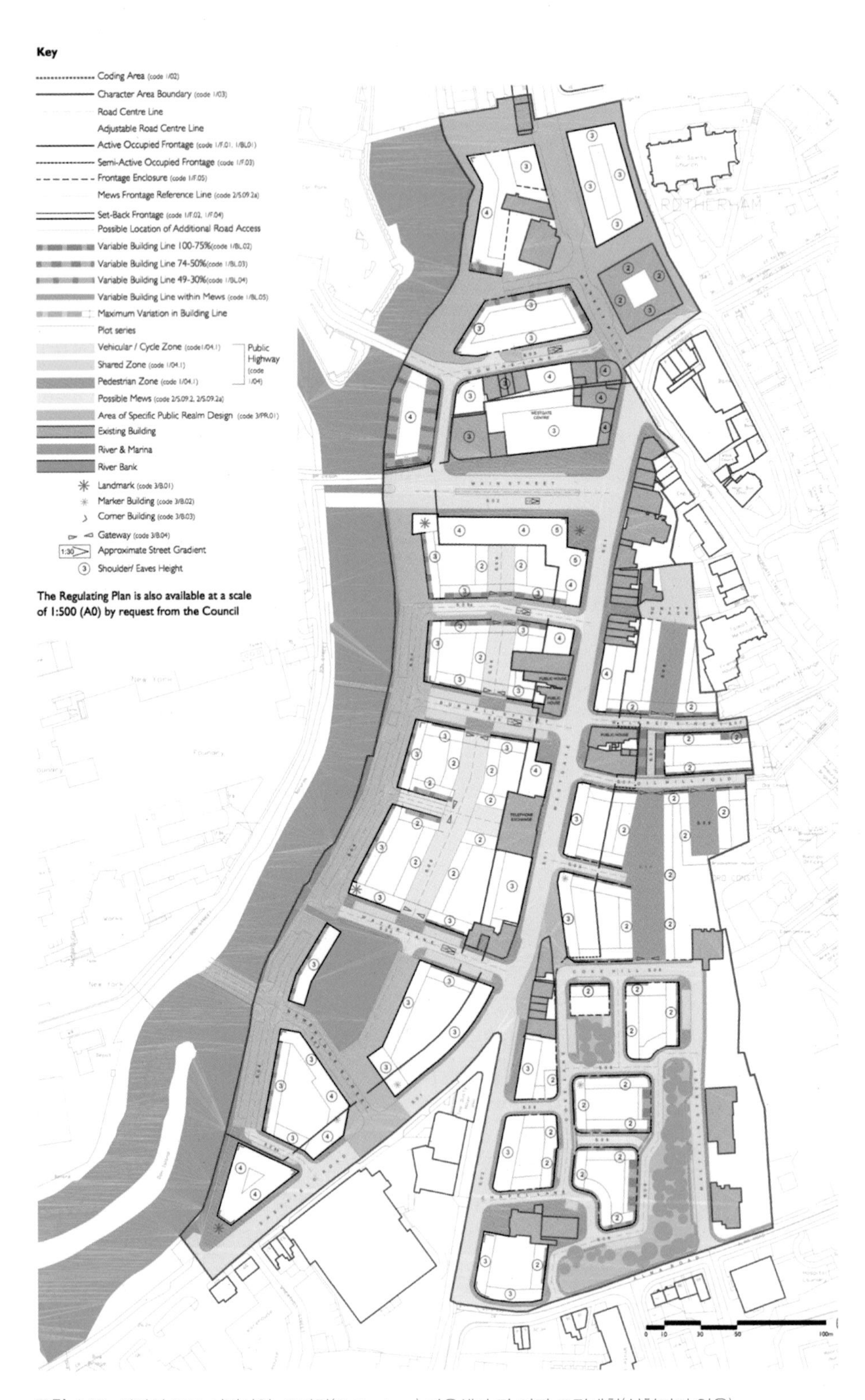

그림 4.10 디자인 코드 시범사업. 로더럼(Rotherham) 타운센터 강 어귀 조절계획(실현되지 않음)
출처 : 스튜디오 리얼(Studio REAL)

래서 저는 '자, 여러분은 이 도면대로 병원을 지으실 겁니다. 도시의 일부를 건설하는 거죠.'라고 대답했죠. 그럼 '이런, 그렇죠? 제가 도시의 일부를 건설하는 거죠?'라고 반응했습니다." 이런 접근법은 주거계획과 관련해 사용되었을 때 효과적이었다. 주거 분야에서는 대부분 디자인에 신경 쓰고 있었고 기꺼이 도움을 원했지만 다른 분야에서는 전혀 납득하지 못했다.

부수상실의 우선순위이자 케이브의 초기 충분한 중요도를 두지 않아 많은 비판을 받았던 주택사업에 케이브 모든 부서의 노력이 집중되기 시작했다. 위원들은 이런 변화를 환영했다. 이것은 한 위원이 전한 바와 같이 "이 나라에서 지어지는 건축물의 대부분은 주거용이고 전쟁 이후 그 수준이 끔찍했기" 때문이었다. 더 값싸고 질 좋은 주택의 필요성은 '바커 보고서(Barker Report)'에 분명히 언급된 바 있는데 이는 충분한 주택 공급이 필요하다고 보고했고 이 보고서의 저자이자 경제학자 케이트 바커(Kate Barker)는 디자인 관련 문제들을 인지하고 있었다. "주택 건설 업계는 새 주택의 외관 설계와 관련해 케이브와 협의해 모범 실천 규약을 정해야 한다. 도시계획가와 주택 건설사 간에 디자인에 대한 합의가 이루어지지 않는 경우, 케이브를 통해 문제를 해결할 수도 있다"(Barker, 2004: 119). 대형 주택건설사들은 여러 유명 매체와 유명인들의 비판을 받았다. 예를 들어 이후 '삶을 위한 건축' 의장이 된 패션 디자이너 웨인 헤밍웨이(Wayne Hemmingway)는 이 문제가 국가적으로 알려질 수 있게 도왔다(Lonsdale, 2004). 이 시기에 케이브는 실행지원 사업과 더불어 주택시장 재생과 성장 지역에서 세 개의 중요한 주택 계획에 참여했다.

- 첫째, 주택 감사 프로그램은 많은 사람이 열악하다고 생각하고 감사 결과도 이를 뒷받침하는 수준의 주택을 양산하는 대형 건설사들을 압박할 수단으로 전국의 새로운 주택 디자인과 개발의 질을 체계적으로 평가할 수 있게 설계되었다.[73] 주택 감사는 주요 언론의 주목을 받아 주택건설사들과 논쟁에서 우위를 점할 수 있었다(6장 참조).
- 둘째, 케이브는 부수상실과 함께 디자인 코드 시범사업을 실시하였다. 이는 전국의 일곱 개 시범사업계획(그림 4.10)과 런던대(University College London)에서 실행된 19개 사례연구를 진행한 평가 및 연구사업, 부수상실의 후임기관인 지역사회지방자치부가 이후 정책으로 발표한 설계지침서 작업을 포함한다(DCLG, 2005b). 설계 규칙의 사용, 가치와 관련해 케이브의 초기 의구심에도 불구하고 무엇보다 설계 규칙은 케이브와 정부가 긴밀한 관계를 유지하는 것이 서로에게 도움이 된다는 것을 잘 보여준다. 케이브는 정부의 목표 설정을 도와주고 정부는 이것이 실행될 수 있도록 케이브를 도와주는 구조였다.
- 셋째, 삶을 위한 건축은 시빅 트러스트와 주택건설자연합(Home Builder Federation)의 협의 후

73 지역 기반으로 조직되었고 2004년, 2005년, 2006년 보고되었다.

2001년 만들어졌고 얼마 지나지 않아 케이브가 이 파트너십에 참여했다. 이 계획은 빠르게 성장했고 2003년부터 '삶을 위한 건축상'을 만들고 새로운 개발의 질을 20개 질문 형태로 나누어 평가했다. 2000년대 후반 삶을 위한 건축에 대한 관심이 계속 늘어났고 다양한 공공부문의 주거 디자인 질을 평가하는 표준이 되었다(8장과 9장 참조).

이 계획에서 보듯 케이브는 발전 과정에 밀접히 관련되어 디자인 거버넌스의 새로운 분야를 만들어내고 있었다. 그중 일부는 케이브가 전담하고 있었고 나머지는 협업을 통해 이루어졌으며, 별 실효없이 끝날 수도 있었던 아이디어들을 적용·발전시켰다.

케이브를 괴롭혔던 또 다른 문제는 민간투자 개발사업 조달 모델 때문에 디자인이 소외되는 것이었다. 이 문제는 1990년대 왕립예술위원회의 주요 관심사였다. 그러나 고든 브라운 총리하에서 정부는 정부 예산을 절감할 수 있는 방식인 민간투자 개발사업을 선호했다. 이 같은 정부 정책하에서 일한 경험이 있는 한 건축가는 다음과 같이 설명했다. "디자인의 질은 전혀 고려 대상이 아니었습니다. 견적서상 예산이 중요했고 불행히도 이것이 결국 적격성을 결정하는 중요 요소가 되었습니다." 이 같은 문제 때문에 새롭게 공공부문에 집중하게 되었고 케이브는 그와 관련된 역할을 하기 위해 다시 한번 더 회의적인 정부 부서들을 설득했다. 지금은 중요하게 평가받고 있는 공공기관들의 사업 지원 역할의 중요성을 이미 경험했기 때문에 이에 기초해 케이브의 가장 중요한 출판물 중 하나인 『훌륭한 건물 만들기, 의뢰인용 지침서(Creating Excellent Buildings, A Guide for Clients, CABE, 2003a)』를 출간했고 이것은 케이브가 해체될 때까지 관련 분야의 주요 참고서적으로 사용되었다. 1년 후에는 이를 바탕으로 더 큰 규모의 프로젝트들을 위한 『훌륭한 기본 설계 만들기, 의뢰인용 지침서(Creating Excellent Masterplans, A Guide for Clients, CABE, 2004a)』가 발표되었다.[74]

이 기간에 디자인 검토 부서는 더 다양하고 많은 양의 개발 검토에 참여했다. 여기에는 교통, 주거, 학교, 병원, 복합용도 마스터플랜, 문화 복합 재생 프로젝트가 포함되어 있었고 그 양은 1년에 100건이 안 되는 규모에서 2004/2005 회계연도에는 494건의 케이브 자체 최고 기록을 세우며 급증했다(CABE, 2005c: 24). 이는 매달 열리는 전체 의원 리뷰 세션과 더 작은 규모의 내부 검토를 모두 포함한 수치다(9장 참조).[75] 그중 후자는 이후 부수상실에 대한 특별위원회(Select Committee, 2005)에서 너무 피상적이라는 비판을 받았다.

---

74 두 지침서 모두 여러 번 개간되어 2011년 온라인에 게재되었다. http://webarchive.nationalarchives.gov.uk/20110118095356/www.cabe.org.uk/buildings와 http://webarchive.nationalarchives.gov.uk/20110118095356/http//www.cabe.org.uk/masterplans 참조

75 모든 검토위원, 케이브 직원, 방문자가 참여하는(방문자는 자신의 개발 계획을 설명하기 위해 참여) 연간 약 75건의 전체 위원 검토가 있었고 다른 75건의 내부 검토는 자문단과 케이브 직원만 참여했다. 나머지는 검토위원들의 의장과 부의장만 참여해 매주 열리는 탁상 리뷰로 처리되었다.

이 정도로 많은 양의 검토에도 불구하고 디자인 검토는 직접 개발과 설계에 영향을 미치는 성격의 사업이 아니었기 때문에 다른 분야, 예를 들어 실행 지원처럼 확실한 효과를 규정하기가 쉽지 않았다. 각 프로젝트의 디자인 검토를 확실히 하기 위해서는 경우마다 다른 실제 경험과 지역 정보를 기초로 해야 했다. 2004/2005 연차보고서에서 발표된 71%의 만족도는 이런 노력을 증명한다(CABE, 2005c: 24). 그러나 검토위원을 잘못 선택하고 이들이 중요 요소를 파악하지 못한다면 이런 노력들은 물거품이 되는 것이었다. 검토 서비스를 받은 한 관계자는 "저희는 고층 건물 관련 사법적 도시설계 분석을 마쳤지만 건물 꼭대기에 금속이 튀어나온 것이 마음에 들지 않는다는 이유로 모두 무시되었습니다."라고 전했다. 이렇듯 디자인 검토는 케이브 역사 내내 논란의 중심에 있던 사업이었다.

긴장감 고조

케이브에게 특히 어려운 문제는 고밀도 지역의 디자인이었다. 기존 개발된 곳과 개발밀도가 높은 지역의 재개발을 추진하던 동시다발적 도시계획 개혁 국면에서 개발자들은 고밀도 개발을 이용했다. 그러나 많은 사람들은 케이브가 지나치게 런던 중심으로 사업을 진행하고 있으며 어반 르네상스(Urban Renaissance)[76] 사업 서술방식의 영향을 받고 있다고 느꼈다. 미들랜드의 한 도시계획가는 이것을 "로저스 경의 강령이던 도심 과징금, 고밀도, 복합 용도, 차량 통제, 고층 아파트 주거 환경과 카페 문화"로 표현했다.[77] 전임 기관이던 왕립예술위원회에 대한 비판처럼 런던 중심적 사고에 대한 비판은 매우 쉽게 할 수 있었다. 사실 여부를 떠나 이것을 반박하기 쉽지 않았던 이유는 언론의 관심이 집중된 디자인 검토에 비해 실행 지원과 다른 케이브의 사업들은 크게 주목받지 못했기 때문이다.

이 기간에 디자인 검토 과정은 케이브의 명성에 영향을 미치기 시작했다. 한 검토자는 이렇게 말했다. "완전히 골칫거리인 형편없는 건축가들도 몇명 모아 놓으면 설계에 착수할 수 있었고 실제로 그런 일들이 일어나곤 했습니다." 이런 강한 비판에서 느낄 수 있듯이 디자인 검토는 적대적인 관계를 연출했고 결국 효율성에도 영향을 미쳤다. 이 문제는 안팎 모두에 있었다. 예를 들어 다른 기관의 한 도시계획 자문은 "다소 고압적인 공문이 구청과 저희 쪽으로 전달되었습니다. '당신들이 이런 곳에서 중요한 일을 하고 있다고 들었는데 우리가 여기에 관심이 있으니 우리 사무

76 역주: 어반 르네상스(Urban Renaissance)는 20세기 중반 영국 도시재생사업에서 주로 쓰인 표현으로 런던뿐만 아니라 버밍험(Birmingham), 글래스고(Glasgow) 등의 도시재생사업에서도 사용되었다. 도시 부흥을 목적으로 세금우대 조치와 일부 계획 제한 철폐를 수반했으며 런던 도클랜드 도시재생사업이 대표적 사례다.

77 역주: 카페 문화(Coffee Culture)는 노상 카페에서 사람들과 어울리는 프랑스, 이탈리아 등 유럽의 전형적인 도시 문화를 뜻하는 것으로 본문에서는 사람들의 접촉이 활발한 거리 문화를 대표하는 표현으로 쓰였다.

실로 다음 주 수요일 2시까지 와주시오.' 이런 식이었죠." 종종 무례하다고 묘사되는 케이브 공문의 어조와 급조된 듯한 회의는 사안에 대한 관심과 신뢰성에 의구심을 품게 했다. 하지만 사실 이런 공문은 항상 무례한 것은 아니었고 사안마다 형식이 달랐다(그림 4.11).

자문 자체는 도시계획 과정에서 도움이 된다는 의견이 많았지만 막바지인 프로젝트들을 바꾸는 것은 경제적 손실을 초래할 수 있었고 이로 인해 케이브는 경제적 실현 가능성을 전혀 고려하지 않고 관심도 없다는 인식이 생겼다. 특히 케이브가 여러 참여 단체 중 하나에 불과한 대규모

Thameslink 2000 - Blackfriars Station

i

City of London

Redevelopment of Blackfriars Railway Station in the City of London, including modifications to Blackfriars Bridge and new station on southern side. Designed by Pascall & Watson Architects.

6 November 2003

Tagged with: Design review | Design review panel | London | Transport and infrastructure

We regret to say that in our view these proposals fall far below the standard we would expect for such a prominent location in the heart of London. We believe there is a need to rethink the major elements of this scheme before the submission of the planning application in June if these proposals are to present a fresh and holistic approach to give London a station it deserves for the 21st century.

This in our view is a classic case of creating a design problem and then providing a solution that will simply lead to further problems. What is required is a real vision to make the most of this opportunity and develop something beyond what was highlighted in the inspectors report resulting from the TWA. We question this whole process which appears to us to result in mediocrity and muddle when it should be providing an example of best practice and embracing what is possible with the technology of today.

Centre for Contemporary Art

ii

Contemporary arts centre on a site in the Lace Market area of Nottingham. Designed by Caruso St John.

3 May 2005

Tagged with: Arts | Culture and leisure | Design review | Design review panel | East Midlands

This proposal strikes us as an elegant, high quality response to a challenging site and an exciting brief. In our view, the building forms a fine composition which responds purposefully to the topography of the site. Its form and appearance, and the way in which the internal spaces will be used, have clearly been thought about in a considered and sensitive way. We strongly support the scheme and offer the following thoughts and comments in that context.

그림 4.11 디자인 리뷰 심사 공문. (i) 런던 템스링크 2000 블랙프라이어역 [Thameslink 2000 Blackfriars Station, London(2003)], (ii) 노팅험 현대미술센터[Center for Contemporary Art, Notting-ham(2005)] 도입부 / 출처 : 케이브

프로젝트에서 문제가 생겼을 때 다른 참여 단체의 중요성을 인정하려고 하지 않았다. 한 대형 주택건설사 임원은 "여러분이 지방정부, 개발자, 토지 소유자, 잉글리시 헤리티지, 환경 기관(Environment Agency) 등 모든 단체들과 관련 있다면 이 단체들은 모두 평등한 권리를 가집니다. 하지만 케이브는 스스로 가장 큰 권리가 있다고 생각했습니다."라고 말했다.

이 시기의 디자인 검토는 분란의 최대 원인이었다. 이것으로 케이브에 대한 불신이 쌓여갔고 몇몇은 언론에 분통을 터뜨렸다. 예를 들어 『텔레그라프(The Telegraph)』는 문화유산 보존단체인 세이브(SAVE)의 사무장이던 윌킨슨 씨(Mr. Wilkinson)에 대한 기사를 다루었다. 윌킨슨 씨가 "문화유산과 관련해 '정확한 정보'를 보고받고 있지 않다고 불만을 토로하며 케이브가 과연 믿을 만한 기관인지 의문을 제기하는 항의 편지를 문화미디어체육부에 보냈다."라고 보도했다(Clover, 2004). 케이브 내부의 긴장감도 분명히 존재했다. 예를 들어 실행지원 부서와 디자인 검토 부서는 근본적으로 반대되는 성격을 가지고 있었고 여기서 비롯되는 문제들이 있었다. 한 내부자는 "디자인 검토 위원들 때문에 골머리를 썩던 프로젝트가 있었어요. 불만이 많은 한 사업담당자가 '우리는 케이브의 실행지원 프로그램을 통해 조언을 계속 받아왔는데 어째서 디자인 검토 위원들이 반대하는 일이 벌어질 수 있느냐?'라며 불만을 토로했습니다."라고 말했다. 이런 경우, 케이브의 실행지원 부서는 "발주자의 초기 계획에 맞는 건축가를 찾아주거나 초기 프로젝트 방향을 수정해 주고 실제 디자인에는 거의 관여하지 않았을 가능성이 높았다." 그러나 디자인 검토, 실행지원, 다른 부서간 케이브 내부의 구분은 외부에서 볼 때 이해될 리 만무했다. 이 같은 업무 구분은 한 프로젝트와 관련해 기관 내 각 부서가 다른 의견을 낼 때 케이브에게 독이 되어 돌아왔다.

케이브는 다른 기관이나 사업의 자금지원 기관이기도 했다. 이것은 케이브가 디자인 거버넌스를 더 넓은 분야로 확장하는 수단이 되었지만 어떤 부분에서는 문제가 되기도 했다. 이전에도 그랬듯 정부가 케이브에 지원한 자금이 바로 다른 단체로 흘러들어가는 것은 논란의 소지가 있었다. 하지만 지역기관들은 케이브의 지원금에 의존하고 있었고 이를 통해 케이브는 이들의 사업 방향을 조정하고 영역을 확장해나갔다. 케이브의 이런 영역 확장 과정은 시빅 트러스트에 직접적인 영향을 미쳤다. 시빅 트러스트는 1957년 설립되어 영국 전역의 시민사회를 위해 신축 건물이나 역사적인 기존 건물과 공간들의 관리·발전을 목적으로 만들어진 단체였다. 시빅 트러스트의 한 주요 인사는 "시빅 트러스트는 사업의 일정 부분을 빼앗길 것을 알면서도 케이브의 설립에 많은 도움을 주었습니다."라고 말했다. 결국 이것은 2009년 시빅 트러스트가 해체되는 요인이 되기도 하였다. 케이브의 지원을 받던 여러 지역의 건축과 건조 환경센터들은 더 많은 지원금을 받기 위해 사업을 잘 만들어내야 했다(8장 참조). 이 지원금은 센터 수와 함께 2003년부터 급증했고 케이브의 지원을 받는 센터들의 전국적인 네트워크를 만든다는 목표하에 지원금 양도 대폭 증가했다. 이렇게 각 지역에 실행지원과 디자인 검토 서비스를 제공하는 센터를 두고 관리하는 지역 디자인 거버넌스 서비스 형태가 만들어졌고 넓은 의미에서는 현재까지도 만들어지고 있다고 할 수 있다(5장 참조). 당시 런던에 있던 케이브는 지원하던 각 지역센터와의 상의나 협업도 없이 해당 지역사업을 진행했다. 그래서 지원 기관과 준경쟁자 관계에 있었고 한 지역센터 관계자는 "혼란과 긴장 관계 … 누군가 케이브에게 직접 요청한다면 케이브가 그 지역에 와 일하는 것을 막을 자가 없었습니다."라고 설명했다.

모든 것이 변하다

이 시기 케이브는 대담한 목소리를 내는 사회운동기관이었다. 자신감 있고 열정적인 직원들은 외부에서 볼 때 이상을 추구하는 젊고 약간 호전적인 사람들로 보였다. 이 시기 케이브 직원들도 자신들이 소속된 집단을 비슷하게 묘사했다. "사람들이 케이브에 끌리는 이유는 우리가 새로운 단체이자 젊고 변화를 추구하지만 너무 자유분방하진 않기 때문입니다." 디자인 검토를 실시하는 과정, 케이브 스페이스 설립 과정과 관련해 케이브에 대한 불신이 있었지만 케이브의 주요 인사들은 케이브의 비전을 알리기 위해 다양한 노력을 기울였고 중요 정책 이해당사자들 관련 단체와 긴밀한 관계를 유지했다. 케이브 스페이스의 줄리아 트리프트는 특히 녹지공간과 관련있는 다양한 단체들과 열성적으로 긴밀한 관계를 유지했다. 좋은 관계를 유지하기 위해 전국 곳곳을 돌아다니며 만남을 가지고 케이브가 녹지공간과 관련해 처음으로 출판한 책에 여러 단체들을 참여시켰다. 케이브는 이렇게 쌓인 전문성을 다른 기관들과 공유했다. 그 예로 2005년 교육과 개발 부서 책임자(Director of Learning and Development)였던 크리스 머레이(Chris Murray)를 지속가능한 지역사회를 위한 학술원(Academy for Sustainable Communities, ASC)의 임시책임자로 파견하기도 했다.[78] 이 학술원은 원하는 목표를 달성하지 못하고 주택공동체청(Homes and Communities Agency, HCA)과 통합되어 주택공동체청 학술원이 되었다. 잠시 동안이지만 이 "학술원은 상당 부분 케이브의 교육 부분과 중복되었고 학술원이 직접 케이브와 연계되는 것은 당연해"보였다. 이 둘은 결국 지속가능한 지역사회 사업들의 디자인 관련 여러 프로젝트들을 공동운영했다.

케이브는 디자인의 근거를 확보하려는 노력도 계속했다. 어떤 경우는 특정 사안과 관련된 것이었는데 소수 인종의 낮은 고용률, 심미적 측면에만 집중된 디자인에 대한 인식과 같은 장기적

---

78 존 이건 경의 두 번째 감사 「지속가능한 지역사회를 위한 기술(Skills for Sustainable Communities)」은 지속가능한 지역사회를 계획, 실행, 유지하기 위한 여러 주요 교육이 필요하다고 결론내렸다. 존 이건 경은 이 목표 달성을 위해 지속가능한 지역사회 교육을 위한 국립센터(National Center for Sustainable Communities Skills) 설립을 권장했고 2005년 2월 지속가능한 지역사회를 위한 학술원(Academy for Sustainable Communities)이 설립되었다(Egan, 2004).

인 변화 노력도 계속했다. 이것들은 케이브의 신념을 잘 보여주는데 지난 75년간 왕립예술위원회가 추구해온 목표에서 벗어나려던 시도를 반영한다. 목표 달성은 그 자체로 어려운 일이었지만 언론은 이것을 더 힘들게 했다. 한 언론사는 케이브의 주택시장 재생사업을 '슬럼(Slum) 예쁘게 만들기'라고 폄하했다(Sherman, 2003). 이런 비판에도 불구하고 케이브는 당시 건축물의 겉모습에만 집중하던 정책결정권자들의 인식을 바꾸고 더 넓고 근본적인 디자인의 영향을 알려주기 위해 이 같은 사업들이 필수라고 확신했다. 케이브는 이런 목표 달성을 위해 연구와 지침서 발행을 계속했다. 이런 연구와 지침서는 케이브의 영향력과 인지도를 높여주었고 여러 실무자들은 이런 연구와 지침서를 통해 케이브와 정기적으로 소통할 수 있었다. 연구들은 2003년부터 엘라너 워윅(Elanor Warwick)이 이끌던 케이브 내 작은 연구팀에서 수행되었다.

그러나 케이브는 어떻게 보면 통제하기 힘든 기관이 되어 갔고 각 부서들의 업무와 규모가 커지면서 케이브가 "하나로 통합되지 못하고 있다."라는 비판이 더해졌다. 어떤 경우에는 부서 간 연계가 능동적으로 이루어지기도 했고 강의를 함께 듣거나 부서 간 교차·인용하는 경우도 있었다. 그러나 전반적으로 보았을 때 부서들은 스스로 해결하려는 경향이 있어 서로 소통이 부족했기 때문에 케이브 내에서 업무 확장과 배치가 잘 이루어지지 못했다. 한 부서장은 이런 상황에 대해 불평을 쏟았다. "여러분이 실제로 대형마트 관련 일을 현장에서 하고 있는데 갑자기 누군가가 대형마트 관련 문서를 만들고 있다는 것을 나중에야 알게 되는 경우가 생기기도 했습니다." 디자인 검토와 실행지원 부서에서 특히 이런 소통 부재 문제가 많았다. 한 위원은 "한 번은 같은 사업에 디자인 검토와 실행지원이 이루어지고 있었는데 내부의 누구도 케이브가 이 사업에서 두 가지 역할을 하고 있다는 것을 몰랐던 적도 있었습니다."라고 기억했다. 이런 문제로 케이브는 한때 자신들이 어디서 무슨 일을 하고 있는지를 표시한 도표를 만들어야 할 정도였다.

케이브는 결론적으로 역동적이던 기관 운영방식으로 감당할 수 없을 만큼 커졌고 사회운동 방식도 역시 유지하기 힘들어졌다. 케이브는 기존 운영방식을 일정 기간 유지했지만 비리 사건으로 기관 운영이 불안정해지면서 통솔력을 상실했다. 의장이던 스튜어트 립튼 경과 다른 위원들의 사우스 켄싱턴(South Kensington)과 크로이던 게이트웨이(Croydon Gateway) 계획의 디자인 검토 관련 비리 혐의가 제기되었다. 더욱이 립튼 소유 개발사 스탄홉(Stanhope)이 두 개발의 지분을 가지고 있었고(Blackler, 2004) 이 사건으로 여러 조사가 진행되었다.

먼저 2004년 부수상실은 케이브 내 공익과 사익 상충에 대한 감사를 회계법인 AHL에 지시했다. 동시에 AHL의 조사가 마무리되기 전 존 라우즈는 주택공사장으로 위촉되어 그해 5월 케이브를 떠나면서 영리하게 조사를 회피할 수 있었다. 2주도 지나지 않아 AHL 보고서가 발표되기 정확히 48시간 전 립튼은 의장직에서 물러났다. 표면상 명분은 "케이브가 조사 결과를 원칙대로 진행할 수 있도록(Brown, 2004) 한다는 것이었지만 문화유산부 장관(Heritage Minister)이었던 맥킨토시 경(Lord Mckintosh)과의 회의 후 물러나라는 명령을 받은 것이었다. AHL 보고서는 다음과 같이 밝혔다.[79] "케이브 의장은 활동 중인 개발자가 맡아선 안 된다. 이것이 케이브 내에 누적되어온 공익과 사익의 상충에 대한 이 보고서의 결론이다."

케이브에 대한 비리 의혹은 결국 공개조사로 이어졌다. "16명 위원 중 10명의 개인 사익이 케이브의 공익과 연결되어 있었다."라고 밝혀졌지만 정부는 은퇴한 전문가보다 '현재' 케이브 내에서 차기 지도부를 구성할 수밖에 없었다. 그럼에도 불구하고 감사 결과는 디자인 검토와 관련된 상업활동이 모두 공개되어야 하며 케이브 의장은 주요 사업체의 이익과 관련된 사람이 맡아선 안 된다는 것을 골자로 한 28개 지침을 제안했다. 정부는 이 권장사항의 상당수를 받아들였다(ODPM, 2005).

언론은 립튼에게 집중포화를 가했고 이 시기 케이브에 대한 비판도 거세졌다. 그러나 지지자들과 비평가들 모두 의장이 책임을 회피할 수 있었지만 모든 죄를 뒤집어쓰고 사퇴했다고 생각했다. 이 사건에 대한 의견은 다음과 같았다. "스튜어트는 모든 사건 과정의 불쌍한 희생자입니다. 의장으로서 그는 분명히 철저히 깨끗했지만 공익과 사익 간의 불분명함이 있었다는 사람들의 인식 때문에 사임해야 했습니다." 두 번째, 세 번째 조사위원회가 2005년에 있었고 케이브 지도부가 다시 들어섰다. 존 소렐(John Sorrell)이 2004년 12월 임명될 때까지 폴 핀치가 임시 의장으로 공백을 메웠고 2004년 9월 리처드 시몬스(Richard Simmons)가 위원장을 맡았다. 이들은 풍랑을 함께 헤쳐나갔고 케이브를 새로운 단계로 이끌었다. 이 둘의 첫 번째 임무는 엉망이 된 케이브를 재정비하는 것이었다.

하원 부수상실 특별위원회(House of Commons Select Committee on the Office of the Deputy Prime Minister, 2005)는 케이브의 효율성에 대한 공청회 개최를 결정했고 그 후 왕립도시계획협회의 징계 공청회도 있었다. 후자는 직권남용 의혹에 관한 것으로 아드리안 데니스(Adrian Dennis)와 관련된 것이었다. 아드리안 데니스는 립튼에 대한 의혹을 처음 제기했던 인물로 의회(특별위원회)[80]에서도 관련 발언을 했던 크로이던 국회의원이었다. 이 사건은 의회 특권을 남용하는 것일 수도 있다는 의견에 따라 왕립도시계획협회가 재빨리 소송을 취하하면서 무마되었다.[81] 정부조직 내 케이브의 역할을 완전히 재고하려고 했기 때문에 특별위원회 공청회는 중요했다. 근본적으로 이 공공생활표준위원회(Committee on Standards in Public Life, 2005)에 의해 설정된 최상의 공정성에 부합

79 www.planningresource.co.uk/article/44562/cabe-audit-recommends-shake-up

80 www.publications.parliament.uk/pa/cm200304/cmselect/cmodpm/1117/1117we31.htm

81 www.building.co.uk/sir-stuart-lipton-loses-case/3048444.article

하는 거버넌스 체계 구축을 목표로 했다. 보고서가 발표될 무렵 케이브 새 지도부는 AHL 감사에 따라 이미 이를 적용하고 있었다. 또한 위원회는 케이브가 법정기관으로서 자리 잡으려는 계획을 지지했고 케이브의 설계 검토 범위에 대한 감사를 빨리 진행할 것을 지시했다.

사우스 켄싱턴과 크로이던의 경우뿐만 아니라 특별위원회는 케이브의 디자인 검토 기능에 대한 다양한 증언을 들었다. 가장 눈에 띈 것은 이브닝 스탠다드(Evening Standard)의 도시계획 및 부동산 특파원 미라 바-힐렐(Mira Bar-Hillel)의 증언이었다. 케이브 전직 위원장 존 라우즈가 자신의 의견을 지지한다고 주장하면서 케이브의 디자인 검토 기능은 없어져야 한다고 강력히 주장했다. 그가 보기에 디자인 검토는 "신뢰도, 조직 투명도가 부족하고 배타적 집단주의에 빠져 있으며 과도하게 양식에만 집중"하는 것으로 보였다(Select Committee on the Office of the Deputy Prime Minister, 2005 : 질문 113). 다른 증인들은 신임 위원장과 임시 의장을 포함해 케이브의 기능을 지지했다. 위원회는 디자인 검토 기능을 유지하되 주별로 진행되었던 간단한 내부 검토를 폐기하는 대신 더 엄격하고 대중에게 공개 세션을 실시하는 것으로 결정 내렸다. 이는 더 투명하게 검토 분야를 분명히 하고 주변 상황을 더 고려하기 위해서였다.

이 결정에 대해 정부는 케이브의 디자인 검토 기능을 지지했고 교육 기능이 부족하다는 추가 의견을 제시했다(OPDM, 2005 : 9). 그러나 1년 후 연간 1,000건의 신청 건 중 실제 디자인 검토 수는 연간 350건으로 급감했다(CABE, 2006c : 24-25). 특별위원회는 양보다 질을 강조했고 케이브 활동에서 실무 활동이 중심이 되도록 도왔다. 이 같은 변화는 다음 단계로 진화 중이던 케이브에게 기관의 역할을 다시 상기시켜 주었다.

완숙기의 케이브(2006~2011년)

케이브의 국가기관화

라우즈와 립튼의 사임, 특별위원회의 혼란으로 케이브의 1장은 막을 내렸다. 새로운 리더십하에서 모든 상황이 정리되자 케이브는 다시 새로운 법적 성격을 띤 기관으로 재정비되었다. 케이브는 여전히 정부에서 독립된 기관으로 청정근린환경법 2005(Clean Neighborhood and Environment Act 2005)에 의해 유한회사였지만 2006년 1월 6일부터 법정단체가 되었다. 이 같은 변화는 케이브가 신속하고 젊은 기관에서 국가적 거버넌스에 속한 성숙한 기관으로 변모하는 마지막 단계에 들어섰다는 의미였다.

케이브의 기능은 이 법령의 8부에 정확히 정의되어 있다. "a) 건축, b) 디자인에 대한 이해와 공감 및 높은 기준 설정과 교육지원, 그리고 건조 환경의 유지·관리"가 그것이다. 케이브가 이 의무를 이행할 수 있도록 설정된 규정[82]은 네 가지 실무 활동으로 분류된다.

1. 프로젝트에 대한 자문, 개발, 검토 보고서를 제공한다.
2. 경제적 지원을 한다.
3. 연구를 진행하거나 진행을 보조한다.
4. 예술 작품 관련 자금을 지원하거나 이를 돕는다.

법정기관으로서 이 같은 위치는 케이브 사업들의 법적 근거가 되었고 문화미디어체육부는 당시 이로 인해 케이브의 위상과 권한이 크게 향상되었다고 말했다.

> 케이브는 몇 가지 중요한 공적 의무가 있었는데 여기에는 공공·민간의 다양한 분야의 실무 보조와 디자인 질에 대한 자문도 포함되어 있었다. 이것은 영국 건축과 공공공간 설계 분야 담당자로서 케이브의 위치를 재확인시켜 주는 것이었다. 케이브는 초기 5년간 많은 것을 성취했지만 법적 근거를 가진 기관이 되는 것은 케이브에게 기관의 자질과 미래에 대한 자신감을 북돋아주는 것이었다. (DCMS, 2004)

그러나 이것이 케이브에 제3기관에 대한 어떤 제재나 인가 권한을 준 것은 아니었다. 앞에서 언급된 첫 번째 실무활동 권한은 케이브에 설계 검토 요청 여부와 상관없이 국가적으로 중요하다고 판단되는 프로젝트에 '디자인 검토 권한'을 주었지만 이것은 왕립예술위원회도 가지고 있던 권한이었다. 케이브가 이를 통해 '법정 자문기관'[83] 권한을 가지는 것도, 다른 기관이 여기에 협조해야 할 의무가 생기는 것도, 케이브에게 '강제 검토' 권한[84]이 주어지는 것도 아니었다. 예를 들어 잉글리시 헤리티지가 문화유산 문제와 관련해 가졌던 강제력과 같은 권한을 케이브는 가지지 못했다. 그 결과, 개발업자들은 법적으로 디자인 검토 과정에서 검토위원회의에 참여하거나 서류 등을 제출해 케이브를 보조할 의무가 없었고 지방 도시계획 권한을 가졌던 주체는 관련 건축계획 신청의 허가 여부를 판단하기 전 케이브에게 자문을 구할 의무도 없었다.

---

82 전 과정 목록에는 실행 단계도 포함되어 있었고 이 목록은 다음 웹기록보관소에 보관되어 있다. www.legislation.gov.uk/ukpga/2005/16/part/8

83 2001년 5월 케이브는 도시계획 과정에서 '비법정 자문기관'의 권한을 받았다. 다시 말해 지방자치정부는 관련 도시계획 허가 과정에서 케이브의 자문을 받도록 권장되었지만 법적 강제성은 없었다. 이 같은 권한의 한계는 2011년까지 지속되었다. 예외로 케이브는 『2007년 런던 경관관리계획(2007 London View Management Framework)』과 『1995년 일반개발절차법(General Development Procedure Order 1995)』 10장 3절과 27장에 의거한 경관보호 관련 도시계획 허가에 대한 법정 자문 기관의 권한을 가졌다.

84 강제 검토(Call-In)는 관련 기관이 프로젝트 검토를 요구할 수 있는 권한을 말한다.

많은 사람들이 케이브의 법률적 변화를 잘못 이해하고 있었고 일찍이 2006년 6월부터 정부는 관련 법규 변화의 필요성을 느꼈다. 회보 01/2006(Circular, 01/2006)에서 정부는 "초기 개발 가능성이 발견되어 제안서를 만들거나 중요한 디자인 질과 접근성 문제가 발견될 때 케이브의 자문을 받으라."라고 지방자치 정부를 '독려'했다(DCLG, 2006a : Para 76).[85] 법정기관으로 변모한 것만으로도 케이브가 장기적인 미래를 보장받는 것이라는 잘못된 인식도 있었다. 한 고위 관계자는 "법정 단체가 된다는 것은 제가 생각하기에 케이브의 해체가 의회제정법에 의해 결정되어야 하고 이로 인해 폐지가 힘들어진다는 것입니다. 알고 보면 그럴 필요가 없습니다. 지원금을 주지 않으면 그만이죠."라고 말했다. 실제로는 법령 9절에서는 분명히 장관이 케이브의 새로운 '법인체'를 해산시킬 수 있는 근거를 제시하고 있고 이런 권한은 정확히 2년 후인 2012년 1월 사용되었다.

마찬가지로 케이브가 기존 보증책임주식회사 형태의 공공지원 단체였을 때 법적 권한이 부족했다는 인식도 틀렸다고 볼 수 있다. 한 케이브 부서장은 다음과 같이 회고했다. "저는 절차상 문제로 생각했습니다. 법정 단체가 되기 전까지는 정확히 말해 불법기관이었습니다. 이것이 케이브를 법정기관으로 만든 이유입니다." 당시 공식기록은 공공책임이 이 문제의 핵심이라고 말하고 있다. 제안된 법령에 대해 하원 도서관(House of Common Library)은 다음과 같이 밝히고 있다. "모든 독립 단체들은 샤먼 보고서(Sharman Report)에 따라 관리 및 감사장(Controller and Auditor General)의 감사를 받아야 한다(2005 : 63)." 보증책임 주식회사였던 케이브의 경우, 이에 해당하지 않았기 때문에 케이브가 법정 기관으로 바뀐 것은 공공지원금을 지속적·안정적으로 공급받기 위한 작은 변화라고 할 수 있었다.

새로운 문화

토니 블레어는 2005년 5월 세 번째이자 자신의 마지막 선거에서 승리했다. 그러나 그의 인기는 2003년과 2007년 이라크 침공에 대한 국회의 지지 결정에 대한 비난 때문에 곧 곤두박질쳤고 수상직을 고든 브라운에게 내주었다. 고든 브라운은 2010년 5월까지 수상직을 유지했다. 신노동당 집권 마지막 5년간 여러 번의 내각 교체가 있었다. 이 과정에서 존 프레스콧도 부수상실의 권한을 새로 만들어진 지역사회지방자치부에 넘겼다. 초대 기관장으로 데이비드 밀리반드(David Miliband)가 임명되었고 루스 켈리(Ruth Kelly), 헤이즐 블리어(Hazel Blear), 마지막으로 존 데넘(John

85 이 '공식' 문서는 개발자들이 주요 도시계획 신청과 함께 '설계와 접근에 대한 문서(Design and Access Statements)'를 제출해야 한다는 새로운 정부 요청과 맞물려 있었다. 이 설계 문서는 케이브보다 훨씬 이전부터 논의되어 왔지만 케이브가 이 아이디어를 정부에 요청해 받아들여졌다는 것은 상당한 성과를 의미했다. 2007년 케이브는 설계와 접근에 대한 문서를 작성, 이해, 사용하는 방법을 설명한 국가 지침서를 출간했다.

Denham)이 뒤를 이었다. 그들 중 아무도 존 프레스콧 만큼 건조환경을 중요하게 여기지 않았을 뿐만 아니라 이를 중요 의제로 내세울 만큼 오랫동안 직책을 수행하지도 못했다.

케이브가 법정 단체로 변하면서 케이브 운영과 관련해 꾸준히 다른 의견을 제시하던 기존 두 정부 부서 간에 긴장감이 고조되었다. 문화미디어체육부는 케이브의 근본적인 가치를 존중했지만 한 내부자의 말에 의하면 지역사회지방자치부는 "각 기관의 정부 부서 지원 실적"에 중점을 두고 있었고 이런 분위기에서는 특정 정부 프로그램이나 계획안의 디자인을 비평하기 어려웠다. 이렇게 상황이 급변하면서 지역사회지방자치부와의 관계는 더 악화되었고 케이브는 디자인 전도사라기보다 정부 정책을 효과적으로 수행하는 기관에 더 가까워져 갔다. 고든 브라운 지휘하에 새로운 기조가 세워지고 있었다. 규제와 보고 과정을 강화해 직원 고용과 해고조차 특정 '서비스 수준 계약(Service Level Agreement, SLAs)'에 의거해 결정해야 했다. 추가로 새로 임명된 장관들은 기존에 비해 디자인 강령에 대한 조언을 잘 받을 수 없었다. 아마도 관심이 없었기 때문일 것이다. 그 결과, 여러 디자인과 관련해 잘못된 판단을 내렸다. 케이브 내부 한 고위 관계자는 "케이브를 가장 힘들게 했던 것 중 하나는 당시 문화미디어체육부 장관이던 마가렛 호지(Margaret Hodge)가 지방조직 체계가 있는 기관들을 단속하기로 결정한 것이었습니다. 당시 정책 자문들은 맨체스터 건축센터를 방문하게 되었고 '케이브가 지원하는 센터'라는 문구를 보게 된 거죠. 불행히도 마가렛 호지는 이를 케이브의 지역센터 사무실로 오해했고 그 해 예산이 삭감되었습니다."라고 전했다. 이것은 의무감을 높이기 위한 정부 기관 개혁의 일부이자 기존 '사업 실천' 관련 문제들의 연장선상에 있었다. 이것은 비효율적인 측면도 있었는데 중앙집권적인 방식이 적용되어 도전적이고 대담한 의견을 내는 케이브의 능력을 약화시켰다. '케이브 가족'의 오랜 구성원 중 한 명은 이렇게 말했다. "한 단체가 통제되고 있었고 그로 인해 비교적 작고 기민하며 정부를 비판할 수 있었던 기관이 정부의 도구로 전락하고 말았습니다."

과거에 누렸던 충분한 정부 지원 없이도 존 소렐과 리처드 시몬스가 케이브를 보다 안정적인 시기(2006~2009년)로 이끌며 계속 전국 곳곳에서 활약했다. 시몬스는 케이브의 씁쓸한 끝까지 함께 했다. 이 시기 케이브는 다양한 것을 고려해야 했고 정부의 관리가 이전보다 심해졌다. 이런 상황에서 케이브 운영을 위해 둘은 간접적 접근법과 협업을 더 강조한 새로운 관리방법을 적용했다. 케이브의 한 부서장은 "케이브가 성장하고 더 많은 공공지원금을 받으면서 책임감이 더해지고 더 많은 문서작업을 할 수밖에 없었으며 더 많은 사람들과 소통해야 했기 때문에 업무는 느려질 수밖에 없었습니다. 이는 별로 즐거운 일이 아니었습니다."라고 말했다. 신노동당의 정치적 힘은 점점 약해졌고 이 시기에 근무한 한 고위 관계자가 설명하듯 노동당 정부 전체로 보면 "그들은 정치적 변화에 불안감에 떨었고 공공기관을 잘 관리하려고 했지만 아이러니하게도 공공기관의 사회운동 기능을 어렵게 만들었습니다."

이 기간 케이브는 혁신적이던 초기와 달리 공공서비스 기관들과 더 긴밀한 관계를 가지고 있었다. 기관의 이 같은 성격 변화는 외부에서 보기에 분명했다. 한 기관장은 "음, 리처드가 임명되기 전까지 … 이쪽 업계에서 일반적으로 느끼기에 케이브는 일 처리가 깔끔하지 않고 공격적인 면이 있는 권위적인 기관이었습니다."라고 보았다.

자선단체와 약간의 혼란

케이브의 새로운 운영 환경은 당시까지 기관이 사용해왔던 몇몇 디자인 거버넌스 방법과 맞지 않았고 다른 곳에서도 혼란이 발생했다. 예를 들어 사회운동의 필요성은 아직 존재했지만 실현 가능성은 현저히 낮아졌고 설계 검토와 관련된 케이브의 권한 확장은 지속적으로 공격을 받았다. 후자의 문제에 대해 케이브 부서장들 간에 무엇보다 중요했던 것은 디자인과 관련해 어떤 프로젝트가 디자인 검토되어야 하는지 엄격히 결정하는 것, 즉 언제 어떤 프로젝트가 중요성을 띠는가였다. 이것을 결정하기 어렵기 때문에 디자인 검토 권한을 늘리는 것은 비효율적이라는 의견이 있었고 이 논쟁은 케이브 해체 때까지 계속되었다. 2006년 12월 지역사회지방자치부 최고 계획가가 보낸 문서는 이 문제를 정확히 정의하려고 했지만 "중요도를 프로젝트의 크기, 지역, 종류로 정하기는 힘들기 때문에 정확히 규정하기 어렵다"라는 것을 인정하고 있었다(Hudson, 2006). 이 문서는 이런 중요도 관련 결정을 어떻게 내려야 하는지 설명하고 있다.[86] 지방정부들은 2001년에 정해진 규정을 기반으로 제출된 개발 계획들이 국가적 설계 검토 대상인지 케이브의 심사를 받도록 권고되었다(9장 참조).

디자인 검토 과정에서 나타난 권위적 문화가 역효과를 낼 수 있다는 우려도 있었다. 한 부서장은 디자인 검토 권한에 대해 이렇게 회상했다. "디자인 검토 권한 관련 질문이 꽤 자주 있었지만 우리는 항상 '아뇨, 우리는 그런 방식을 원하지 않습니다.'라고 대답했죠." 이 부서장은 법정 자문기관으로서 관련 문화유산 사업 검토 권한이 있던 잉글리시 헤리티지와 비교되는 것에 대해 이렇게 생각했다. "법정 자문기관인 잉글리시 헤리티지는 많은 권한이 있고 관련 분야를 대표하기 때문에 케이브보다 대중에게 노출되지 않았습니다." 지방정부와 개발자들에게 법정 단체가 아닌 케이브의 추천사항은 일반적인 조언일 뿐 강제성을 띠지 않기 때문에 지키지 않아도 손해볼 게 없다고 보았다. 한 사업자는 이렇게 언급하기도 하였다. "'너는 이걸 꼭 해야 해'라는 강제성이 있

86 "그 크기와 용도 때문에 중요성을 띠는 개발계획, 개발 장소 때문에 중요성을 띠는 개발계획, 크기, 용도, 장소보다 중요한 요소가 있는 개발계획"

다는 것은 위원회에 의해 끔찍한 디자인 결과물이 나올 확률이 높다는 것입니다."[87] 그러나 후기 들어 이런 관점은 바뀌기 시작했다. 2010년 3월 도시계획 분야에서 법정 및 비법정 자문기관들의 효율성을 높이기 위한 회의에 대해 리처드 시몬스는 "케이브는 강제 검토를 포함한 공식 권한의 강화뿐만 아니라 2005년도 법령에 의거해 더 많은 자선단체 공급을 원합니다."[88]라고 주장했다. 이것은 케이브에 대한 인식 변화와 앞으로 닥칠 시련에 대비해 더 공식적인 단체로 거듭나려는 바람을 단적으로 보여준다.

케이브 외부에서도 이 기간에 케이브의 디자인 검토 권한 범위에 대한 논쟁이 계속되었다. 일반적으로 잘못된 인식 중 하나는 도시계획 체계 내에서 케이브가 법정 권한이 있다는 것이었다. 한 디자인 검토 담당자는 "케이브는 법제 안에 들어오면서 법정 단체가 되었지만 도시계획 체계 내에서는 법정 자문기관으로서의 권한이 없었습니다. … 이것이 무엇을 의미하는지 이해하는 사람이 얼마나 있었는지는 잘모르겠습니다."라고 말했다. 실제로 서류상으로는 디자인 검토 권한이 매우 작았지만 이런 잘못된 인식과 결합해 케이브는 자신들이 가진 권한보다 훨씬 많은 영향력을 행사했다. 예를 들어 케이브의 디자인 검토 결과는 의무적인 것으로 받아들여지기 시작했고 신뢰

그림 4.12 올림픽 개최 당시 올림픽공원: 케이브는 2012년 올림픽 시설과 디자인에 주요 역할을 했다. / 출처 : 매튜 카르모나

87 그러나 2009년 학교 관련 설계 검토는 예외였다. 9장 참조

88 리처드 시몬스가 지역사회지방자치부에 보낸 편지: http://webarchive.national archives.gov.uk/20110118095356/http:/www.cabe.org.uk/files/response-improving-engagement.pdf.

성과 공정성에 대한 의구심과 대중의 비난을 불러일으켰다. 가장 공격적인 비판 중 하나가 도시 농촌 계획(Town&Country Planning)에 실린 데이비드 록(David Lock, 2009)의 케이브 비판글이었다.

'디자인 검토는 끔찍하고 피상적인 과정이다. 케이브 직원들은 비공개 과정을 통해 설계자들과 일면식도 없는 사람들을 선택하고 이 선택된 사람들의 전문성과 적합성은 전혀 설명되지 않았으며 많은 경우, 적합하지도 않았다. … 아무도 케이브를 화나게 해 나쁜 디자인 검토 결과를 받고 싶어하지 않았기 때문에 이 같은 문제들을 비판하기란 여간 어려운 것이 아니었다. 이런 두려움은 케이브를 비판할 수 없는 상황을 만들어 긍정적 영향이 없는 비전문적이고 피상적인 실무가 진행될 수밖에 없었기 때문에 비리의 한 종류로 발전될 수 있었다. 또 하나의 슬픈 사실은 '나쁜 검토 결과'라는 개념이 문화적 부분을 고려하지 못한다는 것이었다. 디자인 검토는 디자인 과정 중 건설적인 방향으로 진행되어야 하며 검사나 재판과 같은 성격이 되어선 안 되고 만약 이런 방향으로 진행되더라도 적합한 검사관, 정확한 배심원 체계, 공개조사, 완벽한 신뢰성을 가지고 진행되어야 한다!'

그림 4.13 맨체스터 코퍼러티브 그룹 본사는 잘린 계란에 비유되기도 했지만 상업용 건물로는 가장 높은 BREEAM[89] 평가를 받았다.
출처 : 매튜 카르모나

89 역주: BREEAM은 'Building Research Establishment Environmental Assessment Method'의 약자로 영국에서 만든 친환경 건축 인증제도다.

록(Lock)의 비판이 특히 강했지만 비슷한 비판이 여러 건축 미디어에 공개서한 형식으로 실렸고 이는 케이브 역사 내내 일어났기 때문에 그의 비판이 특별히 새롭거나 이례적인 것도 아니었다. 이번 장 앞부분에서 언급한 2005년 특별위원회에서의 비판과 3장에서 언급된 왕립예술위원회 후기에 있었던 비판을 예로 들 수 있다. 부동산 업계 한 고위 관계자는 케이브의 이 같은 상황을 "법정 단체이지만 현실에서는 그렇지 못한 유사 법정 단체 … 법적 권한을 갖는다는 것은 그에 걸맞은 진행 과정에 대한 투명성, 청구권, 질문할 권리를 갖추어야 한다는 의미입니다."라고 설명했다. 그러나 케이브는 기존 입장을 지키기 위해 온 힘을 다해 싸웠고 록의 비판도 간단히 반박했다. 리처드 시몬스는 "케이브는 도시계획 공무원들이 개발자들에 맞서 더 나은 공공공간을 만들 힘을 주었습니다. … 물론 디자인 검토 위원들의 강한 의견은 때로는 논란이 되었고 항상 환영받는 것은 아니었지만 그 때문에 감시관 제도가 있는 것입니다."라고 반론했다. 또한 그는 "대부분의 설계자들은 우리의 디자인 검토 방향에 동의했습니다."라고 주장했다.

그러나 이 같이 '디자인 검토 만족도'가 케이브의 성공 척도로 사용된 것은 단 한 번뿐이었다(이번 장 앞부분 참조). 목표에 크게 못 미치는 결과가 나오자 만족도는 급격히 떨어졌고 이에 디자인 검토 요청 건수와 검토된 프로젝트 수와 같이 질이 아닌 양으로 성공 척도를 평가하기 시작했다. 반면, 2008/2009년과 2009/2010년에 차례로 외부 감시자 참여 수 등 '과정의 투명성'과 '디자인

그림 4.14 전국의 '미래를 위한 학교 만들기' 프로젝트는 체계적으로 검토되었다: 사진은 크라운우즈(Crownwoods) 학교다.
출처 : 매튜 카르모나

검토에 의한 디자인 질 향상'이 성공 척도로 실험 사용되기도 했다(CABE, 2009b: 19). 그중 후자는 112개 프로젝트의 70%가 그해 첫 리뷰와 두 번째 리뷰 사이에 질적 향상을 보이거나 기존 높은 디자인 질을 유지한 것으로 나타났다. 이 평가가 얼마나 정확했으며 누가 진행했는지는 분명하지 않다(CABE, 2010c : 17).

디자인 검토는 의심의 여지없이 케이브의 핵심업무였지만 너무 두드러져 케이브의 다른 업무를 가리는 입안의 가시 같은 존재였다. 이것의 의미는 케이브가 적이 많아져 관련 서비스를 원하는 곳이 줄어들고 있었음에도 여전히 중요한 프로젝트에 중대한 영향을 미쳤다는 데 있다. 케이브는 2012년 올림픽 시설(그림 4.12 참조), 배터시(Battersea) 화력발전소 재개발 마스터플랜, 런던 크로스레일(Crossrail), 스톤헨지(Stonehenge) 방문센터, 리즈 아레나(Leeds Arena), 맨체스터 코퍼러티브(Coorperative) 본사(그림 4.13 참조), 버밍험 뉴스트리트역(New Street Station) 재개발, 이스트사이드 시티 공원(Eastside City Park), 리버풀 중앙도서관(Liverpool Central Library), 대영박물관 확장, 전국 주요 도시 확장과 산업부지 재개발, '미래를 위한 학교 만들기'(Building Schools for the Future, 그림 4.14 참조) 프로젝트 개최와 같이 전국 곳곳의 디자인에 참여했다. 이런 사업들은 앞에서 언급한 것 외에도 여러 개가 더 있었다.[90]

권한 범위에 대한 협상

당시 정부는 재개발과 주택개발의 공급 측면에 매우 집중했고 이것을 주택 현안에 맞게 추진하기 위해 케이브를 이용했다. 지역사회지방자치부의 한 주요 협업 사무관은 이 변화를 다음과 같이 설명했다. "초기에 이 프로젝트는 지속가능한 지역사회를 만드는 데 도움을 주는 형식이었습니다. 그래서 우리는 광범위한 목표를 설정했습니다. 반면, 후기에는 '주택사업'이라는 구체적인 목표를 설정했고 이는 노동당 정권 말기 최우선 과제가 되었습니다." 이렇게 케이브는 디자인에 영향을 미치고 있었지만 그들의 활동은 측정가능한 특정 목표 달성을 위해 엄격히 통제되고 있었다. 이런 상황은 케이브의 주요 사업이 디자인에서 너무 멀어지는 것은 아닌지, 더이상 충분한 열정이 없는 것은 아닌지에 대한 의문을 제기했다. 케이브는 이런 문제들로 씨름했고 신노동당 정부 마지막 해인 2010년까지 성공을 거둔 몇몇 사례도 있었다.

케이브는 정부의 우선정책들을 수행하고 있었고 이에 맞추어 전략을 바꾸었다. 예를 들어 케이브는 대규모 학교 재건축 사업 디자인 검토에 상당한 시간과 자원을 투자한 반면, 청정근린환

90 케이브의 모든 설계 검토 결정 문서는 온라인상에 공개되었다.: http://webarchive.nationalarchives.gov.uk/20110118095356/http://www.cabe.org.uk/design-review.pdf.

경법 2005에 특별히 보장된 케이브의 기능이던 자체 교육, 기술 관련 사업은 축소했다. 케이브의 한 고위 관계자는 "저희는 별개 교육 프로그램을 축소해 케이브의 다른 부서 프로그램과 통합·운영하기로 했습니다. 이는 다른 부서들과 협업해 해당 분야의 기술교육 프로그램을 직접 제공하려는 것입니다."라고 설명했다. 건조 환경 사안에 학생들을 참여시킨다는 취지의 공간 교육 및 참여 사업(Engaging Places Initiative)은 예외였다. 이 사업은 학생들을 위한 주요 온라인 교육자료로 사용되었고 2006/2007년 문화미디어체육부 관리하에 시행되었던 시범사업 후 2009년 1월 공식 출범했다(7장 참조).[91]

한편, 케이브는 완전히 통제되고 있지는 않았고 사업 과정에서 확인되었지만 정부 관련 사안이 아닌 디자인 문제들을 해결할 방법을 찾고 있었다. 그 예로 전략적 도시계획 사업과 심미 연구 사업이 있었다. 두 사업 모두 케이브가 말기에 열성을 다해 추진했던 사업으로 케이브가 아직 기존 관습들을 개선·발전시키려는 의지가 있음을 보여주었다. 특히 케이브는 왕립예술위원회 시기부터 객관적이고 분명한 증거를 기본으로 하는 디자인을 추구했고 시각적 아름다움은 케이브의 중심과제가 아니어서 심미 연구는 위험한 사업이었다. 이것은 정부의 눈살을 찌푸리게 했다. 몇몇 사람은 결정적인 순간 케이브의 미래를 논쟁한다면 이 사업들이 좋은 디자인을 추구한다는 것은 사치이고 불필요하다는 논리를 펴는 데 빌미를 줄 수 있다고 지적했다.

영향력 변화

그러나 케이브는 새로운 방식으로 정부에 영향을 미치기 위해 연구 분야를 지속적으로 개선했다. 예를 들어 신노동당의 디자인 관련 마지막 계획이던 세계적 수준의 장소 프로젝트에 영향을 미쳤다(이번 장 뒷부분 참조). 실제로 연구를 통해 논쟁과 주장의 근거를 확보하는 것은 케이브의 한 축을 형성했다. 지역사회지방자치부 내부에서는 "이때는 디자인을 실현하기 위해 증거 기반 정책이 크게 강조된 시절로 근거가 꼭 필요했고 그것에 목매고 있었다."라고 기억했다. 케이브 입장에서 연구 목적은 개발자에게 좋은 디자인 가치를 설득하기 위한 것이었고 점점 정치인들이 케이브 연구의 주요 독자가 되어가고 있었다. 이런 경험에 비추어 리처드 시몬스는 이후 이렇게 기록했다. "케이브는 오랫동안 상당한 양의 디자인 근거를 축적했다. … 그러나 정부의 요구는 줄어들 줄 몰랐다. … 근거를 확보하는 것이 정책을 만드는 데 효과적인가? 단지 회피행위인가? 아니면 더 주관적 토대에 기반한 정치적 결정을 정당화하기 위한 연막일 뿐인가?" 그는 다음과 같이 결론내렸다. "디자인 근거는 정책에 상당한 영향을 미칠 수 있지만 이것이 적용되는 과정에서 중

91 www.engagingplaces.org.uk/home.

립적이지 않을 수 있다(2015: 409, 415)." 디자인 근거가 각 부서 장관들이 달성하려는 목표에 부합할 때 정부는 이것을 고려할 준비가 되어 있었다. 그러나 그렇지 않을 때나 관심에서 벗어난 것일 때 이런 디자인 근거들은 당장 닥친 문제들과 정치적 판단에 의해 무시되고 폐기되고 쉽게 잊혀졌다.

교육사업처럼 연구사업도 조직 내 여러 곳에 분산되어 있었고 그 자체로서의 서비스로 자리 잡지 못했다. 오랜 연구팀원 중 한 명은 "케이브는 전반적으로 다양한 지식, 정보가 생산되었지만 체계화되지 못했고 이것은 생산된 지식과 정보가 케이브의 사업에 일관적이고 설득력 있는 근거로 사용되지 못했다는 의미입니다."라고 전했다. 케이브의 연구수준이 너무 얕고 이질적인 것들로 구성되어 있었으며 일관성과 논리에 의한 것이 아닌 의견의 종합체 성격을 띠었다는 비판도 있었다. 연구기간이 오래 걸리는 것도 이런 다양한 의견을 종합하기 위한 소통의 문제였다. 한 부동산 전문가는 케이브가 "사람들이 이미 참여 중인 분야의 책을 출간하고 웹사이트를 관리하는 곳"으로 전락했다고 설명했다. 이 같은 비판에도 케이브의 연구는 많은 사람들에게 읽혔고 내외에서 많이 사용되었다. 연구 분야는 케이브 웹사이트, 케이브 스페이스와 더불어 케이브가 제공하는 서비스 중 가장 높은 평가를 받았다.

케이브의 연구는 케이브의 신뢰성과 영향력을 높이고 유지하는 중요한 수단이었다. 그러나 몇몇 주요 기관은 케이브의 목표에 동의하지 않아 관계를 형성하기 힘들었다. 이전부터 케이브는 개발자의 의견을 듣지 않는다는 비판을 받았지만 이런 관계를 개선하기 위해 노력했다. 그러나 강제할 수단이 없이 도시계획 제도 내에서 주장과 명성만으로 이를 해결해야 했다. 간접적 방법도 효과적이었다. 케이브가 주택건설자연합(Home Builders Federation)과 협업해 만든 '삶을 위한 건축상'은 사익집단이 디자인에 관심을 갖게 하는 데 효과적이었다.

특히 주택건설업계와는 좋은 관계를 유지하기 힘들었다. 케이브는 때로는 홍보를 위해 비리를 폭로하는 방법을 사용했고 이는 개발자들과의 관계를 소원하게 만들었다. 주택건설업체 퍼시몬 주택(Persimmon Homes)의 경우, 케이브의 한 고위 관계자는 이렇게 주장했다. "존 라우즈가 영국의 최악의 개발이 게이츠헤드(Gateshead)에서 자행되었다고 이 업체를 비판하자 그들은 케이브에 디자인 검토를 맡긴 지방정부가 어디든 해당 지역에는 주택 공급을 하지 않겠다고 협박했습니다." 이후 2004년과 2006년 사이 발간된 케이브의 주택감사 자료집은 주택건설업체들을 두루 비판했고 케이브는 주택건설업계 전체와 등을 지는 위험에 빠졌다. 그러나 리처드 시몬스의 임명과 그의 회유정책으로 케이브는 개별 주택건설업체들과 직접 관계를 맺는 프로그램을 추진하기 시작했다. 이런 방식과 점진적인 국가정책의 강화, 더 나은 디자인이 시장가치가 있고 계획 허가 과정에서 효과가 있다는 여러 개발자들의 인식 변화로 케이브는 바라트 주택(Barratt Homes)과 버클리 주택(Berkeley Homes)과 같은 주요 주택건설업체들의 신임을 얻을 수 있었다(그림 4.15). 이 같은 관계 변화는 후기 케이브의 주요 성공 요인 중 하나였다. 그러나 퍼시몬 주택은 다른 업체들과 함께 디자인 정책에 끝까지 저항했고 여러 인터뷰에서 디자인 정책을 가장 수용하지 않는 곳으로 지속적으로 언급되었다. 케이브와 긴밀한 동맹을 맺고 있던 정부 내 한 인사는 "진보적이지 못한 몇몇 주택건설업체는 이 같은 변화를 받아들이지 못했습니다. … 이런 종류의 변화는 문제를 안고 갈 수밖에 없었습니다. 변화를 받아들이는 사람들과는 쉽게 이야기할 수 있지만 그것을 경계하는 사람들과는 이야기하기 힘들었기 때문입니다."라고 말했다.

영향력을 높이는 수단으로 케이브는 지역대표자들이 지역센터와의 관계를 이용해 설득력을 높여 지역과 긴밀한 협력 관계를 유지하는 방법을 사용했다. 한 지역대표는 "최소한 이론적으로 우리가 중앙정부 정책결정권자들과 매우 긴밀한 관계를 유지하고 있다는 사실은 매우 강력한 무기가 되었습니다."라고 말했다. 부분적으로 케이브의 지원을 받으며 건축센터네트워크(Architecture Center Network, ACN)를 통해 협력 중이던 지역의 건축과 건조환경 센터들(Architecture and Built Environment Centers, ABECs)은 디자인 검토 서비스 확장에 일조했고 케이브 가족의 중요한 부분 중 하나가 되었다(8장, 10장 참조). 2009/2010년에 이어 런던을 제외한[92] 여덟 개 지역은 지역위원

그림 4.15 케이브 후기에 디자인이 검토된 버클리 홈즈의 키드브룩 마을(Kidbrooke Village) 1단계 / 출처 : 매튜 카르모나

92 어반 디자인 런던(Urban Design London, 런던 중심의 디자인 교육단체)은 케이브가 간접적으로 지원하던 건축센터네트워크(ACN)에 가입할 수 없었고 제휴기관으로 남아야 했다.

들에 의해 관리되었고 그 중심에는 대부분 건축과 건조 환경 센터가 있었다(CABE, 2010a : 17). 런던의 몇몇 디자인 검토 서비스 책임자들은 지역위원들이 "충분한 지원을 받지 못했고" 그 결과, "질적 차이를 보였다"라는 점에서 부정적인 인식을 가지고 있었다. 그럼에도 케이브 디자인 지원 활동과 지역대표자 네트워크는 국가 디자인 검토 체계를 통해 케이브의 영향력을 전국으로 확대할 가능성을 보여주었다.

비판의 증가

케이브는 아직 인정받는 기관이었고 다른 기관들과 관계를 잘 유지하고 있었다. 그러나 여러 시기 케이브의 기반을 현저히 약화시켰다. 첫째, 건조환경 전문가들은 이 시기 케이브를 초기 케이브와 자주 비교했다. 많은 이들이 규모가 커지면서 케이브가 더 내향적이고 관계를 유지하기 힘든 기관이 되었다고 느끼고 있었다. 예를 들어 몇몇은 케이브가 지나치게 디자인에만 치우쳐 개발 과정, 지속가능성과 관련된 더 큰 목표 달성에 실패한 결과 전반적인 영향이 줄었다고 느꼈다. 케이브는 개발자들과 더 나은 관계를 유지하고 있었지만 기관 내 다양성이 너무 부족해 모든 이해관계 단체들과 긴밀한 관계를 유지하기 힘들었다. 지속가능성 문제와 관련해 케이브는 이 분야에 늦게 뛰어든 기관이었다. 정부가 에코 타운 사업에 관심을 보였던 2007년에서야 저탄소 개발 논쟁에 뛰어들었다(9장 참조). 존 소렐은 버밍험시 의회와 공동개최한 2008년 5월 기후변화 축제(Climate Change Festival) 전날 다음과 같이 발언했다. "케이브가 실시한 많은 디자인 리뷰 중 지속가능성을 중요한 요소로 본 것은 소수에 불과했다." 이 발언을 시작으로 케이브는 드디어 지속가능한 건축물 디자인 관련 정부활동을 위한 캠페인을 시작했다. 이듬해 케이브는 이와 관련해 야심찬 계획과 지속가능한 도시 웹사이트를 발표했다.[93] 분명히 이는 좀 늦은 감이 있었다(7장 참조).

둘째, 왕립예술위원회에 심각한 손상을 주기도 했던 파벌 형성 조짐은 여전히 사라지지 않고 있었다. 디자인 검토도 이런 문제가 있다는 의견이 있었고 몇몇 국내 심사위원들은 디자인 검토에 참여하는 것이 자신에게 이득이 된다는 것을 알고 있었다. "의심의 여지없이 개인사업차 고객을 만났을 때 저나 제 동업자가 케이브의 디자인 검토 위원이라고 말하면 그들은 이것이 프로젝트에 도움이 될 수 있겠다고 생각합니다. 적어도 위원이라면 시스템과 관련자들을 잘 알고 그들을 어떻게 이용할지도 잘 알기 때문이죠." 케이브가 다른 조직을 대하는 방식은 이 같은 인식에 도움이 되지 않았다. 예를 들어 케이브 스페이스는 직접 착수하지 않은 업무에는 관심이 없는 것처럼 보였다. 공공공간 관리에 대한 『살아있는 장소, 질적 수준 검토(Living Places, Caring for Qual-

93 http://webarchive.nationalarchives.gov.uk/20110118095356/http:/www.cabe.org.uk/sustainable-places 참조

ity, DCLG 2004)』, 『도시의 수목들 제2부(Trees in Towns II, DCLG 2008)』와 같이 정부가 의뢰한 주요 연구보고서를 무시하곤 했다. 또한 케이브에 도움을 준 사람들은 가끔 정책집이 출간되고 정책이 실행되고 나면 자신들이 뒷전으로 밀려나 기여도를 충분히 인정받지 못하고 있다고 생각했다. 이 같은 생각은 모든 업적이 공동의 노력으로 이루어냈다기보다 케이브의 더 큰 목표 아래 지나치게 부차적으로 취급된다고 느끼는 데서 비롯되었다. "보고서를 만들고 사업을 진행하지만 결국 노력이 제대로 평가받지 못하고 하도급업체 취급을 받습니다. 보고서를 읽어보면 24페이지가 우리가 찍은 사진, 우리가 조언한 내용들로 가득 차 있습니다. 그러나 결국 케이브 이름으로 출간되죠."

셋째, 어떤 사람들은 케이브가 "대형 공공기관, 특히 누구에게든 명령할 수 있다고 생각하는 정부를 대표하는 기관"이 되어간다고 생각했다. 예를 들어 케이브의 등장에 비판적이었던 도시설계연합은 2000년대 들어 점점 사라졌고 이것을 안타까워하는 사람들도 있었다. 한 도시계획가는 다음과 같은 의견을 가지고 있었다. "도시설계연합은 케이브와 전문가들을 잇는 연결고리가 될 수 있었습니다. 그러나 케이브는 직접적인 역할을 원했기 때문에 그들과 관계맺고 싶어하지 않았죠." 이 분야에서 분명히 우월한 위치에 있던 케이브의 존재는 케이브가 원치 않는다면 도시설계연합이나 시빅 트러스트와 같은 비정부기관들이 비집고 들어갈 자리가 거의 없다는 것을 의미했다(5장 참조).

많은 사람들은 케이브가 영향력을 넓히는 데만 몰두해 자신을 점점 과대평가하고 이목 끌기에만 집중한다고 생각했다. 공원 분야의 녹색 깃발상(Green Flag Award)이 이것을 단적으로 보여준다. 이와 관련 있는 한 인사는 다음과 같이 말했다. "케이브는 정말 오만했습니다. … 디자인 검토 권한을 저희에게 주었지만 동시에 자신들이 실행 권한을 가져가버렸어요. 케이브가 주요 지원기관이었기 때문에 자신들이 무엇을 가지고 어떤 일을 할지 결정했습니다. 그렇다고 그들에게 진짜 소유권이 있는 건 아니었습니다." 케이브의 유일한 파트너이자 케이브의 다양한 자원과 출판 능력 때문에 중요한 관계를 맺고 있던 '삶을 위한 건축'에서도 일부 비슷한 불만이 터져나왔다.

마지막 비판은 초기부터 지적되어 왔던 케이브의 런던 중심 운영방식이었다. 케이브는 디자인 수준 향상이라는 도전을 하면서도 영국 전역의 현장에 퍼져 있던 전혀 다른 현실을 효과적으로 받아들이고자 했다. 전국 각지 지방자치 정부와 함께 디자인에 대한 인식을 바꾸려던 케이브 실행지원위원들의 부단한 노력에도 불구하고 한쪽에서는 아직 좋은 디자인은 사치라고 생각하는 고질적인 인식문제가 있었다. 케이브의 한 위원은 "어떤 사업이 더 비싸고 어떤 사업이 경제적 효율이 없을 것이라는 비판은 누구나 할 수 있습니다. 그러나 그것이 항상 옳은 일이라고 할 수 없습니다."라고 반론했다. 그러나 어떤 이들은 이런 생각이 대도시 엘리트들의 편협한 시각을 잘 보여주며 현장의 현실을 반영하는 데 계속 실패하는 이유라고 생각했다. 초기에 비용과 실용을 이유로 도시대책위원회의 추천에도 불구하고 지역조직을 만들지 않으려고 했던 것은 이런 경제적 효율성 지적에 대한 대응이었다. 많은 사람들이 지역대표의 고용방식과 건축건조환경센터의 부분적인 지원방식을 형식적인 것으로 여겼다.

마지막 두 번의 디자인 검토

지속적으로 제기되어 왔던 비판을 반영하고 케이브가 정부의 주택정책 자문을 위한 문서인 2007년 7월 '주택 녹서(綠書, Housing Green Paper)'에 근거해 공식적으로 철저한 감사를 받아야 하는 정부기관이 되었기 때문에 문화미디어체육부와 지역사회지방자치부는 공동으로 케이브에 대한 '약식 감사'를 발표했다(DCLG, 2007 : 63). 이 과정은 두 부서가 디자인 검토 범위에 대한 정확한 동의를 끌어내지 못해 9개월간 지연되었고 업체 계약과 프로젝트 진행 등 케이브의 경영전략에 차질을 주었다. 당시 케이브의 한 인사는 "정말 답답한 상황이었습니다. 지연되는 이유를 설명해 주는 사람이 없었기 때문입니다. 결국 두 개의 정부 부서와 관계될 때 생기는 문제처럼 보였습니다."라고 말했다(Stewart, 2008에서 재인용).

이 감사는 웨스트 오브 잉글랜드대학(University of the West of England)의 리처드 파나비(Richard Parnaby)와 마이클 쇼트(Michael Short)가 맡았고 감사위원들은 케이브와 정부 지원 부서들의 관계와 방침, 케이브의 실무적 효율성을 고려하라는 지시를 받았다. 이에 대한 광범위한 문헌 분석, 인터뷰, 관찰을 바탕으로 이 감사는 다음과 같은 결론을 내렸다.

> 케이브는 영국 내 질 높은 장소와 건물을 공급해왔고 앞으로도 그럴 것이며 나아가 더 효과적으로 이를 실행할 수 있다. 케이브는 정부 정책에 잘 부합할 수 있게 지속적인 검토 과정을 거쳐 잘 짜인 정책을 만든다. 여러 단체들이 공공과 민간부문의 건축과 장소에 영향을 미치려는, 계속 변화하는 복잡한 환경 속에서도 효과적으로 운영되고 있다. 케이브는 여러 이익이 충돌하는 건조환경 디자인 분야에서 정부의 중요한 파트너이자 전국 대형 정부 부서 및 기관들과 함께 정책 목표를 실현시킨다. (Parnaby&Short, 2008 : 3)

법안과 다섯 가지 추천사항이 발표되었다. 이는 기관의 영향력을 전국으로 넓히기 위한 더 강력한 지역전략, 도시계획 과정과의 더 강력한 연계, 지원부서와 정부 내 다른 부서들과의 연계를 위한 더 집중된 전략, 교육과 보급 전략 검토, 케이브의 효율성과 자기결정권을 위한 근거 기반 전략개발 등이었다. 이 감사는 곧 들이닥칠 예산 삭감의 불안에도[94] 여러 파급효과를 냈다. 이로 인해 케이브는 정부 내 위상에 대한 확신을 가질 수 있었지만 이는 신노동당이 무너질 것이 확실해 보였던 2010년 5월 총선 때까지 뿐이었다. 1년 후 10년 동안의 활동에 대한 케이브 자체 감사

---

94 당시 정부 지원 단체들 전반에 걸쳐 2010년까지 약 3%의 예산삭감이 계획되었다.

는 또 다른 긍정적 평가를 내렸다.

- 케이브는 3천 개가 넘는 주요 개발 계획을 건설비용의 0.1%인 평균 2,500파운드 비용으로 디자인 검토하였고 여기에는 359개 학교와 300개 조기교육센터가 포함되어 있다.
- 케이브 디자인 검토의 85%는 지방자치단체가 위탁한 개발계획이었고 검토 요청을 받은 것 중 70%가 이후 도시계획 결정으로 채택되었다.
- 케이브는 영국 전역의 주택 관련 370개를 포함한 650개 설계 지원을 통해 50개 지방자치단체의 주요 개발 전략 수립을 도왔다.
- 케이브는 224명의 스페이스셰이퍼(Spaceshaper) 지도사(9장 참조)와 306명의 '삶을 위한 건축 평가사'를 교육했고 69개 '삶을 위한 건축상'(32개 금상)을 수여했다.
- 케이브는 도시계획, 다양한 디자인 문제 등을 고려한 차세대 첨단지침을 만들었다. 케이브 스페이스만 해도 70개 이상의 디자인 문제를 고려했다.
- 케이브는 667명의 지방의회 의원, 350명의 녹지공간 지도자, 600명의 도로 전문가를 교육시켰고 건축건조환경센터를 지원해 23만 명의 청년들이 케이브 교육 프로그램을 받을 수 있도록 했다.
- 직원 규모는 120명으로 늘었고 케이브 가족은 400명 이상의 전문가 집단으로 성장해 설계 검토와 설계지원에 도움을 주었다.

총선 전 발표문에서 케이브에 대한 주요 정당들의 긍정적 평가는 케이브의 자신감을 더 북돋아주었다. 2009년 『세계적 수준의 장소』는 '장소의 질 향상을 위한 정부전략'을 발표했다. 이 발표는 고든 브라운의 질 낮은 주택과 학교에 대한 우려에서 비롯되었고 케이브의 중요한 보고를 바탕으로 국무조정실(Cabinet Office)에서 계획되었다.[95] 이 전략은 케이브를 "성공적인 도시계획과 도시설계, 건축사업 실적"의 가장 좋은 사례로 상찬했다(HM Government, 2009 : 6). 원래 목적은 장소의 질에 대한 백서를 만드는 것이었다. 그러나 정부 내 공통된 목표 취합의 어려움을 우려한 관련 공무원들이 국무조정실의 허가없이 발표가 가능한 수준의 전략으로 재빨리 수정했다. 리처드 시몬스는 초기 의욕넘치던 디자인과 장소에 대한 관심이 이후 어떻게 약화되었는지를 되새기기도 했다(2015 : 413). 수상의 정치적 영향력이 줄어들고 경제 위기 탈출이 정부의 최우선 과제로 떠오르면서 벌어진 일이었다. 결과적으로 이 프로젝트는 7개월간의 노력에도 불구하고 새로운 내용이나 책무를 전혀 포함하지 않은 흐리멍텅한 계획으로 전락했고 출판물에 대한 관심도 흔적도

95 국무조정실은 수상의 의견을 지지했고 정부기관 간의 협력이 이루어지는 장소다.

없이 빠르게 사라졌다. 국무조정실 저자들은 "건조 환경 문제는 표를 얻기 위한 수단도, 선거 주요 타깃층인 중·저소득층 국민을 위한 것도 아니었다. 그러므로 이 새로운 정책을 정부 윗선에서 적극적으로 도울 특별한 이유가 없었다."라고 말하기도 하였다(Simmons, 2015: 412).

이런 생각들과 달리 당시 제1야당이던 보수당의 총선 전 발표문에서는 건축의 중요성이 언급되었다. 정치적 흐름의 변화를 고려했을 때 잠재적으로 더 중요할 수도 있는 일이었다. 그중에서도 가장 주목할 만한 것은 보수당 정책 녹서, 『오픈 소스 계획(Open Source Planning)』에 실린 좋은 디자인의 중요성에 대한 생각이었다. "살기 좋은 지역사회를 만드는 데 높은 질의 건조환경은 필수입니다. 우리는 실용적이고 지속가능하며 매력적이면서도 저렴하고 범죄 예방과 같은 사회 기능을 하는 건축물을 지으려고 합니다. 우리는 최고 수준의 건축물과 디자인을 실천할 의무가 있습니다. 이것은 그 자체로 중요할 뿐만 아니라 지역사회가 새로운 개발에 긍정적인 인식을 갖게 하는 중요한 요소가 됩니다(Conservatives, 2010)."

물론 케이브 10주년을 모두 기념한 것은 아니었다. 건축사무소 셰퍼드 롭슨(Shepard Robson)의 크리에이티브 디렉터였던 팀 에반스(Tim Evans)는 당시 『10년의 검토(Ten Years Review)』는 "솔직히 자체 자금으로 자신이 운영한, 자기 만족을 위한 감사"라고 말했다(Arnold, 2009에서 인용). 그 외에도 여러 사람이 케이브가 너무 많은 일을 하고 주요 사업 없이 문어발식으로 사업을 확장해 본래의 목적을 잃었다고 비판했다. 케이브의 사회운동과 교육부장이던 매트 벨은 목적이 단순히 몇 개의 좋은 건물을 짓는 것이 아니라 "전반적인 건축물 수준을 높이는 것이라면 케이브의 사업이 너무 많다고 할 수 없고 오히려 아직 적다고 반박했다(Arnold, 2009에서 인용). 당시 전직 의원 폴 핀치는 2008년 이후 '시 체인지 프로그램(Sea Change Program)[96]과 같이 "문어발식 확장을 한 곳이 일부" 있었지만(10장 참조) 정부의 요구 때문에 케이브는 자주 "진퇴양난"에 빠졌던 것이라고 언급하였다(Arnold, 2009에서 인용).

96 '씨 체인지(Sea Change)' 문화 재생 프로그램은 문화와 관광 관련 문화미디어체육부 장관 마가렛 호지가 케이브에게 관리와 실행을 맡긴 작은 해변 리조트의 재생을 목적으로 한, 4,500만 파운드 지원금을 받는 프로그램이었다. 케이브의 주요 목표로 변화 프로그램의 적합성에 대한 초기 의구심과 이런 대형 프로젝트 실행의 위험성에도 불구하고 변화 프로그램은 사라 가벤타(Sarah Gaventa, 케이브 스페이스 책임자)가 이끄는 작은 팀으로 시작해 진행되었다. 변화 프로그램은 대부분 성공적이었다는 평가가 있었다(BOP Consultancy, 2011).

정치적 종결

이 단계에서는 경제정책과 정치가 중심이었다. 2007년과 2008년 사이 발생한 세계적 금융 위기는 10년간의 디자인 거버넌스에 대한 투자에 어두운 그림자를 드리웠다. 영국의 공공자금은 이 금융위기로 큰 타격을 입었다고 기록되었다. 케이브 입장에서는 예산삭감과 2008년부터 2009년까지의 기술적 경기침체를 감내해야 했다. 주요 기금 지원 기관이던 지역사회지방자치부와 문화미디어체육부는 이 시기 지원을 지속했다(그림 4.16). 지역사회지방자치부의 한 사무관은 "경기침체는 더 심해졌고, 케이브를 지원해주기는 더 힘들어져 갔습니다."라고 기록했다. 게다가 정부 지원을 줄이자는 외부 압력까지 있었다. 한 외부 인사는 "주택건설업자들이 힘들어지는 만큼 환경사업도 힘들어졌고 민간업체들은 정부에 모든 규제를 완화하라는 지속적인 압박을 가했습니다." 라고 전했다. 여기에는 디자인도 포함되어 있었다.

게다가 『세계적 수준의 장소』라는 긍정적인 문구에도 불구하고 건조환경 정책에 대한 정부의 오랜 관심은 점점 멀어졌다. 케이브 말기에 있었던 마지막 몇 번의 재생정책 감사도 이런 변화를 막지 못했다. 케이브 한 고위 관계자는 "이 감사에서 알아낸 것은 많은 돈이 건조 환경 분야에 투입되었지만 아무 것도 빈곤문제를 해결하지 못했다는 것이었습니다."라고 기억했다. 이런 감사 결과, "케이브는 건축물에 투자한 것이 아니라 혁신과 기술발전에 투자했다."라는 재무부의 인식은 더 강해졌다.

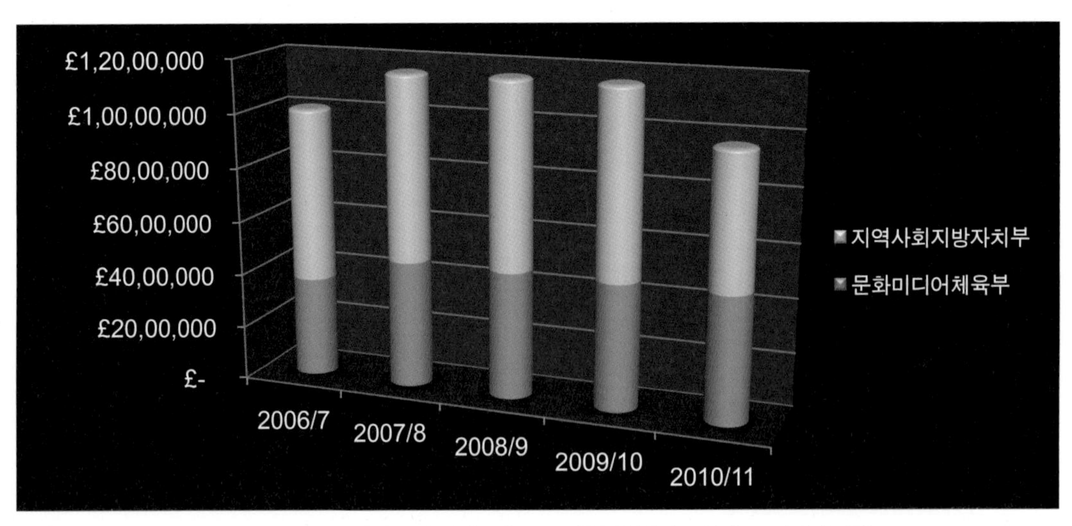

그림 4.16 2006/2007년, 2010/2011년 기간 동안 케이브의 주요 지원금[97] (케이브 연차보고서에서 발췌)

97 변화 프로그램으로부터의 수입을 제외한 수치다.

정부 안팎의 변화된 환경은 케이브를 전혀 존중하지 않는 예산 삭감으로 이어졌고 케이브에 근본적인 변화가 없는 한 큰 위기가 예상되었다. 케이브의 대응은 두 가지였다. 첫째, 상당한 양의 자원을 정부 사업인『세계적 수준의 장소』에 투입했다. 보고서 작성에 도움을 줄 수 있게 케이브 정책부장을 파견했고 이 보고서는 궁극적으로 정부 디자인팀(Ministerial Design Champion)[98]을 통해 건조환경에 대한 관심을 높이고 케이브가 다시 정부 전반에 영향력을 행사하는 데 필요한 최우선 과제를 제시했다(HM Government, 2009 : 40). 이것들은 이전 약식 감사의 주요 권장 사항을 반영한 것이었다. 둘째, 케이브가 '지역분권주의(Localism)'로 알려진 "상향식 '지역사회 기반' 주택 디자인이라는 보수당의 계획을 실행하는 데 적합한 기관"이라는 인식을 심어주길 희망하며 "보수당 예산담당자의 마음을 사로잡기" 위해 제1야당이던 보수당과 접촉했다(Arnold, 2009).

2010년 5월 6일 총선 엿새 후 새로운 보수당-자유민주당 연립정부가 수립되었고 정부 전반에 큰 예산 삭감이 예상되었다. 문화미디어체육부 장관은 당시 경제 상황을 다음과 같이 회상했다. "그리스에서는 폭동이 일어나고 있었습니다 … 따라서 정부는 예산을 확실히 안정시킬 강력한 추진력이 필요했습니다. … 모든 정부 부서들에 예산 절감 목표치가 하달되었고 각 부서들은 가능한 목표인지 아닌지, 해결책은 무엇인지를 보고해야 했습니다." 케이브 입장에서는 보수당의 환심을 사려는 노력에도 불구하고 장관급 인사들은 케이브가 논란의 여지가 있다는 보고를 받아왔기 때문에 좋은 관계를 유지하지 못했다. 한 고위 관계자는 "우리는 가끔 정부 시스템 중간에 끼어 더 이상 앞으로 나아갈 수 없는 상태가 되기도 했습니다."라고 말했다.

연립정부는 공공행정과 관련해서도 전혀 다른 접근법을 취했다. 중앙집권적 해결책을 지양하고 정부의 역할을 줄이는 대신 시장이 주도하는 도시개발을 지향함으로써 보수당의 기반 정책이던 '지방분권주의 의제'를 실행에 옮기고 있었다. 이 같은 새로운 변화 속에서도 정부 내에 디자인의 중요성을 믿는 이들이 있었지만 이것이 정부가 개입해야 할 문제라고 생각하진 않았다. 연립정부는 십수 년간 독립 기관이 급증했다고 느꼈고 집권과 동시에 독립 기관들에 대한 감사를 지시했다. 같은 해 8월 감사 결과, 감사 대상 900개 중 약 200개 독립 기관의 해체와 나머지 중 120개 기관의 합병이 제안되었다.[99] 이 과정에서 케이브의 지원 부서였던 문화미디어체육부는 다른 부서들보다 많은 독립 기관을 지원하고 있었기 때문에 특히 더 강한 압박을 느꼈다. 케이브는 존속을 위한 노력이 필요했고 예산 삭감을 논의해야 했다. 케이브 운영자는 이 '공공기관 감사'에 적극 대응한 결과, 문화미디어체육부의 요구로 세 가지 선택지를 설정했다.

---

98 정부 디자인팀(Ministerial Design Champion)은 2000년 케이브의 로비를 통해 더 나은 공공건물 프로그램(Better Public Buildings Program)의 일부로 만들어졌다. 초기의 열정과 관심은 점점 줄어들었고 2009년에는 이와 관련된 설계 담당자(Design Champion) 중 몇 명만 활동했다.

99 www.bbc.co.uk/news/uk-politics-19338344. 이 링크는 더 이상 작동하지 않음

- 독립된 공공기관으로 존속
- 잉글리시 헤리티지와 완전 병합
- 잉글리시 헤리티지와 축소된 케이브를 포함하는 건조환경을 위한 새로운 법정기관 설립

케이브와 잉글리시 헤리티지의 껄끄러운 관계에서 짐작할 수 있듯이 어떤 형태든 양쪽 모두 두 기관의 병합을 완강히 거부했고 첫 번째 선택지가 가장 이상적으로 여겨졌다. 이는 그 해 초 발표된 보수당의 정책 자문 문서 '오픈 소스 계획 녹서'를 바탕으로 한 혁신적 오픈 소스(Open Source) 케이브 모델을 기반으로 연간 8,600만 파운드 예산(약 25% 삭감)을 편성하는 방식으로 구상되었다.

이 방식은 서비스 이용자들의 제안으로 서비스를 개선하는 무료 협력 온라인 서비스로 나아가는 것이 목적이었다. 이 제안서는 다음과 같이 밝혔다. "기본 원칙은 케이브의 정보와 기술이 케이브 서비스 사용자들에 의해 지속적으로 발전할 수 있게 하는 것이다. 진정한 '오픈 소스'란 케이브가 사용자들의 요구에 맞추어 지속적인 혁신을 목표로 하는 것이다. 사용자들이 온라인 서비스뿐만 아니라 대면 서비스와 개인간 교류를 통해 직접 교육과 모범 실무 사례 전파에 참여할 수 있다(CABE, 2011f : 5)."

당시 '긴축재정[100]' 상황을 고려하면 케이브는 주요 예산 삭감을 이미 준비 중이었고 공공기관 감사 전에 이 모델을 바탕으로 변화에 적응해 앞으로 나아갈 수 있었다. 이렇게 제안된 방향은 해당 정부 부서에 접수되었고[101] 케이브는 첫 독립 단체 정리 대상에서 제외되었다. 케이브는 새로운 정치환경에 적응하려고 했고 마지막까지 이 방식이 실행가능할 것으로 보았다. 그러나 제안된 방식은 변화를 충분히 반영하지 못했고 케이브는 대대적인 첫 '독립단체 정리' 대상에서는 제외되었지만 별로 오래가지 못했다.

아이러니하게도 케이브 설립위원 중 한 명이던 테이트 미술관(Tate Gallery) 책임자 니콜라스 세로타 경(Sir Nicholas Serota)이 가을 정부 지출 감사가 발표되기 전 『가디언지(The Guardian)』에 정부가 문화지원금을 "무자비하게 공습하고 있다."라는 글을 기고하면서 상황은 급변했다(Serota, 2010). 긴장감이 감돌았고 지원금 정책이 발표되기 전 주말, 신임 문화미디어체육부 장관 제레미 헌트(Jeremy Hunt)는 최전선에서 저항하는 기관들의 지원금 삭감 비율을 기존 계획보다 낮추는 대

---

100 역주: 영국의 보수당 주도 정부는 2008년 세계 경제위기 이후 2010년부터 공공자금 지원을 축소하는 정책을 펼쳤고 이것을 긴축정책이라고 한다.

101 『사례 만들기(Making the Case)』로 불린 이 연구는 "정부 차원에서 지원한 다양한 프로그램과 독립기관의 효과를 파악하기 위해 문화미디어체육부의 연구 및 재정팀에 의해 조직되어 내부 조사된 연구였다." 이후 케이브는 다른 기관에서 제출한 조사 연구와 비교했을 때 "케이브만 실제 활동의 영향과 향상된 디자인 근거를 바탕으로 연구를 시행했다. 마지막 제출서(미출판)는 5만 자 길이로 케이브 효과를 가장 완벽히 평가했다."라고 주장했다.

신 케이브의 지원금을 없애버렸다. 한 주요 위원은 당시를 다음과 같이 회상했다. "저는 케이브가 200~300만 파운드 수준의 지원금을 받을 것으로 예상했고 이 정도는 정부 지출에서 회계 오차 정도의 금액이었죠. 케이브 입장에서 완전한 예산 삭감은 급작스러운 사고사 같은 것이었습니다. 지역사회지방자치부는 문화미디어체육부가 케이브 지원금을 삭감했다는 것을 몰랐다는 사실 때문에 더 놀랐습니다."

케이브는 소위 많이 알려진 문화 관련 기관들보다 대중의 관심이 적어 지원금을 쉽게 삭감할 수 있는 기관이었고 문화미디어체육부는 원래 케이브가 독립 기관으로 유지되는 것을 지지했지만 정치적 선택으로 케이브 지원금을 중단하게 된 것이다. 그 결과, 케이브의 다른 지원 기관들도 지원을 중단했고 수년간 케이브가 받는 지원금의 절반 이상을 담당했던 지역사회지방자치부는 훨씬 줄어든 지원금을 약속했지만 지원 기관의 역할을 원하진 않았다. 케이브는 공공기관으로서 존속이 더 이상 불가능했고 해체될 수밖에 없는 상황에 처했다.

비록 대부분 케이브가 해체 결정이 날 거라곤 예상하지 못했고 관련 부서 장관들도 케이브 해체 계획을 세운 적이 없지만 신노동당과 밀접한 관계를 유지하던 기관을 해체해 생길 정치적 이익은 분명해 보였다. 실제로 지원금 계획안 발표 후 지역사회지방자치부 장관은 케이브 해체 대안을 찾기 위해 노력했다. 이런 노력에도 불구하고 케이브 해체 결정은 졸속 처리되었고 그 과정은 '교통사고'에 비유될 정도였다. 정치적·경제적 변화는 분명히 공적자금을 줄이는 데 힘을 싣고 있었지만 이런 보잘것없는 예산으로도 케이브는 디자인 분야를 이끄는 중요한 역할을 하는 기관으로 남을 수 있었다. 게다가 케이브 역사에서 봉사자들의 역할을 보면 알 수 있듯이 '케이브 가족'이 다시 한번 그 힘을 모을 수도 있었다.

어떤 사람들은 케이브 해체를 확실하다고 생각했고 그 이유를 다음과 같이 설명했다. "왕립환경오염위원회(Royal Commission on Environmental Pollution)의 해체처럼 취급되거나 플래닝 에이드(Planning Aid)의 경우처럼 심심풀이 땅콩 같은 일 외에는 크게 한 일이 없는 기관을 해체하는 것으로 취급되었습니다." 다른 사람들은 케이브와 관련 기관이 더 완강히 저항했어야 한다고 생각했다. 그러나 많은 사람들이 케이브의 가치, 해체 방식과 관련하여 내부 의견이 완전히 나뉘어 있었다고 생각했고 이것은 케이브 존속에 악영향을 미쳤다. 2009년 12월 힘든 시기에 과감히 케이브로 돌아와 존 소렐을 대체했던 케이브 마지막 의장 폴 핀치는 「건축가 잡지(Architects' Journal)」에 다음과 같은 의견을 피력했다. "정말 실망스러웠습니다. 우리는 독립 기관 정리 대상에서 두 번이나 살아 남았고 존속을 위해 최선을 다했다고 생각했습니다(Waite, 2019)." 반면, 케이브 해체에 대한 건축 전문가들의 반응은 다양했는데 몇몇 온라인 의견은 '희소식이다.', '약 먹은 다음에 사탕 먹는 기분이다.', '이제 누군가는 다른 사람이 디자인한 건축물에 이래라저래라 하는 일이 아닌 진짜 건축물을 디자인해야 한다.' 또는 '잘됐다. 건축가들이 유일하게 좋아할 예산 삭감 소식이다.' 라는 반응을 보였다. 이 같은 반응은 케이브가 디자인 검토 기능만 수행했다는 많은 사람들의 잘못된 인식을 반영한다. 다음 의견이 보여주듯 디자인 검토는 왕립예술위원회의 마지막 10년 동안 나타났던 문제들과 비슷한 우려를 불러일으켰다.

"케이브는 건축 '비평'이 건축물, 디자인을 향상시킬 수 있다는 잘못된 이론에 바탕을 두고 설립된 기관이었습니다. 이곳은 앉아서 다른 건축가들의 디자인을 비판하는 건축계의 독단적이고 거만한 기득권층으로 가득 차 있었습니다. 동종업종 종사자를 공개비판하는 전문가 집단이 또 있을까요? 다른 업계에서 건축업계를 저평가하는 이유를 알 것 같습니다."

분명히 해체 결정은 다른 방식을 협의 중이던 사람들에게 충격으로 다가왔고 일부 주요 프로젝트에 문제가 생겨 결국 결실을 맺지 못했다. 대형 슈퍼마켓 디자인 감사위원회를 만드는 것과 전략적 도시설계 보급이 대표적인 예였다. 2011년 4월 1일 케이브는 해체되었고 마지막 연차보고서에서 의장 글을 통해 공표되었다(CABE, 2011a: 1).

"국가의 경제 상황과 2010년 정부의 공공기관 감사를 생각해 보았을 때 케이브 규모 축소는 예상할 수 있었습니다. 종합 지출 감사 공식 발표 이전에 케이브는 이미 두 지원단체와 2010/2011년 교정 예산에 동의했습니다. 케이브 지원금 전액 삭감이라는 최종 결정은 충격이었습니다. 무엇보다 케이브의 역할이나 11년간의 운영방식에 대한 비판이 전혀 없었기 때문입니다."

이 글에서 암시적 비판은 분명해보였다. 그는 "나와 모든 전임 위원들은 이에 깊은 유감을 표합니다."라며 글을 맺었다.

결론

케이브 역사는 여러 변곡점이 있었다. 빠르게 영향력 있고 신뢰받는 정부의 중요 기관이 되었고 여러 사건이 있었지만 지원금이 갑자기 사라지기 전까지는 계속해서 중요한 역할을 했다. 초기 케이브는 많은 지지를 받는 혁신적 기관이었다. 케이브 지지자들은 다음과 같이 말했다. "케이브가 작고 민첩한 기관이었을 때 많은 존중을 받았습니다. 적합한 사람들이 일하고 있었고 에너지 넘치고 영향력 있는 무엇보다 일 잘하는 기관이었습니다." 계속 규모에 비해 큰 효과를 냈고 공공지원금은 증가했으며 그 영역을 중요한 지방정부 실행지원, 기술, 공공 녹지공간까지 넓혔다. 역사가 반쯤 흘렀을 때 갑자기 케이브의 적법성 문제가 대두되었고 기관의 대대적인 개혁과 리더십 교체로 케이브는 한층 더 성숙했지만 민첩성은 떨어진 기관으로 변했다.

서서히 위기가 사라지면서 정부의 지지는 더 확고해졌고 법정 기관으로 변모한 케이브는 더 나은 질의 장소를 위한 투쟁을 확대해 나갔고 정부와의 관계도 더 견고해졌다. 시간이 흐를수록 정부는 케이브에 투자할 더 많은 이유를 찾아냈다. 문화미디어체육부를 통해 디자인 질 자체에 대한 지원을 하고 환경교통지역부, 부수상실, 지역사회지방자치부를 통해 디자인 거버넌스에서 기관의 역할을 확대하고 정치화할 수 있는 더 세부적인 정책목표를 세웠다. 정부, 지방자치정부, 업계 전반에 걸친 케이브의 업무를 통해 디자인의 중요성이 확실히 각인되었지만 정부 사업을 비판하거나 사업을 일관되게 수행하는 기관의 능력은 때로는 타협될 수밖에 없었다. 이런 긴장 관계는 초기부터 케이브의 유전자처럼 존재했고 이후 "정부사업에 도전하면서 협력하는 균형을 어떻게 유지할 수 있을까?"라는 고민에 빠졌다. 결국 케이브는 경제위기의 피해자가 되었고, 그 결과, 영국의 건조 환경 디자인 관리에 공백이 생겼다.

잘 알려진 한 위원에 따르면 "케이브는 이익 추구가 아닌 교육, 정책, 회유가 목적인 기관이었습니다. … 이는 대단한 일이지만 정부지원금으로 이런 일을 하려면 용기가 필요했죠."라고 말했다. 정치적 지지를 받는다는 것은 케이브 전체 역사에서 매우 중요한 요소였지만 결국 건조 환경 디자인과 관련해 정부 예산담당자를 충분히 납득시키는 데 실패했고 이로 인해 케이브의 미래는 불투명해졌다.

케이브는 강력한 위원회와 운영진으로 구성되어 있었다. 이것은 열성적인 직원들과 케이브 가족이 있어 가능했다. 실제로 더 나은 디자인을 위한 영국 전역 전문가들의 자발적 참여는 정부 입장에서는 가성비 높은 서비스였고 케이브 성공의 열쇠였다. 정부와 긴밀한 관계를 가지고 있었지만 의사결정 과정이 덜 공식화되었을 때 케이브는 더 역동적이었다. 정부지원금이 증가하면서 직원 규모도 증가했고 이것으로 사업을 전국적으로 확장할 수 있었지만 훨씬 공식화된 과정이 요구되었다. 스튜어트 립튼의 말처럼 케이브의 목표도 건축이 '베니어판에 갇혀 있다.'라는 관념을 극복하려고 했던 노력에서 주택 분야를 포함한 건조 환경 전반의 질적 향상으로 발전했다.

케이브 가족의 노력은 지역봉사 활동으로 확대되었고 법적 강제성이 없는 다양한 비공식 디자인 지침이 개발되었다. 케이브는 여러 가지 새로운 방식을 개발했고(6~10장 참조) 그중 상당수는 영국 전역에 상당한 영향을 미쳤고 케이브의 명성도 높였다. 이 같은 긍정적 발전에도 불구하고 케이브에 동의하지 않거나 적극적으로 반대했던 반대론자들은 초기부터 상당수 존재했다. 케이브가 영향력을 확대해 갈수록 비판도 커졌고 도를 넘는 공격적인 행동들도 목격되었다. 케이브는 공익단체로서의 역할을 충분히 하고 있다고 자부했지만 일부는 케이브가 동종업계의 기관, 전문가들과 함께 일하기보다 하부 조직으로 귀속시키려는 것처럼 보인다는 우려를 표했다. 케이브는 간헐적으로 건조 환경 업계를 넘어 지역사회에 건조 환경의 중요성을 알리는 데는 성공했지만 캠페인을 강조해 사회운동을 이끌려던 노력에도 업계 외부에서 케이브를 아는 경우가 드물어 시민사회를 설득력 있게 끌어들였다고 말하기는 어려웠다. 이런 모든 요소가 모여 케이브 지지 기반을 약화시켰고 정치 환경 변화에 대한 취약성을 드러냈다.

모두 케이브에 호의적인 것은 아니었지만 케이브 해체는 사람들이 여전히 그리워하는 혁신적인 디자인 거버넌스 실험의 종말을 의미했다. 한 내부 인사는 다음과 같이 말했다.

> "우리가 무엇을 잃었냐고 묻는다면 저는 전 세계적으로 존중받던 독특한 기관이라고 대답하겠습니다. 매일 세계 곳곳에서 전문가들은 케이브의 출판물과 지침을 사용하고 있습니다. 이것은 영국에서 만든 세계를 선도하는 서비스로 우리 스스로 만들어 실무에 적용하고 결국 해체한 것입니다. 저는 그 정도 돈을 투자하지 않은 것은 잘못된 결정이라고 생각합니다. 4억~5억 파운드로 건조 환경의 질을 향상시킬 수 있다는 건 엄청난 효과입니다."

1장에서 말했던 케이브 사업을 세 가지 근본적인 도시 거버넌스 성격인 운영, 권한, 실행력 측면에서 보면 케이브는 다음과 같이 설명될 수 있다.

- 이상적이면서도 실용적 : 주요 목표인 넓은 의미의 국가적 디자인 질 향상에 집중하면서도 실용적으로 정책과 정치적 우선순위에 따라 유연하게 사업을 확장하고 개발한다.
- 중앙집중화되었지만 분권형 : 정부 대표가 독립된 기관에 지시를 내리지만 나라 곳곳의 여러 허가 기관의 네트워크와 케이브 가족에 의해 분권된다.
- 정부지향적이고 능동적 : 100% 정부 지원을 받고 정부의 간접적인 제약을 받았지만 높은 권한, 활력, 목표를 가지고 공공·민간 부문에서 무시할 수 없는 국가적 혁신을 이끌어낼 수 있다.

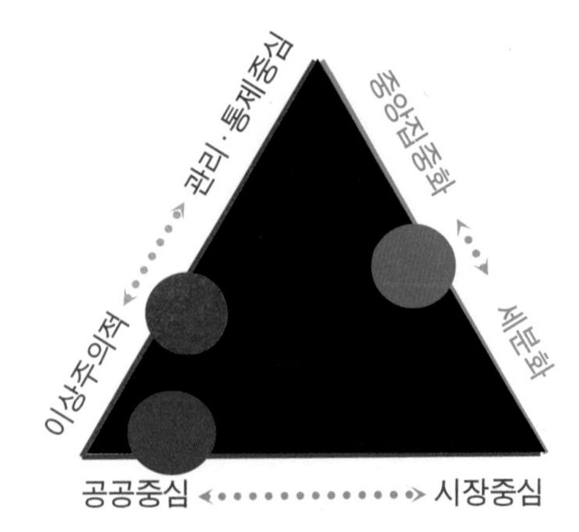

그림 4.17 케이브의 디자인 거버넌스 모델

Chapter 5

저예산 기간의 디자인 거버넌스 (2011~2016)

2부의 마지막 장인 이번 장은 케이브 해체 이후 2016년 초까지 5년간의 영국 거버넌스 이야기를 다룬다. 공공자금 지원기관으로서의 케이브의 해체와 디자인위원회 케이브(Design Council CABE)의 탄생, 기존 기관 소멸 후 나타난 디자인 네트워크(Design Network), 파렐 리뷰(Farrell Review), 플레이스 연합(Place Alliance)의 등장 등 2011년 이후 안정화를 위한 모든 노력을 다룬다. 이 시기에 나타난 케이브의 부재로 인한 문제와 새로운 문제 해결법 모색 등은 케이브의 영향력을 간접적으로 보여주었다. 긴축 재정과 지방분권 기조 속에서 디자인은 지역의 주요 과제로 더 중요한 위치를 차지한 것처럼 보였지만 공공지원 부족으로 시장에 의존해 공공디자인 거버넌스와 이에 필요한 것을 운영해야 하는 문제가 있었다.

상업시장 편입을 위한 모색

케이브를 유지하려는 노력

케이브 해체가 발표된 2010년 10월 20일부터 실제로 해체된 2011년 4월 11일까지 케이브 프로그램의 중요 요소를 살리려는 부단한 노력이 있었다. 이 시도들은 케이브를 정리·해산하고 11년간의 업적을 기록·저장하는 과정과 함께 진행되었다. 이전 장에서 언급했듯이 정부지원금이 중단되는 상황에 이상한 점들이 있었다. 케이브의 지원기관이던 문화미디어체육부는 지원을 중단했고 지역사회지방자치부는 지속적인 지원을 원했지만 지원기관이 되는 것을 거부했다. 이 같은 상황에서 케이브는 기관을 살리거나 최소한 일부 기능은 살릴 해결책의 희망이 있었다.[102]

102 특히 리처드 시몬스(Richard Simmons) 위원장은 케이브의 주요 유산과 의의를 지키려는 이룰 수 없는 노력을 지속했다.

협상에 관여한 한 내부자는 "지역사회지방자치부는 매우 강경했고 문화미디어체육부와 더 이상 대화하고 싶어하지 않았습니다. 이 같은 상황은 우리에게 매우 불리했습니다."라고 전했다. 긍정적인 부분은 지역사회지방자치부, 특히 주택 및 지방자치부 장관 그란트 샤프스(Grant Shapps)가 공공자금이 투입되지 않더라도 케이브와 협업해 해결책을 찾기를 원했다는 점이다. 동시에 디자인위원회는 지원기관이던 비즈니스혁신기술부(Department of Business, Innovation and Skills, BIS)로부터 자선단체로 존속가능하다는 허가를 받았다.[103] 두 기관 대표자들은 회담에서 공통 목표와 상호보완적 잠재력을 발견했고 다른 기관과의 합병을 통해 이룰 수 있다고 보았다. 이것은 관련 공무원과의 협상과 지역사회지방자치부로부터 업무 이전 지원을 약속받은 후에야 진행되었다. 디자인위원회와 케이브가 공공단체로서의 운명을 다하기 나흘 전에서야 디자인위원회 케이브는 새 자선단체 디자인위원회의 자회사[104]로 만들어졌다. 지원금은 550만 파운드가 2011~2012년 회계연도와 2012~2013년 회계연도에 걸쳐 지원되는 형식으로 구성되었다. 이것은 새로 만들어진 이 단체가 자체 수입구조를 갖게 하는 지원금으로[105] 디자인 검토 서비스를 상업화하고 새로운 연립정부를 대표하는 제도인 근린단위계획(Neighborhood Planning, 후반부 참조)에 적응하도록 돕는 역할을 했다. 케이브의 한 주요 관계자는 다음과 같이 회상했다.

"중요한 사실은 지역사회지방자치부도 우리 케이브가 한 일을 인정한다는 겁니다. 그들이 지원한 모든 것이 그 이상 효과를 냈고 모든 목표를 달성했습니다. 그리고 그들은 이렇게 말했죠. '우리는 당신들이 하는 일을 2년 동안 계속 지원하고 싶습니다.' 우리에게 이것은 혼란 속에서 구원받을 기회 같았습니다."

이 합병을 실현하기 위해 건조환경 역할[106]에 대한 두 가지 조항이 추가되어 디자인위원회의 왕실 조달 허가증이 연장되었다. 대부분 디자인 검토와 관련된 20여 명의 케이브 직원이 이 새

103 산업디자인위원회(Council of Industrial Design)는 전후 재건되는 영국 산업디자인 수준을 높이려는 노력을 지속하자 전시인 1944년 디자인위원회(Design Council)가 윈스턴 처칠(Winston Churchill) 정부에 의해 만들어졌다. 1974년 왕립칙허장에 의해 '디자인위원회'라는 이름으로 자선단체로 등록했지만 같은 목표로 독립 공공단체(NDPB)로 운영되었다(http://en.wikipedia.org/wiki/Design_Council). 디자인위원회는 독립 공공단체뿐만 아니라 자선단체 성격도 있어 왕실 조달허가증(Royal Warrant)을 가진 자선단체가 될 수 있었고 독립단체로서의 역할은 사라졌지만 자선단체로서 그 기능을 계속 유지할 수 있었다.

104 Private Subsidiary. 보증책임 주식회사로 1999년 케이브가 만들어졌을 때와 비슷한 위치다(4장 참조).

105 사실상 케이브는 공공기관이 아니어서 유럽경쟁법(EU Competition Rules)에 의하면 정부는 이 지원금을 제공하기 위해 공개입찰과 그에 따른 광고가 필요했다. RIBA, Prince's Foundation, 건축센터네트워크 세 개 기관은 이 지원금을 원했고 모두 디자인 검토의 상업적 가능성을 보았다. 케이브는 이 경쟁에서 승리해 2년간 이관지원금을 따냈다.

106 3.2 조항은 '자연 및 건조환경(건축물 포함)의 보호, 증대, 개선, 재생, 관련 분야와 이 분야에 관련된 지속가능한 개발과 지속가능한 삶에 대한 공공교육 개선, 관련 분야의 연구 향상이 전체 공공에 이익이 될 수 있어야 한다.'라고 명시되어 있고 4.4 조항은 '건축과 디자인 교육, 건조환경 관리 및 유지교육을 공립교육 과정, 특히 과학, 기술, 공학, 수학교육에 포함시킨다.'라고 명시되어 있다.

기관으로 이동했고 알려진 바와 같이 '디자인위원회 케이브'는 상업 디자인 검토 권한을 가진 더 큰 기관의 반독립적 기관으로 운영되기 시작했다. 케이브에서 시작된 디자인 검토 프로젝트는 자연스럽게 이관되어 디자인위원회 케이브에서 마무리짓게 되었다(그림 5.1). 공공자금을 지원받던 케이브의 일부 기능도 살아남았지만 케이브의 학교 교육자원인 www.engagingplace.org.uk는 오픈 시티(Open City)로 이관되었고 '삶을 위한 건축(Building for Life)'은 디자인위원회 케이브의 관심 아래 '삶을 위한 건축 12'로 재탄생했다(후반부 참조).

새로운 환경

케이브와 같이 디자인위원회 케이브도 두 가지 국가정책 어젠다로 규정되는 새로운 환경에 집중했다. 그중 첫 번째는 공공서비스에 대한 엄격한 운영정책이었다. 이 정책 방향은 2011년까지 국가지원금을 75% 줄였고 과도기 지원금(Transitional Funding)이 끝나는 시점인 2013년 이것을 완전히 폐지했다. 그렇게 지원금이 가장 많았을 때 케이브는 디자인 질을 위한 공공자금 투자항목으로 매년 영국에서 새로운 건설에 소비되는 600억 파운드 중 단 0.02%를 투자했지만 3년간의 긴축정책은 이마저 0으로 줄여버렸다(Carmona, 2011b). 지원금 삭감은 국가 수준에서도 큰 영향을 미쳤지만 즉각적이고 더 큰 문제는 지역경제의 빠른 위축으로 나타났고[107] 그중에서도 건조 환경 관련 서비스에 대한 영향이 가장 컸다.[108] 긴축정책이 영향을 미치기 시작한 2010년 말 런던 내 각 지방정부의 도시설계와 보존용량을 조사한 결과, 런던에 천 개의 보존구역과 4만 개의 보존건물, 150개 등록공원과 정원을 포함한 80억 파운드 가치의 건설업을 관리하는 데 단 69개 도시설계 직책과 75개 보존 직책만 남은 것으로 나타났다. 이것은 도시설계가 1인당 1억 2천만 파운드 가치의 개발사업을 담당했다는 것을 의미하며 도시의 질 유지에 업계 생산량의 0.03%만 투자되었다는 것을 의미한다(Carmona, 2011c). 런던 밖 지방 상황은 훨씬 나쁠 수밖에 없었고 도시 질 향상을 위한 사업들은 의무가 아니어서 2016년까지 상황은 악화되었다.

두 번째 국가정책 어젠다는 지방분권주의의 강조였고 많은 사람은 이것을 또 다른 긴축정책으로 보았다. 연립정부 자체가 지방분권주의를 지속적으로 강조한 것은 아니지만 지역사회의 권한을 돌려준다는 미사여구로 2011 공공기관법(2011 Public Bodies Act)에서 RDAs(Regional Develop-

107 2015년 5월까지 지방정부에 대한 중앙정부의 지원금이 40% 삭감되었다(www.local.gov.uk/media-releases/-/journal_content/56/10180/6172733/NEWS).

108 2010~2012년 사이 도시계획과 도시개발사업은 43% 삭감되었고(www.ifs.org.uk/budgets/gb2012/12chap6.pdf) 공원과 오픈스페이스 지원금은 2010년대 말 66% 감소했다(www.local.gov.uk/publications/-/journal_content/56/10180/3626323/PUBLICATION).

ment Agencies)를 폐지함으로써 추진한 지역계획 무효화를 더 촉진했다.[109] 동시에 지방분권법(Localism Act)에서 지역사회가 행정교구 크기나 이것에 준하는 계획을 세울 권한을 갖는 새로운 근린단위계획을 추가했다. 건조환경은 지역사회에서 볼 때 실체가 명확해 디자인 문제는 계획의 큰 부분을 차지할 것처럼 보여 디자인위원회 케이브에게 주어진 2년은 중요한 기회가 될 것이 분명해보였다. 불행히도 대부분 복잡한 과정과 이 과정을 담당할 지역자원이 없어 초기 근린단위계획은 진척이 더뎠고[110] 정부는 부단히 노력했지만 지방정부 수준에서 공공디자인에 대한 관심을 촉발하지는 못했다.

반면, RDAs 폐지는 신노동당 시기 도시대책위원회(Urban Task Force, 4장 참조)의 '어반 르네상스' 어젠다에 맞추어 발생했고 경제개발사업에 공공디자인을 포함시키려고 한 여러 단체의 해체로 이어졌다. 이 단체들의 노력이 항상 성공적인 것은 아니었고 신자유주의 도시정책을 표방한

그림 5.1 북비스터(North Bicester) 에코타운 개발 마스터플랜 설계 검토는 2010년에 시작해 2011년 6월에 끝났다.
출처 : 파렐스(Farrells)

109 경제개발과 같은 몇몇 RDA 기능은 지방정부와 기업이 자발적으로 협력하는 지역기업 파트너십(Local Enterprise Partnerships, LEPs)으로 이관되었다.

110 2014년 4월까지 영국 전역 지역사회는 근린계획에 관심을 보였지만 불과 13개 계획만 지역 주민투표를 통과했다. 2015년 12월 이 상황은 조금 나아져 영국 전역의 약 1,700개 지역사회가 관심을 보여 그중 126개가 주민투표를 실시하는 단계에까지 이르렀다(DCLG, 2015a).

다는 비판도 있었지만 지역 단계의 정부조직을 없애는 것은 디자인 어젠다의 후퇴를 의미했다(CABE, 2008b; Lees, 2003). 이것은 특히 RDAs가 건축과 건조환경센터(ABECs)와 지역의 디자인 능력을 위한 주요 지원기관이었기 때문이다.

시장 형성

이 같은 변화와 함께 국가, 지역, 지방 단계에서 도시설계 지원이 완전히 사라졌음에도 불구하고 보수당 연립정부가 공공정책을 통한 좋은 디자인 자체를 반대하는 것은 아니었다. 사실 보수당은 2010년 선거 공약으로 어젠다를 재명시했다. 새 정부의 초기 목표는 수년간 개정을 통해 복잡해진 약 1,300페이지 분량의 도시계획정책을 간소화하는 것이었고 2012년 3월 이것을 65페이지 분량의 국가계획정책프레임(National Planning Policy Framework, NPPF)으로 대체했다.[111] 도시계획부 장관 그렉 클라크(Greg Clark)는 이 책 서문에서 "우리 디자인 수준은 훨씬 높아질 수 있습니다. 우리는 창조력이 뛰어난 국가로 유명하지만 탁월하지 못한 결과물 때문에 디자인에 대한 자신감이 많이 떨어져 있습니다."라고 말했고 이어지는 단락은 디자인의 중요성에 대한 명백한 근거를 제시하였다. 국가계획정책프레임 7장 '좋은 디자인의 필요성' 섹션의 첫 단락은 다음과 같다. "정부는 건조환경 디자인의 중요성을 역설한다. 좋은 디자인은 지속가능한 개발의 중요한 요소이고 좋은 도시계획과 불가분의 관계이며 사람들에게 더 나은 장소를 만드는 데 긍정적 기여를 해야 한다(56 단락)."

지방정부가 정책 방향을 결정하고 계획에 반영할 권한을 가지게 되었다는 점 외에 당시 정책은 이전 신노동당의 도시계획정책(Planning Policy Statements) 기조를 되풀이하고 있었다. 그러나 여기에 "지역 인·허가권자, 즉 지방자치단체는 높은 수준의 디자인을 평가·지원할 수 있는 해당 지역디자인 검토 권한이 있어야 한다."라는 중요한 정책이 추가되었고 이 과제를 위해 케이브와 그 뒤를 이어 디자인위원회 케이브가 로비를 벌였다. 게다가 지방 인·허가권자는 "적절한 상황에서는 디자인위원회 케이브가 현재 제공하는 서비스와 같이 국가 차원의 주요 디자인검토사업에 영향을 미칠 수 있어야 한다(62 단락)."라고 말했다. 케이브가 공공 지원기관으로서의 역할을 마무리한 지 얼마 지나지 않아 이 지침이 내려진 것은 놀라웠다. 높은 수준의 디자인을 추구하지만 경제적 지원을 원하지 않는 정부라면 디자인 서비스의 거버넌스 틀 안에 시장을 만드는 것은 합리적 선택이었고 설계 검토를 최소한 가장 쉽게 상품화하는 방법이었다.

---

111 http://planningguidance.planningportal.gov.uk/delivering-plicy/achiveing-sustainable-devlelopment/delivering-sustainable-development/7-requiring-good-design/

디자인위원회 케이브, 험난한 길

약 20명의 케이브 직원이 디자인위원회 케이브로 이관되었고 다이안 하이(Diane Haigh, 케이브 전직 설계검토부장)가 이끌며 2년간 지원을 보장받았다. 그러나 이들은 이후 수 년이 힘든 시간이 될 것임을 알지 못했다. 특히 어려워진 경제환경과 그로 인해 공공·민간부문 둘 다 큰 영향을 받아 케이브는 공공기관의 권한을 갑자기 잃었다. 초기 희생양은 기관장 다이안 하이 자신이었다. 데이비드 케스터(David Kester, 당시 디자인위원회 위원장)는 그가 당시 시장 상황과 맞지 않는 리더라고 결론내렸다. 다이안 하이는 설계 검토의 상업적 이용 기준과 해당 서비스의 고객 물색작업 도중 취임 6개월 만에 사임했고[112] 나히드 마지드(Nahid Majid)가 그 자리를 대체했다(Hopkirk, 2012).

비숍 리뷰(The Bishop Review)

새로 임명된 피터 비숍(Peter Biship)이 건조환경 분야 디자인의 미래를 폭넓게 검토하면서 희망이 시작되었다. 비숍은 이 검토 보고서 서론에서 다음과 같이 말했다. "디자인위원회 케이브의 미래 역할에 대한 의미있는 결론을 내리기 위해 다양한 관점에서 검토해야 했습니다. 디자인위원회 케이브는 나름의 방식으로 건조환경을 바꾸고 향상시키려는 여러 단체와 기관들로 만들어진 복잡한 환경 속의 하나의 요소일 뿐입니다." 이 같은 상황에서 비숍은 이제 막 만들어진 이 단체에 변화가 필요하다고 보았다. "비록 선택지에서 지웠지만 디자인위원회 케이브가 이전 역할을 지속하도록 하는 결정도 매우 솔깃했습니다. 그러나 이것은 이 검토의 결론이 아닙니다. 나는 디자인위원회 케이브가 훌륭한 디자인을 위해 중요한 역할을 할 수 있지만 업계 전반의 협력을 끌어내기 위해 새로운 접근법이 필요하다고 생각합니다(Bishop, 2011 : 4)." 비숍은 다음과 같은 방식을 추천했다.

- 디자인위원회 케이브는 정부, 대학, 전문기관 등 다른 기관과의 협업으로 중추 역할을 되살리고 연구과제 설정, 논의, 혁신, 건의, 모범사업 보급의 중심이 된다.
- 디자인위원회 케이브는 케이브가 소속 패널 파견체계를 통한 새로운 방식으로 효과적으로 운영된 것처럼 국가 디자인 검토 체계의 중추 역할을 해야 한다.
- 디자인위원회 케이브는 업계의 중추 역할을 하기 위해 이관지원금을 통해 근린계획의 첫 단계를 잘 보조해 그 기반을 마련한다.
- 정부는 개발계획과 관련해 지방정부에서 받는 계획허가 비용과 사전상담 비용을 계산해 해당 계획의 디자인 검토 비용을 산출한다.

---

112 그 자신도 몇 개월 후인 2012년 4월 사임했다.

- 디자인위원회 케이브는 국가적 디자인 검토 서비스를 지속적으로 제공하고 유일하게 건축센터네트워크(Architecture Center Network)가 운영되지 않는 런던에 패널을 운영한다(8장, 10장 참조).

검토 자체는 모든 면에서 어려운 과정이었고 디자인위원회 케이브가 비숍이 독립적 검토를 하는 데 도움을 주지 않아 비숍은 점점 힘들어졌다. 결국 새로운 운영환경의 어려운 현실, 신속하지 못했던 합의, 이관 시기 동안 정부의 관심 부재 등의 이유로 비숍의 마지막 추천사항 이외에 모든 것이 무시되었다. 이 결과만으로 케이브가 겪어야 했던 변화 과정의 어려움을 과소평가하는 것은 불공평하더라도 이관지원금을 통해 주어진 기회는 별 소득이 없어보였다. 이전에 케이브는 디자인, 건조 환경 관련 문제의 선봉이었지만 이제는 살아남기 힘든 서비스 제공 기관 중 하나에 불과했다.

새로운 방식의 등장

당시 디자인위원회 케이브의 현실은 두 가지로 설명할 수 있었다. 첫째, 정부는 지원금 취소 결정을 번복할 생각이 없었다. 정부는 비숍이 제안한 간접지원 방식도 거부했다. 이 같은 상황은 시장성을 잃게 만들었고 이관지원 기간이 끝나는 2013년 4월 이후 유일한 지원 수단인 지방정부 예산은 빠르게 줄었다. 둘째, 이 같은 시장 상황을 틈타 기민한 시장지향 기관들이 한몫 챙기기 위해 등장했다. 2012년 디자인위원회 케이브는 근린단위계획 지원을 지속하기 위해 정부에 입찰했지만 정부는 이를 자선단체 로컬리티(Locality)가 운영하는 비영리 컨소시엄에 내주었다. 이것은 불가피한 추가 정리해고를 불러 같은 해 조직은 빠르게 재구성되고 고위직 해고가 이어졌다. 신임 위원장 나히드 마지드와 더 최근에 임명된 정책 및 소통 책임자 토니 버튼(Tony Burton)도 포함되어 있었다. 둘 다 디자인위원회 케이브의 해체를 확신했다(Rogers, 2012). 한 내부자는 "예상한 것보다 상황은 더 심각했습니다. … 언론은 우리가 어떻게 기관을 유지하기 위해 노력하는지보다 케이브가 가진 문제를 지적하는 데 더 관심이 많아 이 기간 케이브는 전혀 안정적이지 않았습니다."라고 전했다.

2013년 4월 디자인 검토 이관지원금 중단이 다가오자 디자인위원회 케이브는 흔들리기 시작했다. 초기 서비스 판매는 느렸고 디자인 검토 서비스는 상업화에 실패해 2012년 여름까지 상황은 악화되었다, 2013년 3월 인원감축이 추가로 이루어지면서 직원 수는 12명으로 줄었다(Donnelly, 2012). 이것을 기점으로 전체 디자인위원회뿐만 아니라 디자인위원회 케이브는 마더스(John Mathers), 데빈(Clare Devine)과 같은 신임 책임자를 임명하면서 안정을 꾀하였다.

새로운 모델은 피터 비숍이 구상한 것과도 달랐고 수입을 창출할 만한 사업에만 집중한 디자인위원회 케이브의 방향과도 달랐다. 이 새로운 상업 모델의 주요 요소는 다음과 같다.

- 비용계획 설정은 다음과 같다. 2015년 기준 '초기 디자인 워크숍'에 4,000파운드, 1단계 계획 허가 신청 전 서류 검토에 8,000~18,000파운드, 2단계 검토에 5,000~8,000파운드, 계획 허가 신청 검토에 3,500파운드를 배분한다.[113]
- 각 분야별로 고르게 케이브 설계지원위원과 같은 역할을 할 수 있는 건조환경 전문가 250명을 고용한다. 여러 관련 분야 전문가들이 다양한 요청에 응할 수 있도록 설계검토위원회를 구성할 수 있어야 한다. 건조환경 전문가들은 프로젝트 관여도에 따라 균등한 임금이 지급되며 관여하지 않은 전문위원에게는 지급되지 않는다.
- 디자인 검토 방식을 재검토하고 시장에 더 민감하고 신중한 방식을 만든다. 공익만 위한 케이브 방식을 지양한다. 이 같은 변화를 정당화하기 위해 디자인위원회 케이브는 새로운 방식은 더 생산적이고 다른 기관과의 대립이 적으면서 기관의 독립성, 자선단체로서의 지위, 디자인위원회 사업 보장을 강조했다.
- 단기간에 만든 특정 지방정부용 기본계획 검토 서비스 위주의 일반적인 설계 검토는 지양한다. 초기 옥스포드시(City of Oxford), 런던 왕립 그리니치구(Royal Greenwich)가 이 서비스를 이용했고 디자인위원회 케이브는 모든 주요 프로젝트에 맞춤형 디자인 검토 서비스를 제공했다. 옥스포드 설계검토위원들은 표준 선정 과정에서 디자인위원회 케이브에 의해 선정되었다. 한 달에 한 번 미팅을 가졌고 해당 지자체가 할인가를 지불하고 개발자에게 재청구했다.[114]
- 다른 활동들은 외부기관의 지원이 약속될 때만 시행된다. 2013년 지역사회지방자치부가 위탁한 포용적 환경 허브(Inclusive Environments Hub)를 예로 들 수 있다. 이것은 보편적인 디자인 원칙을 따른 케이브 이전 디자인위원회의 오랜 전통을 바탕으로 만들어졌다. 지속 전문개발을 포함한 다른 홍보와 상업적 기회에 영향력을 미치기 위해 디자인위원회 케이브는 포용적 환경 허브를 광범위하게 활용했다.[115]

정부의 이관지원금없이 운영된 첫 해인 2013~2014년 회계연도에 디자인위원회 케이브는 단 55개 설계 검토를 진행했고 37만 4천 파운드의 운영손실을 기록했다(Design Council, 2014). 그럼에

113 www.designcouncil.org.uk/our-services/built-envirionment-cabe

114 www.oxford.gov.uk/Library/Documents/Planning/Oxford%20Design%20Details%20of%20the%20service.pdf

115 www.designcouncil.org.uk/projects/inclusive-environments

도 불구하고 디자인위원회는 케이브를 디자인위원회 내에서 완벽히 흡수해 새로 운영체를 만들 것을 자신했다. 2014~2015년 회계연도가 끝날 무렵 수입·지출 차이는 더 커져 67만 천 파운드가 되었고[116] 몇몇 독립 디자인 검토는 더 이상 1년 단위로 보고될 수 없어 상당수가 단일 디자인 검토로 이루어졌다(Design Council, 2015 : 14). 디자인 검토팀은 지방정부의 기본계획 검토 서비스를 지속적으로 제공했고 이는 확실한 장기 수입원으로 불확실한 단기 임시 디자인 검토 프로젝트보다 매력적이었다.

디자인위원회 케이브와 디자인위원회의 완전한 합병은 케이브 브랜드의 약화를 의미했고 디자인위원회 내부에서는 이 이름을 사용하는 것이 운영에 과연 자산이 될지 부채가 될지 의문을 가졌다. 영국 내에서는 케이브에 대한 부정적 여론도 있었지만 국제적으로는 아직 그 가치가 크고 디자인위원회는 이 브랜드의 성장 가능성이 충분히 크다고 보았다. 디자인위원회에 합병된 지 5년 만에 케이브 출신 직원은 단 한 명으로 줄었지만 마케팅의 일환으로 케이브의 옛 모습을 되살리기 위해 지속적으로 노력했다. 2016년 초까지 디자인위원회 케이브는 처음처럼 열 명으로 작지만 안정적인 규모를 유지했고 상업적 기회가 많아지면서 사업은 진화·성장했다(Rogers, 2015). 2015년에는 오만왕국(Sultanate of Oman)의 복합개발인 알이르판(Al-Irfan) 도시개발 마스터플랜 디자인 검토와 조언을 제공하는 첫 국제 디자인 검토 서비스 건을 따냈고 같은 해 또 올드오크 파크로얄 개발회사(Old Oak and Park Royal Development Corporation)에 플레이스(PLACE) 리뷰 서비스를 제공하는 계약도 따냈고 2016년 1월에는 에섹스(Essex)의 써록 카운실(Thurrock Council)로부터 설계검토위원 구성 요청을 받았다고 발표했다.

여러 어려움에도 불구하고 운영한 지 5년이 지날 무렵 디자인위원회 케이브는 안정을 되찾았다. 어떤 이들은 시장에 의지해 1장에서 언급한 디자인 거버넌스 정의의 핵심인 공공의 의미를 훼손하고 기관의 기반, 효율성, 서비스를 근본적으로 바꾸었다고 보았다. 존 로즈는 다음과 같이 말했다. "케이브는 시장과 분리해 생각해야 합니다. 제가 걱정하는 것은 전체 과정이 금전문제 때문에 훼손되어선 안 된다는 것이었습니다. 상당히 나쁜 경우를 예로 들면 건축가나 개발사가 리뷰의 대가로 2만 파운드를 지급했을 때 돈을 받는 입장에서 디자인위원회 케이브가 '이 계획은 형편없으니 다시 하세요.'라고 말하는 게 쉽겠습니까?"(Rogers&Klettner, 2012에서 재인용) 디자인위원회의 일부로서 디자인위원회 케이브의 운영은 왕립 조달허가증으로 보장받은 독립성과 투명성, 국가적 디자인 질 향상 목표의 반대 방향으로 가고 있었다.

116 건조환경 관련 수입은 70만 파운드였고 지출은 간접비용을 포함해 137만 천 파운드였다.

독립성과 상관없이 시장경제 속에서 운영되는 디자인위원회 케이브는 더 이상 기관의 운영수입원인 고객을 무시할 수 없었고 수수료를 받는 데 유용하지 않은 디자인 검토를 할 수도 없었다. 그러나 민영회사가 비용의 일부를 지급했더라도 대부분의 디자인 검토가 지방정부를 위해 진행되었다는 점을 고려하면 그 운영 과정은 이 책에서 정의한 디자인 거버넌스 범주에 속하는 동시에 공공부문 사업 유지가 궁극적으로 디자인 질 보장의 가장 좋은 방법임을 보여주는 것이라고 할 수 있다.

디자인 거버넌스의 상업화

이전 15~20년간 영국에서 구축된 디자인 거버넌스 기반의 대부분은 2010년 5월부터 2015년까지 연립정부 기간 동안 케이브와 함께 종말을 맞았다. 하지만 이 연립정부 기간 동안 일부 서비스 시장은 성공적으로 형성되기도 했다. 이것을 뒷받침한 것은 여러 서비스 기관에서 나타난 새로운 상향식 기업 문화였다. 이들은 대부분 이전에는 공공지원금으로 새로운 시장에서 살아남는 법을 배워야 했다.

디자인 검토 시장

이 시장에는 디자인위원회 케이브 말고도 다른 서비스 제공자가 있었다. 여러 지방 광역단위 경쟁자가 디자인 검토 서비스를 제공 중이었고 지방정부도 이 서비스를 직접 제공 중이었다. 이 새로운 환경의 정착까지는 시간이 걸렸지만 2015년 런던도시설계(Urban Design London, 2015)에 의해 수집된 런던 디자인 검토 능력조사에 의하면 런던에서만 14개 구가 설계검토위원회를 구성 중이었다. 디자인위원회 케이브, 시장 디자인 자문그룹(Mayor's Design Advisory Group), 런던교통청(Transport for London), 런던도시설계 다섯 개 기관이 도시 전체의 디자인 검토 기능을 운영 중이었다.[117] 런던유산개발사(London Legacy Development Corporation)처럼 런던 특정 지역의 디자인 검토 기능을 가진 경우도 있었다(그림 5.2). 이 기관들은 서비스 공급에 설계검토위원들에게 세션당 무료부터 500파운드까지 지급했고 지방정부는 디자인 검토 서비스 제공에 400~6,000파운드를 청구했다. 디자인위원회 케이브의 서비스 비용은 그중 가장 높았고 공공지원을 받던 케이브의 평균 설계 검토 비용, 1999~2010년에 시행된 3천 건의 모든 디자인 검토건의 평균비용 2,500파운드보다 높았다(CABE, 2010e).

---

117 이 기간 동안 잉글리시 헤리티지 도시위원회(Urban Panel)가 런던에서 여러 장소를 방문하고 지방정부에 고문 서비스를 제공하며 활동 중이었다.

런던은 최대 설계사업시장이 되었지만 그 구축 과정은 쉽지 않았다. 디자인위원회 케이브는 비숍 리뷰에서 추천했듯 초기 전통적으로 사용된 정부지원금으로 런던 지방정부가 임대 방식으로 디자인 검토 방식을 이용하게 해 이 분야를 선점할 수 있었다. 그러나 한 전문가는 "이 같은 초기 접근은 런던의 상황을 오판한 것이었습니다. 중요 지역에서 디자인 검토에 반발했기 때문이지요. … 이것은 분명히 부적절한 지원이자 공적자금 낭비였습니다."라고 말했다. 이 같은 회의적 의견에도 디자인위원회 케이브는 자치구들에게 초기 비용 2천 파운드를 정부가 지원하고 이후 발생하는 비용은 개발자가 부담한다는 제안서에 서명할 것을 요구했다.

디자인위원회 케이브는 적극적인 판매방식을 택했고 자신들이 제공하는 것을 홍보하기 위해 노력했지만 많은 우대 조건에도 불구하고 이 제안서에 서명한 런던 지방정부는 절반에도 못 미쳤고 초기 비용 지원이 다 사용되자 그마저도 크게 줄었다. 그러나 이 같은 접근법은 런던의 여러 지방정부들 사이에 디자인 검토 서비스를 운영하는 것에 대한 관심을 불러일으켰다. 디자인위원회 케이브는 단 한 곳과 계약을 성사시켰을 뿐이지만 다른 지역은 스스로 디자인 검토 서비스를

그림 5.2 런던유산개발사의 품질검토위원회는 올림픽공원과 주변 지역인 런던유산도시계획지역 내 모든 디자인 제안을 검토했다.
출처 : 매튜 카르모나

운영하거나 민간 업체와 서비스 계약을 맺었다.

결과적으로 이 활성화 과정은 중요한 역할을 했다. 한 평론가는 "런던은 디자인위원회가 바란 만큼의 디자인 검토 성과를 이루지 못했습니다."라고 했지만 그 노력은 크게 보면 이전에 존재하지 않은 시장을 개척하려던 정부 목표를 달성한 것이었다. 2015년 런던도시설계(2015: 3-4) 설계 검토조사에 참여한 지방정부의 95%가 런던의 디자인 검토 서비스가 디자인 질을 향상시켰고 도시계획위원회의 결정에 긍정적 영향을 미쳤다고 답했다. 이 효과는 다음과 같은 활동을 통해 이루어졌다.

- 디자인 질 향상을 위한 새로운 생각과 시각 제공
- 양질의 재료와 기술 사용 권장
- 건설적 논쟁과 모범사례 정보공유를 위한 기반 구축
- 최소 기준 디자인 수준 향상
- 상호 의견충돌을 해결하는 토론회 개최
- 다른 지방정부 부서와 개발자간 협상 조언
- 주변 가로와 더 나은 연계성 계획 설립을 위한 지역환경 조언
- 지역의원들에게 디자인이 허가받을 수준이라는 충분한 근거 제공

디자인 검토 시장은 영국의 다른 곳에서도 형성되기 시작했다. 런던은 예상보다 많은 문제에 봉착했지만 얼마 안 가 디자인위원회 케이브는 런던 이외 지역에까지 관심을 돌렸다. 런던 이외 지역에서는 자체 디자인 검토 서비스를 구축한 지역 서비스 제공기관과 지방정부, 때로는 민간업체, 공기업[118]과도 경쟁해야 했다. 표 5.3은 복잡하고 다양한 이 기관들의 종류를 보여주지만 실제 시장 내 활동량은 지역마다 다를 수 있었다. 영국 북동부에서는 NEDRES[119]만 디자인 검토 서비스를 제공한 반면, 남서부에서는 크리에이팅 엑설런스(Creating Excellence)가 운영하는 남서부 설계검토위원회(South West Design Review Panel)가 지역 서비스를 제공하고 콘월 컨트리 카운실(Cornwall Country Council)은 자체 디자인 검토 서비스를 운영했으며 민간 컨소시엄인 설계검토위원회(Design Review Panel)가 데본(Devon)과 소머셋(Somerset)에 저렴한 대안으로 디자인 검토 서비스를 제공 중이었다.[120]

118 Enterpreneurial Public Sector Agency

119 RIBA에 의해 운영된 기관

120 www.designreviewpanel.co.uk/#!locations/c24wq

디자인 검토 제공기관		운 영	사 례
지역단위	부문		
국가단위 위원회	제3기관	지리적으로 국한되지 않는 비영리조직	디자인위원회 케이브
광역·준광역 위원회	공공기관	관할구역에 국한되는 지역 또는 하부지역 위원	런던도시설계, 디자인 검토소(Design Surgeries): 허트포드셔 설계검토위원회(Hertfordshire Design Review Panel, 카운티 카운실(County Council) 주관으로 아홉개 허트포드셔 지방정부의 컨소시엄인 빌딩퓨처(Building Futures)가 운영한다.
	공기업	해당 지역에 디자인 검토 서비스사업을 하는 공기업	에섹스 지역 카운실(Essex Council)의 플레이스 서비스(Place Service), 지역의 공식적인 주요 서비스이지만 현재 카운실 소유의 독립된 이익기관으로 에섹스 지역 내외(다른 지역 및 지방정부) 디자인 검토를 포함한 상업 서비스사업을 할 수 있다.
	제3기관	지리적으로 국한되지 않는 비영리조직	메이드 웨스트 미들랜드(Made West Midlands), 서 미들랜드 지역에 디자인 검토 서비스와 다른 디자인 서비스를 제공한다. 콘월설계검토위원회
	사설위원회	무소속 위원들이 제공하는 상업 사설 서비스*	설계검토위원회(The Design Review Panel), 데본과 소머셋 지방정부와 개발사가 주요 고객이다.
지방위원회	공공기관	관할구역에 국한되는 지방정부위원회	루이샴구(London Borough of Lewisham) 설계검토위원회: 토베이 카운실(Torbay Council) 설계검토위원회
	제3기관	지리적으로 해당 지방(보통 타운 또는 도시 내)에 국한된 비영리조직	디자인 검토 서비스와 다른 디자인 서비스를 웨이크필드(Wakefield)에 제공한 빔(Beam): 디자인위원회 케이브에 의해 운영된 그리니치 지역의 그리니치설계검토위원회(Greenwich Design Review Panel)
	사립 하청기관	관할지역에서 서비스를 제공하는 공공기관이지만 사립기관이나 비영리기관에 하청으로 위원회 운영	사립 자문회사. 프레임 프로젝트(Frame Projects)에 의해 해링게이구(London Borough of Haringey)에서 운영된 해링게이디자인검토위원회(Haringey Quality Review Panel): 포티스미어(Fortismere Associates)에 의해 운영된 런던유산개발사 디자인검토위원회(Quality Review Panel)
	사립기관	사설회사가 한정된 지역이나 프로젝트의 설계검토위원회를 조직. 자금지원 운영	뮤즈개발(MUSE Development LTD)에 의해 자금이 지원된 루이샴 게이트웨이위원회(Lewisham Gateway Panel), 디자인 검토를 위한 도시계획 허가 요건을 충족시켜야 한다(106항의 일부).
전문위원회	공공기관	교통, 기반시설과 같은 특정 프로젝트 디자인 검토에 집중했던 공공 서비스기관	치안시설 디자인 검토 서비스를 담당한 내무부(Home Office)의 디자인위원회(Quality Panel): 런던의 도로, 공공시설 디자인 검토 서비스를 제공한 전문위원회였던 런던교통청의 설계검토그룹
	사립 하청기관	교통, 기반시설과 같은 특정 프로젝트 디자인 검토에 집중하지만 사설 또는 비영리기관에게 위원회 운영을 맡긴 공공기관 또는 유사 공공기관	사설 자문기관. 프레임 프로젝트(Frame Projects)에 의해 운영되었고 기반시설과 고속열차 2(High Speed Rail 2)의 영향 관련 서비스를 제공한 HS2 독립설계검토위원회(HS2 Independent Design Panel)
	사립기관	사립기관을 위한 사립설계검토위원회	바라트 주택(Barratt Homes) 설계검토위원회는 회사의 주택개발 프로젝트의 디자인 질 향상을 위해 내부적으로 회사 계획안을 모두 검토했다.

* 이 같은 이유로 지역 기반이 넓다.

그림 5.3 2015년 영국 내에서 활동한 디자인 검토기관의 종류

디자인 네트워크와 건축건조환경센터 네트워크

디자인 검토 서비스 제공자의 다양성은 부분적으로 정부가 케이브 지원을 중단한 결과, 건축센터네트워크(ACN)에 대한 케이브의 지원금도 취소되면서 생긴 현상이었다. 2012년 예술위원회의 건축센터네트워크 멤버에 대한 지원이 중단되고 대체지원금을 마련하지 못해 2012년 6월 해체로 이어졌다. 건축센터네트워크를 구성한 20개 건축센터는 통솔기관이 더 이상 없어 각자도생이 더 중요한 목표라고 결론내렸다(Fulcher, 2012). 그러나 2013년 초 두 네트워크단체가 재등장했다. 디자인 네트워크는 여덟 개 단체 연합으로 케이브 지역설계검토위원 운영을 맡았고 디자인위원회 케이브와 함께 2013년 4월까지 정부 이관지원금을 받았다(4장 참조).

런던 이외 전 지역에 서비스를 제공하려던 디자인 네트워크는 내부 여덟 개 조직으로 영국 전역의 서비스를 시도했고 디자인위원회 케이브가 런던 서비스를 제공하고 이 독점사업 방식은 도시계획 허가 과정 보조에 디자인 검토가 필요하다는 국가계획정책프레임의 원칙을 이용한 것이었다(Hopkirk, 2013). 그러나 이 계획은 디자인위원회 케이브가 디자인 검토 서비스를 런던에 국한하려는 의지가 없음을 분명히 하고 2013년 이스트 앵글리아 지역 담당 샵이스트(Shap East) 운영

그림 5.4 메이드(MADE) 디자인: 웨스트 미들랜드는 이 지역 프로젝트 설계를 검토했다. 여기에는 버밍험의 새로운 이스트사이드 파크(Eastside Park)에 있는 버밍험시립대 건축과 건물(Birmingham City University School of Architecture)인 파크사이드 빌딩(Parkside Building)이 포함되어 있었다. / 출처 : 매튜 카르모나

이 힘들어져 해체되자 설득력을 잃었다. 나머지 일곱 개 기관에 런던도시설계[121]가 가입했고 공석이 된 동부지역은 최소 자원으로 운영을 지속한 디자인 사우스 이스트(Design South East)가 그 자리를 대신했다(그림 5.4). 2015년 한 주요 인사는 “디자인 네트워크는 이제 강력하고 영국 전역에 디자인 검토 서비스를 완벽히 제공 중입니다.”라고 전했다.

건축건조환경센터 네트워크(ABEC Network)는 2013년 설립되었고 초기 15개 기관 중 몇몇은 디자인 네트워크에도 가입되어 있었다. 건축건조환경센터 네트워크는 하향식 지원금이나 중앙관리기관없이 비공식적 협력에 기반해 조직되었다(Fulcher, 2013). 각 가입기관은 지역행사, 전시, 교육, 참여, 디자인 지원, 디자인 검토 서비스를 제공했다. 건축건조환경센터 네트워크는 영국의 디자인 거버넌스가 하향식보다 상향식으로 진화하는 현실을 전형적으로 보여주었다. 케이브 해체 5년 후 많은 개별 건축센터가 생존했지만[122] 너무 적은 예산으로 불안정했고 건축건조환경센터 네트워크 자체는 그 입지를 강화하지 못했다. 이 네트워크는 이질적 기관들의 비공식 조직으로 지방, 광역, 준광역 중심으로 운영되었다.

건축건조환경센터 네트워크의 이 같은 업무방식은 한 설계검토위원의 말에서 잘 드러난다. “천 개의 디자인 검토 패널을 만듭시다. 그럼 그들이 괜찮은 품질의 디자인 검토 서비스를 제공할 거예요.” 하지만 디자인 수준 유지를 위한 중앙감시 기능이 약화되면 서비스 품질이 분명히 일률적이지 못할 거라는 의견도 많았다. 반대 의견을 가진 사람은 “디자인 네트워크 내에는 정말 많은 지역의 설계검토위원들이 있고 그중 몇몇은 뛰어나지만 다른 일부는 그렇지 못하다.”라고 전했다. 이 같은 상황에서 이루어진 런던도시설계 검토에 대한 설문조사는 더 많은 협력, 명확성, 일관성 등이 필요하다는 결과를 보여주었다(2015 : 9).

정부 지원을 받으며 옛 케이브가 만들고 디자인위원회 케이브(2013)가 업데이트한[123] ‘디자인 검토: 원칙과 실제(Design Reviews: Principle and Practice)’ 원칙을 기반으로 몇몇 제한적인 조정작업이 지속되고 있었다. 그러나 케이브 해체 이후 이 문서는 이전만큼의 영향력은 없었다. 한 논평가는 “중심적인 기관을 통해 전 과정을 정직하게 운영해야 했지만 요즘 대부분의 디자인 검토는 어디서도 관리되지 않습니다.”라고 바라보았다.

이미 언급하였듯이 디자인 검토 서비스의 상업화는 서비스 제공자와 고객의 관계에도 영향을 미칠 것으로 예상되었다. 이것은 특히 디자인 검토 독립성에 대한 것이었다. 어떤 이는 “이전 위원회에 있던 완전한 독립성은 더 이상 없었습니다. 이전에는 생각한 것을 다 말할 수 있고 누구에

121 이 기관은 상업 디자인 검토 서비스를 제공하지 않았다.

122 영국 내 11개 조직으로 구성된 건축건조환경센터 네트워크에 2015년 PLACE 북아일랜드가 가입했다.

123 조경협회(Landscape Institute), RTPI, RIBA와 협력을 통해

게도 통제되지 않았지요. 이는 부동산 개발사들이 이런 질문을 할 수 있다는 뜻입니다. '내가 굳이 설계 내용을 검토 과정에 붙일 이유가 있나?' 왜 그들이 그런 위험 부담을 감수하겠습니까?"라고 말했다.

> "우리가 만든 문서 내용이 바뀐 것이 아니라 분위기가 바뀌었다고 생각합니다. 우리 마음 한구석에 '이제 우리 성과는 디자인 검토에서 무슨 말을 했는가보다 미래에 이 고객이 우리를 다시 찾아오느냐 아니냐에 따라 결정되는 것 아닌가?'라는 생각이 들기 시작했고 개발사를 골치아프게 하면 우리를 다시 찾아오지 않는다는 걸 알게 되었기 때문이죠. 반면, 이전의 케이브는 준공공단체였기 때문에 지방정부가 디자인 검토를 받기를 원한다면 개발사들은 억지웃음을 지으며 이 검토 과정을 감내해야 했습니다."

상업 법칙은 디자인 검토를 둘러싼 이해관계자들의 관계를 분명히 근본적으로 바꾸었고 디자인위원회 케이브, 디자인 네트워크 소속기관을 포함해 도전적이고 대립적인 기존 디자인 검토방식에서 벗어나 연구조언 활동을 이어가려는 단체들은 이 같은 변화를 인지했다. 디자인 결과물에 대한 이런 변화의 영향은 아직 불분명하지만 지속적으로 나타난, 케이브를 겨냥한 비판을 생각하면(4장 참조) 분명히 개발자와 디자이너를 이리저리 끌고다니며 힘들게 하는 것이 아니라 더 나은 디자인을 하게 해줄 가능성이 있었다.

설계 검토만으로는 살아남을 수 없다

디자인위원회 케이브와 두 국립 네트워크 구성기관은 자문기관이 제공하는 실제 도시계획, 설계, 개발 서비스 투자없이 디자인 검토 연장선상에서 다양한 서비스 제공을 위해 노력한 반면, 케이브가 이전에 사용한 디자인 거버넌스 도구 중 극소수만 기존 시장을 유지했다. 2016년까지 설계 검토와 컨퍼런스·교육(예: CPD 활동[124])만 경제적으로 실속있는 서비스로 인기를 끌었고 심지어 디자인 검토도 점점 인기를 잃어갔다. 2015년 5월 선거 이후 범국가적 긴축정책이 지속되고 새로 들어선 보수당 정부가 디자인 거버넌스의 전체적인 실행을 다시 밀어붙일 열정이 없는 상황에서 변화는 기대하기 어려웠다. 그럼에도 2014년 옥스포드와 그리니치의 종합 디자인 검토 서비스에 대한 성공적인 계약을 바탕으로 디자인위원회 케이브는 지방정부를 위한 가치있는 교육, 실행, 지원 서비스와 함께 맞춤 설계 검토의 강화가 목표인 '시티즈(Cities)' 프로그램을 시작했다. 한 논평가는 다음과 같은 냉소적 평가를 내놓았다. "아마도 그들은 케이브의 가장 왕성했던 활동기를 참조했을 겁니다. 디자인 검토는 케이크 위의 장식처럼 중요한 부분일 수 있지만 장식만 원하

124 일반적으로 컨퍼런스와 교육활동은 이미 헌신적인 여러 서비스 제공자와 시장이 형성되어 있었다. 특히 이들은 RTPI와 같은 전문기관으로부터 기관의 CPD 기준에 맞는 허가와 인증을 받아야 했다.

는 사람은 없습니다. 케이크가 있어야겠죠."

디자인 네트워크 단체들은 이전 케이브가 좋은 디자인과 디자인 검토의 필요성을 홍보한 것과 같은 이목을 끌 만한 주장없이 한 가지 서비스만으로 단체를 운영하기는 힘들다는 것을 인지했다. 따라서 지역사회와의 협력, 문화예술, 프로젝트 지원, 능력 배양, 학교교육, 전문가·자문위원 양성 등 서비스 다양화와 지원제도가 필요하다는 것을 재빨리 알아차렸다. 그러나 각 서비스가 시장을 넓힐 수도 있고 디자인 관련 문제를 해결하기 위한 잠재력도 있었지만 공공자금 지원 중단 이후 여러 증거는 대부분의 서비스 효과가 디자인 검토보다 미미할 것임을 보여주었다. 이런 상황에서 살아남기 위해 디자인 거버넌스 서비스 제공기관들은 다음과 같은 것이 필요했다.

- 낮은 고정비 유지가 가능한 사업체
- 필요에 따라 다양한 조합으로 구성되고 유연한 지역전문가 네트워크에 의한 유지
- 다양한 서비스 제공(다양할수록 좋음)
- 지역에 맞게 제안을 신중히 조율하는 능력

이 기조를 바탕으로 디자인 네트워크 구성기관들은 이전 케이브가 새로운 상업적 가능성을 보

그림 5.5 요크의 초콜릿 프로젝트(The Chocolate Works)와 옛 테리의 초콜릿 공장(Terry's Chocolate Factory) 터와 데이비스 윌슨 주택(Davis Wilson Homes)에 250가구를 새로 개발하는 요크의 초콜릿 프로젝트(The Chocolate Works)는 12개 항목에서 우수한 점수를 받았다. / 출처 : 스튜디오 파팅턴(Studio Partington)

인 2012년에 추진한 마지막 서비스 방식을 재빨리 채택했다. 공공자금 지원 중단 이후 '삶을 위한 건축(Building for Life)'(4장 참조)은 기준을 20개에서 12개로 간소화하였다. 개발품질인증서(그림 5.5)로서 새로운 '삶의 질을 위한 건축 기준(Built for Life Quality Mark)'에 집중하면서 '삶을 위한 건축 12(Building for Life 12)'라는 이름으로 다시 시작되었다. 디자인위원회 케이브는 파트너인 주택건설자조합(Home Builders Federation, HBF)과 주택디자인협회(Design for Homes)와 함께 그 지분이 있었고 이 새로운 모델은 정책을 만들고 개발자와 도시계획 당국의 협상 설계 과정에서 사용될 수 있는 기준에 자유롭게 접근할 수 있었다.

이 새로운 방식은 기존 목표를 너무 단순화했다는 비판을 받았지만(Dittmar, 2012) 도시설계로의 집중, 건설 규제 관련 건설기술과 다른 관련 요소의 제외, 간편화된 평가 과정, 온라인 기능 강화로 더 깔끔해졌다. 심지어 건축개발사들도 이 인증서를 위해 비용을 감수할 정도였다(Derbyshire, 2012). 이 기준에 바탕한 평가는 현재 디자인 네트워크(Design Network) 회원에 의해 유료 서비스로 실시되며 실제 품질마크 자체로 주택비용의 0.0002% 비율로 개발계획당 최대 3천 파운드 가격에 취득된다.[125] 2015년까지 약 50개 개발계획이 이 품질마크를 획득했다.

자발적 봉사활동에 의한 서비스 보강

디자인 거버넌스의 상업화는 아직 초기 단계였고 장기적 측면에서 경제적 성공 가능성은 시장에서 완전히 평가받아야 했다. 케이브로부터 공공지원금이 중단된 이후 5년간의 경험은 어떤 기능은 절대로 상품화될 수 없음을 보여주었다. 여기에는 연구, 지원, 국가 디자인 안내서 발간과 같이 전체 담론을 이끌고 다양화하는 것, 사회운동, 여러 기관과의 협력, 일반적인 디자인 질에 대한 중요성 시사 등이 포함되어 있었다. 시장이 제공할 수 있는 것을 보완하면서 다양한 활동이 틈새에 끼어들었는데 자발적 노력과 시간 투자, 강력한 상향식 움직임이 있었다. 어떤 면에서 이것은 도빈스(Dobbins)의 말대로 뉴 어바니즘 의회(Congress for New Urbanism), 어반랜드연구소(Urban Land Institute), 프로젝트 포 퍼블릭 스페이스(Project for Public Spaces)와 같은 영향력있는 단체가 나타난 미국의 상황과 비슷했다(2009 : 276), 전문가 단체가 연방정부나 주정부의 주도적 역할 없이 해당 분야에서 반박의 여지가 없는 선두주자가 되기 위해 전문가적 행동주의에 바탕해 밑에서부터 들고 일어나는 움직임이라고 할 수 있다.

125 www.builtforlifehomes.org/go/about/faqs~7#faq-ans-7

이것은 왕립도시계획학회(RTPI, 1914년 설립[126]), 시빅 트러스트(Civic Trust, 1957년 설립해 2010년 '시민 소리(Civic Voice)'가 명맥을 이음), 도시설계그룹(Urban Design Group, 1978), 왕세자재단(Prince's Foundation, 1992[127]), 어바니즘학회(Academy of Urbanism, 2006) 등과 같은 명백한 차이와 지지층을 찾아다니며 디자인 어젠다에 대한 그들의 활동과 영향의 지속성을 입증해온 기관이 있는 영국에서도 새로운 현상은 아니었다. 이외에도 여러 기관이 설립되고 사라졌지만 그들이 존속한 동안 큰 영향을 미쳤다. 도시마을포럼(Urban Village Forum, 1993년 설립)과 도시설계연합(Urban Design Alliance, UDAL, 1997년 설립), 포퓰러주택포럼(Popular Housing Forum, 1998) 등이 있었다. 이 모든 기관의 공통점은 일반적으로 디자인이 국가 어젠다에서 전반적으로 약화되는 시기나 항상 정부나 전문가 스스로 설득력있는 리더십을 제공하리라고 믿을 수 없는 상황에서 서서히 부각되면서 힘을 얻었다는 것이다. 가장 최근, 이와 비슷한 좌절감 때문에 테리 파렐 경(Sir Terry Farrell)은 건축부 장관(Architecture Minister) 에드 베이지(Ed Vaizey)의 지지하에 연립정부를 설득해 디자인과 건조환경에 대한(저가의[128]) 추가 검토를 단행한다.

파렐 리뷰(The Farrell Review)

2010년 정권교체가 되면서 데이비드 캐머런(David Cameron) 총리는 오랫동안 현대 건축의 열렬한 지지자였던 에드 베이지(Ed Vaizey)를 문화미디어체육부 건축부문 장관으로 임명하였다. 그는 그 자리에서 금방 물러났다. 의사소통 담당 장관직에서 발생한 다른 장관과의 이해충돌로 건축부문에서 정보통신부문으로 옮겼기 때문이다. 2012년 선임자들이 케이브를 없앤 과정을 알아내기 위해 그가 건축부문 장관으로 돌아왔을 때 베이지는 건조환경에서 건축과 디자인 검토가 필요하다는 테리 파렐 경의 의견에 금방 설득당했다. 비공식적인 목표는 디자인과 건조환경에 대한 영국의 국가정책을 도맡았던 케이브 해체 이후의 공백 메우기였다.

파렐 리뷰는 12개월간의 연구와 다양한 분야와의 협의 후 출간되었다. 이 보고서는 큰 영향력을 행사한 도시대책위원회(Urban Task Force) 보고서와 더 최근에 만들어진 비숍 리뷰(Bishop Review, 앞 장 참조)와 건조환경 디자인의 미래에 대한 의견이 비슷했는데 파렐이 두 보고서를 많이 참조했기 때문이었다. 먼저 파렐은 미래 건조환경에서 직접적인 지역사회 교육의 중요성을 강조했다. 예를 들어 모든 도시에 건축건조환경센터(어반 룸, Urban Room)를 설립하거나 시민참여를 위해

126 초기에는 전문기관이 아닌 도시계획과 공공디자인 학문의 발전을 도모하고 관련 업종 종사자나 관심 있는 이들과의 협력활동을 위해 만든 조직이었다.

127 초기에는 'Prince of Wales' Institute of Architecture'로 설립되었다.

128 이 감사경비는 대부분 테리 파렐 경(Sir Terry Farrell)의 회사에서 지원했다.

전문작업 과정 중 자발적인 시민참여 프로그램을 만들거나 일상 공간 속 문제에 업계 선도자를 포함시킬 수 있다. 둘째, 파렐 리뷰는 공급 측면에서 학교부터 직장까지의 교육을 강조했다. 특히 모든 건조환경 학생들이 전문가적 역량을 갖추기 전 '장소 만들기'의 기본교육을 강조했다. 공통 기초 학년에 건조환경 전문가 교육을 제공해(그림 5.6) 장소설계 내 많은 요소들의 관계, 이를 위한 효과적인 협동방법을 배울 수 있다. 이 전체론적 접근방식은 디자인 검토에서 가장 중요한 주제이기도 했다.

셋째, 건조 환경의 질과 관련한 공공분야 참여에 대한 질문에서 이 보고서는 케이브의 장기 계획이기도 했던 디자인의 질을 강조했다. 또한 전통유산 디자인과 현대 디자인의 고려사항을 '디자인 품질이라는 동전'의 양면으로 보고 이를 재편성하기 위해 공공조달 과정을 재고해야 함을 시사했다. 특히 문제에 대한 대응에만 급급하고 규제에 기반한 방식에서 능동적인 도시계획 과정으로의 변화 필요성도 강조하면서 이것을 간단한 지방정부 재원 변화로 달성할 수 있다고 주장했다(이 주장은 약간 순진해 보인다. Carmona, 2014a : 248).

마지막으로 파렐은 '플레이스(PLACE)에 대한 새로운 이해(Farrell Review, 2014 : 157)'를 통해 분리된 다른 관점들을 연결하길 원했다. 분명히 이는 가장 추상적인 제안이었지만 파렐 리뷰의 가장 특징적인 부분이라고 할 수 있다. 이 보고서는 앞의 문구가 건조환경이 도시계획(Planning), 경관(Landscape), 건축(Architecture), 보존(Conservation), 공학(Engineering) 같은 플레이스(PLACE) 분야의

그림 5.6 파렐 리뷰(Farrell Review)의 권장사항. 모든 건조환경 분야 학생의 1년용 공통 기초 교과 과정
출처 : 파렐(Farrell)

주요 기술들로 만들어진다고 주장하였다. 총체적인 의미의 장소를 구성하기 위해 플레이스라는 단어는 전문기관, 교육 과정, 건조환경 실무를 재구성하는 수단으로서 새롭게 이해되어야 한다고 제안했다. 이 생각은 보고서의 여러 중요한 제안들의 기반이 되었다.

- 플레이스 검토, 개발 제안의 질을 판단하는 데 모든 플레이스 분야를 포함시키기 위해 디자인 검토의 개념 재설정과 범위 확대, 해당 프로젝트의 경계 안쪽뿐만 아니라 주변 장소까지 고려하고 오래된 마을 중심이나 새로운 개발지 등과 같이 일상적인 기존 공간에 대한 검토와 통합
- 정부 내 플레이스 수석자문, 특히 기존 도시계획 담당과 건설담당 자문에 더한 새로운 건축 자문(건축가)[129]으로 이들은 지속적이고 조직화된 방식으로 건조환경 관련 조언을 한다.
- 플레이스 리더십 카운실(PLACE Leadership Council)[130]은 상황을 주도하는 도시계획 체계 구성 등 정부 정책과 프로그램에 조언하기 위해 민간·공공부문 대표자로 구성한다(그림 5.7).

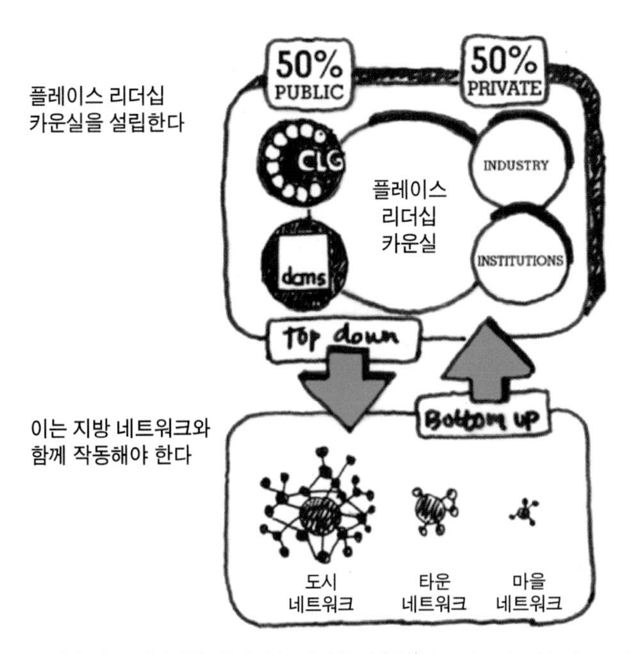

그림 5.7 파렐 리뷰 권장사항, 플레이스 리더십 카운실(Place Leadership Council) 설립
출처 : 파렐(Farrell)

---

129 이 자리는 2015년 사라졌다.

130 건설업계 산업전략을 토론하고 정진하는 민관합동 포럼으로 2013년 정부에 설립된 건설리더십의회(Construction Leadership Council)를 모델로 했다.

이 마지막 권장사항은 가장 흥미로운 것 중 하나였다. 파렐의 주장에 의하면 이 카운실은 정부와 업계가 공동운영하고 전 국토와 정부를 아우르는 국립 '장소 정책(Place Policy)'을 개발하고 모니터링해야 한다. 이 제안 사항은 개략적인 것이었으며 불과 3년 전 연립정부에 의해 해체되었던 케이브와 비교될 수밖에 없었다. 사실 이 계획은 케이브의 제안과 큰 차이가 있었다. 이 보고서는 디자인 검토도 포함하지 않았을 뿐만 아니라 케이브가 2000년대 국가 디자인 어젠다를 추진하기 위해 채택했던 능동적인 방식도 사용하지 않았다. 그 대신 더 강제적인 상위 수준의 정책과의 조율 역할이 제안되었지만 이 방식을 실현하기 위해서는 정부가 결정을 내릴 때 그 당시보다 훨씬 더 미래를 내다보아야 한다는 단점이 있었다.

그 대신 파렐의 제안과 이 책에서 보고한 연구에 바탕해 매튜 카르모나는 디자인 네트워크 회의에서 대안 모델을 제시하고 파렐 리뷰 토론을 요청했다. 카르모나(2014e)는 최근 영국의 디자인 거버넌스 역사가 두 가지 중요한 사실을 말해준다고 주장했다. 첫째, 공공자금을 지원받는 케이브의 해체가 남긴 주요 숙제 중 하나는 리더십 부재라고 지적한 파렐 리뷰가 옳았다고 주장했다. 무엇보다 케이브는 국가적으로 장소 설계에서 총괄, 감시, 가이드 역할을 대표하는 기관이었지만 누군가에게는 지나치게 엄격해 1924년 이후 처음으로 리더십 부재로 문제가 생겼다고 생각했다. 둘째, 파렐 리뷰의 결론부터 출발하면 왕립예술위원회와 케이브의 경험상 정부기관으로서의 존재는 각 부서의 관심에 민감하게 반응하고 국고를 제한하는 향후 위험한 방향이 될 수도 있음을 보여주었다.

그 대신 디자인 질 및 건조환경 관계자들이 만나 의견을 교환하는 장소로서 중앙정부, 지방정부, 전문가, 전 개발업계에 진정으로 비판적이고 독립적인 기관이 필요했다. 2014년 7월 유니버시티 칼리지 런던(UCL)에서 개최된, 여러 분야를 아우르는 빅미트(BIG MEET)에서 이 문제에 대한 논쟁이 계속된 결과, 그 해 10월 카르모나를 의장으로 하는 플레이스 연합(Place Alliance)이 설립되었다.[131]

플레이스 연합(Place Alliance)과 파렐 리뷰 이후 기타 계획들

플레이스 연합은 건조환경의 질이 갖는 근본적인 중요성에 대한 믿음을 공유하는 개인과 기관의 연맹으로 설립되었다. 이들은 다음과 같이 주장했다. "우리는 협력을 통해 더 나은 장소를 만들어 유지할 수 있다고 믿는다. 삶의 질을 향상시킬 수 있는 건물, 가로, 공간을 위해 서로 돕고 정보를 공유한다(Place Alliance, 2014a)." 이 기관의 성공 여부는 논하기 아직 이르지만 그 주요 성

131 http://placealliance.org.uk/big-meets/

격은 다음과 같이 요약할 수 있다.

- 장소 질의 넓은 의미에 대한 믿음은 다섯 가지 F로 정의된다. 즉, 친절(Friendly), 공정(Fair), 번창(Flourishing), 재미(Fun), 자유(Free)(Place Alliance, 2014a-5.8)다.
- 협동문화와 협력경제에 기반한 모델
- 폐쇄적이고 규범적 기관이 아닌 개방적이고 접근하기 쉬운 단체를 만들려는 노력
- 자발적인 참여, 기술, 노력, 열정에 기반한 정부와 시장에 통제되지 않는 독립적인 기관
- 고정된 하나의 통일된 기관보다 여러 활동 조직으로 이루어져 있고 온라인으로도 활동을 이어가는 기관

첫 해 플레이스 연합은 다양한 실무그룹을 통해 파렐 리뷰의 여러 제안을 발전시키는 데 점점 책임감을 느꼈다. 그 제안은 어반 룸 네트워크(Urban Rooms Network) 조율, 대학중심의 네트워크(플레이스 연합은 UCL에서 개최되었다)와 같은 독립적인 자체 계획 개발, 플레이스 개방 자료(Open Source Place Resource), 건강한 장소 만들기 캠페인, 그리고 무엇보다 가장 중요한 장소의 질 관련 국가와 지역간 소통인 빅미트(BIG MEETS)[132]였다. 두 번째 해에는 더 능동적인 캠페인을 시작했고

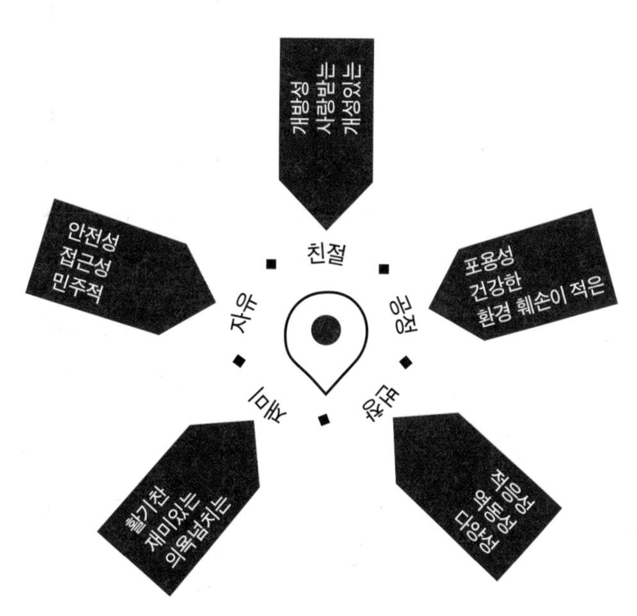

그림 5.8 플레이스 연합(Place Alliance)의 다섯 가지 F

132 http://placealliance.org.uk

장소 만들기(Place Making) 및 설계 관련 국가정책 결정에 영향이 미치게 했는데 2015 주택 및 도시계획법(2015 Housing and Planning Bill)이 그 예다.

국가적 지원없이 온전히 자발적 참여만으로도 플레이스 연합은 새 모델을 대표했지만 빅소사이어티(Big Society)와 같은 연립정부의 더 중요한 정책계획의 배경 속에서 평가받아야 했다. 빅소사이어티는 정부의 역할을 재구성하고 권력을 중앙정부에서 지방정부로, 궁극적으로 지역사회에 이양하는 동시에(예: 근린계획) 자원봉사, 자선단체, 사회적 기업의 참여 장려를 대표한다. 다른 사람들은 단순히 우파 정부의 기본 목표인 공공지출 삭감정책 방향을 보기좋게 포장한 거라며 냉소적으로 보았다.

하향식 정책을 통해 상향식 참여를 이끌어내려던 했던 빅소사이어티 정책에는 항상 위험한 모순이 존재했다(Slocock, 2015 : 7). 이후 과정에서 보듯 이 계획은 2010년과 2015년 선거 사이의 긴축 압박이 정부의 모든 활동, 심지어 정부 주도의 빅소사이어티 계획에까지 미쳐 빠르게 정치적 구호 속으로 흡수되어 버렸다. 그럼에도 불구하고 협력, 리더십과 같이 상품화할 수 없는 디자인 거버넌스 기능에 대한 정부 지원 중단 때문에 플레이스 연합은 빅소사이어티의 은밀한 연장선상에 있는 것으로 비추어질 가능성도 있었다. 정부는 진공상태를 만들었고 뭔가가 이 공백을 채워주길 기다릴 뿐이었다.

그것의 일부로 정부는 파렐 리뷰에 대한 공식 입장을 발표하지 않기로 결정한 대신 업계가 이것을 결정하도록 유도했다. 플레이스 리더십 카운실(PLACE Leadership Council)에 힘을 실어주기보다 지역사회지방자치부 지원하에 디자인자문위원회를 설립했다. 이 위원회는 2015년 5월 선거 전 '생애 첫 주택설계(Starter Home Design)'(DCLG, 2015a)라는 가이드를 발간했고[133] 이것은 이후에도 정부 내에서 중요한 역할을 전혀 하지 못했다. 2015년 선거 직전, 정부는 완강한 반대에도 건축 담당부서를 문화미디어체육부에서 지역사회지방자치부로 옮겼다. 이것은 파렐 리뷰의 권장사항을 직접 반영해 1992년 이후 처음으로 건축, 도시계획, 주택, 중앙정부의 지방정부 기능을 재결합한 것이다. 보존 기능은 문화미디어체육부에서 계속 담당했는데 이것을 다루기 위해 건축 기능을 지역사회지방자치부로 옮기게 하는 것과 같은 별도의 조치사항은 없었다.

동시에 의회는 건조환경 정책 결정을 면밀히 조사하기 위해 최초로 상원(House of Lords) 내에 건조환경 국가정책 특별위원회(Select Committee on National Policy for the Built Environment)를 설치하고 매튜 카르모나를 특별고문에 임명한 이 중립적인 위원회(Cross Bench Committee)는 파렐 리뷰와 비숍 리뷰에서 권장한 사항들을 초기 주안점으로 삼았다. 이 위원회의 보고서 '더 나은 장소

133 이 안내서는 여덟 개 사례를 제시했는데 건축업계 언론은 너무 향수에 젖었다며 무시했다(Hopkirk, 2015).

만들기(Building Better Places)'는 국가 및 지역 정책이 장소에 기반해 접근해야 하고 개발 양(특히 주택공급)과 규제 완화 고려와 디자인과 장소의 질에 대한 고려 간의 균형을 유지해야 한다고 주장하며 다음과 같은 결론을 내렸다.

> "우리는 정부가 건조환경에 대한 높은 기준을 세우고 다른 기관이 이 기준에 맞는 결과물을 만들도록 비전, 목표, 리더십을 제공하는 것이 중요하다고 믿는다. 그동안 국가적 차원의 건조환경 질 목표는 매우 낮았다. 오직 정부만 국가 차원의 더 원대한 방향을 잡을 수 있으며 우리도 정부가 이것을 수행할 것을 강력히 촉구한다." (House of Lords, 2016 : 4)

여러 권장사항 중 위원회는 사라진 케이브 대신 정부가 건조환경 자문 임명을 통해 다음과 같은 일을 할 것을 주장했다. 즉, 정부 부서 사이의 정책 조율, 건축과 건조환경에 대한 높은 수준의 국가정책 제시, 연구와 가이드를 실행·지원·전달할 수 있는 정부 내 소규모 전략그룹의 운용, 건조환경의 질과 실적을 감시할 연간보고서의 의회 제출, 연구·정책·활동 관련 중점계획 설정을 할 것을 요구했다. 강력한 권한을 가졌던 과학자문과 동등하게 설정할 것을 주장하였다. 이는 대정부 관계 강화를 통해 건조환경 정책의 통합을 이끌고 업계 전반에 걸친 능동적 소통을 가능하게 함과 동시에 정부에 이의를 제기할 수 있는 독립성 확보를 위한 것이었다.

이 보고서는 정부, 디자인, 장소 만들기 간의 새로운 균형의 필요성과 관련 문제에 대한 모든 상황에서 정부의 분명한 적극적 개입을 요구했다. 여기에는 무엇보다 지방정부의 기술과 능력 문제, 국가의 접근성과 지속가능성 기준, 2장에서 언급한 능동적 디자인 지침 사용 등을 다루는 권장사항 등이 포함되었다. 특별위원회는 주요 디자인 거버넌스 서비스의 상업화나 자발적 활동을 문제삼지 않았지만 이 계획이 일관성 없이 분화되어 있다는 점과 투자를 정당화할 활동이 부족하다는 점을 지적하였다. 그 해결책으로 정부의 더 많은 역할, 즉 디자인 거버넌스 시장의 성숙과 개발 규모 증가를 통한 공공부문 활성화, 개발 질 향상을 위한 주요[134] 계획 심의안에 대한 디자인 검토의 의무화를 제시했다.

134 0.5헥타르 이상이나 10유닛 이상 주택용지 또는 1헥타르나 천제곱미터의 바닥면적을 가진 주택을 제외한 모든 용지

결론

공적자금 지원을 받던 케이브의 해체부터 2016년 초 상원 보고서 발행까지 5년은 두 가지 측면에서 설명할 수 있다.

- 첫째, 공공부채 위기(Public Debt Crisis)는 공공분야의 긴축재정 정책과 결과적으로 지방뿐만 아니라 전국적인 경비삭감으로 이어졌다. 이에 따라 디자인에 대한 관심과 같은 사항은 국가의 의무로 법제화되지 않고 재량으로 결정되었다.
- 둘째, 이 간극을 메울 새로운 방안이 빠르게 나타났다. 단순히 공공서비스의 부재를 부분적으로 채우는 정도였지만 자발적 참여, 지방분권을 통해 공공서비스를 대신 이행하기 위해 의도된 것이기도 했다. 이는 우파 연합정부가 오랫동안 가졌던 시장중심 기조에 더해 새로 나타난 방향성이었다.

디자인 거버넌스 업계에서 이 두 가지 요소의 영향은 특히 강했다. 문제가 있더라도 성장가능한 시장이 있는 분야에서는 시장의 급성장이 분명히 있었고 이 같은 상황은 디자인 거버넌스 서비스 제공기관과 사용자의 관계뿐만 아니라 이 서비스 제공의 본질과 정통까지 바꾸어 놓았다. 한편, 케이브가 존재할 때까지 디자인 관련 정부 자문기관의 역할은 어떤 종류의 지방 이슈도 제어할 수 있는 모든 디자인 문제를 국가 내에서 선도하는 기관이었다.[135] 케이브의 해체는 디자인 거버넌스에서 상업화될 수 없던 기능을 보충할 수 있는 자발적 참여 활동의 증가로 이어졌다.

2016년 일부에서는 많은 공공자금이 투입된 시기로 돌아가길 원한 반면, 당분간 지속될 새로운 환경을 긍정적으로 받아들여야 한다는 주장도 있었다. 후자의 입장에서 '위기를 낭비하지 말라'라는 격언은 이 상황을 잘 표현했다. 영국 밖에서 호주 공공서비스위원회(Australian Public Services Commission)는 이것을 정책결정권자들이 정부가 정책 틀을 만들어 적용하는 유일한 기관인 전통적 형태에서 벗어나 제3의 여러 단체가 정책 결정에 능동적으로 참여하는 형태로 변화할 중요한 기회로 보고 더 영리한 정책(Smarter Policy)을 강조했다(2009 : 19). 영국에서 이것은 디자인 분야에 영향을 미쳤고 이 방식은 사업 확장, 자원 확보, 결과에 대한 책임 이전 등 여러 정부기관 내 정치인이 원하는 모든 요소를 갖추고 있었다. 이 연장선상에서 영 파운데이션(Young Foundation)은 다음과 같이 주장했다.

135 일부는 CABE의 독점이 지원받던 CABE에게 적어도 부분적으로 자신의 역할을 빼앗긴 UDAL과 이후 시빅 트러스트(Civic Trust) 해체에서 비롯되었다고 주장했다(4장 참조).

"연구 결과, 공공부문에서 혁신 자체는 긍정적일 때가 아니라 재정 압박이 있을 때 나타나는 것으로 밝혀졌다. 재정이 풍부할 때 사람들은 혁신과 개혁을 말하지만 기존 방향의 유지를 선택한다. 재정이 부족할 때 비로소 그것을 진지하게 생각하기 시작한다. 이 전례들은 우리가 창의적 효율과 그렇지 못한 것 중 선택해야 한다고 말한다. 즉, 창의적 효율은 가능성을 열어주겠지만 비창의적 방법은 상황을 경색시킬 것이다." (2010 : 3)

이번 장을 다루면서 영국 디자인 거버넌스 분야에서 중요한 혁신이 있었지만 그 영향에 대한 평가는 엇갈린다. 디자인 검토 시장은 잘 구축되어 있었고 런던의 한 인터뷰에서 다음과 같이 평했다. "경쟁은 나쁜 게 아닙니다. 어떤 면에서는 혁신도 일으킵니다. 현재 런던에는 최소 세 개 기관이 유료 디자인 검토 서비스를 제공 중이고 각 지방정부 내부에는 설계검토위원도 있습니다. 이것은 디자인 검토 서비스에 대한 기대치를 높였습니다. 디자인 검토가 어떻게 이루어지는지 알게 되었고 건설개발사들은 그들이 어떤 서비스에 비용을 지불하는지 더 나은 서비스는 없는지 질문할 수 있게 되었습니다."

이것은 냉정한 시장논리다. 그러나 동시에 디자인 거버넌스 시장 내 기관들이 디자인 거버넌스 방법 중 시장가치가 있는 것에만 집중한다면(2장 참조) 많은 것을 잃을 것이다. 한 전문가는 케이브에서 디자인위원회 케이브로 순탄치 않았던 이관 과정을 회상하며 다음과 같이 주장했다.

지도부는 디자인 검토를 이윤창출 사업으로 보는 것 같았습니다. 케이브가 한 일들이 기관에게 좋은 디자인, 달성 방법 지식, 그것에 대한 진지한 접근법을 제공했음을 아무도 모를 수 있습니다. 연구, 사례 분석, 교육, 감사, 정책 분석, 정책 입안과 같은 필수 과정이 없는 디자인 검토는 실패할 수밖에 없습니다. 당연한 결과겠죠. 다른 이들의 계획에 의견을 낼 정도로 디자인을 많이 안다고 생각하는 일부 사람을 자세히 들여다보면 그 의견은 돈을 받고 팔 정도의 상품이 될까요? 흥미롭게도 그들의 신용을 위해 디자인위원회(Design Council)는 디자인 검토와 연결지어 자신들의 서비스를 교육과 자문 등 다른 범위로 곧 넓혀나갔습니다.

이에 타 업계 관계자들도 교훈을 얻었고 디자인 네트워크(Design Network)와 ABEC 네트워크 소속기관도 디자인 검토 초기 저조한 수입에 직면해 서비스 다양화를 꾀했다. 그럼에도 불구하고 이번 장의 핵심적인 결론은 디자인 거버넌스에 대한 정부 보조의 철회가 서비스 재정의와 혁신으로 이어지는 효과도 있었지만 그렇다고 해서 이에 애초에 달성 하려는 명확한 목표가 있었던 것은 아니라는 점이다(4장 참조). 여기에 긍정적 측면만 너무 강조하는 위험성도 있다. 실제로 2016년까지 디자인 거버넌스의 실정은 특히 지역과 지방단위에서 더 분화되고 복잡해진 대비 방안에도 지속적으로 여러 디자인 문제가 반복된 반면, 케이브 이전 상황으로 돌아가려는 의지는 없었다. 상원도 이 문제를 지적했다.

이 시점에서 디자인 거버넌스 시장이 장기적으로 지속 가능성을 보여줄지, 더 많은 분야로 영향력을 넓힐지, 디자인 검토에만 국한할지는 아무도 모른다. 또한 플레이스 연합과 같이 급성장하는 자발적 활동이 새로운 시장의 업체, 공공부문[136]과 더불어 디자인 거버넌스의 자극제 역할을 할지도 미지수다. 그럼에도 불구하고 정부의 지원 의사는 있지만 디자인 어젠다 관련 국가적 참여는 줄고 비정부기관의 열정과 활동이 더해진 변화 과정은 1990년대 초 영국 상황을 떠올리게 한다(3장 참조). 1990년대처럼 현재 디자인 거버넌스 상황이 다시 새로운 변곡점이 될지는 시간이 지나봐야 알 것이다. 변화는 끊임없이 계속될 것이다.

케이브 이후 상황은 1장에서 언급한(그림 5.9) 도시 거버넌스의 운영, 권한, 실행력 세 가지 축으로 다음과 같이 설명할 수 있다.

- 경영 : 장기적 질 문제보다 단기적 긴축재정에 맞추어 정부 개입 감소
- 분산 : 국가·지방의 다양한 기관과 수단으로 장소의 질 문제를 해결하려는 노력
- 시장중심(불완전함) : 국가 수준에서 디자인 거버넌스에 대한 정부의 완전한 지원 철회, 가능한 곳에 시장 개척, 시장 개척이 불가능한 곳에는 자발적 활동 발전

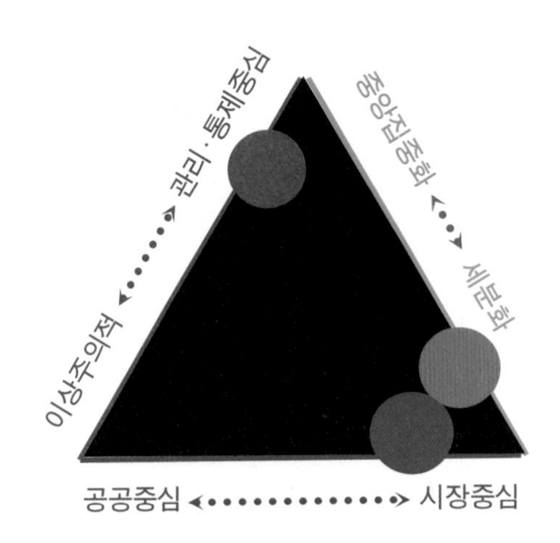

그림 5.9 케이브 이후 디자인 거버넌스 모델

136 지방정부는 주요 규제를 통한 디자인 거버넌스 서비스 제공자로서의 역할은 줄었지만 여전히 이 분야에서 중심적인 역할을 하고 있음을 기억해야 한다.

디자인 거버넌스

Design Governance

The CABE Experiment

PART III

케이브의 다양한 도구

The CABE Toolbox

6. 실증도구(Evidence Tool)
7. 지식도구(The Knowledge Tools)
8. 홍보도구(The Promotion Tools)
9. 평가도구(The Evaluation Tools)
10. 지원도구(The Assistance Tools)

Chapter 6

실증도구 (Evidence Tool)

이 책의 1부는 이론, 2부는 전반적인 역사를 다뤘고 3부는 비공식 디자인 거버넌스의 일상적인 도구를 소개할 것이다. 이번 장에서는 케이브가 사용한 다섯 가지 도구(Tool) 중 첫 번째를 다룬다. 이번 장에서 다루는 실증도구는 실제 실무활동 외에도 배경지식을 제공하는 조사 등을 폭넓게 포함한다. 이번 장은 실증자료 도구 범주 내 두 가지 주요 활동인 연구와 감사(Audit)를 다루며, 케이브 자료수집 활동의 이유, 방법, 시기 세 부분으로 나뉜다. 첫 번째 부분에서는 위원회가 연구와 감사를 도구로 채택한 이유, 두 번째 부분에서는 증거를 수집하고 지식을 보급하는 과정, 마지막 결론 부분에서는 이 도구가 디자인 거버넌스 분야에서 가장 잘 활용된 시기를 살펴본다.

왜 자료수집 활동을 하는가?

연구

실증자료 수집은 초기부터 케이브의 핵심임무였다. 이것은 특정 주제에 대한 케이브의 연구를 비롯해 건조환경 개발의 질에 대한 대규모 감사를 포함한다. 이 대규모 감사는 설계의 최첨단을 이해하기 위해 수행되었다고 할 수 있다. 초기 연구는 설계와 건조환경 분야의 지식 공백과 그 공백을 채워나갈 방법을 강조했고 케이브는 일부 간극을 메우는 것을 임무로 봤다. 또한 당시 4장에서 논의했듯이 증거기반 정책에 대한 정부의 요구도 증가하고 있었다.

이 같은 상황에서 연구의 주요 목표 중 하나는 기존 설계활동에 대한 인식과 다른 방식으로 케이브가 기관활동을 입증하고 견고히 하는 것이었다. 많은 경우, 좋은 설계의 혜택은 무형적 성격을 띠고 주관적이어서 엄격한 연구 기준으로 파악할 수 없다는 의견이 널리 퍼져 이 목표는 특히 중요했다. 케이브 스페이스의 초기 활동지침을 세우기 위해 만든 자문그룹에 속한 한 저명 인사는 다음과 같이 말했다.

> 많은 사람이 디자인을 대부분 남자들로 구성된 기관에서 제멋대로 행하는 다소 비현실적이고 변덕스러운 활동으로 생각해 증거에 기초한 지침을 만들려는 의도가 중요했습니다. 그래서 좋은 디자인과 가치의 연관성에 대한 증명은 그 가치가 재정적 가치이든 사람들이 환경에 대해 느끼는 가치이든 매우 중요했습니다.

결과적으로 디자인 가치는 '도시설계의 가치(The Value of Urban Design)' 프로젝트(CABE, 2001b)로 시작되어 케이브의 가장 장기적인 연구 주제가 되었다. 그 다음 이어진 연구는 '디자인 가치에 대한 참고문헌 목록(A Bibliography of Design Value)', '좋은 디자인의 가치(The Value of Good Design)', '주택 디자인 및 배치의 가치(The Value of Housing Design & Layout)', '공공공간의 가치(The Value of Public Space)', '오피스 디자인이 비즈니스 성과에 미치는 영향(The Impact of Office Design on Business Performance)', '건축환경에서의 가치 맵핑(Mapping Value in the Built Environment)', '탁월한 디

6.1 금으로 포장한 거리(Paved with Gold)*

'금으로 포장한 거리' 연구는 2007년 수행해 케이브 스페이스가 출간한 연구다. 높은 질의 가로 디자인을 고취하기 위해 연구를 수행하고 가이드라인을 작성했으며, 사례를 조사했다(CABE Space, 2007). 자문위원 콜린 뷰캐넌(Colin Buchanan)의 위탁을 받아 수행된 이 연구는 새로운 맥락에서 기존에 수립된 평가 방법론을 적용해보기 위해 이 방법론으로 런던의 여러 시내 중심가(High Streets)의 디자인 질을 평가했다(그림 6.1 참조). 목표는 가로설계, 관리 및 유지·보수의 품질투자에 대한 경제적 편익을 입증하고 측정해 좋은 도로설계의 추가적인 경제적 가치를 보여주는 것이었다.

'금으로 포장한 거리'는 케이브 위원 조이스 브리지스(Joyce Bridges)가 위원장인 자문그룹 감독하에 이뤄졌고 케이브 연구팀의 프로젝트 코디네이터, 기관의 다른 대표자, 업계와 지방자치정부 및 학계에서 파견된 외부 전문가 네 명이 참여했다.

연구팀은 런던 시내 열 개 거리를 보행환경 검토 시스템(Pedestrian Environment Review System, PERS)을 이용해 품질평가를 수행했다(그림 6.2 참조). 보행환경 검토 시스템은 도로작동 방식을 A에서 B 장소로의 이동을 쉽게 해주는 연결수단으로 채점하는 다중 기준 분석도구다. 이것은 2001년 교통연구소(Transport Research Laboratory) 자문위원에 의해 보행자 환경 평가를 위한 보행도구로 개발되었고 '금으로 포장한 거리' 프로젝트는 보행환경 검토 시스템 점수를 다른 사회 및 경제자료와 연계하려고 했다. 그런 다음 회귀분

* '금으로 포장한 거리'는 관용적 표현으로 경제적으로 성공하거나 잘 살기에 좋은 조건을 가진 장소를 뜻한다.

석(Regression Analysis)을 이용해 설계품질과 상점 임대료, 주택가와의 상관관계를 설정했다.

이 프로젝트는 케이브의 여러 프로젝트와 마찬가지로 설계품질과 사회적·경제적 가치의 상관관계 측정을 보여주는 시범 프로젝트로 계획되었다. 이 프로젝트와 밀접한 관계가 있는 케이브의 한 위원은 "나는 이 프로젝트가 그 가치를 입증하기에 충분했다고 생각합니다. 다른 사람들이 이 프로젝트를 더 발전시키길 원한다면 그것도 긍정적인 결과입니다. … 이 프로젝트는 사람들에게 논쟁의 시발점이 될 자료를 제공했습니다."라고 말했다.

연구 결과, 설계품질에 따라 경제적 가치는 약 5% 증가했다(CABE Space, 2007: 7). 이것은 중요한 발견이었다. 더 잘 설계된 가로가 경제적 성과를 낼 수 있다는 최초의 계량적 증거를 제공했기 때문이다. 지방자치단체 관계자들은 이 자료를 좋은 디자인 주장을 뒷받침하는 데 사용해 그 영향력을 입증했다. 사업책임자 중 한 명은 "작업이 끝난 직후 이 사업은 몇몇 다른 프로젝트에 뚜렷한 영향을 미치기 시작했습니다. 케이브 건물 밖 공공영역 개선을 담당한 캠든(Camden) 지방정부의 사업관리자는 이 증거를 이용해 가로개선사업 지출을 정당화할 수 있었다고 합니다."라고 말했다. 다른 이들은 이 연구가 사용자들에게 가장 지속적인 반향을 일으킨 케이브 연구사업 중 하나라고 주장했다.

그림 6.1 런던의 월워스 로드(Walworth Road)는 '금으로 포장한 거리' 연구에서 조사한 사례 중 하나다. 보행자와 차량 사이의 공간균형을 더 잘 맞추기 위해 광범위한 공공영역 작업을 거쳤다. / 출처: 매튜 카르모나

이 사업의 국지적인 영향력에도 불구하고 케이브 역사 내내 참여를 꺼린 교통부(DfT)에는 영향을 미치지 못했다. 이 프로젝트에 참여한 자문가 중 한 명은 다음과 같이 말했다. "그들은 케이브와 회의할 기회가 있었습니다. 그쪽에서는 기본적으로 다음과 같이 말했습니다. '우리는 사람들의 상업행위가 일어나는 역 주변 공공영역에 관심이 있습니다. … 그 밖의 영역에는 관심이 없습니다.'"

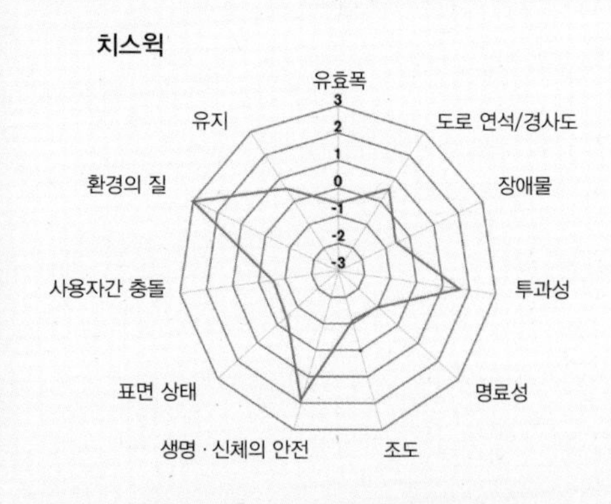

그림 6.2 다양한 변수에 걸친 장·단점을 보여주는 치스윅 하이로드(Chiswick High Road)의 보행환경 검토 시스템 평가 / 출처: 케이브

자인(Design with Distinction)', '나쁜 디자인의 비용(The Cost of Bad Design)', '물리적 자본(Physical Capital)', '가치 핸드북(The Value Handbook)', '금으로 포장한 거리(Paved with Gold, 그림 6.1 참조)', 'I 밸률(I-Valul)'[137]이 있었다.

무엇보다 케이브 사업들은 우수한 설계 본질을 주장할 근거를 제공하기 위한 것이었고 이것을 위해 케이브는 정책입안자, 전문가, 개발업계를 설득하도록 유용한 방식으로 연구를 수행하고 제시해야 할 뿐만 아니라 케이브 내부의 활동과 계획 지침을 마련해야 했다. 실제로 케이브가 존속한 동안 연구활동은 조직 내 지식정보를 제공하고 사업의 정당성 확보에 도움을 줬고 외부 당사자와의 소통으로 케이브 활동을 의심하는 사람들과 대화해 그들을 설득시키는 데 도움이 되었다. 연구사업은 케이브의 사회운동을 지원하고 뒷받침하는 데 사용되어 훨씬 많은 대중에게 장소 질의 중요성의 핵심 메시지를 전할 수 있었다(8장 참조).

연구 의제의 확장

케이브가 그 활동을 확장함에 따라 지속적인 증거기반 구축을 위해 연구주제도 확장되었다. 이 같은 확장은 케이브 사업의 근간인 설계가치에 초점을 두고 시작했으며, 점점 광범위해지는 케이브의 의제의 모든 면으로 확산되었다. 케이브의 한 임원은 다음과 같이 회상했다. "우리는 이전 연구를 추적할 기반이 있었습니다. 그래서 장소가치 연구를 하고 공간연구를 하고 주택 관련 연구뿐만 아니라 사용자의 관심, 업계의 문제점, 시장동향도 파악하고 있었습니다." 주요 연구 프로젝트는 설정된 전략적 목표와 부서 지원을 위해 조직 내에서 이뤄졌지만 정부부서, 기타 독립 공공기관, 전문기관, 대학 등의 외부 협력업체에 의해 정기적으로 제안되었다. 건축과 건조환경 위원회는 공동자금 제공자, 수행협력업체, 단순 조언자인 외부 협력업체와 다양한 관계를 맺고 있었다. 이것은 다른 기관과의 협업과 한정된 자원으로 최대한의 영향력 발휘를 목표로 한 연구팀의 의도적인 전략이었다. 그러나 일부에서는 이 외부 개입 때문에 케이브가 핵심의제에 집중하지 못한다고 조언했다.

케이브의 연구는 다음과 같은 광범위한 주제를 탐구했다.

- 개발 유형 범위(예 : 보건, 교육, 주택, 공공공간, 상업시설)
- 도시 규모(예 : 전략적 도시 설계부터 가로·공간까지)
- 설계 과정(예 : 설계 규칙, 기본 계획, 주택 표준, 의뢰인 참여, 조달, 기술 등)

---

137 역주: The Intangible Value of Urban Layout의 줄임말

- 설계효과(예 : 건강·웰빙, 지속가능한 개발, 포용성, 아름다움, 거주적합성, 가치 등)

공원 및 공공공간에 대한 자체 연구 안건과 관련 특정 문제를 다루기 위해 설립된 케이브 스페이스는 여기에 더해 공원 자금관리와 같은 추가적인 연구 주제를 다뤘다(그림 6.3 참조).

케이브 연구 안건은 정부의 주요 후원자였던 부수상실과 지역사회지방자치부의 요구에 따라 결정되었고 대부분의 연구는 부처의 다른 정책계획의 기반이 될 근거 제공이 목표였다. 케이브 연구의 본질과 접근법은 정부 정책의 변화와 특정 정책 이해당사자의 참여 방식에 따라 변했다. 사업의 품질이나 영향이 아닌 연구사업 마무리 자체가 초기 케이브 사업 평가의 주요 성과지표 중 하나였다.

케이브 지도부 교체도 연구 의제의 변화 이유 중 하나였다. 스튜어트 립튼과 존 로즈는 설계가치라는 의제를 강력히 옹호했지만 2004년 리처드 시몬스는 최고경영자에 취임한 후 자신의 특별한 관심사였던 포용적 설계를 주요 안건으로 올렸다. 이 새로운 분야의 연구로는 건조환경 업계에서 흑인과 소수 인종(BME)의 대표성 연구, 설계 및 접근 진술서(Design and Access Statement), 포용적 설계의 원칙, 노인을 위한 독립적 생활, 성 성향과 공공공간, 포용적 장소 만들기가 있었다

그림 6.3 케이브 스페이스의 초기 연구는 미국 미니애폴리스(Minneapolis)와 같이 영국 이외의 사례를 포함한 녹지관리의 성공 사례를 배우려고 했다. / 출처 : 알렉시우스 호라티우스(Alexius Horatius)

(예: CABE, 2004f; CABE, 2006d). 이 연구는 포용적 환경그룹(Inclusive Environment Group, IEG)[138]의 지지를 받았다. 포용적 환경그룹은 2005년 부수상실에서 케이브로 후원기관이 바뀐 이후 독립성을 유지하면서도 케이브에 포용성 문제와 관련된 광범위한 조언을 제공했다.[139]

연구 지위

디자인 가치나 이후 아름다움 연구와 같이 케이브는 때때로 자체적으로 안건을 정의했지만 대부분 더 높은 위계의 정부 안건이나 다른 기관에서 이미 수립한 안건을 바탕으로 진행했다. 설계규칙 연구는 '지속가능한 공동체(Sustainable Communities)' 프로그램(4장 참조)과 존 프레스콧의 플로리다(Florida) 시사이드(Seaside) 방문을 바탕으로 수립된 주거 안건을 따랐고 케이브 스페이스의 연구는 첫 몇 년 간 주로 도시녹지대책위원회(Urban Green Spaces Taskforce)와 이후 발표된 부수상실(2002) 정책문서의 명제를 목표로 했다. 케이브 후기의 '전략도시 설계(Strategic Urban Design, StrUD) 연구는 공간계획 시스템에 대한 국가적 움직임을 반영했다. 또한 케이브의 연구는 2000년대 건강, 교육, 임대주택, 보육, 재생, 올림픽, 공공영역 관리 등 전국 공공시설의 폭발적 증가로 저하될 수 있는 설계품질의 유지를 위해 정보를 지속적으로 제공했다.

케이브 연구사업은 확장을 거듭했지만 케이브 내에서 연구 분야는 별로 중요하게 여겨지지 않았다. '케이브: 10년 검토'(CABE, 2009a)에서 케이브 연구부문에서의 역할은 거의 언급되지 않았다. 불과 네 개 프로젝트만 언급되었는데 이것도 연구의 종합적 성과보다 모두 특정 사업 결과물에 대한 언급이었다. 일부에서는 이 같은 연구 성과의 누락은 연구행위 자체를 가치있는 사업이라기보다 단순히 의사소통의 수단으로 여긴 경향을 보여주는 것이라고 주장했다. 케이브의 각 부서가 성장하고 더 강력해지면서 각 부서가 연구를 진행했기 때문에 연구 분야가 약화되기도 하였다. 예를 들어 실행보조 부서는 자신들의 업무로 만든 다양한 사례 평가와 실무지침 관련 설계 규칙과 디자인 검토 연구를 스스로 관리했다. 이것은 분명히 케이브의 역할을 약화시켰고 조직의 전문성을 충분히 활용하지 못하는 결과를 낳았다. 그럼에도 불구하고 케이브 해체 당시 웹사이트는 건축과 건조환경위원회의 연구 성과를 강조해 소개했다.

> 케이브 연구사업은 출판물과 웹사이트를 통해 이용가능한 연구보고서, 정책지침, 모범 사례 연구 등을 총망라하는, 타의 추종을 불허하는 연구목록을 제작했습니다. … 고도로 혁신적인 이 연구들은 우수한 설계의 영향

---

138 이전에 장애인교통자문위원회 건설환경그룹(Built Environment Group of the Disabled Persons Transport Advisory Committee, DPTAC)이었다.

139 2008년 포용적 환경그룹(IEG)이 디자인에 의한 포용 그룹(Inclusion by Design Group, IDG)이 되었음에도 불구하고 관련자들은 두 조직이 통합이 잘 안 되고 의사소통이 미미하다고 보고했다.

과 더 나은 계획과 설계로 훌륭한 장소를 만드는 방법에 대한 새로운 지식의 장을 열었습니다. 케이브는 도시의 물리적 품질, 공간과 건물, 사용자의 삶의 질 상관관계에 대한 이해도 향상을 통해 업계의 지식 공백을 채우는, 80개 이상의 유익하고 목적이 분명한 연구를 제공했습니다. 우리는 건조환경 전반에 걸친 정책과 실무 개선을 위해 이론과 증거를 강력하고 비판적으로 적용하는 것을 목표로 해왔습니다.[140]

감사

케이브의 또 다른 실증자료 구축활동은 건축물 및 건축공간 품질 감사활동이었다. 이 같은 감사활동은 우선 건물과 장소의 품질 측정을 위한 일련의 지표 설정이 필요해 연구 프로그램보다 늦게 시작될 수밖에 없었다. 케이브 감사활동은 매매주택 감사로 많이 알려졌지만 사회주택, 중등학교, 아동센터, 녹지공간 감사도 시행했다. 이같이 다양한 감사는 각각 유사한 목표로 더 나은 설계를 주장하고 설계품질 진행 상황을 감시할 증거기반 확립과 더불어 개발사와 일반 대중을 포함한 주요 이해관계자에게 영향을 미치는 데 초점을 맞췄다. 이후 많은 감사가 정부 설비투자 프로그램과 관련되어 감사활동은 이 같은 프로그램의 품질을 추가적으로 추적·감시했다.

주택 감사

주택 감사는 '삶을 위한 건축' 기준에 기초했고 기존 또는 계획된 건물에 적용할 수 있는 방식으로 좋은 설계의 의미를 정의하는 데 도움이 되었다(8장, 9장, 그림 6.4 참조). 이 감사는 영국의 주택 디자인 품질에 대한 최초의 전국적인 감사였고 이 문제에 대한 더 많은 관심의 필요성을 주장할 수 있는 확고한 근거자료를 제공했다. 이 감사는 주택설계의 품질이 일반적으로 좋지 않다는 사실을 밝혀냈고 지역·지방 이해관계자와 케이브의 협력을 가능하게 하는 중요 자료도 포함했다. 실제로 문제의 규모를 확인한 후 케이브는 국가, 지역·지방정부가 과제의 심각성을 깨닫도록 상당한 자원을 쏟아부었다.

케이브의 관점에서 국가주택 감사는 추가적인 두 가지 주요 목표 달성에 도움을 줬다. 첫째, 주택건설업자에게 직접 압력을 가해 설계를 개선하는 것이었다. 둘째, 주택 수요자에게 정보를 제공하고 영향을 미침으로써 대중의 토론을 유도해 디자인 개선을 위한 간접적인 압력을 추가로 행사하는 것이었다. 두 번째 목표는 때때로 약간 노골적인 방식으로 추진되었다. 케이브 관계자들이 전국 언론매체를 통해 주택건설업자들을 질타한 결과, 일부 개발업자들은 완강히 저항하며

140 https://webarchive.nationalarchives.gov.uk/20110118103653/http://www.cabe.org.uk/research (2019년 8월 9일 마지막 방문)

시장논리를 주장했다. 몇몇 개발업자들은 끝까지 타협하지 않았지만 어떤 이들은 타협하거나 이 같은 압력에 점점 반응하는 듯했다(4장 참조). 케이브는 반박하기 어려운 상세한 증거를 제공했고 사업 기간 3년 동안 온라인·오프라인에 공개하는 등 오랫동안 대중에 노출시켰다. 감사 내용은 국가, 지역, 업계, 언론에 크게 보도되었다.

케이브는 10년 검토 보고서의 감사활동을 되돌아보며 "2004~2006년 사이 우리는 주택 감사를 통해 2003년 이전에 계획허가를 받은 장소에 대한 통찰력있는 분석을 했습니다. 이 연구는 영국 전역 주택 질의 기준점을 확립했고 향후 10년간의 발전 과정을 측정하는 데 사용될 수 있습니다. 주택 감사는 주택의 양만큼 질의 중요성을 알리는 데도 기여했다는 점에서 중요합니다."라고 주장했다(CABE, 2009a). 따라서 감사활동의 진정한 장기적 혜택은 오랫동안 축적되고 주택설계 변

삶을 위한 건축 표준 평가 기준	연구 감사 기준	
정체성	1	장소감
장소감		
거리 위요감	2	적당한 위요감
안전하고 쉬운 길찾기	3	안전성
보행로 시야 범위	4	명료성
장소의 자산 활용	5	장소의 자산 활용
고속도록 위주 계획 지양	6	고속도로 위주 계획 지양
비차량 이동 권장	7	비차량 이동 권장
주차	8	주차
	9	서비스
이동 수단 통합성	10	이동 수단 통합성
맞춤 설계	11	맞춤 설계
	12	건축적 질
확실한 공공 편의	13	공공 편의
	14	공공 영역의 질
규제 이상의 건축물의 성과		
기술의 발전		
적응성	15	적응성
대중교통 접근성	16	대중교통 접근성
환경 영향		
다양한 거주 방식		
다양한 거주 형태		
지역사회 응집력		

그림 6.4 주택 감사는 주택개발 품질평가를 위해 '삶을 위한 건축' 기준을 수정해 사용했다./출처: 케이브

화조사를 통해 구축될 증거기반 자료를 만들 수 있다는 것이었다. 첫 번째 주택 감사 당시 케이브(2004d)는 다음과 같이 야심차게 주장했다. "몇 년 후 이 지역을 우리가 다시 감사할 때 대부분의 계획이 케이브와 주택건설자연합의 '삶을 위한 건축' 기준에 비춰 확실히 좋은 점수를 얻도록 업계, 지방정부와 협력할 것입니다." 케이브는 같은 지역의 재감사를 해보기도 전에 해체되었다.

일반 주택시장을 넘어

주택 감사 성공으로 감사 도구는 다른 개발영역으로 확대되었다. 첫째, 일반주택(Market Housing)[141]에서 저렴주택(Affordable Housing)으로 확대되었다. 당시 저렴주택 공급의 국가보조금을 담당하던 주택공사(The Housing Corporation)는 '삶을 위한 건축' 기준을 지원금제도에 도입할 계획이었다. 2006년 새로운 조치 도입 전, 품질 기준 마련을 위해 케이브에 자체 사회주택 감사를 위탁했다(HCA, 2009). 존 소렐 케이브 회장은 전국적인 학교재건 프로그램인 '미래를 위한 학교 설립(Building School for the Future)'을 통해 건설 중인 학교들의 품질평가 자료부족을 지적해 동시다발적인 학교 감사가 이뤄졌다. 아동센터 감사도 곧바로 했는데 첫 번째 전국적인 '슈어 스타트(Sure Start)' 아동센터 프로그램이 $\frac{2}{3}$쯤 진행된 후였다(10장 참조). 케이브는 이후 건설될 아동센터와 비슷한 시설들에 이것으로 교훈을 주려고 했다(CABE, 2008c).

이후 녹지공간 감사는 영국 녹지 품질과 관련해 신뢰할 만한 전국적인 단일 정보원의 필요성을 강조한 도시녹지대책위원회의 권고사항 해결을 위해 노력했다. 세 개 정부부처에 다양한 측면의 녹지정보가 있었지만 정보들이 조직화되지 못해 전략적 결정을 어렵게 만들었다. 이 감사의 목표는 영국 도시 녹지공간 상태의 더 나은 이해와 영국 녹지공간의 변화 추적에 사용할 지표군에 의한 기준 마련이었다. 2000년 『어반 그린 네이션(Urban Green Nation)』이 출간되었고(CABE Space, 2010b) 관련 연구에서 녹지 품질이 빈곤지역 주민복지에 미치는 영향을 더 심도있게 조사했다(CABE Space, 2010a).

141 역주: 저렴주택이 아닌 일반 시장가에 공급되는 주택

자료수집 활동은 어떻게 수행하는가?

연구

연구와 정책은 케이브 시작 때부터 함께 해온 분과였지만 연구분과는 이후 정책과 소통 부서장 밑에 연구책임자를 두는 방식으로 정책과 소통분과로 흡수되었다. 연구 기능직원 수는 시기별로 매우 달랐다. 케이브 초기에는 한 명이었지만 케이브 스페이스 배정 세 명을 포함해 최대 여덟 명까지 늘어난 적도 있다.

연구 수행

이렇듯 케이브는 처음부터 연구 기능이 있었고 케이브 구조 내에서 연구 전담부서로 발전했지만 이미 말했듯이 기관이 수행한 모든 연구사업의 책임을 맡았던 것은 아니다. 위원회 연구 프로그램은 운영 첫 해 2만 파운드 프로젝트 하나일 정도로 작은 규모에서 시작해 상당한 규모로 발전했다. 의뢰 프로젝트 건수는 2004~2005 회계연도에 최대로 성장해 아홉 개 주제 프로젝트가 수행 중이었고 그중 공공녹지공간 프로젝트도 여러 개 있었다. 2005~2006 회계연도 케이브 연간 보고서에서는 케이브가 정부 성과 목표와 부수상실 정책 의제 프로젝트 목표를 초과 달성했다고 밝혔다(CABE, 2006c: 25). 다섯 개 증거기반 연구 출간이 목표였지만 결과적으로 여덟 개를 발표했고 부수상실 프로젝트 목표는 세 개였지만 다섯 개 프로젝트 의뢰를 받았다. 그러나 이 같은 성장에도 한 도급업체는 다음과 같이 관측했다. "케이브의 연구는 학문적 관점을 취하기보다 자문회사와 같이 빠른 속도와 적은 예산으로 의뢰 내용에 맞춰 생산된 연구에 가까웠다."

당시 케이브는 다른 기관에서 수행한 연구 프로젝트의 연구틀을 설정하고 위탁, 관리, 운영, 보급에 전문성이 있었고 자체 연구는 드물었다. 그 대신 다양한 질적·양적 연구방법론 조합을 적용한 광범위한 학자, 자문위원과 함께 일했다. 이 연구들은 대형 주택건설업체의 실제 설계 품질을 조사하는 대규모 국가주택 감사, 새 주택 구매 때 소비자의 소비 결정 과정 평가조사, 지방자치정부의 계획 기술과 설계자문기관 활용 연구에 이르기까지 다양했다. 이 연구들은 주택과 근린지구 설계가 노령인구, 지역공동체, 아름다움 인식, 공공지역의 위험과 안전 향상 방법 등 무형의 문제에 대한 세분화된 질적 탐색 연구와 균형을 이뤘다. 케이브의 연구는 새로운 의제 탐색을 지속하고 이전 의제를 새로 조명·갱신하고 마지막까지 혁신적 방법론을 제시했다(그림 6.5 참조). 2010년 '사람과 장소(People and Places)' 기치 아래 시작된 아름다움 연구는 해당 주제에 대한 모리(MORI, 국제시장 및 여론조사기관) 여론조사, 셰필드(Sheffield)의 질적 경험 분석, 예술인문연구위원회(AHRC) 지원을 받은 기호학적 분석, 의뢰받아 작성한 에세이 시리즈, 케이브의 첫 번째이자 마지막 페이스북(Facebook) 캠페인, 사진공모전을 포함했다(9장 참조).

케이브 자체 연구 프로젝트는 상대적으로 규모가 작았지만 보급 협력업체로서의 장점 덕분에 학술기관, 여러 기관과 폭넓은 관계를 유지하였고 여러 기관으로 구성된 외부 연구 프로젝트 자문그룹에 참여할 수 있었다. 전략적 차원에서 케이브는 주요 학술연구기금위원회와 영향력있는 밀접한 관계였고 시간이 흐르면서 문화미디어체육부, 부수상실, 지역사회지방자치부, 교통부, 보건부(Department of Health), 국민공공보건서비스(NHS), 지역사회건강파트너십(Community Health Partnerships), 잉글리시 헤리티지, 박물관 도서관 및 아더스위원회(Museums Libraries&Arthurs Council), 주택공사, 잉글리시 파트너십(English Partnerships), 잉글랜드 고등교육기금협의회(Higher Education Funding Council for England), 국가감사국(National Audit Office), 여러 지역개발청, 예술인문연구위원회(Art and Humanities Research Council), 동종 산업기관, 전문기관과 광범위한 협력연구를 수행했다. 또한 영국사무소위원회(British Council for Offices), 어반 버즈(Urban Buzz), 너필드신탁(Nuffield Trust), 흑인건축가협회(Society of Black Architects), 포플러주택포럼(Poplar Housing Forum), 주택건설자연합, 동종업계 여러 기관, 전문기관과 공동연구를 진행했다.

일반적으로 연구 프로젝트는 자문그룹이나 운영그룹으로 구성되었고 대부분 위촉위원인 의장을 중심으로 적합한 학술, 공공, 민간 자원봉사기관에서 직접 선정한 전문가들로 구성되었다. 또한 케이브는 연구계획을 모니터링하고 공정한 외부 조언을 듣기 위해 다양한 분야의 구성원으로 연구참조그룹(Research Reference Group)을 설립했다. 케이브의 연구방향에 대한 전략적 결정은 대체로 위원회 지원기관의 요구와 케이브 운영진에 의해 파악되고 위원들의 비준을 받은 전략적 우선순위로 결정되는 반면, 개별적 연구 프로젝트 수행방법의 세부적인 결정은 선정된 업체와 프로젝트 운영그룹을 고려해 연구팀이 결정할 문제였고 연구참조그룹은 그것을 도와줬다.

2003년 단일 연구 주제로는 최대 프로젝트였던 녹지연구 5개년 사업이 시작되었다. 도시녹지대책위원회가 초기 의제를 선정했지만 케이브는 전문지식과 지식기반이 성장하면서 의제를 발전시킬 수준의 상당한 자율성을 가졌다. 케이브 스페이스 내 신설 전담연구정책팀에 의해 진행된 이 프로그램은 결과적으로 12개 연구보고서와 열 개 요약보고서를 내놨고 이것으로 2003년부터 시작해 영국의 최악의 방치공간을 찾아내기 위해 진행한 국가 캠페인 '폐기된 공간'(Wasted Space, 그림 4.8 참조)을 포함해 케이브가 진행한 많은 사회운동의 증거기반을 구축했다. 케이브 스페이스의 연구는 첫째, 경제적, 환경적, 사회적 의제 전반에 걸친 녹색공간의 가치와 기여의 증거를 구축하고 둘째, 혁신, 지식공유, 모범 사례, 기술발전을 앞당기는 작업으로 오랫동안 채워지지 않았던 지식 공백을 해소하고 궁극적으로 도시 녹색공간 전반의 이해 향상을 위해 고안되었다. 연구 프로그램은 더 작은 규모로 케이브의 더 큰 목표와 연구의 중요성을 보여줬다.

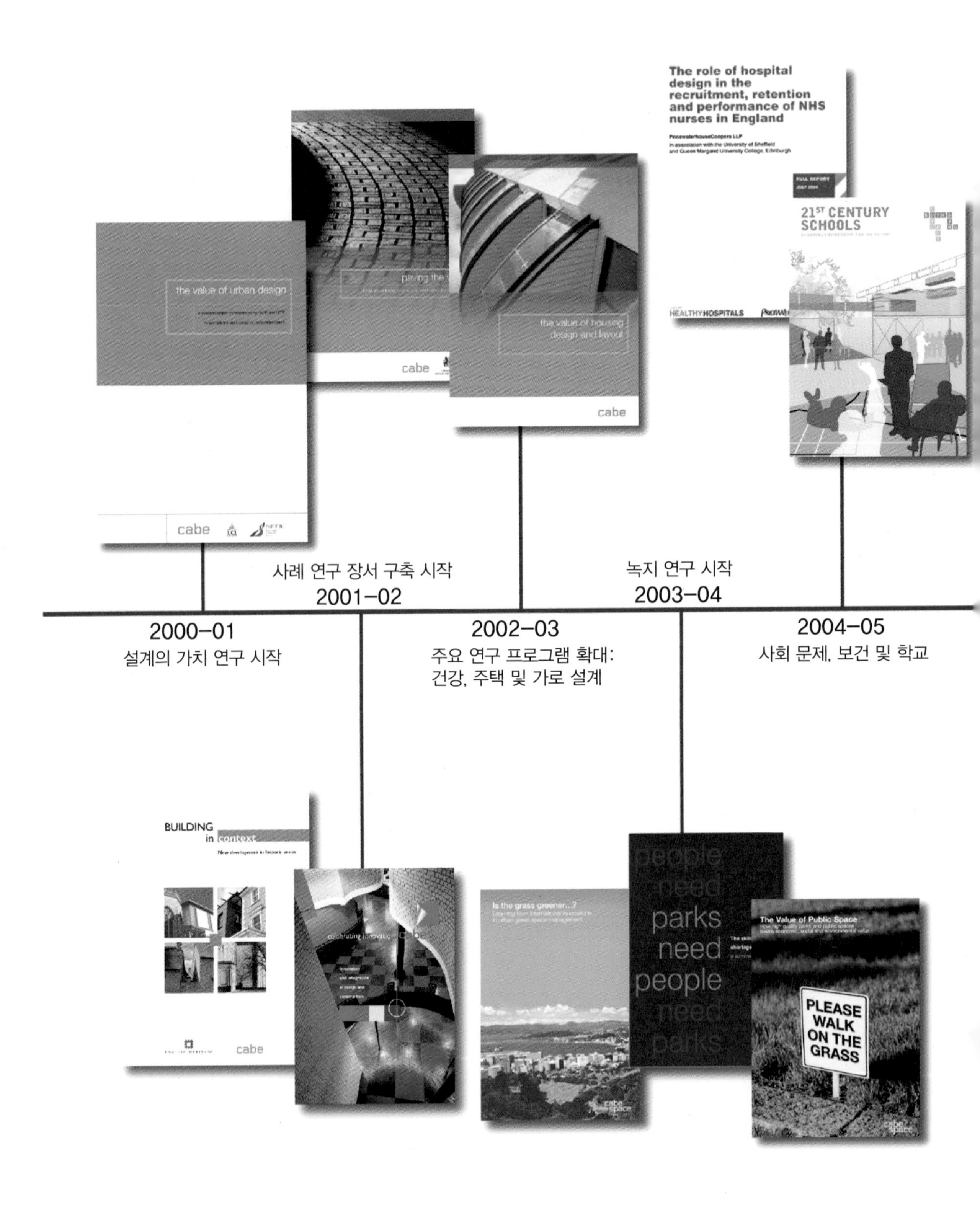

그림 6.5 케이브의 연구 연대표

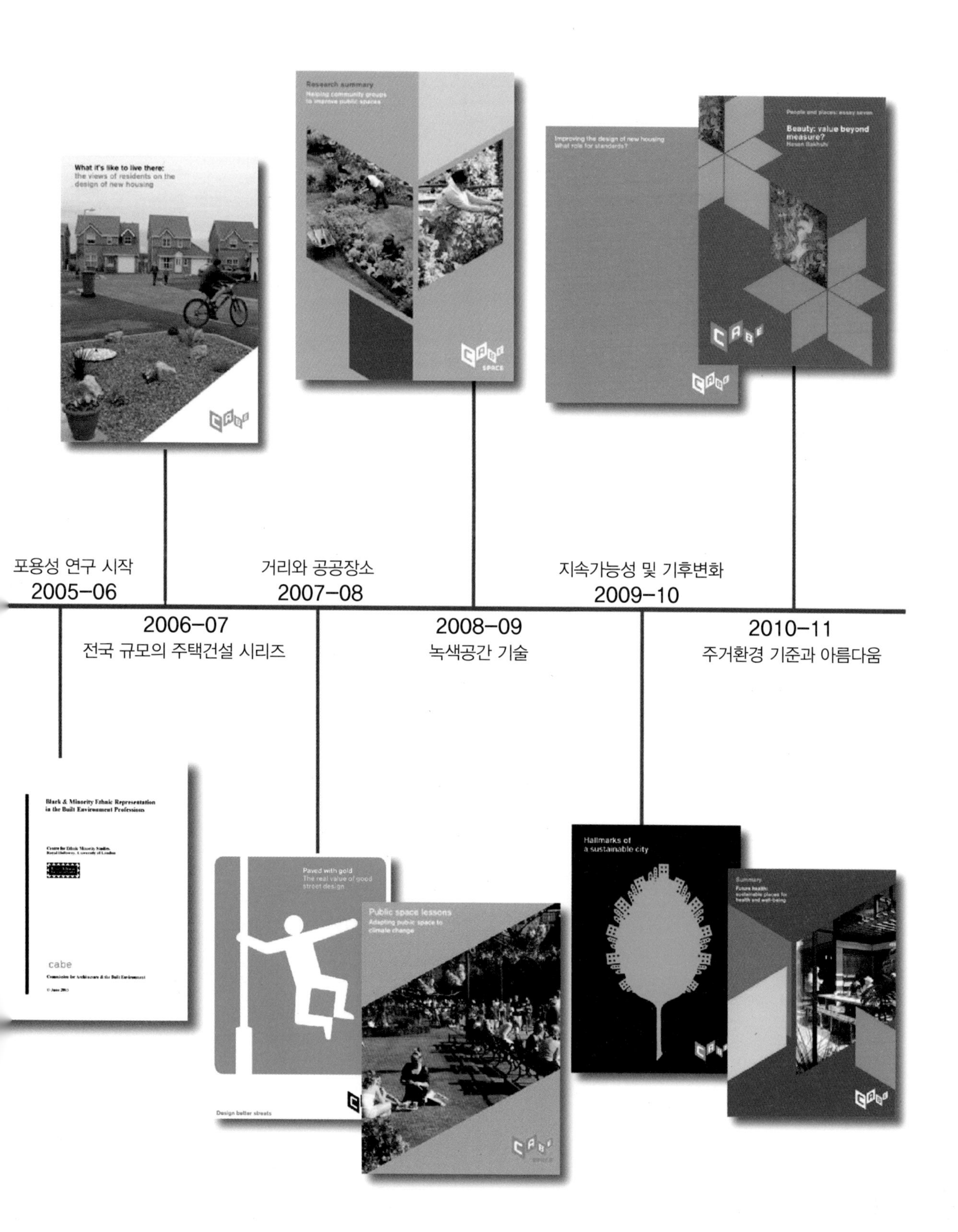
포용성 연구 시작
2005–06
2006–07
전국 규모의 주택건설 시리즈
거리와 공공장소
2007–08
2008–09
녹색공간 기술
지속가능성 및 기후변화
2009–10
2010–11
주거환경 기준과 아름다움
What it's like to live there:
the views of residents on the design of new housing
Research summary
Helping community groups to improve public spaces
Improving the design of new housing
What role for standards?
People and places: essay seven
Beauty: value beyond measure?
Paved with gold
The real value of good street design
Design better streets
Public space lessons
Adapting public space to climate change
Hallmarks of a sustainable city
Summary
cabe

외부 청중용 연구

녹지연구 사례에서 알 수 있듯이 케이브의 연구는 소통활동의 일부였고 발표된 연구보고서는 업계, 정부, 대중의 특정 수용집단을 대상으로 설계의 중요성에 대한 메시지와 연구 결과를 널리 알리는 역할을 했다. 시간이 흐르면서 이 작업은 설계와 건조환경 분야 전반의 대규모 자료출간으로 이어졌고 이 연구자료는 관련 분야에서 널리 이용되었다. 이에 대한 증거는 케이브가 자체 연구 영향평가를 위해 의뢰한 조사보고서에 수록되어 있다. 2009년 의뢰한 케이브 고객 설문조사에 의하면 위원회 이해관계자 천 명 중 80%가 위원회 출판물을 이용했고 95%가 유용하다고 판단했고 89%는 이 연구자료를 참조해 일하는 방식을 바꿨다(CABE, 2010a).

하지만 예상할 수 있듯이 케이브 연구의 실효성에 대한 의견은 긍정적 의견과 부정적 의견까지 다양했다. 혹자의 의견을 따르자면 연구의 유용성은 연구가 제공하는 증거에 달렸고 이 증거는 위원회의 핵심의견을 공고히 하고 핵심 이해당사자들이 설계 품질에 투자하도록 설득하는 데 사용될 수 있어야 했다. 한 도시디자인 전문가는 다음과 같이 말했다. "케이브는 당신의 집이 X라는 양보다 많은 녹지가 있다면 6% 높은 가치로 팔릴 것임을 보여주는 몇 가지 연구를 했습니다. … 이 연구에 대한 내 반응은 '맙소사! 진작 알고 있었지만 기다리던 근거를 이제 갖게 되었네!'였죠. 연구비가 꽤 많이 들었지만 이 연구들은 매우 세심히 계획되었고 우리는 도시계획자들에게 증거를 제시할 수 있었습니다. … '이것 봐, 우리가 일을 어떻게 진행해야 할지를 보여주는 증거가 여기 있어!'" 케이브의 한 부서장은 "우리가 작업했던 획기적인 문서는 '공공공간의 가치(The Value of Public Space)'였는데 정말 명확하고 아름다운 형식으로 공공공간의 핵심가치와 그것이 우리 삶에 미치는 영향을 단번에 보여주는 최초의 문서였습니다. 우리는 당시 시장조사 결과와 이것을 비교해 당시 사람들이 무슨 생각을 하고 느끼는지 분석할 수 있었습니다. … 이 연구는 매우 잘 작동했어요."라며 동의했다.

한편, 11년 역사 동안 케이브 연구에 대한 이해와 사용이 변했다는 의견이 있었다. 지역사회지방자치부의 한 공무원은 그 변화를 다음과 같이 설명했다. "초기 케이브의 연구는 강력하고 유용했으며 지원부서를 설득하는 데 도움을 줬지만 시간이 흐르면서 홍보만 위한 것으로 변해갔습니다." 그는 "결국 대부분의 연구는 쓸모없는 것이었고 정부부서, 특히 지역사회지방자치부가 케이브에 대해 가진 시각은 더 확고해졌습니다. 그들은 케이브를 강박적인 생각에 기반한 사치품으로 여겼죠."라고 결론내렸다.

케이브 내부 연구

케이브의 연구활동은 조직 내에서 중요한 내부 목표가 있었다. 연구 결과물은 케이브의 다른 분야의 계획 설정에 도움을 주고 실행 지원, 디자인 검토와 같은 일선 도구로 수집된 풍성한 정보와 데이터를 효과적으로 활용하기 위한 것이었다. 따라서 케이브의 연구활동은 다른 곳에서 수행된 연구지식 수집의 중심지 기능을 했다. 한 연구원은 "우리는 점점 지식의 중심지가 되었습니다. 이것은 2006년까지 우리의 일이 연구를 위탁·수행하는 것 뿐만 아니라 … 무슨 일이 일어나는지 분명히 알 수 있게 모든 연구를 통합하는 것임을 부분적으로 인정하는 것이었습니다."라고 설명했다.

이 모든 정보수집과 케이브 자체 활동에 대한 성찰이 얼마나 효과적이었는지는 논쟁의 여지가 있었다. 다른 조직처럼 케이브 내 다른 부서는 자신만의 정보창고를 구축하는 경향이 있어 그들 사이의 협력과 의사소통이 항상 순탄한 것만은 아니었다. 디자인 검토는 위원회의 가장 가시적인 활동이었고 일관적이진 않았지만 디자인 검토, 설계, 개발 실행 사이의 피드백은 전체적으로 매우 중시되었다. 케이브 위원 중 한 명은 "이 자료들은 새로운 주거 형태가 등장할 때 중요했습니다. 슈퍼마켓 위에 주거공간을 더한다고 가정해봅시다. 당신은 다른 지역의 실증자료를 추출·분석해 결론을 도출할 겁니다. '이렇게 하면 더 나은 결과를 얻을 수 있습니다.', '저렇게 하면 참사가 생길 수도 있습니다.', 그리고 당신은 국내 모든 설계검토위원들에게 이 자료를 배포하는 겁니다."라고 설명했다.

하지만 디자인 검토와 다른 일선활동을 통한 정보가 케이브 연구팀에게 항상 쉽게 전달되는 것은 아니었다. 반면, 이것을 전혀 반대로 이해하는 이들도 있었다. 그들은 연구팀이 케이브의 활동으로 만든 폭넓은 자료를 무시한다고 생각했다. "나는 디자인 검토가 현장에서 일어나는 일을 보고 접하는 거라고 생각했습니다. 연구집필진을 포함해 위원회의 다른 분과가 우리가 보고 들은 것을 완전히 무시해 놀랐습니다. 내가 보기에 여러 부서 사이에 이해할 수 없는 경쟁이 존재했습니다."

연구는 내부적으로 위원회 활동의 영향 평가와 반성에 사용되었다. 그러나 일부 특정 활동과 관련해 더 많이 사용되었고 연구팀은 실증 증거가 양적인 데만 머물지 않도록 다른 부서가 하고 있는 업무에 대한 훨씬 더 나은 피드백을 제공할 수 있게 하는 것을 그들의 역할 중 하나로 보았다. 케이브 스페이스는 한 분야에 집중된 분과로 자체 연구팀과 지도부가 있어 전략적 결정을 내리는 데 연구를 더 효율적으로 활용할 수 있었다. 케이브의 한 연구책임자는 "케이브 스페이스는 … 자신들의 연구와 프로그램이 정확히 어떻게 수행되어야 하는지에 대해 매우 영리하게 반응했습니다. … 그래서 모범적인 피드백 과정이 있었습니다."라고 설명했다. 더 크고 이질적인 조직에서는 이 같은 장점을 달성하기가 훨씬 힘들었다.

감사

최초의 주택 감사는 케이브의 지역사회지방자치부 지원 프로그램 중 하나로 2004년 시작되어 2001~2003년 사이 완료된 민간 주택계획을 조사했다. 사업 시작부터 이 감사는 전국적인 조사를 목표로 3년 만에 마무리되었고 2004년에는 런던, 영국 남동부, 동부, 2005년에는 북동부, 북서부, 요크셔(Yorkshire), 험버(Humber), 2006년에는 이스트 미들랜드(East Midlands), 웨스트 미들랜드(West Midlands), 남서부를 중심으로 이뤄졌다. 감사 결과, 런던과 동남부 지역이 조금 나았지만 다른 지역에서는 긍정적인 사례를 거의 찾아볼 수 없었다. 최종 감사에서는 겨우 18% 미만의 계획안이 '좋은' 설계 또는 '매우 좋은' 설계로 분류되었고 29%는 계획 허가를 받아선 안 된다고 평가받을 만큼 형편없었다(CABE, 2007e: 4).

> 5년간의 감사는 신축 주택의 품질에 비타협적이고 거침없는 방식으로 현황을 묘사했다. 케이브와 개발자 교역기관이 동의한 기준에 못 미치는 개발이 너무 많고 설계 면에서 모범적인 개발은 너무 적었다. 요약하면 새 주택은 우리가 자랑할 만한 모습이 되기까지 갈 길이 멀었다. (CABE, 2007e: 7)

5년 후 사회주택 감사와 템즈 게이트웨이(Thames Gateway)[142]의 신축 주택 특정 감사도 비슷한 상황이었다. 처음 검토된 2004~2007년 사이에 지은 건물들은 18%가 '좋음' 또는 '매우 좋음' 수준, 61%가 '평균' 수준, 21%가 '열악' 수준이였다 이 결과가 자신들의 이미지에 부정적 영향을 미칠 거라는 일부 지역사회지방자치부 장관의 염려 등 정부 내 문제 때문에 보고서 발표는 2009년까지 보류되었다. 2007년 이 작업을 위탁한 주택공사는 당시 주택공동체청(HCA)에 흡수되면서 이 연구에서 슬그머니 발을 뺐다.

케이브는 감사업무에 대한 다양한 분할지원금을 받았다. 첫 세 번의 주택 감사는 지역사회지방자치부의 핵심 자금지원, 네 번째는 주택공사 자금지원을 받았다. 국가감사국의 일부 기금은 학교들이 '미래를 위한 학교 설립' 프로그램 운영지출의 효율성을 검토하도록 확보되었고 아동학교가족부(DCSF)는 아동센터 감사자금을 지원했다.

감사가 성공한 후 2010~2011 회계연도에 케이브와 지역사회지방자치부 간에 체결된 지원금 합의는 신축 주택계획 중 '불량' 등급 주택 수를 29%에서 15%로 낮춰야 한다는 위원회의 새 성공

142 이 감사는 계획 승인을 위해 제출된 41개 계획을 사용하고 결과에 '삶을 위한 건축' 기준을 적용한다는 점에서 다른 감사와 달랐다.

지표를 설정했다(CABE, 2009d: 6). 케이브가 때때로 주택건설업자와 골치아픈 관계였음을 고려하면 이 같은 목표 달성은 쉽지 않았다(4장 참조). 그럼에도 지역사회지방자치부는 같은 해 케이브에 2차 전국 주택 감사 실시를 요청했다. 하지만 이후 케이브에 대한 지원이 중단되고 주택설계 품질에 대한 정부의 관심이 증발하면서 빠르게 취소되었다.

방법론

국가 주택 감사에 사용된 방법론은 2차, 3차 감사에서 거주자 관점을 추가 적용한 것을 제외하면 전체 3단계에서 비교적 일관되게 유지되었다(박스 6.2 참조). 각 감사에서는 일반적으로 상위 열개 대규모 주택건설업체가 건설한 다양한 공급 형식의 약 100개를 '삶을 위한 건축' 기준으로 평

6.2 첫 주택 감사

케이브는 2001~2003년 사이에 건설된 런던, 영국 남동부, 동부 주택계획 품질조사를 위해 자체 계획대로 첫 주택 감사를 실시했다. 위원회 부서장 중 한 명이 설명했듯이 이 아이디어는 주택문제 증거부족과 위원회가 이 주제를 충분히 연구하는지에 대한 내부 논의에서 시작되었다. "케이브 내부에서 대부분 주택계획 품질문제에 상당히 비관적이었습니다. 전국을 돌며 기차에 앉아 창밖을 내다보며 생각했죠. '이런, 지난 20년 동안 우리는 도대체 무엇을 지은 걸까? 그리고 증거에 기반해 이것을 제대로 파악할 방법은 무엇일까?'"

당시 전국적으로 더 많은 주택을 지어야 한다는 압력이 있었고 주택문제야말로 지방자치정부가 직면한 최대 문제임을 공론화해 높아진 주택건설 목표치를 이들이 받아들이도록 설득해야 했다. 주택 감사계획은 당시 상황을 반영한 것이다. 감사에 참여한 주요 자문위원 중 한 명은 "향후 20년 동안 우리가 지방자치정부에 연간 20만 채 신규 주택을 공급할 것을 강요해야 한다면 동시에 우리는 그 주택의 질을 향상시킬 처방약을 달고 소화하기 쉽게 만들어야 합니다."라고 말했다.

감사에서는 품질 측정 도구로 '삶을 위한 건축' 기준을 사용했는데 이 도구는 20개 지표에 비춰 모범적인 개발사업 시상에 주로 사용되었다. 따라서 첫 번째 감사에서는 모든 품질 범주에 주택건설업자와 지방자치정부의 지표 도구로서 '삶을 위한 건축' 기준 사용이 가능한지 탐구해야 했다. 케이브의 한 연구 자문위원은 "시간이 흐를수록 우리는 평가 기준 적용 지침을 더 엄격히 만들었고 평가자들이 모두 일관된 방식으로 평가를 진행하는지 확인하기 위해 상당히 노력했습니다. 방문 때 날씨를 기록하는 등 매우 면밀히 관찰한 결과, 화창한 날과 흐린 날의 평가에서 차이를 발견해 평균수치로 환산할 수 있었습니다."라고 설명했다. 이 학습 과정은 첫 번째 감사 내내 계속되었다. 첫 번째 감사 결과는 방법론이 더 강화된 이후 수행되었던 감사들에 비해 견고하지 못했다.

그림 6.6 (i) 애드미럴티 웨이(Admiralty Way) 테딩턴(Teddington), 불량한 도로 설계 사례로 평가받았다. (ii) 파운드베리 도체스터(Poundbury Dorchester), 도로와 보행자친화적 환경을 주의 깊이 고려했다는 평가를 받았다.
출처 : 매튜 카르모나

첫 번째 감사에서는 다른 감사처럼 일반적으로 좋거나 매우 좋은 설계는 드물었고 전반적으로 가로와 공공공간을 없애고 만든 도로가 문제로 부각되었다(그림 6.6 참조). 이 감사 결과는 전국 언론매체의 헤드라인을 장식했고 케이브의 한 디렉터는 "가장 주목받은 것은 이 나라의 주택 질이 충격적이었다는 것이며 이 문제로 위기감이 조성되었습니다."라고 회상했다. 주택건설자연합의 한 회원은 처음에는 업계 반응이 방어적이었다고 회상했다. "내 생각에 감사는 여러 명의 심기를 건드렸습니다. 업계에서는 더 짓자고 아우성이었고 케이브가 현장에 도착했을 때 '이 자들은 누구지?'라는 의문을 가졌습니다. 감사 결과의 핵심 메시지는 대부분 주거자가 낮은 질의 주택 설계로 부당한 대우를 받고 있다는 것이었습니다. … 결국 이 때문에 많은 사람이 불리한 상황이 되었죠."

그림 6.7 그리니치 밀레니엄 빌리지(Greenwich Millennium Village) 1단계. 설계의 모든 면에서 높은 평가를 받았다.
출처 : 매튜 카르모나

문제는 주택건설업계 일부에서 가진 케이브에 대한 인식, 케이브의 의제와 작업방식 간의 괴리, 주택시장 사업 모델에 있었다. 주택건설자연합 구성원은 그 지적을 이어나갔다. "케이브는 유행에 민감한 세련된 조직으로 보였고 국가 수준의 더 큰 그림을 보지 못했습니다. 나는 이것 때문에 몇몇 사람이 근본적으로 케이브를 신노동당 추종자로 여겼다고 생각합니다. … 케이브는 업계 관계자들과 사업을 함께 한다는 인식을 심어주지 못했습니다. 일부 주택건설 관계자들은 케이브에 반대하고 반대하고 또 반대할 뿐이었죠. 몇몇 주택건설업자는 훨씬 계몽되어 케이브의 생각을 받아들이려고 했습니다. 일부 주택건설업자는 케이브의 기준을 이미 적용했지만(그림 6.7 참조) 일반적으로 주택건설업계는 보수적인 집단으로 위원회의 생각을 받아들이는 데 많은 시간이 걸렸습니다."

가했다. 추가로 이 접근법은 '삶을 위한 건축' 기준의 타당성 입증에 도움이 되었고 지역사회지방자치부, 주택공사, 잉글리시 파트너십, 이후 주택공동체청을 포함한 다른 기관이 이 기준을 도입하는 계기가 되었다.

중등학교 감사는 두 부분으로 나뉘어 실시되었다. 첫 번째 조사는 최근 완공된 학교 질을 조사했고 케이브 실행지원 위원과 의뢰인의 의견을 수렴했다. 두 번째 조사는 케이브 실행지원 위원과의 면담으로 아직 준비 중이던 '미래를 위한 학교 설립' 계획의 설계 품질을 예측·평가했다. 케이브는 2000년 1월~2005년 9월 사이에 완공된 124개 학교 중 52개 학교를 평가했다. 이 작업은 품질평가를 위해 케이브와 건설산업협의회(Construction Industry Council)가 개발한 디자인품질지표의 맞춤형 형태인 '학교용 DQI'를 사용했다(9장 참조). 그 결과, 기능, 건축품질, 영향 세 가지 범주, 111개 지표에 기초한 새로운 학교 품질평가(Schools Quality Assessment, SQA) 방법론이 만들어졌다. 각 학교는 전문가 한 명으로부터 종합 등급을 받았고 사용자 관점이나 비용자료 조사는 없었다.[143] 최종 보고서 '중등학교 디자인 품질평가(Assessing Secondary School Design Quality)'는 50%의 중등학교가 낮은 품질로 지었고 제대로 디자인되지 않았고 학습의욕을 고취시키는 교육환경을 제공하지 못했다고 밝혔다(CABE, 2006c: 4; 그림 6.8 참조). 그 결과, 케이브는 신설학교용 설계 검토 서비스를 전담하는 학교설계합의체(Schools Design Panel)를 설립했다.

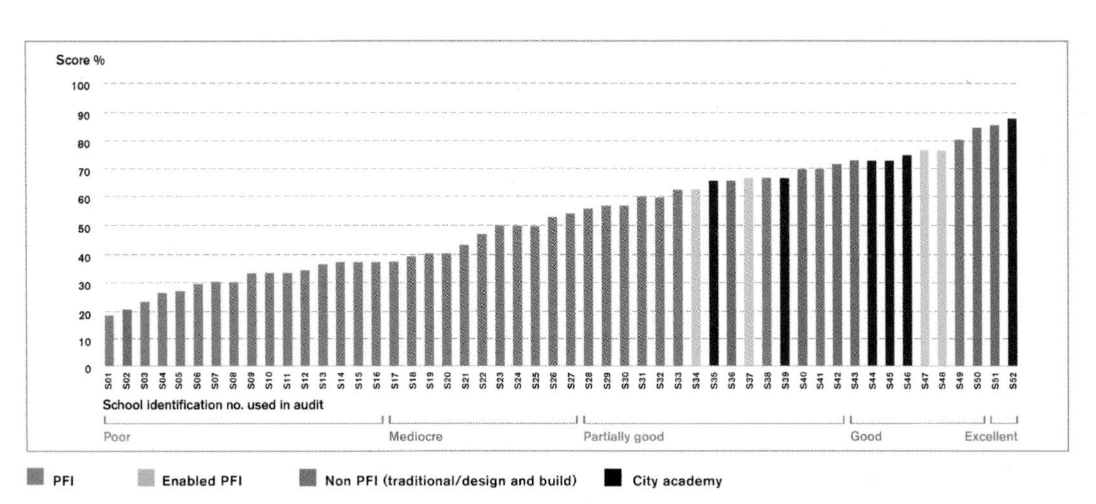

그림 6.8 이 자료는 설계 과정, 조달 경로뿐만 아니라 학교 성적이 우수하거나 불량한 곳의 정보를 제공했다. 국가감사국(2009)은 '미래를 위한 학교 설립' 프로그램 자금가치에 대한 광범위한 자체 보고서에서 조사 결과를 뒷받침하기 위해 이 자료를 사용했다. 출처 : 케이브

143 대부분의 학교가 PFI(Private Finance Initiative) 프로젝트여서 이 데이터는 상업적으로 민감했다.

아동센터 후기 분석은 해당 분야의 최대 공공기관 프로젝트로 거주 후 평가기법을 사용했고 최근 완료된 101개 계획을 조사한 반면(CABE, 2008c), 이후 케이브의 녹지조사는 11개 범주, 16,000개 이상의 개별 녹지공간에 대해 이뤄졌다. 그 결과인 '어반 그린 네이션'은 각 공간의 규모와 지리적 위치 예측정보를 포함했고 수량, 품질, 사용, 근접성, 관리 및 유지·보수를 포함한 다양한 측면의 70개 이상의 기존 자료를 추가했다. 이 자료는 내셔널트러스트(National Trust), 그린스페이스(Greenspace), 스포츠 잉글랜드(Sport England)를 포함한 협력단체가 제공했다(CABE Space, 2010b). 이전 감사와 달리 이 프로젝트는 실제 장소를 방문하거나 실제 계획을 평가할 필요 없이 원격으로 진행되었다. 케이브는 이 같은 접근법의 유용성을 완진히 시험하기도 전에 해체되고 말았다.

도구로서의 감사는 비교적 뒤늦게 케이브에 도입되었지만 사용 빈도는 지속적으로 증가했다. 다양한 대규모 감사가 실시되고 다양한 방법론이 개발되고 성공적으로 적용된 것은 감사행위가 설계의 품질과 영향, 공원의 경우, 장기 경영문제의 증거를 수집해 제시하는 효과적이고 유연한 수단임을 입증했다. 이 같은 감사 결과는 미래에 수행될 연구와 비교할 수 있는 귀중한 기준점이 되었다.

실증자료는 언제 사용해야 하는가?

이번 장에서는 케이브가 사용한 비공식 도구의 최초·최소 개입 도구, 즉 좋은 설계에 대한 증거수집을 살펴봤다. 이 범주의 중심에는 건조환경에 영향을 미치는 설계와 개발 문제와 과정을 이해하는 데 초점을 맞춘 연구활동이 있었다. 두 번째 도구인 감사는 결과의 품질과 궁극적으로 개발이 미치는 영향 측정에 집중했다(그림 6.9 참조). 이것은 모든 가능성을 항상 충족시키진 않았지만 상당한 수준까지 케이브의 다른 도구가 개발·개선·모니터링되는 근거를 제시했다.

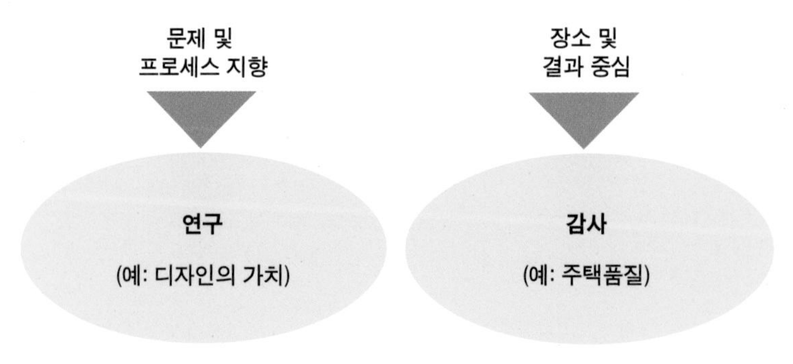

그림 6.9 증거 유형

실증자료는 정부, 개발자, 건물 의뢰인과 사용자에게 정보 제공을 위한 지식기반 구축 수단이 되었고 내부적으로 케이브가 경험적 증거를 바탕으로 중요 의제에 더 잘 집중하게 했다. 이 도구는 기관의 성장과 함께 진화했고 건설에서 공간계획, 건물에서 조경, 결과물에서 공정에 이르는 건설환경 대부분의 영역을 다룰 수 있게 발전했다. 또한 방법론 측면에서 연구·감사에서 모두 발전을 거듭했고 이 활동들의 보조와 지원을 통해 케이브는 영국에서 설계기반 연구를 수행하는 역량과 노하우를 확립하고 지식을 발전시키는 데 상당히 기여했다.

위원회가 연구나 자체 활동에서 수집된 정보를 작성하거나 엮어 만든 증거 양이 이 분야에서 전례가 없는 것은 사실이지만 실제 효과는 다양하게 나타났다. 연구에 참여하는 다른 조직처럼 생산된 지식의 최종사용자와의 관계가 그 효과를 결정했다. 케이브에게 이것은 연구 의제를 정부의 우선순위로 결정하는 것, 본능에 따라 필요한 정보를 결정하는 것, 연구가 어떻게 인식되고 사용될지 연구해 최종소비자를 고려해 결정하는 것과 같은 다른 결정 방식들 사이의 균형을 의미했다. 일부 사용자에게 케이브의 연구는 국가적으로 광역적으로 지역적으로 더 나은 설계 싸움에서 자신을 무장시켜야 할 시기에 귀중하고 강력한 탄약고가 되었다. 반면, 다른 사람들에게는 위원회가 정부의 목표를 충족시키고 관련 능력을 입증하기 위해 점점 더 많은 것을 생산하며, 교착 상

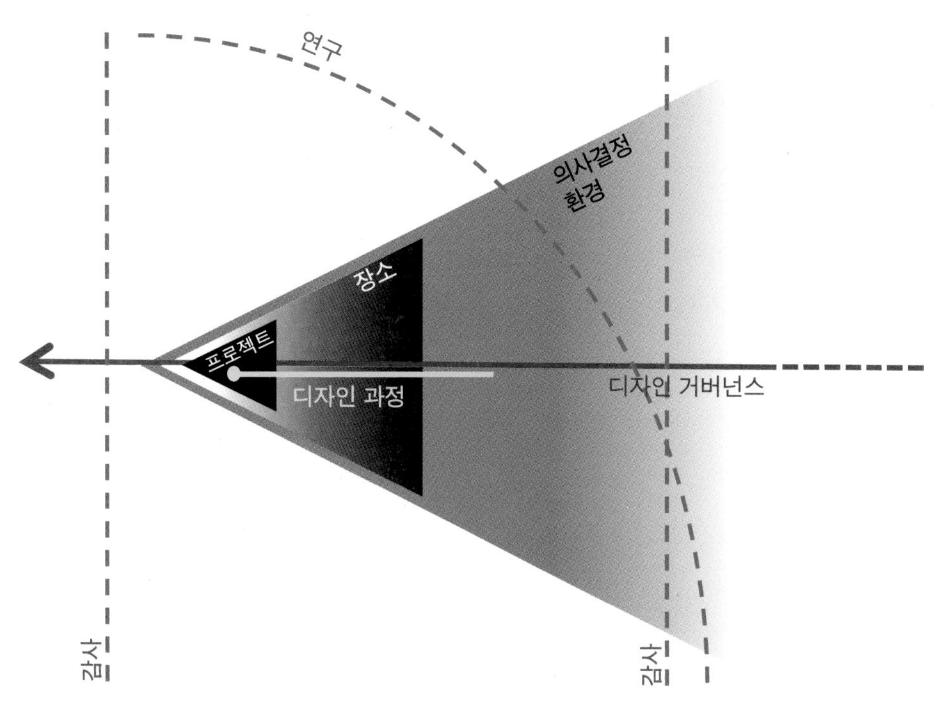

그림 6.10 디자인 거버넌스 활동 분야의 증거 도구

태에 빠진 것처럼 보였다. 그들은 위원회가 이렇게 수량에만 집중하다가는 품질을 신경쓰지 못할 거라고 여겼다. 실증자료 수집활동은 케이브의 핵심적인 특징으로 이전에 존재한 조직과 케이브를 완전히 다르게 구분지었다. 케이브가 초기부터 실증자료 수집활동에 초점을 맞추지 않았다면 효과적이지 못하고 영향력이 없었을 거라는 데 모두 동의했다.

1장에서 말한 디자인 거버넌스 활동 분야의 연구 및 감사 도구를 적용한다면 케이브는 감사(audit)를 개발의 전후에 모두 사용했다: 개발 완료 후 종합적 평가와 기술적 수준을 측정하거나 후속 조치를 위한 중요한 질적 기준 수립했다(그림 6.10 참조). 이와 대조적으로 연구는 의사결정 환경, 심미성 연구 프로젝트, 장소, 프로세스에 이르기까지 품질의 모든 측면을 넘나들었다. 케이브의 실증자료는 디자인 거버넌스의 모든 측면과 단계에의 정보제공을 통해 도움을 줄 잠재력이 있었다.

Chapter 7

지식도구
(The Knowledge Tools)

케이브의 지식전파 활동은 실무지침 발행부터 모범 사례 모음과 더 적극적인 교육 및 훈련 제공에 이르기까지 광범위한 유형의 활동을 포함한다. 이 같은 활동은 앞 장에서 논의한 실증자료 수집보다 현장(on the Ground) 개입에 한 걸음 더 가까이 다가간 것이다. 이번 장은 케이브 지식전파 활동의 이유, 방법, 시기를 다루는 세 부분으로 나뉜다. 첫째는 케이브가 실무지침, 사례 연구, 교육 및 훈련을 사용한 이유, 둘째는 지식 습득 프로세스와 이 같은 방법을 통해 지식을 보급하는 과정을 탐구하고 셋째는 디자인 거버넌스 활동영역 내에서 이 같은 도구를 사용해야 하는 시기를 알아본다.

지식활동에 참여하는 이유는 무엇인가?

실무지침

케이브가 개편되고 그 의제와 활동이 더 복잡해지면서 케이브의 지식보급 활동범위도 복잡해졌다. 지식보급 활동 중 가장 기본적인 사항에는 케이브가 생산한 지식을 실무자, 지역당국, 최종 사용자, 기타 주요 참여자에게 확산시키는 것을 목표로 하는 문서 작성과 출판이 포함된다. 케이브가 발표한 이 같은 형태의 실무지침은 여러 가지 목적이 있었는데 먼저 특정 전문가그룹을 대상으로 한 기술적 조언부터 비전문가 그룹을 대상으로 한 광범위한 메시지, 디자인 검토에 대한 다양한 안내서를 포함해 마지막으로 내부 직원과 더 넓은 케이브 그룹 자체 활동을 위한 지침에 이르기까지 다양한 접근법을 총망라했다. 따라서 케이브 지침의 주요 이용자에는 설계 및 개발전문가 건물 조달을 담당하는 공무원과 최종사용자가 포함되었다. 이 같은 다양한 고객을 고려하여 케이브의 지침은 그들의 잠재적 청중에게 전달되도록 세심히 설계·표현되었고 사용자는 이것을 케이브 스타일로 인식했다.

케이브의 지침 제작은『디자인에 의하여: 도시계획체계에서의 도시설계: 더 나은 실무를 위하여 (DETR & CABE 2000)』의 제작과 함께 조직 초창기부터 시작되었다. 이것은 케이브가 출판하기로 한 많은 지침 중 첫 번째였지만 다른 많은 지침과 마찬가지로 환경교통지역부(Department for Environment, Transport and the Regions, DETR)가 주도적으로 수행한 공동 프로젝트였다. 이 프로젝트는 케이브 설립 이전부터 시작되어 케이브는 그 제작 과정에서 많은 이득을 얻었지만 상대적으로 작은(Minor) 파트너에 불과했다. 이런 이유로 정부는 케이브가 해당 프로젝트에 참여하기 전, 프로젝트 출판을 망설이고 머뭇거렸다(4장 참조). 대상 기관이 개편됨에 따라 특히 2002~2004년 출간된 지침 수가 크게 증가했는데 이로 인해 대상 주제(7.1)와 사용된 형식도 다양해졌다. 예를 들어, 뉴스레터는 이 시기에 정기적인 소통 수단으로 도입되었는데 그중 첫 번째는『미래 주택 만들기(Shaping Future Homes, 주택공사와 공동 발간)』로 주택건설업자에게 핵심 설계 메시지 전파가 목적이었고 2004년 9월부터 시작된『삶을 위한 건축(Building for Life)』 뉴스레터와 합병되기 전까지 총 세 부가 발행되었다.

실무지침에 명시된 초기 목표는 여러 가지 목적을 반영했다. 여기에는 필요한 지식 제공, 주요 참여자에 대한 교육, 특정 기술정보 제공, 케이브 자료 배포 등이 포함되었고 때로는 단순히 예를 들어 2003년 발간된『품질 고려를 위한 열 가지 방법, 업무지구계획(Ten Ways to Make Quality Count, Business Planning Zones)』[144]에서 보듯이 특정 정책 제안에 대한 케이브의 시각 등을 반영했다. 특히 정부투자 프로그램 맥락에서 지식을 전파하는 것이 주요 초점이었고 나아가 학교나 녹지와 같이 단독 또는 기타 자본지출 프로그램과 함께 직접적으로 관련된 많은 실무지침이 제작되었다. 그 경우, 지침은 특정 자금 투입을 긍정적인 방식으로 조정하고 그 결과를 개선시키며, 정책을 명확히 하고 개발하기 위한 것이었다. 더 넓은 관점에서 이 같은 형태의 정보전파는 케이브를 더 나은 설계를 위한 지지와 캠페인에서 홍보 도구 중 하나로 작용하는 의제나 독립체로 인식하도록 했다.

---

144 이 문서는 1987년 단순화된 계획지구(Simplified Planning Zones, SPZ)를 도입한 이전 보수당 정부의 정책을 재활성화하기 위한 2001년 계획 녹서(Planning Green Paper)(역주: 영국 정부의 의회심의용 정책제안서)에 포함된 제안의 일환이었다. 여기서는 간소화된 형태의 계획 허가가 필요한 전부였다. 업무지구(Business Planning Zones, BPZ)의 새로운 제안도 이와 비슷했고 케이브는 그 지구 내 개발품질의 저하를 우려했다. 정부가 아이디어를 신속히 철회하는 동안 케이브는 업무지구 사용에 대비해 설계품질 보장을 위해 열 가지 원칙을 수립하는 데 시간을 지체하지 않았다(CABE, 2003d).

지침의 효과

케이브 실무지침이 얼마나 효과적인지에 대해서는 서로 다른 견해가 있었지만 해당 지침 중 적어도 일부는 매우 영향력 있었다는 데 일반적으로 동의하고 있다. 이는 실무자들이 해당 지침을 일상 업무에서 실제로 활용했기 때문이다. 예를 들어, 케이브의 2007년 지침이던 『설계 및 접근 보고서: 어떻게 작성하고 읽고 사용할 것인가(Design and access statement: How to write, read and use them)』(역자 주 : Design and Access Statement: 계획지원서를 제출할 때 함께 내는 문서로 개발 목적을 설명하고 해당 개발이 어떻게 모든 잠재적 사용자에게 동등한 접근을 제공할지를 보여줘야 한다.)에 대해 광역건축건조환경센터(Architecture and Built Environment Center, ABEC)의 한 임원은 다음과 같이 말했다. "당시 설계·접근 진술 작성 방법에 대한 문서는 모든 위원회 문서 중 가장 많이 사용되었고 다운로드 건수가 얼마나 많은지 믿을 수 없을 정도였습니다(그림 7.2 참조)."

한 도시설계 실무자도 지침 문서의 유용성을 해당 지식의 즉각적인 적용 가능성과 연계된 케이브 스페이스(CABE Space) 작업과 관련해 비슷한 의견을 밝혔다. "저는 정말 가치있는 것 중 하나는 여전히 우리의 책장을 채우고 있는 그 모든 출판물이라고 생각합니다. 많은 면에서 그 출판물은 디자인 검토나 어쩌면 시공을 돕는 것보다 가치 있었습니다. 단지 사람들이 그것을 필요로 했기 때문이기도 하고 설계에 대한 논쟁이 필요하기도 했으며, 나아가 어떻게 할 것인가에 대한 지침도 필요했고, 끝으로 그것을 한군데 모은 종합적인 지식도 필요했기 때문입니다."

또한 실무지침은 캠페인 목적으로도 사용되었는데 특히 정부 내 케이브 지지자들이 케이브의 존재 의의에 그렇게 수용적이지 않은 사람들을 설득하기 위해서였다. 문화미디어체육부(Department for Culture, Media and Sport, DCMS) 장관은 2000년도 문서 『더 나은 공공건물, 미래를 위한 자랑스러운 유산(Better Public Buildings, A Proud Legacy for the Future)』[145]을 언급하며, 다음과 같이 덧붙였다. "제가 그 출판물로 하려던 것은 노동당 정부를 대신하여 좋은 디자인에 대한 우리의 책무를 천명하고 재무부(The Department of the Treasury)와 환경교통 및 지역부(DETR)에 영향력을 행사하기 위해 총리를 동원하는 것이었습니다." 그는 이어서 "저는 토니 블레어(Tony Blair, 역주: 당시 총리)가 기꺼이 서명할 수 있도록 초안을 작성했고 거기서 그는 좋은 디자인을 위한 헌신이 신노동 정부의 특징이 되어야 한다고 선언했습니다. … 그것은 정부가 좋은 디자인에 헌신하겠다고 전국적으로 선언하는 것이었으므로 정부(Whitehall) 내 다른 부문에서의 협력도 얻어낼 장치였습니다."라고 말했다.

145 더 나은 공공건물(Better Public Buildings)은 케이브가 준비했으며 케이브 위원 중 한 명인 폴 핀치가 업무를 담당했다. 그는 여덟 개 주정부 부처와 케이브 대표자로 팔코너 경이 주재한 정부간 단체인 더 나은 공공건물그룹(Better Public Buildings Group)에서 이 논의를 이끌어냈고 HM 정부 문서(2000)로 출판되었다.

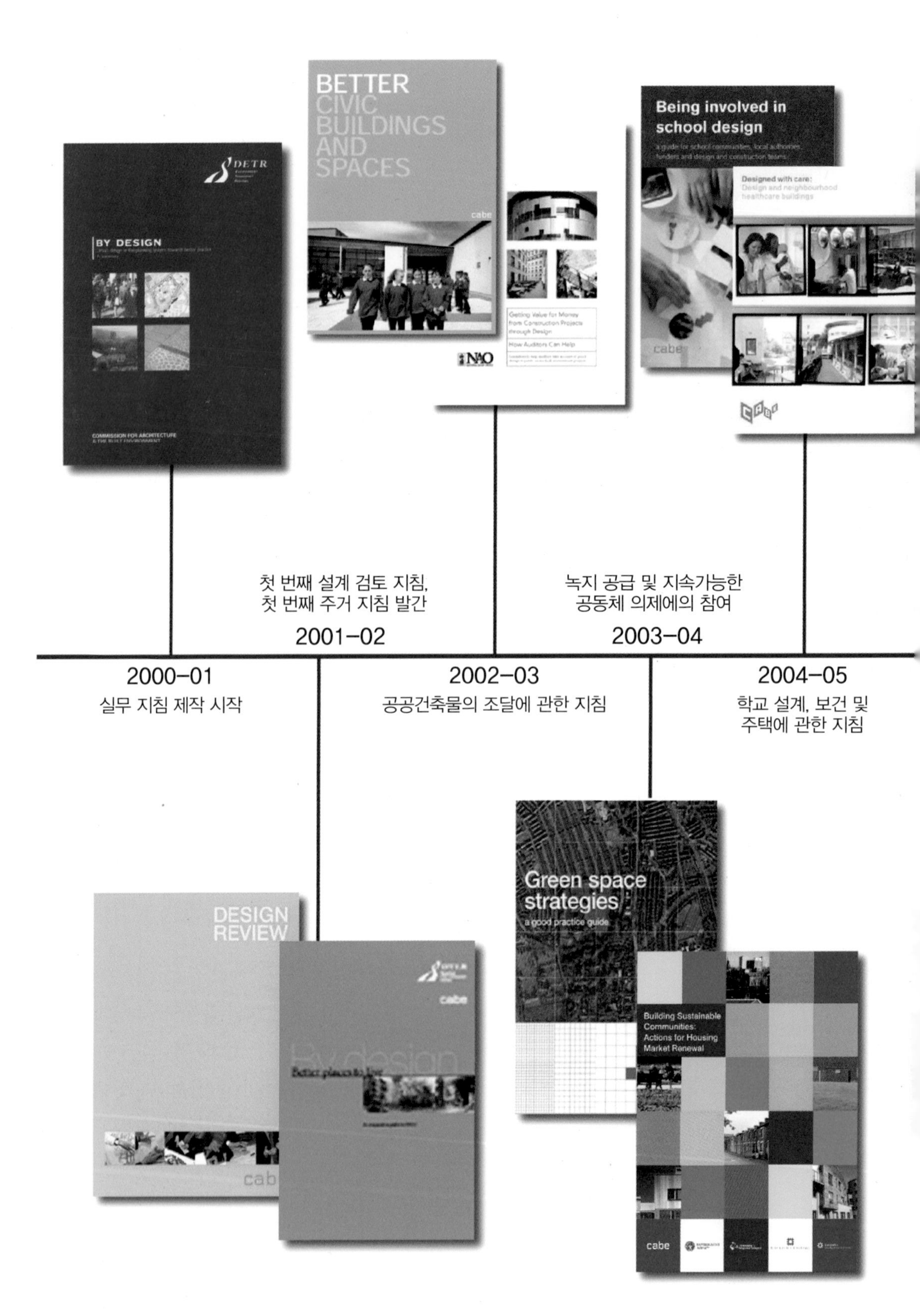

그림 7.1 케이브의 실무지침 연대표

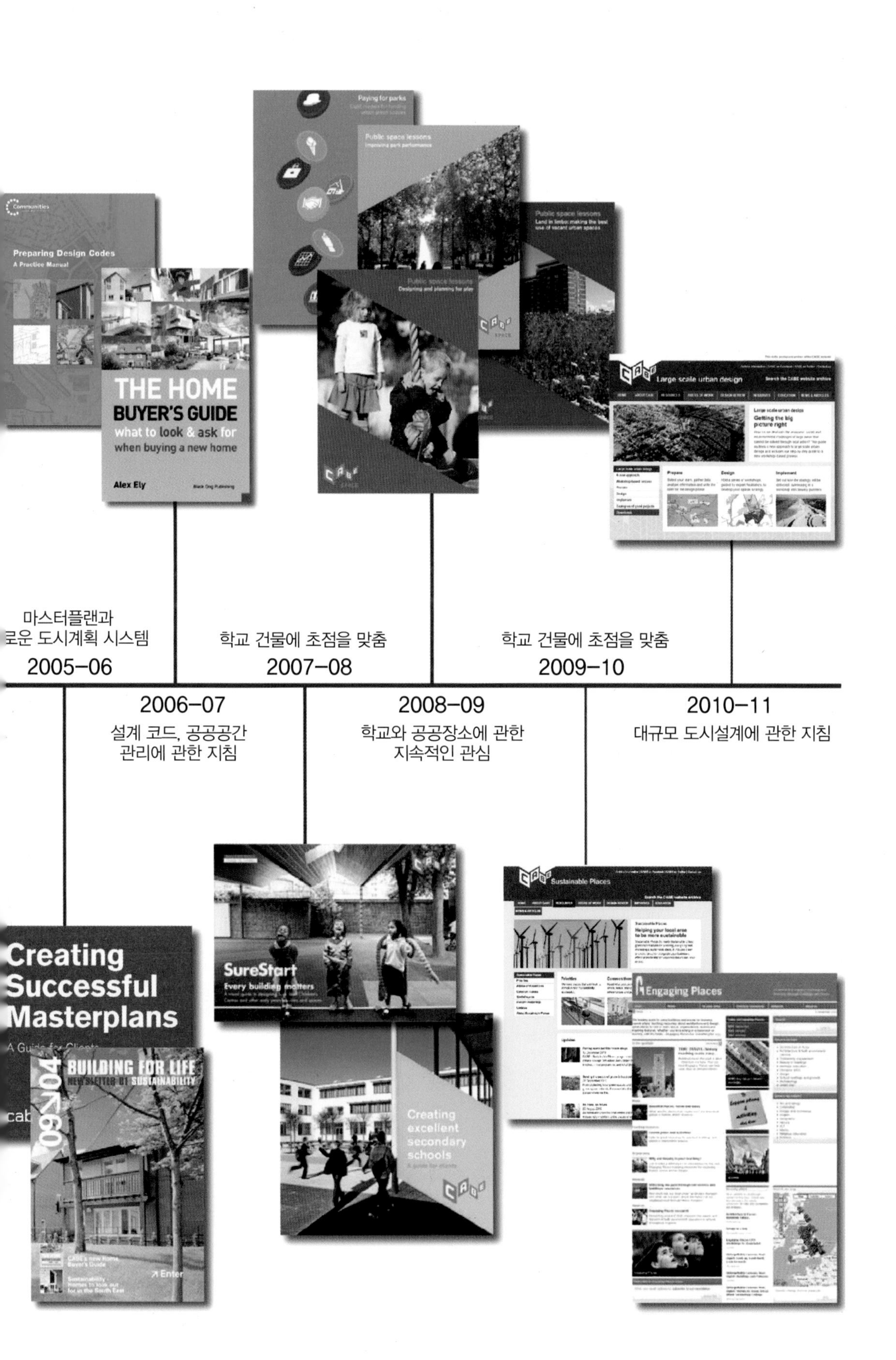
Paying for parks
Public space lessons
Improving park performance
Public space lessons
Land in limbo: making the best use of vacant urban spaces
Communities
Preparing Design Codes
A Practice Manual
THE HOME
BUYER'S GUIDE
what to look & ask for
when buying a new home
Alex Ely
Black Dog Publishing
Public space lessons
Designing and planning for play
Large scale urban design
Getting the big picture right
마스터플랜과
로운 도시계획 시스템
2005-06
학교 건물에 초점을 맞춤
2007-08
학교 건물에 초점을 맞춤
2009-10
2006-07
설계 코드, 공공공간
관리에 관한 지침
2008-09
학교와 공공장소에 관한
지속적인 관심
2010-11
대규모 도시설계에 관한 지침
SureStart
Every building matters
Sustainable Places
Creating
Successful
Masterplans
BUILDING FOR LIFE
09/04
Creating
excellent
secondary
schools
Engaging Places

실무지침은 케이브가 적극적으로 배포했던 독특하고 눈길을 끄는 전형적인 출판물 형태를 취했다. 일부 사람들에게 눈에 띄는 이 같은 형태의 출판물 제작은 그 자체로 중요했고 이 같은 확장우선주의적 관점(The Expansionist Outlook)은 종종 케이브로부터 기인했다. 실제로 2011년까지 케이브 웹사이트에는 약 320개 출판물이 있었으며(조직이 유지되면서 거의 매달 두 개 반의 출판물 양을 보유), 이 같은 케이브 출판물(실무가이드 및 연구보고서)의 방대한 양은 케이브가 성장하는 동안 빈번히 비판의 대상이 되었다.

조직의 성숙기에 케이브는 출판을 너무 많이 한다는 비판에 민감했고 그 관심을 점점 웹 자원

그림 7.2 주빌리 파크(Jubilee Park), 카나리 워프(Canary Wharf). 2007년 발행된 유명한 지침, 설계·접근보고서: 어떻게 작성하고 읽고 사용할 것인가(Design and Access Statements: How to Write, Read and Use Them)에 사용되었는데 위 두 곳은 건물과 조경을 어떻게 함께 설계할 것인가에 대한 예로 활용 / 출처: 매튜 카르모나

그림 7.3 '매력적인 장소(Engaging Places)'는 다양한 과목의 학습을 돕기 위해 건조환경 전체를 사용하는 학교에 교육자원을 제공하기 위한 잉글리시 헤리티지(English Heritage)와의 파트너십을 이용한 계획이었다. / 출처: 케이브

그림 7.4 노스햄프턴(Northampton), 업톤(Upton)의 초기 단계 거리는 더 나은 주거 거리로 가는 길(This Way to Better Residential Streets)에서 녹지기반 시설을 도로환경에 통합하는 방법과 주변지역과 연결하지 않는 방법을 설명하는 데 사용되었다. / 출처: 매튜 카르모나

으로 돌려 대응했다. 케이브는 자체 웹사이트 「cabe.org.uk」[146]를 넘어 「buildingforlife.org.uk」가 개설된 2002년부터 자신들의 작업을 전파하기 위한 무료 웹사이트 실험을 시작했고[147] 2009년 3월 야심찬 웹기반 프로젝트 「sustainablecities.org.uk」[148]를 시작했다. 이는 지속가능한 설계에 쉽게 다가가도록 포괄적인 지침을 한군데 모음으로써 지속가능성과 설계의 격차 해소를 지향했던, 지난 2년간의 연구 결과였다(박스 7.2 참조). 또한 같은 해 건조환경이 선생님들에게 새로운 주요 학습자원으로(그림 7.3 참조) 활용되도록 「www.engagingplaces.org.uk」를 출범시켰고 2010년에는 「프리스쿨 설계하기(Designing a Free School)」와 「학교 정비(School Refurbishment)」와 같은 독립적인 지침을 다운로드 가능한 PDF 파일이 아닌 웹기반 자원으로 제공하기 시작했다. 케이브가 존속했다면 이 같은 형태의 자원 및 가상의 실무지침은 이 같은 자원이 없어지기 전에 시도하려던 '오픈소스 케이브(Open Source CABE)' 모델의 핵심이 되었을 것이다(4장 참조).

사례 연구

실무지침과 유사한 방식이지만 사례 연구는 케이브가 단순히 '최우수 계획'으로의 방향을 제시하는 이론적 기준을 설정하는 대신 '최우수 계획'에 관한 실제 사례를 밝혀냈다는 점에서 (어느 정도) 새로웠다. 사례 연구의 편찬과 보급은 케이브의 광범위한 계획 내에서도 대표적인 핵심활동이었다.

사례 연구는 영국의 해안 도시 재생 설계를 살펴본 「Shifting Sands(역주 : 예측할 수 없는 상황을 뜻하기도 한다)」와 같은 연구 프로젝트에서 돋보였다. 이 경우, 사례 연구의 목적은 단순한 자료 제시를 넘어 사례를 심층분석해 권고안을 도출하는 것이었다(CABE & English Heritage, 2003). 또한 간략한 예부터 사례의 심층적 설명까지 깊이가 다양했던 2009년도 가이드 「더 나은 주거 거리로 가는 길(This Way to Better Residential Streets)(그림7.4 참조)」과 같이 수많은 실무지침에 다수의 사례 연구를 수록했는데 이는 일반적으로 사전에 특정 부분에 관한 전달 역할을 위한 것이었다. 특정 사례 연구는 작성된 짧은 글(Briefing Papers)에서 모범 사례를 설명하기 위해서도 선택되었는데 이는 핵심 메시지를 케이브 시행자(enablers)에게 전파하고 나아가 시행자들이 사례 연구를 그들의 교육 세션과 다른 프로젝트에서 알릴 수 있도록 영향을 미치기 위한 의도가 있었다.

---

146 정부 온라인 아카이브를 통해 부분적으로 이용 가능하다. http://webarchive.nationalarchives.gov.iik/20110118095356/; www.cabe.org.uk/

147 다음 사이트에서 이용 가능하다. http://webarchive.nationalarchives.gov.uk/20110118095356/http:/www.cabe.org.uk/building-for-life

148 다음 사이트를 확인한다. http://webarchive.nationjJarchives.gov.uk/20110118095356/http:/www.cabe.org.uk/sustainable-places

사례 연구는 위와 같이 많은 방법으로 이용되었지만 이번 장에서의 사례 연구는 사례를 수집·정리해 모범이 되는 사례를 제시하는 지식 도구로 제한하여 언급할 것이다. 양질의 계획을 보여주는 사례 연구를 엮으려는 구상은 2000년 1월에 시작되었고, 다양한 개발 유형에 맞춰 수준높은 설계 사례 제공을 위한 디지털 사례 연구 라이브러리(Digital Case Study Library)가 빠르게 개발되었다. 이 작업의 주요 수요자는 좋은 설계를 원하지만 무엇이 가능하고 품질을 어떻게 높이는지 거의 모르는 고객으로 지정하였으며 초기 목표는 프로젝트 활성화 또는 디자인 검토용으로 제출된 디지털 이미지를 사용해 건축·도시설계(CABE, 2011g)에 관한 100가지 사례 연구를 구축하는 것이었다. 이 아이디어는 2년 동안 각 항목의 설계 장점과 설계 프로세스를 소개·설명·평가하는 텍스트를 포함하는 더 포괄적인 형식의 라이브러리를 구축할 수 있는 가능성으로 발전했다. 첫 번째 사례 연구는 2002년 10월 이용 가능해졌으며, 이 새로운 자원을 알리기 위해 2천 장의 안내 메시지를 주요 고객에게 발송했다.[149]

그림 7.5 '삶을 위한 건축(BfL)' 라이브러리 사례 중 하나인 뉴홀 할로우(Newhall Harlow)는 깨어 있는 토지소유자가 강력한 기본 계획 내에서 도시설계업자와의 협업으로 높은 평가를 받았다. / 출처 : 매튜 카르모나

149 2006년 케이브의 새로운 웹사이트에 사례 연구 라이브러리 개시를 알리기 위해 5천 개의 책갈피가 제작되었다.

케이브가 파트너로 있던 주택정책의 '삶을 위한 건축(Building for Life)' 디지털 라이브러리는 별도로 개발되었으며, 결과적으로 케이브의 더 넓은 범위의 라이브러리와 병합된 70개 사례 연구로 구성되었다(그림 7.5 참조). 잉글리시 헤리티지(English Heritage)와 함께 작성한 '맥락 속의 건물(Building in Context)' 도구모음(Toolkit)에는 이와 무관한 다수의 유산관리 사례 연구도 수록되었다.[150] 이 같은 사례 편집은 케이브가 지속하는 동안 다양한 목적으로 만들어졌는데 더 넓은 범위에서 이 같은 예시 사례(사례연구 총서의 초기 목표)를 모방하고 모범 사례를 보급하며, 고품질의 설계 촉진을 고무하기 위해서였다. 비록 사례 연구가 어떻게 행해질 것인지는 명시되지 않았을 뿐만 아니라 그 어떤 체계적인 방법으로도 실현하기 어려웠을 수도 있지만 향후 이뤄질 설계 개입활동을 모니터링하고 평가하는 기준으로 사용하려는 또 다른 목적도 있었다.

교육·훈련

도시설계에서의 기술부족을 강조해온 도시전문위원회(Urban Task Force, 1999)에 대응하는 케이브의 핵심기능 중 하나는 교육이었다. 실제로 케이브를 법령 기구로 만든 2005년 환경정비법(Clean Neighborhood and Environment Act, 2005) 제8부(Part 8)에 이 내용이 규정되었다(4장 참조). 케이브의 교육 활동은 세 가지 특정 목표를 갖고 있었는데 이는 디자인 기술 고양, 학생 교육의 일환으로써 도시설계 홍보, 그리고 디자인을 이해하는 환경전문가의 범위를 확장하는 것이었다. 궁극적으로 이 활동은 더 나은 건물과 공간설계를 제공할 수 있는 역량 창출에 초점을 맞췄으며, 학습과정에 직접 '고객'을 참여시킴으로써 지침이나 사례연구보다 실용적이었다. 케이브는 이 교육 및 훈련 활동에 개발·설계 및 관리 전문가에게 부족하다고 판단한 특정 유형의 기술에 초점을 맞춰 교육자료의 준비·제공, 코스, 세미나, 여름학교 개최 등을 포함시켰다.

케이브 스페이스의 경우, 해당 조직의 관리자가 언급한 바와 같이 관리·유지의 강화가 특히 중요했다. "공원에서 일하는 사람들은 별로 숙련되지 않았고 동기 부여도 되지 않았으며 기술적으로 큰 문제가 있었습니다. … 하지만 그것은 단지 디자인에 관한 것이 아니라 관리·유지에 관한 것이었으며, 나아가 모든 것에 대한 것이었다고 할 수 있습니다." 또한 케이브는 도시설계의 역할과 관련된 다양한 전문가들을 양성하기 위해 노력했고 2001년에는 도시설계기술실무그룹(Urban Design Skills Working Group)을 설립했다. 이것은 표면적으로는 교통지방정부지역부(The Department for Transport, Local Government and the Regions, DTLR)의 요청으로 설립되었지만 그 아이디어와 조직의 초기 방향은 이후 그룹을 관리한 케이브가 설정했다. "도시설계 훈련에 관한 종합적인

---

150 2015년 그중 37개가 존재했다.www.building-in-context.org/casestudies.html

(multi-disciplinary) 접근법"과 "지역 당국이 각 지역에서 더 나은 도시설계를 촉진하도록 장려할 수 있는지에 관한 검토"(2001:5)에 관한 의견을 제시했다. 케이브는 이후 다양한 건조환경 전문가들과 특히 지방정부 내의 도시설계 가치 인식 확립에 초점을 맞췄다.

도시설계기술 실무그룹 업무에서 파생된 또 다른 목표는 건조환경에 청소년을 참여시키는 것이었다. 케이브의 초기 교육업무 프로그램의 목표는 국가교육 과정에 영향을 미치고[151] 교육자원으로서 건조환경의 잠재력을 드러내기 위해 학교와 협력하는 것이었다(CABE, 2003e). 이는 다음 세대가 건조환경에서 설계의 질과 그 영향을 더 잘 인식할 거라는 원대한 장기적 목표가 반영되어 있었다. 그러나 케이브의 한정된 자원으로 볼 때 영국의 2만 4천 개 학교에 대한 이 특별한 도전은 압도적이라고 할 만큼 엄청난 규모였다. 국가교육 과정에 영향을 미치려던 케이브의 초기 관심은 현실적 문제 때문에 처음에는 교과 과정 내에서 건조환경을 인지하기 위한 캠페인을 통해, 이후에는 (거의 더 나아가지 못한 채) 결과적으로 역사, 지리, 미술, 디자인, 사회(Citizenship) 과목에 이미 포함된 커리큘럼 내에서 교차하는 주제를 탐색할 수 있도록 하는 자료를 제공해 발현되었다.

2006~2007년 케이브는 가장 성공적인 교육 결과 중 하나로『어떻게 장소가 작동하는가, 교원 지침(How Places Works, A Teachers Guide)』을 발간했는데 '장소는 어떻게 작동하는가(How Places Work)' 계획의 일환이었다. 이는 학교로 하여금 영감을 주는 건축물 방문을 장려했는데 그 결과, 2008년까지 2년간 12,000명의 학생이 방문하는 결과를 낳았다(CABE, 2009b). 이것은 자원을 통한 높은 수준의 깊이있는 검토, 건축센터 네트워크(Architecture Center Network)를 통한 지역에 대한 직접적인 지원을 교사들에게 제공함으로써 긍정적 영향을 끼칠 수 있음을 보여줬다.

7.1 케이브 교육재단

케이브 교육재단(Education Foundation)은 기관의 교육 프로그램, 특히 학교 관련 업무 수행을 위해 만들어진 별도 단체였다. 2004년 케이브 문서는 이를 다음과 같이 정의했다. 교육재단은 청소년들이 그들의 건조환경에서 더 많은 것을 얻도록 격려하기 위해 등록·설립된 자선단체로 교육 과정 내 재원을 생산하고 교육자들을 위한 국가적 차원의 네트워크를 관리한다. 네트워크는 3년마다 발간하는 잡지와 웹사이트로 지원되었는데 여기에는 전국의 청소년들이 건조환경에 참여하는 프로젝트, 자원 및 이벤트에 관한 정보를 담았다(CABE, 2004i: 58)."

이 기관이 케이브에서 분리된 법인으로 만들어진 것은 케이브의 원래 소관인 교육활동의 중

151 전국적으로 규정된 공통교육 과정은 잉글랜드 전역의 주립학교에서 가르쳤다.

요성을 반영한 것이기도 했지만 다른 범위의 자금 흐름에 관여할 수 있는 기구 설립을 위해서이기도 했고 나아가 성공한다면 건조환경에서 교육만 전담하는 전혀 별개의 기관으로 성장할 수 있을 거라는 전략적 결정하에 이뤄졌다. 교육재단은 이사국이 된 케이브 위원들이 주도했지만 주 기관인 케이브로부터 상당한 독립성을 가지고 활동했다.

잡지 「360°」는 교육자들 사이에서 케이브 교육에 대해 좋은 인지도를 갖는 데 기여했지만(그림 7.6 참조) 케이브 교육 스스로의 권리를 가진 완전히 독립된 형태로 성공하진 못했고 희망했던 (케이브로부터 자금 조달과 다른) 외부 자금 같은 것을 지원받진 못했다. 관계자들은 이것이 대체로 케이브 교육재단이 케이브 기관 자체 또는 다른 자선 교육제공자와 경쟁했기 때문이라고 생각했는데 특히 다른 자선 교육자들의 경우, 정부기금을 수령한 공공기관과 연관되지 않는다는 점에서 더 나은 선택으로 인식되었다.

케이브 교육은 대체로 독립적으로 운용되었지만 여러 케이브 부서와 협력도 했는데 일례로 학교 설계 관련 미래 설계(Building Futures) 과제 중 하나로 케이브 연구부서와 작업하는 경우도 있었다. 이 사업의 목적은 새로운 학교 설계 사례를 제시하고, 기존 학교의 대안을 다루는 소통형 가이드를 통해 학생들이 자신의 환경에 대한 의견을 끌어내는 것이었다. 이 같은 케이브 교육의 노력은 케이브의 다른 분야로 하여금 그 경험과 지식을 어린이와 젊은이를 위한 교육자원 개발로 전환하기 위해 별도 시간을 들이게 했다.

또한 케이브 교육과 전국 건축건조환경센터(ABECs)의 관계가 중요했는데, 이것은 재단이 전국적 인지도를 형성하는데 기여하고 필요한 곳과 연결되기 위한 주요 경로가 되었다. 그러나 많은 건축건조환경센터가 이미 교육작업을 하고 있었을 뿐만 아니라 케이브 교육이 자신들의 영역을 위협한다고 생각했기 때문에 이 관계는 다소 복잡했다. 게다가 파트너로서 교육재단은 적은 양의 정기적 자금만 제공할 수 있었기 때문에 케이브 자체보다 덜 매력적인 수입원이었다. 케이브의 한 교육 관리자는 "우리는 건축건조환경센터와 협력하려고 노력했지만 생각보다 어려웠습니다. … 그들은 방어적인 면이 있었고 우리는 그들의 자금사정을 알지 못한다는 측면에서 시야가 좁았습니다. 그들은 케이브 교육(CABE Education)을 경쟁자로 여겼고 어떤 시도도 의심의 눈초리로 바라봤습니다."라고 말했다.

케이브 사업이 끝나갈 무렵 케이브 교육 기능은 케이브에 흡수되었고 그중 일부는 케이브가 디자인위원회(Design Council)에 통합되면서 건조환경에서 설계 품질의 우수성을 다루는 자선단체인 오픈시티(Open City)로 이관되었다.

그림 7.6 잡지 「360°」는 교사·교육 전문가에게 전달하는 케이브 뉴스레터 중 가장 성공적이었으며, 26개 분기별 이슈로 2003년부터 2010년까지 지속되었다.

케이브와 그 너머

케이브의 관심사 중 하나임에도 불구하고 교육이 케이브 사업구조에서 차지하는 위치는 거의 시작 단계부터 다소 혼란스러웠다. 당초 교육활동은 연차보고서에 연구 내용과 함께 보고되었지만 특정 감독자가 없는 차상의(Second Tier) 수준이었고 2003년이 되어서야 교육개발부(Directorate of Learning and Development)가 설립되었다. 이후 2006년부터는 해당 소관이 캠페인 및 교육부(Directorate of Campaigns and Education)와 독립기관인 지식기술부(Directorate of Knowledge and Skills)로 분리되었고 그중 후자는 2010년 1월 폐지되었다. 또한 2002년부터 케이브는 청소년과 교육활동을 함께 할 자선단체로 '케이브 교육재단(CABE Education Foundation, 또는 케이브 교육, 박스 7.1 참조)'을 설립했다.

이 같은 혼란을 반영해 실제로 교육이라는 주제의 상당 부분은 케이브의 다른 프로그램인 삶은 위한 '건축(Building for Life, BfL)', 실무자 훈련, 스페이스셰이퍼(Spaceshaper, 케이브가 건조환경 품질평가를 위해 개발한 도구, 9장 참조)를 통해 수행되었으며, 일반적으로 이 작업은 매우 높은 평가를 받았다. 케이브 지역대표 중 한 명은 이 같은 접근법을 다음과 같이 설명했다. '삶을 위한 건축'과 '인증평가자(Accredited Assessors)' 프로그램은 매우 잘 작동했는데 그 이유는 케이브가 최소한 각 지역에 하나 이상의 평가기관이 만들어질 때까지 지역 당국을 지원했기 때문입니다. 즉, 결과적으로 그들은 … 곤란한 상황이 있으면 맨 먼저 찾을 만한(해당 상황에 민감하게 반응하는 지역기반의) 사람들의 교육·훈련을 위해 저같은 사람들을 교육시켰습니다."

케이브가 운영하는 보편적인 디자인 품질훈련 프로그램은 도시설계 여름학교였다. 기술 전달에 더 초점을 맞춘 케이브 프로그램과 함께 여름학교는 디자인 훈련 및 교육 중심지로서 케이브에 대한 인식을 강화하였고 이는 곧 다른 잠재 고객들로부터 교육 요청을 끌어냈다. 사실 대부분의 케이브 전문가 훈련은 특정 분야에 머물러 있었고, 전문적으로 교육 분야에 관여하거나 두드러지게 영향을 미치려고 한 적도 없었다. 심지어 여름학교들도 외부인에 의해 계획·제공되었는데 일반적으로 이들은 대학교육에 관련된 이들이었으며 매년 달랐다. 케이브의 훈련 프로그램을 수행하는 데 강한 지역적 맥락도 있었다. 비록 지역에서의 훈련이 종종 케이브 그룹(CABE Family)과 직접적인 관련이 없는 '시빅트러스트(Civic Trust)'와 같이 다른 외부조직과 계약을 맺을지라도 광역건축건조환경센터(ABECs)가 중요한 역할을 담당했다는 점에서 더 그렇다(8장 참조).

케이브의 다른 작업과 마찬가지로 케이브 교육과 기술 관련 작업에 대한 비판도 있었는데 그 중 가장 많은 부분은 케이브 교육 프로그램을 소극적이라고 여긴 것과 관련 있었다. 확실히 교육은 케이브 평판에 비해 조직의 일부 활동보다 훨씬 부차적인 역할을 했다. 케이브 교육 제공에 상당한 기여를 한 건축건조환경센터 관리자는 다음과 같이 말했다.

"케이브가 할 수 있었던 한 가지는 기술을 향상시키는 것이었는데 한때 자신들이 가졌던 자원을 고려하면 상당량의 교육 프로그램을 제공할 수 있었을 겁니다. 실제로 기술을 향상시키는 것이 개발 과정에서 몇 가지를 비평하고 그것에 관한 피드백을 제공하는 것보다 큰 영향을 미칠 거라고 주장할 수 있을 것입니다. 또한 교육기관이나 전문기관의 심기를 건드리지 않기 위해 기술 향상에만 더 집중했다고 주장할 수도 있지만 제 생각에는 그것보다 도시설계와 장소 만들기에 관한, 다른 곳에서 다루지 않았던 특별한 기술이 있었던 것 같습니다. 그래서 저는 그것(케이브가 교육사업에 더 적극적으로 나서지 않은 것)이 놓쳐버린 기회라고 생각합니다."

2008년까지 케이브는 약 3,800회 훈련 세션을 열었고 교육 네트워크(CABE, 2008a)에 약 1,500명의 직원을 뒀다. 이듬해 케이브는 도시설계 여름학교, 케이브 스페이스(CABE Space) 지도자 프로그램, 도시계획 시스템 내에 좋은 디자인을 구현할 수 있는 위치에 있는 사람들을 위한 전략기술 개발 등을 포함한 교육 과정을 총 6천 회 개최했으며,(CABE, 2009b) 2007~2008년 보고서에는 케이브가 연간 35건의 교육 워크숍을 개최했고 2008년부터 2010년까지 47개 지역 스페이스셰이퍼(Spaceshaper) 협력자 교육을 위한 '시범' 세션이 있었다고 기록되어 있다. 케이브 기록에 따르면 2010년 말까지 213개 지방정부에서 503명의 지역기관별 전문가와 334명의 인가된 평가자를 교육해 공식적으로 '삶을 위한 건축(Building for Life)' 평가를 수행했으며, "지방정부의 70%가 인가된 평가자로 인정되는" 수준이 되었다(CABE, 2011c). 이것은 케이브 활동의 일부에 불과했지만 케이브 존속이 거의 끝날 때까지 그 포부를 계속 확장시켜 나갔다.

지식활동은 어떻게 전달되었는가?

실무지침

지침이 되는 간행물은 전문기관 관련 협회와 같은 파트너와 공동으로 제작되었다. 해당 파트너로는 환경교통지역부(DETR), 부총리실(ODPM), 지방자치부(DCLG), 재무부(The Department of the Treasury), 교육기술부(Department for Education and Skills), 상무부(The Office for Government Commerce) 등을 비롯한 정부부처, 국가회계사무소(The National Audit Office), 감사원(Audit Commission, 역주: 2015년 이후 폐쇄), 지방정부연합회(Local Government Association), 잉글리시 헤리티지(English Heritage), 영국예술위원회(Arts Council for England), 런던자치체(Corporation of London), 스코틀랜드 건축디자인(Architecture and Design Scotland), 내추럴 잉글랜드(Natural England), 지속가능 발전위원회(Sustainable Development Commission), 애셋 트랜스퍼 유닛(Asset Transfer Unit), 주택공사(Housing Corporation) 등의 정부기관, 지방정부주임건축가협회(Society of Chief Architects in

Local Authorities), 지방정부책임자협회(Society of Local Authority Chief Executives), 기획담당관협회(Planning Officer's Society), 주택건설자연맹(Home Builders Federation), 시빅트러스트(Civic Trust) 등이 있었다. 일반적으로 이 지침들은 기초연구에 바탕해 제작되었고 케이브를 위해 직접 연구를 수행한 외부 자문기관이 작성했다.

지침의 기초 자료는 다양한 시기와 형태를 통해 일선에서 지침을 간행한 케이브 전 부서로 퍼져 예산상 자원항목에는 'Sustainablecities.org.uk(박스 7.2 참조)'처럼 매우 큰 프로그램만 인식되기 쉬워 관련 비용 평가는 거의 불가능했다.

공식 지침과 함께 케이브는 종종 연말지원금 마무리뿐만 아니라 새로운 조사·지침의 시작을 위해 주요 주제에 해설기사(Briefing Papers)와 상황설명용 서류(Think Pieces)를 의뢰하는 관례를 만들었다. 케이브 스페이스는 2005~2010년 주말농장 및 성 성향(Sexuality), 공공공간과 같은 다양한 주제의 해설기사 12건을 의뢰했다. 때때로 함께 묶어 출판되었는데 에세이 모음이 '우리는 무엇을 두려워하는가? 공공공간 설계에서의 위험 요소의 가치(What Are We Scared of? The Value of Risk in Designing Public Space)' 출판에 활용되었고 매튜 카르모나로부터 제공받은 논문에 바탕해 '디자인 정책이 작동하도록 만들기(Making Design Policies Work, CABE, 2005e)'와 같은 별도 지침 제작에 활용했다. 이것들은 2천 파운드 미만 예산으로 신속하고 저렴하게 제작되었다.[152]

152 2천 파운드 이하에서는 프로젝트를 경쟁입찰할 필요가 없었다.

7.2 지속가능한 도시·공간 프로그램

지속가능한 도시·공간 프로그램은 기후변화에 대한 정부의 관심이 늘면서 만들어졌는데 이는 2008년 기후변화법(Climate Change Act, 2008) 제정과 2009년 7월 에너지 및 기후변화 백서(Energy and Climate Change White Paper) 편찬으로 이어졌다. 지속가능성에 대한 이 같은 국가적 노력의 일환으로 2007년 지역사회지방자치부(DCLG)는 케이브의 디자인 관점에서 이 문제를 다룰 프로그램 개발을 요청했다. 이 프로그램은 케이브의 핵심자금을 통해 지원될 것이었지만 크레스트 니콜슨(Crest Nicholson), 사람을 위한 해머슨 장소(Hammerson Places for People), 이온(Eon), 다이얼라이트(Dialight), 제로펙스(Xeropex)와 같은 부동산·에너지기업을 포함한 민간부문의 후원도 받기로 되어 있었다. 이 작업은 외부 자문단체의 지원을 받은 케이브위원이 감독했으며, 영국 핵심도시의 지방정부와 긴밀히 협력해 개발되었다.[153] 프로젝트가 개발될 때는 케이브 연구원에서 담당했지만 완성되어 운영될 때는 케이브 스페이스로 소관이 옮겨졌다.

그림 7.7 지속가능한 장소 데이터베이스의 국제 사례 중 하나로 양질의 공공영역을 통해 대중교통, 보행, 자전거 타기를 장려하는 도시의 좋은 예로 선택된 오리건(Oregon)주 포틀랜드(Portland)시 / 출처 : 매튜 카르모나

프로그램에는 두 가지 주요 요소가 포함되어 있었다. 첫 번째는 2007년 시작된 학습 프로그램으로 기후변화 축제(Climate Change Festival)와 관련 있었는데 케이브와 웨스트민스터대학이 개발했으며 66개 지방정부에서 127명의 참가자를 '네 개 도시의 주거 코스'와 '지속가능한 설계 과업그룹'에게 보낸 이벤트에 포함되었다. 두 번째는 2009년 출간된 지침과 모범 사례를 갖춘 웹사이트 'sustainablecities.org.uk'였다. 웹사이트의 목적은 정책, 출판물, 협의, 모범 사례에 쉽게 접근하도록 업데이트를 제공하는 것이었다. 그 결과, 케이브의 '지속가능성' 자료로 만들어졌지만 케이브 사업의 상당 부분을 차지함에 따라 내부적으로 개발되지 않고 전문 웹설계자에게 아웃소싱되었고 그 내용은 민간 컨설팅업체 어반 프랙티셔너(Urban Practitioners)가 위탁관리했다.

많은 실무자들과 연구자들이 그 사이트의 내용 구성에 기여했는데 해당 내용은 그 신뢰성 보장을 위해 상호검토되었다. 사례 연구는 영국에만 국한되지 않고 전 세계에서 수집되었고 물리적 주제에 따라서는 에너지, 폐기물, 물, 교통, 지리적 정보 공공공간으로, 공간 규모에 따라서는 건물, 근린생활권, 광역권 등으로 나뉘었다.(그림 7.7 참조). 설계자가 자료에 더 쉽게 접근하고 필요한 목적에 더 적합하게 만들려는 노력으로 사이트의 구성은 프로젝트 개발 도중 변경되기도 했다. 사이트 제작에 참여한 한 관계자는 다음과 같이 말했다. "처음에는 상당히 혼란스러웠습니다. 자료가 너무 많았기 때문입니다. 지속가능성은 거대한 주제이지만 출시 전 2년 동안 그 내용이 발전되는 동시에 웹기술도 변화

153 런던 이외 주요 도시는 버밍험, 브리스톨, 리즈, 리버풀, 맨체스터, 뉴캐슬, 노팅험, 셰필드다.

했습니다. 그래서 우리는 하위 카테고리와 페이지로 구성된 전통적 웹사이트 대신 모든 것이 공간적 규모와 다양한 테마로 구분되어 태그(Tag)가 붙은 평면적 구조로 바꿨습니다."

자원으로서 웹사이트의 기본적인 아이디어는 큰 문제를 작은 부분으로부터 분리해 문제를 해결하려는 지방정부에게 그 방법에 관한 사례를 제공해 기후변화 문제의 복잡성에 접근시키는 것이었다. 케이브의 한 관계자는 "과거에는 모든 것이 너무 커보여 어디서부터 시작해야 할지 몰랐지만 이 사이트는 이것들이 어떻게 연결되는지를 보여줬습니다. 예를 들어, 운하로 운송되는 건축자재가 있는 대형 건설 프로젝트는 경제적 이점이 있는데 바로 트럭이 도로를 이용할 필요가 없어 화석연료를 덜 사용하는 동시에 대기질도 개선한다는 것입니다. 즉, 한 가지 결정이 많은 결과를 낳습니다. 이렇게 그 사이트가 사고를 확장시킨 겁니다."

따라서 이 자료는 대부분 주요 이용 대상인 지방정부 기관장, 고위 직원, 의회 의원, 임원의 기대에 부합하도록 작성된 동시에 교육적 측면에서는 웹사이트로서 필요한 것을 확보하고 특별히 설정된 잠재적 이용자가 이것을 사용할 수 있도록 만들어졌다. 처음 출시된 이후 웹사이트와 사례 연구모음은 케이브 공식 웹사이트와 별도로 운영되었지만 2010년부터 '지속가능한 장소(Sustainable Places)'라는 제목으로 공식 웹사이트와 통합되었다. 이 사이트는 짧은 시간 동안 독립적인 자원으로 유지되었지만 2010년 12월까지 12만 건이 넘는 조회 수로 보아 성공을 거둔 것으로 보인다.

단계적으로 규모가 축소되면서 케이브는 하고 있던 작업의 모든 면에서 일련의 업무 인계용 기록을 작성했는데 이 업무 인계용 기록 47(Handover Note 47)에서는 녹지공간 분과(Green Space Sector) 선례 실무 지침을 다뤘다. 12개월 단위의 지원금 내에서 인쇄된 가이드를 계속 만들어 내기란 여간 어려운 일이 아니었는데 특히 연구자 및 저술가들의 수준은 종종 실망스러웠고 이는 디자인 기술의 부족과 분석기술 및 디자인 서비스와 관련한 미성숙한 시장을 반영하는 것이었다(CABE, 2011h). 이 같은 문제점을 극복하기 위해 케이브는 학술, 공공·민간부문 전체에 걸쳐 다양한 연구 용역자 및 저술가들에게 위탁했다. 주요 이해관계 조직 대표들로 구성된 프로젝트 운영그룹도 일반적으로 프로젝트의 기본 계획 수립을 도우며, 결과물의 원하는 수준이 될 수 있게 해주었다. 실무작업은 관련 조직들이 프로젝트에 어느 정도 책임의식을 갖도록 하였고 이것은 결과적으로 지침을 보급하는 데 도움이 되었다.

케이브는 그들의 주요 메시지를 전달하는 데 많은 노력을 기울여 모든 출판물은 이미 언급된 케이브 스타일로 신중히 제작되었고 확인된 고객들의 접근성을 최대한 보장하기 위해 종종 다시 작성되기도 했다. 대부분 전통적 형태로 출판되었고 때로는 외부 출판사에 의해 출판되었으며, 그보다 많은 경우, 자체 웹사이트에 동시발매 방식으로 전자파일을 무료 배포하기도 했다.

2004~2005년에는 상당 부분 이 같은 콘텐츠와 사례 연구로 인해 연간 약 72만 8천 건의 방문 횟수를 기록하였으며, 이는 2007~2008년까지 200만 건의 방문 횟수와 38만 4천 건의 다운로드 횟수로 증가했다(CABE, 2005c; CABE, 2008a). 2009~2010년까지, 웹사이트에서 연간 11만 6천 명의 방문자가 읽고 있는 200건 이상의 디자인 리뷰 세부 내용을 다뤘는데 2009~2010년 가장 인기 있었던 출판물은 10,706건의 페이지 뷰를 기록한 학교 디자인 관련 내용들이었다(CABE, 2010a). 같은 해 「www.engagingplaces.or.uk」는 8만 6천 건의 방문 횟수를 기록했고 「sustainablecities.org.uk」는 59,750건의의 순 방문 횟수를 기록했다. 이들이 폐쇄되면서 케이브 웹사이트는 디자인과 건조환경에 대한 모든 측면을 다루는 거대하고 경쟁자 없는 온라인 자원으로 구축되어 갔다. 논란의 여지는 있지만 케이브의 온라인 자원이 미친 범위와 영향은 케이브의 다른 작업들에 전적으로 의존(해당 작업들을 일반에게 알리기도 하고 내용의 깊이 및 신뢰성을 위해)했음에도 다른 어느 것보다 훨씬 폭넓었다. 케이브가 단계적으로 축소되면서 주요 출판물 두 가지가 케이브 문헌자료에 포함시키기 위해 새로운 웹자원으로 번형되어 2011년 초 발표되었는데 이것은 『뛰어난 건축물 만들기, 의뢰인용 지침(Creating Excellent Buildings, A Guide for Clients)』의 온라인 버

그림 7.8 주요 실무지침은 최신 상태로 유지되었다. (i) 디자인 검토지침은 2002년 발행되었고 (ii) 2006년 업데이트 후 재발행되었다.

전인 「cabe.org.uk/buildings」[154] 그리고 『성공적인 마스터플랜 만들기(Creating Successful Masterplans)』의 온라인 버전 「cabe.org.uk/masterplans」[155]였다.

수년에 걸쳐 케이브는 실무 지침을 만드는 일에, 그리고 적절하다고 생각되는 경우, 그것을 업데이트하는 작업에 막대한 자원을 투입했고(그림 7.8 참조) 10년 간의 검토작업 후 다음과 같이 결론지었다. "정책적 맥락이 디자인에 유리한 방향으로 변하면서 케이브는 훌륭한 장소를 창조하는 방법에 대한 가장 최신 지침을 만들어왔습니다. … 이것은 논쟁 조건을 바꿨습니다. 이제 실무지침 목록이 존재하기 때문입니다(CABE, 2009a: 18)." 케이브 문헌자료를 통해 대부분 여전히 이용가능한 지침이 남긴 의미를 생각해보면 이는 반박하기 어려운 발언이다.

사례 연구

사례 연구는 위 온라인에서의 성공의 중요한 부분이었으며, 이는(사례 연구 제작) 웹사이트 방문과 마찬가지로 빠르게 문화미디어체육부가 케이브를 위해 조성한(4장 참조) 성과 측정 체제의 일부가 되었다. 예를 들어, 케이브는 2005~2006년 연말 보고서에서 디지털 라이브러리 사례 연구 숫자를 늘린다는 목표를 세웠는데 이는 높은 수준의 건축 및 도시 설계를 강조하고 230건의 우수사례를 전파하기 위해서였다. (달성된 것은 233건이었다)(CABE, 2006b). 2007~2008년에는 해당 웹사이트 사례 연구부문 방문 횟수를 주당 2만 1천 회까지 증가시킨다는 목표를 세웠는데(3만 1천 회 달성)(CABE, 2008a: 7) 이는 해당 사이트 방문 횟수의 $\frac{3}{4}$ 이상이 (다른 부분들 중에서도) 사례 연구 부분을 목적으로 방문하고 있음을 보여준다.

결국 디지털 라이브러리는 398건의 사례 연구를 다루는 특별한 자원으로 발전했고 케이브가 사라질 당시 사례 연구 범위는 다음과 같이 열거되어 있었다.[156]

- 주택(116)
- 공공공간(102)
- 문화 및 여가(66)
- 도시재생(57)

---

154 다음 사이트를 확인한다. http://weban4iive.nationalarchives.gov.uk/20110118095356/http:/www.cabc.org.uk/publications/creating-excellent-buildings

155 다음 사이트를 확인한다. http://webarchivc.nationalarchives.gov.uk/20110118095356/http://www.cabe.org.uk/resource8/masterplans

156 다음 사이트를 확인한다. http://webarchive.nationalarchives.gov.uk/20110107165544/http:/www.buildingforltfe.org/case-studies

- 상업용 건물(52)
- 교육용 건물(44)
- 근린(41)
- 지속가능한 개발(41)
- 공원·녹지(36)
- 역사환경(32)
- 의료·보건 건축물(29)
- 도시계획(10)
- 교통 및 관련 기반시설(9)
- 포용적 설계(8)

지리적으로 보면 30건의 사례연구는 영국 이외 지역에 대한 것이었으며, 나머지는 런던과 영국 남동부 지역에 치우쳤지만, 영국 전역에 분포되어 있었다(그림 7.9 참조). 일부 분류는 과정(예를

그림 7.9 뉴캐슬 어폰 타인(Newcastle upon Tyne) 쇠퇴지역인 그레이너 타운(Grainer Town)을 활기찬 복합 용도구역으로 바꾸는 데 도움을 준 사례 연구 라이브러리의 도로재건, 공공공간, 역사적 건물 기능개선 프로그램 / 출처: 매튜 카르모나

들어, 지속가능한 개발, 도시재생, 도시계획)에 초점을 더 맞추고 있었으며, 다른 분류는 결과물(예를 들어, 주택, 공공공간, 포괄적 설계)에 초점을 더 맞추고 있었는데 시간이 지남에 따라 그 우선순위는 다른 작업 프로그램에 따라(그리고 지원할 대상에 따라) 달라졌다. 2003~2004년에 강조되었던 것들은 주요 의료서비스 프로젝트였지만 2009년에는(사례 연구의 지속가능성 기준 개선을 위해) 지속가능성에 대한 검토가 수행되었고 2008~2009년에는 초등학교 검토, 2009/10년에는 포용적 디자인에 대한 검토가 강조되었다.

각 사례 연구는 표준 형식이 있었는데 사례 설명, 설계 과정, 평가, 추가 정보, 디자인팀 정보가 포함되었다. 사례 연구 결정은 전국의 모범적인 계획 선정이 포함되었고 때로는 케이브가 관여해 실질적인 실행을 도운 프로젝트가 포함되기도 했다. 케이브의 사례 연구도 실무 지침 때와 마찬가지로 파트너 조직과 함께 구상·개발되는 경우가 많았다. 여기에는 건설산업협의회(Construction Industry Council, CIC)와 함께 개발한 디자인 품질 지표 효과를 검토하는 일련의 사례 연구와 셰필드대학(Sheffield University)과 함께 지역사회가 주도하는 설계 사업을 살펴보는 사례 연구도 포함되어 있었다. 라이브러리가 커지면서 그 내용은 평가지표 변화, 토지개발 내용, 새로운 우선순위 등을 반영하기 위해 검토·수정되었다. 프로젝트가 일부 삭제되는 경우도 있었는데 특징적인 요소에 문제가 있는 것으로 밝혀져 더 이상 우수 계획 사례가 될 수 없었기 때문이다.

입력 준비를 위한 템플릿과 저술지침과 같은 명확한 내부 문서화 작업의 발전은 사례 연구 과정 간소화를 도왔다. 또한 연말에 사용되지 못한 예산을 처리하기 위해 사례 연구를 신속히 진행할 조직을 구하는 공고를 빈번히 올리기도 했다. 사례 연구 라이브러리에 대한 평가는 2003년, 2005년, 2009년 실시되었고 이는 사진이 자료로서 갖는 장점 덕분에 실무자들이 지속적으로 그것을 주요 자산으로 강조함으로써 계속 높은 지지를 받았다는 것을 확인시켜 준다(CABE, 2011g).

케이브 웹사이트는 이 같은 사례들을 전파하는 데 가장 효과적인 도구였고 저명한 도시설계 전문가로부터 나온 아래 인용문은 웹사이트 자체의 가치와 그곳에서 평가되었던 다양한 사례 연구 자료들의 가치를 잘 설명해준다. "우리가 뭔가 선례를 원하고 유럽에 있는 학교에서 무슨 일이 일어나고 있는지 알고 싶거나 새로운 공원의 가장 좋은 사례를 알고 싶을 때 맨 먼저 찾는 곳이 케이브였습니다. 모두 사례 연구를 찾아 여행을 떠나기 전 단지 구경하기 위해 사이트를 방문했죠. 심지어 취미로, 주말여행으로, 네덜란드에서 가장 좋은 주택 개발을 찾기 위해 사이트를 방문했습니다. 결론적으로 이 웹사이트는 꽤 막강한 힘이 있었습니다."

교육·훈련

케이브가 구축한 가장 직접적인 지식 도구는 전문적인 훈련 워크숍이었는데 여기서는 세미나, 워크숍, 유사한 이벤트 등과 함께 도시설계의 특정 측면과 다양한 형태의 관련 작업에 초점을 맞췄다. 2004년부터 케이브의 도시설계 여름학교가 여기에 포함되었고 특히 케이브의 마지막 해에는 다른 유형의 전문적인 훈련 내용도 포함되었다.

전문가 훈련

매년 여름학교는 다른 장소에서 열렸고 71~136명 사이의 참가자를 모집해 3~5일간 지속되었다.[157] 이 행사에는 디자인 집단 토론회, 현장 방문, 사례 분석, 그리고 종종 (2009년 브리스톨 시의 중심지에 관해 검토해본 것과 같이) '실제' 계획을 '거리를 두고 돌아보기 세션(Reflective Breakout Session)' 등 직접 체험해보는 교육기법들이 있었다.

여름학교 운영비는 참가자들이 어느 정도 지불하는 수수료와 후원금으로 충당되었는데 시간이 지남에 따라 가격이 상승하면서 참가자들은 750~1,095파운드의 참가비를 내야 했다. 케이브는 현물지원(In-Kind Support)을 제공하고 자료를 만들고 전체적인 운영과 편의시설도 제공했다. 또한 케이브는 훈련 이행에 드는 핵심비용에 기여하기도 했는데 이는 지명된 훈련 파트너가 (그들의 임무를 획기적으로 처리하기 위해) 예산집행 때 여유를 갖도록 하기 위해서였다. 하지만 이는 나중에 변경되었다.

처음 세 번의 여름학교는 웨스트민스터대학(University of Westminster)과 공동으로 진행되었고 케이브는 참가비로 조성된 금액을 초과하는 운영비용을 지급하기로 했다. 케이브는 웨스트민스터대학과의 파트너십이 매우 생산적이었고 이 같은 개념의 작업을 시험해볼 수 있었고 참가자가 100명 이상 될 정도로 성장했다는 점에서 성공적으로 평가하고 있다. 하지만 케이브는 성공적인 초반이 지나 정부의 '최선의 비용 기준(Best Value Guideline)'을 준수하기 위해 이 행사에 재입찰할 수밖에 없었고 그 결과, 새로운 파트너는 버밍험시립대(Birmingham City University)가 주도하는 컨소시엄으로 정해져 이후 비슷한 조건으로 세 번의 여름학교를 진행했다.

마지막 해 여름학교는 버밍험시립대가 포함된 메이드[MADE, 서부 미들랜드를 위한 건축건조환경센터(The ABEC for the West Midlands)]가 주도한 컨소시엄에게 외주 운영이 맡겨졌다. 여름학교는 여전히 '케이브'라는 브랜드를 가지고 있었지만 주요 보조금을 받지 못해 다양한 지역 파트너들에게

---

157 2004년 애쉬포드(Ashford, 71명의 대표자), 2005년 이스트 랭커셔(East Lancashire, 100명), 2006년 플리머스(Plymouth 103명), 2007년 버밍험(123명), 2008년 뉴캐슬(136명), 브리스톨(131명), 2010년 버밍험(111명) http://webarchive.nationalarchive.gov.uk/20110118095356/http://www.cabe.org.uk/urban-design-summer-school/history

의존하게 되었다. 지역파트너에는 민간기업과 정부기관이 포함되어 있었는데 그들은 자신들이 가진 지역정보를 바탕으로 현장방문을 주선하고 행사 비용을 충당하기 위해 후원자들을 확보할 수 있었다.

여름학교 외에도 케이브는 여러 주제들과 관련된 계속적인 전문성 개발(Continuing Professional Development, CPD)을 제공했다. 여기에는 포용을 바탕으로 하는 국가 차원의 프로그램과 '포용적 장소 만들기(Placemaking)'부터 마을 및 국가계획협회(Town and Country Planning Association, TCPA)와 공동으로 영국 전역에서 진행하는 계획가들을 위한 디자인 워크숍, 케이브가 런던에서 개최했던 주요 건설사 CEO들이 포함된 일련의 '비즈니스 조찬모임'까지 포함되어 있었다. 또한 케이브는 정부 부처 및 기타 공공기관 내 디자인팀장들을 위한 훈련 프로그램도 개발했다. 플래닝 에이드(Planning Aid)와 함께 운영하는 디자인팀장 워크숍, 2009~2010년 웨스트 오브 잉글랜드대학(University of the West of England)와 공동개최한 도시계획조사단의 디자인팀장들을 위한 이틀 간의 이벤트 등이 있었는데 이 행사들은 케이브가 왕립도시계획협회(Royal Town Planning Institute, RTPI)로부터 '평생학습상(Lifelong Learning Award)'을 수상하는 데 기여했다. 이 행사들은 부분적으로 주택설계 관련 국가정책(계획정책성명서 3(Planning Policy Statement 3))을 개발하고 케이브의 더 근본적인 주장인 양질의 주택개발 필요성을 충족시키며, 도시계획조사단이 공개조사에서 이전 사안을 고려해 당시 새로 부상 중이던 지역개발계획(Local Development Frameworks, LDF)[158]에 반영되도록 장려하기 위해 개최된 것이었다.

다른 형태의 교육은 케이브의 자체 '결과물'을 활용하는 데 초점을 맞추고 있었다. 그중 일부는 특정 실무지침 적용을 위한 교육에, 대부분은 케이브의 특정 도구들에 초점을 맞췄다. 이는 종종 특정 전문가를 대상으로 했는데 예를 들어, 정부의 『가로 매뉴얼(Manual for Streets, DoT et al. 2007)』을 농촌 주거지에 적용하는 방법이나 '삶을 위한 건축물'의 평가 지표로 이용하는 방법 등에 대한 교육과 같은 것이었다. 「맥락을 고려한 건축(Building in Context)」 워크숍은 2007년부터 2010년까지 열렸는데 케이브가 잉글리시 헤리티지와 공동으로 만든 도구 모음(Toolkits)에 초점을 맞췄다. 또한 디자인 평가에 청년층 참여도를 높이기 위한 스페이스셰이퍼(Spaceshaper) 인력교육도 있었는데 17개 장소에서 열린 세션에 총 509명이 참석했다. 또 다른 이벤트들은 특정 캠페인들과 연계되어 있었는데, 2007~2008년의 경우, 지속가능한 마스터플랜 작업 개념을 포함한 지속가능한 도시 학습 프로그램을 제공했다.

158 지역개발프레임워크(Local Development Frameworks, LDFs)는 지역 당국이 만든 개발계획으로 현재는 지역계획(Local Plans)으로 알려져 있다.

교육 자료의 제작과 공급 작업

케이브 교육작업 중 중요한 부분은 건조환경 문제와 더불어 지역적 장소 등에 관한 학습을 강조하는 자료, 장소 만들기, 사회윤리, 디자인, 건설 등에 대해 학생용 교육 자료를 제작하는 것이었다. 그중 가장 주목할 만한 것이 '사파리 가이드(Safari Guides)'였다. 예를 들어, 「밖으로 나가기(Getting Out There)」는 11~16세 학생을 대상으로 하는 예술과 디자인 지역 사파리 가이드로, 학생들이 다른 방식으로 배우고 새로운 눈을 뜨게 하는 것을 목적으로 하였다. 여기에는 장소, 경로, 공간, 건축물, 공공예술 다섯 가지로 제안된 지역 사파리가 포함되어 있었고 각각 지역 자원 관련 인쇄물과 함께 이 학습을 다른 차원의 국가 교육 과정과 연계하는 방법에 관한, 교사용 세부 지침으로 구성되었다(그림 7.10 참조). 「근린생활권 여행(Neighborhood Journeys)」은 7~11세 어린이가 대상이었는데 장소에 대한 개념을 사람들이 가진 정체성의 일부로 소개하면서 그것을 문학, 춤, 수리력, 지리와 연계시켰다. 이 교재는 거리를 자원으로 이용해 그 지역에서의 창조적 활동을 제안했다. 유사하게 「우리의 거리(Our Street)」는 어린이들이 동네 거리를 분석해 그 질을 판단하게 하는 실험이었다. 「장소 감각(Sense of Place)」과 「더 나은 장소 만들기(Making Better Places)」는 둘 다 씨디 롬(CD-ROM)을 포함하고 있었는데 당시로는 진보된 기술이었다.

업무지침서가 이 같은 교육자료를 위해 만들어졌고 이는 컨설턴트와 전문가 네트워크를 통해 경쟁입찰에 부쳐졌다. 이 네트워크는 더 넓은 범위의 케이브 그룹(CBAE 'Family')이 조직한 홍보, 세미나, 이벤트를 통해 케이브 교육(CABE Education)이 파악하고 있었던 것이다. 하지만 이 작업 영역은 다소 전문적이어서 해당 작업물을 만들어줄 적합한 전문가를 찾는 것이 항상 쉽지 않아 제대로 된 제작물을 만들기 위해서는 케이브 교육이 많이 조율해야 했다.

이 자료들 중 일부는 교과 과정의 한 분야를 목표로 하기보다 오직 교사만을 대상으로 했다. 이것은 교사들이 수업에서 건조환경을 이용하도록 유도하는 과정과 자료를 확보하는 것이 학생들을 위해 많은 교육자료를 제공하는 것보다 중요하다는 생각을 반영한 것이었다. 교육자료 개발 과정 자체도 교육의 기회로 여겨졌는데 브리스톨(Bristol)에 있는 두 곳 학교와 두 곳 지역사회 출신 교사, 어린이, 이해당사자들이 함께 하는 브리스톨의 창조적 협력관계(Creative Partnerships Bristol) 「근린생활권 여행(Neighborhood Journeys)」이 그랬다(CABE Education, 2004). 다른 교육자료들은 연수를 받은 교사들과 공동으로 개발되었는데 그들은 콘텐츠 개발, 시범학습, 교수기법 개발에 참여했다.

건조환경을 수업에 이용하는 방법을 다룬 초기 교사용 지침서로 2001년에 만든 「우리의 거리: 보는 법 배우기(Our Street: Learning to See)」를 우편으로 대량 발송했던 것처럼 이 자료들은 무료로 널리 배포되었다. 이를 받은 수신자들은 2007년 발행된 '우리의 거리' 최종판에 이르기까지 정기적으로 업데이트 받을 수 있었다.

R

가로경관 변경: 디자인 연습

당신이 현장작업에서 만나는 길거리 사진을 선택하십시오. A4나 A3가 이것을 다루기에 적합한 사이즈입니다.

모든 주요 기능을 기록하기 위해 추적하십시오.

사진

결과 분석 드로잉

결과 분석 드로잉 사본을 두 개 더 만드십시오.

첫 번째 사본에서 세 가지 요소를 추가하거나 변경해 마을 형상을 개선하십시오.

두 번째 복사본 중 하나에 세 가지 요소를 추가하거나 변경해 도시경관의 질을 떨어뜨려 보십시오.

도시경관의 질적 개선 구상

도시경관의 질을 파괴하는 방법

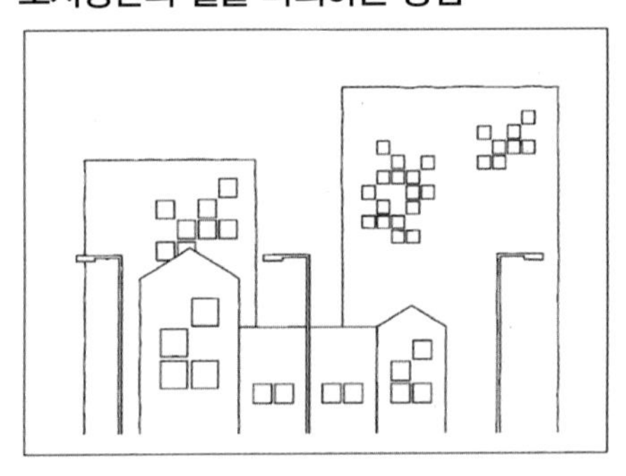

원한다면 요소를 추가하고 제거하고 크기를 바꾸고 색상을 바꾸거나 위치를 변경하고 시각적·공간적 관계를 변경할 수 있습니다.

그림 7.10 밖으로 나가기: 예술·디자인 로컬 사파리 가이드(Getting Out There Art and Design Local Safari Guide)에 포함된 5번 인쇄물(Resource Sheet 5) / 출처: CABE, 2006b

지도자 교육

도시설계기술 실무단(Urban Design Skills Working Group)은 2001년 보고서 발간 후 빠르게 2002년부터 주택디자인그룹(Housing Design Task Group)을 결성해 전국 각지에서 세미나, 워크숍, 기타 교육회의를 포함한 학습 네트워크를 지원했다. 비록 주택디자인그룹이 기존 단체(공식적으로 케이브의 창시가 되는)보다 목적이 더 명확하고 통제하기도 쉬웠지만 이 같은 유형의 지식 전파는 케이브가 주도했다기보다 조직된 것이었다. 지역사회의 참여, 장소 만들기, 지속가능성, 협업 등과 같은 사안들을 중심으로 이벤트가 주제별로 구성되었다. 케이브 기록을 보면 각 이벤트마다 "자신들이 속한 조직 내에서 최상의 내용을 공유하고 해당 조직 내에서 디자인을 위해 최선을 다할 담당자 네트워크를 개발할 수 있는" 지방정부 소속 50여 명의 대표자들이 있었음을 알 수 있다(CABE, 2011i).

이 네트워크는 정부 안건에 초점을 맞추고 있었으며, 초기에는 주택시장 개편[159]과 성장 분야에 집중되어 있었다.[160] 케이브가 개최한 이 같은 이벤트들은 업계 주요 행위자들이 양질의 설계를 고민해볼 수 있게 했다. 2003~2005년 사이 세 번의 주택품질 워크숍이 있었고 2004~2005년 케이브 연례보고서는 이 같은 계획이 모범 사례를 개발하고 국가기관과 지역의 연구자들을 연결해줄 수 있다고 주장했다(CABE, 2005c).[161] 이후 2007~2008년도 네덜란드에서 주택 디자인 그룹 대표자들을 위해 열린 특별 이벤트 등을 포함한 국제적인 교육 이벤트가 추가되었고 같은 해 40명의 대표자들이 독일 엠셔 환경공원(Emsher Landschaftspark)을 이틀 동안 답사하는 여행에 참가하기도 했다. 케이브는 엠셔 답사여행이 "루르(Ruhr)로부터 배울 기회가 될 뿐만 아니라 주택성장과 주택시장 개발 양자 경험을 모음으로써 서로 배울 기회였다."라고 자평했다(CABE, 2007f).

케이브는 지도자들을 위한 다른 종류의 교육 이벤트도 제공했다. 예를 들어, 2001~2002년에는 12건의 지역 '장소 만들기' 이벤트와 함께 공공 부문 건설고객들을 위한 교육모임도 열었다. 그 해 연례보고서에 의하면 이 같은 모임은 "훌륭한 성공을 거뒀고 약 2천 명의 지역별 의사결정권자들이 모였다(CABE, 2002c)."라고 한다. 2006년부터는 매년 내추럴 잉글랜드(Natural England)와 주택 및 커뮤니티부 아카데미(Homes and Communities Agency Academy, 주택·커뮤니티부의 기술분과, 4장 참조)의 지원으로 '케이브 스페이스 리더(CABE Space Leaders)' 프로그램을 도입·계획·운영했는

---

159 2002년 버밍험/샌드웰(Birmingham/Sandwell), 이스트 랭커셔(East Lancashire), 헐과 이스트 라이딩(Hull and East Riding), 맨체스터/살포드(Manchester/Salford), 머지사이드(Merseyside), 뉴캐슬/게이츠헤드(Newcastle/Gateshead), 노스 스태포드셔(North Staffordshire), 올덤/로치데일(Oldham/Rochdale), 사우스요크셔(South Yorkshire) 아홉 개였다. 2005년에는 웨스트 요크셔(West Yorkshire), 웨스트 컴브리아(West Cumbria), 티스 밸리(Tees Valley) 세 개가 추가되었다.

160 템스 게이트웨이(Thames Gateway), 루턴(Luton), 애쉬포드(Ashford), 캠브리지(Cambridge)

161 주택시장 재개발 지역에서의 제휴

데 케이브의 기록자료 웹사이트에는 이 같은 실질적인 이벤트들이 참가자들에게 영감을 주고 품질 검토에 대한 확신을 심어주었다며 지지 성명이 게재되었다.[162] 이후 2008년 케이브는 브리스톨에서의 전략적 도시설계 마스터클래스(Strategic Urban Design Masterclass)를 포함해 "새로운 실행 관련 지도 프로그램(CABE, 2008a)"이 특징인 사업들을 개발했다. 이 모든 활동이 미친 영향을 정량화하기는 어렵지만 그래도 이것이 지속적인 자극으로 케이브의 메시지를 더 설득력 있게 만들고 디자인 관련 메시지를 전문가 그룹 전체로 확산시키는 역할을 한 것은 분명했다. 그렇지 않았다면 많은 사람들은 이 같은 문제에 별 관심을 보이지 않았을 것이다.

지식도구는 언제 활용되어야 하는가?

이번 장에서는 케이브가 보유한 지식과 이전 장에서 검토한 증거를 통해 또는 실무와 디자인 검토 등 적극적인 작업을 통해 수집된 지식을 보급하는 데 중점을 둔 도구들을 살펴보았다. 이 도구들은 다양한 수요자들을 대상으로 하는 실무 지침으로, 특히 자문자료를 찾는 전문가용 참고자료와 벤치마킹 자료로 활용되는 우수 계획 사례 연구 데이터베이스, 여름학교를 통한 직업인과 전문가 및 리더십 교육, 어린이와 청소년용 학교 교재 준비 등으로 구성되어 있었다. 이런 측면에서 이것들은 실무용이라기보다 교육에 가까웠는데 실무와 분리된 간접적인 도구들(예: 사례 연구)부터 참가자들이 직접 실무에 사용할 수 있는 실질적이고 적극적인 도구(예: 훈련)에 이르기까지 다양한 것들을 포함하고 있었다(7.11).

케이브는 그 역사 전반에 걸쳐 지침 제작과 교육계획 작업에 참여했으며, 연구는 상당히 일찍부터 진행되고 있었다. 이 기간 내내 케이브의 전략적 우선순위는 다양했는데 이 같은 다양성은 케이브 자체에서, 그리고 정부기관과 파트너들에게서 만들어진 주요 정보들을 바탕으로 한 케이브의 지식활동에서 잘 나타난다. 공식적인 개입 또는 강제 권한이 없는 상태에서 그런 권한을 가진 사람들에게 영향을 미치려는 노력은 합리적인 선택이었고 이것을 시도하는 가장 직접적인 방법은 그들의 실무 과정의 바탕이 될 지식을 생성해 제공하는 것이었다.

케이브의 지식도구들의 효과에 대한 최종적인 평가를 내리기는 어렵지만 실무지침들은 케이브를 주목하게 만드는 데 분명히 큰 역할을 했고(사례 연구와 함께) 많은 지침들은 케이브가 해체된 지 5년이 지난 지금까지도 실무자들에 의해 광범위하게 사용되고 있다. 이것은 케이브의 유산 중 중요한 부분을 차지하고 있다. 케이브 훈련 이벤트에 참석한 지방정부 공무원들이 (특히 공공 부문에

162 다음 사이트를 확인한다. http://webarchive.nationalarchives.gov.uk/20110118095356/http:/www.cabe.org.uk/public-space/ leaders/2007

서) 많은 실무자들에게 디자인에 대한 인식을 심어주는 데 큰 도움을 주었음에도 불구하고 도구로서의 교육은 다소 주목받지 못했다. 하지만 이 효과는 일시적인 것이었으며, 일상적 현실과 관행의 압력에 직면하면 디자인의 품질과 중요성에 대한 희미한 교훈은 쉽게 잊혀지기 마련이었다. 아직 케이브의 개입이 미래 세대에게 영감을 주었을 수도 있지만 (아직 단언하기에는 너무 이르다) 케이브의 노력은 그것이 영향을 미쳐야 할 학교와 학생 수를 고려하면 짚더미에서 바늘 찾기에 비교될 수 있을 것이며, 학교와 다음 세대에게 미친 영향은 측정하기 매우 어려울 것이다. 이 자원들에 대한 지속적인 투자, 홍보, 개선활동이 없다면 지속적인 영향력은 미미해질 가능성이 높다.

지식도구를 1장(그림 7.12 참조)의 디자인 거버넌스 활동 범위로 설명해 본다면 실무 지침의 경우, 그 주요 관심사에 따라 초기 견고한 의사결정 환경 구축에 도움을 주는 것부터 디자인 자체에 직접 영향을 미치고 과정을 진행시키는 데 이르기까지 넓은 디자인 거버넌스 분야에서 정보를 제공할 잠재력이 있음을 보여준다. 이와 대조적으로 사례 연구는 더 제한된 효용성을 갖기 쉽다. 예를 들어, 정책과 지침 작성에 정보를 제공하는 것처럼 의사결정 환경에 영향을 미칠 수도 있지만 일반적으로 디자인 과정 자체의 정보를 제공하는 데(영감을 주는데) 사용된다. 교육과 훈련은 장소, 프로젝트, 과정의 질에 점진적인 영향만 미칠 가능성이 높기 때문에(특히 어린이들을 대상으로 하는 경우) 장기적 관점에서 개발 이전 단계와 설계 의사결정에서 그 기술과 역량을 높이는 데 중점을 둬야 할 것이다.

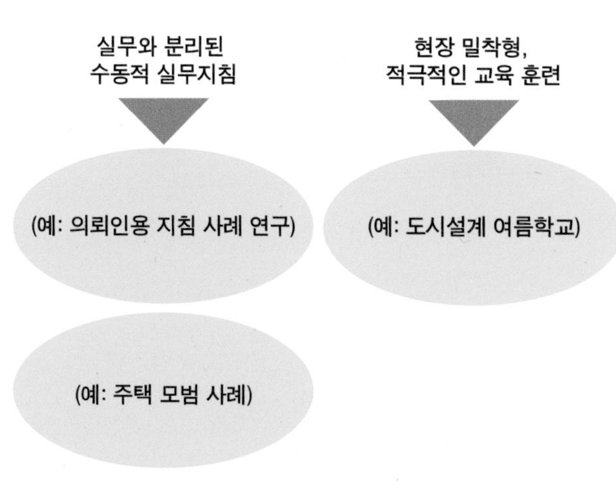

그림 7.11 지식의 유형

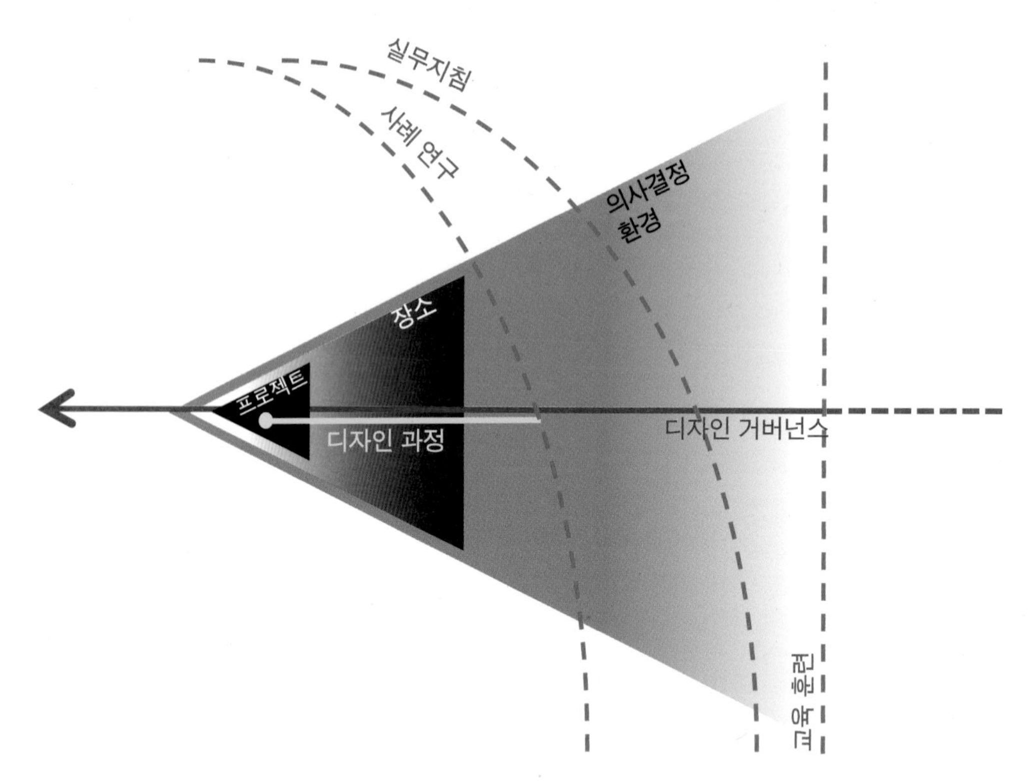

그림 7.12 디자인 거버넌스 활동 범위에서의 지식도구

Chapter 8

홍보도구 (The Promotion Tools)

케이브의 목적은 좋은 디자인을 장려하는 데 있었기 때문에 캠페인 형식의 활동은 케이브 역사에서 중요한 역할을 했다. 일반 국민, 정부, 업계에게 좋은 설계 개념을 전파하고 정부 내 지지를 끌어내 입법과 정책에 영향을 미치기 위해 시상과 캠페인을 사용하는 것도 여기에 포함된다. 많은 경우, 협력 제도는 케이브가 활동 범위를 공간적으로 또는 정부와 업계 전반으로 확산할 수 있도록 해주었기 때문에 좋은 설계를 장려하는 데 핵심이 되었다. 이번 장은 세 부분으로 나누어 케이브 홍보 활동의 이유, 방법, 시기를 다룬다. 첫 번째 부분에서는 이 활동의 목적을 논하고 두 번째 부분에서는 그런 활동이 어떻게 실행되었는지를 살펴보고 마지막으로 디자인 거버넌스라는 영역 안에서 케이브 홍보활동의 의미를 간략히 논의한다.

홍보활동에 왜 참여해야 하는가?

시상(Awards)

설계 시상의 주요 목표는 항상 훌륭한 시도에 대한 보상이었다. 총리실 우수공공건물상(The Prime Minister's Better Public Building Award)은 "공공부문 전반에 걸쳐 설계와 조달 양쪽 모두의 우수성을 보상하기 위해" 만들어졌다(CABE, 2011c). 하지만 시상에는 더 중요한 두 번째 목표가 있었는데 이는 시상을 주최하는 업계와 기관에 대한 인지도를 높이고 시상하는 분야에서 더 나은 디자인이 나올 수 있도록 독려하기 위해서였다. 케이브의 경우, 시상은 좋은 설계와 그것이 가진 이점들을 홍보한다는 더 큰 목적을 위한 노력의 일환으로 사용되었는데 특히 이는 언론의 관심을 끌고 조직의 업무 인지도를 높일 수 있는, 포상이 가진 힘 때문이었다. 또한 시상으로 수상자들이

그림 8.1 2003년 전혀 다른 두 건의 맨체스터 계획안이 총리실 '더 나은 건축물상' 최종 후보 명단에 올랐다. (i) 노스 임페리얼 전쟁박물관(The Imperial War Museum of North)과 (ii) 피카딜리 정원(Piccadilly Gardens) / 출처 : 매튜 카르모나

디자인한 모범 사례가 다른 사람들이 참고할 수 있는 본보기가 되기를 희망했다.

케이브의 시상 활동 참여는 두 가지 범주로 구분해볼 수 있다. 첫 번째 범주는 실제로 케이브가 시상을 시작했는지 여부와 상관없이 케이브 주도하에 장기간 운영되어온 상들을 포함한다. 두 번째 범주는 케이브가 우수 설계를 위한 정부 담당기관으로서 지원을 요청받은 특정 행사나 단기 계획들과 관련된 특별 시상을 포함한다.

장기 운영 시상

첫 번째 범주는 공공부문 건축물에 대한 대규모 투자가 이뤄졌던 시기에 케이브 존속 기간 내내 (그 뒤로도 계속) 운영되었던 총리실 우수공공건물상으로 대표된다. 이 상은 전국 어느 곳에 있든 규모와 상관없이 모든 공공건축물을 대상으로 하였고 모든 정부 부처가 높은 수준의 디자인을 추구하게끔 동기 부여를 하기 위해 제정되었다(8.1). 이 상을 선정하는 기준은 공공 프로젝트를 더 쉽고 효율적으로 실행하는 데 도움을 주는 다양한 측면을 반영하였다. 설계 수준, 조달의 효율성, 경제적·사회적 가치, 우수한 팀워크, 재무관리의 수준, 투자비 대비 건물의 전생애 가치, 의뢰인의 만족도, 지속가능성 같은 측면들이 반영되었다(HM Government, 2000; CABE, 2006h). 초창기부터 이 상은 영국의 일상 공공 건축물의 품질에 대한 관심을 제고하고자 시행되었다. 문화미디어체육부는 "지난 몇 년간 영국은 수많은 새로운 랜드마크 건축물을 유치해 혜택을 받았고, 그중 많은 건축물들은 복권사업을 통해 자금이 조성되었습니다. 이제 우리는 우리 삶에서 중요한 역할을 하는 수만 개의 일상 공공건축물을 개선하는 일에 에너지와 상상력을 쏟아야 합니다(HM Government, 2000)."라고 발표했다.

이 범주에 들어가는 또 다른 상은 '삶을 위한 건축(Building for Life, BfL)' 계획의 일부인 '삶을 위한 건축상(Building for Life Award)'이다. 이 상은 높은 설계 기준, 좋은 장소 만들기, 지속가능한 개발에 기여한 민간 주택건설업자와 주택조합들의 노력을 알릴 목적으로 만들어졌다(CABE, 2004c). '삶을 위한 건축상'은 삶을 위한 건축 인증제도(9장 참조)와 동일한 기준을 바탕으로 했지만(인증제도보다) 상을 받은 디자인 결과물 뿐만 아니라 '삶을 위한 건축' 프로그램을 알리는 데 도움을 줬다.

케이브가 유일하게 직접 운영·관리했던 시상 계획은 페스티브 파이브(Festive Five) 상으로 7년(2001~2007) 동안 더 나은 건축물과 공공공간을 만들기 위한 전향적인 사고와 동기를 보여준 다섯 개 공공기관, 다섯 개 민간기업, 다섯 명의 개인을 크리스마스 전에 표창했다. 해마다 다양한 주제들이 있었고 예를 들어, 2006년에는 케이브 웹사이트에 다음과 같은 내용이 발표되었다. "올해 이 상은 학교 설계와 포용적 설계에 초점을 맞췄습니다. 이는 케이브의 주요 목표이자 국가가 직면한 가장 중요한 두 문제입니다. 이 상은 효과적인 교육과 학습을 위한 좋은 설계의 중요성을 이해하고 모두가 사용하고 즐길 수 있는 건축물과 장소를 만드는 데 기여한 이들에 대한 감사의 표시입니다."[163] 여러 해 동안 이 상은 영향력 있는 공무원, 바라트 홈즈(Barratt Homes)와 같은 대규모 개발사업자, 에섹스 카운티 의회(Essex County Council)와 같은 지방 당국, 주택협회, 건축가, 위탁업무 조직, 지역 정치인, 기타 많은 대상자들을 표창했으며, 의도한 대로 전문지와 전국지에서 크리스마스 시즌 동안 다루기 좋은 소재가 되었다.

특별 또는 단기 운영 시상

두 번째 범주(특별 시상)는 일회성으로 운영되었거나 장기 운영으로 계획되었지만 여러 이유로 갑자기 중단되었던 모든 상을 포함한다. 예를 들어, 포용적 설계 부문에서 케이브는 2007년 케이브/영국왕립건축가협회 포용적 설계상(CABE/RIBA Inclusive Design Award, 그림 8.2 참조)과 2007년과 2008년 영국 왕립예술대학(Royal College of Art, RCA)이 개최한 포용적 설계 프로그램의 일환인 영국 왕립예술대학 '우리 미래를 위한 설계상(Design for Our Future Selves Award)'을 후원했다. 포용

그림 8.2 맨스필드(Mansfield)시 포틀랜드 칼리지(Portland College)가 2007년 영국 왕립건축가협회/케이브의 포용적 설계상을 수상했다. / 출처 : 샬롯 우드(Charlotte Wood)

163 http://webarchive.nationalarchives.gov.uk/20110118095356/http://www.cabe.org.uk/news/pace-setters- for-2007

적 설계 분야 참여는 리처드 시몬스가 최고경영자로 부임한 후 이 분야에 대한 관심이 더 커지면서 이뤄졌고 이로 인해 포용적 설계의 정의가 물리적 접근성 중심에서 훨씬 광범위한 사회적·경제적 장벽 문제로 확대될 수 있었다.

케이브의 지원을 받아 지방정부연합회(Local Government Association, LGA)가 주관한 파크포스(Parkforce)상도 이 범주에 포함되는데 2005년과 2006년에 개최되어 지방자치정부의 우수 공원 직원과 팀에게 상이 수여되었다. 이 상은 당시 케이브 스페이스의 주요 핵심안건이었던 공원 분야의 기술을 향상시켰고 공원 사례들을 소개하는 케이브 스페이스의 캠페인(2005년 시작됨)에 힘을 실어주었다. 이와 비슷한 맥락으로 케이브는 2008년과 2009년 우수공공서비스협회(Association for Public Service Excellence, APSE) '올해의 원예도제상'을 후원했는데 새로운 녹지공간 학습자들과 그 관리자들의 우수성을 보상하고 견습 과정 홍보를 위한 역할 모델을 제공하기 위한 것이었다. 이런 종류의 상들은 케이브의 특정 시기 우선 사항들을 반영해 잠시 존재했다가 사라졌다. 장기 운영되는 상들과 달리 특정 시기의 핵심 메시지를 강화하는 데 활용되었다.

캠페인

디자인 질 향상 캠페인은 케이브 설립 초기부터 설정된 목표였다. 그 주요 목적은 건축물 의뢰와 건설 관계자들의 인식을 높이는 것이었다. 이 캠페인 활동은 주로 공공기관, 민간 개발업자 및 감독기관들이 사업 과정과 의사결정 과정에서 디자인 수준을 더 확실히 고려하도록 하는 데 초점을 맞추고 있었다. 건축물과 공간 사용자의 중요성이 점점 더 높아지고 있었기 때문에 건조환경의 수준을 높이는 것이 필요하다고 여겨졌다.

케이브가 존재했던 기간 동안 홍보했던 광범위한 캠페인과 이벤트 중 일부는 형식이 더 갖춰졌고 더 많은 관계자들이 참여했다. 이 캠페인들은 수 년 동안 지속되었고 연구·보급 프로그램과 관련되어 발전했다. '삶을 위한 건축(Buildings for Life)', 미래 건설(Building Futures), 더 나은 공공건물(Better Public Buildings), 더 나은 병원과 학교 설계를 위한 캠페인들도 이 범주에 속한다. 다른 캠페인 사업들은 오래가지 못했다. 캠페인은 케이브가 일반 대중과 목표 집단을 대변해 담으려고 했던 디자인 어젠다와 관련되어 있었다. 이 같은 사업들 때문에 케이브는 다양한 주제의 여러 행사에 참여할 수 있었을 뿐만 아니라 여러 전문 단체와 관련 의사 결정권자들에게 수많은 강연을 할 수 있었다. 케이브의 연구 결과와 모범 사례를 포함한 방대한 양의 출판물도 캠페인 활동의 핵심이었다. 이 출판물들은 독자 수와 그들에게 미치는 영향력을 확대하기 위해 항상 수준 높은 그래픽과 글로 제작되었다. 주제별로 나눠보면 캠페인과 이벤트는 다음 세 가지 유형 중 하나로 분류할 수 있다.

- 케이브 자체적으로 또는 기타 이해 관계가 있는 기관과 공동으로 수행하는 일반적인 캠페인 활동과 이벤트. 특정 유형의 건물, 공간 또는 사안을 대상으로 하지 않고 전반적인 디자인 질 개선이나 인지도 향상을 목표로 한다.
- 특정 유형의 건물(특히 공공부분) 또는 도시 공간의 디자인 품질 개선을 목표로 하는 구체적인 캠페인으로 더 체계적이고 보통 다른 공공기관·조직 등과 공동으로 운영된다.
- 원래 건조환경의 품질에 초점을 맞춰 수립된 것은 아니지만 결과적으로 이를 다루게 된 캠페인들. 다양한 정부 정책 프로그램과 관련한 캠페인들로 체계적이고 집중적으로 이루어졌으며, 케이브 관련 정책 프로그램을 담당하는 정부 부서나 기관들과 공동으로 수행되었다.

일반 캠페인

첫 번째 유형에는 케이브 지도부가 주요 시민사회단체를 대상으로 한 설명회, 토론 패널, 포럼 및 컨퍼런스 참여, 언론을 통한 아이디어의 광범위한 전파 시도 등을 포함한 일반적인 도시 디자인 수준 향상을 위한 이벤트가 포함된다. 예를 들어, 2002년 『좋은 설계의 가치(Value of Good Design)』와 관련된 일반적인 근거의 편찬과 출판은 해당 출판물이 제기한 사안에 대한 인식 향상을 목표로 한 이벤트와 함께 이뤄졌다. 이 같은 노력은 케이브가 존속하는 기간 내내 계속되었는데 『물리적 자본(Physical Capital)』의 출간과 3년 간 일련의 이벤트들이 그 예라 할 수 있다. 이 이벤트들은 건조환경의 더 나은 디자인으로 실현할 수 있는 일상 내 공공가치에 초점을 맞추고 있었다.

때로는 이 같은 조치들은 특정 집단에 초점을 맞추기도 했는데 예를 들어, 도시재생 정책 입안을 담당하는 전문가들, 또는 2000년대 중반부터 새로운 공간기획 시스템 도입에 관여한 기획자들이 그 대상이었다. 의회를 겨냥한 별도 캠페인 활동 '디자인이 왜 중요한가'에서는 구성원들에게 좋은 디자인을 적극 지지하도록 강력히 촉구했고 케이브의 역할, 그것이 무엇을 의미하는지, 의회 구성원들이 어떻게 디자인 품질에 대한 유권자들과 주민들의 인식을 높일 수 있는지 등에 초점을 맞추고 있었다.

이 같은 캠페인 활동 노력 중 일부는 디자인의 역할에 대한 대중의 인식에 영향을 미치고자 했다. 미래 최종사용자들의 관심을 끌기 위해 시행되었던 학생 대상 캠페인을 그 예로 들 수 있다. 마찬가지로 예술위원회(Arts Council)와의 초기 공동 계획 '시야 구축하기(Building Sights)'는 건설업계가 지역사회와 의사소통을 더 잘 할 수 있게 하려는 노력의 일환이었고 이를 기반으로 일반 대중이 건설 과정을 더 깊이 생각할 수 있게 하는 것을 목표로 삼았다. 이 캠페인은 방문자센터와 온라인 캠페인뿐만 아니라 건설 부지 주변의 가림막들도 함께 활용했다.

특정 목적의 캠페인

특정 유형의 건축물이나 도시 공간에 초점을 맞췄던 두 번째 유형의 캠페인은 더 나은 공공건물(Better Public Buildings) 캠페인과 같이 공공기관들의 의뢰를 받아 건축물의 품질 향상에 중점을 두고 운영되었다. 이 캠페인(이미 논의된 상을 포함)은 건설대책위원회(Egan Construction Task Force, 1998)가 권고한 대로 변화는 의뢰인 주도로 추진되어야 한다는 원칙에 기반한 것이었다. 이 개념은 민간투자개발사업(Private Finance Initiative, PFI) 프로젝트로 탄생한 설계 결과물들을 개선하는 사업으로 이어졌고 이는 민간투자개발사업 파트너십을 통해 디자인된 공공건축물들이 디자인 표준에 맞게 지어져야 한다는 품질 보장의 필요성을 강조하고 있다. 케이브를 담당하던 한 정부 관료는 다음과 같이 설명했다. "이 계획은 정부가 좋은 디자인을 지원하는 데 전념하고 있다는 것을 세상에 더 널리 선언하는 것이자 정부 내 다른 부서의 지지와 추진력을 확보하는 도구이기도 했습니다. … 심지어 저희는 토니 블레어(Tony Blair)에게 혹시 건축가와 디자이너들을 위한 환영회를 총리 관저에서 열 수 있겠냐고 물어보기도 했는데 그는 이를 허락했고 이를 통해 우리는 실제로 정부 고위층의 지원을 받았습니다." 그 파급 효과로 특정 유형의 건물들에 초점을 맞춘 캠페인들이 생겨났다. 예를 들어, 더 나은 '공공도서관(Better Public Libraries)'은 도서관이 가진 사회적 가

그림 8.3 런던 그리니치 밀레니엄 빌리지(London Greenwich Millennium Village)의 일부인 마우어 법원(Mauer Court)은 2005년 그것이 가진 기술, 설계, 위치 등과 관련된 선구적인 개발로 인해 '삶을 위한 건축상(Building for Life Award)' 수상작이 되었으며, 이후 잘 설계된 주택과 주변 환경 덕분에 '삶을 위한 건축 캠페인'에서 우수 주택설계 사례 연구에 포함되었다.
출처 : 매튜 카르모나

치를 강화하고 시대에 뒤떨어진 설계와 열악한 위치와 같은 도서관 사용을 억제하는 요소들을 없에는 것을 목표로 삼았다.

다른 캠페인들은 삶을 위한 건축(Building for Life, 감사, 사례 연구, 시상, 인증) 아래 하나로 통합된 접근방식으로 주택의 질에 초점을 맞춰 널리 인식되던 주택 설계의 단점들을 개선하기 위한 것이었다(CABE, 2002j)(8.3 참조). 미래 건설(Building Futures, 영국 왕립건축가협회와 파트너십을 맺고 있었다)은 이와 유사한 계획으로 사회적 요구가 변화하는 상황에서 건조환경에 대한 관심을 불러일으키려고 했다. 비록 이 계획이 넓게는 미래지향적 연구 프로그램이었지만, 그 결과로 나온 간행물 『미래 건설 2024(Building Futures 2024, CABE, 2004b)』와 이에 수반되었던 이벤트들은 디자인에 분명히 영향을 미치는 커다란 사회적, 기술적, 경제적, 환경적, 정치적 요인들에에 대한 광범위한 논쟁을 불러일으키고 있었다.

8.1 '수치의 거리' 캠페인

'수치의 거리'는 가로경관 품질에 대한 정책적 관심이 높아지면서 구상되었고 2001년 환경교통지역부(DETR)는 케이브에 가로경관 질을 높이는 데 방해가 되는 제도적 장벽에 대한 연구를 요청하였다. 이 연구는 앨런 백스터 어소시에이츠(Alan Baxter Associates)가 진행했고 이듬해 『길 포장하기(Paving the Way)』라는 이름으로 출판되었다. 이 간행물은 융통성 없는 고속도로 설계 기준의 적용, 도로 설계와 전문 기술에 대한 통합 접근 방식 부재, 부족한 장기적 관리계획, 공익기업(Utility Company, 전기·가스·수도 등의 공익사업 운영회사)의 부적합한 운영 프레임워크에 의해 가로 품질이 저하되고 있음을 보여주었다(CABE&ODPM, 2002).

케이브가 의뢰한 모리(MORI) 여론조사에 따르면 지난 3년 동안 자기 지역이 악화되었다고 생각하는 사람(34%)이 나아졌다고 생각하는 사람(15%)보다 두 배 이상 많았고(CABE, 2002k) 많은 주민들은 지방세가 지역환경 개선에 쓰인다는 것을 알았다면 지방세 추가 부담금을 기꺼이 납부했을 것이라고 응답했다.

존 로즈는 다음과 같이 주장했다. "거리는 국가의 거실과 마찬가지이며 우리 모두가 느끼는 감정을 보여주는 척도입니다. … 거리는 집단적 자긍심을 보여주는 장소가 되어야지, 빨리 가능하면 서둘러 지나가는 장소가 되어선 안 됩니다(『Bristol Evening Post』, 2002)." 케이브는 도로 질 문제를 공개적으로 부각시켜 사람들이 거리와 전반적인 상태와 관련해 무엇을 좋아하고 좋아하지 않는지를 보여주고 거리 설계 모범 사례들에 대한 관심을 유도했다. 또한 케이브는 지역 당국이 도로 설계·보수·유지·관리에 대한 그들의 관행을 재고하기를 바랐다.

이 계획은 더 『가디언(The Guardian)』, 『더 썬(The Sun)』, 『비비씨 원(BBC One)』과 같은 다양한 언론과 지역 언론의 헤드라인을 장식했고 비비씨 라디오 4 청취자 여론조사에서는 전국적으로 좋은 사례와 나쁜 사례로 지명된 1,500개 거리를 살펴봤다. '수치의 거리' 최종 목록은 다음과 같다. 여론조사 1위를 차지한 런던 스트레섬 하이 로드(Streatham High Road), 옥스포드(Oxford)의 콘마켓(Cornmarket), 플리머스(Plymouth)의 드레이크 서커스(Drake's Circus), 노팅험(Nottingham)의 메이드 마리온 웨이(Maid Marion Way), 서리(Surrey)의 레더헤드 하이 스트리트(Leatherhead High Street). 영국의 가장 좋은 거리 다섯 개도 이름을 올렸는데 대부분 이미 수준 높은 도시 재생 계획으로 이름이 알려진 거리들이었다.(그림 8.4).

이 캠페인은 거리 품질문제에 대한 대중의 관심을 전반적으로 높이는 데 성공했고 이는 이 분야에 케이브와 다른 기관들이 효과적으로 개입할 기회로 이어졌다. 스트레섬에서 케이브는 지방자치정부에게 도로개선 계획에 대한 전문적인 조언을 했고 그 후 해당 계획은 런던교통국의 도움을 받아 시행되었다. 노리치(Norwich)에서는 시청 관리들이 이스트 앵글리아(East Anglia)에서 최악의 거리로 선정된 세인트 스티븐스가(St. Stephens Street)의 개선자금 확보를 위한 조치를 취했고 노팅험에서는 메이드 마리온 웨이가 개선되어 3년 후 설계상을 수상했다.

그림 8.4 2001년 여론조사에 의해 선정된 영국 최고 및 최악의 거리. 각각 (i) 웅장함과 우아함으로 유명한 뉴캐슬(Newcastle) 그레이 스트리트(Grey Street)와 (ii) 분주한 런던 간선도로 스트레섬 하이 스트리트(Streatham High Street) / 출처 : 매튜 카르모나

'수치의 거리'에 이어 더 근본적인 풀뿌리 운동인 '거리 바꾸기(Changing Streets)'는 지역주민, 전문직 종사자, 정치인을 한군데 모아 사람들이 자신들이 사는 거리를 개선하는 것을 도왔다. 한 지역신문은 "자신들이 책임감을 가질 수 있고 또 가져야 한다는 인식을 사람들에게 심어주는 것이 캠페인의 결과물이다(Groves, 2003)."라고 설명했다. 하지만 '수치의 거리'의 영향이 모두 긍정적인 것은 아니었는데, 특히 실적이 저조한 거리에서 공공연히 연쇄적으로 일어나는 부정적인 영향 때문이었다. 한 지방 의원은 스트레섬에 대해 매우 혼잡한 런던의 주요 간선도로와 교통량이 거의 없거나 전혀 없는 도심 거리를 비교하는 것은 무의미하다고 말했다. 그는 다음과 같이 주장했다. "이런 도로는 극복해야 할 어려운 문제들을 가지고 있었지만, 정작 수년간 그들이 필요로 하는 투자는 받지 못했습니다(『New Civil Engineer』, 2002)." 또한 다른 이들은 좋은 거리와 나쁜 거리를 발표하는 것을 비난하며, "이 캠페인은 엄청난 역경, 비타협적인 정부기금가, 런던교통국 같이 주저하는 파트너들에 맞서 그 지역을 위해 열심히 일한 지역주민들까지 싸잡아 모욕한 것입니다(『South London Press』, 2003)."라고 주장했다.

병원 및 기타 의료시설 개선 캠페인 활동은 케이브 초기의 우선순위 과제였다. 이 사업은 주로 국민공중보건서비스시설(NHS Estates)과 파트너십을 맺고 디자인에 더 많은 주의를 기울이면 환자들에 대한 진단 및 예후가 개선되고 직원들의 이직률이 낮아진다는 논리로 운영되었다(Pricewaterhouse Coopers, 2004). 이후 이 같은 논리는 좋은 도시 설계가 건강한 생활양식과 관련 있다는 것으로 확장되었다. 학교 디자인에서도 이와 유사한 노력이 있었다. 2003년 케이브는 적극적으로 모범학교 디자인(Exemplar School Designs) 계획을 수립하였고 이후에는 더 두드러지게 학교 디자인품질 프로그램(Schools Design Quality Program)에 참여하게 되었다(CABE, 2007g). 여기에는 당시 중·고등학교에 대한 포괄적인 검토가 포함되어 있었고 케이브는 정부의 '미래를 위한 학교 설립(Building Schools for the Future, BSF)' 프로그램으로부터 자금을 받아 지방자치정부를 지원하는 더 큰 역할의 사업을 수행했다.

더 나은 장소의 품질에 대한 관심을 높이는 것도 케이브 초기 우선순위 과제였고 거리의 품질은 케이브 역사상 최초로 체계화된 캠페인 중 하나인 '수치의 거리(Streets of Shame)'의 주제였다(박스 8.1 참조). BBC 라디오 4(BBC Radio 4)와의 협력으로 진행된 이 캠페인은 그들에게 친숙했던 거리의 품질을 대중으로 하여금 반추하도록 하려는 것이었고 논란은 있었지만 영국에서 가장 좋은 거리 다섯 개와 가장 나쁜 거리 다섯 개 선정에 대중이 직접 참여하게 했다. 케이브가 하던 다른 분야 캠페인들과 마찬가지로 문제점을 제기해 설명해가는 과정에서 더 많은 연구와 지침을 이끌어냈고 '망신당한' 거리 중 일부를 포함해 특정 지역의 문제점을 해결하는데 초점을 맞췄다.

정책 캠페인

캠페인 및 이벤트의 마지막 유형은 광범위한 정부정책과 프로그램의 설계 품질에 대한 영향과 관련된 것으로, 2000년대 여러 건조환경 중심의 정책 계획을 따랐다. 광범위한 지속가능한 공동체(Sustainable Communities) 의제 관련 활동(4장 참조)은 이 세 번째 범주에 확실히 들어맞는데 여기서 정부는 케이브를 그들의 정책 목표를 달성하기 위한 핵심수단으로 여기고 있었다. 이 활동의 목표는 다양한 유형의 재생 정책에서 좋은 디자인의 역할을 강조하는 것이었다. 10년 동안 이 같은활동의 주안점은 다양했지만 여러 시기에 항상 핵심이 되어왔던 것은 주택시장 재개발 및 주택성장 지역(Housing Market Renewal and Housing Growth Area) 프로그램이 제기한, 오염되고 버려진 산업부지의 재활용, 사회적 통합 의제, 그리고 이후 제기되는 생태마을 계획이었다. 이 같은 주제들이 국가정치적 의제로 대두되면서 지속가능성과 기후변화 문제도 더 중요한 문제로 떠올랐다. 케이브가 자연환경에 더 잘 부합하는 새로운 도시설계 패러다임에 대한 권리를 주장하기 위해 공공부문 내외 조직들을 하나로 모은 '회색에서 녹색으로(Grey to Green)' 캠페인에서 이 관심은 절정에 달했다.

자연환경은 케이브 스페이스의 주안점이었다. 케이브 스페이스는 정부의 '더 깨끗하게, 더 안전하게, 더 푸르게(Cleaner, Safer, Greener)' 의제와 거주성 및 녹지와 공용 공간 관리에 대한 정부의 관심으로부터 비롯된 공공공간 설계 개선을 목표로 하는 캠페인과 함께 탄생했다. 공원과 공공공간 설계를 담당한 전담부서로서 첫 번째 공개 캠페인인 '버려진 공간(Wasted Space)'과 '더 나은 공공공간을 위한 선언문(Manifesto for Better Public Spaces)'은 버려진 공간과 버림받은 공간으로 대표되는 잃어버린 기회와 일반적으로 공공공간 디자인 품질에 대한 인식을 고취시키는 것을 목표로 하고 있었다. 케이브 스페이스의 창의적 캠페인은 대중이 쉽게 공감할 수 있는 건조환경 분야에 주안점을 두고 있었고 녹지공간 부문에서 활동의 명분을 쌓는 데 효과적이었다(4.8 참조).

케이브 캠페인 활동 중 일부는 템스 게이트웨이(Thames Gateway)와 관련된 정책과 같이 특정한 지리적 지역의 정부 정책과 설계 안건에 집중되기도 했다. 이 경우 설계 인지도를 높이고, 독특한 해당 경관의 특성과 문제에 대한 더 깊은 이해를 돕고, 이 지역의 개발을 위한 설계틀을 만들고, 그를 위한 주요 이해 관계자들(정부, 지방 당국, 전문가, 지역 이익단체)과의 세미나, 발표회 등의 활동을 진행했다(CABE, 2008d). 궁극적으로 케이브의 모든 사업은 국가정책과 직·간접적으로 연관되어 있었고 이 같은 분야에서는 그 연관성이 더 명백했으며, 케이브의 역할은 정부의 정책 전달 수단으로서의 성격이 점점 강해졌다.

대변자

1999년 도시대책위원회(Urban Task Force) 보고서는 정부의 도시정책 전달 시스템에 광범위한 변화를 제안했고 보고서의 권고 사항을 따르기 위해서는 변화가 불가피해보였다. 그에 따라 설립될 때부터 디자인 담당기관으로서 케이브의 중요한 역할 중 하나는 더 잘 디자인된 건축물과 공공공간을 생산할 수 있는 정책 변화를 지지하는 것이었다.

더 큰 그림

2001년 도시계획녹서(Planning Green Paper)(의회심의용 영국 정부의 정책제안서 – 역주)는 도시계획 체계를 근본적으로 수정한 노동당의 첫 번째 시도였으며, 케이브는 녹서에 대한 의견 발표를 통해 여기에 적절히 대응했다. "우리가 아는 것은 우리 경제의 활력과 환경의 질은 공정하고 긍정적이며 효율적인 도시 계획 체계를 근간으로 한다는 것입니다. 이것은 현 정부가 달성하기 위해 노력해야 하는 것이기도 합니다. 케이브는 이 어려운 전환기에 지원과 조언을 제공할 준비가 되어 있습니다(CABE, 2002d)." 특히 케이브는 개정된 도시계획 법규와 관련 지침에 디자인 품질 문제가 포함될 수 있도록 적극적으로 나섰으며, 정부가 지속적인 개혁을 할 수 있도록 압박을 가하는 동시에 이 같은 목표를 달성했다.

녹서에 등장한 계획 및 강제수용법(Planning and Compulsory Purchase Bill)과 관련해 케이브는 정부가 더 과감히 추진할 것을 요청하며 다음과 같이 주장했다. "케이브는 이 법안이 속도와 예측성 측면뿐만 아니라 지역사회를 위한 질 높은 환경공급 측면에서도 성공적으로 도시계획 과정의 효율성을 높일 수 있기를 기대했습니다. … 그러나 전반적으로 이 같은 법의 변화만으로는 이미 감당할 수 없을 정도로 비대해지고 기술 수준이 낮은 계획 체계에 큰 영향을 미치지 못할 것입니다. 우리는 도시계획 기관 내 자원과 기술 수준을 어떻게 향상시킬지를 생각해 보아야 합니다(CABE, 2003b)."

케이브는 이를 뒷받침하기 위해 2004년 도시계획법(Planning Act)에 수반된 국가 계획정책방침(Planning Policy Statements)의 변화와 관련된 지지 사업을 추진하였다. 이 사업들에서 케이브는 경제·사회 정책 목표를 달성하는 데 좋은 디자인의 역할을 강조하려고 계획 정책의 필수적인 부분이자 좋은 계획의 핵심적 요소로 좋은 디자인 사례를 지속적으로 강조하였다. 이를 통해 정부가 추천사항을 더 쉽게 받아들일 수 있게 했다. 예를 들어, 정부에서 협의를 요청해 왔을 때 계획정책발표문(PPSs)에 새로운 단어조합을 제안했다. 중요한 '국가기획 정책발표문 1: 지속가능한 개발이행(PPS 1: Delivering Sustainable Development)'에 대해 케이브는 다음과 같이 논평했다.

> 건축물과 공간설계의 중요성과 좋은 디자인의 관련성은 계획정책방침(PPS)에서 더 명확해진 것 같다. 이것은 국가계획 정책발표문 서문에 명시되어야 하고 문서 전체에서 강화되어야 한다. 이는 본 위원회 제시안의 디자인 부분에서 제안한 단어 선택과 계획정책방침 내에서 디자인 정책의 더 논리적인 배치를 통해 달성될 수도 있다. (CABE, 2004a)

건축·도시설계·공공공간 관련 정부 자문기관이자 2006년 이후부터 건조환경의 설계·관리·유지·보수에서 높은 기준을 확보해야 할 의무를 지닌 법정기관으로서 케이브는(4장 참조) 특별위원회에 증거를 제공해주기도 했다. 2001년 공용 공간 설계에 대한 하원 특별위원회(House of Commons Select Committee on the Design of Open Spaces), 2002년 고층 건물에 대한 특별위원회(Select Committee on Tall Buildings), 2003년 방과후 교육에 대한 특별위원회(Select Committee on Education Outside the Classroom)와 같은 강력한 의회 소속 위원회들은 국가 정책에 영향을 미쳤고 케이브가 국가정책 형성 과정에 정보를 제공하고 지속적으로 관련 의견을 제시할 기회를 제공했다.

프로젝트, 계획, 그리고 출판

또한 케이브는 개발 제안서에 대한 공개 심의에서 증거를 제공하라는 요청을 받기도 했다. 사실 이 분야에서 케이브의 작업은 제한을 받고 있었는데 특히 법적 대표자 임명 등에 소비되는 상당한 시간과 비용 때문이었다. 그럼에도 불구하고 케이브가 참여하는 경우(이전에 설계검토 기능을 통해 참여했던 프로젝트에만 관여했지만), 주된 목표는 케이브의 참여를 정당화하기에 충분할 만큼 중요하다고 판단되는, 특정 프로젝트의 디자인 품질을 지키는 것이었다(CABE, 2011b). 결과적으로 케이브는 분명히 전문지식을 가지고 있었지만 다섯 건의 공개 조사에만 참여했고 그중 런던 고층 건물과 관련 있었던 네 건에서는 법적 자문 권한만 있었다(CABE, 2009a). 다른 많은 경우, 이전의 설계 검토 결정문이 케이브의 의견을 효과적으로 대변할 수 있었다(박스 8.5 참조).

또한 케이브는 2010년 런던 계획 교체의 초안을 위한 공개 심사(Examination in Public for the Draft Replacement London Plan)에 관여해 디자인 품질(지역 특성, 공공영역, 건축, 고층 건물, 밀도, 주택 표준 정책)과 관련된 여러 사안들에 대한 의견을 제출하였으며, 그들의 의견은 해당 계획의 수정본에 성공적으로 반영되었다. 그 목표는 전국 각지 도시계획에 대한 평가에 관여하는 것이 아니라 지역 계획 수준에서 다른 도시들과 마을들이 따를 수 있는 건조환경 품질 표준에 관한 선례를 마련하는 것이었다(CABE, 2011b).

마지막으로 케이브는 지지 사업을 증거와 지식도구를 특정 사안과 관련된 자신들의 입장을 표명하는 용도로까지 확장하였다(제6장, 제7장 참조). 『그 잔디는 더 푸른가?(Is the Grass Greener?)』와 같은 출판물들은 특정 건조환경 사안에 초점을 맞춘 연구 결과물들을 제시했을 뿐만 아니라 이후 특정 정책사안과 캠페인 및 공동 사업 등에 대한 케이브의 해결책을 뒷받침하는 역할을 했다. 이 같은 사례에서 보듯이 이같이 덜 직접적인 옹호작업은 다른 활동들과 병행하여 나타났다.

파트너십

자문기구로서 케이브는 그 목적 달성을 위해 다른 기관과 협력했다. 좋은 디자인의 역할에 대한 인식을 높이는 다양한 형태의 사업에 직접 관여하는 것 외에도 케이브는 디자인의 인식 및 역량을 높이려는 자신들의 목적을 달성하는 데 도움이 된다고 생각되는 다른 조직들과 파트너십, 덜 공식적인 연락망, 네트워크를 만들었다. 이 같은 방식으로 케이브는 최소비용으로 영향력을 넓힐 수 있었다. 케이브는 해체 직전 다음과 같이 주장했다.

"케이브 사업 방법들의 특징은 영향력 활용으로 정의될 수 있었다. 케이브는 요구하거나 강요할 권한이 없어 더 나은 디자인 장려를 위해 설득이라는 방법을 이용했다. 공식화되긴 했지만 디

그림 8.5 2007년 여섯 건의 설계 검토를 통해 케이브는 런던 펜처치가 20번지(20, Fenchurch Street) 재개발 공개 조사에서 라파엘 비놀리(Rafael Vinoly)의 '워키토키(Walkie Talkie)' 빌딩 설계를 지지함으로써 해당 계획에 반대 의견을 낸 잉글리시 헤리티지에 반기를 들었다. / 출처 : 매튜 카르모나

자인 검토조차 전적으로 자발적인 시스템이었다. 따라서 케이브는 목표를 직접 달성한 것이 아니라 다른 이들에게 영향을 미쳐 간접적으로 달성한 것이었기 때문에 케이브의 영향력을 측정한다는 것은 항상 복잡한 문제였다(CABE, 2011a)."

지역·지방과의 관계

이 같은 노력의 일부는 영국에서 케이브의 영향력을 확대시키는 것과 관련 있었다. 케이브는 자신들이 런던을 중심으로만 활동한다는 인식을 없애기 위해 전국 각지로 케이브의 활동을 확장하려고 했다. 이를 위해 (그리고) 2001년 문화미디어체육부의 목표에 대한 직접적인 대응으로 케이브는 전국 각 지역마다 건축건조환경센터(Architecture and Built Environment Centers, ABEC) 설립을 지원할 목적으로 건축재단(Architecture Foundation)과 파트너십을 맺었다. 이 파트너십은 이후 수년간 확장되어 영국 왕립건축가협회, 시빅 트러스트(Civic Trust) 등 다른 조직과 궁극적으로 이 계획으로 인해 생긴 다양한 네트워크센터인 건축센터 네트워크(Architecture Center Network, ACN)까지 포함하게 되었다(박스 8.2).

케이브가 지역 사무소를 가지고 있지 않았기 때문에 건축건조환경센터들은 전국 각지에 케이브의 메시지에 대한 인식을 개선하고 서비스 이용 방법을 알리는 업무와 케이브의 활동이 현지 요구에 부응하도록 하는 데 중요한 역할을 했다. 이 센터들은 영국 전역에 더 나은 질을 가진 주변 환경, 건축물, 공공공간을 창출하기 위해 일하는 독립적이고 지역에 기반을 둔 비영리 조직으로 인식되었다. 건축건조환경센터는 자신의 영역 내에서 학문적·사회적 통합, 재생, 주택, 문화, 유산 등의 의제를 다루는 업무를 하면서 케이브와는 전체적인 의제는 공유하지만 그들이 자리잡고 있는 분야의 정책, 환경, 사람들과 관련된 정체성을 꾸준히 발전시켰다.

다른 지역 수준의 조직들도 특정 지역 상황을 다루기 위해 케이브와 파트너십을 구축했다. 케이브의 한 직원은 다음과 같이 설명했다. "건축센터 네트워크 외에도 구체적이고 더 국지적인 조직들이 있었습니다. 이런 조직들은 전문적인 지식이 요구되기 때문에 지역대표자나 건축센터가 효과적으로 처리할 수 없었던 중요한 일을 할 수 있었습니다." 특히 경제·유산의 맥락에서 힘들게 운영되었지만 디자인 질이 중요한 역할을 했던 이스트랭카셔(East Lancashire) 제분소 마을계획이 있었다. 이 같은 국지적 파트너십은 지역 시민사회를 강화하고 케이브의 메시지를 널리 알리는 데 중요한 역할을 했다. 예를 들어, 시빅 트러스트 패스파인더(Civic Trusts Pathfinders) 프로그램에 관해, 한 수혜자는 "시민사회로서 어떻게 더 효과적으로 활동할지에 대한 … 가치있는 교육 프로그램입니다."라고 표현했다.

8.2 건축센터 네트워크

케이브가 건축센터 네트워크(Architecture Center Network, ACN)에 참여한 것은 2000년 지역 자금조달 프로그램(RFP)이 시작되면서부터였다(10장 참조). 지역 자금조달 프로그램은 케이브와 케이브의 지역 전략을 수립하는 것이 임무였던 영국의 아홉 개 경제 지역 대표에 의해 운영되었다. 이것은 케이브와 문화미디어체육부 간의 서비스 수준 협정의 결과로 지역 및 지역기반 환경센터의 네트워크 설립을 규정하고 있다. 그러나 이 계획은 2003년 경 부총리실 사무국이 케이브에 자금을 투입하기 시작한 후에야 실제로 시작되었다. 그 전에는 지역센터에 투입할 자원이 매우 부족했다. 케이브의 한 직원은 "저는 해크니 탐험대(Hackney Exploratory)가 케이브가 자금을 지원해주지 않으면 거의 붕괴될 처지라는 탄원서를 가지고 우리에게 찾아온 것을 기억합니다.

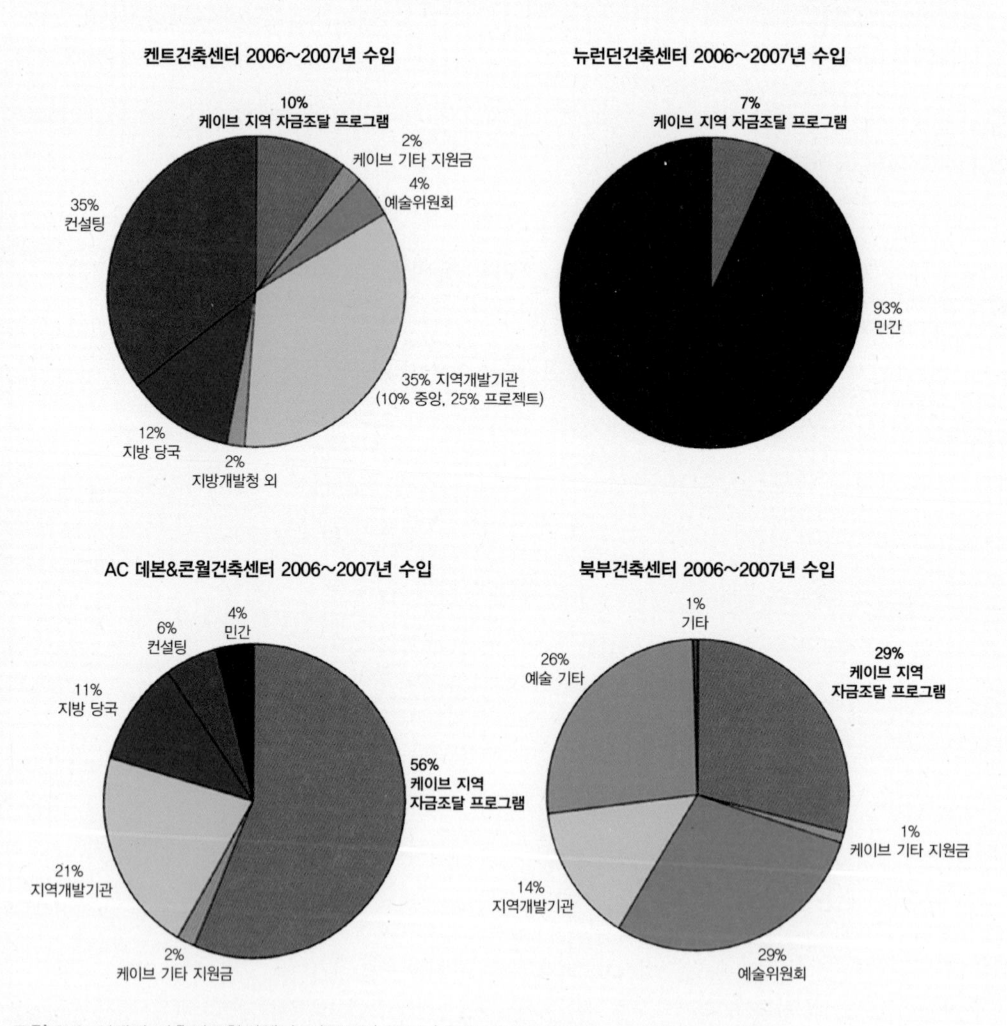

그림 8.6 선택된 건축건조환경센터, 자금조달 구조 / 출처: 케이브 2007j

저희는 그와 동시에 난관에 부딪혔습니다. 우리는 돈이 부족했고 당시 자금 지원 요청이 넘치고 있었기 때문입니다."라고 말했다.

지역자금조달 프로그램은 케이브가 너무 '런던 중심적'이라는 비판에 대응하기 위한 노력으로 여겨졌다. 이는 케이브가 처음 설립되었을 때부터 구상되었지만 진행되지 않았고 도시대책위원회 보고서(4장 참조)도 지역 차원의 사업을 약속한 바 있었다. 이 네트워크는 지역의 디자인 검토 기능을 수행할 수 있었다.

건축센터 네트워크는 이미 브리스톨(Bristol), 맨체스터(Manchester) 런던 센터를 지원하며, 여러 해 동안 비공식적으로 운영되어 왔지만 2001년에서야 영국예술위원회(Art Council England)의 자금 후원에 따라 공식 기관으로 설립되었다. 그럼에도 불구하고 건축센터 네트워크를 진정한 국가기관으로 변호시킨 것은 케이브의 지역자금조달 프로그램이었다. 이 프로그램을 통해 건축센터 네트워크는 건축의 질과 공공영역에 관한 지식과 혁신을 공유함으로써 영국 전역의 성공사례들에 대한 정보교환을 할 수 있게 되었다. 이것은 캠페인, 공공참여, 행사, 교육을 통해 이뤄졌고 이 역할을 위해 케이브로부터 직접 자금 후원을 받았는데 그 예로 2008~2010년 사이 15만 파운드를 받았다.[164]

그 해 건축센터 네트워크는 21개 건축건조환경센터를 대표했는데 그들 중 대다수는 케이브 보조금으로 지원된 교부금과 계약을 통한 직접적인 공공투자의 결과로 만들어졌다. 케이브 보조금은 예술위원회(Art Council), 지역개발기관(Regional Development Agencies), 잉글리시 헤리티지(English Heritage) 및 기타 기관으로부터의 지역자금조달 프로그램 보충자금을 통해 마련되었다. 그림 8.6은 이 같은 자금조달의 다양성을 보여준다. 이 같은 상황은 개별 센터가 다른 조직구조와 자금 후원 구조를 가진 독립적인 기관으로 지역 수준에서 핵심 프로그램을 제공하기 위해 다양한 공공기관과 함께 케이브와의 계약을 통한 디자인 검토, 실행지원과 같은 서비스 계약을 맺는다는 것을 보여준다. 따라서 케이브의 관점에서 해당 센터들이 영국 전역의 각 지역에 디자인 거버넌스를 실행할 수 있는 일관성있고 효과적인 네트워크로 발전하도록 하기 위해서는 개별 센터를 지원하는 것뿐만 아니라 건축센터 네트워크(CAN)를 통해 조정하는 것도 필요했다.

164 http://webarchive.nationalarchives.gov.uk/20110118095356/http:/www.cabe.org.uk/about/what-we-found

전국적 수준의 역할

더 나아가 전국적으로 중요한 파트너십 프로그램은 디자인 담당(Design Champions) 계획에 요약되어 있었다. 케이브의 이 초기 계획은 공공부문과 위탁기관의 관계 내에서 디자인 품질의 중요성을 부각시키는 것을 목표로 하였다. 그것은 이미 목표 조직 내에 속해 있던 간부나 정치적 대표자를 채용해 그들이 동료들에게 디자인 품질에 대한 케이브의 의제를 내부적으로 홍보하는 방식으로 운영되었다. 이 프로그램은 다음과 같은 여러 가지 형태로 진행되었다.

- 장관실의 디자인 담당자
- NHS 디자인 담당자
- 지역 당국 디자인 담당자
- 디자인·유산 담당자

디자인 담당자는 법적 권한이 없었기 때문에 항상 계획의 효율성과 관련된 문제들이 있었다. 그럼에도 그들의 수는 크게 증가했다. 2002년까지 각 정부 부처에는 총 16명의 디자인 담당자가 있었는데 여기에는 교육, 보건, 법무와 같이 상당한 규모의 자본 프로그램을 가진 부처들과 전 세계 각지로 영국 대사들을 파견하는 업무를 담당하는 연방청(Foreign and Commonwealth Office)과 같이 규모는 작지만 높은 인지도를 가진 프로그램이 있는 부처들이 포함되어 있었다(Architect's Journal, 2002).

이 계획은 초기에 대대적인 홍보로 추진력을 얻었고 디자인 문화 확산에 효과적이라는 평가를 받았다. 하지만 케이브의 노력은 점점 약화되다가 후기에는 급격히 감소했다. 이것은 정부 단계에서의 성공이 영국 수상의 지지와 밀접히 연관되어 있기 때문인데, 정책적 관심이 불가피하게 다른 방향으로 이동할 때는 디자인 담당자에 대한 지원도 자연스럽게 감소했다. 케이브의 측근인 한 장관은 다음과 같이 말했다. "전략적 관점에서 디자인의 중요성을 모두에게 일깨워주는 역할을 하는 사람이 있다는 것은 좋은 생각처럼 보였습니다. 그래서 우리는 영국 정부 부처 전반에 장관들이 한 팀을 이룬 디자인 담당자를 가질 수 있기를 바랐습니다. 그러나 각 장관으로 보면 개인적 노력이라는 의미에서 서로 다를 수밖에 없었고 결국 흐지부지 끝나고 말았습니다." 이 아이디어를 되살리고 활성화하려는 시도는 2009년 정부의 장소의 질을 위한 전략인 세계적 수준의 장소(World Class Places, 4장 참조)에도 포함되었지만 그 단계에서는 너무 늦은 것이었다.

케이브는 전문 기관 및 다른 조직들과 정기적으로 파트너십을 체결했는데 예를 들어, 건조환경 분야 직업 경력 증진을 위해 부수상실의 지원을 받아 운영되던 도시설계기술 실무그룹(Urban Design Skills Working Group, 7장 참조)과 장소 만들기(Making Places) 계획의 도움을 받았다(CABE, 2005b). 다른 기관과의 협력 사업의 일환으로 케이브의 핵심목표 달성을 위해 이 조직들의 네트워크 안에서 케이브의 위치를 확고히 다지는 것도 포함되어 있었다. 초기 케이브는 홀로 달성할 수 있는 일에는 한계가 있음을 깨닫고 예술조직, 도시 설계 그룹, 건물 위탁작업 기관, 기타 많은 분야와의 연계를 구축하려고 했다. 그 성과로 케이브는 재빨리 설계와 건조환경을 위한 중심적인 조정 역할뿐만 아니라 효과적인 리더십의 구심점이 될 수 있었다. 반드시 동등한 관계의 파트너십은 아니었지만 협업이 이루어졌다.

홍보활동은 어떻게 전달되었는가?

시상

일반적으로 시상은 분리된 계획이 아니라 더 큰 규모의 캠페인 활동의 일부였고 그 자체로도 많은 활동이 포함되어 있었다. 예를 들어, 기존 영국 건설산업상(British Construction Industry Award)[165]의 한 구성 부분으로 총리실 주최의 더 나은 공공건물상(Prime Minister Better Public Building Award)은 정부와 건설업계를 연계시켜 주었다. 토니 블레어 총리(Prime Minister Tony Blair)는 2000년 새로운 상을 제정해 2001년 초 첫 번째 시상을 했다. 케이브는 2001년 문화미디어체육부 요청으로 이 상의 공동후원 기관 자리를 인계받아 2010년까지 후원했고 초기에는 상공부(Office of Government Commerce, OGC)와 함께 공동으로, 2009년부터는 기업혁신기술부(Department for Business, Innovation and Skills, BIS)와 공동으로 후원했다.[166] 이 기간 동안 케이브는 이것이 정부 최고위층이 좋은 디자인의 중요성을 지속적으로 지지하고 있다는 의미로 생각하고 해당 시상식의 구성과 홍보에 많은 노력을 기울였다. 여기에는 다음과 같은 것들이 포함되어 있었다.

- 최종후보자 명단 및 수상 프로젝트 등 시상 내역을 광범위한 전국·지역·업계 언론을 동원해 마케팅 및 홍보
- 정부 각료가 참석한 시상 내역(개시, 최종후보자 발표, 수상자 발표)과 연계된 대중의 관심을 끄는 이벤트 홍보
- 2001년 이후 최종후보 명단에 오른 모든 프로젝트에 대한 설명과 이미지가 있는 웹사이트를 포함한「더 나은 공공건물(Better Public Building)」, 또는「건물과 공간: 설계가 왜 중요한가(Building and Spaces: Why Design Matters)」등과 같은 상의 홍보자료 간행
- 최종후보 명단에 오른 프로젝트들에 대한 사례 연구(HM Government, 2000), 2005년 여행전시회 준비

2007~2008년, 케이브는 당시까지 자신들이 미친 영향력을 확인하기 위해 시상들을 평가하여 그때까지 잘 사용되고 다듬어져 왔던 '삶을 위한 건축(Building for Life, BfL)'의 기준과 통합해 시상 기준을 개정하기로 결정했다. '삶을 위한 건축' 기준 자체는 2002~2003년에 처음 공개되었고 이

165 건물제어산업협회(Building Controls Industry Association, BCIA)는 1998년 이후 상업적 차원에서 영국 건설산업상(British Construction Industry Awards)을 운영했다.

166 이후 그들은 비즈니스혁신기술부(Department for Business, Innovation and Skills, BIS)와 내각조정실(Cabinet Office)의 계속적인 후원을 받아 건물제어산업협회가 상업적 차원에서 운영을 계속 이어갔다.

후 시상이 바로 시작되어 2010년까지 운영되었다. 첫 5년 동안 이 시상은 2008년까지 매년 7~14개 사이의 상이 주어졌던 인증제도(9장 참조)와 합쳐졌다. 하지만 '삶을 위한 건축' 기준이 공공기관에 의해, 나중에는 민간단체에 의해 표준으로 채택되기 시작해 독립적인 인증제도로 발전하자 이 상들을 차별화할 필요성이 생겼다. 그리하여 마지막 해 이 상들은 이미 가장 높은 수준의 '삶을 위한 건축' 기준(금상, 은상)을 달성하고 그들이 가진 디자인 품질에 지대한 공헌을 한 주택건설업자의 뛰어난 계획을 공인하는 데 사용되었다. 이런 점에서 시상 요소는 더 구체적인 '상처럼', 예를 들어 전문가 패널이 평가해 수여하는 상처럼 변했고 기준이 되는 표준은 더 줄어들었다. 그 결과, 2008년부터 뛰어난 개발에 주어진 상의 수는 현저히 줄어들었다(8.7). 케이브는 '삶을 위한 건축'상들을 삶을 위한 건축 파트너십의 한 멤버로 주택건설업자연합(Home Builders Federation), 시빅 트러스트, 그리고 이후 해당 상들을 관장할 수 있는 계약을 맺었던, '주택을 위한 설계(Design for Homes)' 등과 공동으로 후원했다.

그림 8.7 대형 건축업체 레드로 홈즈(Redrow Homes)가 지은 바킹 센트럴(Barking Central)은 2010년 '삶을 위한 건축상(Building for Life Awards)'의 최종수상작 중 하나였다. / 출처 : 매튜 카르모나

포용적 설계(Inclusive Design)와 파크포스상(Parkforce Awards, 그림 8.8 참조)은 임시적인 도구로 사용할 의도로 만들어진 것으로 관련 특정 영역에 이미 관여하고 있었던 다른 조직들과의 합의하에 만들어진 것으로 케이브의 후원으로 즉각적이고 중요한 권위를 확보할 수 있었다. 이와 대조적으로 페스티브 파이브(Festive Fives) 상은 좋은 설계에 대한 인지도를 높이려는 케이브의 일반적인 의제에 초점을 맞췄고 다른 상과 마찬가지로 가장 중요한 의사소통을 위한 도구였다. 매년 수많은 프로젝트들과 참여자들 중에서 기관이 무엇이냐 따라 개인을 선정하는 일은 종종 다른 케이브 활동과 연결되어 있었고 매년 우선시되는 기관이 무엇이냐에 따라 점점 신중히 선정되었다. 하지만 궁극적으로 어떤 상이든, 특히 오래 운영되는 상일수록 기관의 시간과 자원이 주로 투입되는 것을 대변할 수밖에 없고 이것이 비교적 짧은 케이브 역사에서 많은 상이 생기고 사라진 이유를 설명해준다.

장기적으로 운영되었던 시상 제도들도 케이브와 그들의 다양한 계획의 성과지표로 이용되었다. 여기에는 문화미디어체육부와 합의된 기본 수치가 함께 이용되었는데 케이브가 그들이 자체적으로 운영하는 상들이 해당 연도에 얼마나 많은 참가작들에게 돌아가야 하는지, 또는 케이브가 관리하지 않는 상들이 특정 분야에서 얼마나 많이 주어져야 하는지를 결정하는 기준이 있었다. 예를 들어, 2001~2002년 연례보고서는 영국에서 가장 가난한 50개 지역의 14개 영국 왕립건축가협회, 시빅 트러스트 건축, 설계상 수상 계획 목표를 제시했고(CABE, 2002c) 2002~2003년에는 이 목표를 해당 분야에서 27개 상을 수여하는 것으로 상향조정했다(CABE, 2003a). 케이브의 영향력 측정 척도로 의도되었지만 사실 케이브는 위탁 권한자도 후원 기관도 설계자도 아니었기 때문에 지표로서 부적합하여 이후 사용되지 않았다. 그럼에도 시상이 포함되었다는 사실은 성공지표로서 시상의 신빙성을 증명해주는 것이었다. 이후 케이브가 큰 영향력을 행사할 수 있었던 총리실 주최 '더 나은 공공건물상'에 대한 신청 건수를 보면(CABE, 2003a) 2007~2008년 70건 목표보다 많은 121건이 신청되어 그중 21건이 최종후보자 명단에 올랐다(CABE, 2008a).[167]

167 몇 년 후 이것은 특정 부문들, 특히 보건·교육 부문에서 나온 많은 응용 부문들로 더 다듬어졌다(CABE, 2004c; 2005c; 2006).

그림 8.8 (i) 마일 엔드 공원(Mile End Park)은 케이브 스페이스가 운영하는 '파크포스(Parkforce) 캠페인'에서 전담직원을 두었던 공원 사례 중 하나로 홍보되었고 공원 근로자들의 중요성에 초점을 맞춘 것이었다. (ii) 이 캠페인에는 우수 공원 직원과 지역 당국 내 공원팀에게 수여하는 상도 다수 포함되어 있었는데 그중 하나를 버밍험 서브셋 엔드 문릿공원(Subset and Moonlit Park) 관리인이 수상했고 현재 이곳에는 그린 플래그상(Green Flag Award)이 휘날리고 있다(제9장 참조). / 출처 : 매튜 카르모나

캠페인

케이브의 캠페인 및 이벤트 활동은 광범위한 주제들을 다루었으며 다른 종류의 전문가, 정치인, 대중을 대상으로 했다(그림 8.9 참조). 일회성 세미나 및 컨퍼런스부터 장기적으로 운영되는 다차원적인 체계적인 캠페인에 이르기까지 이 노력들은 더 나은 질을 갖춘 설계를 위한 지지 기반을 넓히기 위한 것으로 사회 전반에 영향을 미쳤다. 케이브(2004a) 스스로 이 임무에 5년을 투자했다고 주장했다. "1999년 이후 케이브는 건축과 건조환경에 대해 확실한 대중의 목소리가 되어 왔습니다. 케이브는 첫 5년 동안 5천 건 이상의 뉴스 기사와 방송 콘텐츠를 생성했고 현재 매주 평균 웹사이트 방문 수가 만 7천 건에 달합니다." '수치의 거리' 캠페인을 시작하자마자(박스 8.1 참조) 케이브는 대중에게 다가가 거리 풍경을 통해 기사 제목을 잡아내고 그 틀을 만들어냄으로써 케이브의 지위에 정통성을 부여하기 위해 빠른 여론조사와 다른 수단들을 사용하는 데 매우 능숙해졌다.[168]

2003년 정책·의사소통 임원이 이 작업을 추진하도록 임명되었고 이것은 케이브의 더 큰 의사소통 임무의 일환으로, 캠페인이 해당 소관업무에서 더 중요한 부분이 되었음을 의미했다.[169] 특히 케이브는 시간이 흐르면서 일반 대중의 더 나은 발전 요구를 수렴하기 위해 대중에게 더 폭넓게 다가갈 수 있는 캠페인을 이용했다. 예를 들어, 2003년의 '버려진 공간' 캠페인은 버려졌거나 활용도가 낮은 지역에 있는 공간들을 후보로 지정하는 데 대중을 참여시켜 이 후보지 중 심사위원단이 영국 최악의 버려진 공간을 뽑는 것을 목표로 했다. 한 케이브 의원이 논평했듯이 이 같은 캠페인은 "대부분 상당량의 우호적인 언론 보도"를 양산했고 관련 연구 및 최신 시장조사와 함께 결합되었을 때 "핵심 메시지를 전달하는 데 매우 성공적이었다." 그러나 그 영향력이 어디까지였는지는 의문이다. 한 감독관은 "건축, 풍경, 도시 설계가 TV에서 계속 방영되고 있다는 이야기들이 있었고 … 모두 케이브가 이것저것을 한다고 인용하고는 있었지만 케이브가 무엇을 하는 곳인지 당시 대중들이 알고 있었다고 나는 생각하지 않습니다."라고 인정했다. 대중의 인식과 수요를 높이는 것은 항상 매우 장기적이면서도 달성하기 힘든 염원이었고 케이브가 10년 동안 이 일에 실질적인 영향을 미쳤다고 생각하는 사람은 거의 없었다.

캠페인 활동이 그 자체로 끝난 적은 거의 없었다. 그 대신 한편으로는 연구작업(캠페인이나 이벤트가 만들어진 주변의 영향 변수를 찾는 일), 다른 한편으로는 지침·실행활동(설계와 관련된 실무에서 실질적인 변화를 만드는 일)과 밀접히 연관되어 있었다. 예를 들어, 디자인 가치 연구가 증가하면서 디자인의

168 이 같은 종류의 여론조사는 일반적으로 모리(훗날 Ipsos MORI)에 의해 수행되었는데 최고경영자 벤 페이지(Ben Page)는 2003년 케이브 감독관으로 선발되었다.

169 케이브의 초기 구성에서는 체계적인 캠페인을 담당했던 공공업무 부서가 있었다.

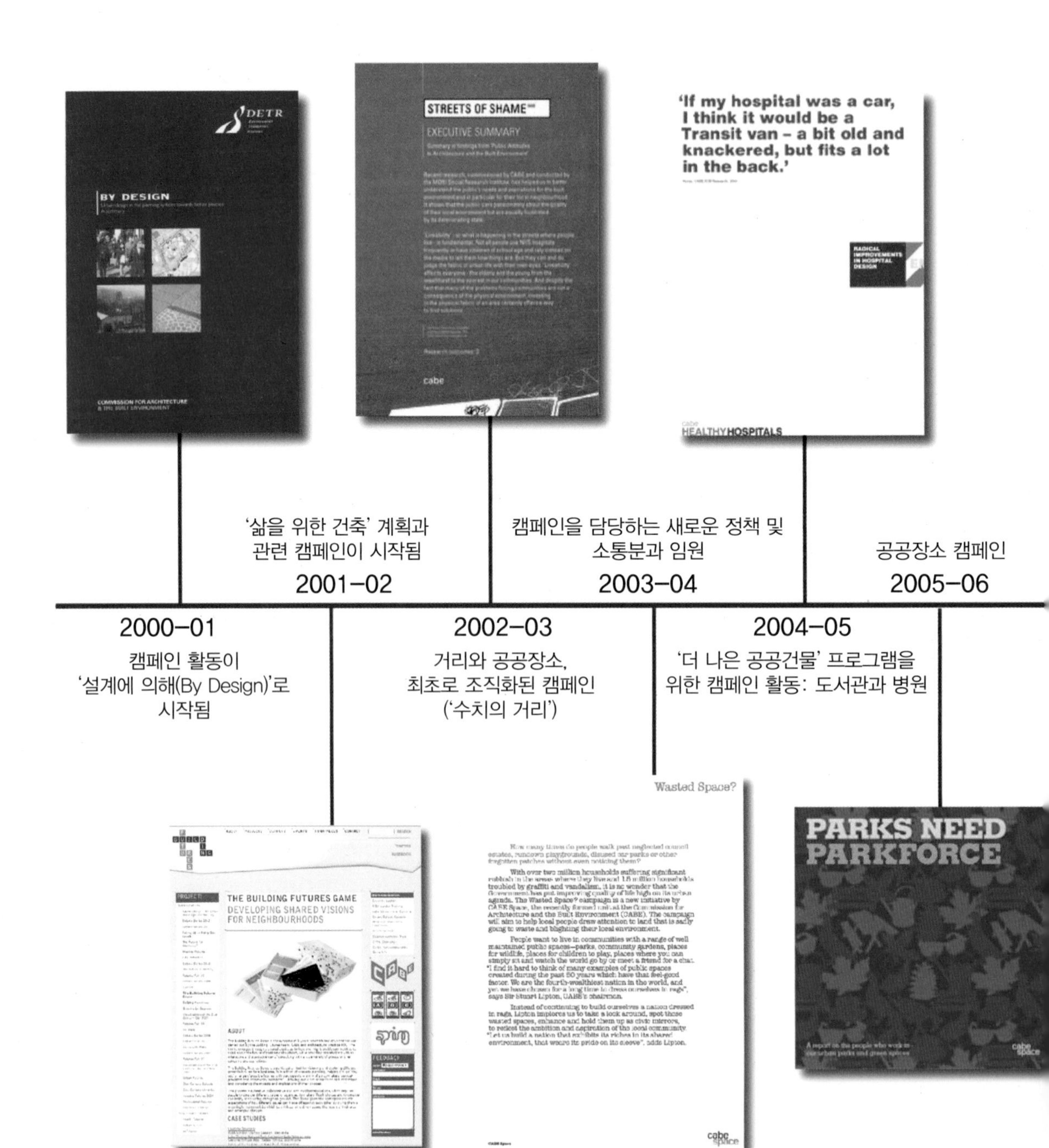

그림 8.9 케이브 캠페인 연대표

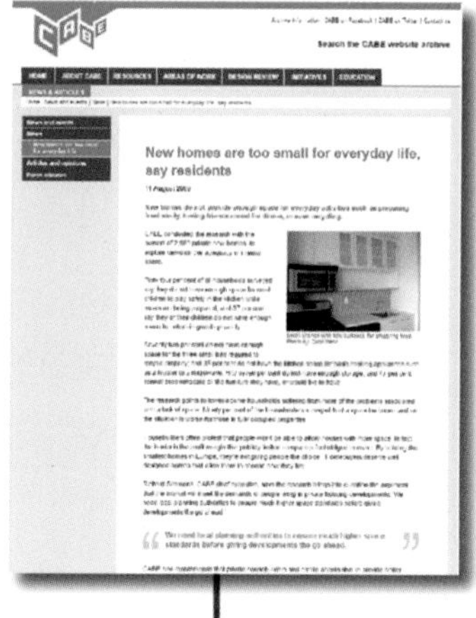

2006–07
나쁜 설계의 비용 및
템스 게이트웨이

2007–08
주택감사 이후: 주택 기준 및
지속가능성 캠페인 활동

2008–09
경제위기 동안의 캠페인 활동:
주택공간 기준

2009–10
장기적 관점의 품질

2010–11
범위의 단계적 감소 및 축소:
'삶을 위한 건축'에 초점을 맞춤

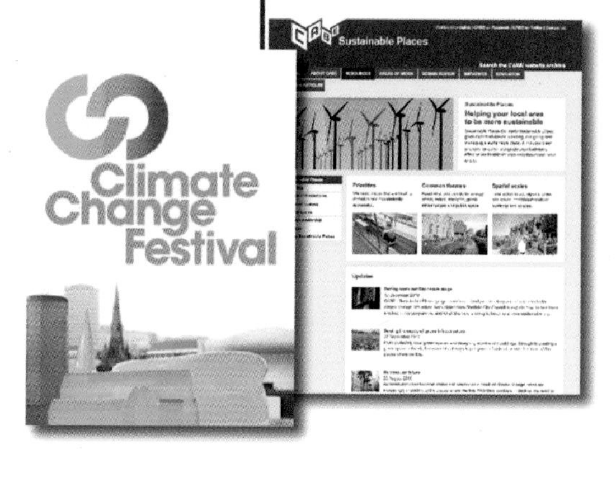

질에 투자하는 것이 왜 가치 있는지에 대한 일반적인 질문이 점점 늘어났고 이것은 케이브의 지지사업에 광범위하게 이용되었다. 2006~2007년 케이브는 나쁜 디자인의 비용(Cost of Bad Design)을 둘러싼 특정 캠페인을 통해 새로운 입장을 취했고 동일한 이름의 출판물에서는 이 같은 비용을 파악하기 위해 새로운 회계처리 방법을 주장하기도 했다. 같은 해 이 비용들이 한눈에 보이는 분야에 케이브가 관여한다는 것이 알려졌는데 그것이 바로 당시 정부가 몰두 중이던 템스 게이트웨이(Thames Gateway)였다(그림 8.10 참조). 케이브의 역할은 디자인 인지도 향상을 위해 노력하는 것이었지만 여느 때처럼 그 영역에서 활동 중인 여러 관련자에게 실제로 참여하라고 요구할 권한은 없었다. 케이브의 해결책은 여러 당사자들 간의 노력을 조정하는 일련의 조치들이었다. 예를 들어, 모든 당사자들이 디자인 품질에 투자하도록 장려했던 2008년 초안 형태로 발표된 '템스 게이트웨이 설계협정(Thames Gateway Design Pact)'[170], 관련 워크숍을 가졌던 템스 게이트웨이 설계대책위원회(Thames Gateway Design Task Force), 게이트웨이에서의 집중적인 '삶을 위한 건축' 훈련, 템스 게이트웨이 주택감사(Thames Gateway Housing Audit, 6장 참조), 게이트웨이를 구성하는 장소의 다양한 특성을 이해하고 그에 대한 향후 계획을 알리기 위한 아이디어를 확립하는 데 초점을 맞춘 '새로운 일들이 생긴다(New Things Happen, 그림 10.8 참조)'와 같은 특성 연구가 있었다.

그림 8.10 템스 게이트웨이의 매우 조잡한 품질의 주택설계는 2000년대 점점 큰 관심사가 되었다. / 출처 : 매튜 카르모나

170 같은 해 주택시장이 붕괴되고 지방자치의 생산품질 문제라기보다 지방자치부가 개발산업의 부활로 주목받지 못하면서 최종 버전은 결국 출간되지 못했다.

많은 캠페인은 케이브가 존속한 기간 동안 대부분 다양한 수준의 강도를 가지고 한 가지 또는 여러 다른 형식으로 유지되었다. 디자인의 가치, 더 나은 공공건물(특히 학교, 병원, 보건소), 주택 디자인 캠페인, 기획 시스템에서의 디자인, 다양한 공공공간 관리상의 중점 사항, 도시재생에서 공간의 질과 설계의 역할 등이 모두 그 예들이다. 다른 캠페인은 정부와 협력기관의 관심사 변화나 지속가능성과 사회적 포용성과 같은 개념의 등장과 같은 변화와 관련된 케이브 내부의 방향 변화의 결과로 특히 특정 시기에 주목받았다. 그러나 캠페인 활동과 이벤트는 케이브의 다른 활동과 대부분 통합되어 운영되었기 때문에 케이브 활동 중 이것의 영향을 따로 측정하기는 어렵다.

이 캠페인들의 강도도 다양했는데 개발업계 관련 캠페인은 정부의 의사결정권자들을 대상으로 한 캠페인보다 훨씬 공격적이었다고 말하는 사람들도 있었다. 예를 들어, 한 내부자는 주택건축 감사(6장 참조)에 수반된 캠페인 활동을 되돌아보며 다음과 같이 말했다.

"새로운 주택 중 83%가 부적합하다고 대서특필된 통계를 중심으로 대대적인 캠페인이 진행되었다. … 업계는 큰 충격을 받았다. 우리는 언론의 엄청난 주목을 받았고 그들은 완전히 궁지에 몰려 있었다. 어쩌면 20년 만에 처음으로 자신들의 생산품의 영향이 심각한 도전을 받은 것이었을 것이다. … 그래서 매우 의도적으로 이 캠페인 활동들은 초기에 그들의 취약점을 공격하는 대립적 구도를 취했다."

이 같은 접근방식은 이번 장에 있는 다른 도구들이 추구하는 것들의 관점에서 보면 파트너보다 적을 만들기 때문에 문제를 키울 수 있는 것처럼 보였다. 그러나 관련자들은 업계가 방어 자세를 취하면 케이브가 다음 감사에서 더 협조적으로 나올 수 있다고 반박했다. 열악한 주거설계 기준과 관련해 공동 책임이 있기 때문에 지방자치정부와 대립하는 방식은 원하는 방향이 아니었다.

지지활동

케이브는 자신들의 영향력을 극대화하기 위해 정부, 업계, 학계, 자원봉사 단체, 지역사회 조직들과 광범위하게 연락하며 네트워크를 키우는 데 많은 시간을 보냈다. 케이브가 정보 내부에서 했던 설계에 대한 매우 적극적인 옹호활동은 영국 디자인 거버넌스에서는 상당히 새로운 것이었고 특히 국민공공보건서비스(NHS), 교육부와 같이 새로운 공공건축물을 많이 의뢰하는 기관들에 집중되었다. 케이브는 존속한 동안 내내 지지활동 방식을 활용했는데 특히 2000~2005년 가장 집중적으로 사용했다. 이것은 부분적으로 당시 디자인에 대한 이해의 간극을 해소하기 위해 해야 할 일이 가장 많았기 때문이기도 했지만 다른 한편으로 이 기간에 도시계획 시스템과 국가 도시계획 정책의 변화가 많았고 스튜어트 립튼 경(Sir Stuart Lipton)이 다양한 정부 부처와 기관에 메시지를 전파하기 위해 그들과 특별한 관계를 맺었기 때문이기도 했다. 케이브의 초기 감독관 중 한 명은 이 부분을 확인해주면서 초기 상당히 많은 지지활동이 의장과 최고경영자에 의해 직접 이뤄지고 그들의 개인적 인맥과 지위를 이용해 이뤄졌다고 말했다. "스튜어트 립튼이 의장으로서 한 가장 좋은 일 중 하나는 정부와의 작업이었습니다. 그는 매우 직설적일 때도 있었고 … 정부를 잘 다뤘기 때문에 정부 부처 사이에서 그의 명성이 자자했습니다. 그는 민간투자사업(Private Finance Initiative, PFI)과 그것이 가진 단점들에 매우 비판적이었습니다. 그는 정부를 실제로 장악한 인물이었으며 이렇게 말하기도 했습니다. '여러분은 건축을 위한 대변자가 되어야 합니다. … 그래서 다양한 재무성 사람들이 디자인이 가치를 올려준다는 것을 인식하게 해줘야 합니다.' 우리 모두 각자 역할이 있었습니다. 그리고 그것이 바로 스튜어트가 가장 효과적으로 수행했던 역할이었습니다."

또한 초기에는 이 같은 사업의 많은 부분이 좋은 설계에 관해 도시대책위원회가 제시한 원칙을 적용하는 기관의 역할에 대한 그들의 의견을 반영하거나 특정 정부 부처, 공공조직, 전문기관, 옹호단체 등과 함께 그 역할을 수행할 기회도 있었다. 이후 점점 더 케이브도 지속가능한 지역사회 정책과 같이 새로 대두되는 정부 안건에 대응하고 여기서 건조환경의 질에 이목을 끄는 방법을 찾으려고 했다.

정부에 대한 영향력은 정부 고위층의 지원과 개별 부서들의 태도에 달려 있었다. 이와 관련해 한 정부 관료는 다음과 같이 설명했다. "우리는 여러 부처로부터 다른 수준의 승인(지원)을 받았습니다. 민간투자사업 병원들의 첫 번째 세대는 설계로 보면 재앙이지만 보건부(Department of Health)가 그것을 자신들의 책임으로 받아들이지 않았다고 제 개인적으로 생각합니다. 실제로 이 사업은 보건부의 이익과 관련된 것이었고 민간투자사업이 지원하는 다 병원들이 더 나은 방향으로 디자인될 수 있다는 확신을 심어주는 좋은 비즈니스 연습이 될 수 있었을 겁니다. 대법관부(Lord Chancellors Department)는 특히 좋아서 우리는 정말 잘 설계된 새로운 세대의 치안판사법원 등을 지을 수 있었습니다. 그러나 이는 개별적인 장관들의 성향에 따라 너무 달랐습니다. … 장관이 마지못해 하는 분위기를 물씬 풍기며, 가능하면 무응답으로 일관하는 직원들로부터 간단히 보고받는 몇몇 부서도 있었지만 우리는 정부 전반에 이 같은 (디자인)문화가 확산되도록 노력했습니다.

가장 큰 어려움은 부처별 조달 시스템을 어떻게 개편해야 디자인 품질 변수들이 체계적으로 고려될 수 있는가에 관한 것처럼 보였다. 한 케이브 임원의 의견에 의하면 이 같은 것들은 종종 인내심 덕분에 성공했지만 "영향을 미치기에는 엄청나게 어렵고 복잡하고 매우 큰 난제들"이었다. "학교 건축 프로그램을 평가해봅시다. 당신이 '미래를 위한 학교' 건설사업의 1차, 2차 사업을 살펴본다면 그것은 형편없었고 몇몇 충격적인 학교들이 지어졌음을 알 수 있을 겁니다. 우리가 4

차 사업에 도달할 때쯤에서야 학교디자인위원회(School Design Panel)와 학교 조달에 관한 우리 캠페인 사업이 정말 좋은 학교를 의뢰하기 시작하는 데 큰 영향을 미쳤습니다."

이후 정부를 설득하는 작업이 소강상태를 보이면서 케이브는 초기 몇 년 동안 다소 등한시하고 있었던 주택건설업자들에게 점점 더 많은 관심을 보였고 성공 정도에 따라 핵심적인 역할을 하는 업체를 디자인 의제에 참여시키는 광범위한 노력이 이뤄졌다. 어떤 면에서 이 일은 더 어려운 것이었는데 이는 케이브가 자신들을 먹여살려온 정부에 대한 비판은 거의 하지 않았지만 2000년대 중반 케이브의 주택감사와 기타 작업이 주택건설업자들에게는 매우 비판적이었기 때문이다. 결과적으로 대립이 필요하다는 일부 주장이 있었지만 이는 주택건설업자연합(특히 '삶을 위한 건축'에서 협력관계를 구축하고 있었다)과 그들이 거느린 수많은 회원업체, 케이브 간의 불신으로 이어졌고 그것은 케이브가 건설시장에 대한 책무에 공감하지 않는 것으로 인식되었다. 그럼에도 이 작업은 계속되었고 상당한 성공을 거뒀다(4장 참조).

관련 정책 및 법률 변경과 관련된 옹호 과정은 더 간단했고 일반적으로 공식 협의 과정에 대한 서면 응답 작성과 제출로 이뤄졌다. 여기에 케이브 내 주요 인사들의 공개 회담과 기사, 케이브와 관련 정부 부처간 비공개 회담 등이 수반되었다. 이 같은 접근법은 주택건설업자들과 같은 민간 부문 이해관계자에게도 거의 동일하게 적용되었다.

파트너십

파트너십 구축 과정은 복잡하고 다양했으며 2001~2003년 사이 고위 경영진이 임명해 단기간 존속했던 파트너 조정직이 없어지면서 그 역할을 기관 내 여러 부서가 나눠 했다. 케이브가 발휘할 수 있는 영향력 정도도 다양했다. 건축건조환경센터(ABEC)의 경우, 케이브가 대부분 2002년에 시작된 지원 프로그램을 통해 2000~2010년 존속한 2두 개 센터중 거의 $\frac{2}{3}$에 대한 개발촉진을 직접 책임지고 있었다(CABE, 2011d).

이때부터 네트워크는 케이브 이전부터 존재했던 몇몇 군데를 포함한 여덟 곳의 서로 관계없던 센터에서 건축센터 네트워크를 통해 가치와 활동을 공유·조정하는 네트워크로 성장했다. 그럼에도 모든 건축건조환경센터가 케이브의 지역별 디자인 검토 패널 주최자로서의 확실한 역할과 함께 케이브로부터 동등하게 취급받은 것은 아니었으며 여러 센터들은 케이브가 교육활동, 활성화 활동, 설계 검토 등을 위한 다양한 자금조성 권한을 통해 그들의 업무 전반에 영향을 미치는 데 불만을 갖고 있었다. 독립적인 디자인센터의 한 임원은 다음과 같이 말했다. "지역과 상관 없이 접근 방식은 같았습니다. '여기 '삶을 위한 건축' 교육지원금이 있습니다. 여러분은 우리가 말하는 대로 해야 합니다.' 이게 끝이었습니다. 또는 '여기에 디자인 검토를 할 약간의 지원금이 있고 여기에는 디자인 검토를 하는 방법에 대한 열 가지 원칙이 있습니다.' 그들은 매우 독선적이었고 자신들이 모든 것을 알고 있다고 생각했고 제 추측에 그들은 자신들의 존재를 정당화한 것 같습니다." 케이브와 건축건조환경센터는 많은 시간을 효과적으로 함께 일했지만 위와 같은 상황은 그 협약에 대한 양측의 입장이 다를 때 파트너십의 문제점을 정확히 보여준다.

이와 대조적으로 디자인 담당자들을 격려해주는 일들과 관련된 과정들은 또 다른 성격의 일이었고 훨씬 분리되어 있었다. 본질적으로 이 계획은 초기에 정부조직과 이후 지방자치정부, 주택건설사, 기타 기관들이 임원들을 담당자로 임명하고 이후 이 담당자들과 케이브는 간접적인 관계만 유지하는 것을 설득하는 데 의존하고 있었다. 2004~2006년 공공기관의 디자인 담당자 수는 급증해 이 기간 후 지방 당국의 $\frac{2}{3}$가 디자인 담당자를 임명하고 있었다. 그에 못지 않게 1차 의료신탁기관의 78%, 급성병원신탁기관의 93%가 디자인 담당자를 임명하고 있었다(CABE, 2006c). 내각에서는 테사 조웰(Tessa Jowell) 문화부 장관이 정부의 디자인 담당자가 되었다. 또한 건축업계에서도 대변자를 소개하는 바람이 불어 주요 대형 주택건설사 11곳 중 여섯 곳이 담당자를 임명하고 있었다(CABE, 2005a).

케이브는 이 담당자를 위해 일정한 교육을 제공했고 한때 잉글리시 헤리티지 자금을 유치해 디자인 담당자와 지방자치정부에 헤리티지 담당자 제도를 추진 중이던 잉글리시 헤리티지에 의해 운영되던, 연합되었지만 조정되지 않았던 계획들을 연결하려는, 성공하지 못한 계획을 추진했다(그림 8.11 참조). 2006년 12월 케이브는 지방 당국의 디자인 담당자를 위한 주요 컨퍼런스를 개최했고 주택건설업자들에게 이사회 선에서 대변자를 임명하도록 요청하는 전단 '디자인 담당자(Design Champions)'를 발행하기도 했다. 하지만 이 접근 방식은 케이브 내에서도 일관된 주체가 없

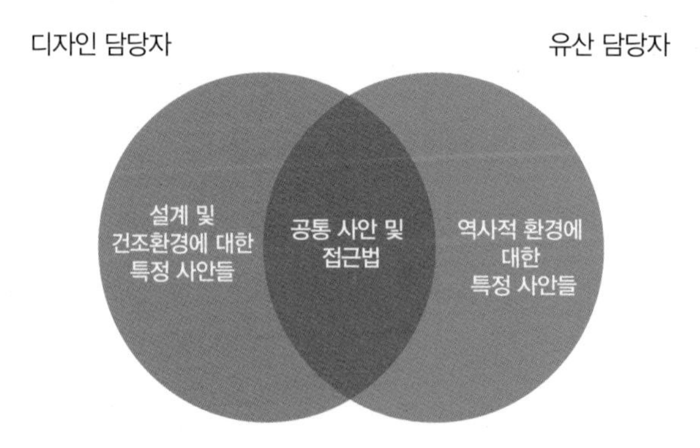

그림 8.11 설계와 유산 담당자 / 출처: 케이브(일자 불명)

어 일관된 노력도 없었다. 2007년 디자인 담당자를 연계시켜 더 효과적으로 만들 목적으로 '디자인 옹호하기(Championing Design)'라는 새로운 사업틀을 만들려던 노력은 결국 무산되었고 이후 해당 계획은 미완으로 끝나게 되었다. 그 이유는 디자인 담당자들이 분산되어 있었으며, 독립적이어서 케이브에 묶여 있으려고 하지 않았기 때문이다. 한 기관에서 나오는 끊임없는 지원과 독려 없이 이렇게 매우 느슨한 형태의 파트너십을 유지하기는 어렵다는 사실을 이것이 증명하고 있다.

케이브 사업 전반에서 여러 가지 우선순위 원칙들이 생기고 사라졌으며, 새로운 계획들이 시작되면 낡은 계획은 쇠퇴했다. 케이브의 홍보도구도 다르지 않았다. 그러나 여러 에너지와 혁신이 이 활동과 문화 변화에 투입되어 케이브 유산의 인상적인 한 부분으로 남을 수 있었다고 널리 인식되고 있었다. 특히 때로는 기회주의적이고 때로는 더 전략적이던 파트너십은 케이브가 그 범위를 크게 확장할 수 있도록 해줬다. 결국 2011년 해체 위기에 직면한 케이브는 미래사업을 지키기 위해 새로운 형태의 파트너십(설계위원회와 합병)을 체결했다(5장 참조).

홍보도구들은 언제 사용되어야 하는가?

이번 장에서는 케이브의 메시지와 의견에 대한 홍보에 초점을 맞춘 도구들을 알아보았다. 그 자체는 종종 이전 장에서 논의되었던, 케이브가 여러 도구를 통해 수집·전파한 지식을 바탕으로 하고 있다. 케이브의 홍보에는 네 가지 도구가 있었다. 첫째, 인식을 높이는 두 가지 도구로 케이브 어젠다를 준수하는 곳을 홍보하는 방법으로 모범적인 프로젝트와 사람에게 수여하는 상과 좋은 설계 메시지를 알리고 공공·민간부문 참가자와 사용자의 의사결정 과정에 좋은 설계 메시지를 전달하는 체계적이고 때로는 기회주의적인 캠페인이 있다. 둘째, 홍보활동은 특정 집단을 목

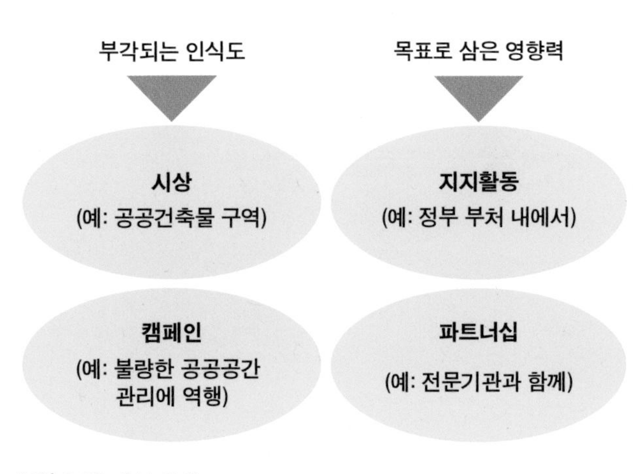

그림 8.12 홍보 유형

표로 이뤄지고 정책과 정부 프로그램, 주요 민간업체의 업무를 구체화하는 옹호활동과 케이브가 다른 단체와 협력해 더 효과적으로 목표를 달성할 수 있게 해주는 파트너십 사업이 있다.

이것들은 모두 케이브 역사 초기에 등장한 활동으로 시간이 흐르면서 공식화되고 통합되었으며, 지속적으로 투자되었다. 또한 이것들은 대부분 영국이라는 국가 입장에서 새로운 도구들이었으며, 공공부문이 더 이상 주저하지 말고 적극적·공개적으로 좋은 디자인을 위한 사례를 만들어야 한다는 생각을 반영하고 있었다. 이런 점에서 케이브는 2000년대 내내 새로운 기반을 개척하고 발전과 혁신을 거듭했다.

다른 도구에 대한 논의와 마찬가지로 이 홍보활동들이 얼마나 효과적이었는지에 대한 판단을 내리는 것은 간단한 일이 아니다. 앞에서 봤듯이 홍보는 케이브 사업에서 필수적인 부분이었고 여기서 논의된 활동들은 케이브 사업의 대부분을 아우르는 의제를 홍보하기 위한 것이다. 많은 이들이 이 같은 노력을 케이브가 가진 도구들 중 중요한 부분으로 봤고 설계의 중요성을 지속적으로 강조하는 데 효과적이라고 봤다. 이 같은 메시지를 적절한 곳, 주요 의사결정권자들(전문가, 정치인, 민간사업자) 앞에 전달하고 케이브의 인지도를 높여 지배력을 갖게 함으로써 달성할 수 있었다. 이것이 특히 2003년 이후 케이브가 주요 목표로 삼았던 더 많은 비전문 집단 사이에서 좋은 설계에 대한 국가적 인식에 중요한 영향을 미쳤는지는 의문이다. 그래도 가끔 전국 매체의 관심은 있었다. 하지만 이 목표 달성이 장기 프로젝트인 것은 분명하다. 또한 케이브가 계속 존속했다

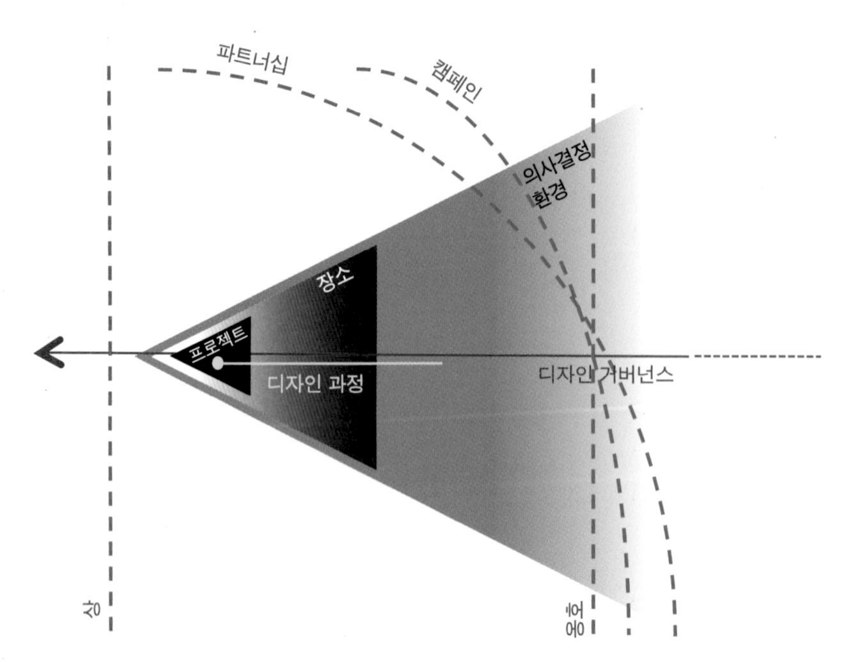

그림 8.13 설계관리 방식의 행위 부문에서의 홍보도구들

면 이것이 가능했을지 여부는 여전히 의문으로 남는다.

홍보도구들을 1장에서 언급된 디자인 거버넌스 활동 분야에 적용해보면(그림 8.13 참조) 이 도구들은 좋은 설계에 대한 인지도를 높이고 좋은 설계 사례를 주장함으로써 의사결정 환경 형성에 도움을 주는 디자인 거버넌스 범위의 초기 부분에 편중되어 있다. 이것은 기본적으로 디자인에 긍정적으로 참여하기 위해 적절한 종류의 자원, 기술, 과정을 투입하도록 관계자들을 장려하는 대부분의 지지활동의 경우에 분명히 해당한다. 이것이 일찍 일어날수록 그 효과가 커질 가능성이 높아진다. 캠페인도 그 내용과 메시지는 모든 차원의 품질을 고려하지만 그 관련자들이 참여하고 설계에 대한 동기부여를 받게 해주는 의사결정 환경에 집중되어 있다. 이와 대조적으로 파트너십은 이상적으로는 일찍 형성되어 유지되지만 서로 다른 파트너십은 디자인 거버넌스의 다른 단계에 초점을 맞추거나 그중 일부는 그 범위와 운영 면에서 다른 것보다 훨씬 제한적일 수 있다. 마지막으로 시상은 때로는 좋은 과정에 초점을 맞출 수 있고 그보다 장소의 질에 더 자주 가장 빈번하게는 프로젝트 품질에 중점을 둔다. 이 같은 시상은 성공에 대한 판단을 위해 특정 상에 대한 평가를 받은 사업을 되돌아봐야 하므로 항상 해당 사업이 거의 마무리된 이후 실시된다. 하지만 그렇게 함으로써 설계·개발 과정의 모든 단계에 미치는 영향으로 향후 더 나은 의사결정 환경을 만드는 데 도움이 될 것이다.

Chapter 9

평가도구 (The Evaluation Tools)

이번 장에서는 케이브에서 가장 잘 알려진 몇 가지 거버넌스 평가방법, 그중에서도 가장 주목할 만했던 디자인 검토(Design Review)를 살펴볼 것이다. 이 방법은 평가가 실제 프로젝트를 대상으로 이뤄졌다는 점에서 3부에서 다루는 평가방법들과 다르다. 2장에서 정립한 대로 상대적 '개입' 정도에 따라 설명하자면 케이브의 평가 수단에는 지표, 디자인 검토, 인증, 공모 등이 포함된다. 이번 장에서는 세 부분으로 나눠 왜 어떻게 언제 이런 평가들이 일어나는지 알아본다. 첫 부분에서는 이 평가방법들의 근거를 논하며, 두 번째 부분에서는 평가 종류별 과정을 살펴본다. 마지막 부분에서는 실제 디자인 거버넌스 분야에서 각 평가방법들이 언제 사용되는지 알아본다.

평가활동은 왜 하는가?

평가지표

설계의 질 평가를 받으려는 단체를 위한 첫 번째 임무는 신뢰할 만하고 객관적인 평가지표와 수단을 설정하는 일일 것이다. 이를 위해 케이브는 주로 정부 소유 주택과 공공공간과 관련된 작업을 했고 녹지 기반시설(Green Infrastructure) 지표를 더 발전시키거나 기존 국민공공보건서비스(NHS)나 학교 교과 과정에서 사용되는 지표의 변경에도 관심을 가졌다.

케이브는 지표를 만드는 과정에서 질적 측면과 그 복잡성을 합리적으로 설명하려고 했고 그 평가를 실제로 활용해봄으로써 프로젝트나 장소 평가에 사용될 수 있으며, 체계적·반복적으로 사용가능한 여러 종류의 도구를 제시하려고 했다. 예를 들어, 여러 도구 중 하나인 디자인품질지표(Design Quality Indicator, DQI) 서두에서 케이브는 다음과 같이 공표했다.

> 로마 건축가 비트루비우스는 훌륭한 건축물의 주요 요소로 유용성, 견고함, 아름다움을 꼽으며 디자인의 원칙을 제시했다. 그러나 그는 우리가 객관적으로 넓은 의미에서 디자인의 질적 측면을 평가하는 방법은 별로 신경 쓰지 않았다. 수천 년 후 디자인품질지표는 … 마침내 우리에게 방법을 제시했다. (CABE, 2003a)

그러나 이 지표는 디자인의 질과 관련된 명확한 체계를 만들기 위해서라기보다 디자인 평가 과정을 체계화해 평가자들이 평가활동 결과를 잘 이해하고 토론하고 비교하게 하려는 것이었다. 박스 9.1은 이런 목적이 두 번째 지표 도구인 스페이스셰이퍼(Spaceshaper, 전문가 그룹과 비전문가 그룹에 의해 공용공간의 질을 평가하는 지표)를 통해 어떻게 이뤄졌는지를 보여준다. 해당 수단을 통해 케이브는 널리 통용될 수 있는 '품질' 기준을 세우길 희망했고 이것을 통해 일관된 평가를 함과 동시에 명료하고 간략한 방법으로 의사소통할 수 있을 것라고 확신했다. 이 같은 근본적인 목표는 더 표준화된 품질 인식 프로그램으로 개발된 도구에도 적용되었는데 그 예로 '삶을 위한 건축(Building for Life)' 인증과 설계 검토 기준이 있다. 하지만 예와 같이 다소 큰 도구 안의 평가지표는 단순한 지표를 넘어 활용되었는데 이번 장 뒷부분에서 별도로 말할 것이다.

9.1 스페이스셰이퍼

2007년 2월 케이브 스페이스는 건설산업협의회(CIC)와 함께 빌딩 디자인품질지표(DQI)를 바탕으로 개발한 스페이스셰이퍼라는 공공공간지표를 사용하기 시작했다. 해당 평가지표는 총 여덟 가지 주제를 다뤘는데 접근성, 유지·보수, 친환경, 공간이용(use), 디자인, 외형, 공동체, (사용자가 아닌) 다른 사람들 그리고 사용자가 포함되어 있다. 이 여덟 가지 지표는 방사형 다이어그램을 이용해 점수화되었다. 스페이스셰이퍼는 대상 부지 방문, 디지털화된 다이어그램 제작, 결과 관련 토론, 지역행사 시설 설치 등에 이용되었다. 케이브 입장에서 케이브 스페이스는 원래 녹지공간에 한정해 그 품질을 확보·개선하기 위해 만들었지만 그 소관이 더 넓은 공공범위로 빠르게 진화했고 스페이스셰이퍼는 대표적인 프로그램 중 하나로 초기부터 매우 활발히 사용되었다.

공공공간에 대한 관심이 높아지면서 정부는 공간을 위한 디자인품질지표(DQI) 개발에 적극적이었고 지역사회지방정부(DCLG)는 케이브의 스페이스셰이퍼 개발·출시에 자금을 지원했다. 자체적인 자금조달이 목표인 디자인품질지표의 이용이 유료였던 반면, 스페이스셰이퍼 소프트웨어 사용자들은 이용료를 지불하지 않았고 교육도 처음에는 무료로 제공되었다.[171]

극복해야 할 점은 공공공간의 모든 사용자의 요구를 파악하고 고려하는 것이었다. 한 이용자의 말대로 공공공간은 강아지와 산책하고 누워

171 숙련된 많은 사용자를 배출한 후 케이브는 300파운드 비용을 청구했고 이에 따라 교육 프로그램 활용은 둔화되었다.

있고 책을 보고 활동적인 놀이를 하고 특정 형태의 반사회적 행동을 위해 숨기도 하는 장소, 즉 사람들과 관련된 모든 행위가 일어나는 곳이다. 날씨, 계절, 시간대 등에 따라 다양하게 이 모든 행위가 나타나는 곳인 동시에 해당 공공공간에 전혀 가지 않을 것 같은 사람도 함께 하는 곳이다. 즉, 공공공간은 그 자체만으로도 가치가 있다. 그러므로 넓은 범위의 참여자를 위한 공통적이고 직관적인 언어를 만들고 결과물을 즉시 입력하고 그 결과를 방사형 다이어그램으로 바로 확인한 후 논의할 수 있도록 단순한 컴퓨터 모델을 개발하는 것이 주요 과제였다.

케이브는 브랜드화된 지표모음을 만들기 위해 많은 노력을 기울였다. 한 임원은 "우리는 공공공간 협의를 진행할 때 스페이스셰이퍼가 표준이라고 여기는 단체를 많이 찾으려고 했습니다. 그리고 실제로 삼림위원회(Forestry Commission)나 삼림신탁(The Woodland Trust) 등의 주요 단체에 워크숍 경비를 지원했습니다."라고 회상했다. 이 같은 초기 마케팅이 성공하자 곧 단체들은 스페이스셰이퍼 워크숍과 참여자(Facilitators) 교육 운영에 관해 문의하기 시작했다.

그림 9.1 스페이스셰이퍼는 각 지역의 공공영역을 평가하고 모여서 토론하는 것을 장려했다.
출처 : 디자인 사우스 이스트(Design South East)

참여자들은 중요한 역할을 했는데 케이브는 다른 참여자들과의 대화를 이끌어내기 위해 도구를 사용하려고 했다. 대화 도중 각기 다른 의견이 나올 확률이 높았으므로 중재자 역할을 해야 했고 이해당사자와의 토론을 위한 준비와 여러 사람의 참여를 위한 계획이 필요했다. 정기적으로 참여한 한 토론 중재자는 어떤 장소 주변을 걸으면서 여러 평가 기준을 생각하고 가끔 정말 유용한 정보로 참여자 간의 합의를 이끌어내곤 했다고 회상했다.

스페이스셰이퍼를 비판하는 사람들은 '이상한 방사형 모양'으로 불리는 다이어그램에 집중했다. 한 공원 전문가는 스페이스셰이퍼는 지역주민들과 연결하는 데 근본적으로 하향식 시도라고 말했다. 그럼에도 스페이스셰이퍼를 통한 새로운 통찰은 향후 공간개발 관련 회의에 종종 반영되었고 때때로 설계·관리 문제에서 즉각적인 대처를 끌어내기도 했다. 후자의 좋은 예로 노팅험의 렌튼 레크리에이션 그라운드(Lenton Recreation Ground)가 있는데 여기서 공원팀은 자신들의 어두운 녹색 유니폼이 시민들 눈에 띄지 않아 시민들이 아무도 공원을 관리하지 않는다고 생각하는 것을 싫어했다. 그래서 공원팀에게 눈에 잘 띄는 조끼를 제공해 즉시 문제를 해결했다.

2009년 스페이스셰이퍼 업무 운영은 켄트건축센터(이후 디자인 사우스 이스트(Design South East)가 되었으며, 원래 켄트건축센터는 건축건조환경센터(ABECs) 중 하나였다.(8장 참조).)로 이관되었고 계속 평가 도구에 관한 교육·지원을 제공했다.[172] 그 결과, 2010년 9월까지 약 3,500명이 스페이스셰이퍼 워크숍에 참가했고 교육을 이수한 이용자는 약 328명에 이르렀다.

172 www.designsoutheast.org/supporting-skills/space shaper-facilitator-training/ 참조

또한 지표는 디자인 질에 관한 전체적인 개념을 더 체계화하고 구조화하고 나아가 디자인에 관한 심의를 장려하려는 개선도구였다. 이는 디자인 질 평가의 체계화된 수단을 통해 일반적으로 건축가가 아닌 의사결정권자의 결정에 도움을 주고 그들과 다른 참여자 간의 상호작용에 영향을 미치도록 하기 위해 활용되었다. 의사결정권자들은 계획 개발 과정이든 건축 과정이든 유지 과정이든 해당 과정 속에서 영향을 주고받는 다양한 이해당사자 그룹과 일해야 했고 이 같은 맥락 속에서 지표는 설계 질을 측정하는 단위로서 그룹 간의 의견 합의를 이끌어내는 데 도움을 줬다. 케이브는 지역 단위 주요 단체들이 디자인 관련 의견을 반영하는 것을 장려했고 더 많은 사람에게 영감을 일으키기를 바랐으며, 나아가 지속적으로 높은 수준의 디자인 품질 유지를 목표로 했다.

디자인 검토

디자인 검토는 케이브의 가장 주목할 만한 서비스로 당시는 일반적으로 검토라기보다 질의(Enquire)라고 불렸으며, 왕립미술위원회가 1924년 이후 확립한 실천 사례에 기반해 만들어졌다. 2장에서 다뤘듯이 이런 과정들은 공식적으로 규제나 승인이 필요한, 법으로 명시된 과정의 일부도 아니었고 경우에 따라서는 자문에 불과했다는 점에서 비공식적이었다고 할 수 있다.

궁극적으로 케이브는 디자인 검토 프로그램이 디자인에 대한 기대감을 더 키워 영국에서 양질의 건축문화를 확립하는 데 도움을 주기를 희망했다. 당시 설계검토심의위원회 의장이던 스파크스(Les Sparks)는 "케이브의 원칙적 목표는 사람들이 건물과 공간에 대해 더 많이 요구하도록 고취시키는 것이었습니다. 우리의 디자인 검토 프로그램은 그것을 달성하는 데 주요 자원이었습니다(CABE, 2005a: 3). 반면, 디자인 검토 도구의 더 즉각적인 기능은 전문가 집단 공동의 경험이 빛을 발하도록 그들의 조언을 제공함으로써 개별 설계안을 개선하는 것이었습니다. 출판물『디자인 검토는 어떻게 이뤄지는가(How to Do Design Review)』에서 설명한 대로 디자인 검토는 깊고 넓은 경험에서 나오는 것으로 이는 개별 사업팀이나 계획 인·허가권자 스스로 수행하기는 힘든 부분입니다. 디자인 검토는 지속가능성과 같이 복잡한 문제에 대한 전문가의 의견을 제공하고 그것을 살펴볼 기회가 되고 나아가 토론 범위를 넓혀 더 큰 그림을 볼 수 있게 합니다(CABE, 2006g: 5)."라고 말했다.

케이브 디자인계 검토는 현지 의사결정 환경 내에서 그 결정에 영향을 미치도록 했다. 그래서 전문가들은 지역성과 주변 개발전략에 민감해야 했다. 반면, 현실적 제약 때문에 훌륭한 디자인을 만들어내지 못했다면 그 같은 현실이 전문가의 판단을 지나치게 제한해서도 안되었다. 디자인은 창조적 활동이며 디자인에서 품질의 정의는 굉장히 어려운 것이다. 케이브는 "디자인은 창조적인 활동이며, 디자인에서 품질의 정의는 굉장히 어려운 것이다. 그것은 부호나 규정으로 함축될 수 없었다. 심지어 고전적 건축과 같이 디자인이 기호화되어 나타났던 시기에도 디자인이 훌륭한 사례는 종종 그 기호화 법칙을 어기거나 초월하기도 했다."고 덧붙였다(2002f: 3). 디자인 검토는 굉장히 많은 기술을 필요로 했고 기술적 숙련도뿐만 아니라 전문가로서의 성숙함도 요구했다.

독립적인 과정

케이브는 높은 수준의 전문성을 공유하는 여러 도구가 있었지만 그중에서도 디자인 검토에서 두드러진 점은 그것이 독립적인 조언을 제공했다는 것이다. 이것은 검토 중인 설계안과 관련없는 전문가로부터의 맞춤형 조언이었다. 즉, 디자인 검토의 기본 논리는 일정 거리를 유지하면서 신

그림 9.2 디자인 검토는 뉴버밍험 도서관(New Birmingham Library) 사례와 같이 주요 신규 개발에 시정부가 더 나은 설계안을 요구하도록 장려하는 '독립적인' 의견을 전달했다. / 출처: 매튜 카르모나

뢰할 수 있거나 정책적으로 중립적일 수 있는 새로운 관점을 제안할 수 있다는 것이었다. 케이브의 10년간 검토를 살펴보면 개발업자들은 대부분 프로젝트와 이해관계는 없지만 다른 곳에서 상당히 성공적인 계획 경험이 많은 전문가들의 의견에 바탕한 평가를 존중했다(CABE, 2009a: 12)고 기록되어 있다. 가끔 관계가 돈독해지고 때로는 타협하면서 공과 사가 완벽히 구분되지는 않았다. 한 구청직원은 "케이브에는 올림픽공원과 관련된 자체 전문 자문위원이 있어 매우 좋았지만 뒤에서 도움을 요청하는 암묵적인 공모도 존재했다."라고 회상했다.

또한 디자인 검토는 겉보기에 특정 이상(Ideology)이나 미적 선호를 나타내지 않는, 독립적인 것으로 여겨졌다. 케이브는 자체적으로 디자인 원칙을 갖고 있었지만 그 원칙들은 개인적 취향 문제에 지나치게 중점을 두는 것을 피하려는 넓은 범위의 객관적 지표 정도였다(CABE, 2006g: 5). 한편, 상황에 맞게 조절될 수 있더라도 케이브가 특정 입장을 고수한 분야들도 있었다. 예를 들어, 워딩(Worthing)지역 중학교와 관련된 검토 내용에는 "일반적인 원칙으로 케이브는 운동장을 건물로 전환하는 데 반대했지만 그런 경향이 무시된 현지 사정이 있었을 것(CABE, 2002g)"이라고 언급되어 있다.

디자인 검토 서비스를 거쳐간 사례는 무척 다양했지만 케이브가 검토한 대부분의 디자인은 매우 불만족스러워 신랄한 비판을 받던 것이었다. 디자인 검토부서 수장 피터 스튜어트(Peter Stewart)는 "우리가 본 것 중 많은 것이 그저 그랬고 케이브의 기준에 접근조차 못하는 설계안도 상당히 많았습니다(CABE, 2003a: 8)."라고 말하며, 케이브가 검토한 설계안들이 별 볼 일 없는 설계안 중 그나마 나았음을 암시했다. 그럼에도 디자인 검토를 통해 디자인을 개선함으로써 궁극적으로 전문가와 정치인의 기대치를 높이고 나아가 의뢰인이 더 나은 디자인을 기대하도록 장려하려던 목표는 그대로 존재했다(그림 9.2 참조). 하지만 대부분의 사례에서 다른 도구들도 같은 목표를 위해 이용되었으므로 도구 전체에서 하나의 영향력을 특정하거나 그것을 평가하기는 쉽지 않다.

인증

인증은 평가에 공식적인 승인 결재를 받음으로써 형식적으로 한 걸음 더 나아간다. 인증은 특정 수준에 도달한 디자인 전체를 인정해주고 성공적인 디자인을 명확히 측정가능한 지표를 통해 더 공식화하는 경향이 있다는 점에서 상을 수여하는 것(Award)과는 다르다(8장 참조). 한 위원은 "케이브는 계획 승인기관이 아니어서 민간영역에 제재를 가할 수는 없다. 다만, 그들은 의사결정권자와 함께 일하면서 적절한 도구와 신뢰를 제공하는 동시에 '이것은 좋지 않다.'라고 말할 수 있다. 이는 교육을 통해 이뤄지기도 하지만 특히 질적 수준을 공인하는 '삶을 위한 건축'과 같은 도구를 통해서도 이뤄졌다."라고 덧붙였다. 발표된 인증지표는 독립적으로 사용되는 반면, 해당 도구는 평가와 장소방문 등을 포함했는데 평가를 위한 자료는 참여자들이 자발적으로 제출해야 했고 장소 방문은 케이브의 보증이 전제되어야 했다.[173]

케이브는 두 가지 주요 인증 프로그램과 관련되었는데 개발사업 중심의 '삶을 위한 건축(Building for Life, BfL)'과 외부 공간에 중점을 둔 '그린 플래그 어워드(Green Flag Awards)'가 그것이다. '삶을 위한 건축' 프로그램은 주택건설의 국가적 필요성과 영국 주택의 낙후성을 우려해 만들어졌다. '삶을 위한 건축' 뉴스레터 초판(Building for Life, 2004)은 인증지표를 당시 국가정책인 '지속가능한 공동체(Sustainable Communities, 4장 참조)' 계획을 통해 제시되던 지속가능성과 연결하려는 목적을 명확히 드러냈다. 이와 동시에 케이브 자체의 2002~2005년 조직전략에서 '삶을 위한 건축'은 3년짜리 캠페인으로 주택건설에서 더 나은 디자인을 추구하기 위한 것이며, 이는 영국이 향후 25년간 약 400만 호 신규 주택이 필요한 상황에 직접적으로 대응하는 것이라고 밝혔다(CABE, 2002b). 비슷하게 그린 플래그 프로그램은 공원을 더 나은 수준의 디자인으로 조성하는 수

그림 9.3 케이브 스페이스는 그린 플래그 어워드를 공원의 우수함을 증명하고 나아가 설계·건설뿐만 아니라 공원관리와 현지 주민들의 적극적인 참여의 중요성을 공인해주기 위해 사용했다. / 출처 : 데일리 에코 본머스 온라인(Daily Echo Bornemouth Online)

173 종종 제출된 자료만 근거해 운영한 다른 인증제도의 경우에는 해당하지 않는다(2장 참조).

단으로 장려되었다. 당시 장관이던 이베트 쿠퍼(Yvette Cooper)는 2003~2004년 그린 플래그 수상자를 위한 연설에서 "이 프로그램은 훌륭한 사례를 부각시켜 공간에 대한 기준을 높입니다(CABE&Civic Trust, 2004)."라고 덧붙였다. 실제로 해당 프로그램은 공간관리 도구이자 공동체 참여를 독려하는 방법으로 사용되었다.

'삶을 위한 건축' 인증체계는 그 평가 프로그램에 계속 지원하는 사람들에게 품질 점수(Mark of Quality)로 인식되면서 '삶을 위한 건축' 프로그램의 핵심으로 여겨졌다(CABE, 2003a). 이와 유사하게 그린 플래그 인증도 넓은 범위의 지원 프로그램 속에서 활성화되었고 해당 품질 점수는 대중의 인정을 받게 되었다. 이 도구들이 대중에게 널리 알려져 있었다는 것은 케이브 스페이스 브랜드를 널리 알리고 그 작업을 발전시키기에 그린 플래그가 좋은 수단으로 보였음을 의미한다(CABE, 2004g). 2003~2006년 케이브 스페이스 임원이었던 줄리아 트리프트(Julia Thrift)는 특히 프로그램 실행 최전선에서 활동했고 케이브가 그린 플래그 프로그램을 이관받기 전인 초창기 시빅트러스트(Civic Trust)에서 그린 플래그를 담당했다. 그는 해당 도구를 널리 사용하면서 케이브의 성공을 앞당김으로써 케이브와 시빅트러스트 간의 좋은 관계를 형성하려고 했다(Taylor, 2003).

인증을 뒷받침하는 지표는 좁은 의미나 넓은 의미에서 디자인 고려사항부터 관리요인까지 그 실적을 측정할 수 있는 능력을 제공했다. 그린 플래그 지표는 사회적 요인, 재정적 요인, 지속가능성, 지역공동체의 사회 참여 등을 다룬 반면, '삶을 위한 건축'의 20개 지표는 환경과 공동체, 특성, 가로, 주차, 보행자, 설계와 건설 여섯 개 주제로 분류된다. 또한 그린 플래그에는 특별한 두 가지 버전도 있다. 첫 번째는 현재 그린 플래그 공동체상으로 알려진 그린 페넌트 어워드(Green Pennant Award)로 2002년 시작되어 녹지공간을 관리하는 봉사활동이나 커뮤니티 그룹의 업적을 기리고 있다. 두 번째는 그린 헤리티지(Green Heritage)로 특정 공간에 수여되는 상이며, 2003년 잉글리시 헤리티지 후원으로 시작되었다. 후보지는 이 인증을 획득하기 위해 역사적 요소뿐만 아니라 그린 플래그의 요소(지표) 전 범위에서 평가받아야 하며, 보존계획도 수립되어 있어야 한다.

공모전

대부분의 케이브 활동이 일반적으로 설계 기준을 올리는 데 집중하는 반면, 공모전은 디자인의 우수성을 장려하려는 의도가 명확했다. 이는 단지 한 팀의 승자만 있는 디자인 공모전 참가를 통해 당선작은 가능한 최상 수준의 설계를 만들어낸다는 전제에서 시작된다. 예를 들어, 케이브가 고문이 되어 진행한 마게이트(Margate) 뉴 터너 현대미술관 공모전은 국제적 기준을 가진 건물 사례를 만들려는 케이브의 의도가 담겨 있었다. 이 같은 의도는 한 짧은 논평에 의해 다음과 같이 정리되었다. "이 대담한 새 건축물은 영국 해안 마을에서 이전에는 빌바오(Bilbao)였지만 지금은 마게이트라고 할 만한 바람직한 방향성을 만들어내야 한다."(CABE, 2002c; 그림 9.4 참조).

또한 케이브는 공모전을 이용해 영국이 세계적 수준의 디자인을 경험하고 이것을 다른 이들이 모방해 영국 내 디자인의 전반적인 수준을 끌어올리려고 했다. 사실 도구로서의 공모전은 타국에 비해 영국에서는 별로 활성화되지 않아 케이브도 공모전을 부가적인 수단으로 사용했다. 실제로 케이브 자체적으로도 훨씬 많은 공모전 경험을 가진 타국으로부터 배우려고 했고 자체적으로 공모전을 개최하기보다 오히려 프랑스 문화유산부(Direction de l'Architecture et du Patrimoine, DAPA)와 합동으로 영불 공모전을 기획했다. 프랑스 문화유산부의 소관업무는 프랑스 국가유산 보존과 건축물 지원·홍보였다. 해당 공모전의 목표는 공모전 대상 부지였던 런던 내 두 곳인 화이트 시티(White City)와 레이너스 레인(Rayners Lane) 단지 내에서 저렴주택(Affordable Housing)의 건축적, 도시계획적 질을 향상시키고 나아가 선정된, 국제적으로 최고인 사례를 발전시키는 것이었다(CABE, 2005g: 4). 그러나 오히려 케이브가 주의를 기울인 것은 범유럽(Pan European) 주택 디자인 공모전이었는데 이는 유럽의 많은 공모전 경험에 편승해 뛰어난 영국 대표가 국제 무대에서 디자인과 건조환경 부문에서 자신들의 명성을 더 공고히하는 수단이었다.

그림 9.4 마게이트 공모전 우승 설계작이 실제로 건설되지 않았음에도 보스콤(Boscombe)의 선 굵고 대담해 보이는 갈매기와 바람막이 해안가 오두막과 같은 형상들이 여기 표현되어 있다. / 출처: 아비르 아키텍츠(ABIR Architects)

케이브는 공모전 평가에서 사회적 가치 증진에 초점을 맞춘 지표를 설정함으로써 공모전 활용 이면에 더 넓은 사회적 목표를 추구했다. 이것은 제출된 설계안이 불러올 사회적 반향뿐만 아니라 공모전 참가자와 그 팀을 스스로 사회적 관점에서 자리매김하도록 독려하는 것까지 확장되었다. 그러나 그 같은 높은 목표가 공모전마다 매번 명확한 것은 아니었고 때때로 다른 성격의 공모

그림 9.5 카트라이트 피카드 아키텍츠(Cartwright Pickard Architects)가 설계한 주택. 저렴주택 설계에서 높은 표준 성취를 평가하는 영불 공모전에서 우승한 두 작품 중 하나다. / 출처 : 매튜 카르모나

전은 메시지를 전파하거나 캠페인을 벌일 때 사용되었다. 여기에는 도시의 아름다움을 뛰어나게 표현한 사진공모전도 포함되었는데 이 공모전은 2010년 케이브의 아름다움 연구(6장 참조)의 일부로 사용되었다. 도시의 아름다움을 평가하는 방식에는 자연환경의 아름다움을 찾아내 보호하는 방법이 적용되었다. "우리 주변의 모든 장소를 생각해보라. 그것을 비판적으로 무엇이 특별한지 보고 가치를 평가해보라(Etherington, 2010)."

더 일반적으로는 건축 공모전의 경우, 정부청사 프로그램이 주를 이뤘는데 이것은 상당한 공적 자금 지원을 통해 긍정적인 디자인 유산이 전파될 수 있다는 기대감을 반영한 것이었다. 예를 들어, 케이브는 지역 유치원 계획과 관련하여 공모전을 기획했는데 이는 교육기술부(Department for Education and Skill, DfES)의 새로운 기회자금(New Opportunities Fund, 신설 유치원을 위한 2억 3백만 파운드의 수입 예산과 1억 파운드의 현금지원(2001~2004년)을 바탕으로 한 자금)에 기반한 것이었다. 또한 해당 공모전 이후 2007년에는 에코타운 계획을 평가하는 전용 설계검토심사위원회가 설립되면서 공모전을 통해 이루려던 목적이 케이브의 관심에서 다소 멀어졌음에도 이와 관련된 디자인 기준 설정과 개발 과정의 아이디어 제안을 위한 공모전을 기획·평가하는 데 주요 역할을 했다(Hurst&Rogers, 2009). 이 마지막 사례는 공모전이라는 도구 사용에 따르는 불확실성을 보여줬고 이에 케이브의 몇몇 종사자들은 공모전 사용을 망설이며, 다른 수단을 선호하기도 했다.

평가활동은 어떻게 수행하는가?

지표

케이브는 기존 지식과 기술을 점진적으로 확장해 지표를 개발했다. 디자인품질지표(DQI)의 경우, 처음에는 건설산업위원회(CIC)가 1999년 개발에 착수했지만 케이브가 그 잠재성을 알아보고 개발 과정에 합류해 2000년 개발을 완료했다.[174] 또한 케이브는 중앙정부와 그 행정부의 재정에 매우 중요한 기준인 재무부의 녹서(綠書, Green Book, HM Treasury, 2003) 안에 디자인품질지표를 적용하는 데 중요한 역할을 했다. 이후 디자인품질지표는 즉각적으로 녹서에 포함되었고 스페이스셰이퍼, '디자인 평가도구 모음에서 최상위 등급 취득하기(Achieving Excellence in Design Evaluation Toolkit, DH Estates&Facilities 2008)' 공공보건서비스(NHS)의 디자인품질지표 등에 영향을 미쳤다. 이와 유사하게 2008년 케이브 스페이스는 지역사회지방자치부(DCLG), 시빅트러스트(Civic Trust)와 파트너십을 맺어 공원과 녹지 자가평가 가이드 내에 체계적인 점수화 시스템을 만들었다

---

174 원 저자가 집필 중이던 2015년 4월에도 계속 사용되고 있었다. www.dqi.org. uk 참조

(CABE, 2008a). 케이브는 공원과 녹지관리 과정 평가에 이용하도록 각 지방정부용 지표를 설정하겠다는 목표가 있었고 그린 플래그 어워드를 평가하는 데 오랫동안 성공적으로 사용해온 지표가 그 현실적인 시작점이었다.

또한 케이브는 녹지 기반시설 점검표(Green Infrastructure Healthcheck)를 개발했다. 이것은 지방정부용 온라인 지표모음으로 녹지를 고려한 최우선 사항뿐만 아니라 그것을 관리하는 직원과 자원도 함께 평가했다. 우선순위에 따라 열 가지 핵심질문으로 구성되었고 지방정부가 그들의 행위에 점수를 매겨 어디서 개선할 수 있는지 확인가능한 피드백을 제공하기도 했다. 케이브 스페이스 관리자 사라 가벤타(Sarah Gaventa)는 "녹지 기반시설 점검표는 지방정부가 녹지를 얼마나 중요하게 다루는지를 확인하는 쉬운 방법이었습니다. 케이브 홈페이지에는 점검표 점수에서 그 필요성이 부각된다면 지방정부가 애매한 지역을 녹지로 바꾸는 데 도움이 될 만한 유용한 팁이 있었습니다(Horticulture Week, 2010)."라고 설명했다.

가능한 경우, 케이브는 다른 이들에게 지표도구 소유권을 제공하려고 했다. 예를 들어, 스페이스셰이퍼는 주택공동체청(Homes&Communities Agency), 영국수도(British Waterways), 그라운드워크(Groundwork), 수변주택조합(Riverside Housing Association), 건축협회 네트워크(Architecture Center

그림 9.6 스페이스셰이퍼는 9~14세 아동용 교재로 사용되었다. / 출처 : 디자인 사우스 이스트

Network) 등의 단체들에게 하나의 공공도구로 사용되었다. 이 같은 방식으로 지표는 일상적으로 이뤄지는 주요 개선도구로, 동시에 좋은 디자인 거버넌스 도구로서 이용되었다. 지표도구는 교육 목적으로도 사용되었는데 실제로 케이브가 웨이크필드(Wakefield)의 건축센터 빔(Beam)과 함께 9~14세 아동용 스페이스셰이퍼 개발을 위해 24만 5천 파운드를 여성가족부로부터 지원받기도 했다(그림 9.6). 마지막으로 지표도구는 실적관리에 사용될 수 있었는데 그 예로 2010년 5월 선거 전 케이브와 지역사회지방자치부는 중앙정부의 '세계적 수준의 장소 만들기 계획(World Class Places Action Plan, HM Government, 2009, 4장 참조)'을 지원하기 위해 국가지표 모음의 한 부분으로서 장소의 질 지표를 만드는 프로젝트를 진행했다. 2010년 지출계획에서 케이브 예산이 삭감되면서 이 프로젝트 예산도 줄었지만 당시는 미래 지출계획에 이를 반영할 의도로 진행되었다.

디자인 검토

케이브에 디자인 검토를 의뢰한 프로젝트 범위는 매우 넓었다. 여기에는 도시재생 프로젝트부터 교통·인프라 관련 공공시설, 나아가 증가하는 고층 업무시설(박스 9.2), 상업용 건물 개발, 스포츠 시설, 국가유산, 문화시설, 주거시설, 호텔, 마스터플랜을 포함한 전반적인 개발계획까지 총망

그림 9.7 셰필드 겨울 정원. 초창기 검토된 중요한 공공영역 계획이었다. / 출처: 매튜 카르모나

라되어 있었다. 특히 공공보건서비스 시설과 유치원, 중·고등학교, 대학 건물 관련 부서 건물이 주로 눈에 띄었고 2002년 이후에는 법원, 경찰서, 공공공간이 두드러졌다. 그 예로 셰필드의 겨울 정원(그림 9.7), 맨체스터 피카딜리 정원, 트라팔가 광장 개선계획, 런던 콘보이스 워프(Convoys Wharf) 디자인 관련 국가유산 계획, 세인트 마틴 인 더 필즈(St. Martin in the Fields) 재개발계획 등이 있었다. 산업부문 계획이 많아진 것은 그 이후부터였는데, 특히 쓰레기를 에너지로 전환하는 시설 제안 등이 있었다.

2006년 이후 법적 단체였던 케이브는 계획체계(Planning System) 내에서(4장 참조) 법적 의뢰인이었던 적은 한 번도 없었다. 그들은 정부로부터 위임받았지만 사람들에게 당신들의 설계도서를 의무적으로 제출해 검토받게 하지는 못했다. 그러나 많은 양의 디자인 검토건을 확보하는 데는 지장이 없었고 2007~2008년에는 역대 최다인 1,203건의 의뢰서를 받았다(CABE, 2008a). 대부분의 의뢰는 건축가, 지방정부, 개발업자들로 시작했다. 여기에는 때때로 공동체 중심의 계획이나 영국예술협회(The Arts Council of England)의 재정지원을 받은 다수의 예술 관련 계획이이 있었으며, 시간이 흐른 후 특정 정부 부서의 프로그램 검토에 집중하기도 했다. 케이브는 조직 내 검토위원 인력 풀(Pool)과 영국 전역을 대상으로 한 맞춤화를 통해 효율적인 서비스로 발전시키면서 다양한 요구에 대응했다.

9.2 샤드(Shard) 계획 검토

현재 런던 사우스 뱅크의 런던 브리지역 위에 서있는 상업용 건물은 그 시작부터 매우 크고 눈길을 사로잡을 건물로 기획되었고 완공 무렵에는 서유럽에서 가장 높은 건물이 되어 있었다.(그림 9.8 참조). 건축가 렌조 피아노(Renzo Piano)는 그 계획의 역사적 중요성을 잘 아는 동시에 렌(Wren) 교회[175]의 하얀 돌탑과 템스강의 돛단배에서 디자인 영감을 얻었다. 당시 참여한 부동산개발업자들은 부지 소유자 어빈 셀러(Irvine Sellar)가 명성을 얻을 목적으로 야망 찬 계획에 투자하고 싶어 했다고 회상했다.

그림 9.8 완공된 샤드. 오늘날 런던의 스카이라인을 지배하는 구조물이다. 세계문화유산인 런던타워(Tower of London) 뒷쪽에서 프로젝트를 바라본 모습이다.
출처 : 매튜 카르모나

175 역주: 영국 건축가 크리스토퍼 렌(Christopher Wren), 4장 참조

계획의 중요성을 감안해 해당 계획은 2000년 12월부터 2003년 3월까지 검토위원회에 총 4회 제출되었다. 모든 이가 첫 미팅의 긴장감에 동의했다. 특히 케이브는 사무실에서 의장의 존재만으로도 어빈 셀러부터 발표팀까지 불안하게 만들 수 있었지만 케이브 의장인 스튜어트 립튼(Stuart Lipton)이 적극적인 발론자여서 면담 과정에 참여하지 않도록 하는 등 매우 세심히 준비했다. 케이브의 관점에서 이것은 세간이 주목하는 사례로 국내 언론에 보도될 것이므로 이 검토가 케이브의 초기 평판에 중요할 것으로 여겼다. 위원들은 케이브가 전체적으로 지원을 잘하지 못하고 해당 계획이 아무 호응도 얻지 못한다면 케이브에 타격을 줄 것을 특히 걱정했다고 한다.

게다가 계획 과정에 케이브에 부여된 중요도를 감안하면 검토 결과는 필연적으로 케이브와 중요 단체의 관계에 영향을 미칠 것으로 보였다. 새로 부임할 런던시장 켄 리빙스턴이 "런던은 침체되어 있고 재부흥이 필요하다고 생각한다. 이를 위해 무엇보다 세계적 수준의 건축물로 기인한 많은 내수 투자가 필요하다."라고 말한 것이 이를 뒷받침한다.

토론자들은 스타 건축가팀의 발표에 현혹되지 않았고 총 4회 검토를 통해 유사한 계획에서 했던 방식으로 비판했다. 중요한 부분은 처음에는 드러나지 않다가 검토 과정에서 나타났는데 예를 들어, 케이브는 더 넓은 영역에서 마스터플랜(Master Plan)이 필요하다고 조언했다. 기록물에 따르면 이는 다음과 같은 이유 때문이었다. "저층부 다섯 개 층 사용을 위해 제안된 공적영역 계획은 기껏해야 윤곽 정도만 있다. 또한 그 존재 자체는 환영이지만 공적영역 고층부 제안조차 아직 확신을 주지 못하고 있다(CABE, 2000b)." 두 번째 검토까지 서더크(Southwark)구는 시장과 협의하고 샤드팀, 레일트랙(Railtrack)과 마스터플랜 수립을 토론했으며, 렌조 피아노는 공적영역과 공공의 접근 요소를 포함시키는 기준을 새로 만들었고 이것은 개발업자와의 설계 합의의 기본이 되었다.

그러나 세 번째 검토 발표까지(이것은 공청회에 제출되었다) 샤드를 더 이상 넓은 범위의 마스터플랜 맥락 안에서 다루지는 않았다. 런던 브리지역을 재개발하려는 레일트랙 계획이 훨씬 더디게 진행되었고 그런 불확실한 상황에서는 협약이 이뤄질 수 없었기 때문이다. 마지막 검토서신에서 케이브는 공적영역 개선을 다시 주장했지만 여전히 대부분 개발자가 할 수 있는 범위 밖의 요구였다. 개발자 입장에서 주로 제안서를 신랄히 비판한 케이브의 검토는 계획 과정을 거치면서 계획 내용에 지속적으로 중요한 제안을 하며 빛을 발했는데 특히 주로 잉글리시 헤리티지(English Heritage)로부터 받은 많은 반대 의견을 이해하는 데 도움이 되었다.

케이브의 한 중견 컨설턴트에 의하면 케이브는 런던 브리지역과 샤드 계획 간의 전체적인 면, 즉 런던 브리지역의 미래 개발계획, 그 계획을 성공시킬 방법, 시민들이 다닐 방법, 계획이 바람길에 미칠 영향 등에 집중했다(그림 9.9 참조).

그림 9.9 케이브의 주요 고민거리였을 샤드 저층부
출처 : 매튜 카르모나

이 같은 관점은 현재 샤드가 우뚝 솟은 팔러먼트 힐(Parliament Hill)에서의 전망과 세인트폴 성당의 배경 보호 등을 중시한 잉글리시 헤리티지의 관점과는 차이가 있었다.

샤드 계획에 미친 직접적인 영향 외에 검토 활동은 런던시 정부(Greater London Authority)에서 디자인에 대한 기대치를 올린 것으로 보인다. 한 관계자는 "샤드 계획에서 파생된 장점 중 하나는 이전에는 상당히 대충 사진찍고 선을 긋는 수준이었던 영향평가가 훨씬 정교하게 발전했다는 점"이라고 말했다. 잉글리시 헤리티지와의 의견 충돌도 이후 두 단체가 고층건물에 대한 공통 요인을 찾기 위해 노력할 때 도움이 되었고 이런 노력의 일환으로 2003년 「고층건물 지침(Guidance on Tall Buildings)」이 처음 출판되었다.

복잡한 과정에 대한 권리

1999년 첫 디자인검토위원회는 세 명으로 구성되었고 시간이 흐르면서 구성원과 계약직 위원이 속속 합류하면서 조직이 커졌다. 2008년까지 디자인 검토에 상근직 18명과 위원 40여 명이 있었다. 그러나 조직의 성장에도 불구하고 케이브는 다른 프로그램에 드는 지출보다 훨씬 적은 비용을 디자인 검토에 투자했다. 그림 9.10에서 보듯이 2006~2007년, 2007~2008년 모두 케이브의 총지출에서 케이브 스페이스, 실행지원(Enabling), 지역 서비스는 디자인 검토 부분에 비해 두 배가량 많았다.

디자인 검토 서비스 첫 해 상급 심사위원들은(왕립예술위원회가 그랬듯이) 모든 업무를 국립디자인검토자문단이라는 이름하에 진행했다. 그 뒤를 이어 마스터플랜, 학교 디자인, 지속가능성 등과

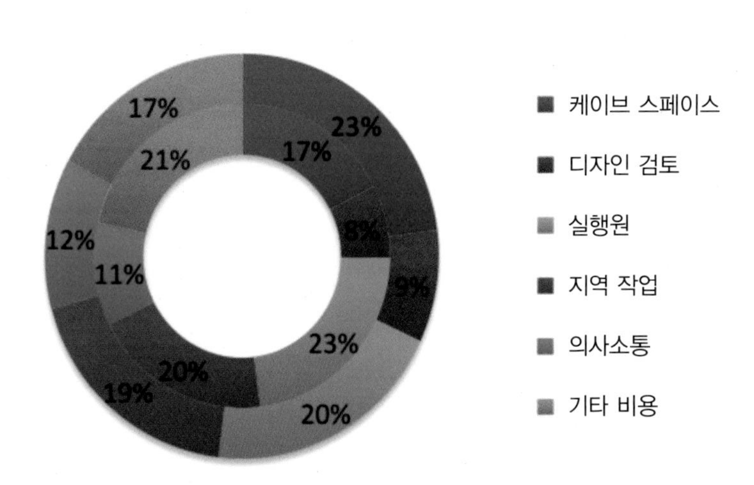

그림 9.10 디자인 검토 지출 비중은 다른 프로그램과 비교하면 상대적으로 낮았고 전형적으로 케이브 전체 비용의 10% 미만이었다.

같은 특정 부문용 협약이 만들어지고 해당 분야의 기술적 균형을 위해 검토위원 인력이 지속적으로 새로 채워졌다. 검토위원은 독립적이고 전문적이었으며, 최신 실무 경험이 필요했지만 때때로 이 부분은 다소 문제가 되기도 했다. 예를 들어, 자문위원이 특정 사업 일을 하거나 경험 많은 상급 전문가가 다른 개발회사 위원회에 참여하는 경우가 드물지 않았고 이것은 그들이 이해상충 관계임을 밝히고 과정에서 빠져야 한다는 의미였다.

케이브는 검토 사례를 선정할 자유가 있었지만 원칙적으로 중요도에 따라 결정해야 했다. 2011년 전체 계획업무 담당 부서장(Chief Planning Officers)에게 발송한 서신에서 정부는 규모나 이용, 위치 면에서 중요한 프로젝트는 케이브가 검토해야 한다고 명시했다(Bowden, 2001). 이 서신에 용도 기준은 없었지만 중요 대상지에는 중요한 경관에 영향을 미치거나 지역의 장소성에 예외적일 정도의 영향을 미치는 경우(Hudson, 2006), 광역적, 지역적 중요성을 지닌 경우, 일정 규모 이상의 공공자금이 투입된 경우 등이 포함되었다. 규모 면에서 중요하다는 것은 건물이 거대한 규모이거나 공공업무 시설, 혼합용도 등을 포함한 단지 형태일 때, 주요 기반시설 사업일 때, 주요 공적영역 사업일 때, 거대한 규모의 마스터플랜이거나 정책, 디자인 규칙, 다른 가이드라인의 영향을 받을 때를 뜻했다. 2000년대 중반까지 계획 규모에 따라 수행된 검토는 전체 작업량의 약 $\frac{1}{4}$을 차지했다(CABE, 2005f).

계획안 선정은 말 그대로 계획안이 중요하게 생각되거나 국익을 반영해 결정되어 케이브는 정치적으로 보이기도 했다. 카지노, 보건 캠퍼스, 상점 중심의 재생 검토 등은 이에 반대하는 이들과 지지하는 이들 모두가 있었다. 개발 과정상 너무 늦은 경우, 계획안이 흥미롭지 않거나 수준 미달이어서 검토의 의미가 없는 경우 등 때때로 케이브가 영향을 미치기에 부적절한 상황이어서 걸러지는 계획안도 있었다. 케이브는 제안서를 빨리 볼수록 검토 과정이 더 효율적일 것이라고 지속적으로 조언했다(CABE, 2005f: 3).

케이브 검토는 세 가지 주요 구성 요소로 이뤄졌는데 첫째, 발표 심의, 둘째, 내부 심의, 셋째, 데스크 리뷰(Desktop Review)였다. 복잡하고 고비용이고 대규모로 세상의 이목을 끄는 계획은 계획의 건축가나 개발업자가 심의 검토 과정에서 발표해 긴장을 불렀지만 일반적으로 권장되는 형태였다. 한 유명 설계사무소 대표는 "몇 주 동안 밤낮으로 과제를 진행해 발표를 구성한 팀이 있었습니다. 모두 심사위원 때문에 스트레스 받았고 다소 일반적이지 않은 절차가 있었습니다. 위원들은 평결을 위해 방에서 나갔다가 다시 들어오라고 하기도 했습니다."라고 회상했다. 내부 심의는 케이브 심사위원이 진행했지만 지원자는 배석하지 않았고 데스크 리뷰는 심의회 의장과 부의장이 진행했다. 이 데스크 리뷰는 계획이 두 번째 검토에 들어왔을 때는 일반적인 절차였지만 2005년에는 지나치게 간소화된 과정과 투명성 부재로 큰 비판도 받았다(4장 참조). 또한 핀업(Pinup) 검토로 알려진, 지극히 잠시 동안만 이용된 심의도 있었다. 이 심의는 주요 심의위원에게 발표없이 전시만으로 검토되었었다.

2005년부터 주제별 심의를 도입했고 대부분 일반적인 위원회에서 분야별 전문가로 구성된 심의위원으로 전환되었다. 이 전문가 심의위원들은 건설 프로젝트, 업무시설, 공공보건서비스(NHS), 도시재생, 마스터플랜, 공공부문 작업, 발전소, 개발계획, 문화공간 구축, 광역계획, 에코타운 등을 다뤘다. 2006년 케이브는 런던올림픽 전문가 심의위원회를 구성했고 2007년에는 학교를 위해, 2008년에는 가로대와 관련된 위원회, 2009년에는 사회기반시설계획위원회를 대신하는 지속가능성과 사회기반시설 전문지식을 가진 심의위원회 두 개를 구성했다.

검토와 서신

케이브의 모든 검토는 하나의 계획에 한 명의 사전심의자를 배정해 그·그녀가 직접 지원자와 연락하면서 필요한 준비자료를 수집·분석한 후 대상지를 방문한다. 케이브는 검토에서 사용될 내용과 준비자료인 시각효과 도구, 이미지 보드, 사용자들의 이야기, 검토 자체 규약 관련 많은 가이드 문서를 제공했다(CABE, 2002f). 때때로 양질의 자료와 시각자료 수집은 힘들었고 선명도가 떨어지는 사진자료는 오해의 소지를 부르기도 했지만 공식적으로 실제 제출물에는 주변 맥락 분석, 대상지 역사, 항공사진, 토지계획, 3D 이미지, 모델, 도면 등이 포함되었다.

검토 과정에서는 객관성 확보를 위해 발표자와 심사위원 간에 어느 정도 거리를 둘 것을 요구했다. 또한 위원들은 각 검토 과정에서 결과에 반영될 주요 쟁점 관련 합의를 이끌어내기 위해 비공개 토론을 진행했다. 서신 작성도 토론모임을 주재하도록 배정받은 위원이 진행했다. 오랫동안 디자인 검토 수장을 맡았던 한 인사는 "훌륭한 의장이 없는 디자인 검토는 잘 활용되지 못하고 위원들의 의견에 좌지우지될 것이다. 그래도 토론에서 나온 모든 발언을 받아 적을 것이다. … 하지만 그것은 과도하게 세부적인 주장이 될 것이다."라고 말했다.

또한 디자인 검토는 각 사례의 장점을 평가해야 했기 때문에 지역에서의 개발 요구를 수용해야 했으며, 계획안의 잠재력을 극대화하는 것과 실행 타당성 간의 균형을 맞춰야 했다. 예를 들어, 런던 해머스미스 로드(Hammersmith Road) 개발계획 검토기록에는 "해당 부지에 현대적 건물을 짓는 것은 전적으로 수용할 수 있지만 지방정부의 관점이 어떤 개발이라도 주변 환경과 조화를 이뤄야 한다는 것이라면 현재 입면을 유지하려는 제안이 가장 좋은 선택일 것"이라고 기술되어 있다(CABE, 2002h).

검토에는 시간제한도 있었다. 이것은 매우 제한적인 수의 발표 심의만 진행할 수 있고 대부분은 내부 심의나 데스크 리뷰로 넘겨야 한다는 것을 의미했다. 이로 인해 지원자들은 검토 과정에

그림 9.11 노먼 포스터의 카나리 워프 기차역 제안은 일찍이 전문가 패널들의 관심 대상이었다. 그 제안은 확신에 차고 지적이었지만 발표는 불명확하고 오해의 소지가 있었다. / 출처: 매튜 카르모나

참석할 수도, 직접 의견을 들을 수도, 심사위원에게 재차 확인할 수도 없었다. 이는 케이브가 '과도하게 비밀스럽고', '불만족스럽다'라는 인식을 퍼뜨리는 계기가 되었다. 비슷한 맥락에서 몇몇 검토위원회 의장들은 이 같은 방법이 지원자들에게 질문할 기회를 없애버린다고 느꼈다. 또한 케이브 직원들이 사실상 지원자 대신 출석해야 해 이 같은 형태의 심사는 준비기간을 더 길게 만들었다. 반면, 발표심의는 케이브가 최종적인 공식 결과 서신에 적을 내용이 무엇인지 지원자를 이해시킬 수 있다는 장점이 있었다. 비록 이것이 항상 작동하지는 않았고 결과의 내용이 발표 심의 내에서의 대화와 달라 지원자의 좌절(또는 안도)로 이어지는 사례도 많았지만 말이다. 런던시(GLA) 한 관계자는 다음과 같이 회상했다. "몇몇 심의를 끝내고 화가 끓어오른 채 나서곤 했습니다. … 사람들이 어떻게 그렇게 멍청할 수 있는지! 어리석은 의견들이 정상적인 의견들을 지워버린 것 같았습니다. 그리고 나서 결과 서신을 받으면 '오, 하느님! 감사합니다. 분별력 있는 사람들도 있군요.'라고 생각하게 되었죠."

조언이 담긴 서신은 상당히 넓은 부분을 아우르고 있었다. 전문적인 능력에서부터 검토용으로 제출된 자료의 적절성(물리적 맥락과 제안된 계획의 이해와 관련해), 디자인·개발 과정, 디자인 평가와 그것을 개선하기 위한 조언, 그리고 실행과 관련된 조언까지 있었다. 디자인 평가는 매우 넓은 범위일 수 있지만 종종 건축물의 볼륨감, 보행자의 접근성과 같은 사회적 쟁점, 계획과 지역 맥락의 관계, 불가피하게 도시계획과 관련해 언급해야 할 부분 등도 다뤘다. 또한 삶의 환희, 혁신, 우아함, 스타일과 같은 특별한 요소들도 있었다. 서신은 필요할 때 설계팀이 고려해야 할 실행지침을 권했는데 대부분 '고층건물 지침'이었다.

서신의 톤도 왕립예술위원회에서 받은 형식(그림 4.11 참조)에서 빠르게 변했는데 중요한 추천 관련 내용의 경우, 강력한 진술은 유지하면서도 언어적 표현은 더 달래는 수준으로 부드러워지고 신중해졌다. 예를 들어, 다음과 같은 문구를 찾아볼 수 있다. "우리는 우리 의견이 현재 제안서를 위해 분명히 많이 고심하고 노력했을 의뢰인이나 설계팀에게 실망스러울 것임을 알고 있습니다. 그럼에도 현재의 프로젝트가 성공적인 결론을 원한다면 새로운 시작이 필요할 거라고 조언드립니다. 이 사업이 어떻게 마무리될지 저희(케이브)가 더 세부적인 조언을 할 수 있다면 기쁘겠습니다(CABE, 2001d)."

2004년과 2005년 이후(4장 참조) 케이브의 디자인 검토 과정과 그 결과 통지에 관해 더 큰 책임을 지라는 요구가 있었다. 비공개로 진행되는 심의위원 검토는 독립적으로 전문지식을 함께 만드는 중요한 수단이었고 대부분의 케이브 디자인 검토에 계속 사용된 한편, 대중에게서 철저히 점검받을 수 있도록 검토 과정을 점진적으로 공개하고 그 과정의 투명성을 높이려고 했다(CABE, 2006c). 2006년 몇몇 검토는 영상으로 촬영되었고 2006년 이후 2년 동안 일반시민이나 초대받은 사람이 참여할 수 있는 공개 검토가 시범적으로 시행되었다. 2008년까지 전략적으로 디자인 검토의 개방성을 높이기 위해 집단과 개인의 적절한 참여를 유도하려는 시도도 있었다(CABE, 2009b). 그러나 이런 것들은 사소한 변화였고 넓은 의미에서 디자인 검토는 케이브가 실무 최전선에서 운영하는 대표적인 서비스 수단이자 가장 지속적인 도구로 남아 있다.

그 후

케이브는 디자인 검토를 강제집행할 아무 방법도 없었지만 해당 분야에서의 평판과 계획 과정에서의 영향력을 통해 상당한 힘을 갖게 되었다. 중요한 점은 케이브가 검토 결과 서신을 온라인상에 출판했고 이 온라인 자료를 다시 모든 단체가 복사해 소유할 수 있었다는 것이다. 동시에 이 온라인 자료가 언론에 노출되면서 케이브의 심사 결과가 대중에게 알려졌다. 여기에는 아직 계획허가 심사 지원서를 제출하지 않은 프로젝트는 제외되었는데 이 같은 내용들은 잉글리시 헤리티지와 관련된 지방정부에서만 접할 수 있었다. 이런 디자인 검토의 비공식적인 영향력 중 눈에 띄

그림 9.12 리버풀 원(Liverpool One) 상가 개발. 케이브는 리버풀 중심지를 탈바꿈시킬 이 도시재생 계획이 도시의 통합과 연결의 매개체로 기능할 것이라는 점을 확실히 하고 싶어 했다. / 출처: 매튜 카르모나

는 예외 하나는 2009~2010년 '미래를 위한 학교 건설(Building School for the Future)' 프로그램을 통해 건설된 학교들이다. 학교는 자금 확보를 위해 공식적으로 최저 수준의 디자인 기준을 충족시켜야 했고 이것이 케이브 이외 학교 프로그램 전문 심사위원들의 평가를 받게 되었다.

그 제한적인 권한에도 불구하고 리버풀 원(Liverpool One, CABE, 2001e; 그림 9.12)을 위한 BDP 계획이나 몇몇 주목할 만한 사례와 같이 다시 제출된 제안서들은 일반적으로 케이브의 조언을 받아들였다(CABE, 2001a, 2001c). 이 같은 영향력을 기록하는 것은 매우 중요한 작업이었는데 특히 케이브가 이해관계자 간의 충돌을 감시하고 목표를 향한 진척도를 파악해야 했기 때문이다(4장 참조).

케이브는 심사 대상자들이 케이브의 조언을 수용해야 한다고 요구할 수 없었기 때문에 중요한 계획에서는 그들의 권고를 따르게 할 다른 방법을 강구했다. 받아들이지 않는 조언을 단순히 반복하는 것은 대부분 실패했는데 특히 다시 제출된 제안이 먼저 제출된 제안보다 안 좋을 때 그랬다. 케이브는 논란이나 직설적인 비판을 피하지 않았고 단지 매우 가끔, 예를 들어, 몇몇 공공미술에 관한 평가와 같이 더 객관적이기 어려운 경우에는 의견 표명을 자제했다(CABE, 2002i). 또한 케이브가 여러 번 심사해야 하거나 실행지원 서비스와 연결시키면서 더 발전시키고 도와줘야 하는 경우도 있었다.

때로는 동일한 계획 내용에 대한 케이브의 검토가 달라지거나 케이브의 설계검토팀과 실행지원팀의 의견이 달라 불만이 들어왔다. 대부분 이런 것은 심의위원장이 "첫 검토에서의 기본 관점

그림 9.13 복권기금으로 조달된 예술과 문화 프로젝트는 케이브 디자인 검토의 중점 대상이었다. (i) 노팅험 컨템포러리(Nottingham Contemporary), (ii) 헵워스 웨이크필드(Hepworth Wakefield) / 출처: 매튜 카르모나

은 차기 검토에서도 바꿀 수 없다."라고 구두 원칙을 세웠음에도 심사위원들이 검토 과정에서 바뀌면서 생기는 불일치였다. 케이브도 이런 모순을 인지하고 검토위원장 수를 제한했으며, 케이브 정책과 맞지 않는(CABE, 2007h) 조언들을 추적·관찰하면서 해결하기 위해 노력했다. 학교 디자인 심사 프로그램의 경우, 일관성있는 평가를 가장 엄격히 적용했다. 2007년 학교 설계 프로그램 심사위원들은 이 목적을 위해 채점체계를 개발했다.[176] 케이브의 실행지원팀 소속 직원들도 성공적인 실행지원 과정이 반드시 훌륭한 디자인 평가로 이어지는 것은 아님을 고객에게 알려야 한다는 교육을 받았다.

전체적으로 케이브는 디자인 검토 서비스를 제공하면서 일반적으로 권위를 인정받았고 개발의 질에 관해 긍정적인 영향력을 행사했으며 영국 전역의 디자인에 영감을 불어넣었다(그림 9.13 참조). 그러나 검토 관련 업무량이 극도로 많아 검토서비스를 범국가적으로 공급하는 데 한계가 있었다. 케이브는 지방 현지 사정에 적합한 전문적 의견이나 지식을 항상 가질 수는 없었는데 이것은 케이브가 디자인 검토를 진행하기 위한 광역 범위의 심의위원회 구성에 관심을 가졌던 이유를 말해준다. 외부 심의위원의 조언을 일관적인 수준으로 유지하기는 매우 어려웠지만 이런 시도는 효율적이고 관심이 높았기 때문에 국가적 차원에서 디자인 검토를 실행하는 능력을 더 배양해야 했다(CABE, 2010f). 광역심의위원(8장 참조) 초빙 역할을 한 건축건조환경센터(ABECs) 입장에서는 자금지원, 직원 채용·관리, 심의위원 선정, 이해관계 충돌, 의장 역할, 교육, 현장 방문, 미팅 진행, 작성·후속조치, 비밀 유지, 홍보를 포함해 케이브가 제공한 모든 조언이 매우 귀중한 것이었다(CABE, 2006a).

인증제

케이브는 일찍이 외부 파트너와 협력해 두 가지 인증제도를 운영했다. '삶을 위한 건축(Building for Life)'은 테리 파렐(Terry Farrell)이 의장으로 있던 심의회에 의해 'BfL20'이라는 이름으로 운영되었고 2003년 웨인 헤밍웨이(Wayne Hemmingway)가 의장직을 물려받았다. 7장에서 다뤘듯이 '삶을 위한 건축'은 원래 영국과 해외에서 주택 디자인 관련 최우수 사례를 공유할 온라인 플랫폼으로 고안되었다. '삶을 위한 건축' 파트너들은 이런 사례와 그 목적을 설계계획 시스템 관련 정부의 가이드라인인 '디자인에 의해(By Design)'(DETR&CABE, 2000)에 맞춰 설정하는 동시에 사례 안의 다른 주요 도시계획 도서를 새로운 주택개발의 질적 평가지표로 만드는 데 사용했다. 영리하게

176 각 패널회원들은 0~4점을 부여할 수 있었고 열 명의 패널회원이 총 40점을 구성할 수 있었다. 총점에 따라 각각 훌륭함(36~40), 좋음(30~35), 아직 충분히 좋지는 않음(25~29), 썩 좋지는 않음(16~24), 좋지 않음(0~15)으로 나뉘었다. 2009~2010년부터는 '매우 훌륭함', '통과', '불만족', '좋지 않음' 새로운 등급으로 구성된 채점체계로 개정되었다.

도 그들은 이것을 20가지 질문으로 구성해 인증계획을 공식적으로 관리할 근거로 제공했다(박스 9.3).[177] 20가지 중 14개 또는 그 이상의 요소에 합격점을 받은 계획은 모두 은(Silver Standard) 또는 금(Gold Standard) 인증을 받았다(그림 9.14 참조).

그림 9.14 '삶을 위한 건축' 금상(Gold Standard) 명판 / 출처 : 매튜 카르모나

177 질문모음은 간편한 도구였지만 실제 기준에서는 설명이 필요해 케이브는 '삶을 위한 건축' 지침(CABE, 2005g)을 의뢰했다. 해당 지침에는 기준과 적용을 모두 길게 풀어 설명했고 지침의 적법성 부여를 위해 정부정책을 참조했다. 해당 지침은 2만 개 디지털 출판물과 인쇄물로 배부되었다.

9.3 '삶을 위한 건축' 기준

시빅트러스트(Civic Trust) 책임자 마이크 길리엄(Mike Gwilliam)은 시빅트러스트 어워드 40주년 기념에 즈음해 수년간 주택부문 수상자가 없었다는 점을 간파하고 가장 훌륭한 새 주택 공개 행사에 관한 아이디어를 갖고 주택건설업자연합(Home Builders Federation, HBF) 측과 접촉했다. 머지 않아 케이브가 토론에 초대되었고 활용될 수 있는 좋은 사례를 찾는 것으로 아이디어는 발전되었다. 여기에는 그것만의 특별한 양식이 있었는데 왕실이 후원한 파운드버리(Poundbury) 등과 같이(당시 많은 토론 대상이 되었다) 특별한 배경을 가진 주택사례뿐만 아니라 높은 수준의 일반적인 사례도 살펴보려고 했다. 사례는 빠르게 수집되었고 다양한 장소와 시장 정보를 제공했다.

'삶을 위한 건축(BfL)' 컨소시엄 구성의 다양성은 인증에 관한 새로운 접근법을 만들어냈다. 시빅트러스트가 참여하면서 평가가 더 사용자 중심으로 변하자 케이브는 "그런 접근이 건축가가 아닌 일반인의 관점을 이끌어내고 모든 일을 현실에 기반하도록 만들었다."라고 높이 평가했다. 케이브는 일찍이 사업 사례를 기록하고 많은 사례 조사, 웹사이트, 전문가위원집단을 만드는 데 집중했다. 이후 자체적으로 주택 전문가를 뽑을 때 상당한 재정지원과 함께 그 조직을 이끌었는데 이런 지원이 없었다면 '삶을 위한 건축(BfL)'은 살아남을 수 없었을지도 모른다.

고정된 지표 모음을 설정하는 것은 어느 정도 단순화의 위험을 가진 반면, 사용자친화적 도구를 제공하는 일이기도 했다. 사례 조사 중 많은 부분이 설계전문가를 넘어 대중과 소통하기 위해 만들어진 반면, 지표 설정은 지방정부가 토론을 이끌어내는 수단으로서 유용했다. 이 같은 방식으로 '삶을 위한 건축' 조직은 상을 수여하는 것으로는 할 수 없는 방법으로 주택건설업자들이 뛰어난 디자인에 관심을 갖도록 압력을 가하려고 했다. 한 주택담당 위원은, "정부는 케이브가 어느 정도 영향력이 있길 기대했고 '삶을 위한 건축'에서 중요한 점은 해당 업계가 지표 수행을 위해 동참하기를 바랐다는 점입니다."라고 말했다. 따라서 주택건설자연합을 헌신적인 파트너로 두는 것이 중요했으며, '주택을 위한 설계(Design for Homes)'도 초기에 지표를 정의하고 조정하는 데 중요한 역할을 했다.

'삶을 위한 건축'은 사용하기는 쉬웠지만 사용을 장려하는 것은 처음에는 어려웠다. 한 제작자는 "우리는 그것에 대해 충분히 명확히 의사소통을 한 적이 없어요. 실제로 '삶을 위한 건축'의 표준에 맞춰 지은 건물은 사는 사람에게 불편을 주지 않는다는 뜻이고 잠재적으로 재판매할 때 가장 높은 가치를 매기게 해주는 등 이점이 있었는데도 말이죠."라고 말했다. '삶을 위한 건축상'은 이런 관점에서 전혀 도움을 주지 못했다(8장 참조). '삶을 위한 건축'은 원래 디자인의 일부로 적용될 의도도 없었고 다른 인증제도와의 특별한 차이점도 쉽게 인지할 수 없었다. 건축상의 몇몇 심사위원은 더 특별한 계획안을 기대했지만 수상작은 항상 '삶을 위한 건축' 지표를 적용한 장점을 명백히 전달하지 못했다. 좋은 예는 부총리의 커뮤니케이션 팀이 부총리가 '삶을 위한 건축' 금상 수상작인 어도비(Adobe) 설계안(프록터 앤 매튜(Proctor and Matthew) 건축사사무소 작품) 앞에서 사진 촬영을 요청했을 때였다. 한 케이브 직원은 이를 다음과 같이 묘사했다. "존 프레스콧(John Prescott, 당시 부총리)은 21세기의 작품처럼 보이는 그 건물 앞에서 사진 찍는 것을 매우 좋아했고 보도자료도 많이 나왔어요. … 그러나 우리가 옆에 서 있었던, 43만 파운드에 팔린 주택은 실제로 45만 파운드의 건설비가 들어간 건축물이었고 이것은 '삶을 위한 건축'이 애당초 전달하려던 메시지와 완전히 반대되는 것이었죠."

다른 시장의 맥락에도 익숙하지 않았기 때문에 '삶을 위한 건축'을 사용하도록 장려하는 것의 어려움은 더 커졌지만 대량 주택업자에게는 기준을 세우기 위해 그들의 계획안을 '삶을 위한 건축'의 표준을 대표하도록 하는 것이 불가능하지는 않았다. 주택담당 케이브 위원은 다음과 같이 말했다. "듣기 좋은 말은 현장에서 행동 변화를 끌어내기 힘듭니다. 특히 런던 밖에서는 더하죠." 개발업자의 작업 관례는 종종 큰 어려움을 초래했고 많은 관계자는 공적영역이 충분히 우선권을 갖지 못한 경우가 잦았으며, 이는 많은 주요 계획안에서 가장 취약한 부분임을 인정했다. '삶을 위한 건축'은 시장과 사회적 가치 어느 것에도 완전히 연결되지 못한 채 주변에 머물러 있었다.

의미 있는 분류법을 구성하는 것과 참여하는 모든 이들에게 '삶을 위한 건축'의 가치에 대해 소통하는 것은 어려웠지만 프로그램은 많은 지지를 끌어모았고 그 결과, 단순화된 버전의 프로그램인 '삶을 위한 건축 12'는 오늘날까지 이용되고 있다(5장 참조).

케이브는 '삶을 위한 건축'을 열심히 홍보했고 그 결과, 2005년 이 프로그램은 예상 목표치 25장을 훌쩍 넘겨 60여 장의 지원서를 받음으로써 더 많은 평가자를 육성해야 했고 나아가 평가도 널리 비교할 만한 것이라는 확신을 줬다(7장 참조). 이런 배경에서 '삶을 위한 건축'은 대규모 주택 건설업자, 주택협회, 계획부서 간에서 산업 표준으로 빠르게 인식되어 갔다. 처음부터 2005년까지는 전반적으로 봉사중심 프로그램이었지만 이후에는 약 85개 지방정부 계획에 참여했을 뿐만 아니라 공공·민간단체는 이것을 표준으로 채택했다. 2007년 주택공사(Housing Corporation)는 '삶을 위한 건축'을 자신들의 자금지원 지표의 일부로 사용하기 시작했고 전체 지표를 '디자인과 품질의 기준(Design and Quality Standards)' 2008년 지표가 개정되면서 중앙정부는 지방정부가 개발계획 연간평가보고서(Annual Monitoring Reports)[178]에서 이 지표를 이용해 디자인 품질에 관한 보고를 할 것을 요구했고 지역사회지방자치부(DCLG)로 올라오는 의무보고 절차의 일부인 중요 결과지표로 사용할 것을 요구했다. 국가 주택시장의 쇠퇴에도 불구하고 이런 시도는 '삶을 위한 건축'을 새로운 단계로 이끌었다.

그린 플래그 인증은 1997년 첫 수상작을 배출한 이후 시빅트러스트(Civic Trust)에 의해 운영되어 1990년대부터 오랫동안 유지되어 왔다. 2003년 케이브 스페이스가 주요 자금조달 파트너가 되자 이 인증을 더 널리 활용하려고 했고 중앙정부의 강력한 정치적 지지를 등에 업고 지방정부

178 연간보고서는 2004년 계획 및 강제수용법(2004 Planning and Compulsory Purchase Act)에서 도입된 지방자치단체의 요구사항이었다.

들도 이것을 확장하기 위해 노력했다. 1997년 단 일곱 곳이 기준을 충족시켰지만 이후 7년 동안 182개의 그린 플래그 수상작이 배출되었다. '삶을 위한 건축'과 마찬가지로 그린 플래그 프로그램은 성장하면서 케이브의 집행하에 많은 수의 평가인력이 필요했다. 하지만 평가자 증원은 지표의 일관된 적용을 보장하는 데 어려움을 동반하기도 했다. 이와 관련해 한 보고서는 "새로운 평가자와 기준의 유입으로 기존 수상작의 점수 가치가 떨어지는 것을 고려하면 한두 명의 숙련된 평가자가 비공식적으로 그 점수의 일관성을 평가하는 것도 좋을 것이다(Wood, 2004)."라고 말했다.

2006년 무렵 사라 가벤타(Sarah Gaventa)가 케이브 스페이스 책임을 맡으면서 케이브 스페이스의 주요 업무에도 변화가 있었다. 이전에는 대부분 공원사업에만 참여했지만 가벤타 취임 이후 도로나 공공장소 관련 업무도 담당하게 되었다. 가벤타는 "저는 케이브 스페이스를 더 넓은 공적 영역으로 옮기기 위해 임명되었으며, 케이브의 초점은 더 이상 공원이 아님을 밝힙니다(Appleby, 2006)."라고 주장하며, 업무 범위가 적어도 공원에 국한된 것은 아니라고 말했다. 여전히 케이브는 그린 플래그 업무의 지원과 확장을 계속했고 2007년에는 "10개 중 7개가 넘는 지방정부에서 그들의 녹지를 관리하는 데 범국가적으로 알려진 그린 플래그 지표를 이용했다(CABE, 2007b)."라고 밝혔다. 케이브는 이 프로그램에 계속 관여하다가 시빅트러스트가 법정관리로 넘어가고 '영국을 깔끔하게(Keep Britain Tidy)' 캠페인이 해당 프로그램의 관리를 대체할 때가 되어서야 이 사업 참여를 종료했다(2009).

인증 프로그램에서는 품질에 관한 강력한 조항을 만드는 것이 필요했고 이 품질조항이 실무의 일부로 이해되고 고려될 때 가장 효율적이었다. 이런 관점에서 '삶의 위한 건축'을 해당 조항이 품질 기준으로서 인증 프로그램, 어워드, 사례집, 가이드, 캠페인, 케이브의 주택감리 등을 포함한 많은 프로그램의 중심에 서도록 했다. 특히 상을 수여하는 것은 높은 수준의 설계라고 인증함과 동시에 대중매체의 관심을 끄는 행위였다.

케이브는 적어도 그린 플래그상을 하나 이상 받은 지방정부 수를 2003~2004년 케이브 실적 지표에 포함시켰고(CABE, 2004d) 1년 후에는 그린 플래그 수상처 합계와 그린 플래그를 관리도구로 사용한 지방정부 수까지 확장해 실적을 산출했다. 나아가 '삶을 위한 건축' 표준으로 검토받은 계획 수도 추가되었다(CABE, 2005c). 관리도구로서의 그린 플래그는 2007~2008년 지표로만 남았고 결국 그것마저 쓰이지 않게 되었다.[179] '삶을 위한 건축' 실적 지표는 계획 프로그램을 평가하기 위해 '삶을 위한 건축' 지표를 사용한 지방정부 수에서 계획지원서 수로 변경되었고 이듬해에는 교육받은 '삶을 위한 건축' 평가자 수로 바뀌었다(CABE, 2008a, 2009b). 케이브에서 두 프로그

179 얼마 후 케이브 포트폴리오에서도 그린 플래그가 사라졌다.

램은 분명히 중요했지만 각 지표의 성공과 케이브의 성공을 정확히 어떻게 평가해야 할지 판단하기는 쉽지 않았다.

공모전

초기에는 특정 종류의 개발사업 재고에 초점을 맞춘 공모전이 여러 번 있었다. 공모전이 시작된 해에는 최종적으로 버리(Bury), 셰필드(Sheffield), 벡슬리(Bexley) 세 군데에서 지역유치원계획(2001년 4월 시작) 개념의 예비 설계작업이 있었다. 2002년 '민주주의를 위한 디자인(The Designs on Democracy)'에서는 브래드포드(Bradford), 스톡포트(Stockport), 레치워스(Letchworth)시청 재설계 공모전이 있었다.[180] 2003년 교육부는 중·고등학교(Secondary School)와 초등학교(Primary School) 각각 여섯 개 디자인 사례 개발을 책임질 종합팀을 선정하기 위해 케이브에게 국제 공모전 주최와 함께 간략한 개발 절차 구성을 맡아줄 것을 문의했다. 그리고 2005년에는 영불 주택계획(앞부분 참조)이 시작되었다. 2005년까지 케이브는 그 본연의 기능 중 일부로 특정 장소의 공모전에 정기적으로 포함되었고(10장 참조) 예산기관뿐만 아니라 지방의회와도 업무를 계속했다. 2007년 12월 케이브는 새로운 런던 건축(New London Architecture, NLA) 전시회에서 '공모전 작업'이라는 제목으로 그동안 해온 작업을 홍보했다. 홈페이지에서 케이브는 다음과 같이 말했다.

> 공모전은 훌륭한 디자인팀을 초청해 충분히 활용되지 않은 그들의 재능을 대규모 건축계획에서 펼치게 한다. 유럽에서 공모전을 일상적인 소규모 프로젝트에 활용한다면 영국에서는 대규모 랜드마크 프로젝트에 이용하려는 경향이 있다. 이런 경향은 크든 작든 모든 범위의 프로젝트에서 높은 수준의 디자인이 활용될 기회를 잃게 만든다.[181]

그러나 그 뚜렷한 열정에도 불구하고 시간이 흐르자 공모전은 일반인의 눈에 전혀 띄지 않을 만큼 관심 밖으로 사라졌다. 케이브가 공모전에 관심을 잃은 것을 가장 여실히 보여준 것은 유럽의 건축 비엔날레 공모전이었다. 이 공모전의 주요 특징은 계획이 실제로 건축되어야 한다는 것이었고 지난 40년간 유럽 전역의 혁신적인 주택건축 디자인을 다루기 위해 개최되어 왔다는 것이다. 케이브는 이 공모전에 늦게 참여한 편이었는데 처음 참여한 것은 유러피언 8(European 8, 2005)으로 공모전이 이미 16년 동안 진행된 후였다. 결국 지역사회지방자치부, 잉글리시 파트

180 해당 공모전은 디자인위원회(Design Council)에 의해 조직되었다. 2011년 통합되기 전 두 단체 간에 몇 안 된 공동작업 중 하나였다.

181 http://webarchive.nationalarchives.gov.uk/20110118095356/http://www.cabe.org.uk/news/new-exhibition-for-design-competitions

너십, 주택공사의 도움으로 2005년 케이브는 영국 내 세 곳을 지원 대상지로 낙점했고 2007년 유러피언 9를 위해 세 곳을 추가로 선정했다. 그러나 이 공모전이 유럽에서 성공적이었음에도 2007년 영국 지원 대상지 중 단 두 곳만 수상했을 뿐만 아니라 실제로 케이브가 합류한 시기에는 단 한 곳만 계획허가를 받는 등 영국에서는 그 교두보를 마련하기 힘들었다. 유러피언 10에서는 케이브가 공식 참여했지만 잠재적 지원자들의 무관심을 탓하며 그 어떤 대상지도 올리지 않았고 유러피언 11(Architect's Journal, 2010) 전에 모두 손을 뗐다. 이것이 케이브가 도구로써 공모전을 활용한 마지막이었다.

공모전이 사용되는 곳에서 케이브의 참여는 일반적으로 공모전 과정을 더 쉽게 이해하게 해줬다. 이것은 공모전 과정의 투명성을 높였는데 이는 케이브가 없었다면 주관적으로 보였을 평가를 다루는 데 매우 유용했다. 실행지원(Enabling) 역할은 계획설계를 위한 팀 선정에서 일반적으로 케이브 직원을 다소 곤란하게 했고(10장 참조) 이 경우, 공모전은 디자인 품질 면에서 구분될 수 있는 경계를 구축함으로써 의뢰인이 케이브와 미리 상담한 후 수긍하게 해 문제를 해결할 수 있었다.

그림 9.15 최종 마스터플랜의 중요한 지점이었던 캐나다 워터 도서관(Canada Water Library) / 출처 : 매튜 카르모나

예를 들어, 캐나다 워터(Canada Water) 마스터플랜에서는 제출된 제안서를 기준으로 개발팀을 선정하는 것은 불가능했는데 실행지원 담당자는 런던 서더크(London Borough of Southwark)구에 "12개 제출안 중 여덟 개를 선정하고 그중 각 제출자는 자신들의 디자인 접근법을 이미 동의한 지표에 맞춰 설명할 수 있어야 한다는 새로운 요구사항을 포함"시킬 것을 요청하는 창의적인 제안을 했다.[182] 이것은 설계에서 명확성과 비교가능성을 보여줌으로써(그림 9.15 참조) 공모전에서 팀 선정 방식을 개선시켰다.

실제 실행 과정에서 공모전은 양쪽의 시간과 노력을 아끼기 위해 기본적인 팀 조건을 통해 지원자를 추리는 데서 시작해 여러 단계의 선정 과정을 수반할 수 있다. 예를 들어, 민주주의를 위한 설계 공모전은 두 단계 발표로 이뤄졌다. 첫 번째로 건축가 중심인 설계팀의 구상안이 공공미팅룸이나 토론공간처럼 접근하기 쉽고 환영받는 도시공간을 창출했는 지를 평가했다. 첫 번째 과정을 통과한 지원자는 그때부터 두 번째 과정을 위해 더 종합적인 디자인 제안을 요구받았다.

케이브가 활동한 기간 동안 공모전은 국가적으로는 거의 사용되지 않은 도구로 남아 있었고 영국 내에서 공모전 관련 업무를 하는 실행지원 인원은 비설계 분야의 동업자에게 공모전 사용처, 유용성, 위험성 등을 이해시키는 데 많은 시간을 할애했다. 동시에 유럽에서 국제적인 업무를 담당하는 케이브 직원들은 이 모든 관계와 과정이 무척 어렵고 복잡하다는 것을 알게 되었다. 이 경험들은 공모전이 케이브의 도구모음 속에서 왜 확실히 눈길을 끌지 못했는지를 설명할 수 있을 것이다. 확실히 공모전은 케이브의 실험이 진행될수록 더 적게 사용된 유일한 도구였다.

평가도구는 언제 사용되어야 하는가?

케이브의 평가도구가 대체로 비공식적 상태로 남아 있었더라도(2장 참조) 디자인 품질 평가에서 체계적인 수단을 제공했고 객관적이고 탄탄하고 전체적인 시야를 가진 신뢰할 만한 방법이라고 주장되어 왔다. 실제 개발에 관한 평가와 같은 이전 수단과 비교하면 케이브의 평가도구는 실제 프로젝트와 장소에 직접적인 영향을 미쳤고 디자인 거버넌스 프로세스를 실제 사업으로 연결시키기도 했다. 현실에서 그 같은 도구는 설계안 평가로 이어졌다. 해당 팀의 실적도 그들의 영향력에 의해 옳은지 그른지가 평가되었는데 이는 때때로 피할 수 없는 반발과 논쟁을 야기하기도 했다. 또한 이것은 여러 방법을 통해 이뤄졌는데 공식적으로 디자인 과정에 반영되거나 부가적으로 디자인 결과물을 평가하기도 했다(그림 9.16 참조).

---

182 실행지원 활동가의 프로젝트 노트, 2002년 9월

지금까지 말한 여러 도구들은 케이브를 가장 잘 알린 실제 평가 도구에 관한 것으로, 논란의 소지는 있지만 이 도구들은 케이브가 명성을 쌓는 데 일조했다. 특히 디자인 검토의 경우, 공식적인 디자인 평가에서 민주적 절차나 명확한 과정 없이 결정사항에 이의를 제기하는 데 반대하는 사람들이 항상 문제가 되었다(4장 참조). 물론 디자인 검토를 케이브의 주요 서비스로 진행하는 동안 이 비판은 새로운 것은 아니어서 이번 장에서는 케이브가 대립을 어떻게 완화하고 영감을 주는 방향으로 지표, 인증, 공모전 등 디자인을 평가하는 다른 수단을 찾아나갔는지 살펴보려고 했다.

상술된 여러 수단으로 케이브는 자신만의 독특하고 혼합된 접근법을 개발했다. 달리 말해 평가는 실적 측정 수단뿐만 아니라 국가를 관통하는 도시계획 형태를 결정하는 방법이었고 종종 다른 방향으로부터 디자인 거버넌스에 접근하는 큰 도구모음의 일부였다. 공모전의 경우, 케이브 자신이 프로젝트 심사위원이 아닐 뿐만 아니라 불가피한 비용 지출과 불확실성 때문에 케이브의 도구모음 안에서 상대적으로 활용도가 낮았지만 지표나 인증제도 같은 경우에는 매우 많이 활용되었다. 케이브는 이것을 통해 설계의 영감을 불러일으키는 동시에 협력기관과 함께 공동 목표를 달성하는 수단으로 제공했다.

1장에서부터 평가도구를 디자인 거버넌스 활동 분야에 위치시킨 것은(그림 9.17 참조) 평가도구가 디자인 과정 내 또는 바로 직후 그것을 평가했음을 보여준다. 예외적으로 지표 설정에 사용된 기준이 설계 과정에 정보를 제공하기도 했지만 스페이스셰이퍼와 같이 설계가 이뤄진 지역의 맥락을 이해하는 데 도움을 주기도 했다. 비공식적 설계 검토는 디자인 과정의 다른 단계에서 일어날 수도 있지만 더 효과적이려면 디자인이 발전하는 데 도움을 주도록 더 이른 단계에서 계속 사용되어야 한다. 하지만 실제 상황에서 디자인 검토는 종종 비공식적 의견들이 공식적 계획 동의 절차로 전환되는 후반에 일어난다. 그와 반대로 인증은 설계안이 인증을 위한 요구 조건을 충족

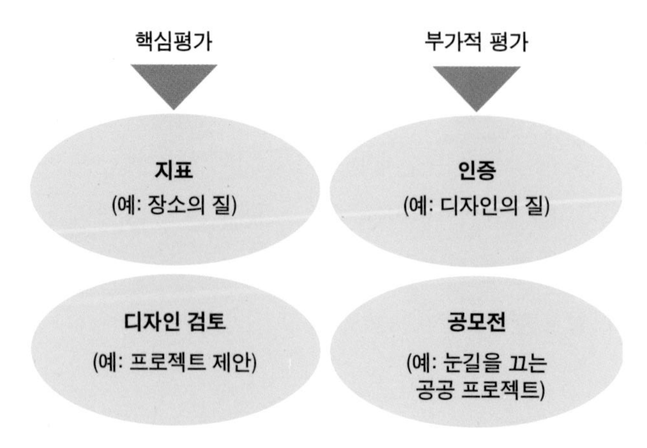

그림 9.16 평가 유형 분류체계

했는지 여부에 관한 최종평가가 이뤄지는 더 늦은 시점을 대상으로 하며, 인증 과정은 설계 검토 완료 이후 일어날 수도 있다. 끝으로 공모전은 그들의 본질상 마스터플랜처럼 대상지 전체를 다루거나 전형적으로 건물설계와 같이 세부적인 설계안이거나 둘 다에 해당하더라도 설계 과정 맨 첫 단계에서 일어난다.

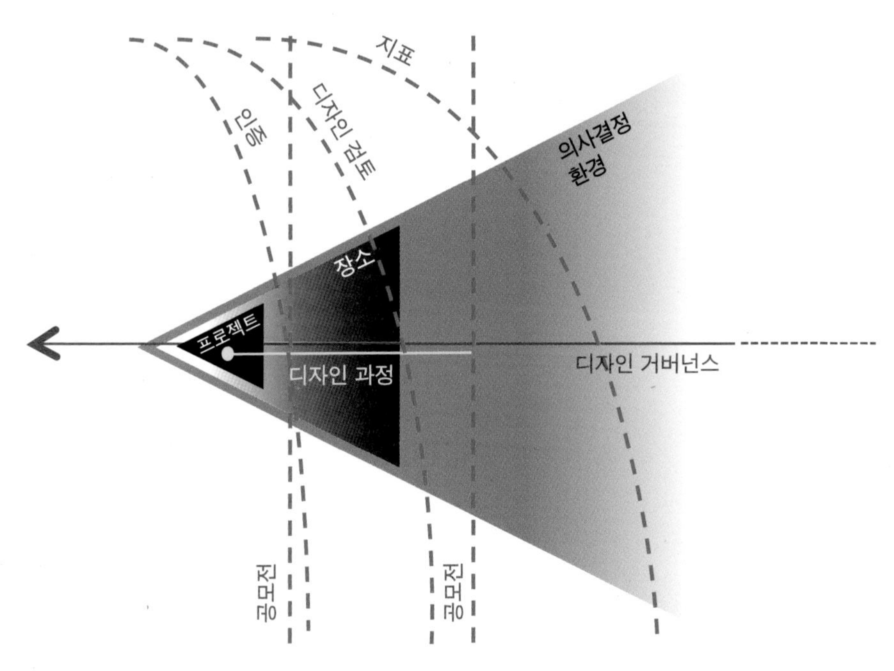

그림 9.17 디자인 거버넌스 활동 분야에서의 평가도구들

지원도구 (The Assistance Tools)

케이브가 제공한 직접적인 지원은 케이브의 활동 중 개입적 측면(Interventionalist Aspect)이 가장 강력했기 때문에 즉각적인 영향력도 가장 컸다. 그러나 분명히 말 할 수 있는 것은 직접적인 지원이 케이브의 활동 중 가장 잘 알려지지 않은 것이자 가장 덜 인정받는 부분 중 하나였다는 것이다. 영국의 디자인 거버넌스 맥락 속에서 이 활동은 케이브를 중앙정부 수준에서 디자인 품질에 영향력을 행사하기 위한 이전 시도와는 분명히 달라 보였다. 여기에는 두 가지 주요 도구가 포함되었는데 첫 번째는 지원금을 조성하거나 지방 디자인 거버넌스 활동 예산 확보를 통해 직접적으로 재정적 지원을 하는 것이었고 또 하나는 지방의 디자인 과정이나 디자인 거버넌스 과정을 통한 직접적인 지원이었다. 이번 장에서는 세 부분에 걸쳐 해당 지원이 왜 어떻게 언제 필요하고 이를 위해 도구가 거버넌스의 활동 분야에서 언제 사용되었는지 살펴본다.

지원활동에 왜 참여하는가?

재정적 지원

재정적 지원이 제공되는 환경에 따라 목표는 두 가지로 나뉜다. 먼저 지방마다 디자인 거버넌스 과정의 전국적인 이행을 즉각적이면서도, 쉽게 하기 위해서이고 두 번째는 자주는 아니지만 특정 디자인 중심의 개발·재생 과정을 재정적으로 보조하기 위해서다.

재원 단체

첫 번째 목적을 먼저 살펴보면 케이브는 공유하는 의제에 관해 다른 부서업무의 재원을 지원하면서 영국 전역의 지방으로 진출할 수 있었고 특히 디자인과 관련해 다른 방법으로 하는 것보다 더 긴밀한 네트워크를 개발하거나 적극적인 참여를 시도할 수 있었다. 이 활동은 건조환경과 관련된 이슈에 공공의 참여 기회 극대화가 목표인 광역 자금지원 프로그램(Regional Funding Program, RFP)을 이용해 지방 현지와 광역 건조환경센터 사이의 네트워크를 구축하는 데 우선적으로 집중했다(CABE, 2003c). 이 수단으로 케이브는 영국 전역의 지사에 상당한 재정적 지원을 할 수 있었는데 특히 8장에서 언급된 비영리 단체인 건축건조환경센터(ABECs)와 몇몇 국가소관 단체, 특히 건축건조환경센터와 영국 왕립건축가협회신탁(RIBA Trust)을 관리하는 건축센터 네트워크(Architectural Center Network, ACN) 등이 여기에 해당되었다.

광역 자금지원서 안내문에 적혀 있듯이 케이브의 광역적 정책 목표는 케이브의 노력이 영국 전역의 건조환경 디자인에 상당한 개선을 이끌 거라고 확신시키는 데 있었다. 광역적 정책은 열정적이고 신뢰성 있는 지방정부가 모든 마을과 도시에서 높은 수준의 디자인에 관한 공공토론을 활성화하고 나아가 지역전문가로 구성된 숙련된 팀이 그 높은 수준의 디자인을 실행하는 것이었다(CABE, 2002c). 그러나 케이브는 "그들은 단순히 이 목표 달성을 위해 자신들의 지역단위 사무소 네트워크를 설립하려고 하지 않았다."라고 말했다(CABE, 2003c). 결과적으로 케이브는 당시 지방단위 단체나 광역단위 단체의 한정된 재원으로 인해 사무소가 설립되지 않은 곳에서 신생 중소기업에 자금을 대주거나 지원하는 것을 목표로 했다.

케이브는 이런 종류의 봉사활동이 재원이 부족한 곳에 실용적 대안을 제시할 뿐만 아니라 이용자 중 지지층과 가까운 외부 그룹을 이용해 케이브 자신이 광역 인프라 구조를 스스로 개발하는 것보다 훨씬 적은 자금으로 더 효율적으로 목표를 이행할 수 있다고 믿었다. 실제로 그들은 2010년까지 "우리의 광역 자금지원 프로그램은 60만 명 이상에게 평균 2.65파운드 비용이 들어가는 것으로 기록되어야 한다(CABE, 2010a: 11)."라고 말하곤 했다. 게다가 이 대부분의 자금은 장기적인 것이어서 오랫동안 더 유익한 관계를 가능케 할 잠재력이 있었다. 케이브 광역담당 코디네이터 애니 홀로본(Annie Hollobone)은 이 업무에 관해 언론에 다음과 같이 알렸다. "우리는 건축센터가 모두에게 쉽게 갈 수 있는 장소이자 흥미롭고 재미있는 활동을 제공받는, 문전성시를 이루는 장소로 인식되기를 바랍니다."

광역적 자금 지원금도 케이브가 차입으로 다른 이들의 작업에 이용하면서 '재빠른 승리'를 거둘 수 있게 했다. 이것은 종종 즉석에서 일어났던 일로 교육 워크숍, 전시, 강의·세미나 프로그램, 건물·장소 답사 프로그램, 웹활동을 포함한 출판, 교육자료 제작, 커뮤니티 워크숍 등이 포함되었다. 케이브의 적절한 자금 지원으로 새로운 분야에서 활동이 쉽게 시작될 수 있었고 이로 인해 케이브도 훨씬 적은 수준의 내부작업이 가능해졌다. 또한 어디서 일어나든 그 조짐이 좋은 계획의 추진 속도를 높일 수 있었다(CABE, 2007i; Annabel Jackson Associates, 2007).

프로젝트를 위한 지원금

두 번째 재정적 지원 목표는 마지막 하나 남은, 매우 중요한 자금지원 프로그램인 씨체인지(Sea Change, 역주: 해안 마을을 중심으로 한 케이브의 사업)를 유지하는 것으로 케이브는 직접적으로 이 프로젝트의 실행에 집중했다. 2008~2011년 3년 동안 이 '변화' 프로그램은 문화 프로젝트를 통해 도시재개발을 장려할 의도로 문화미디어체육부가 지정한 4,500만 파운드의 자금을 활용해 해안 리조트에 보조 지원 하는 것이었다. 또한 해당 지자체가 더 넓은 범위에서 도시재생 프로그램을 보완하는 활동을 진행함으로써 케이브는 연간 1,500만 파운드의 투자금을 관리하게 되었다.

케이브 공간분과 수장이자 '변화' 프로그램 리더인 사라 가벤타(Sarah Gaventa)는 "우리는 (변화 프로그램 지원금을 통해) 모든 이를 일깨우고 정신을 고취시켜 더 많은 투자를 장려할 수 있도록 신속하면서도 지속가능한 것을 좋아합니다."라고 설명했다(Christiansen, 2010). 실제로 케이브의 역할은 단순한 자금배분이 아니라 매우 전략적인 자금운용이었고 나아가 조언해주거나 의사결정 과정을 관리하며, 재개발 계획을 보완하기 위해 파트너십이나 다른 자금 출처를 물색해주는 것이었다. 또한 지정된 장소에서 넓은 의미의 재개발이 진행되도록 더 많은 지원을 찾아보기도 했다.

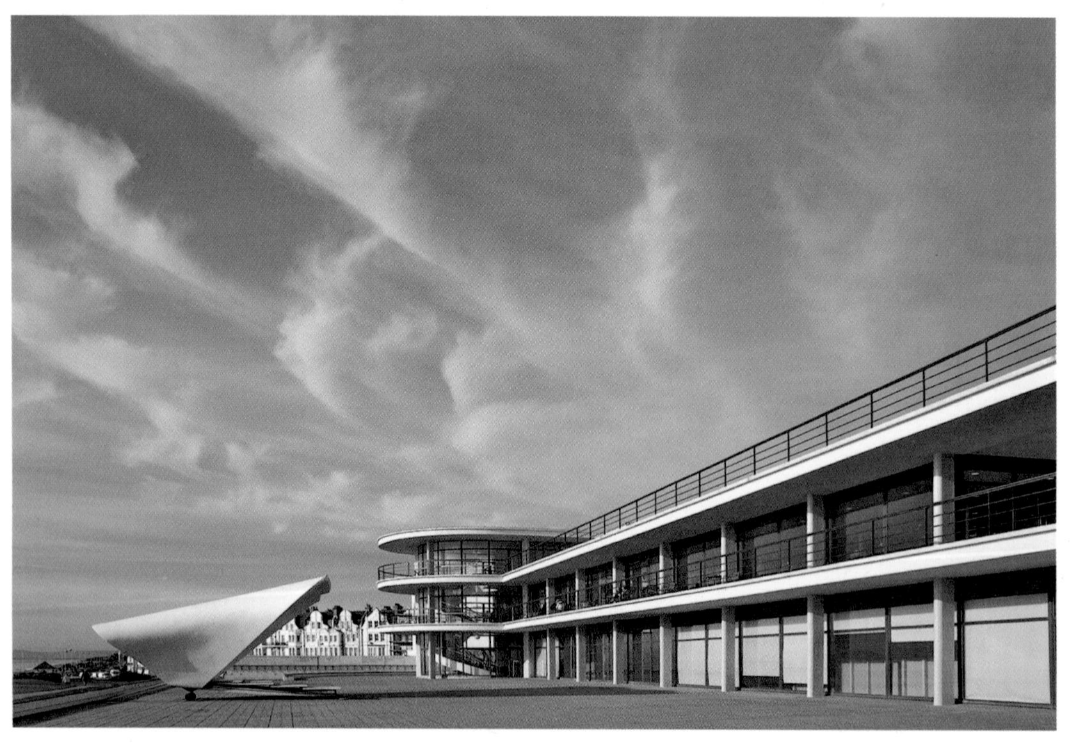

그림 10.1 씨체인지(Sea Change)를 통해 벡스힐(Bexhill) 해안가에 새로운 해안쉼터가 조성되었으며, 드 라 워르 파빌리온(De La Warr Pavilion) 주변 환경개선 등을 포함한 다양한 프로젝트도 실행되었다. 이 프로그램에는 총 100만 파운드가 지원되었다.
출처: 알라스테어 헤이즐(Alastair Hazell)

케이브 스스로 프로젝트를 실행하지 않았을 뿐만 아니라 디자인도 하지 않았지만 해당 계획은 규모면에서 케이브의 연간 예산보다 컸다. 이는 케이브 활동의 중요한 출발을 나타냈으며, 나아가 케이브가 실제로 실무적으로 개입하여 직접 자금지원을 하게 만들었다(10.1). 주택공동체청이나 잉글리시 헤리티지와 달리 케이브는 일반적으로 이 같은 종류의 자금지원 단체가 아니었고 프로젝트에 직접 자금을 지원하는 데 포함된 것은 이때가 유일했다. 그런데도 이것은 케이브의 일반적인 역할인 제3의 단체로서의 자금지원보다 재정지원 중심의 직접적인 개입주의자(Interventionalist)로서의 가능성을 보여줬다.

실행지원

직접적 자금지원 프로젝트에서 있을 수 있는 예외 수단으로서 실행지원은 케이브의 비공식적인 도구모음 중 가장 직접적인 도구였으며, 특히 실행지원 재원 지정을 통해 개발 프로젝트나 장소 만들기 계획에 직접 관여했다. 출판되지 않은 실행지원 안내서(CABE, 2005i: 5)는 다섯 가지 주요 분야의 조언 목록을 다음과 같이 열거했다.

1. 디자인과 기능 관점에서 고객이 영감을 얻는 데 도움을 제공한다.
2. 컨설턴트와 파트너를 지정하는 데 공정하고 경쟁적인 계획을 보증함으로써 디자인 브리핑 준비에 기여한다.
3. 건축가, 디자인팀, 민간영역에서 파트너를 선택하는 과정을 돕는다.
4. 민간 재정계획, 파트너 협약 등 조달 방법 계획에서의 영향력을 논의한다.
5. 디자인팀에 디자인 업무를 지시하거나 해당 업무에 반하는 디자인 제안 과정 검토에 지속적인 역할을 한다.

실제로 케이브의 실행지원 활동가들은 재정 분담부터 경매 과정, 채용, 일정 관리, 지침 초안 작성, 도안작업, 발표, 디자인 작업, 지역 디자인 거버넌스 활동 조언·검토까지 개발과 관련된 전략적, 관리적, 실천적, 기술적 측면 전반을 도왔다. 케이브는 지속적으로 이 같은 작업을 '기술적 가이드' 또는 전문적인 지식의 '지원'이라고 묘사했다. 이 지식은 주로 위원, 스태프, 많은 수의 경력직 전문가(필요할 때 실행지원 활동가라고 부르도록 계약된)로부터 제공되는 것이었다. 그들은 상당한 양의 경험을 바탕으로 경험이 적은 의뢰인에게 도움의 손길(CABE, 2001a)을 제공했으며, 가장 핵심적인 목표는 의뢰인이 해당 분야에서 능력 향상을 이루고 나아가 좋은 품질의 디자인 이행에 초점을 맞춘 의사결정권을 부여하는 것이었다.

실행지원 프로그램은 공공영역으로부터 상당한 자본투자가 이뤄진 시기에 존재했었고, 종종 민간재정계획 계약(PFI contracts, 원하는 수준의 디자인 품질을 성취하는데 내재적인 문제점을 지니고 있었다)을 통해 실행되었다(3장, 4장 참조). 예를 들어, 2006년 이전 케이브가 지원한 12개 병원 프로젝트는 총 308만 6천 파운드의 가치가 있었다.[183] 이 같은 공공투자 규모는 프로그램이 주요 목표로 삼은 것에 가끔 민간영역 프로젝트가 포함되었더라도 공공부문의 계획이었음을 의미했다(10.2, CABE, 2002a). 또한 프로그램은 정부 안건으로, 특히 지역사회지방자치부의 야심찬 개발 목표 이행과 상당히 밀접한 관련이 있었다. 케이브 최고책임자 리처드 시몬스(Richard Simmons)는 "우리는 향후 5년 동안 지속가능한 커뮤니티 프로젝트를 이끌어갈 유능하고 숙련된 전문가가 최소 천 명이 필요합니다."라고 주장했다(Housebuilder, 2005).

그림 10.2 케이브는 2001~2010년 100개 자본 프로젝트 중 40개의 급성질병, 지역사회 및 정신건강 신탁에 관해 조언했으며, 이를 바탕으로 아동·청소년을 위한 칼레이도스코프센터(Kaleidoscope Center) 디자인 공모가 진행되었다.
출처 : 매튜 카르모나

183 출판되지 않은 실행지원 활동기록, 2006. 10

훌륭한 의뢰인에 대한 지원

특히 조력자들은 고객 역할을 하는 이들의 실적 개선이 주요 목표였는데 이들은 개발계획에 투자했거나, 소유권을 쥐고 있던 사람들이었다. 공공영역 고객들이 중점적으로 주목받는 동안 민간영역의 고객들도 개발 제안 내에서 주요 주체로 그 중심에 포함되었고 종종 해당 프로젝트가 가능하도록 진행하거나 디지인했다. 토키항(港, Torquay Harbor) 교량 신설 조력자는 "나는 LDA[184]와 잉글리시 헤리티지를 그들의 선호에 맞게 서로 덜 간섭하는 구조로 지원할 수 있었습니다. 또한 높은 수준의 적절한 세부사항과 기대가 필요한 곳에 케이브의 영향력을 더할 수 있었습니다. 이 기대는 공공범위에서 디자인 전략이 만들어지는 데 잘 부합하고 나아가서는 그것을 보완할 것입니다."라고 전했다.[185]

케이브는 실행지원 도구를 널리 제공했지만 지원받을 대상이 누가 되어야 하는가에 대한 몇 가지 주의사항이 있었다. 특히 위원회는 실행지원을 잘 받을 수 없는 곳이나, 특정 기관의 고려사항을(오랜 기간동안 공유되어야 하는 사안을) 특별히 각인해야 될 필요가 있다고 여겨지는 곳에 지원하기를 바랐다. 나아가 프로젝트 지원심사위원회는 높은 수준의 품질을 열망하면서도 도움을 원하는 고객에게 조언 제공(CABE, 2002a: 7)을 제안함으로써 케이브가 실행 지원을 제공할 필요가 없는 곳이 되는 것을 바랐다. 고객의 기술이나 태도는 그래서 이런 실행지원 작업성공 여부의 핵심요소였다.

이 같은 한도 내에서 조력자들은 맞춤형 조언을 상당한 범위의 프로젝트에 제공했는데 여기에는 작은 일회성 건축물 계획(예: 뉴캐슬 어폰 타인(Newcastle upon Tyne) 어린이 도서관)부터 여러 계획 당국과 협업하는 전략적 비전 설정과 공간계획까지 포함되었다. 후자는 더 전략적인 형태의 지원을 망라했다.

- 광역적·지역적 정책 강화와 특정 수준의 품질 성취를 보장하는 방법 조언
- 지방정부나 다른 집행 당국(예: 박스 10.1의 주택시장 재생 길잡이, 도시개발공사, 도시재생 업체)의 지원과 함께 디자인 품질 개선을 열망하는 개발, 실무에서 특정 수준의 디자인 품질 성취를 위한 능력개발 지원
- 특정 수준의 디자인 품질 성취 보장을 위해 개발 파트너들과 협업하는 방법 조언
- 좋은 사례를 논의·전파하기 위한 토론회 관리

184 LDA 설계·조경 디자이너

185 출판되지 않은 실행지원 활동가 노트, 2002. 3

10.1 실행지원: 노스 스태포드셔(North Staffordshire) 주택시장 재개발

노스 스태포드셔 주택시장 재개발(Housing Market Renewal, HMR) 지원 경험은 정부 프로그램 내에서 훌륭한 디자인을 실행하는 데 케이브가 깊숙이 관여된 복잡한 상황을 보여준다. 2002년 주택시장 재개발 계획은 지역재생 프로젝트와 파트너십을 체결한 후[186] 영국 내 아홉 곳에 2,500만 파운드를 책정해 신행되었다(ODPM, 2002). 여기서 논의된 미들랜드(Midlands)[187]의 경우, 지역 내 경제침체로 인해 쇠퇴했거나 더 이상 사용되지 않는 주택 매물을 정리할 필요가 있었다(10.3 i). 그중 노스 스태포드셔가 직면한 문제는 지역 마스터플래너(Master Planner)가 특정한 대로 "어떻게 땅과 부동산을 개선시켜 재활용하고, … 한 때 산업 공간이던 곳을 재생할 수 있을지" 그 방안을 찾는 것이었다.

재생사업에서 투자 자체는 노스 스태포드셔에서 매우 환영받았지만 지역 디자이너들은 중앙의 간섭을 우려했고 전체적인 주택시장 재개발 전략이 복잡한 지방 현지의 요구를 해결하지 못하고 있다고 봤다. 특히 지역 내 주택 과잉공급이 있었다는 일반적인 의견이 항상 맞지도 않았고 주택시장 재개발 프로그램이라는 것이 해당 지역의 주택이나 커뮤니티에 투자하기보다는 그것들을 없애면서 지역 쇠퇴를 관리하는 수단으로 지역민들에게 빠르게 인식되고 있었다.

지역정치와 함께 노스 스태포드셔는 극도로 분산된 공간개발 양식을 갖고 있었다. 미들랜드의 한 건축가는 "당신은 현재 이 폐허가 누가 봐도 조직적이지 않고 특별한 근거도 없는 후속전략과 함께 산발적으로 개발되고 있다는 것을 확인할 수 있을 겁니다."라고 말했다. 이 같은 고질적인 문제는 지역 파트너들을 더 방어적으로 만들었고 더 넓은 시야에서 지역의 더 큰 잠재성에 집중하기보다 현재 그들의 좁은 지역에만 과도하게 집중하게 했다. 더 두려운 점은 건실하고 지역적 가치가 있는 부동산이 불필요하게 철거되면서 모든 커뮤니티도 함께 소멸될 거라는 우려섞인 전망이었다.

주택시장 재개발업무 지침을 일반적으로 설명하기 위해 케이브는 프로그램 매니저와 다수의 조언자 등을 임원진으로 구성해 팀을 만들었다. 조언자 중 한 명은 적합한 조력자를 현장에 파견해 노스 스태포드셔 지역활동가들과 직접 협업하는 업무를 맡겼다. 케이브의 업무는 다양했지만 도움을 효과적으로 제공하기 위해 필수적으로 했던 첫 번째 작업은, 주택시장 재개발을 목표로 전략적인 접근법을 세우는 것이었고 나아가 이를 기존 참가자(주로 특정 영역의 단체)와 공유하는 것이었다. 해당 작업의 핵심은 협업을 장려하는 것으로 특히 노스 스태포드셔에서는 지원팀이 지방 건축건조환경센터와 함께 도시 비전을 공유하며, 두 지방 의회[(뉴캐슬 언더 라임(Newcastle Under Lyme), 스토크 온 트렌트(Stoke on Trent)]와 긴밀히 일하도록 만드는 것이었다.

이 같은 네트워크 과정은 사람들을 기존 참가자팀뿐만 아니라 다른 영역의 참가자팀과 연결하는 것도 포함했다. 이를 위해 케이브는 워크숍을 개최했으며, 독일 엠셔공원(Emsher Park)과 같이 산업화 이후 비교할 만한 해외 지역을 답사하기도 했다. 이 두 가지 이벤트는 관련 이슈에

---

186 '정부 부처, 지역개발청, 지역전략 파트너십, 주택공사, 경찰청, 전략적 보건 당국, 대표 개발자들이 포함된 공공부문과 민간부문에서 파트너와 협업하는, 2~5개 지방정부 간의 파트너십'(하원 공공회계위원회 2008: 7)

187 부수상실의 전략은 "노스, 미들랜드에서의 낮은 수요와 무관심"을 전제로 시작했다(ODPM, 2002: 13).

관한 새로운 생각거리를 던져줬고 이런 과정에서 케이브와 참가자들은 도시 비전을 공유하며 지방 중개 파트너로서 상호관계를 돈독히 했다.

케이브로 인해 시작된 이 실행지원의 조정 업무는 미들포트(Middleport)와 버슬렘(Burslem) 지역 마스터플랜과 같이 공유전략 수립으로 그 결실을 맺었고 이는 개별 장소 개발을 위해 수립된 개발지침서와 같이(예를 들어, 항구 거리 복원(10.3 ii)) 공유할 수 있는 가이드로 만들어졌다. 이런 수단을 이용해 전문가들의 기술은 더 세부적으로 조정되고 의도된 방향으로 실제 개발에 주입되었고 케이브는 이견이 충돌하는 지방단체들 사이에서 협상 카드로 활용해 제안을 성공적으로 수용시킬 수 있었다. 나아가 케이브는 지속가능한 수준의 공유가능한 비전 수립도 도와줄 수 있었다. 이로 인해 도시계획과 관련된 영감이 계속 떠올랐으며, 그 가치를 이해할 힘도 점점 생겼다. 한 지방정부 관계자는 "케이브가 만든 분위기로 인해 일부에서는 한 명이 아닌(보통 한 명으로 제한) 두 명의 도시계획가를 직원으로 고용할 수 있었습니다."라고 말했다.

불신하는 정부 프로그램과의 연대를 통한 이 같은 성공은 케이브의 평판을 높일 수 있다는 점에서 그들 자신에게 중요했다. 그러나 결과적으로 이 같은 성공까지의 과정은 극도로 길었다. 케이브의 역할은 성공과 거기까지의 기나긴 과정 사이에서 일반인에게 널리 인식되었지만 2010년부터 시작된 중앙정부의 도시재생활동 지원 철회로 케이브의 실행지원 계획은 그 최대 잠재적 결과에 전혀 도달하지 못했다.

그림 10.3 (i) 스토크 온 트렌트(Stoke on Trent)의 황폐하게 방치된 트래버스(Travers) 거리. (ii) 역사적 지역 도기(陶器, Pottery)산업에 뿌리를 둔 특성을 바탕으로 도시재생 노력에 초점을 맞춘 포트(Port) 거리 인근 / 출처: 매튜 카르모나

그러나 일반적으로 케이브의 조력자들은 고객이 주요 도시설계와 관련해 긴급 현안을 세우거나 프로젝트 투자에 대한 준비가 미리 필요할 때 다양한 범위에서의 기술과 같은 주요 요소를 충분히 고려할 수 있도록 도왔다. 디자인 검토 단계에서처럼 실행지원은 개발 과정 초기에 고객을 돕는 것이 목표였지만 디자인 검토와 달리 종종 실제 계획의 개발 전이나 개발의 특정 과정에 더 집중했다. 맨체스터에서 영국예술위원회가 자금을 지원하는 중국예술센터(Chinese Arts Center)에 소속된 조력자는 비용의 효율성을 추구하기 위해 초기 비판 단계에서부터 도왔다.[188]

문화 변동 장려

케이브의 실행지원은 고객들이 행동하게 하는 것 이상이었다. 더 원론적으로 행동지원을 통해 전문가들(해당 분야에서 책임질 수 있는 사람들)의 기술을 연마하면서 건조환경 개발·디자인을 더 잘 관리하는 능력이 전달되기를 기대했다. 조력자들은 "프로젝트 팀이 그들의 시야를 넓혀주고 고객에게 팀의 신뢰를 제공하는 동시에 최소한의 공통적인 형태의 해결책 제시는 피하도록 장려할 것"으로 기대했다(CABE, 2006c: 2). 그들은 장기적으로 디자인 중심의 접근법(즉 "흥미와 야망을 유발하기 위해, 새로운 생각을 고무하기 위해 변화의 긍정적인 이점을 고취하기 위해" 고객의 의사결정에 영향력을 미칠 뿐만 아니라 마음까지 움직이는 것) 개발을 목표로 했다. 실행지원 활동가들은 "조력자와 조력지원팀의 역할은 디자인이 적용되기 이전 단계에서 종종 다른 생각의 관점이나 새로운 생각의 방법과 부딪히게 하거나 이를 통해 그들의 생각을 제안하는 것이었습니다(CABE, 2006f)."라고 설명했다.

공공지향적이고 상관관계적이고 다소 선교적 배경의 일임을 감안하면 조력자의 역할은 다른 도급자의 그것과는 상당히 달랐다. 엄밀히 말해 조력자들은 합작투자사의 고용인이나 에이전트, 파트너가 아니었고 케이브나 공공영역의 고객으로 활동하는 것도 아니었다(CABE, 2010b). 그 대신 그들은 케이브를 대표하는 독립적인 조언자였다. 『조력자 핸드북』에는 "어떤 조언이나 지원도 케이브의 목표 내에서 공정한 근거를 바탕으로 제공되어야 하고 조력자는 자신들의 상관인 지원장에게 직접 답할 수 있어야 한다(CABE, 2002a: 13)."라고 적혀 있다. 또한 조력자들의 역할은 자문과 달랐는데 단순히 비용(케이브는 조력자들이 고객들에게 무료로 제공하는 서비스의 대가로 그들에게 표준 비율의 비용을 지불했다)과[189] 관련된 것 뿐만 아니라 계획에서도 단체의 기초적인 결정을 바탕으로 관련 기술 이전을 목표로 지원했기 때문이다. 이는 간단하면서도 시간 제한이 있는 전문지식의 주입으로 신뢰의 유산을 남김으로써 (또는 남기길 희망하면서) 고객들(또는 적어도 한 팀)이 케이브에게 또 다시

188 출판되지 않은 실행지원 활동가 노트, 2002. 11

189 2010 콜오프 계약(Call-off Contract)에서 이것은 일당 400파운드 또는 시간당 53.33파운드로 추산되었다(CABE, 2010a).

지원을 요청할 필요가 없도록 하기 위해서였다. 오히려 케이브 관점에서는 케이브에 다른 서비스가 있다는 것이 알려지기를 바랐다.

실행지원은 케이브의 광범위한 임무에서 더 가치가 있었다. 실행지원 모음으로 케이브는 다양한 능력을 확장하고 지원활동을 공유할 수 있었으며 때로는 다른 프로그램 개발을 도움으로써 교훈도 얻었다. 2002~2005년 케이브 사내 전략에서 위원회는 "케이브는 실행지원 프로그램 초기 2년 동안 배운 교훈을 바탕으로 더 강화될 것이고 이후 그 교훈을 더 널리 공유할 것입니다(CABE, 2002b: 7)."라고 밝혔다. 그리고 이것은 케이브가 출판한 실행지원에 초점을 맞춘 사례집을 통해 이뤄졌다(7장 참조). 이런 측면에서 실행지원은 위원회에게 매우 중요한 도구인 동시에 현재 실무를 잘 이해하도록 더 다듬어졌고(프로젝트나 그 과정을 케이브가 어느 정도 배울 수 있고 미래에 다른 고객들을 얼마나 도울 수 있는지(CABE, 2006f)) 나아가 시민의 경험을 바탕으로 국가적으로 긴급 사안에 대한 현실적 시각을 제공하기도 했다.

지원활동은 어떻게 진행되었나?

재정적 지원

일찍이 케이브의 재정적 지원은 주로 왕립미술협회(Royal Society of Arts, RSA)의 건축 전시회와 같은 예술 프로그램 지원이 목적이었다. 여기서부터 시작된 지원금은 2002년 설립된 광역예산과 함께 임시 프로젝트 지원으로까지 점점 확대되었다. 재정적 지원의 범위 확대는 재정적 지원이 점점 구조화되는 것으로 이어졌는데 이는 전국에 걸쳐 지방에서의 활동, 기술, 능력, 인적 네트워크 형성 등을 하나의 네트워크로 구축하려는 열망을 지지하기 위해서였다. 또한 케이브는 재정적 지원이 건축건조환경센터(ABECs)를 통해 지리적으로는 완전히 보급되었고 그 지원금은 케이브 성장기 동안 매년 상승했음을 강조했다. 이런 케이브의 주장은 지원금이 지방 커뮤니티까지 이어질 거라는 재정적 지원의 잠재성을 기반으로 정당화되었다(CABE, 2004h).

광역 자금지원 프로그램을 실시한 첫 두 해에 케이브는 13개 센터 설립에 120만 파운드의 자금을 지원했는데(CABE, 2003c) 이는 2004~2005, 2005~2006 두 회계연도에 걸쳐 18개 건축건조환경센터를 건립하는 데 145만 파운드를 지원하는 규모로 상승했다. 2006~2007, 2007~2008 회계연도에는 케이브가 총 186만 파운드의 지원금을 19개 건축건조환경센터와 건축센터 네트워크(Architectural Center Network, ACN)에 지원했으며, 같은 규모의 금액을 2008~2009, 2009~2010 회계연도(그림 10.4 참조)에는 22개 단체에 지원했다(CABE, 2011d). 2010~2011 회계연도에는 지원금액이 127만 1,015파운드로 줄었고 이후에는 케이브의 결정에

단 체	지 역	지원금(파운드)
켄트건축센터(Kent Architecture Center)	사우스 이스트 잉글랜드 (South East England)	110,000
솔렌트 건축디자인센터 (Solent Center for Architecture and Design)	사우스 이스트 잉글랜드	105,000
브리스톨 건축센터 (Architecture Center, Bristol)	사우스 웨스트 잉글랜드 (South West England)	100,000
데본 콘월 건축센터 (Architecture Center Devon and Cornwall)	사우스 웨스트 잉글랜드	100,000
셰이프 이스트(Shape East)	이스트 잉글랜드(East of England)	110,000
크리에이트: MKSM(Create: MKSM)	사우스 이스트, 이스트 잉글랜드와 이스트 미들랜드(East Midlands)	80,000
오푼(Opun)	이스트 미들랜드	10,500
메이드(MADE)	웨스트 미들랜드(West Midlands)	10,500
노스 스태포드셔 어반 비전 (Urban Vison North Staffordshire)	웨스트 미들랜드	110,000
아크(Arc)	요크셔&험버(Yorkshire&Humber)	110,000
빔(Beam)	요크셔&험버	90,000
돈카스터 디자인센터 (Doncaster Design Center)	요크셔&험버	25,000
디자인 리버풀(Design Liverpool)	노스 웨스트 잉글랜드(North West England)	40,000
플레이스 매터(Places Matter)	노스 웨스트 잉글랜드	40,000
노던 아키텍처(Northern Architecture)	노스 이스트 잉글랜드	110,000
아키텍처 파운데이션 (Architecture Foundation)	런던(London)	45,000
빌딩 익스플로러토리(Building Exploratory)	런던	115,000
펀더멘탈(Fundamental)	런던	80,000
뉴 런던 아키텍처 (New London Architecture)	런던	25,000
오픈 하우스(Open House)	런던	45,000
어반 디자인 런던(Urban Design London)	런던	60,000
건축센터 네트워크 (Architecture Center Network)	전국	150,000

그림 10.4 2008~2010년 케이브의 건축건조환경센터 지원금(CABE, 2011f)

따라 지원금이 아예 없어졌다. 그러나 이에 앞서 케이브의 외부 파트너 자금 흐름이 지속적으로 성장한 동시에 더 많은 자금이 더 널리 도달할 수 있도록 관련 프로그램을 계속 장려하는 문화미디어체육부(DCMS)의 열정은 이 같은 흐름을 더 촉진시켰다.

지원자가 공동인 경우, 우선권을 주는 점수 시스템에 근거해 연간 2~8만 파운드의 지원금이 해당 조직에 2년 동안 트렌치(Tranches, 분할발행된 채권이나 증권)로 할당되었다. 2002년 이 지침은 케이브가 최소 20%의 자금조달 또는 30%의 현물 후원을 할 수 있는 매칭펀드를 대상으로 찾고 있음을 분명히 했다(CABE, 2002e). 이 같은 방법으로 케이브는 소액 지원금이지만 그것이 만들어 낸 협력적 구조 범위 내에서 더 멀리 퍼지도록 했다.

건축건조환경센터는 회계사, 건축가, 예술가, 지역사회개발 전문가, 문화전문가, 개발자, 기술자, 환경전문가, 기금모금자, 교육가, 연구원, 변호사, 지방정부 구성원·임원, 마케팅·미디어 전문가, 재생사업관리자, 평가관, 도시계획가 등으로 구성되어 있으며, 이런 인적자원을 바탕으로 다양한 범위의 경험을 갖고 있었다. 정치적으로 그 과정은 까다로웠지만 케이브는 두 가지 사례를 통해 새로운 건축건조환경센터 창설을 직접 도왔다. 구체적으로 크리에이트MKSM(Create MKSM), 밀턴 케인스(Milton Keynes), 사우스 미들랜드(South Midlands) 지역 건축건조환경센터 위치를 결정했는데 이것은 세 곳에 걸쳐 있는 지역개발기관(Regional Development Agency, RDA)의 주택성장영역(Housing Growth Area)과 관련 있었다(그림 10.5 참조). 더 세부적으로 케이브는 건축건조환경센터의 위치를 선정하는 협상 과정에서 주택의 성장이 주로 북쪽과 동쪽 지역에 집중된 것을 감안해 당시 제안된 위치인 옥스포드가 부적절하다는 점을 분명히 했다. 이로 인해 케이브는 신생기관에게 자신의 의견을 강요하고 싶지 않았지만 밀턴 케인스로 결정된 상황에서 센터의 적절한 위치를 보장하기 위해 영향력을 발휘해야 했다.

그림 10.5 크리에이트 MKSM은 뉴홀(Newhall, 왼쪽)과 사일러스버리(Sylesbury, 오른쪽)에서와 같이 신규주택 수요가 높으면서 디자인에 대한 매우 다양한 책임을 필요로 하는 지역을 담당했다.

'지원금이 주어지는 것이 아니라 지원금을 주도하는' 사업

지역의 자금을 전달(지원)할 때는 독립적이면서 케이브와 전략적으로 연계된 지역 파트너가 필요했다. 하지만 케이브는 전략적으로 목표가 비슷하더라도 컨설팅 분야에서 활동하는 조직은 제외했다. 케이브는 일단 특정 기관이 지원금을 받으면 지원 기간 동안에는 빈번한 대면회의를 통해 그들의 작업을 계속 수행할 것을 기대했다. 케이브는 인사문제와 같은 운영상 논의보다 (전혀 없었던 것은 아니지만) 지원된 재원이 합당하고 책임있는 방식으로 사용되는 것을 보장하는 역할을 맡았다. 결과적으로 해당 역할의 크기가 점점 커짐에 따라 작업 흐름을 효율적으로 감시하기 위해 상당한 시스템이 요구되었다.

업무의 주요 단계들은 지원 기간 시작 시점에 합의되어 분기별로 추적되었고 일반적으로 모든 활동은 이 주요 단계에서 설명되었다. 각 과정은 당초 계획된 자금지원 지침에 맞춰 목표 대상, 작업계획과 함께 상당히 통일감있게 진행되었는데 해당 지침에는 기술개발, 공공건물 품질 확보, 도시설계 중요성 인식, 지역거점 개발, 공공참여 용이화 등이 있었다. 지원금 소유자는 이는 모든 활동을 기록해야 했고 경과보고서로 지역순회(Peripatetic) 재생 프로그램, 지속적인 전문인력 개발 세미나, 건축 주간 이벤트, 웹사이트 작업, 마케팅, 지역 파트너십·강의 등 다양한 활동기록 문서를 제출했다.

지원금은 운영 효율성을 고려해 지원금 수령자와의 연락이 가능하고 지원 대상과 계정을 모니터링할 수 있는 케이브 직원이 사내에서 관리했다. 이 같은 구조에서 미루어 짐작할 수 있듯이 재정적 지원도구는 중앙집권화된 중심점과 그 외 뻗어나가는 여러 개의 바퀴살(Spoke)의 거버넌스로 구성되어 타 도구의 구조와는 전혀 달랐다(케이브의 재정증명서에 재정적으로는 효율적으로 보였지만 이면에는 지역사회지방자치부가 케이브를, 케이브가 건축건조환경센터를, 건축건조환경센터가 프로젝트를 상하식으로 책임관리하는 구조가 숨어 있었다). 이는 다른 문제를 파생시키기도 했는데 그중 가장 중요한 것은 이 같은 상하식 구조가 외부 참여자들이 케이브의 다른 프로그램에 개입하는 것을 적극적으로 돕지 못한다는 것이었다. 이런 측면에서 케이브의 일부는 지원금과 관련된 지역 파트너와 더 많은 의사소통을 원했겠지만 때때로 그것이 불가능하다는 좌절을 느꼈을 것이다. 회의록에는 특히 디자인 검토팀과 케이브 공간분과팀 간에 충분한 접촉이 없다고 느꼈다는 점이 기록되어 있으며, 궁극적으로 건축건조환경센터가 더 넓은 케이브 가족으로 통합되어 다른 업무에도 참여할 수 있기를 바랐다(CABE, 2007i).

핵심과제는 케이브의 영향력과 지원금 수령자의 독립성 간의 균형 유지였다. 케이브는 지원금 제공자에게 의존하는 문화가 형성되는 것을 피하고 싶었고 '지원금이 주어지는 것이 아니라 지원금을 주도하는(Funding Led, not Funding Fed)' 파트너십 체결을 장려했다. 그래서 면밀한 감시는 작은 결정에 관해서도 갈등을 야기할 수 있었고 때때로 지원금 수령자와 그들의 강력한 후원자 간에 더 확대된 주요 갈등을 초래할 수 있었다. 이것의 좋은 예는 파트너십 갱신자료와 감시문서에 적시된, 지원금 수령자가 처한 현실적 어려움인데 특히 '적합한' 동료직원을 찾는 것, 의논해 선택한 후보에게 케이브가 제동을 거는 것 등이 표현되어 있었다. 가끔 지원금 수령자가 생산한 도구 소유권 문제도 있었다. 이 경우, 주로 케이브에 지원금 수령자와 지속적으로 투명한, 공동 이해를 위해 일할 것이 요구되었고 대부분의 경우, 잘 적용되었다.

현실적으로 케이브가 설정한 주요 단계는 적정 수준의 신뢰도를 유지하면서 감시하기 어려웠고 종종 해당 단계의 요구는 충족되지 않았다. 지원금 수령자에게 전달된 일부 서한에 케이브가 "관리·감독의 수단이자 지원금 지급 요건으로서" 주요 단계 달성에 대한 감시 필요성을 반복해 기록했지만 케이브는 지원금 지급을 유보하기보다 설정된 주요 단계의 개정 협상을 선호했다. 이런 여유있는 태도가 미친 영향은 분명하지 않지만 끝까지 변하지 않은 특징이었던 만큼 이 같은 관계 속에서 요구되는 균형을 유지하는 데 한몫한 것으로 해석된다.

불가피한 긴장감과 궁극적인 성공

수년간 케이브와 건축건조환경센터 간에 긴장감이 고조되는 조짐이 보였고 케이브 직원들은 종종 "건축건조환경센터는 케이브를 그저 돈줄로 보는 시각이 있다."라고 말했다(Annabel Jackson Associates, 2007). 이 같은 인식이 얼마나 퍼졌는지는 알 수 없지만 그런 관점들은 분명히 사실과 달랐다. 케이브의 기금지원이 최고조에 달했을 때도 건축건조환경센터 운영자금 중 15%만 케이브의 지원금이었고 나머지 85%의 자금 출처는 매우 다양했다. 그럼에도 케이브는 지원금은 안정적으로 확보되었기 때문에 건축건조환경센터의 입장에서 특별한 가치가 있었다. 한 센터장은 이에 대해 "소규모 조직은 다른 프로젝트에 입찰할 시간을 벌기 위해 소규모라도 핵심자금이 필요합니다."라고 말했다.

케이브가 실시했지만 미발표된 직원 설문조사 결과, 대부분의 건축건조환경센터 대표단과 케이브의 관계는 상당히 긍정적이고 우호적이고 전향적인 것으로 나타났다(CABE, 2007c). 그럼에도 특정 지역에서는 케이브가 본질적으로 강압적이고 런던중심적이라는 인식이 지속되었다. 이와 관련해 북부 지역 센터장 중 한 명은 다음과 같이 말했다. "우리는 우리 지역공동체와 관련이 많은 전문가 30~40명이 우리를 도와주려고 했을 때 오히려 런던시민들이 우리에게 디자인 검토를 어떻게 해야 하는지를 가르치려고 해 매우 짜증났습니다." 가장 근본적인 어려움은 자율적인 창의성을 억누르지 않으면서 의뢰인과 공급자의 관계를 명확히 유지하는 것이었다. 몇몇 계약자는 많은 프로그램이 케이브에 의해 브랜드화된다고 느꼈지만(6장 참조) 케이브로서는 지원금 수령자와의 업무를 공동 브랜드화하는 것이 실리적이었고 상징적으로도 중요했는데 이 같은 결과가 항상 일어나지는 않았기 때문이다.

전반적으로 케이브는 이 문제와 다른 운영문제를 성공적으로 협상했고 2007년에 수행한 프로그램의 외부평가 결과, 일반적으로 프로그램이 각 목표를 달성한 것으로 밝혀졌다(Annabel Jackson Associates, 2007). 근본적으로 이것은 공공자금이 사회적으로 유익하고 효과적으로 사용되었고 그 속에서 지역설계 지지자들의 네트워크가 형성되었으며, 특히 런던중심적이었던 실행 지원, 디자인 검토와 같은 케이브의 주요 프로그램을 지역으로 분산되게 함으로써 가능해졌다. 자금지원을 받은 대부분의 건축건조환경센터는 현재까지도 운영 중이며 케이브 시절의 지원·투자로부터 얻은 풍부한 경험과 기록을 갖고 있다. 케이브는 건축건조환경센터 네트워크가 지속적으로 확장된다면 지원금이 전달되는 지역이 넓어질 수도 있지만 그 규모는 지나치게 작아질 위험을 수반한다고 느끼면서(CABE, 2007i) 지속적으로 최초 지원 목적에 충실했다. 이 같은 배경에서 케이브는 존속 마지막 해 예산절감 압박을 받았을 때도 지원 목적을 다하도록 본사 운영비를 아껴가면서도 지역 네트워크에 최고 수준의 지원금을 유지하기 위해 최선을 다했다.

씨체인지(Sea Change) 프로그램도 어느 정도 마무리되지 않은 사업이었고 자치권을 둘러싼 긴장감도 여전했지만 일반적으로 성공했다고 간주되었는데 특히 직접적으로 이익을 얻은 해안 도시에게 매우 유용했다. 『텔레그래프(The Telegraph)』는 다음과 같이 말했다. "씨체인지 프로그램은 풍부한 유산을 남겼고 많은 유산 중에서도 도시재생은 단순한 소매공간이나 기본시설 확장보다 더 큰 영감을 주는 뭔가를 포함해야 한다는 것을 상기시키는 역할을 했다(Christiansen, 2010)."

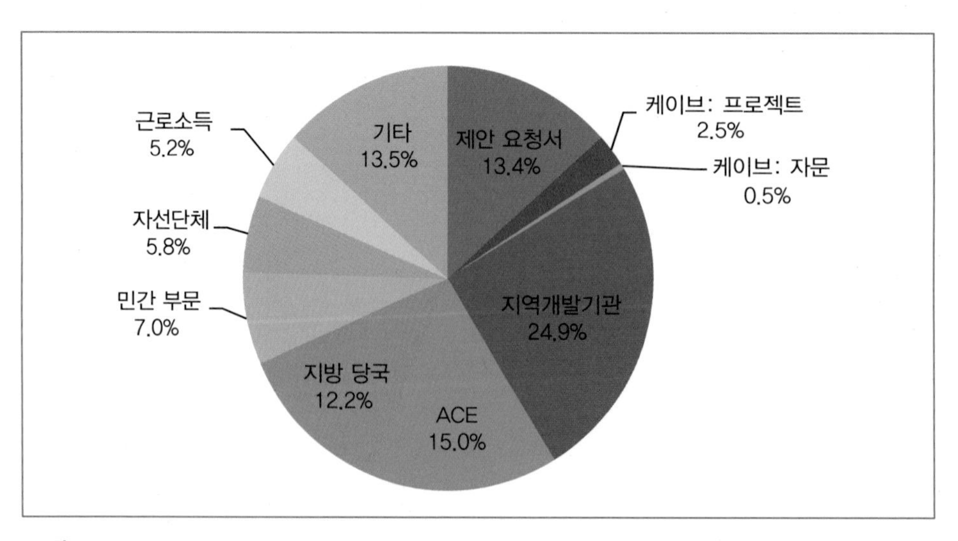

그림 10.6 건축건조환경센터 자금조달처 2004~2005부터 2006~2007 회계연도(CABE, 2007i)

BOP 컨설팅(BOP Consulting)의 공식 평가도 긍정적이었다(2011: 6-10). 씨체인지 프로그램 조직은 공공기금 1파운드당 약 1.66파운드의 기금을 추가로 모집할 수 있었는데 이는 지역 당국이 우려한 업무기술 수준을 향상시켰고 700개 일자리도 창출했다. 또한 30여 개 작은 해안 도시에 신축 또는 기존 시설의 리모델링을 통해 문화·역사공간을 제공했고 공공미술 작업물을 설치해 약 13만 4천㎡에 달하는 공공공간을 새로 형성하거나 개선했다. 그러자 평가자들은 다음과 같은 결론을 내렸다.

"후원 프로그램의 혁신 수준은 항상 예상한 수준에 이르지 못한 반면, 씨체인지 프로그램은 파트너 간 훌륭한 협력관계를 입증하는, 효과적으로 관리된 프로그램입니다. 또한 케이브는 보고 부담을 줄이고 실행하기 쉽도록 다른 자금조달 프로그램에 비해 씨체인지 프로그램을 가볍고 유연하게 디자인했습니다(BOP Consulting, 2011: 6)."

케이브의 미래에 영향을 미치기에는 너무 늦었지만 씨체인지 프로그램의 성공은 케이브가 훌륭한 실행기구의 역할을 어떻게 할 수 있었는지를 보여줬다. 몇몇 사람은 케이브가 이 프로그램과 비슷한 기타 지원금 조달 프로그램의 핵심임무 수행을 방해했다고 주장했지만 이 같은 케이브의 능력은 역사적으로 정부가 갖지 못한 능력인 동시에 정부 내에서 심각하게 간과된 일이었다.

지원금은 용도가 철저히 지정되어 있었고(Ring-Fenced) 케이브와 함께 프로그램을 수행하는 파트너의 작업을 돕기 위해 빠르게 분배되었지만 씨체인지 프로그램이 지속되는 동안 프로그램 예산은 서류상 케이브에서 새로운 규모의 주요 지원금(일반적인 지원금 규모의 두 배 이상)으로 자리매김했다. 나아가 케이브는 씨체인지 프로그램 수익 중 불과 2%라는 매우 낮은 지분(CABE, 2011f)을 차지했고 결과적으로 프로그램의 나머지 98% 지분의 수익은 케이브 자금 분석에 포함되지 않았다.

실행지원

설립 초기 몇 년간 케이브는 위원들을 통해 실행지원 도구를 직접 제공했지만 궁극적으로 도구 제공이 힘든 일부 지역을 포함해 전국의 지방·국가기관에 모두 도달할 수 있도록 상당한 양의 프로그램 개발을 신속히 추진했다. 실제로 실행지원은 '2002년까지 실행지원 활동의 50%가 재생·빈곤지역에서 수행되어야 한다'라는 목표를 이미 초과 달성해 60%를 기록 중이었다(CABE, 2002c: 17). 모든 유형의 사업에 디자인 기술과 경험을 제공한다는 목표는 영국 디자인 거버넌스를 위한 새로운 출발점이었다. 특히 공공부문에서는 사업유형 범위가 계속 넓어졌는데 즉, 공공부문 의뢰인들은 개별 건물공사와 소규모 마스터플랜부터 시작해 주요 건설 프로그램과 전략계획에 이르기까지 점점 증가하는 대규모 프로젝트의 유행 속에서 케이브의 제안을 받아들였다. 이 같이 실행지원된 프로젝트의 총 실행 건수는 첫 2년 동안 80건에서 2009년 652건으로 증가했고 (CABE, 2009a: 18) 실행지원이 아니었다면 품질을 우선시하지 않았을 수도 있는 프로젝트에 디자인 기술과 전문지식이 매우 유의미하게 주입되었다.

즉각적인 영향

실행지원 프로그램은 자본사업의 초기 단계 관리교육을 제공한 영국예술위원회 예술자본 프로그램(Arts Capital Program)의 초기 부양책의 한 방편으로 2000년 케이브에 의해 시작되었다. 실행지원 도구는 금방 인기를 얻었고 담당업무는 빠르게 다양화되어 영국 전역으로 퍼져나갔다. 이것을 촉진시키는 실행지원 활동가(Enablers) 규모도 2000~2001 회계연도 말 11명에서 1년 후 102명으로, 2009년에는 323명으로 급증했다(CABE, 2009a: 50). 여기에는 건축가, 도시설계사, 계획가, 총괄계획가, 조경설계사, 프로젝트 관리자, 엔지니어, 부동산·수량 평가자, 자본사업 의뢰인 등이 포함되었다(CABE, 2002a). 케이브는 대부분 지역 당국에 실행지원 프로그램을 제공했지만 다른 국가기관(예를 들어, 국민공공보건서비스)과 (건축의 특정 디자인적인 측면에서) 지역사회 조직, 다른 광역·하위 지역에서의 기관, 기타 지방 규모의 기관에도 제공했다. 보통 이 같은 행위는 직원들과 함께 앉아 일하거나 다소 거리를 두고 검토·조언하는 것으로 이루어졌지만, 종종 다른 조직으로의 완전한 파견근무도 행해졌다.

2002년부터 케이브는 실행지원 영역을 확장시켰다. 주택시장 재개발뿐만 아니라 보건부를 위한 국민공공보건서비스의 1차 의료 및 급성환자 치료 건물에도 집중했으며, 추가적으로 공공건물, 마스터플랜, 공용공간을 다룰 특정 자문단도 구성했다. 주기적으로 특정 건물 프로그램에 집중되기도 했는데 여기에는 직업센터를 강화하기 위한 노동부(The Department of Work and Pensions, DWP)와 국가의 법정을 살펴보는 대법관 부서(Lord Chancellor's Department)의 초기 업무도 포함되었다. 이후 공공건물 자문단은 '미래를 위한 학교 설립' 프로그램을 통한 중학교, 슈어 스타트(Sure Start, 박스 10.2 참조)를 통한 보육원, 지역개선금융신탁(Local Improvement Finance Trust, LIFT)을 통한 의료시설, 병원, 경찰서, 소방서, 공동체 건물 등의 업무를 아우르도록 실행지원 범위를 더 확장시켰다. 도시설계팀과 주택실행지원(Homes Enabling)팀은 공공영역 사업에 초점을 맞춘 마스터플랜 자문단으로부터 성장했고 이것은 실행지원 프로그램에서 매우 중요한 부분이 되었다.

실행지원 조직에 의해 다양하고 중요한 조직이 새로 생기거나 시험되었는데 여기에는 2000년대 중반의 디자인 규칙(Code) 시범 프로그램(4장 참조), 장기적 관점에서 극도로 빈곤한 지역의 전환을 위한 혼합공동체(Mixed Community) 조직, 템스 게이트웨이 재생사업과 새로운 전략도시설계(Strategic Urban Design, StrUD) 방법론 등이 포함되었다. 앞 사례에서는 실행지원 과정을 통해 특정

10.2 실행지원: 슈어 스타트 실행지원

2003~2008년 케이브는 '슈어 스타트'라고 알려진 건물 디자인·건설 초기 과정에서 공공영역의 의뢰인을 돕는 프로그램에 참여했다. '슈어 스타트' 프로그램은 토니 블레어(Tony Blair, 역주: 전 신노동당 대표이자 전 총리)가 "교육, 교육, 그리고 교육"이라고 말했듯이 신노동당의 교육 관련 광범위한 공약 중 하나였다(2001b). 1998년 슈어 스타트 프로그램의 첫 3년 동안 4억 5천만 파운드의 자금을 지원한다고 발표했고 2004년에는 3,500개의 새로운 어린이센터 건립을 위한 10년 간의 전략으로 성장했다.

케이브는 전략적인 조언을 통해 교육기술부(Department for Education and Skills, DfES)와 성공적인 업무관계를 구축했고 이것은 케이브 의원들이 좋은 디자인 사례를 자본투자로부터 사회적 가치 형성을 이끌어내는 수단이라고 주장하는 데 힘을 실어줬다. 리처드 필든(Richard Feilden)도 이 주장에 동조했는데 그는 더 나은 품질의 건축 디자인을 위한 로비활동에서 특히 목소리를 높이며 케이브의 해당 분야 업무를 진두지휘했다. 교육기술부 스스로도 더 나은 건축 디자인을 추구하는 역량과 야망이 있었지만 슈어 스타트가 이목을 끄는 프로그램이었기 때문에 전국적으로 어느 정도 성과를 보장해야만 했고 케이브는 이를 성취하는 수단으로 활용되었다.

실행지원 활동가는 까다로운 안건을 처리하고 의뢰인이 이 새로운 활동영역에서 속도를 내는 것을 도와줘야 했다. 그들은 슈어 스타트 프로그램에서 한 학교 교장선생님부터 다른 지역 교육기관 의뢰인까지 직접 지원했는데 프로그램 개입 범위로는 개별 건물부터 최대 40개 건물로 이뤄진 포트폴리오, 임부 및 아이를 낳은 지 얼마 안 되는 산모용 시설, 보건서비스, 고용훈련 시설을 포함한 단지까지 다양했다(CABE, 2006c: 18). 특히 그들은 계획에 접근하는 방법, 건축가를 선택하는 방법, 조달 과정 등을 폭넓게 조언했다.

슈어 스타트와 어린이센터 건립 프로그램 실행 과정은 순탄하지 않았다. 많은 의뢰인들이 2년 동안 매우 빠듯한 자금지원 범위 내에서 업무를 수행해야 했고 해당 기간 중 첫해 말까지 자금이 50% 넘게 사용되기도 했다. 현실적으로 케이브는 조기계약을 체결하는 동시에 계획 이행 압력을 받는 의뢰인과 함께 그 가치를 입증해야 했다. 이를 위해 실행지원 활동가는 케이브가 제공한다고 강조한 '경험있는 건축가(디자이너)와의 1대1 작업'을 실질적으로 진행하려고 했으며, 케이브로부터 사전에 준비된 설명을 포함한 고객과의 의사소통 기술을 제공받았다.

제한적인 프로그램 기간 때문인지 슈어 스타트의 실행지원 활동가들은 케이브의 내부관리 시스템 구축에 참여하는 것을 어려워했고 케이브가 요구한 만큼의 사례 정보를 체계적으로 기록하지 않았다. 일반적으로 실행지원 과정은 건설을 시작하기 전 실질적으로 완료되어 프로그램 종료 후 피드백에서는 조언 효과 관련 자료를 거의 제공받지 못했다. 부분적으로나마 이 같은 틈을 메우기 위해 정부는 2008년 케이브에 슈어 스타트 프로그램에 대한 입주 후 평가를 의뢰했다. 이 의뢰는 케이브의 디자인 관련 주요 조언이 의뢰인에게 효과적으로 전달되었는지 여부를 판단하는 기회였다.

위 평가연구는 최근 완공된 101개 건물을 대상으로 했고 건물을 이용한 일반직원과 학부모 설문자료, 입주 후 분석 관련 전문교육을 받은 디자인 전문가팀이 현장에서 수집한 자료 등을 포함한 등급 시스템을 활용했다. 결과적으로 이 평가 연구 보고서를 통해 다음과 같은 점들을 밝혀냈다.

"슈어 스타트와 어린이센터 프로그램 대부분 잘 작동 중이며 이는 유치원생들에게 그들의 인생에서 최상의 출발 환경을 제공하려는 정부의 목표에 대한 지지로 대변된다. 그러나 어린이센터를 건립하는 2년의 기한은 지역 당국에게 매우 어려운 과제로 받아들여졌고, 그 결과, 디자인에도 영향을 미치고 있다(CABE, 2008e: 2)."

평가연구 보고서는 모든 관계자 사이에서 좋은 디자인과 이를 위한 적절한 개입(도움)이 필요할 때 어린이센터 건축가(디자이너)와 의뢰자 모두에게 다양한 개선권고안을 제시했다. 또한 이 보고서는 평가 설문 결과에서 센터 직원, 학부모, 실행지원 활동가 간에 큰 의견 차이가 있음을 밝혀냈다(CABE, 2008e: 5~6). 센터 직원과 학부모 78명이 자신들의 센터가 우수하다고 평가한 반면, 실행지원 활동가는 8명만 높은 점수를 줬고 나머지 $\frac{1}{4}$은 중간 점수나 낮은 점수를 줬다.

평가연구 보고서는 케이브의 실행지원 도구의 역할에 대해 특별히 언급한 것이 없는 반면, 슈어 스타트 프로그램에 참여한 실행지원 활동가들에 대한 부분을 논할 때는 제한적인 시간 때문에 최종결과물이 의뢰인이 목표로 한 것으로부터 절충된 것임을 분명히 보여줬다. 이는 전

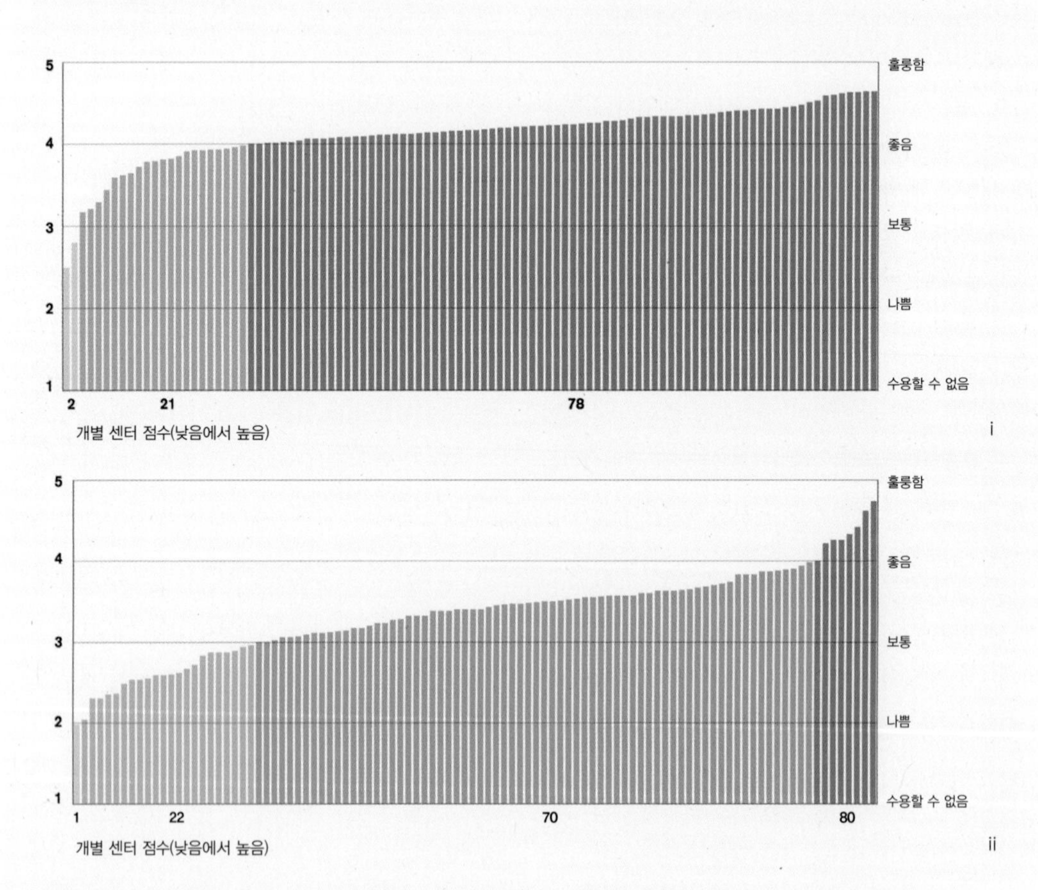

그림 10.7 슈어 스타트 건물의 품질에 대한 (i) 사용자 의견과 (ii) 실행지원 활동가 의견 비교 (CABE, 2008c)

문가 평점에서 포착되었는데 전문가 평점은 논쟁의 여지는 있지만(비교 이점 없이 일반적으로 이뤄진) 일반인 평가에 비해 '무엇이 가능했는지'를 더 중점적으로 바라보고 있었다. 이런 부분은 운영 중인 시스템에 근본적인 결함이 있을 때 발생가능한 실행지원의 한계를 보여준다. 하지만 실행지원이 없었다면 그 결함은 훨씬 악화되었을 수도 있다.

현안을 논의하고 경험을 공유하고 궁극적으로 현장에서 새로운 접근법을 시험하기 위한 실행지원자문단의 다양한 전문지식이 요구되었다. 템스 게이트웨이의 경우, 케이브는 주택 집중감사(6장 참조)를 실시했고 게이트웨이에서 '삶을 위한 건축' 훈련을 시작했으며, 장소 만들기와 정체성 만들기 워크숍 등을 운영했다. 또한 '템스 게이트웨이 디자인 협정(Pact)'도 만들었고 무엇보다 『새로운 일들이 벌어지다 : 미래 템스 게이트웨이 가이드(New Things Happen: A Guide to the Future Thames Gateway)』를 발간했다. 극도로 세분화된 거버넌스 구조와 그보다 훨씬 단편적이면서도 복잡한 건조환경이나 자연환경에서 실행지원자문단은 중소단위 지역의 정체성과 특징을 살리기 위해 꼭 필요한 방향성을 전달하고 해당 지역 내 특정 장소를 위한 지역정책을 뒷받침할 몇몇 아이

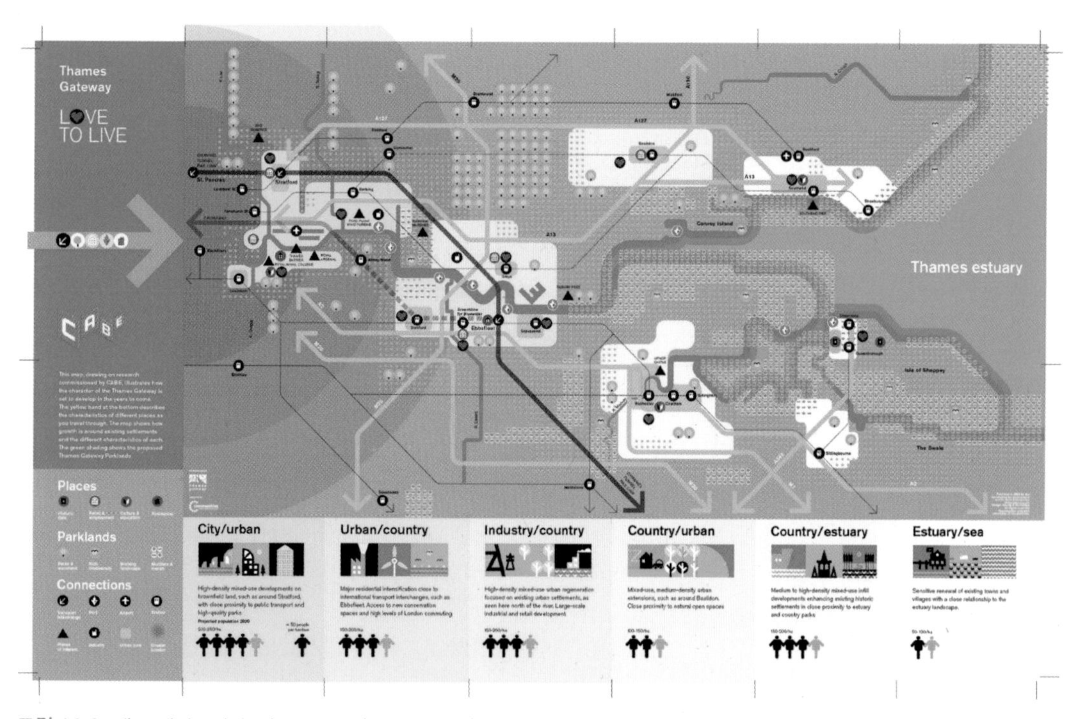

그림 10.8 템스 게이트웨이, 러브 투 리브(Love to Live), 템스 게이트웨이의 다양하고 변화하는 성격을 포착하기 위한 시도
출처 : 케이브

디어 준비를 목표로 했다. 즉, 실행지원자문단은 일정한 조정력(Coordination)과 전략적 사고를 거대한 혼란 속에 주입했다(10.8).

한편, 실행지원 성공이 지속적으로 성장을 이끌면서 그 업무 경계를 둘러싼 문제들이 불거졌다. 유명한 조경설계사는 이에 대해 다음과 같이 말했다. "케이브는 정부기관이 아닌 민간 컨설턴트가 해야 할 일을 하는 경우가 종종 있었습니다." 또한 다른 정부기관과의 업무 중복 우려도 있었는데 특히 새로 설립된 강력한 주택공동체청과 부딪히는 경우가 눈에 많이 띄었다. 주택공동체청은 이전 주택공사, 잉글리시 파트너십, 지속가능한 공동체를 위한 아카데미(The Academy for Sustainable Communities)가 재생사업과 주택사업을 이끌어가기 위해 만든 기관으로 좋은 디자인으로 이끄는 것이 법적으로 자신들의 목적 중 하나였다.[190] 특히 케이브는 이 법적 목표가 진지하게 고려되었는지 여부를 보증하는 데 관심이 있었던 반면, 주택공동체청은 디자인과 관련해 범국가적인 리더십에 초점을 맞추고 있었다. 그 해결책은 실행지원팀을 통해 이 새로운 대형 주체와 업무관계를 형성할 방법을 새로 모색하는 것이었다. 그래서 실행지원팀은 2008년 다음과 같이 보고했다.

"우리는 주택공동체청이 자신들의 프로그램 안에 디자인 품질 관련 내용을 기본적으로 내재시키기 위해 무엇을 해야 하는지를 규정하고 케이브가 가능한 모든 프로그램을 통해 이 새로운 업무관계의 형성을 도와줄 방법을 찾으려고 열정적으로 대화를 나누고 있다(CABE, 2008f: 15)." 사회주택에 관한 감사(6장 참조)와 관련된 몇 번의 갈등을 제외하면 관계는 대체로 긍정적인 방향으로 흘렀다.

프로그램 마지막 해 리처드 시몬스(Richard Simmons)와 존 소렐(Jon Sorrell)이 실행지원 프로그램 사례의 가치를 알리기 위해 그 사례를 점점 더 공개적으로 홍보하면서 실행지원 프로그램 비용과 관련된 우려가 업계와 언론에 가시화되었다. 한 언론은 케이브는 시대와 함께 움직여야 한다고 경고하면서 새로운 실행지원 활동가 40명을 일당 400파운드를 들여 임명한 것을 두고 "그 효과는 꽤 소비적으로 보이고 이후 경영상 위험한 처지가 될 수 있다고 추측하면서 비판했다. 시몬스는 이것이 서비스 확장이라기보다 기술력 모음이라는 설명으로 이 비판을 반박했다. 또한 실행지원 활동가들이 케이브에 제기한 줄어든 임금에 대해서도 그는 다음과 같이 말했다.

"이들은 멋진 건물과 장소를 만들겠다는 우리의 공통적인 관심사 때문에 업계 최저비용으로 일한다. 한 실행지원 활동가의 경우, 수 개월을 단축시켜 단 며칠 만에 유능한 의뢰인을 만들어내고 수백만 파운드의 가치가 있는 프로젝트 조달 능력을 향상시킨다."(Simmons, 2009a) 케이브의

190 2008 주택 및 도시재생법(Housing and Regeneration Act 2008)에 명시된 대로

존속 기간 대부분을 잘 보이지 않는 곳이나 대중의 시선 밖에서 효과적으로 일했다고 믿어왔지만 후기로 갈수록 이 같은 활동조차 더 많은 조사를 요구받았다.

실행지원 과정

실행지원 활동 범위에서 케이브는 개발작업 중 디자인 부문에 직접 개입해 지원했지만 특정 업무 통제나 소유권을 행사하지는 않았고 철저히 조언자 역할에 머물렀다. 실행지원 프로그램은 매우 복잡했고 디자인 거버넌스의 새로운 영역으로서 케이브는 이 과정을 진행하는 동시에 개발해야 했다. 특히 서비스 품질의 일관성 유지를 위해 상당한 양의 내부 지침과 개요서가 제작되었다. 이것은 2004년, 2006년 2회에 걸친 대규모 실행지원자문단 모집(자문단 인력 풀이 그 연관성에 따라 평가하고 실행지원 활동가의 기술을 더 개발하기 위해 훈련이 제공된)과 '재충전'의 중간 단계를 통해 강화되었고, 많은 실행지원 활동가들이 공통적으로 참고해야 하는 동시에 현장에 반영해야 할 부분을 제공했다.

프로젝트 의뢰인과의 직접적이고 지속적인 실행지원 활동가들의 접촉은 이 도구의 핵심적인 측면이었고 이런 측면으로 인해 실행지원에서의 조언은 디자인 검토와는 대조적으로 프로젝트 의뢰인에게 직접 전달되었고 그 후속조치가 뒤따랐다. 실행지원 활동가는 의뢰인의 사무실을 방문하거나 프로젝트팀을 만나거나 현장을 방문해 워크숍, 세미나, 1대1 조언과 같이 다양한 형태의 즉각적이고(Hands on) 유연하고 호응할 수 있는 조언을 제공했다(CABE, 2010g). 이 같이 실행지원은 항상 의뢰인과 프로그램의 요구사항에 맞춰졌다. 디자인 검토에서는 똑같은 기획이 여러 번 검토될 수 있었지만 매번 매우 구조화된 과정으로서 프로젝트 과정의 한 단면만 제공할 수 있었다. 반면, 실행지원은 다양한 기간에 걸쳐 일어날 수 있어 프로젝트 기획 과정에 훨씬 집중할 수 있었다. "실행지원은 프로젝트 전체 과정 중 특정 시점에서만 짧게 관여할수도, 수년에 걸친 지원 프로그램일 수도 있었다."(CABE, 2010g)

실행지원 활동가는 프로젝트 개요를 읽거나 프로젝트에 입찰하는 컨설턴트의 이력서를 검토하거나 제안 관련 의견을 제공하는 등 많은 업무가 필요했지만 특히 예산 협상이나 중요한 인사 결정 업무가 필요했고 이런 민감한 업무에서는 개인적 접촉이 중요했다. 이 같은 종류의 문제 중, 의뢰인이 장기적으로 필요할 관리기술 개발을 돕는 데서 활동가와 의뢰인 간에 상당히 두터운 신뢰관계가 요구되었는데 이는 예술센터 프로젝트를 실행지원하는 데 보고된 어려움에서 확일할 수 있다. 예술홍보 프로그램에서, 실행지원 활동가는 의도된 예술홍보 프로그램을 진행하는 능력 배양을 장려하고 싶어 했고 다음과 같이 회상했다. "저는 그녀(의뢰인)가 해당 상황에 대한 제 판단을 믿었다는 면에서, 또한 당일 일련의 회의가 그녀가 해야 할 업무 규모를 강조하는 데 도움이 되었다는 측면에서 그녀는 저에게 인상적인 느낌을 받았다고 생각합니다."[191]

케이브는 실행지원 활동가의 디자인 조달·제공 전반에 걸친 전체적인 참여와 조언을 장려했고 구스타프슨 포터(Gustafson Porter)가 디자인한 노팅험 시의회의 구시장 광장 개조 사례와 같이 가능하면 처음부터 때와 장소를 가리지 않고 그 기간 내내 프로젝트에 참여하기를 기대했다(그림 10.9 참조). 동시에 케이브는 공정성과 독립성의 필요성을 강조했고 이에 디자인 검토 서비스와 달리 실행지원 활동가들이 경쟁업체를 언급하는 것은 허용되지 않았다. 확립된 신뢰관계 때문인지 몰라도 실행지원 활동가의 프로젝트 참여가 종료되지 않았음에도 이해가 상충되는 부분은 자동적으로 항상 의뢰인에게 분명히 알려지고 기록되었다. 이와 대조적으로 프로젝트에서 요구되는 작업관계로 전혀 발전되지 않았거나 의뢰인이 실행지원 관련 조언에 응답하지 않으면 실행지원 활동가들의 서비스 철회가 허용되었다. 이에 대해 케이브 보고서에는 "우리가 일반적으로 디자인

그림 10.9 2004년 구스타프슨 포터 건축사 사소무(Gustafson Porter Design)가 디자인한 노팅험 올드 마켓 스퀘어(Old Market Square). 광장 디자인 공모는 케이브에 의해 실행지원되었고 최종 디자인안은 케이브 위원장 레스 스파크스가 주관한 위원회가 채택했다. / 출처 : 매튜 카르모나

191 출판되지 않은 실행지원 활동가 노트, 2004. 4

그림 10.10 티발즈(Tibbalds)가 샌드웰 의회(Sandwell Council)를 위해 디자인을 맡은 라잉단지(Lying Estate) 총괄 설계는 낙후된 지역의 디자인 품질 향상을 위해 케이브 실행지원 프로세스에 따라 진행되었다. / 출처 : 샌드웰 의회, 티브랜드 계획과 도시설계

이나 그 과정에서 최종 결과에 영향을 미칠 가능성이 없으면 우리 서비스를 지속적으로 제공하지 않을 것이다(CABE, 2005j).”라고 언급되어 있다.

특정 지역 내 소규모 프로젝트에는 종종 더 기술적인 차원의 지원이 포함되었는데 실행지원 활동가는 특히 과거에 도시설계 경험이 없던 소규모 조직에게는 매우 중요한 자원이었다. 이 경우, 케이브는 프로젝트의 모든 측면에서, 특히 신규 디자인 품질 평가에 도움을 줬을 뿐만 아니라 건축가 등 계약자 조달의 세부사항에 대한 지침도 제공할 수 있었다. 실행지원 책임자가 설명했듯이 이 규모에서 “일반적인 지원은 개요 작성, 선택 기준, 제출서류 평가, 디자인 관련 조언 및 안내 조달 프로세스 과정상의 지원, 디자인 품질을 확보·평가하는 방식, 훈련·역량 구축을 포함하기도 했다(CABE, 2006f)”.

마스터플랜, 재생 프로젝트, 지역전략 수립과 같은 대규모 작업은 더 많은 관련 기관과 함께 더 많은 과정이 있었다(그림 10.10 참조). 이 같은 규모의 프로젝트에서 빈틈없는 정치적 대인기술과 더불어 의뢰인과의 좋은 관계는 필수였는데 이것은 프로젝트 실행 과정이 종종 수년 동안의

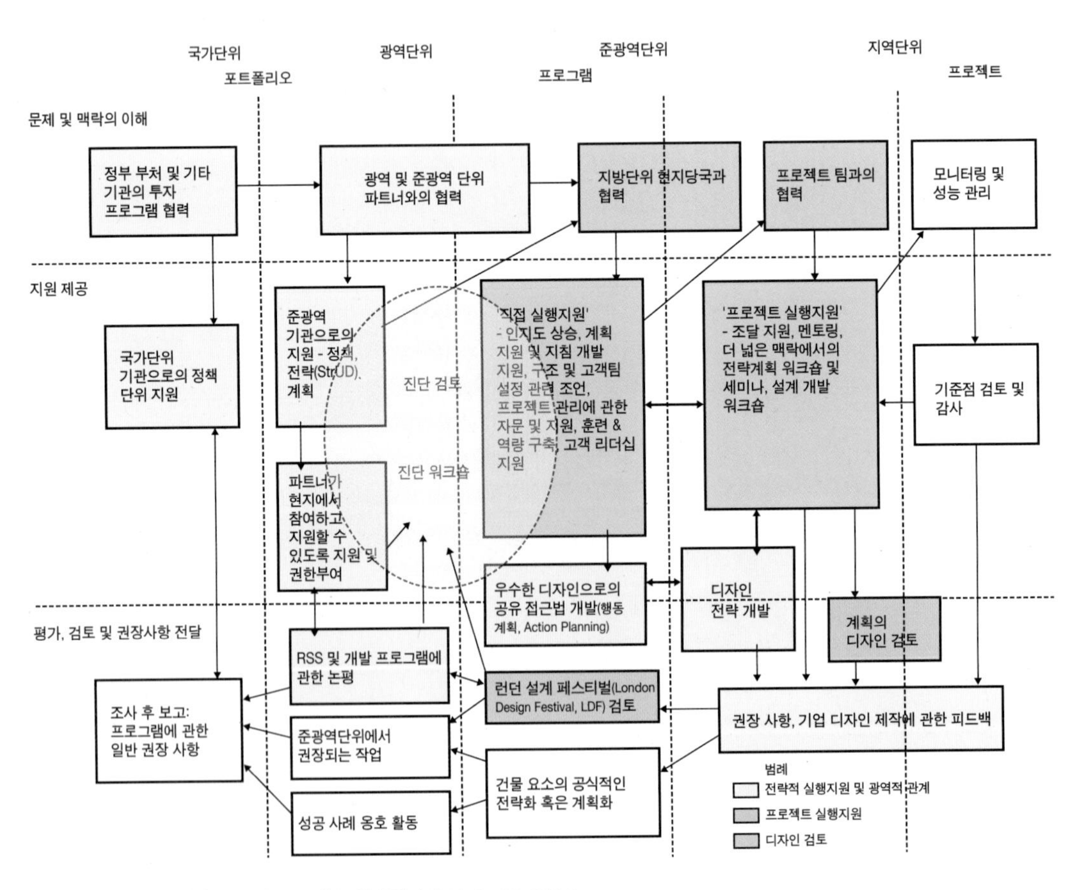

그림 10.11 전체 참여 규모의 프로세스 활성화 / 출처 : CABE, 2011j

참여를 필요로 하고 기존 참여자 간의 정치적 긴장 완화를 도울 수도 있었기 때문이다. 7장에서 설명한 교육도구와 달리 실행도구는 특정 프로젝트 개발 수단으로 공동학습을 포함했지만 참여자를 모집하는 가장 일반적인 과정은 관련자와 공동으로 워크숍을 개최하는 것이었고 이것들은 때때로 기술개발 행사로 홍보되었다. 노스웨스트 정부청사(Government Office North West)에서 주최한 워크숍에서는 독립적인 전문가 패널을 포함해 워링턴(Warrington) 구의회 공무원들과 함께 지역개발 전략의 도전과제와 향후 나아갈 방향을 논의했다.

지역·국가 수준을 포함한 가장 큰 규모의 프로젝트에서 다수의 케이브 실행지원 활동은 장관, 정부 부처, 비정부 부처, 제3부문 기관이 공동 참여해 진행되었다. 이것은 케이브가 제공한 덜 직접적인 실행지원 방식이었는데 8장에서 논의한 지지작업(Advocacy Work)과 더 비슷했으며, 케이브가 작업 중인 정책이나 프로그램 내에 디자인 부문을 삽입하기 위해 다른 이들이 지원하는 것을 포함했기 때문이다. 케이브는 관계 구축이 서비스의 잠재적 영향력을 결정할 것으로 인식하고 실행지원 활동가들에게 관련 지침을 제공했다. 모든 실행지원팀용 '방법 안내(How to)'와 모든 실행지원 활동가가 반드시 참여해야만 했던 '입문교육(Introduction)'은 의뢰인과 실행지원 활동가의 관계를 어떤 식으로 만들어가고 그 경계가 어디인지를 정의하고 공통 과정에 대한 준비를 시도하는 것이었다(그림 10.11 참조).

복잡성 관리

결과적으로 실행지원은 다양한 범위의 다양한 행위자에게 제공되는 복잡한 맞춤형 서비스였다. 모든 사례가 달라 케이브는 여러 거버넌스 계층에서 운영과 관리 간의 모호한 경계를 다뤄야 했다. 결과적으로 단순한 아웃소싱 및 평가실행과는 거리가 먼 실행지원 프로그램 관리는 케이브가 지속적으로 챙겨야 하는 주요 업무였다.

프로그램 관련 실행지원 활동가들은 주로 2년 동안 케이브와 계약되어 여러 프로젝트 작업을 할 수 있었으며, 우편서신으로 계약기간을 갱신할 수 있었다. 이들은 담당업무량의 균형을 유지하기 위해 자신들의 기술을 바탕으로 선정되었고 서비스의 주제에 따라 조직되었다. 케이브 중기까지 12개월마다 열리는 주제별 토론을 위해 수시로 모든 실행지원 활동가를 소집한 임시회의가 열렸다. 프로젝트가 점점 발전함에 따라 실제로 많은 연락과 협상이 필요했지만 실행지원 활동가는 미리 정해진 과제와 시간 척도대로 프로젝트에 배정되었다.

실행지원 활동가는 일을 시작하기 전 케이브 프로그램 담당자를 만나 의뢰인 관련 보고를 받았다. 그후 담당자가 참조할 수 있도록 계속 연락을 주고받았고 프로젝트 진행 상황 업데이트를 위해 매월 케이브에 정식 보고했으며, 특정 사례의 경우, 실행지원에 필요한 추가적인 시간을 협상할 수도 있었다. 실행지원 활동가는 우수 사례 문서와 사례 관련 케이브 정보에 접근할 수 있도록 구축된 엑스트라넷(Extranet)이나 관계자 전용 사이트를 통해 케이브와 원격으로도 의사소통할 수 있었다.

작업에 걸리는 시간과 과정이 매우 길 수 있었기 때문에 케이브는 실행지원 활동가의 정기적인 업데이트 상황판에 점진적이면서도 힘든 작업 진행을 기록했다. 궁극적으로 어느 사례에서라도 실행지원 활동가의 참여는 스스로 포기하거나 취소하기 위한 절차가 없다면(기한이 되어) 끝나야만 하는 것이었고 그런 경우, 해당 작업은 단순히 실행지원 활동가에 의해 끝났다고 여겨졌다.

케이브는 실행지원을 위해 사례 작업을 분류하고 모니터링용 플랫폼을 제공하고 언제 어떻게 얼마 동안 지원자가 개입할 수 있는지에 대한 최종적인 통제권을 가졌다. 실행지원 서비스 권고문은 이를 다음과 같이 설명했다.

"대부분의 비용은 상대적으로 적은 투자로 달성할 수 있었지만 그것이 잘 관리될 때만 가능했다. 또한 실행지원 활동가의 상당한 시간 투자가 별 성과를 거두지 못할 수도 있어 우리는 지속적으로 프로젝트를 선택하고 검토된 방식으로 지원을 할당하고 그 서비스 효과를 감시하고 평가해야 한다는 것을 알고 있었다(CABE, 2007d)."

내부적으로 실행지원 서비스는 때때로 위원회에 도전과제를 던졌다. 실행지원 활동가가 특정 디자인에 대해 조언할 수 있지만 그들의 역할은 디자인 검토와 구별되었고 실행지원된 사례가 항상 좋은 검토 결과를 받는 것도 아니었다(9장 참조). 필연적으로 이것은 케이브의 두 가지 무기가 조직화되지 않은 것처럼 보이게 했다. 이것은 외부 시각에서 실행지원 범위를 감안하면 그 역할이 다른 서비스와 상호보완적이거나 상충되거나 단순히 중복되는 것처럼 오해를 부를 수 있었다.[192] 2005년 런던 케닝턴(Kennington)의 실행지원 프로젝트에서는 다음과 같은 기록을 남겼다. "디자인 검토는 케이브의 실행지원 활동가가 해당 프로젝트에 참여했다는 것을 모르는 상태에서 이뤄지는 것 같다. 그래서 디자인 검토가 이뤄질 때 실행지원 활동가의 보고서 제출이 도움이 될 수도 있을 것이다."[193]

실행지원 활동과 관련해 케이브의 업무분담(업무영역)이 잘못 이해되기도 했다. 2004년 마스터플랜에 제안된 조언의 경우, 지방정부는 케이브에게 프로젝트에서 '손을 뗄 것'을 요청했지만 실행지원 활동가는 그것이 부적절하다고 확신하며 케이브가 다시 복귀하기를 바랐다.[194] 이 같은 상황을 해결하기 위해 케이브는(임명되기 전) 더 명확한 직무설명을 디자인 검토와 실행지원자문단에

192 출판되지 않은 실행지원 활동가 노트, 2005. 12

193 출판되지 않은 실행지원 활동가 노트, 2005. 3

194 출판되지 않은 실행지원 활동가 노트, 2004. 10

제공했다. 그리고 기회가 생기는 곳마다 케이브는 실행지원 서비스와 디자인 검토 서비스 활동을 조직화하려고도 했다. 예를 들어, 케이브는 2007년 도시개발공사(Urban Development Corporation)의 웨스트 노스햄프톤셔(West Northamptonshire) 프로젝트에는 전략적 도구모음(복수의 서비스)을 제안했다.

실행지원 활동은 케이브에서 프로그램 간에 분할된 핵심자금 지원을 받았는데 세 번째 운영연도까지 이 금액은 총 50만 파운드에 불과했다. 게다가 실행지원 작업의 개별적인 부분에 대한 서비스 수준의 계약금은 각 핵심자금 부서(예를 들어, 템스 게이트웨이 프로젝트는 지방자치부, 병원 실무는 보건부)와 별도로 마련되었다. 영국예술위원회는 케이브 운영 기간 내내 실행지원 작업의 주요 재원을 제공했고 이후 영국 파트너십(English Partnership), 내무부(Home Office), 교육부(DfES), 잉글리시 헤리티지(English Heritage)가 실행지원에 투자했으며, 마지막 해에는 크로스레일(Crossrail)[195]과 올림픽준비위원회(Olympic Delivery Authority)가 (그들의 전용 자문단과 함께) 투자했다. 다른 도구와 마찬가지로 실행지원 예산도 급증해 2007~2008 회계연도에 280만 파운드로 최고에 이르렀는데 이는 당시 케이브 총지출의 20%를 차지했다. 비용은 거의 전적으로 직원 시급, 즉 계약된 실행지원 행동가들의 시급이나 내부직원 관리 시급(내부직원 시급의 대부분은 실행지원 행동가 모집·연락과 관련 있었다)이었다. 실행지원 활동가의 일반적인 근무 시간은 프로젝트당 평균 약 10일로 추정되었는데 20일 이상으로 증가하면 케이브는 의뢰인이 자체적으로 고문을 모집·고용해야 한다고 판단했다(CABE, 2007d). 추가적인 훈련 일수는 행정시간과 지원자에게 지불하는 비용에 따라 추가 비용이 들었다.

효과

실행지원 활동의 영향을 직접적인 수치로 계량화하기는 어렵지만 임원급 전문직 종사자를 고용하는 데 하루 400파운드로 할인가능하다는 것만으로도 투자비용 대비 놀라운 가치가 있었던 것은 분명했다. 이 업무시간들은 서비스가 가장 가치있게 사용될 어려운 프로젝트나 가장 높은 수준의 지식 전달이 필요한 곳에 소요되었다. 실행지원 프로그램에 대한 반응은 실행지원 프로그램 이용자의 미발표 보고서가 입증하듯 매우 긍정적이었고 정기적으로 다른 곳으로부터 우수 프로그램으로 선정되곤 했다(DCL G, 2010: 103). 지방정치가 배제된 케이브의 독립적인 입장은 특히 사유를 위한 중립적 공간을 제공함으로써 높은 평가를 받았다. 예를 들어, 런던 주빌리 가든(London's Jubilee Gardens)의 변화와 관련해 현지 고용주단체의 한 대표는 "케이브가 각 이해관계자

195 런던 및 런던 동남부 지역 신고속철도 프로젝트 수행기관

와 네트워크를 형성하고 사람들 간에 얼마나 많은 공감대가 형성되었는지 깨닫게 하는 거울 역할을 했는데 이는 큰 충격이었습니다."라고 밝혔다(Lipman, 2003, 10.12). 지방 당국, 경우에 따라 지역공동체(Bishop, 2009)와 개발자(Hallewell, 2005)도 의사결정 과정에서 품질보증과 확실함의 근간으로 케이브의 외부 자문을 높이 평가했다.

실행지원 활동가의 초기 참여는 조달 선택을 이끌었고 종종 신뢰와 좋은 관행을 더 강화했다. 슈롭셔(Shropshire)의 한 구청 개발책임자는 "케이브의 공약은 특히 지역환경에 큰 영향을 미치거나 향후 개발용 표준을 설정하는, 전략 프로젝트의 초기 단계에 관심이 집중되어 있었기 때문에 우리에게도 흥미진진했습니다."라고 말했다(South Shropshire j., 2004년 1월 2일). 레드카(Redcar)에서 슈어 스타트(Sure Start) 프로그램 매니저는 "건축가 다섯 명이 전체 지역사회에 입찰을 제안하도록 그들을 격려했고 … 그것은 처음부터 주인의식을 만들어냈습니다(Christie, 2005)."라고 보고했다(Christie, 2005). 물론 모든 경험이 긍정적인 것만은 아니었다. 경험많은 실무자들이 계획에 조언하는 것은 지역사회에서 일종의 혜택으로 받아들여졌지만 때때로 그들의 지역지식이 부족해 혜택이 줄어들 수도 있었다. 한 예로 그레이트 야머스(Great Yarmouth)의 계획에 대해 자금담당자

그림 10.12 주빌리 가든(Jubilee Gardens). 런던 케이브에 의해 활성화된 공공공간 / 출처: 매튜 카르모나

는 "케이브가 개입함으로써 비용이 드는 품질에 훨씬 중점을 뒀습니다(Smithard, 2006)."라고 주장했는데 이것은 해당 비용이 해당 지역에서 수용불가능한 가격임을 암시했다.

마지막으로 실행지원은 케이브의 다른 부분에 이용되는 지원과 조언의 중요한 원천이었는데 특히 연습 가이드를 제작(7장 참조)하거나 단순히 주요 건물 유형의 최신 정보를 조직에게 제공할 때 사용되었다. 또한 이는 다른 이들(건축건조환경센터(ABECs))이 성공적인 실행지원 서비스 운영 과정의 교훈을 공유하고 그들의 실행지원 활동가 훈련을 도와 그들의 지원 프로그램을 탄탄하게 하는 것을 도왔다.

지원도구는 언제 사용되어야 하는가?

케이브는 그 지원활동을 통해 현장에서 직접 일하며 디자인 거버넌스의 실제 프로젝트 작업과 현지 과정에 개입하고 있었다. 무엇보다 이 도구는 조직의 순수한 야망을 드러내고 전국적인 거버넌스 접근법을 관통한다는 점에서 케이브의 이전 도구들과 달랐다. 이 도구는 케이브가 조직 스스로 직접 디자인 결과에 영향을 미치게 하거나 실제로 디자인 결과를 형성하는 많은 조직의 의사결정 환경을 형성하게 했으며, 개발에 대한 근본적인 선택(개발 과정 초기에)에 영향을 미치면서 개발 과정의 전략적 측면에 더 많이 관여하게 해주었다. 그래서 이 도구는 가장 정교한 협치도구로 실제로 디자인, 개발, 규제 권한을 갖는 것 외에도 케이브의 직접적인 개입을 가능케 했다. 이런 배경에서 관계자들은 이 도구를 일관되게 케이브의 가장 효과적인 디자인 거버넌스 도구 중 하나로 평가했다.

케이브는 재정 지원과 실행지원 도구 두 가지 방법으로 지원했다. 케이브가 제공하는 재정 지원은 조직에 의한 지원과 프로젝트 지원 둘 다를 통해 궁극적으로 위원회 외부사람들에게 의존함으로써 프로그램의 목적을 달성했다. 그러나 케이브는 한정된 자원을 최대한 활용해 디자인을 지역 안건에서 밀고 나갈 수 있도록 자금지원이 어떻게 발생하는지 조심스럽게 전략적으로 관리했다. 실행지원은 전문가 풀이나 실행지원 활동가를 통해 제공되었으며, 다른 규모의 프로젝트를 직접 멘토링하는 형태로, 결과적으로 더 넓은 세상에서 실행지원 활동가가 구축한 외부 기술기반과 그 관계에 의존하는 것이었다(그림 10.13 참조). 그래서 이 프로그램은 때때로 위원회로부터 한 단계 떨어진 곳에 존재하는 것처럼 보일 수도 있었지만 실제로는 케이브 내에서 구성되고 주의 깊게 관찰되었으며, 전국적이면서도 효과적인 지식전달 프로그램이었을 뿐만 아니라 조직 내 다른 부서에서 학습과 발전의 중요한 원천이 되었다.

1장(그림 10.14 참조)부터의 디자인 거버넌스 활동영역 내에 지원도구를 배치해보면 재정 지원이 두 가지 위치에서 사용되었음을 보여준다. 첫째, 건축건조환경센터와 기타 기관의 작업을 지원·수정하기 위한 디자인 거버넌스 프로세스의 시작 지점에서 사용되어 긍정적인 디자인 의사결정 환경의 잠재력을 극대화한다. 둘째, 훨씬 뒷부분에서 특정 디자인·개발 제안을 지원하기 위한 보조금 형태로, 특히 케이브는 씨체인지 프로그램을 통해 사용되었다. 이와 대조적으로 실행지원은 디자인 거버넌스 대부분의 영역에서 사용되었는데 정책 프레임워크 주변의 매우 전략적인 작업부터 간략한 문서작성을 돕거나 좋은 고객이 되도록 돕는 것, 나아가 디자인 수행 과정 동안 함께하는 것까지 다양했다. 이 같은 맞춤형 특성 때문에 실행지원 프로그램은 케이브 도구 중 가장 다재다능하고 유연한 것으로 평가되었다.

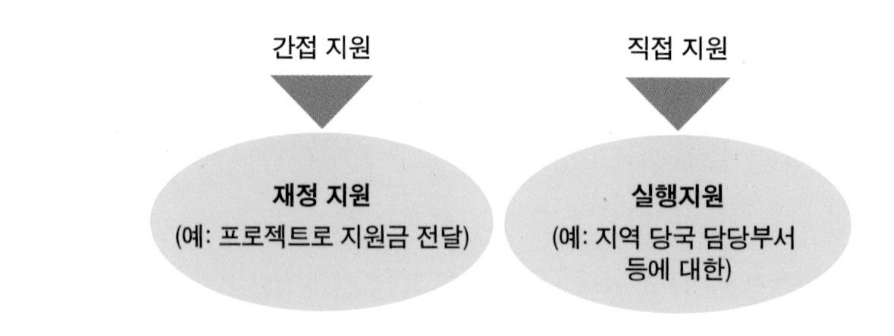

그림 10.13 지원의 종류

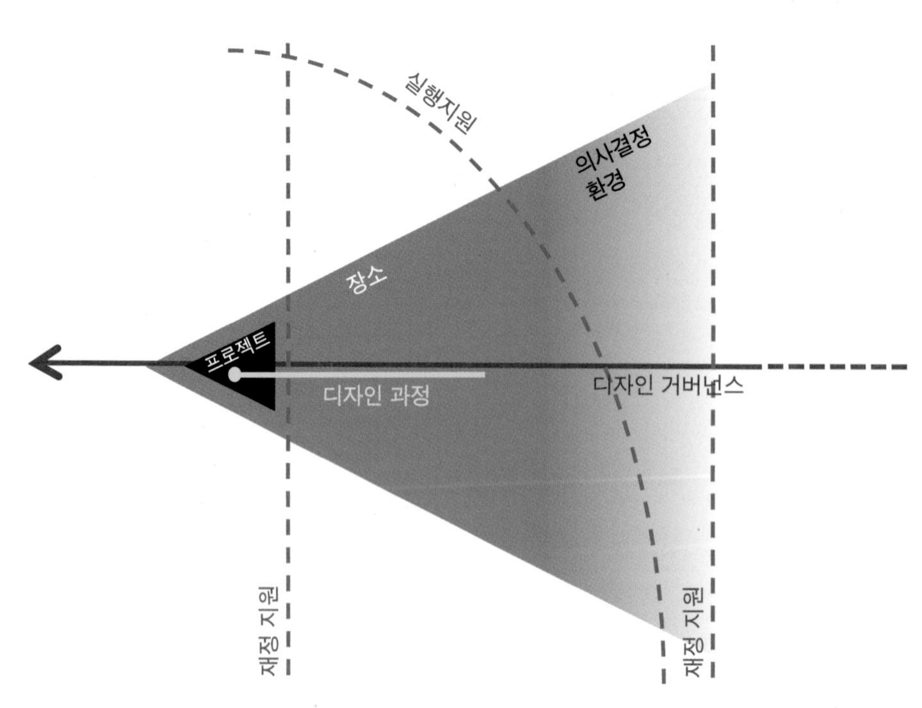

그림 10.14 디자인 거버넌스 조치 분야의 지원도구

후기

케이브(CABE) 시기는 정부가 주도하는 영국 디자인 거버넌스 역사에서 특별한 접근법을 시도한 시기였다. 그것이 다룬 범위, 목표, 영향(3~5장에서 다룸)은 세계적으로 유래가 없었고 영국잉글랜드 내에서도 이 시기는 일반적으로 자유방임의 성격을 띠었던 과거의 디자인 거버넌스 업무 방식에서 벗어난, 일종의 일탈 기간으로 여겨지고 있다. 이례적인 특성 때문에 이 경험은 일반적인 것이 아니어서 무시되어야 한다는 주장도 있을 수 있지만 이 책은 그것이 실수라는 것을 보여주고 있다. 그 대신 케이브를 통한 실험적 경험을 연구하는 것은 디자인 거버넌스에 대한 실질적이고 개념적인 교훈을 주며, 영국에서 벗어나 멀리 세계 여러 곳에도 의미 있는 일일 것이다.

디자인 거버넌스의 개별 도구들과 관련된 많은 것이(1부와 3부 장들에서 다룸) 그 예가 될 수 있지만 그것들을 여기서 반복할 필요는 없는 것 같다. 그 대신 이 후기에서는 두 가지 방법으로 연구 내용을 돌아보고 디자인 거버넌스를 평가할 것이다. 첫째, 보다 좁은 관점에서 케이브의 영향과 유산을 봤을 때 어떤 것이 효과가 있었고 어떤 것이 그렇지 못했는지 그리고 미래의 디자인 거버넌스를 위해 이 실험으로부터 우리가 무엇을 배울 수 있는지를 살펴본다. 둘째, 이런 경험이 정부 차원의 디자인 거버넌스가 가진 속성, 목적, 그리고 가장 힘든 정책 분야에서 정부의 역할과 타당성에 대해 무엇을 말하고 있는지를 알아볼 것이다.

정부 주도 디자인 거버넌스의 영향

케이브 실험

케이브는 그 시대의 산물이었고 더 넓은 정치·경제 분야의 동향을 반영했다. 시작은 공공정책의 주요 분야를 다루는 데 정부의 힘에 대한 권한주의적 믿음(Governmentalist Belief)이었고 이것은 권한을 중앙에 집중시키려는 영국의 역사적 경향을 반영했다. 이 같은 과정을 통해 새로운 (또는 매우 확장된) 정책 분야가 정부 내에서 개발되었고 새로 정의된 공공정책 목표를 추구하기 위한 거버넌스 기반이 갖춰졌다. 1997년부터 2010년까지 새로운 노동당 정부하에서 수행된 디자인이 그 명백한 예라고 할 수 있다. 이 경험을 통해 지금까지 이전 정부들이 논란에 휩싸이지 않기 위해 노력했고 존재가 미미했던 왕립예술위원회(RFAC)의 연기 자욱한 방에서 처리되었던 디자인 분야의 공공정책에서 괄목할 만한 발전을 이룰 수 있었다.

그 일환으로 당시 거버넌스 접근방식은 정부 행정업무에서 점점 주를 이룬 관리적(Managerial) 방법을 많이 참고했다(1장 참조). 여기에는 영향을 미칠 분야에 대한 직접 개발(케이브가 주체가 된다)뿐만 아니라 1980년대 이후 신자유주의 정부가 선호했던 특정 지원기관을 이용해 민간부문 사업에 간접적으로 영향을 미치려는 더 광범위한 방법도 있었다. 따라서 케이브는 건조환경 디자인 문제와 관련해 정부를 대변하는 역할, 좋은 디자인이 무엇을 수반하는지에 대한 정확한 가치판단을 할 수 있고 이 정책 분야를 주도할 수 있는 역할을 맡은 것이다. 케이브는 이 같은 역할을 열정적으로 수행했고 업계를 빠르게 주도했다(어떤 이들은 군림했다고 말했다).

케이브는 아직 익숙하지 않았지만 사업에 이 같은 접근법을 많이 사용했다. 여기에는 케이브 가족(CABE Family)을 관리하는 방식뿐만 아니라 그것에 대한 이해로부터 영향력이 시작된다는 믿음도 포함되는데 그 믿음은 디자인과 개발 과정을 이해함으로써 특정 부문 행위자(개발업자, 규제기관, 투자자(민간, 공공), 디자이너)의 작업을 최적화하는 데 사용될 수 있다는 믿음이었다. 이것은 케이브가 법적 강제력이 없어 비공식적 도구들에 의존할 수밖에 없으므로 이 책 3부에서 다룬 것과 같은 가장 중심이 되는 방법이었다. 실증(Evidence), 지식(Knowledge), 홍보(Promotion), 평가(Evaluation), 지원(Assistance)과 같은 비공식적 방법의 구성 요소들은 모두 간접적이고 대부분 디자인과 거버넌스의 의사결정 환경을 만드는 데 초점을 맞춘 도구들이었다.

마지막으로 당시 제3의 길(Third-Way) 정책에서 볼 수 있듯이 케이브는 대중주의(Popularism, 부정적 의미에서라기보다 주로 실제하는 관심사를 업무 대상으로 정한다는 점에서 – 역주)와 실용주의(Pragmatism)를 결합시키려는 시도로 볼 수도 있다. 다시 말해 주요 관심사항에만 집중하지 않고 특정 정치 형태와 연결된 독단적 규제보다 실질적인 해결 방안에 중점을 둔 정책 솔루션을 만드는 것을 말한다. 분명한 것은 디자인에 대한 이 같은 새로운 방식은 2000년대 정부에게는 주요 관심사가 아니었는데 이것은 좋은 디자인 결과물을 얻는 것 자체를 좋은 것이라고 봤기 때문이다. 그 대신 장소에 기반한 좋은 디자인은 첫째, 과거 일반적으로 낮은 수준의 개발에 대한 반응으로 주민들의 반대가 매우 높아지던 시기에 정부가 필요한 많은 양의 새로운 주거사업을 찬성하게 만드는 방법(감언이설이더라도)으로 여겨졌다. 둘째, 오래된 도시의 무질서한 확장 경향을 되돌리고 기존 도시의 재생과 농촌지역 보존이 필요한 경우, 좋은 디자인은 도시 내 재투자의 타당성을 담보하는 전제 조건으로 여겨졌다. 근본적으로 이것이 도시대책위원회(Urban Task Force)의 중점 논의사항이었으며, 정부가 케이브와 계약한 내용이기도 했다(4장 참조).

케이브에 대한 인식

이 같은 경향의 일부는 신노동당(New Labor) 정부 이전에 나타나기 시작했는데 특히 정부 내에서 디자인의 중요성에 대한 관심이 눈에 띄게 증가하고 있었다. 이 같은 상황은 케이브가 활동할 수 있는 환경을 조성해주었고 이는 케이브가 자신과 기관의 역할이 무엇이라고 보고 외부에서 케이브를 어떻게 인식하고 그들이 효율적이라고 생각했는지를 보면 잘 드러난다. 여기서 중요한 점은 케이브가 모두에게 인기있는 조직은 아니었다는 것이 분명하다는 것이다. 실제로 막 시작된 초기에는 맞닥뜨렸던 다른 조직으로부터 자주 비난을 받았다. 이는 때로는 건축가들(디자인 검토와 문제가 있었던), 때로는 정치인들(그들의 정책이 디자인 차원에서 이의 제기를 당했을 때), 때로는 전문가 집단(케이브가 자신들의 영역을 침범한다고 생각했을 때), 때로는 개발업자들(자신들이 취할 수 있는 재량이 거의 없을 때)이었다. 한 평론가는 약간 장난스럽게 "마지막에 케이브는 모두와 소원해졌습니다. 그것이 없어진 이유겠죠."라고 말했다.

이 같은 발언은 당시 상황을 과장한 것이었다. 그도 그럴 것이 이 같은 갈등의 원인은 분명히 겉으로 보기에 모든 사람이 관심을 가졌던 어젠다인 디자인 품질 향상(미적 부분, 프로젝트, 장소, 과정 – 1장 참조)이었기 때문이다. 케이브가 10년 넘게 엄청난 에너지, 능동성, 리더십을 가지고 이를 위해 노력해왔기 때문에 이런 갈등은 불가피했다. 따라서 많은 사람들이 그들의 활동을 비판하지만(예: 지나치게 강제적이고 규제 위주이고 이 분야의 대표성이 떨어지고 정부의 단순한 도구로서 그 독립성이 떨어진다) 증거들은 케이브가 이룬 것이 압도적으로 많다는 것을 뒷받침해줄 뿐만 아니라 케이브가 잉글랜드에서, 간접적으로는 영국의 나머지 지역들에서도 디자인 품질의 중요성을 인식시키고 실제로 향상시키는 데 매우 중요한 역할을 했음을 보여준다. 그러나 기관으로서 케이브는 그 크기와 범위, 정부와의 관계 측면에서 정확히 이해된 적이 없음에도 이런 단순한 사실을 근거로 그들의 사업에 대한 많은 비판이 있었다.

종종 외부에서는 디자인 검토를 위해 납세자들이 내는 많은 세금을 집어삼키는 거대 조직으로 인식되었지만, 실제로는 몸집이 가장 클 때도 20명을 넘지 않았고(독립적인 공공기관 기준으로는 매우 작은 규모) 대체로 헤드라인이 되거나 종종 논쟁이 된 디자인 리뷰에는 전 직원의 20% 밖에 참여하지 않았다. 나머지 인원은 많이 알려지지 않았지만 일반적으로 높이 평가되고 효과적인 프로그램(지방정부의 실행지원, 연구 프로그램, 공공공간 및 공원 업무, '삶을 위한 건축(Building for Life)' 계획, 또는 다양한 교육사업)에 투입되었다. 실제로 케이브는 한때 연간 약 1,160만 파운드의 예산을 자랑한 반면, 그중 상당 부분은 케이브의 핵심 서비스 부문보다 정부의 특정 프로그램을 위한 연간 프로젝트에 점점 더 많이 사용되었다. 대부분 신노동당 정부가 대규모 자본을 투입해 진행하는 프로그램에 필요한 질적 검토 업무였다.

케이브 이전과 이후

케이브가 속했던 이전 체제에서부터 분명히 선행되어오던 여러 거버넌스 트렌드들이 있었지만 역사적으로 케이브는 항상 신노동당 정부와 연결되어 있었다. 그러나 케이브가 정부와의 관계 때문에 이러지도 저러지도 못하는 상황도 어느 정도 있었다. 정부는 케이브를 정책 전달에서 경쟁력 있는 조직으로 여기고 갈수록 많은 '프로젝트'를 맡기고 있었지만 이것은 케이브를 장관들의 변덕, 연간 공공지출 구조, 케이브가 무기력하다는 인식에 취약한 기관으로 만들었다. 논란의 여지는 있지만 이는 또 케이브가 디자인을 이끄는 본연의 역할에 관심과 에너지를 집중할 수 없게 만들었다. 더구나, 사실상 정부의 디자인 대변기관으로서 상당한 권한을 얻었음에도, 재정적으로 100% 공공자금으로 운영된다는 사실은 그 활동에 제약을 줬고 더 이상 진정한 독립성을 확보하기 힘들게 만들었다. 실제로 신노동당 정권 후반기 권위적인 장관들은 그 프로그램들이 정부 정책을 완전히 뒷받침하지 않는다고 케이브를 매섭게 비난하기도 했다.

그러나 최근에는 케이브의 주요 주제(건조환경의 보다 나은 디자인)는 대체로 정치와 상관없는 문제가 되었다. 따라서 일부 사람들은 1장에서 논의했듯이 더 나은 디자인 추구는 엘리트들의 관심일 뿐이고 규제 문제를 정치적 문제와 연관시키는 것이라고 주장했다. 반면, 다른 사람들은 이것을 시장 실패를 바로잡기 위한 좌파 정부의 조치로 생각하거나, 이 같은 디자인 간섭을 자유로운 시장에서의 혁신과 변화를 위해 오히려 불필요한 장애물로 생각했다. 두 경우 모두 디자인을 케이브의 디자인 어젠다였던 기능성, 활력, 지속가능성, 경제적 가능성, 사회적 형평성 등 더 근본적인 이슈가 아닌 좁은 의미의 미적 관점에서 보고 있었다.

영국에서 공공정책을 통해 건조환경 분야의 디자인 문제를 긍정적으로 해결하려는 현대적인 노력(케이브도 여기에 해당한다)은 1990년대 마지막 보수당 정부하에서 시작되었다. 당시 환경부 장관이던 존 거머(John Gummer)는 부분적으로 개인적 관심에서, 하지만 향후 신노동당과 부딪히는 주택성장과 배치 관련 디자인 문제에 직면하면서 디자인 관련 정책 환경을 바꿔놨다(3장 참조). 그의 운영하에 디자인(공공개입에 의한)은 금지 항목을 하면 안 되는 활동에서 규정 내에서 가능한 활동으로 바뀌었고 미적 기준에 의한 규제가 아닌 도시설계가 정책의 새로운 중심이 되었다. 이 같은 변화는 디자인의 위상을 확실히 올려주는 중요한 기반이 되었고 노동당 시대에는 그 위상이 정치적 의제로까지 올라갔다. 이 같은 사실은 케이브가 좌파의 산물이었다는 주장이 거짓임을 보여준다.

1924년 이후 영국 잉글랜드에 적용된 정부주도 디자인 거버넌스의 다양한 모델을 비교했을 때(그림 A.1 참조) 여러 관점에서 케이브는 중간에 위치하는 것으로 보인다. 비록 런던 메이페어의 골방에 있는 영향력 없는 기관이었지만 왕립예술위원회(RFAC)가 그런 관점에서 이상적(Ideological)이고 종종 그 지침에서 타협불가 입장을 가진 반면, 케이브 이후 긴축재정 시기의 디자인 거버넌스는 서비스 공급에서 일치되지 않은 불협화음, 공통성과 조직성이 낮아진 상태에서의 관점(또는 관점 자체가 없는)을 보여주고 있다. 이와 대조적으로 케이브 시기는 명확히 국가 차원의 리더십, 활동 대상이 가진 다양한 맥락에 대한 유연성, 전국적인 디자인 거버넌스 제공자 네트워크를 통한 조직성을 보여줬다. 왕립예술위원회와 케이브는 공통적인 부분도 있었는데 공공부문에 대한 국가 차원의 공적 역할을 했다는 점, 시장주도적(Market-led) 접근과 자발적 참여가 주를 이루는 케이브 이후 시기와 대조된다는 점, 둘 다 중앙으로부터 자금지원을 받아 정치적 변화에 취약했다는 점에서 그랬다. 케이브는 이후 시기와도 공통점을 보이는데 디자인 지원에서 매우 활동적이었고 가능한 모든 도구의 범위를 사용하려고 했다는 점이다. 이와 유사하게, 이제 시장에서 이 같은 서비스 판매가 매우 왕성해졌고 분야와 상관 없이 유연한 자세로 사업처를 찾아나섰고 부족한 재원은 봉사활동으로 충당했다.

	RFAC	CABE	Austerity
운용	이상적	이상적이지만 실용적	관리적
권한	중앙집권형	중앙집권형과 분산형의 중간	분산형
실행력	공공중심, 수동적	공공중심, 능동적	시장중심(일부)
	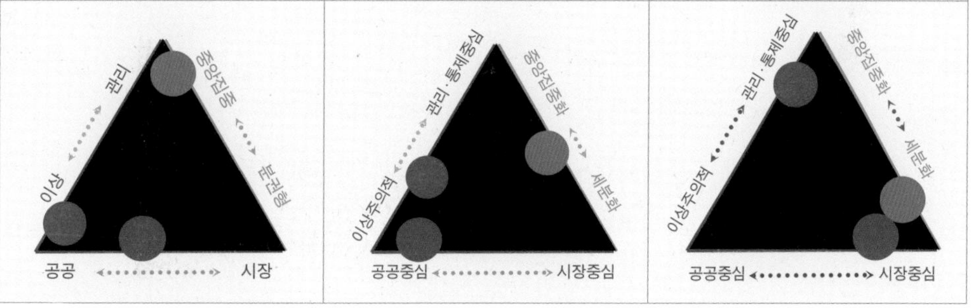 관리 / 이상 / 중앙집중 / 분권형 / 공공 / 시장	관리·통제중심 / 이상주의적 / 중앙집중화 / 세분화 / 공공중심 / 시장중심	관리·통제중심 / 이상주의적 / 중앙집중화 / 세분화 / 공공중심 / 시장중심

그림 A.1 디자인 거버넌스 모델 비교

케이브의 영향

거버넌스 절차에서 성과로 관심이 옮겨가면서 이 책에서 보고된 수많은 연구를 위해 면담한 사람들은 거버넌스의 영향력이 특히 다루기 어렵고 측정하기는 더 어렵다고 말했다. 부분적으로 이것은 많은 케이브의 영향이 프로젝트나 장소에서 구체적이고 가시적인 개입을 하기보다 설계에 대한 의사결정 환경, 즉 품질 향상을 위한 과정에 영향을 미치는 데 초점을 맞췄기 때문일 수도 있다. 결과적으로 다른 조직과 비교해[196] 사람들은 케이브가 소비한 비용은 쉽게 알 수 있었지만 그에 따른 이익을 항상 명확히 볼 수 없었고 건조환경 전문가들은 이 때문에 케이브의 규모와 비용을 부정적으로 생각하기도 했다.

그럼에도 케이브의 사업에 대한 상세한 검토를 통해 그것의 깊고 실질적인 영향을 볼 수 있다. 케이브의 임무가 갑자기 단축되었음에도 그림 A.2에서 보듯이 케이브의 영향 중 많은 것은 케이브가 사라지고 시간이 흐른 후에도 여전히 명백하다.

사례 만들기

(정부 기준에서는) 상대적으로 소규모의 조직으로서 케이브는 의심할 여지없이 그 체급 이상의 일을 해왔고 소규모 조직이 정부 전반에서 운영되는 방법을 잘 보여준다. 그러나 케이브는 정기적으로 자신의 존재와 가치를 증명해야만 했다. 케이브는 제출서류(Handover Note)를 통해 약 20회 평가되었고[197] 이 내용은 2004년, 2007년, 2010년 종합지출 검토자료에 포함되었다(CABE, 2011a).

가장 포괄적인 자체 최종심사인 '사례 만들기(Making the Case)'에서 케이브는 스스로 '케이브의 영향력에 대한 설득력 있는 증거'라고 평가한 5만자 분량의 증명자료를 문화미디어체육부에 제출했다(CABE, 2010e). 이 자료는 정말 광범위했고 수량화할 수 있는 것부터 수량화할 수 없는 것, 유형적인 것부터 무형적인 것까지 다양했다. 수량화할 수 있는 자료로는 케이브의 디자인 검토 서비스가 연간 68만 4,450파운드의 시장가치를 지닌 전문지식을 단 16만 3,800파운드의 공공자금을 투입해 제공할 수 있었던 것 등이 포함된다. 또한 수량화할 수 없는 자료로는 케이브 연구가 케이브 교육자료를 이용해 학생 수천 명의 삶의 선택에 미치는 영향이 있었다. 유형적인 것에는 만족도 조사 결과, 사용자의 88%가 케이브의 실행지원이 유용하다고 생각했고 84%는 그 지원이 그들의 작업을 변화시켰다고 생각한다는 자료가 있었고 무형적인 자료로는 케이브가 180개 협의

196 예를 들어, 문화유산복권기금(Heritage Lottery Fund)

197 때에 따라 외부와 내부, 하지만 자신의 연간보고서는 제외했다.

회에서 작성한 녹색공간 전략의 궁극적인 영향과 같이 측정 불가능한 것이 포함되어 있었다. 이 문서나 다른 문서에서 케이브는 외부 연구들(국제적이었던)뿐만 아니라 자체 연구를 정기적으로 광범위하게 활용했다. 이것은 더 나은 설계가 건강, 교육, 웰빙, 경제, 안전, 범죄 수준, 환경의 지속가능성에 긍정적인 영향을 미칠 수 있었던 사례 자료를 만들기 위해서였다.

그 같은 자료는 정치인들이 케이브에 우호적이고 케이브가 정기적으로 만든 사례에 대해 열려 있는 한 설득력 있었다. 그러나 케이브의 역사는 자원이 부족할 때는 정치적 편의 때문에 이런 자료가 무시되기도 했음을 보여준다(4장 참조).

여러 비공식적 도구의 중복 사용과 그 명분

케이브가 이전 이후의 유사한 조직들과 결정적으로 달랐던 점은 상당한 공적자금 지원이 투입되었다는 점이다. 이 공적자금은 여러 활동을 가능케 했고 시간이 흐르면서 케이브가 영국의 디자인 거버넌스 지형을 능동적으로 재구성하게 해줬다. 케이브를 좋아하든 싫어하든 케이브는 의심할 여지 없이 큰 영향을 미쳤고 대부분의 사람들은 이 조직이 건조환경에서 설계 표준을 개선한다는 핵심목표에 긍정적인 영향을 미쳤다고 봤다. 한 내부자는 다음과 같이 말했다.

"케이브가 공공자금을 방탕하게 쓴 것은 아니었습니다. 상대적으로 빠듯했지만 의미 있는 액수였고 개별 계획 이상의 영향을 미칠 수 있는 금액이었습니다."

이는 정치적 우선순위에 포함된 더 나은 설계에 대한 광범위한 국가적 수요뿐만 아니라 프로젝트별 또는 더 광역 범위에서 누적된 영향을 아우른다.

초기에 케이브는 정부로부터 자금을 지원받는 파격적인 조직으로 언급되었지만 정부 틀 내에서 언급되지는 않았다. 그 대신 공공부문에서 벗어난 전략들을 이용해 설계의 중요성에 대한 메시지에 관심을 가지지 않던 사람들에게 영향을 미칠 수 있었다. 조직이 성장하고 성숙해지면서 이 진화의 '게릴라' 단계는 끝났지만(사실상 끝나야 했다) 케이브는 매우 완강한 조직으로 흔치 않게 자신들이 놓인 정치적 맥락에 잘 대응하곤 했다.

부분적으로 이것은 케이브가 지속적으로 학습과 혁신을 강조하는 문화였고 기관이 맞닥뜨린 도전 범위 내에서 자신의 지식과 관행을 유연하게 적용했기 때문인 것으로 보인다. 또한 그것은 '비공식적' 도구가 특히 유연하게 적응가능한 것이었으며, 숨막히게 경직되어 법령에 규정되거나 정부 정책에 의해 제한된 종류의 도구가 아니었음을 반영한다. 이 도구들은 필요에 따라 다른 각도에서 사용되거나 다른 증거, 지식, 홍보, 평가, 지원 조합과 같은 특정한 도전적인 문제들을 다룰 수 있도록 결합해 사용할 수 있었다.

케이브가 영향을 미친 대상	영향을 미친 방식	한 계
정치인	설계의 중요성에 대해 당시 정부의 정치인들을 설득했다. 특히 디자인은 주관적이고 하찮은 것이 아니라 객관적으로 평가될 수 있고 경제와 사회에 긍정적인 영향을 미칠 수 있다고 설득했다.	케이브는 야당 정치인들을 설득하는 데 충분한 시간을 들이지 않았다. 야당 정치인들은 그들이 집권했을 때 국고감소를 주장하면서 케이브의 가치를 충분히 확신하지 못했다.
건조환경 업계 종사자	건조환경 업계 종사자들을 한군데로 모으기 위한 사전 노력을 바탕으로 디자인, 특히 도시설계의 중요성을 강조했다.	케이브는 1장에서 설명한 '압제'를 해결하는 데 실패했고 케이브가 사라졌을 때 기존 업무 방식으로 되돌아가려는 건조환경 전문가의 경향에 대처하지 못했다.
대중	캠페인·홍보를 통해 건조환경에 대한 국민들의 인식을 성공적으로 고취시켰다.	케이브는 국가적 문화와 담론을 변화시키지 못했고 디자인 문제는 이전으로 빠르게 되돌아가 소수 전문가의 관심이나 열악한 품질개발 제안 때문에 어려움을 겪는 사람들의 일회성 관심사로 여겨졌다.
정책	케이브는 정책에 매우 중요한 영향을 미쳤고 특히 계획, 재생정책(특히 후기에는 고속도로 정책) 등 정부 지침이 실무에 직접적인 영향을 미치는 분야에서 영향을 미쳤다.	케이브 조직의 일부 구성원은 케이브가 너무 쉽게 정책 방향의 영향을 받고 모든 최신 정책에 관여하고 싶어했고 초점을 잃어 정책의 부속물이 아닌 디자인 자체를 바꾸는 데 실패했다고 주장했다.
공공건물	케이브는 2000년대 확장된 공공건축 프로그램 범위를 긍정적으로 형성했고 설계 품질을 그중 많은 프로그램에서 핵심적인 고려사항이 되게했다.	케이브는 이 같은 변화를 제도화하는 데 성공하지 못했고 이 같은 사례의 대부분은 일시적 처방이었다. 그래서 금융위기가 닥쳤을 때 '미래를 위한 학교' 건설과 같은 프로그램은 케이브가 추진한 맞춤형 디자인 솔루션의 비용 소모가 너무 커 빠르게 사라졌다.
민간 개발업자	설계 가치에 대해 민간 개발업자들에게 긍정적인 영향을 미쳤다. 대규모 주택건설업자들에게 이런 영향을 미치는 데 상당히 오래 걸렸고 이들은 매우 다양한 반응을 보였지만 케이브는 설계의 중요성과 그 영향에 대해 일부 사람들을 설득하는 데 큰 성공을 거뒀고 이 영향은 현재까지 지속되고 있다.	일부 대규모 개발업자들은 케이브의 메시지와 그 방식에서 소외되었고 그 사고방식에 결코 접근하지 못했다.
기술·능력	케이브는 전문 기술, 능력, 지식, 지원 수단 연구를 통해 영향을 미쳤다. 어느 모로 보나 이것은 특히 전국의 지방정부 당국에서 설계의 중요성과 우선순위를 중심으로 지역문화를 광범위하게 변화시키는 데 중요한 역할을 했다.	긴축정책이 시작되었을 때 이 기술들은 빠르게 사라졌고 케이브는 전문교육과 관련있던 적이 없어 배타적인 전문조직에게 지속적인 영향을 미치지 못했다.
미래 세대	교사와 학생들이 사용하도록 준비된 광범위한 혁신적 자원으로 영향을 미쳤다. 이것은 매력적이고 창의적이었고 그것을 사용한 많은 사람 덕분에 적어도 일부 학생의 직업 선택에 장기적인 영향을 미칠 것이다.	케이브가 접근해야 했던 아이들 수와 교육 분야의 복잡성을 감안하면 케이브 규모의 조직은 일시적인 것을 넘어 영향을 미치기는 쉽지 않았다.

케이브가 영향을 미친 대상	영향을 미친 방식	한 계
특정 사업·장소	케이브(2010d)에 의하면 프로젝트와 장소에 직접적이고 실질적인 영향을 미친 디자인 검토는 전체 기간 동안 3천 개 계획을 넘었고 81%는 설계안을 변경했다. 케이브는 디자인 검토를 주변 활동에서 중요한 국가, 지역, 지방활동으로 변화시켰고 디자인 검토는 어떤 수단보다 오랫동안 공공지출 삭감의 칼날에서 살아남았다.	이전 왕립예술위원회와 같이 이 절차는 케이브를 너무 공개적이고 적대적으로 만들어 케이브에 반대하는 사람들을 만들었고 결과적으로 우군을 만들지 못해 궁극적으로 조직이 해체되는 원인이 되었다.
리더십	케이브의 연구와 옹호작업의 엄청난 양은 이 분야의 리더십 구축에 자연스러운 중심점이 되었고 이 역할은 나아가 케이브가 혁신과 모범 사례의 핵심으로 점점 더 여겨지면서 국제적으로 확장되었다.	궁극적으로 케이브는 개별 프로젝트 품질보다 산출물 양에 더 의존했다. 분야를 정의하거나 재무부와 같은 회의론자를 설득하기 위해서는 엄격함, 깊이, 독창성이 필요했고 개별 프로젝트가 이 같은 장점을 가지는 경우는 매우 드물었다.
일상 업무	케이브와 직접 접촉하지 않더라도 모든 유형의 실무자가 특정 작업을 보조하거나 설계 사례를 만드는 데 도움을 주기 위해 매일 연습할 수 있는 수많은 연습 가이드, 사례 연구, 감사, 웹사이트, 툴킷 등을 제공했다.	출판된 방대한 양의 자료는 종종 원성을 샀고 이 때문에 실무자들은 시간 내에 소화하기 힘든 자료들 속에 파묻힌 느낌도 받았다.
설계 대중화	디자인 문화를 되돌아보게 해 디자인 품질 추구는 계획과 개발 열망의 대세로 점점 비춰졌고 모든 유형의 점점 더 많은 건설환경 전문가, 정치인, 개발업자가 이 가치를 받아들이는 데 의문을 품지 않았다.	케이브의 영향력은 어디서나 같지는 않았고 지리적·문화적으로 런던에서 멀리 떨어져졌거나 경제적·사회적 도전이 커 도달하기 어려운 곳에는 영향을 미치기 어려웠다.
일반적인 설계 기준	설계 기준은 케이브가 선례를 설정해 영향을 받은 성공적인 계획들 덕분에 점점 향상되었다. 케이브의 직·간접적인 영향으로 품질에 미치지 못한 계획들은 종종 폐기되었다. 때때로 이 같은 변화들은 소규모의 부차적인 것이었다. 예를 들어, '삶을 위한 건축' 도구를 통한 점진적인 주택설계 개선이나 설계지원 활동을 통해 지역적으로 설계문제를 해결할 자신감과 능력 향상 등이 있었다. 때때로 케이브의 2012년 올림픽과 이스트 런던에 대한 영향과 같이 극적인 사례도 있었다. 오늘날 보이는 것만큼 보이지 않는 것에 대해서도 케이브는 궁극적으로 영향을 미쳤다.	케이브가 디자인 정책의 긍정적인 방향 전환의 공을 전부 가져갈 수는 없다. 이것은 1990년대 중반 케이브가 등장하기 훨씬 이전부터 시작되었고 정부 정책과 도시설계연합과 같은 비정부적 이니셔티브도 영향을 미쳤다.
케이브 가족	케이브 직원으로 일했던 사람들에게 지속적인 영향을 미쳤고 그들 중 많은 사람이 여전히 영국에서 일하고 건조환경 분야를 구축하고 있다. 케이브의 한 임원은 다음과 같이 말했다. "케이브는 유능하고 헌신적인 사람들 중 가장 많은 사람을 모았다. 젊은 직원들에게는 케이브가 다른 어떤 일보다 가장 놀라운 도약대였다."	케이브 조직이 해체되고 긴축정책이 시작되면서 케이브의 수많은 전직 직원들은 건조환경 이외 분야나 해외에서 일하게 되었다.
디자인 거버넌스를 위한 현재 시장 구축	케이브가 지원했고 이후 케이브가 마지막 활동으로 설립한 디자인위원회 케이브와 함께 지속적으로 살아남은 지역 파트너를 통해 영향을 미쳤다. 고난기를 이겨낸 현재 디자인위원회의 디자인 검토 서비스 공급업체로서 탄력을 받고 있다. 이 모든 주체와 기타 민간·공공 주체는 케이브가 수요와 창출이라는 성장과 갑작스러운 기회의 창출인 소멸을 통해 촉진시킨 시장에서 운영 중이다.	2000년대 케이브가 이 분야를 주도하면서 도시설계연합과 시빅트러스트와와 같이 공식적인 영향력이 있는 비정부 주체를 해체시켰다(5장 참조).

그림 A.2 케이브의 영향

따라서 케이브의 주요 시사점은 제한적인 케이브 자체 권한에도 불구하고 다양한 도구의 지속적인 개선을 통해 더 효율적인 기관으로 성장할 수 있었다는 것이다. 케이브의 이전과 이후 역사에서 보듯이(3장, 5장 참조) 하나의 도구(디자인 검토와 같은)에 지나치게 의존하면 그 효과가 제한적일 수밖에 없고 왕립예술위원회 사례와 같이 결국 디자인 거버넌스 과정 전체를 제한하게 된다(약화시킨다). 그와 반대로 케이브의 실험은 여러 비공식적 거버넌스 도구의 조합으로 공식 도구보다 더 포괄적으로(유연성 덕분에) 디자인 거버넌스 활동 영역을 다룰 수 있을 뿐만 아니라(그림 A.3 참조) 궁극적으로 공식 도구들이 작동하는 의사결정 환경을 결단력 있게 만들어 더 효과적으로 운영될 수 있다는 것을 충분히 증명했다.

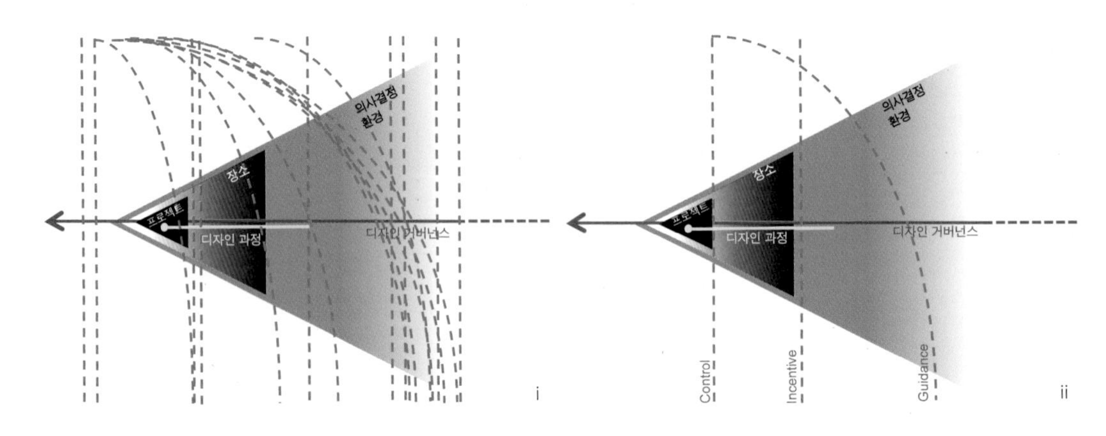

그림 A.3 디자인 거버넌스 활동영역에서의 (i) 비공식적 도구와 (ii) 공식적 도구의 도표 비교

디자인 거버넌스의 적합성

디자인 거버넌스의 난제

이 책을 마무리짓기 위해서는 넓은 의미에서 디자인 거버넌스의 적합성을 다룬 1장에서 설정된 문제를 다시 살펴봐야 한다. 다음과 같은 질문이 던져졌다.

'건조환경의 디자인에 대한 정부의 개입은 그 과정과 결과물 형성에 긍정적인 영향을 미치는가? 만약 그렇다면 그 방법은 무엇인가?'

수년간 케이브의 경험을 조사한 결과, 위 질문의 앞부분에 대한 이 책의 최종 답변은 '그렇다'가 될 수밖에 없다. 정부는 장소 질이 가진 이점을 전달하기 위해 건조환경의 설계 과정에 개입하는 데 가치 있는 역할을 했고 케이브는 그 지속 기간 동안 지원금을 정당화하는 논리로 이것을 사용했다. 무엇보다 충분히 큰 단위(예: 국가적 단위)를 바탕으로 확고한 태도를 가지고 (일반적으로 케이브가 했던 것처럼) 현명하게 사용되었을 때 디자인 거버넌스 과정은 건조환경에 대한 의사결정이 일어나는 환경에 상당한 영향을 미칠 수 있었고 이로 인해 개별적인 설계의 의미에서 나아가 더 나은 장소 만들기 문화가 나타나기 시작했다.

신노동당은 독단적인 신뢰체계를 기반으로 한다기보다 '작동한다면 지원하라'(4장 참조)라는 '제3의 길 철학을 바탕으로 하는 실용적 실험을 추구했다(이것이 그렇게 많은 사람이 그토록 경멸했고 아직도 경멸하는 이유이기도 하다). 순수하게 실용적 측면에서 보면 케이브 실험은 분명히 성공했다. 영국 건설산업 분야의 0.02%에 해당하는 정부지원금으로(Carmona, 2011b) 전국적으로는 개발 문화와 실행에, 국지적으로는 디자인 거버넌스 과정에 지대한 영향을 미침으로써 설계에 대한 민감함과 관심을 이끌어냈다.

이제 질문의 두 번째 부분, '그렇다면 이를 실현시킬 방법은 무엇인가?'를 생각해보자. 케이브 실험은 분명히 여러 정부주도 디자인 거버넌스 방식 중 하나이기 때문에 성공적이었다고해 이 방식이 어디든 적용가능하거나, 정부나 정부기관이 설계에 개입하는 형태의 모든(다른) 방식이이 반드시 효율적이라는 것은 아니다. 1장에서 이를 증명하고 있는데 잘못된 디자인 거버넌스는 디자인 거버넌스 자체가 없는 것 만큼이나 또는 그보다 더 상황을 악화시킬 수 있다. 게다가 케이브가 했던 모든 사업이 성공적이었던 것도 아니다. 설계 경기와 같은 몇몇 도구들은 성공 궤도에 오르

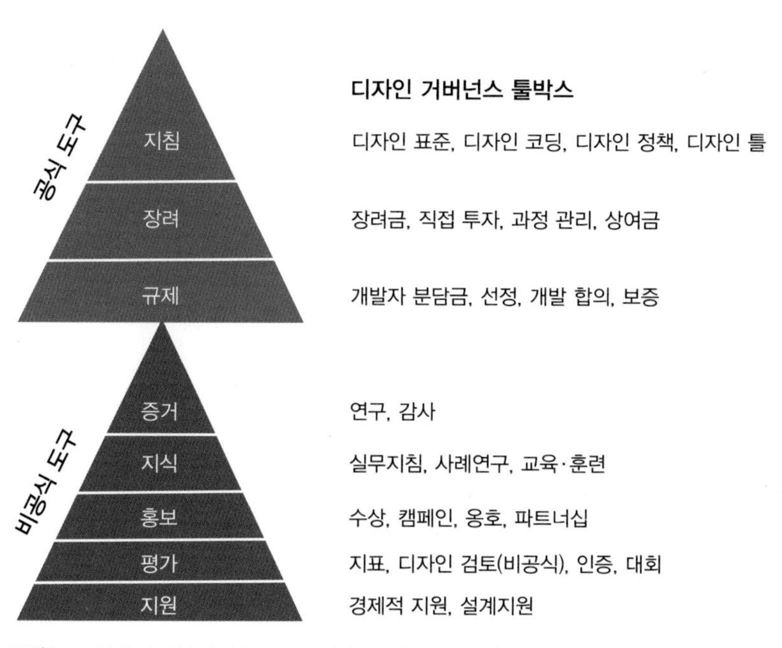

그림 A.4 전체 디자인 거버넌스 도구모음(공식적 · 비공식적)

지 못했지만 잘 알려진 디자인 검토와 같은 다른 도구들은 많은 논란에도 충분히 긍정적인 효과를 냈다.

결과적으로 '디자인 거버넌스가 어떻게 실행되어야 하는가?'라는 질문의 답은 하나의 정답이 아닌 '상황에 따라 다르다'라는 결론에 이른다. 실행 배경, 규모, 의도, 자원에 따라 달라진다. 그러나 케이브 실험 분석 결과는 실행되는 상황과 상관 없이 책임자들은 공식·비공식 디자인 거버넌스 도구들을 모두 수용하고 장기적이고 필수적인 사회적 투자 과정의 일부로 디자인 거버넌스가 이해되어야 한다는 것을 분명히 보여준다(그림 A.4 참조).

다양한 비판

디자인 거버넌스의 여러 이론적 문제들은 1장에 정리되어 있으며, 케이브는 내내 그런 모든 이유로 (더불어 다른 이유들로) 비난받았다. 이 책의 기반이 된 연구 기간 동안에도 서로 모순되는 경우가 많았던 이 같은 비판들은 눈에 띄게 자주 수정되어 재발표되곤 했다. 이를 요약하면, 그 이유들은 다음과 같다.

- 신자유주의적 개발지향형 도구: 사회 전반적으로 별다른 도움이 되지 않고 불공정하고 받아들이기 힘든 프로젝트를 예쁘게 치장하기만 했다. "케이브는 건조환경과 녹지와 관련된 일은 모두 이익이 된다는 논리에만 집중하고 있었습니다."
- 중앙정부의 아첨꾼: 지원기관에 밉보이는 것을 너무 두려워한 나머지 필요할 때 정부에 맞설 능력이 부족했다. "정부가 직접 수행할 수 없는 일을 도와주는 정부의 하수인(Toy)과 같은 존재였습니다."
- 런던중심: 런던은 정치·경제의 중심지였고 대형 프로젝트들이 여기 모여 있었기 때문이다. "케이브가 런던에 기반한 친목단체가 되어가는 것은 자명했죠. 의제, 사업, 관심 모두 런던에 편중되었고 영국의 나머지 지역에는 전혀 관심이 없었습니다."
- '아름다운 어버니즘'에 대한 집착: 대부분의 사람들이 살고 싶어 하는 영국 교외 지역 문제보다는 '어반 르네상스' 방안과 '스타 건축가'에 매료된 대도시의 속성을 보였다. "리처드 로저스 경(Lord Rogers)이 슬쩍 밀어넣었던 도시조밀, 고밀도, 복합용도, 자동차 통행금지, 카페문화와 같은 이미지들이 케이브의 주제였습니다."
- 불분명한 방향: 너무 쉽게 여러 의제로 넓혀갔고 주요 사안에 대한 집중력을 잃었다. "케이브는 정부와의 서비스수준협약(Service Level Agreement)를 지키는 데만 너무 열중했습니다. 나무를 보느라 숲을 보지 못했고 너무 많은 일을 했던 거죠."

- 다양한 방식의 엘리트주의: 조직적 엘리트주의(케이브가 주도하고 나머지는 따라오면 된다는 식), 전문적 엘리트주의(건축설계는 필연적으로 그렇다), 배타주의(케이브 가족으로 알려진 그룹 내에 들어온 사람과만 긍정적인 관계를 맺는다), 과정에서의 엘리트주의(특히 디자인 검토의 '클로즈드 숍'(역주 : 조합원만 고용하는 사업장))였다. "엘리트주의, 정확한 표현입니다. 케이브는 표준과 지침서를 만들고, 다른 사람들은 의무적으로 따라야만 했습니다."
- 부족한 엘리트주의: 케이브의 주요 지지자들을 이용해 강력한 건축 분야에서의 기반을 만드는 데 실패했다. "케이브는 런던에서 건축 분야의 여론을 형성하는 그룹에 속하고 이들을 충분히 알고 대화를 나눌 수 있는 인물이 필요했습니다."
- 미학에 대한 두려움: 현실에서는 복합적 문제인 설계를 객관적 의미로만 보려고 했다. "모든 설계가 주관적 선호에 따라 결정된 것이 아니라는 것을 보여주기 위해 사실과 정보에 기반했기 때문에 "때로는 디자인 검토 대상에 대해 누구도 '이 건축물은 정말 형편없네요!'라고 말할 수 없게 되었습니다."
- 선호하는 양식: 현대 건축을 선호하고 전통 건축을 지양하는 내부 선호도. "케이브는 분명히 친근대주의적이었습니다. … 전통 디자인이라고 생각되는 건축은 기본적으로 모두 모방이기 때문에 잘못된 것이고 형편없는 건축물로 취급했습니다."
- 일관성 없는 조언: 많은 부분이 무형의 성격을 띠었기 때문에 모든 요소들이 객관적 기준으로 단순화될 수 없었다. "케이브 위원들은 전혀 다른 의견을 내놓기도 했습니다. 이런 위원들로 위원회가 잘못 구성되면 곤란한 상황에 빠질 겁니다."
- 강력한 수행력과 약해진 자유: 설계에 대한 정부중심의 관점을 계획 주체가 결정할 수 있어야 하는 세부 사항(미학적, 기능적)에까지 부여했다. "여러분은 케이브가 좋은 건축물이 만들어지는 데 도움을 주는 것 만큼이나 이를 억제하는 것을 보셨을 겁니다. 도대체 건축물의 좋고 나쁨을 누가 판단할 수 있나요?"
- 너무 약한 권한: 케이브는 강요가 아닌 영향을 미치는 방식으로 작동하기 때문에 케이브 메시지에 관심있는 사람들에게만 영향을 미칠 수 있게 되었다. "케이브가 주택공급자들을 확실히 규제할 방법을 찾았다면 좋았겠지만 전혀 그렇지 못했습니다."
- 전문가적 책무에 둔감: 전문가적 입장과 조언을 부탁한 쪽의 입장을 고려하지 못했다. "교육받는 데 7년 이라는 시간을 쓰고 많은 시간을 또 경험을 쌓는 데 썼는데 케이브와 같은 외부 기관이 이 같은 건축가의 책무를 빼앗아 버렸습니다. … 일종의 거세죠."
- 시장에 둔감: 검토 중인 분야의 상업적 문제를 고려하지 않았고 시장에 대한 지식이 부족했다. "여러분이 서런던의 부유한 지역 개발 계획을 구상 중이고 이것이 재생지역 내에 있다

면 다른 방식으로 접근해야 합니다. … 이런 상황에서는 상황에 맞게 설계하는 것이 매우 중요하지만 케이브는 이것을 이해하지 못했습니다."

- 고압적이고 오만함: 충분한 인정을 해주지 않은 채 다른 기관의 사업과 계획을 가로채고 관계기관에게 충분한 지원은 해주지 않고 거들먹거리기만 했다. "학교로 돌아간 기분이었습니다. … '내가 가장 잘 알고 있으니 입다물고 조용히 내가 말하는 걸 잘 듣고의심하지 마라.' 라는 선생님 같은 자세였습니다.
- 장황한 지침: 너무 많은 지침을 공표·생산했다. "결과적으로 읽어야 할 지침이 너무 많아 책장 신세가 되어버렸죠."
- 소통에 대한 집착: 실제 메시지보다 사람들에게 알려지는 것이 더 중요하다고 믿었다. "케이브는 건조환경과 전혀 무관한 사람들을 많이 고용했고 실제로 중대하고 올바른 정보와 지침보다 언론이 어떻게 말하는가에 더 큰 관심을 가졌습니다."
- 무기력하고 과잉관리된 기관: 규모가 비대해지고 너무 많은 관리자들이 존재했지만 실제로 일할 사람은 부족했다. "케이브는 점점 비대해져 갔고 관료주의적 기관이 되었습니다."
- 여러 이해관계자 간의 갈등: "갈등은 실제로 존재한다기보다 그렇게 인식되는 측면이 강했지만 이것이 업계 내부에서 케이브의 신뢰도와 위상을 떨어뜨렸습니다. 저희는 당시 장관으로부터 이런 말을 들은 적도 있습니다. … '케이브는 개발업자들 손아귀에 있는 기관 아닌가요?'"

연구 기간 동안의 인터뷰들을 살펴보면 케이브에 대한 긍정적 입장과 부정적 입장이 공존한다는 것을 알 수 있다. 케이브에 대한 비판적 입장은 전반적인 위원회 활동에 대해 매우 부정적(어떤 경우는 독설적)인 반면, 긍정적인 입장(대다수를 차지했다)은 케이브가 완벽한 기관이 아니라는 것을 인정하면서 기꺼이 여러 비판을 받아들였다.

후자는 낙관적이었다. 이런 비판은 당연한 것이고 조금 달리 말해 같은 비판은 충분히 업계의 다른 기관에도 적용될 수 있다고 생각했다.[198] 한 위원은 다음과 같은 결론을 내렸다.

"멋지고 새로운 기관을 만들고 영광스러운 나날이 계속되리라 상상했다면 너무 순진한 생각입니다. 거의 모든 것, 그것에 대한 흔치 않은 상황도 예상해야 합니다. 세계 어디를 가든 '공공기관이 너무 크다, 너무 작다, 권한이 너무 많다, 너무 없다' 등의 비판은 있을 수밖에 없습니다. 이런 분야에서는 어쩔 수 없는 것입니다."

---

198 예를 들어, 예술위원회(Art Council)와 잉글리시 헤리티지(English Heritage)

단순한 개입 사례

이런 비판이 피할 수 없고 어느 정도 합당한 것이라면 무엇으로 지속적인 개입을 도덕적이고 사회적인 면에서 정당화시킬 수 있을까? 궁극적으로 이것은 정치적 판단에 달렸다. 케이브 실험은 광범위하고 실체를 가진 긍정적인 효과를 효율적으로 보여줬고 이를 바탕으로 케이브가 없었다면 이룰 수 없었을, 영국 전역의 지역·환경뿐만 아니라 사회 전반에 걸쳐 더 나은 사업, 장소, 과정에 대한 장기적인 유산을 만들어낼 수 있었다(그림 A.2 참조). 이것은 누가 봐도 매우 적은 국가적 투자, 한 인터뷰 응답자에 의하면 정부 수준에서 거의 "회계 실수"에 가까운 금액 투자로 이룬

그림 A.5 관련된자들 사이에서는 케이브의 실수 중 하나로 인식되는 건축물로 다음과 같이 주장했다. 워키토키(Walkie Talkie)는 믿거나 말거나 케이브의 검토 결과, 더 우아해진 것이다. 그러나 분명한 것은 이 같은 프로젝트는 더 높은 품질로 지을 수 있었고 지어져야 했다는 것이다.

결과였다. 그러나 이는 다른 비용과 함께 계산해야 한다. 잘 알려지진 않았지만 케이브가 제공하는 것과 같은 디자인 거버넌스 서비스와 연관되어 나타나는 민간·공공기관의 훨씬 큰 투자가 있었다. 예를 들어, 실행지원 과정 참여, 교육 이벤트 참석, 디자인 검토 과정 참여, 계획 수정에서 비용이 발생한다. 또는 경제적 의미뿐만 아니라 다른 의미의 비용, 특히 이 같은 과정에서 빼앗긴 디자인 자유(좋든 나쁘든), 건설적인 비판조차 받아들이지 못하는 약한 전문가적 자존심 등이 있을 것이다. 마지막으로 가장 정교하고 신중히 운영되는 디자인 거버넌스 과정이더라도 피할 수 없는 실수 때문에 발생하는 비용이 있다(그림 A.5 참조).

도덕적 원칙에 따라 정치인들은 우선순위를 정해야 한다. 케이브 실험은 많은 비용이 들었지만 다양한 디자인 거버넌스 도구들을 사용해 현명하게 개입을 최소화하는 데 중점을 뒀다. 우리가 좋은 디자인의 의미는 무엇인지, 그것이 어떤 효과를 가져오는지, 좋은 장소를 어떻게 만들 수 있는지, 어떻게 이런 체계를 만들 수 있는지를 밝혔지만 왜 아직도 실패를 거듭하고 이 같은 실패에서 교훈을 얻지 못하고 상황을 반전시키지 못하는지는 정치인들이 설명할 몫이다.

기억하기 위해 잊기(지속적으로 상기하기)

공식적으로 케이브를 해산한 의회 행정입법 처리(통과)에 따라 해당 법안에 서명한 존 펜로즈(John Penrose) 문화미디어체육부 관광문화유산 장관은 하원에서 다음과 같이 발언했다.

> "케이브는 여러 가지 훌륭한 작업을 했고 그중 많은 것들이 다른 곳에서 계속될 것입니다. 기관은 법안에 따라 생기거나 해산되지만 해당 기관에 내재된 작업과 원칙은 계속 유지될 것입니다. 또한 저는 우리 건조환경 내 좋은 설계를 위한 공공부문의 헌신을 희망하고 또 기대합니다."[199]

케이브의 한 직원은 다음과 같이 덧붙였다.

"케이브는 종말을 향해 가고 있고 케이브는 더 이상 필요없을 거라고 우리끼리 늘 농담하곤 했습니다. 아마도 케이브는 … 외부 어딘가에서 일정 수준의 메시지, 교훈, 가르침, 이상 등으로 평범하게 계속 존재할 것입니다."

누군가는 케이브가 디자인의 중요성을 증명하는 데 실패함으로써 경비 삭감할 곳을 찾고 있던 2010~2015년의 연립정부의 눈에 띄었다고 주장할 수도 있다. 또 다른 누군가는 케이브가 법정기관이 되고 '주류에 편입되면서' 그 종말의 씨앗이 심어졌다고 주장할 수도 있다. 한 위원은 "당신이 한 기관에서 테러리스트를 색출해 낸다면, 불안감을 없앨 수 있습니다. 그리고 당신이 불안

199 www.gov.uk/government/news/commission-for-architecture-and-the-built-environment

감을 없앴을 때 그 기관을 없애기는 매우 쉬워집니다."라고 주장했고 또 다른 위원은 "비판은 케이브가 일을 충분히 하고 있지 않거나, 너무 많이 하고 있다는 것이었고, 이 말인 즉슨 케이브가 일을 잘하고 있다는 의미였습니다."라고 맞받아쳤다.

케이브 해산 이후 상황은 전국적으로 케이브가 만들어낸 차이를 금방 잊은 채 정치적으로 부담이 없고 법적 의무도 낮은 분야를 잘라내는 데 (반대 목소리는 거의 없었다) 초점을 맞추게 되었다. 여기에는 디자인과 관련해 자유 재량의 서비스도 포함된다. 이것은 틀림없는 케이브의 실패였다 (명시된 의도에도 불구하고). 이미 동조하고 있던 건조환경 전문가들을 넘어 더 넓은 지지층으로 충분히 확대하거나 더 넓은 범위에서 좋은 디자인의 수요 창출에 실패한 것이다. 케이브 앞에 떨어진 기회를 충분히 이용하지 못한 경우도 있었다. 이것은 그 활동을 통해 자신을 공식적, 법적으로 국가가 반드시 필요로 하는 단체로 만드는 데 도움을 줄 수 있는 것이었다. 케이브가 존속하는 동안 그들은 의심할 여지 없이 설계문화를 바꿨고 설계를 국가적, 지역적, 정치적 안건으로 끌고 들어오는 데 매우 중요한 역할을 했다. 그러나 이것은 토대가 매우 약한 문화적 변화였고 케이브가 좋은 설계의 중요성을 더 이상 상기시켜 주지 않자 우리는 금방 그것을 잊어버렸다.

2011년 이후 상황은 보건, 국방, 교육 등과 달리 건조환경은 그 질이 가치가 있고 국가의 주요 사안이 되어야 한다는 것을 우리 스스로에게 지속적으로 상기시켜야 할 분야임을 보여준다. 질 낮은 디자인에 의한 손실이 영국에서 늘어가고 있는 지금, 우리는 조만간 이를 기억해야 할 것이다. 우리가 그것을 기억해냈을 때 이 책에 수집된 증거들이 우리 뿐만 아니라, 존속했던 잠시 동안 독특하고 혁신적이고 영향력 있는 기관이었던 케이브의 이점을 누리지 못한 세계의 많은 이들을 도울 수 있기를 희망한다.

부록

연구 방법

시작 단계 - 분석 틀

케이브 실험(CABE Experiment)에 포함되었던 자원, 증거, 종합적인 기억들이 유실되기 전에 따로 기록하는 것의 중요성은 누구보다 케이브 자신이 더 잘 알고 있었다. 그래서 마지막 몇 달 간의 존속 기간 동안 케이브는 넓은 범위에서 연구 가능성을 탐색하기 위해 그리고 실현가능하다면 영국연구위원회(The UK Research Councils) 중 한 곳에 연구제안서를 제출하는 것을 돕기 위해 긴급 프로젝트 활성 자금을 지원했다. 이 기간 동안 유니버시티 칼리지 런던(UCL) 소속 연구자도 25일 동안 케이브로 출근하면서 케이브 직원과 접촉하고 내부자료에 접근할 수 있는 전례 없던 기회를 가질 수 있었다. 이 단계의 의도는 다음과 같다.

- 추가 연구를 위한 근거 자료로 주요 자원을 확인·보호하기 위해 영국 국립기록보관소 소속 팀과 협업
- 기관 해산과 함께 종합적인 자료를 유실하기 전 주요 프로그램, 결과물, 인재, 책무를 파악하는 과정 시작
- 주요 케이브 실험을 주도했고 그 근거 자료로서 주목할 필요가 있고 경험있는 이해관계자들과의 대화 시작

이 작업의 본질은 연락망 구축, 증거 확보·보호 연구 제안의 임시 분석 틀을 구축해 향후 케이브 실험을 심도있게 평가하고 그것이 생산적으로 활용될 수 있도록 집중하는 것이었다.

실질적인 연구 단계 - 다차원적 귀납적 분석

예술인문연구위원회(Arts and Humanities Research Council) 자금을 지원받은 추가 연구 과정은 2013년 1월부터 2014년 8월까지 운영되었고 본 도서를 출판함으로써 종료되었다. 해당 연구에서는 케이브의 업무 특징을 밝히고 그것을 디자인 거버넌스 통합이론에 적용함으로써 또 다른 배움을 추구하는 귀납적 연구방법론을 채택했다. 이 방법론의 핵심은 풍부한 경험적 증거가 본 도서 서론에서 암시되었던 연구 질문에 적용되고 관련되도록 하면서 케이브 활동의 다차원적 영향력을 분석하는 것이었다. 그래서 5단계 연구가 다음과 같이 이어졌다.

1. 분석의 틀

프로젝트에서 이 단계는 전 세계 디자인 거버넌스 문헌자료를 종합적으로 이해·정립하는 것으로 특히 다음과 같은 것에 집중했다.

- 공공정책 개발, 부동산시장, 정치적 맥락, 더 넓은 범위의 도시정책 내에서 디자인에 대한 역학적 이해
- 실무적·학문적 문헌과 언론(예를 들어, 10년치 이상의 신문 스크랩 검토)에서의 케이브 관련 내용 추적[또한 왕립예술위원회(RFAC) 관련 내용], 세계적으로 케이브 비교 대상 기관의 방법론과 영향력 증거 추적
- 조직화되고 논리정연한 연구도구 모음을 통해 근본적인 연구 질문을 다루고 케이브의 경험 분석을 구축하는 방법으로서 분석 틀을 개발·발전시킴

2. 조직적 조사

두 번째 단계는 소프트웨어 엔비보(NVivo)를 사용한 문서 분석(2,868개 문서 중)으로 케이브의 정기적 외부 검토로 간행된 모든 주요 정책, 프로그램, 프로젝트, 실적관리 문서 검토뿐만 아니라 케이브와 정부기관 내 케이브 담당부서가 간행한 같은 종류의 문서에 대한 심도있는 검토를 포함한다. 그 목적은 케이브의 경험상 그것을 추진하는 데 힘이 되었던 요인과 방해가 되었던 요인을 이해하고 더 넓은 정치적 맥락과 도시정책 맥락을 배경으로 케이브의 역사를 추적하는 것이었다. 주요 결과물은 다음과 같은 내용을 포함했다.

- 케이브가 역사적으로 어떻게 발전했고 케이브의 활동이 외부의 정치적 우선순위와 압력에 어떻게 대응했는지에 대한 작업조직도 제작
- 최초로 정리된 다양한 케이브 도구, 프로그램, 프로젝트, 사람들과 그들의 관계에 대한 모든 내용
- 케이브의 다양한 프로그램의 주요 결과물을 종합적으로 검토하고 다른 작업에 할애한 자원을 최대한 함께 비교
- 케이브 스스로 어떻게 운영했고 어떻게 우선순위를 결정했고 자원할당과 성공 여부 평가를 어떻게 했는지를 이해

3. 직접적인 의견

두 번째 단계의 결과를 이용해 두 그룹의 다른 청중과 다양하고 심도있게 구조화된 총 39건의 인터뷰가 이뤄졌다. 첫 번째 그룹은 정부 인사를 포함해 케이브 안팎에서 케이브의 설립과 발전, 발전 방법, 최종적으로 해산에 이르는 과정에 중심적으로 참여한 이들로 전문가와 정치인들로 이뤄졌다. 두 번째 그룹은 케이브의 역사 중 여러 단계에서 그들을 지지·비판하는 기록에 영향을 미친 주요 인사가 포함되었다. 인터뷰의 의도는 다음과 같다.

- 두 번째 단계 결과의 정확도 체크
- 케이브를 위한 정치적·조직적 자원, 전문적·실무적 추진 요인과 방해 요인을 이해하고 더 이상 참여하진 않지만 이전에 깊이 관여한 사람들이 일정한 거리를 두고 평가할 수 있는 이점을 이용해 케이브를 객관적으로 평가
- 케이브와 케이브의 프로그램에 대해 공통적으로 비판적인 시각, 시간이 흐르면서 그 시각이 어떻게 변화했는지를 이해
- 네 번째 단계에서 추가 분석이 이뤄질 수 있는, 케이브 작업에서 중요한 사건을 파악

4. 재결합

11년간의 케이브 작업과 도구에 대한 충분한 이해는 각 도구의 내용과 향후 분석을 위한 주요 사례(의 범위)를 서로 짝지어 선택가능하도록 했다. 이 단계는 모든 도구의 모든 면을 왈가왈부하기보다 특정 활동에 초점을 맞췄는데 해당 활동 사례로는 마스터플랜 관련 디자인 검토, 가치 논쟁에 초점을 맞춘 연구 프로젝트, 공원부문에서의 실행지원 등이 있었다. 이 단계는 이질적인 각

사건 모두로부터 결론을 끌어내려는 것이 아니라 특정 관련 작업에서 일어난 사건을 비교해 복잡한 과정 속의 여러 가지 문제와 영향력을 더 잘 이해하기 위해 시도하는 것이었다. 선택된 사례들은 케이브의 폭넓은 설계 과정 참여를 대표할 뿐만 아니라 세 번째 과정 속의 이해관계자들이 긍정적·부정적으로 설계 안건을 만드는 과정에서 가장 중요한 것이라고 평가한 것들을 대표한다. 이런 관점에서 큰 그림을 이해하는 것이 중요하며 무엇이 작동했고 무엇이 작동하지 않았는지에 대한 세부적인 실행을 이해하는 것도 중요했다.

네 번째 단계의 의도는 과정, 개별 영향력, 그리고 건설 프로젝트나 설계제안서에 미치는 넓은 영향력 등을 추적하고 케이브가 여기서 사용했던 다양한 도구를 최대한 이해하는 것이었다. 이를 위해 케이브 내부와 케이브의 파트너 기관, 해당 작업을 이용한 사용자들간에서 각 사건에 참여한 주요 이해당사자와 주요 인물을 모두 모아 소위 '재결합(Reunions)'이라고 불린 소규모 집중 세미나를 개최했고 필요에 따라 집중적인 개별 인터뷰가 이어졌다. 총 24회에 걸쳐 개최된 '재결합(Reunions)은 각 사례의 목적, 과정, 결과물을 바탕으로 재구조화되었다. 주요 프로그램과 도구의 효과, 나아가 그것들이 케이브 시대 이후 어떻게 재해석되거나 잊혀질지에 대한 결론을 도출하기 위해 당사자 간의 자유롭고 개방적인 토론이 녹음·기록되었다.

5. 통합

여러 가지 분석기술과 함께 근본적인 연구 질문에 대한 내용을 완전히 통합·평가하려는 시도 이전에 연구의 각 단계를 신중히 개별적으로 기록하는 것이 중요했다. 자료는 데이터 정리, 전시, 분석, 추론 등을 통해 표준화된 질적방법론(Qualitative Technics)에 이용되었고 해당 방법론은 분석 수행 및 자료 요약·표기를 위한 서식 내용 수립과 과정의 구조화에 사용된 분석적 틀(연구 과정에서 정제된) 등으로 구성되었다. 다양한 방법론은 개별적으로 진행되었는데 이것은 자료를 다각도로 검토해 공통적인 결과를 끌어내기 위한 수단이었다. 다양한 방법들은 케이브 경험이 더 원만하고 일관성 있는 관점으로 드러날 수 있도록 하고 각 방법의 약점을 극복하도록 하는 것이었다.

마지막 단계는 최종적으로 ① 케이브의 이야기 발표, ② 디자인 거버넌스의 재이론화를 위한 분석, ③ (디자인 거버넌스의 목적, 가치, 수단에 대한 근본적이면서도 비판적인 검토에 기반한) 경험적 연구 과정 등을 포함한다. 이 같은 관점에서 본 연구는 회고적인 동시에 미래지향적이고 잉글랜드, 영국, 나아가 세계적 차원에서 디자인 담론을 지속적으로 추구하는 다양한 기관에게 교훈을 제공하려고 한다.

저자 약력

매튜 카르모나 (Matthew Carmona)

이 책의 주 저자 매튜 카르모나는 영국 공인 건축가이자 도시계획가로서 런던대학교 바틀렛 계획학부의 교수이다. 디자인 거버넌스 프로세스, 공공 공간의 설계 및 관리, 디자인의 가치에 중점을 두고 교육과 연구활동을 이어가고 있다. 그는 장소의 품질을 위한 부문 간 협력 연합인 Place Alliance의 의장이며, 최근에는 영국 하원 건축환경선정위원회의 전문 고문으로 활동하였다. 2015년에는 RTPI 학술상 연구우수상을, 2016년에는 RTPI 피터 홀 경의 폭넓은 참여를 위한 상을 수상하였다. 2018년에는 유럽계획학회(AESOP) 최우수 출판논문상을 수상했다. 대표 저작으로는Public Places Urban Spaces: The Dimensions of Urban Design(2003), Public Space: The Management Dimension(2008), Capital Spaces: The Multiple Complex Public Spaces of a Global City(2013) 등이 있다.

클라우디오 드 매갈헤스 (Claudio De Magalhaes)

클라우디오 드 매갈헤스는 런던대학교 바틀렛 계획학부의 교수로 도시 관리 및 재생 분야를 담당하고 있다. 경력 초기에는 브라질의 지방 및 지방정부에서 12년 동안 기획자로 일하면서 도시 거버넌스와 도시 및 지역 개발을 위한 도시 투자 프로그램 관리 분야에서 경험을 쌓았으며, 1990년대 중반부터 뉴캐슬대학교와 UCL에서 학생들을 가르치고 있다. 그의 관심 분야는 건축 환경의 계획 및 거버넌스, 부동산 개발 프로세스 및 도시 재생 정책, 도시 구역 관리, 공공 공간의 제공 및 거버넌스이다. 최근 저서로는Planning, Risk and Property Development: Urban Regeneration in England, France and the Netherlands(2013) 가 있다.

루시 나타라잔 (Lucy Natarajan)

루시 나타라잔은 런던대학교 바틀렛 계획학부의 부교수로 주민참여와 도시계획 의사결정과정에 관련된 연구를 다수 진행하였다. 그는 Built Environment 저널의 공동 편집자이자 지속 가능한 관행과 참여적 도시주의에 중점을 둔 협회인 테리토아 유럽(Territoire Europe)의 사무총장이다. 바틀렛에서 재직하기 이전는 왕립도시계획연구소(RTPI), 글로벌 플래너 네트워크, 영연방 플래너협회, 영국 정부 산하 국립사회연구센터의 국제부서에서 수석 연구원으로 근무한 바 있다.

역자 약력

김지현

1998년 홍익대학교를 졸업하고 도시설계 분야에서 약 7년간 종사하며 국내외 다양한 신도시개발 및 도시설계 프로젝트에 참여하였다. 이후 University of Cambridge에서 건축학 석사, University College London에서 도시설계 석사 및 계획학 박사 학위를 취득하였고, 현재는 부산대학교 도시공학과에서 도시설계 분야 교수로 재직 중이다.

백경현

2005년 세종대학교 건축학과를 졸업하고, 2006년 University College London에서 도시설계 석사학위를 취득한 후, 동대학원 박사 과정 중 빈집 활용 방안 관련 연구를 포함한 여러 지방 정부, 연구 기관 등의 도시 계획, 정책 관련 사례 연구에 참여하였으며, 현재는 UCL Bartlett 내 연구그룹인 Urban Design Research Group 및 Bartlett Morphology Group, 그리고 도시, 여행, 영국 문화 관련 전문 번역 프리랜서로 활동 중이다.

조현지

2013년 서울대학교 환경대학원 환경설계학과를 졸업하고, 영국 University College London에서 2019년 도시계획학 박사학위를 취득했다. 동대학원에서 연구원으로 주민참여 도시계획에 관한 여러 연구과제를 진행하였으며, 이후 2021년부터 영국 EcoWise에서 선임 도시 데이터 분석 연구원으로 여러 유러피안 호라이즌 R&I 프로젝트에 참여하였다.

한동호

2013년 부산대학교 건축학부를 졸업하고, 영국 University College London에서 2014년 도시재생학 석사학위를, 2021년 지역계획학 박사학위를 취득했다. 부산대학교 생산기술연구소, 서울시립대학교 국제도시과학대학원 국제도시개발 프로그램에서 연구원으로 재직한 바 있으며, 현재 ㈜보눔건축사사무소에서 건축과 도시 그리고 사회 사이 발생하는 이슈들에 관심을 기울이며 근무하고 있다.

디자인 거버넌스: 케이브 실험

Design Governance : the cabe experiment

초판 1쇄 인쇄 2023년 7월 20일
초판 1쇄 발행 2023년 7월 27일

—

저 자 매튜 카르모나, 클라우디오 드 매갈헤스, 루시 나타라잔
역 자 김지현, 백경현, 조현지, 한동호
펴 낸 곳 도서출판 대가
편 집 부 주옥경, 곽유찬
마 케 팅 오중환
경영관리 박미경
영업관리 김경혜

—

주 소 경기도 고양시 일산동구 무궁화로 32-21 로데오메탈릭타워 405호
전 화 02) 305-0210
팩 스 031) 905-0221
전자우편 dga1023@hanmail.net
홈페이지 www.bookdaega.com

—

ISBN 978-89-6285-372-8 (93540)